人工智能专业核心教材体系建设——建议使用时间

四年级上		人工智能核心	数理基础 专业基础	智能感知	人工智能系统、设计智能	人工智能实践
三年级下	理论计算机科学导引		计算机视觉导论		设计认知与设计智能	
三年级上		人工智能伦理与安全		自然语言处理导论		人工智能芯片与系统
二年级下	优化基本理论与方法	面向对象的程序设计	高级数据结构与算法分析		机器学习	
二年级上	概率论	数据结构基础		人工智能基础		认知神经科学导论
一年级下	数学分析 II	线性代数 II		高等数学理论基础		
一年级上	数学分析 I	线性代数 I		程序设计与算法基础		

面向新工科专业建设计算机系列教材

人工智能应用的数学基础

（微课版）

刘 帅 付维娜 代建华◎主编

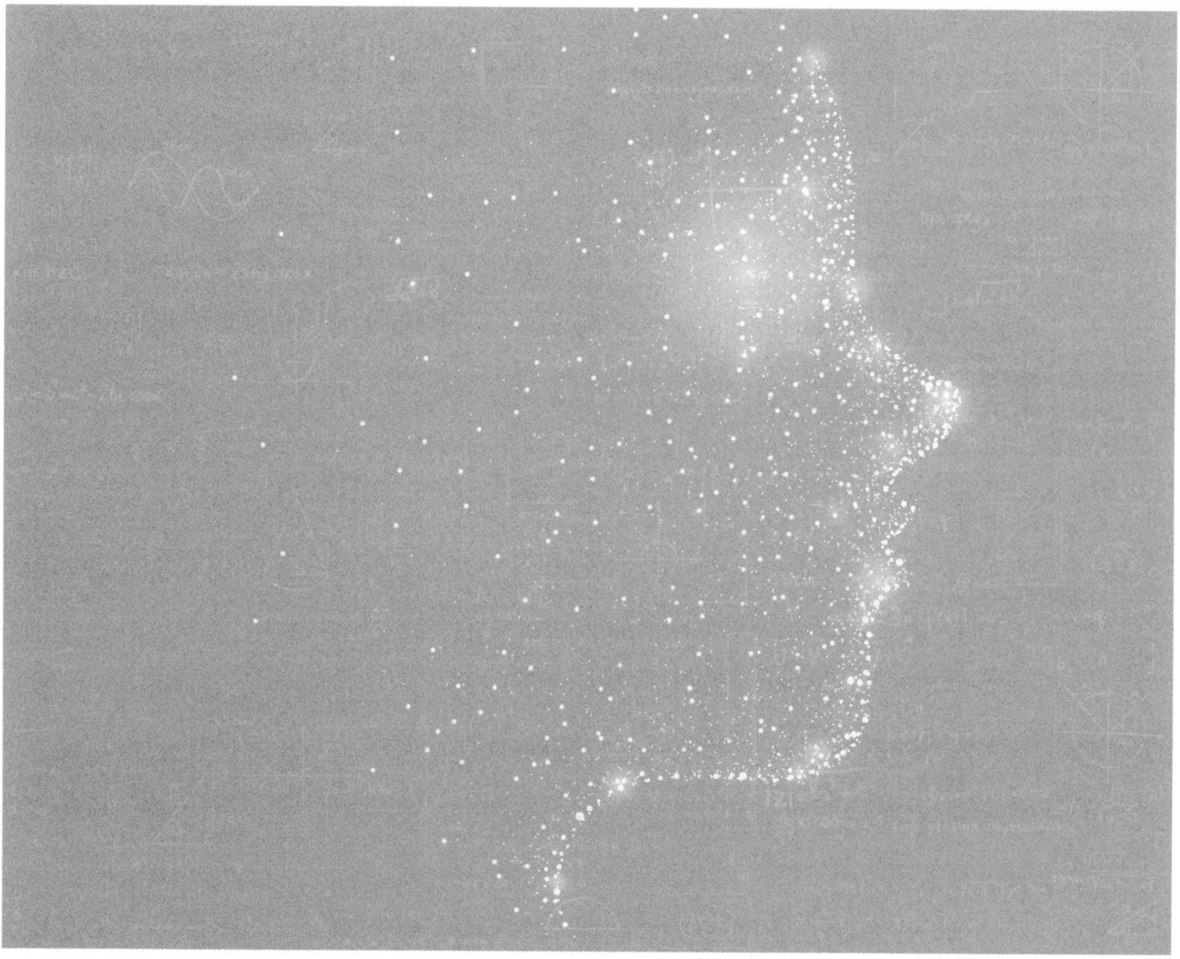

清华大学出版社
北 京

内 容 简 介

本书介绍与人工智能关系紧密的数学知识模块，以使读者更好地掌握数学方法在人工智能领域的应用。本书整合了随机过程、矩阵论和运筹学中相关的数学基础，共 12 章，分为 3 部分。第 1 部分为随机过程，包括第 1～3 章，主要介绍概率论预备知识、随机过程的概念和基本类型、马尔可夫链。第 2 部分为矩阵论，包括第 4～8 章，主要介绍矩阵论预备知识、线性空间与线性变换、范数理论及其应用、矩阵分解和特征值的估计。第 3 部分为运筹学，包括第 9～12 章，主要介绍运筹学思想与运筹学建模、数学规划、最优化问题和多目标决策。

本书面向高校计算机和人工智能等相关专业的学生，可以作为高年级本科生、低年级研究生的专业必修课或选修课的教材，也可以作为人工智能领域从业者的参考书。

图书在版编目(CIP)数据

人工智能应用的数学基础：微课版/刘帅，付维娜，代建华主编. —北京：清华大学出版社，2024.4
面向新工科专业建设计算机系列教材
ISBN 978-7-302-66034-7

Ⅰ. ①人… Ⅱ. ①刘… ②付… ③代… Ⅲ. ①人工智能－应用数学－高等学校－教材 Ⅳ. ①TP18 ②O29

中国国家版本馆 CIP 数据核字(2024)第 070780 号

责任编辑：白立军　战晓雷
封面设计：刘　乾
责任校对：郝美丽
责任印制：刘海龙

出版发行：清华大学出版社
网　　址：https://www.tup.com.cn，https://www.wqxuetang.com
地　　址：北京清华大学学研大厦 A 座　　**邮　　编**：100084
社 总 机：010-83470000　　**邮　　购**：010-62786544
投稿与读者服务：010-62776969，c-service@tup.tsinghua.edu.cn
质量反馈：010-62772015，zhiliang@tup.tsinghua.edu.cn
课件下载：https://www.tup.com.cn，010-83470236
印 装 者：三河市龙大印装有限公司
经　　销：全国新华书店
开　　本：185mm×260mm　**印　张**：21　**插　页**：1　**字　　数**：511 千字
版　　次：2024 年 5 月第 1 版　　**印　　次**：2024 年 5 月第1 次印刷
定　　价：69.00 元

产品编号：089876-01

出版说明

一、系列教材背景

人类已经进入智能时代，云计算、大数据、物联网、人工智能、机器人、量子计算等是这个时代最重要的技术热点。为了适应和满足时代发展对人才培养的需要，2017 年 2 月以来，教育部积极推进新工科建设，先后形成了“复旦共识”“天大行动”“北京指南”，并发布了《教育部高等教育司关于开展新工科研究与实践的通知》《教育部办公厅关于推荐新工科研究与实践项目的通知》，全力探索形成领跑全球工程教育的中国模式、中国经验，助力高等教育强国建设。新工科有两个内涵：一是新的工科专业；二是传统工科专业的新需求。新工科建设将促进一批新专业的发展，这批新专业有的是依托于现有计算机类专业派生、扩展而成的，有的是多个专业有机整合而成的。由计算机类专业派生、扩展形成的新工科专业有计算机科学与技术、软件工程、网络工程、物联网工程、信息管理与信息系统、数据科学与大数据技术等。由计算机类学科交叉融合形成的新工科专业有网络空间安全、人工智能、机器人工程、数字媒体技术、智能科学与技术等。

在新工科建设的“九个一批”中，明确提出“建设一批体现产业和技术最新发展的新课程”“建设一批产业急需的新兴工科专业”。新课程和新专业的持续建设，都需要以适应新工科教育的教材作为支撑。由于各个专业之间的课程相互交叉，但是又不能相互包含，所以在选题方向上，既考虑由计算机类专业派生、扩展形成的新工科专业的选题，又考虑由计算机类专业交叉融合形成的新工科专业的选题，特别是网络空间安全专业、智能科学与技术专业的选题。基于此，清华大学出版社计划出版“面向新工科专业建设计算机系列教材”。

二、教材定位

教材使用对象为“211 工程”高校或同等水平及以上高校计算机类专业及相关专业学生。

三、教材编写原则

(1) 借鉴 *Computer Science Curricula* 2013（以下简称 CS2013）。CS2013

的核心知识领域包括算法与复杂度、体系结构与组织、计算科学、离散结构、图形学与可视化、人机交互、信息保障与安全、信息管理、智能系统、网络与通信、操作系统、基于平台的开发、并行与分布式计算、程序设计语言、软件开发基础、软件工程、系统基础、社会问题与专业实践等内容。

(2) 处理好理论与技能培养的关系,注重理论与实践相结合,加强对学生思维方式的训练和计算思维的培养。计算机专业学生能力的培养特别强调理论学习、计算思维培养和实践训练。本系列教材以"重视理论,加强计算思维培养,突出案例和实践应用"为主要目标。

(3) 为便于教学,在纸质教材的基础上,融合多种形式的教学辅助材料。每本教材可以有主教材、教师用书、习题解答、实验指导等。特别是在数字资源建设方面,可以结合当前出版融合的趋势,做好立体化教材建设,可考虑加上微课、微视频、二维码、MOOC 等扩展资源。

四、教材特点

1. 满足新工科专业建设的需要

系列教材涵盖计算机科学与技术、软件工程、物联网工程、数据科学与大数据技术、网络空间安全、人工智能等专业的课程。

2. 案例体现传统工科专业的新需求

编写时,以案例驱动,任务引导,特别是有一些新应用场景的案例。

3. 循序渐进,内容全面

讲解基础知识和实用案例时,由简单到复杂,循序渐进,系统讲解。

4. 资源丰富,立体化建设

除了教学课件外,还可以提供教学大纲、教学计划、微视频等扩展资源,以方便教学。

五、优先出版

1. 精品课程配套教材

主要包括国家级或省级的精品课程和精品资源共享课的配套教材。

2. 传统优秀改版教材

对于已经出版的、得到市场认可的优秀教材,由于新技术的发展,计划给图书配上新的教学形式、教学资源的改版教材。

3. 前沿技术与热点教材

反映计算机前沿和当前热点的相关教材,例如云计算、大数据、人工智能、物联网、网络空间安全等方面的教材。

六、联系方式

联系人：白立军
联系电话：010-83470179
联系和投稿邮箱：bailj@tup.tsinghua.edu.cn

"面向新工科专业建设计算机系列教材"编委会
2019年6月

面向新工科专业建设计算机系列教材编委会

FOREWORD

前言

近几年来，人工智能已经成为世界各国技术竞赛的核心竞争领域。我国政府也针对此领域出台了新政策与发展规划布局。2017年7月，国家相关职能部门相继发布了《新一代人工智能发展规划》《高等学校人工智能创新行动计划》等相关文件，明确强调了人工智能与计算机科学、生物学、数学、心理学、物理学、社会学、法学等学科融合，以“人工智能＋X”的模式培养复合型专业人才，进而提高高校人工智能科技创新能力和人才培养能力。人工智能专业和学科的发展势在必行。

目前，人工智能的主要研究领域需要相关专业人员掌握人工智能工程所需的扎实的数学、自然科学、人文社会科学和工程技术基础理论，能够基于科学原理并采用科学方法，运用数学、工程科学、自然科学的方法与基本原理，研究分析复杂工程问题。这就需要相关从业人员具备较强的本领域应用数学知识。

人工智能的基础是数学，这一点已经成为人们的共识。数学基础知识蕴含着处理智能问题的基本思想与方法，也是理解复杂算法的必备要素。今天的种种人工智能技术归根结底都建立在数学模型之上，也正是数学使人工智能成为一门规范的科学。要了解人工智能，首先就要掌握必备的数学基础知识：概率论与数理统计描述统计规律，寻找特征之间的关联关系，随机变量及相关理论、方法、模型非常丰富，适合解决不确定性问题，找到最优解；矩阵论研究海量数据的表示形式，可以简洁清晰地描述问题；人工智能的目标就是规划与决策，在复杂环境和多体交互中做出最优决策，几乎所有的人工智能问题最后都会归结为优化问题，因而最优化理论是人工智能必备的基础知识。

本书面向高校计算机和人工智能等相关专业的学生，可以作为高年级本科生、低年级研究生的专业必修课或选修课的教材，也可以作为人工智能领域从业者系统学习应用数学知识的参考书。本书内容覆盖了专业必修课程“人工智能应用的数学基础”的基本内容，可以作为相关课程的教学用书。

本书得到湖南师范大学规划教材建设项目支持，由刘帅、付维娜、代建华主编。在本书编写过程中，原内蒙古大学研究生路萌叶、湖南师范大学研究生刘鑫宇等均做了大量辅助性工作，在此衷心感谢这些同学的辛勤工作。本书的配套教学课件、教学大纲、教学视频等教学资源由本书编者原创，清华大学出版社网站免费提供全部配套资源的下载。

在编写本书的过程中,编者参考了大量网络资料,对人工智能技术相关的数学基础知识进行了系统梳理,有选择地把重要知识纳入了本书。限于编者的水平,书中难免有疏漏之处,恳请读者和同行批评指正。

编　者
2024 年 2 月

CONTENTS

目录

第1部分 随机过程

第3部分 运 筹 学

第1部分　随机过程

第1章 概率论预备知识

生活中每天发生的现象是多种多样的，有一类现象是在一定条件下一定会发生的，例如，太阳每天东升西落，抛一枚骰子得到的点数不会小于1，等等，这类现象称为确定性现象。还有一类现象是其发生与否是随机的，例如，抛掷一枚硬币的结果是哪面朝上是随机的、明天是晴天还是阴天其结果也是随机的，这类现象称为随机现象。人们通过不断实践并深入研究之后，发现随机现象在大量重复试验或观察下的结果往往呈现出一定的规律性。例如，多次重复抛掷一枚硬币，正面朝上的次数约占总的抛掷次数的一半；经过多次考试之后，学生的成绩大体上是正态分布的；等等。这就是后面要讨论的统计规律性。

概率论就是研究随机现象统计规律的一个数学分支。本章将系统介绍概率论中的相关知识。包括随机事件与概率、随机变量及其分布、随机变量的数字特征、数据分布特征的度量、统计数据的整理与显示、相关与回归分析、大数定律与中心极限定理、参数估计与假设检验。

1.1 基础知识回顾

1.1.1 基本概念

1. 随机试验

在概率论中把具有以下3个特征的试验称为随机试验。

(1) 可以在相同的条件下重复地进行。

(2) 每次试验的可能结果不止一个，并且能事先明确试验的所有可能结果。

(3) 进行一次试验之前不能确定哪一个结果会出现。

说明：

(1) 随机试验简称试验，是一个广泛使用的术语。它包括各种各样的科学实验，也包括对客观事物进行的调查、观察或测量等。

(2) 随机试验通常用 E 表示。

2. 样本空间与样本点

随机试验 E 的所有可能结果组成的集合称为 E 的样本空间，记为 S。样本空间的元素，即试验 E 的每一个结果，称为样本点。

说明:

(1) 试验不同,对应的样本空间也不同。

(2) 同一试验,若试验目的不同,则对应的样本空间也不同。

例如,对于同一试验:“将一枚硬币抛掷 3 次”,观察正面和反面出现的情况,样本空间是什么?只观察出现正面的次数,样本空间又是什么?

1.1.2 随机事件

随机试验 E 的样本空间 S 的子集称为 E 的随机事件,简称事件。

每次试验中,当且仅当这一子集中的一个样本点出现时,称这一事件发生。

由一个样本点组成的单点集称为基本事件。

样本空间 S 包含所有的样本点。S 是自身的子集,在每次试验中它总是发生,称 S 为必然事件。

空集$\varnothing$不包含任何点,它作为样本空间的子集,在每次试验中均不发生,称$\varnothing$为不可能事件。

必然事件的对立面是不可能事件,不可能事件的对立面是必然事件,它们互称为对立事件。

关于随机试验、随机事件、样本空间与样本点的几点说明如下:

(1) 随机事件可简称为事件,并以大写英文字母 A、B、C 表示。例如,抛掷一枚骰子,观察得到的点数。可设 $A=$“点数不大于 4”、$B=$“点数为奇数”等。

(2) 随机试验、样本空间与随机事件的关系如下:每一个随机试验相应地有一个样本空间,样本空间的子集就是随机事件。

随机事件频率的定义与性质如下。

定义 1-1 在相同条件下,进行 n 次试验,在这 n 次试验中,事件 A 发生的次数 n_A 称为事件发生的频数。比值 n_A/n 称为事件 A 发生的频率,记作 $f_n(A)$。

设 A 是随机试验 E 的任一事件,则

(1) $0 \leqslant f_n(A) \leqslant 1$。

(2) $f_n(S)=1$。

(3) 若 $A_1, A_2, \cdots, A_k$ 是两两互不相容的事件,则

$$f_n(A_1 \cup A_2 \cup \cdots \cup A_k)=f_n(A_1)+f_n(A_2)+\cdots+f_n(A_k)$$

事件发生的频率高低表示其发生的频繁程度。频率越高,事件发生就越频繁,这表示事件在一次试验中发生的可能性就越大,反之亦然。

定义 1-2 设 E 是随机试验,S 是它的样本空间。对于 E 的每一事件 A 赋予一个实数,记为 $P(A)$,称为事件 A 的概率。集合函数满足以下 3 个条件:

(1) 非负性。对于每一个事件 A,有 $0 \leqslant P(A) \leqslant 1$。

(2) 规范性。对于必然事件 S,有 $P(S)=1$。

(3) 可列可加性。设 $A_1, A_2, A_3, \cdots$是两两互不相容的事件,即对于

$$A_iA_j=\varnothing, i \neq j, i, j=1,2,3,\cdots,$$

有

$$P\left(\bigcup_{i=1}^{\infty} A_i\right)=\sum_{i=1}^{\infty} P(A_i)$$

概率的性质如下：

(1) $P(\varnothing)=0$。

(2) 有限可加性。若 $A_1,A_2,\cdots,A_n$ 是两两互不相容的事件，则有

$$P(A_1 \cup A_2 \cup \cdots \cup A_n)=P(A_1)+P(A_2)+\cdots+P(A_n)$$

(3) 设 A、B 是两个事件，若 $A \subset B$，则有

$$P(B-A)=P(B)-P(A),P(B) \geqslant P(A)$$

(4) 对于任一事件 A，$P(A) \leqslant 1$。

(5)（逆事件的概率）对于任一事件 A，有

$$P(\bar{A})=1-P(A)$$

(6)（加法公式）对于任意两个事件 A、B，有

$$P(A \cup B)=P(A)+P(B)-P(AB)$$

此性质可以推广到多个事件的情况。

设 A_1、A_2、A_3 为任意 3 个事件，则有

$$P(A_1 \cup A_2 \cup A_3)=P(A_1)+P(A_2)+P(A_3)-P(A_1A_2)-P(A_1A_3)-P(A_2A_3)+P(A_1A_2A_3)$$

对于任意 n 个事件 $A_1,A_2,\cdots,A_n$，有

$$P(A_1 \cup A_2 \cup \cdots \cup A_n)=\sum_{i=1}^{n} P(A_i)-\sum_{1 \leqslant i<j \leqslant n} P(A_iA_j)+\sum_{1 \leqslant i<j<k \leqslant n} P(A_iA_jA_k)+\cdots+(-1)^{n-1} P(A_1A_2\cdots A_n)$$

1.1.3 古典概型

定义 1-3 设 E 是随机试验，若 E 满足下列条件：

(1) 试验的样本空间只包含有限个元素。

(2) 试验中每个基本事件发生的可能性相同。

则称 E 为古典概型，也称等可能概率试验。

定理 1-1 设试验的样本空间 S 包含 n 个元素，事件 A 包含 k 个基本事件，则有

$$P(A)=\frac{k}{n}=\frac{A\text{ 包含的基本事件个数}}{S\text{ 中基本事件的个数}}$$

该式称为古典概型中事件概率的计算公式。

例 1-1 已知一个口袋中装有 2 个红球和 3 个白球，现在一次性从口袋中取出两个球，求取出的两个球都是红球的概率。

解：将从口袋中一次性取出两个球的事件记为 A，总的事件数为 10 种，取出两个红球记为事件 A_1，事件数为 1 种，则 $P(A_1)=1/10$。

1.1.4 条件概率

定义 1-4 设 A、B 是两个事件，且 $P(A)>0$，称

$$P(B|A)=\frac{P(AB)}{P(A)}$$

为在事件 A 发生的条件下事件 B 发生的条件概率。

条件概率有以下性质：

(1) 非负性。对于每一事件 B，有 $P(B|A)\geqslant 0$。

(2) 规范性。对于必然事件 S，有 $P(S|A)=1$。

(3) 可列可加性。设 $B_1,B_2,B_3,\cdots$是两两互不相容的事件，则有

$$P\left(\bigcup_{i=1}^{\infty} B_i \middle| A\right)=\sum_{i=1}^{\infty}P(B_i \mid A)$$

1.1.5 乘法公式

乘法公式

设 $P(A)>0$，则有

$$P(AB)=P(B \mid A)P(A)$$

推广：设 A、B、C 为事件，且 $P(AB)>0$，则有

$$P(ABC)=P(C \mid AB)P(B \mid A)P(A)$$

一般地，设 $A_1,A_2,\cdots,A_n$ 为 n 个事件，$n\geqslant 2$，且 $P(A_1A_2\cdots A_{n-1})>0$，则有

$$P(A_1A_2\cdots A_n)=P(A_n \mid A_1A_2\cdots A_{n-1})P(A_{n-1} \mid A_1A_2\cdots A_{n-2})\cdots P(A_2 \mid A_1)P(A_1)$$

1.1.6 全概率公式与贝叶斯公式

定义 1-5 设 S 为试验E 的样本空间，$B_1,B_2,\cdots,B_n$ 为 E 的一组事件，若

(1) $B_iB_j=\varnothing,i\neq j,i,j=1,2,\cdots,n$。

(2) $B_1\cup B_2\cup\cdots\cup B_n=S$。

则称 $B_1,B_2,\cdots,B_n$ 为样本空间 S 的一个划分。

全概率公式

定理 1-2 设试验 E 的样本空间为 S，A 为 E 的事件，$B_1,B_2,\cdots,B_n$ 为 S 的一个划分，且 $P(B_i)>0(i=1,2,\cdots,n)$，则

$$P(A)=P(A \mid B_1)P(B_1)+P(A \mid B_2)P(B_2)+\cdots+P(A \mid B_n)P(B_n)$$

称为全概率公式。

贝叶斯公式

定理 1-3 设试验 E 的样本空间为 S，A 为 E 的事件，$B_1,B_2,\cdots,B_n$ 为 S 的一个划分，且 $P(A)>0,P(B_i)>0(i=1,2,\cdots,n)$，则

$$P(B_i \mid A)=\frac{P(A \mid B_i)P(B_i)}{\sum_{j=1}^{n}P(A \mid B_j)P(B_j)},i=1,2,\cdots,n \tag{1-1}$$

称为贝叶斯公式。

例 1-2 小明从北京到上海旅行，有火车、飞机、长途汽车 3 种交通方式可供选择，他选择这 3 种交通方式的概率分别为 0.6、0.3、0.1，无论选择哪种交通方式都会晚点，乘坐火车、飞机、长途汽车晚点的概率分别为 0.2、0.6、0.1。现在已知小明晚点了，求他乘坐飞机的概率是多少。

解：设 $A_1=\{乘坐火车\}$，$A_2=\{乘坐飞机\}$，$A_3=\{乘坐长途汽车\}$，$B=\{晚点\}$，则 $B=A_1B+A_2B+A_3B$，由贝叶斯公式可得

$$P(A_2 \mid B) = \frac{P(A_2)P(B \mid A_2)}{P(A_1)P(B \mid A_1) + P(A_2)P(B \mid A_2) + P(A_3)P(B \mid A_3)}$$

$$= \frac{0.3 \times 0.6}{0.6 \times 0.2 + 0.3 \times 0.6 + 0.1 \times 0.1} = \frac{18}{31} \approx 0.58$$

全概率公式与贝叶斯公式小结

1.1.7　事件的相互独立性

盒中有 6 个球(4 红 2 蓝),每次取出一个,有放回地取两次。记

$$A = \text{第一次抽取,取到蓝球}$$

$$B = \text{第二次抽取,取到蓝球}$$

则有 $P(B|A)=P(B)$,它表示 A 的发生并不影响 B 发生的可能性大小。即 $P(B|A)=P(B) \Leftrightarrow P(AB)=P(A)P(B)$。

定义 1-6　设 A、B 是两个事件,如果满足等式 $P(AB)=P(A)P(B)$,则称事件 A、B 相互独立,简称 A、B 独立。

独立性定义

说明:事件 A 与事件 B 相互独立是指事件 A 的发生与事件 B 发生的概率无关。容易知道,若 $P(A)>0$,$P(B)>0$,则 A、B 相互独立与 A、B 互不相容不能同时成立。

定义 1-7　设 A、B、C 是 3 个事件,如果满足等式

$$\begin{cases} P(AB)=P(A)P(B) \\ P(BC)=P(B)P(C) \\ P(AC)=P(A)P(C) \\ P(ABC)=P(A)P(B)P(C) \end{cases} \tag{1-2}$$

则 A、B、C 是 3 个相互独立事件。

注意,3 个事件相互独立 $\rightarrow$ 3 个事件两两相互独立,但是 3 个事件两两相互独立 $\nrightarrow$ 3 个事件相互独立。

推广:设 $A_1, A_2, \cdots, A_n$ 是 n 个事件,如果对于任意 $k(1<k\leqslant n)$,以及任意 $1\leqslant i_1<i_2<\cdots<i_k\leqslant n$,具有等式 $P(A_{i_1}A_{i_2}\cdots A_{i_k})=P(A_{i_1})P(A_{i_2})\cdots P(A_{i_k})$,则称 $A_1, A_2, \cdots, A_n$ 为相互独立的事件。

独立性推广

n 个事件相互独立 $\rightarrow$ n 个事件两两相互独立,但是 n 个事件两两相互独立 $\nrightarrow$ n 个事件相互独立。

定理 1-4　设 A、B 是两个事件,且 $P(A)>0$,若 A、B 相互独立,则 $P(B|A)=P(B)$;反之亦然。

独立性定理、推论与例题

证明:$P(B|A)=\dfrac{P(AB)}{P(A)}=\dfrac{P(A)P(B)}{P(A)}=P(B) \Leftrightarrow P(B|A)=P(B)$。

定理 1-5　若事件 A、B 相互独立,则事件 A 与 $\bar{B}$、$\bar{A}$ 与 B、$\bar{A}$ 与 $\bar{B}$ 也相互独立。

证明:因为

$$A=A(B\cup\bar{B})=AB\cup A\bar{B}$$

于是

$$P(A)=P(AB\cup A\bar{B})=P(AB)+P(A\bar{B})=P(A)P(B)+P(A\bar{B})$$

所以

$$P(A\bar{B})=P(A)-P(A)P(B)=P(A)[1-P(B)]=P(A)P(\bar{B})$$

因此 A 与 $\bar{B}$ 相互独立，由此可立即推出 $\bar{A}$ 与 $\bar{B}$ 相互独立，再由 $P(\bar{B})=1-P(B)$ 又推出 $\bar{A}$ 与 B 相互独立。

两个推论如下：

(1) 若事件 $A_1,A_2,\cdots,A_n(n\geqslant 2)$ 相互独立，其中任意 $k(2\leqslant k\leqslant n)$ 个事件也是相互独立的。

(2) 若事件 $A_1,A_2,\cdots,A_n(n\geqslant 2)$ 相互独立，则将 $A_1,A_2,\cdots,A_n$ 中任意多个事件换成它们对应的对立事件，所得的 n 个事件仍相互独立。

1.2 随机变量及其分布

1.2.1 一维随机变量及其分布

定义 1-8 设随机试验的样本空间 $S=\{e\}$，$X=X(e)$ 是定义在样本空间 S 上的单值实值函数，称 $X=X(e)$ 为随机变量。

1. 离散型随机变量及其分布律

定义 1-9 设离散型随机变量 X 所有可能的取值为 $x_k(k=1,2,3,\cdots)$，X 取各个可能值的概率，即事件 $\{X=x_k\}$ 的概率为 $P(X=x_k)=p_k, k=1,2,3,\cdots$，称此为离散型随机变量 X 的分布律。

随机变量例题

例 1-3 设一辆汽车在开往目的地的道路上需经过 3 组信号灯，每组信号灯以 1/2 的概率允许或禁止汽车通过。以 X 表示汽车首次停下时已通过的信号灯组数，假设各组信号灯的工作是相互独立的，求 X 的分布律。

解：以 p 表示每组信号灯禁止汽车通过的概率。易知 X 的分布律如表 1-1 所示。

表 1-1

X	0	1	2	3
p_k	p	$(1-p)p$	$(1-p)^2p$	$(1-p)^3p$

$$P\{X=k\}=(1-p)^k p, k=0,1,2,3$$

离散型随机变量及其分布律

将 $p=1/2$ 代入表 1-1，结果如表 1-2 所示。

表 1-2

X	0	1	2	3
p_k	0.5	0.25	0.125	0.0625

下面给出常见离散型随机变量的概率分布。

1) 0-1 分布

定义 1-10 设随机变量 X 只可能取 0 与 1 两个值，其分布是

$$P\{X=k\}=p^k(1-p)^{1-k}, k=0,1(0<p<1) \tag{1-3}$$

则称 X 服从以 p 为参数的 0-1 分布或者两点分布。

0-1 分布的分布律也可以写成表 1-3 所示的形式。

表　1-3

X	0	1
p_k	$1-p$	p

2）二项分布

定义 1-11　设试验 E 只有两个可能的结果：A 及 $\bar{A}$，则称 E 为伯努利(Bernoulli)试验。设 $P(A)=p(0<p<1)$，此时 $P(\bar{A})=1-p$。将 E 独立重复进行 n 次，则称这一串独立重复的试验为 n 重伯努利试验。

定义 1-12　若 X 表示 n 重伯努利试验中事件 A 发生的次数，则 X 所有可能的取值为 $0,1,2,\cdots,n$。当 $X=k(0\leqslant k\leqslant n)$时，即 A 在 n 次试验中发生 k 次。A 在 n 次试验中发生 k 次的方式共有$\binom{n}{k}$种，且两两互不相容。因此，A 在 n 次试验中发生 k 次的概率为

$$\binom{n}{k}p^k(1-p)^{n-k}\xrightarrow{\text{记}q=1-p}\binom{n}{k}p^kq^{n-k}$$

X 的分布律如表 1-4 所示。

伯努利试验、二项分布

表　1-4

X	0	1	$\cdots$	k	$\cdots$	n
p_k	q^n	$\binom{n}{1}pq^{n-1}$	$\cdots$	$\binom{n}{k}p^kq^{n-k}$	$\cdots$	p^n

这样的分布称为二项分布，记为 $X\sim b(n,p)$。当 $n=1$ 时的二项分布是 0-1 分布。

3）泊松分布

定义 1-13　设随机变量 X 所有可能取的值为 $0,1,2,\cdots$，而取各个值的概率为

$$P(X=k)=\frac{\lambda^k\mathrm{e}^{-\lambda}}{k!},k=0,1,2,\cdots \tag{1-4}$$

泊松分布

其中 $\lambda>0$ 是常数，则称 X 服从参数为 λ 的泊松分布，记为 $X\sim P(\lambda)$。

2. 随机变量的分布函数

定义 1-14　设 X 是一个随机变量，x 是任意实数，称函数 $F(x)=P(X\leqslant x)$，$-\infty<x<+\infty$为 X 的分布函数。

3. 连续型随机变量及其概率密度

首先给出概率密度的定义。

定义 1-15　如果对于随机变量 X 的分布函数 $F(x)$，存在非负可积函数 $f(x)$，使得对于任意实数 x 有 $F(x)=\int_{-\infty}^{x}f(t)\mathrm{d}t$，则称 X 为连续型随机变量，其中 $f(x)$ 称为 X 的概率密度函数，简称概率密度。

下面介绍常见连续型随机变量及其概率分布。

1）均匀分布

定义 1-16 若连续型随机变量 X 具有概率密度

$$f(x)=\begin{cases}\dfrac{1}{b-a}, & a<x<b \\ 0, & \text{其他}\end{cases} \tag{1-5}$$

则称 X 在区间(a,b)上服从均匀分布，记为 $X\sim U(a,b)$。

X 的分布函数为

$$F(x)=\int_{-\infty}^{x}f(t)\mathrm{d}t=\begin{cases}0, & x<a \\ \dfrac{x-a}{b-a}, & a\leqslant x<b \\ 1, & x\geqslant b\end{cases} \tag{1-6}$$

2）指数分布

定义 1-17 若连续型随机变量 X 具有概率密度

$$f(x)=\begin{cases}\dfrac{1}{\theta}\mathrm{e}^{-x/\theta}, & x>0 \\ 0, & \text{其他}\end{cases} \tag{1-7}$$

其中 $\theta>0$ 为常数，则称 X 服从参数为 θ 的指数分布。

X 的分布函数为

$$F(x)=\begin{cases}0, & x<0 \\ 1-\mathrm{e}^{-x/\theta}, & x\geqslant 0\end{cases} \tag{1-8}$$

3）正态分布

定义 1-18 若连续型随机变量 X 具有概率密度

$$f(x)=\frac{1}{\sqrt{2\pi}\sigma}\mathrm{e}^{-\frac{(x-\mu)^2}{2\sigma^2}},-\infty<x<+\infty,\mu、\sigma \text{ 为常数},\sigma>0 \tag{1-9}$$

连续型随机变量及其概率密度例题

则称 X 服从参数为 μ、σ^2 的正态分布或高斯分布，记作 $X\sim N(\mu,\sigma^2)$。

X 的分布函数为

$$F(x)=\frac{1}{\sqrt{2\pi}\sigma}\int_{-\infty}^{x}\mathrm{e}^{-\frac{(t-\mu)^2}{2\sigma^2}}\mathrm{d}t \tag{1-10}$$

4. 随机变量的函数的分布

首先看离散型随机变量的函数的分布。

定义 1-19 设 $f(x)$是定义在随机变量 X 的一切可能值 x 的集合上的函数，若随机变量 Y 随着 X 的取值 x 而取 $Y=f(x)$的值，则称随机变量 Y 为随机变量 X 的函数，记作 $Y=f(X)$。

离散型随机变量的函数的分布及例题

如果 X 是离散型随机变量，其函数 $Y=g(X)$也是离散型随机变量。若 X 的分布律如表 1-5 所示，则 $Y=g(X)$的分布律如表 1-6 所示。

表 1-5

X	x_1	x_2	…	x_k	…
p_k	p_1	p_2	…	p_k	…

表　1-6

$Y=g(X)$	$g(x_1)$	$g(x_2)$	…	$g(x_k)$	…
p_k	p_1	p_2	…	p_k	…

注意，若 $g(x_k)$ 中有相同的值，应将相应的 p_k 合并。

其次看连续型随机变量的函数的分布。

定理 1-6　设随机变量 X 具有概率密度 $f_X(x)$，$-\infty<x<+\infty$，又设函数 $g(x)$ 处处可导且恒有 $g'(x)>0$(或恒有 $g'(x)<0$)，并具有反函数，则 $Y=g(X)$ 是连续型随机变量，其概率密度为

离散型随机变量的函数定理及例题

$$f_Y(y)=f(x)=\begin{cases} f_X[h(y)]\,|h'(y)|, & \alpha<y<\beta \\ 0, & \text{其他} \end{cases} \tag{1-11}$$

其中，$\alpha=\min\{g(-\infty),g(+\infty)\}$，$\beta=\max\{g(-\infty),g(+\infty)\}$，$h(y)$ 是 $g(x)$ 的反函数。

一维随机变量及其分布总结

1.2.2　多维随机变量及其分布

1. 二维随机变量

首先给出二维随机变量的定义。

定义 1-20　设 E 是一个随机试验，它的样本空间是 $S=\{e\}$，设 $X=X(e)$ 和 $Y=Y(e)$ 是定义在 S 上的随机变量，由它们构成的一个向量 (X,Y) 称为二维随机变量或二维随机向量。

一维随机变量及其分布习题

其次给出二维随机变量的分布函数。

定义 1-21　设 (X,Y) 是二维随机变量，对于任意实数 x、y，二元函数 $F(x,y)=P\{(X\leqslant x)\cap(Y\leqslant y)\}\triangleq P(X\leqslant x,Y\leqslant y)$ 称为二维随机变量 (X,Y) 的分布函数，或者称为随机变量 X 和 Y 的联合分布函数。

二维随机变量及其分布函数

2. 二维离散型随机变量

首先给出二维离散型随机变量的定义。

定义 1-22　如果二维随机变量 (X,Y) 的全部可能取的不相同的值是有限对或可列无限对，则称 (X,Y) 是离散型随机变量。

其次给出二维离散型随机变量的分布律的定义。

定义 1-23　设二维离散型随机变量 (X,Y) 可能取的值是 (x_i,y_j)，$i,j=1,2,3,\cdots$，记 $P(X=x_i,Y=y_j)=p_{ij}$，$i,j=1,2,3,\cdots$，则由概率的定义有 $p_{ij}\geqslant 0$，$\sum\limits_{i=1}^{\infty}\sum\limits_{j=1}^{\infty}p_{ij}=1$，称 $P(X=x_i,Y=y_j)=p_{ij}$，$i,j=1,2,3,\cdots$ 为二维离散型随机变量 (X,Y) 的分布律，或者随机变量 X 和 Y 的联合分布律。

3. 二维连续型随机变量

首先给出二维连续型随机变量的定义。

定义 1-24　对于二维随机变量 (X,Y) 的分布函数 $F(x,y)$，如果存在非负的函数 $f(x,y)$，使对于任意 x、y 有

$$F(x,y)=\int_{-\infty}^{y}\int_{-\infty}^{x}f(u,v)\,\mathrm{d}u\,\mathrm{d}v \tag{1-12}$$

则称(X,Y)是连续型的二维随机变量,函数$f(x,y)$称为二维随机变量(X,Y)的概率密度,或称为随机变量X和Y的联合概率密度。

其次讨论边缘分布。

边缘分布函数的定义如下。

定义 1-25 设$F(X,Y)$为二维随机变量(X,Y)的分布函数,则

$$F(x,y)=P\{X\leqslant x,Y\leqslant y\} \tag{1-13}$$

令$y\to\infty$,称$P\{X\leqslant x\}=P\{X\leqslant x,Y\leqslant\infty\}=F(x,\infty)$为随机变量$(X,Y)$关于$X$的边缘分布函数。记为

$$F_X(x)=P\{X\leqslant x\}=P\{X\leqslant x,Y<+\infty\}=F(x,+\infty) \tag{1-14}$$

同理,令$x\to\infty$,则

$$F_Y(y)=P\{Y\leqslant y\}=P\{X<+\infty,Y\leqslant y\}=F(+\infty,y) \tag{1-15}$$

为随机变量(X,Y)关于Y的边缘分布函数。

离散型随机变量的边缘分布律的定义如下。

定义 1-26 一般地,二维离散型随机变量(X,Y)的联合分布律为$P(X=x_i,Y=y_j)=p_{ij},i,j=1,2,3,\cdots$。记

$$p_{i\cdot}=\sum_{j=1}^{\infty}p_{ij}=P\{X=x_i\},i=1,2,3,\cdots$$

$$p_{\cdot j}=\sum_{i=1}^{\infty}p_{ij}=P\{Y=y_j\},j=1,2,3,\cdots$$

分别称$p_{i\cdot}(i=1,2,3,\cdots)$和$p_{\cdot j}(j=1,2,3,\cdots)$为$(X,Y)$关于$X$和关于$Y$的边缘分布律。

$$P\{X=x_i\}=\sum_{j=1}^{\infty}p_{ij},i=1,2,3,\cdots$$

$$P\{Y=y_i\}=\sum_{i=1}^{\infty}p_{ij},j=1,2,3,\cdots$$

因此,离散型随机变量(X,Y)关于X和Y的边缘分布函数分别为

$$F_X(x)=F(x,\infty)=\sum_{x_i\leqslant x}\sum_{j=1}^{\infty}p_{ij} \tag{1-16}$$

$$F_Y(y)=F(\infty,y)=\sum_{y_i\leqslant y}\sum_{i=1}^{\infty}p_{ij} \tag{1-17}$$

4. 条件分布

首先给出离散型随机变量的条件分布的定义。

定义 1-27 设(X,Y)是二维离散型随机变量,其分布律为

$$P\{X=x_i\mid Y=y_j\}=p_{ij},i,j=1,2,3,\cdots \tag{1-18}$$

(X,Y)关于X和关于Y的边缘分布律为

$$P\{X=x_i\}=P_{i\cdot}=\sum_{j=1}^{\infty}p_{ij},i=1,2,3,\cdots \tag{1-19}$$

$$P\{Y=y_j\}=P_{\cdot j}=\sum_{i=1}^{\infty}p_{ij},j=1,2,3,\cdots \tag{1-20}$$

设$p_{\cdot j}>0$,现在考虑在事件$\{Y=y_j\}$已发生的条件下事件$\{X=x_i\}$发生的概率$P\{X=$

$x_i|Y=y_j\}$。

由条件概率公式可得

$$P\{X=x_i \mid Y=y_j\}=\frac{P\{X=x_i,Y=y_j\}}{P\{Y=y_j\}}=\frac{p_{ij}}{p_{\cdot j}},i=1,2,3,\cdots \tag{1-21}$$

定义 1-28　设(X,Y)是二维离散型随机变量，对于固定的 j，若 $P\{Y=y_j\}>0$，则称

$$P\{X=x_i \mid Y=y_j\}=\frac{P\{X=x_i,Y=y_j\}}{P\{Y=y_j\}}=\frac{p_{ij}}{p_{\cdot j}},i=1,2,3,\cdots \tag{1-22}$$

为 $Y=y_j$ 条件下随机变量 X 的条件分布律。

其次给出连续型随机变量的条件分布的定义。

定义 1-29　设二维随机变量(X,Y)的概率密度为 $f(x,y)$，(X,Y)关于 Y 的边缘概率密度为 $f_Y(y)$。若对于固定的 y，$f_Y(y)>0$，则称$\dfrac{f(x,y)}{f_Y(y)}$为在 $Y=y$ 的条件下 X 的条件概率密度，记为 $f_{X|Y}(x|y)=\dfrac{f(x,y)}{f_Y(y)}$。

称$\displaystyle\int_{-\infty}^{x} f_{X|Y}(x \mid y)\mathrm{d}x=\int_{-\infty}^{x}\frac{f(x,y)}{f_Y(y)}\mathrm{d}x$ 为在条件 $Y=y$ 下 X 的条件分布函数，记为 $P\{X\leqslant x \mid Y=y\}$ 或者 $F_{X|Y}(x \mid y)$，即

$$F_{X|Y}(x \mid y)=P\{X\leqslant x \mid Y=y\}=\int_{-\infty}^{x}\frac{f(x,y)}{f_Y(y)}\mathrm{d}x \tag{1-23}$$

下面给出随机变量相互独立的定义。

定义 1-30　设 X、Y 是两个随机变量，若对任意的 x、y，有

$$P\{X\leqslant x,Y\leqslant y\}=P(X\leqslant x)P(Y\leqslant y)$$

则称 X 和 Y 相互独立。

也可以用分布函数表示：设 X、Y 是两个随机变量，若对任意的 x、y，有

$$F(x,y)=F_X(x)F_Y(y)$$

则称 X 和 Y 相互独立。

• 若(X,Y)是连续型随机变量，则上述定义等价于以下定义：

对任意的 x、y，有 $f(x,y)=f_X(x)f_Y(y)$几乎处处成立，则称 X 和 Y 相互独立。

• 若(X,Y)是离散型随机变量，则上述定义等价于以下定义：

对(X,Y)的所有可能取值(x_i,y_j)，有 $P\{X=x_i,Y=y_j\}=P(X=x_i)P(Y=y_j)$，则称 X 和 Y 相互独立。

下面讨论正态随机变量的独立性。

定义 1-31　设二维随机变量(X,Y)服从正态分布 $N(\mu_1,\mu_2,\sigma_1,\sigma_2,\rho)$，其联合分布密度为

$$f(x,y)=\frac{1}{2\pi\sigma_1\sigma_2\sqrt{1-\rho^2}}\times \exp\left\{-\frac{1}{2(1-\rho^2)}\left[\frac{(x-\mu_1)^2}{\sigma_1^2}-\frac{2\rho(x-\mu_1)(y-\mu_2)}{\sigma_1\sigma_2}+\frac{(y-\mu_2)^2}{\sigma_2^2}\right]\right\} \tag{1-24}$$

由前文可知，X 的边缘分布密度为

$$f_X(x)=\frac{1}{\sqrt{2\pi}\sigma_1}e^{-\frac{(x-\mu_1)^2}{2\sigma_1^2}}\quad(-\infty<x<+\infty) \tag{1-25}$$

Y 的边缘分布密度为

$$f_Y(y)=\frac{1}{\sqrt{2\pi}\sigma_2}e^{-\frac{(y-\mu_2)^2}{2\sigma_2^2}}\quad(-\infty<y<+\infty) \tag{1-26}$$

所以,若 $\rho=0$,有

$$f(x,y)=\frac{1}{2\pi\sigma_1\sigma_2}\exp\left\{-\frac{1}{2}\left[\frac{(x-\mu_1)^2}{\sigma_1^2}+\frac{(y-\mu_2)^2}{\sigma_2^2}\right]\right\}=f_X(x)f_Y(y) \tag{1-27}$$

这表明,此时随机变量 X 和 Y 相互独立。

反之,如若 X 和 Y 相互独立,则对任意的 x 和 y 有 $f(x,y)=f_X(x)f_Y(y)$。特别地,有 $f(\mu_1,\mu_2)=f_X(\mu_1)f_Y(\mu_2)$,即

$$\frac{1}{2\pi\sigma_1\sigma_2\sqrt{1-\rho^2}}=\frac{1}{\sqrt{2\pi}\sigma_1}\cdot\frac{1}{\sqrt{2\pi}\sigma_2}$$

由此得,$\rho=0$。

综上所述,有以下重要结论:二维正态随机变量 (X,Y) 相互独立的充要条件是 $\rho=0$。

下面讨论一般 n 维随机变量的一些概念和结果。

1) n 维随机变量

定义 1-32 设 E 是一个随机试验,它的样本空间是 $S=\{e\}$。设 $X_1=X_1(e),X_2=X_2(e),\cdots,X_n=X_n(e)$ 是定义在 S 上的随机变量,由它们构成的一个 n 维向量 $(X_1,X_2,\cdots,X_n)$ 称为 n 维随机变量。

2) 分布函数

定义 1-33 对于任意 n 个实数 $x_1,x_2,\cdots,x_n$,n 元函数

$$F(x_1,x_2,\cdots x_n)=P(X_1\leqslant x_1,X_2\leqslant x_2,\cdots,X_n\leqslant x_n)$$

称为 n 维随机变量 $(X_1,X_2,\cdots,X_n)$ 的分布函数。

3) 离散型随机变量的分布律

定义 1-34 设 $(X_1,X_2,\cdots,X_n)$ 所有可能取值为 $(x_{1i_1},x_{2i_2},\cdots,x_{ni_n})(i_j=1,2,3,\cdots)$,

$$P(X_1=x_{1i_1},X_2=x_{2i_2},\cdots,X_n=x_{ni_n})(j=1,2,\cdots,n),(i_j=1,2,3,\cdots)$$

称为 n 维离散型随机变量 $(X_1,X_2,\cdots,X_n)$ 的分布律。

4) 连续型随机变量的概率密度

定义 1-35 若存在非负函数 $f(x_1,x_2,\cdots,x_n)$,使得对于任意实数 $x_1,x_2,\cdots,x_n$,$F(x_1,x_2,\cdots,x_n)=\int_{-\infty}^{x_n}\int_{-\infty}^{x_{n-1}}(x_1,x_2,\cdots,x_n)\mathrm{d}x_1\mathrm{d}x_2\cdots\mathrm{d}x_n$,则称 $f(x_1,x_2,\cdots,x_n)$ 为连续型随机变量的概率密度。

5) 边缘分布函数

定义 1-36 若 $(X_1,X_2,\cdots,X_n)$ 的分布函数 $F(x_1,x_2,\cdots,x_n)$ 已知,则 $(X_1,X_2,\cdots,X_n)$ 的 $k(1\leqslant k\leqslant n)$ 维边缘分布函数就随之确定。

例如:

$$F_{X_1}(x_1)=F(x_1,\infty,\infty,\cdots,\infty)$$

$$F_{(X_1,X_2)}(x_1,x_2)=F(x_1,x_2,\infty,\cdots,\infty)$$

6）边缘概率密度函数

定义 1-37 若 $f(x_1,x_2,\cdots,x_n)$ 是 $(X_1,X_2,\cdots,X_n)$ 的概率密度，则 $(X_1,X_2,\cdots,X_n)$ 关于 X_1 和关于 (X_1,X_2) 的边缘概率密度分别为

$$f_{X_1}(x_1)=\int_{-\infty}^{+\infty}\cdots\int_{-\infty}^{+\infty}f(x_1,x_2,\cdots,x_n)\mathrm{d}x_2\mathrm{d}x_3\cdots\mathrm{d}x_n$$

$$f_{(X_1,X_2)}(x_1,x_2)=\int_{-\infty}^{+\infty}\cdots\int_{-\infty}^{+\infty}f(x_1,x_2,\cdots,x_n)\mathrm{d}x_3\mathrm{d}x_4\cdots\mathrm{d}x_n$$

7）相互独立性

定义 1-38 若对于所有的 $x_1,x_2,\cdots,x_n$ 有

$$F(x_1,x_2,\cdots,x_n)=F_{X_1}(x_1)F_{X_2}(x_2)\cdots F_{X_n}(x_n)$$

则称 $X_1,X_2,\cdots,X_n$ 是相互独立的。

5. 两个随机变量函数的分布

首先看离散型随机变量函数的分布。

若二维离散型随机变量的联合分布律为

$$P\{X=x_i,Y=y_j\}=p_{ij},i,j=1,2,3,\cdots,$$

则随机变量函数 $Z=g(X,Y)$ 的分布律为

$$P\{Z=z_k\}=P\{g(X,Y)=z_k\}=\sum_{z_k=g(x_i,y_j)}p_{ij},k=1,2,3,\cdots$$

其次看连续型随机变量函数的分布。

设 (X,Y) 是二维连续型随机变量，它具有概率密度 $f(x,y)$，则 $Z=X+Y$ 仍为连续型随机变量，其概率密度为

$$f_{X+Y}(z)=\int_{-\infty}^{+\infty}f(z-y,y)\mathrm{d}y \quad 或 \quad f_{X+Y}(z)=\int_{-\infty}^{+\infty}f(x,z-x)\mathrm{d}x$$

又，若 X 和 Y 相互独立，设 (X,Y) 关于 X、Y 的边缘密度分别为 $f_X(x)$、$f_Y(y)$，则上面两式可分别化为以下两式：

$$f_{X+Y}(z)=\int_{-\infty}^{+\infty}f_X(z-y)f_Y(y)\mathrm{d}y \tag{1-28}$$

多维随机变量及其分布总结

$$f_{X+Y}(z)=\int_{-\infty}^{+\infty}f_X(x)f_Y(z-x)\mathrm{d}x \tag{1-29}$$

这两个公式称为 f_X 和 f_Y 的卷积公式，记为 f_X*f_Y，即

$$f_X*f_Y=\int_{-\infty}^{+\infty}f_X(z-y)f_Y(y)\mathrm{d}y=\int_{-\infty}^{+\infty}f_X(x)f_Y(z-x)\mathrm{d}x \tag{1-30}$$

多维随机变量及其分布习题

1.3 随机变量的数字特征

1.3.1 随机变量的数学期望

1. 离散型随机变量的数学期望

定义 1-39 设离散型随机变量 X 的分布律为 $P\{X=x_k\}=p_k,k=1,2,3,\cdots$。若级数的和 $\sum_{k=1}^{\infty}x_kp_k$ 绝对收敛，则称级数的和 $\sum_{k=1}^{\infty}x_kp_k$ 为随机变量 X 的数学期望，记为 $E(X)$，即

离散型随机变量的数学期望及例题

$$E(X)=\sum_{k=1}^{\infty}x_k p_k$$

连续型随机变量数学期望及例题

2. 连续型随机变量数学期望

定义 1-40 设连续型随机变量 X 的概率密度为 $f(x)$，若积分 $\int_{-\infty}^{+\infty}xf(x)\mathrm{d}x$ 绝对收敛，则称积分 $\int_{-\infty}^{+\infty}xf(x)\mathrm{d}x$ 的值为随机变量 X 的数学期望，记为 $E(X)$，即

$$E(X)=\int_{-\infty}^{+\infty}xf(x)\mathrm{d}x$$

1.3.2 随机变量函数的数学期望

随机变量函数的数学期望及例题

1. 离散型随机变量函数的数学期望

定义 1-41 若 $Y=g(X)$ 且 $P=\{X=x_k\}=p_k,k=1,2,3,\cdots$，则离散型随机变量函数 $g(X)$ 的数学期望为

$$E(g(X))=\sum_{k=1}^{\infty}g(x_k)p_k$$

2. 连续型随机变量函数的数学期望

定义 1-42 若 X 是连续型随机变量，它的分布密度为 $f(x)$，则连续型随机变量函数 $g(X)$ 的数学期望为

$$E(g(X))=\int_{-\infty}^{+\infty}g(x)f(x)\mathrm{d}x$$

3. 二维随机变量函数的数学期望

定义 1-43

(1) 设 X、Y 为离散型随机变量，$g(x,y)$ 为二元函数，则二维随机变量函数 $g(X,Y)$ 的数学期望为

$$E[g(X,Y)]=\sum_{i}\sum_{j}g(x_i,y_j)p_{ij} \tag{1-31}$$

其中，(X,Y) 的联合概率密度分布为 p_{ij}。

(2) 设 X、Y 为连续型随机变量，$g(x,y)$ 为二元函数，则二维随机变量函数 $g(X,Y)$ 的数学期望为

$$E[g(X,Y)]=\int_{-\infty}^{+\infty}\int_{-\infty}^{+\infty}g(x,y)f(x,y)\mathrm{d}x\mathrm{d}y \tag{1-32}$$

其中，(X,Y) 的联合概率密度为 $f(x,y)$。

1.3.3 随机变量的方差

随机变量的方差

1. 定义

定义 1-44 设 X 是一个随机变量，若 $E\{[X-E(X)]^2\}$ 存在，记为 $D(X)$ 或者 $\mathrm{Var}(X)$，即 $D(X)=\mathrm{Var}(X)=E\{[X-E(X)]^2\}$。在应用上还会引入量 $\sqrt{D(X)}$，记为 $\sigma(X)$。$D(X)$ 和 $\sigma(X)$ 分别称为方差和标准差。

2. 随机变量方差的计算

(1) 利用定义计算。

- 对于离散型随机变量：

$$D(X)=\sum_{k=1}^{\infty}[x_k-E(X)]^2 p_k$$

- 对于连续型随机变量：

$$D(X)=\int_{-\infty}^{+\infty}[x-E(X)]^2 f(x)\mathrm{d}x$$

（2）利用公式计算方差：

$$D(X)=E(X^2)-[E(X)]^2$$

1.3.4 重要概率分布的方差

1. 两点分布的方差

已知随机变量 X 的分布律如表 1-7 所示。

重要概率分布的方差 1

表 1-7

X	0	1
p	$1-p$	p

则有

$$E(X)=1\cdot p+0\cdot(1-p)=p$$

$$D(X)=E(X^2)-[E(X)]^2=1^2\cdot p+0^2\cdot(1-p)-p^2=p(1-p) \tag{1-33}$$

2. 二项分布的方差

设随机变量 X 服从参数 n、p 的二项分布，其分布律为

$$P\{X=k\}=\binom{n}{k}p^k(1-p)^{n-k},k=0,1,2,\cdots,n,0<p<1 \tag{1-34}$$

则有

$$D(X)=E(X^2)-[E(X)]^2=(n^2-n)p^2+np-(np)^2=np(1-p)$$

3. 泊松分布的方差

设随机变量 $X\sim P(\lambda)$，其分布律为

$$P\{X=k\}=\frac{\lambda^k}{k!}\mathrm{e}^{-\lambda},k=0,1,2,\cdots,\lambda>0 \tag{1-35}$$

则有

$$D(X)=E(X^2)-[E(X)]^2=\lambda^2+\lambda-\lambda^2=\lambda$$

4. 均匀分布的方差

设随机变量 $X\sim U(a,b)$，其概率密度为

$$f(x)=\begin{cases}\dfrac{1}{b-a}, & a<x<b\\ 0, & \text{其他}\end{cases} \tag{1-36}$$

重要概率分布的方差 2

则有

$$D(X)=E(X^2)-[E(X)]^2=\int_a^b x^2\frac{1}{b-a}\mathrm{d}x-\left(\frac{a+b}{2}\right)^2=\frac{(b-a)^2}{12}$$

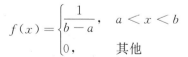

5. 指数分布的方差

设随机变量 X 服从指数分布,其概率密度为

$$f(x)=\begin{cases}\frac{1}{\theta}e^{-x/\theta}, & x>0\\ 0, & x\leqslant 0\end{cases} \tag{1-37}$$

则有

$$D(X)=E(X^2)-[E(X)]^2=2\theta^2-\theta^2=\theta^2$$

6. 正态分布的方差

设随机变量 $X\sim N(\mu,\sigma^2)$,其概率密度为

$$f(x)=\frac{1}{\sqrt{2\pi}\sigma}e^{\frac{(x-\mu)^2}{2\sigma^2}},\sigma>0,-\infty<x<+\infty \tag{1-38}$$

则有

$$E(X)=\mu,D(X)=\sigma^2$$

例 1-4 若 $X\sim N(2,3)$,$Y\sim N(1,4)$,且 X、Y 相互独立,求 $Z=2X-3Y$。

解:$Z=2X-3Y$ 也服从正态分布,而

$$E(Z)=2\times 2-3\times 1=1$$

$$D(Z)=D(2X-3Y)=4D(X)+9D(Y)=48$$

故有 $Z\sim N(1,48)$。

1.3.5 协方差和相关系数

定义 1-45 $E\{[X-E(X)][Y-E(Y)]\}$称为随机变量 X 与 Y 的协方差,记为 $\mathrm{Cov}(X,Y)$,即

$$\mathrm{Cov}(X,Y)=E\{[X-E(X)][Y-E(Y)]\}$$

而将

$$\rho_{XY}=\frac{\mathrm{Cov}(X,Y)}{\sqrt{D(X)}\sqrt{D(Y)}}$$

称为随机变量 X 与 Y 的相关系数。

1.4 数据分布特征

数据分布特征及其测度如图 1-1 所示。

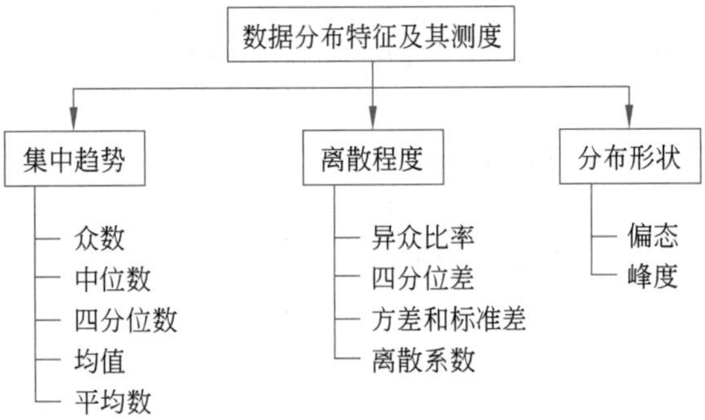

图 1-1

1.4.1　集中趋势的测度

1. 众数

众数的概念要点如下：

(1) 它是集中趋势的测度之一。

(2) 它是出现次数最多的变量值。

(3) 它不受极端值的影响。

(4) 可能没有众数，也可能有几个众数。

众数有以下 3 种情况：

(1) 无众数。例如，原始数据为

$$10 \quad 5 \quad 9 \quad 12 \quad 6 \quad 8$$

(2) 有一个众数。例如，原始数据为

$$6 \quad \underline{5} \quad 9 \quad 8 \quad \underline{5}$$

(3) 有多个众数。例如，原始数据为

$$25 \quad \underline{28} \quad \underline{28} \quad 36 \quad \underline{42} \quad \underline{42}$$

数据排序后的最高峰表示众数值，如图 1-2 所示。

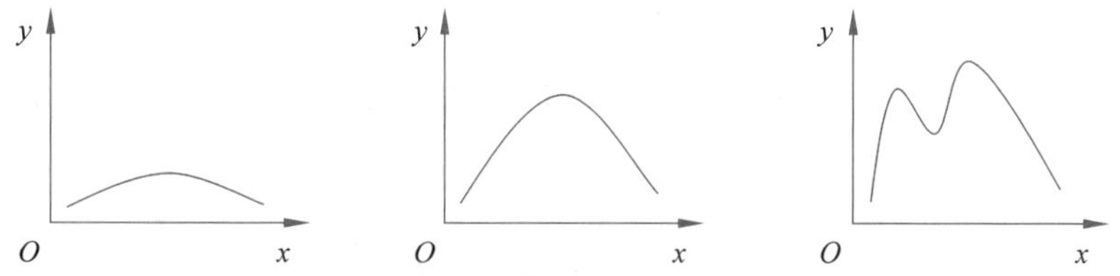

图　1-2

2. 中位数

中位数的概念要点如下：

(1) 它是集中趋势的测度之一。

(2) 它是排序后处于中间位置上的值，如图 1-3 所示。

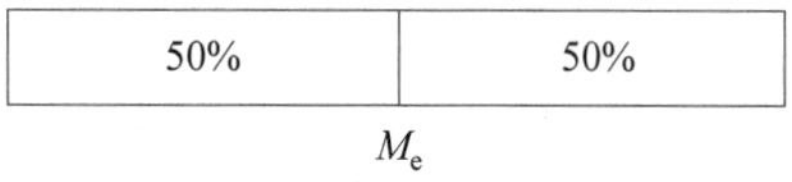

图　1-3

(3) 它不受极端值的影响。

(4) 各变量值与中位数的离差的绝对值之和最小，即

$$\sum_{i=1}^{n} |X_i - M_e| = \min$$

未分组数据的中位数的计算公式如下：

$$M_e = \begin{cases} x_{\frac{N+1}{2}}, & \text{当 } N \text{ 为奇数时} \\ \dfrac{1}{2}(X_{\frac{N}{2}} + X_{\frac{N}{2}+1}), & \text{当 } N \text{ 为偶数时} \end{cases}$$

3. 四分位数

四分位数的概念要点如下：

(1) 它是集中趋势的测度之一。

(2) 它是排序后处于 25%和 75%位置上的值,如图 1-4 所示。

(3) 它不受极端值的影响。

未分组数据的四分位数的位置如下:

- 下四分位数(Q_L)位置为$\dfrac{N+1}{4}$。
- 上四分位数(Q_U)位置为$\dfrac{3(N+1)}{4}$。

25%	25%	25%	25%

Q_L　　Q_M　　Q_U

图　1-4

4. 均值

均值的概念要点如下:

(1) 它是集中趋势的测度之一。

(2) 它是最常用的测度。

(3) 它是一组数据的均衡点所在。

(4) 它易受极端值的影响。

均值的计算公式如下:

- 设一组数据为 $X_1, X_2, \cdots, X_N$,简单均值的计算公式为

$$\bar{X}=\frac{X_1+X_2+\cdots+X_N}{N}=\frac{\sum_{i=1}^{N} X_i}{N} \tag{1-39}$$

- 设分组后的数据为 $X_1, X_2, \cdots, X_K$,相应的频数为 $F_1, F_2, \cdots, F_K$,加权均值的计算公式为

$$\bar{X}=\frac{X_1F_1+X_2F_2+\cdots+X_KF_K}{F_1+F_2+\cdots+F_K}=\frac{\sum_{i=1}^{K} X_iF_i}{\sum_{i=1}^{K} F_i} \tag{1-40}$$

均值有以下数学性质:

(1) 各变量值与均值的离差之和等于 0,即

$$\sum_{i=1}^{n}(X_i-\bar{X})=0$$

(2) 各变量值与均值的离差的平方和最小,即$\sum_{i=1}^{n}(X_i-\bar{X})^2$ 最小。

5. 平均数

平均数有以下两种:

- 调和平均数(harmonic mean),即

$$\frac{1}{\dfrac{\dfrac{1}{x_1}+\dfrac{1}{x_2}+\cdots+\dfrac{1}{x_n}}{n}}$$

- 几何平均数(geometric mean),即

$$\sqrt[n]{x_1x_2\cdots x_n}$$

1）调和平均数

调和平均数的概念要点如下：

(1) 它是集中趋势的测度之一。

(2) 它是均值的另一种表现形式。

(3) 它易受极端值的影响。

(4) 它用于定比数据。

(5) 它不能用于定类数据和定序数据。

调和平均数的计算公式为

$$H_M = \frac{\sum_{i=1}^{N} X_i F_i}{\sum_{i=1}^{N} \frac{X_i F_i}{X_i}} = \frac{\sum_{i=1}^{N} X_i F_i}{\sum_{i=1}^{N} F_i} \tag{1-41}$$

2）几何平均数

几何平均数的概念要点如下：

(1) 它是集中趋势的测度之一。

(2) 它是 N 个变量值乘积的 N 次方根。

(3) 它适用于特殊的数据。

(4) 它主要用于计算平均发展速度。

几何平均数的计算公式为

$$G_M = \sqrt[N]{X_1 X_2 \cdots X_n} = \sqrt[N]{\prod_{i=1}^{N} X_i} \tag{1-42}$$

几何平均数可看作均值的一种变形，即

$$\log_{10} G_M = \frac{1}{N}(\log_{10} X_1 + \log_{10} X_2 + \cdots + \log_{10} X_N) = \frac{\sum_{i=1}^{N} \log_{10} X_i}{N} \tag{1-43}$$

6. 众数、中位数和均值的关系

众数、中位数和均值的关系如图 1-5 所示。

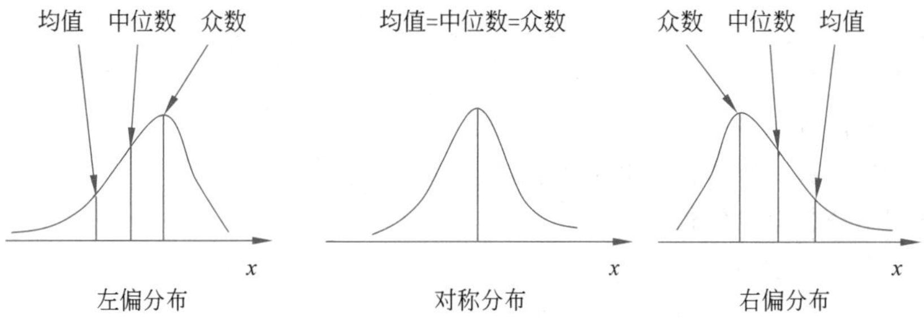

图　1-5

7. 数据类型与适用的集中趋势测度

数据类型与适用的集中趋势测度如表 1-8 所示。

表 1-8

数据类型	适用的集中趋势测度
定类数据	众数
定序数据	中位数、四分位数、众数
定距数据	均值、众数、中位数、四分位数
定比数据	均值、调和平均数、几何平均数、中位数、四分位数、众数

1.4.2 离散程度的测度

不同类型的数据有不同的离散程度测度,一般分为以下 4 种情况:

(1) 定类数据:异众比率。

(2) 定序数据:四分位差。

(3) 定距和定比数据:方差及标准差。

(4) 相对离散程度:离散系数。

数据的离散程度用离中趋势描述,它的概念要点如下:

(1) 它是数据分布的一个重要特征。

(2) 它的各个测度是对数据离散程度所作的描述。

(3) 它反映各变量值远离其中心值的程度。

(4) 它从另一个方向说明了集中趋势测度值代表的程度。

离散程度的直观意义如图 1-6 所示。

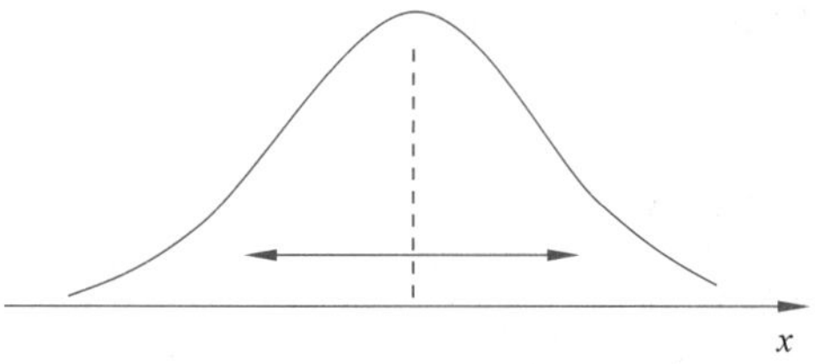

图 1-6

1. 定类数据离散程度的测度——异众比率

异众比率的概念要点如下:

(1) 它是离散程度的测度之一。

(2) 它是非众数的频数占总频数的比率。

(3) 它用于衡量众数的代表性。

异众比率的计算公式为

$$V_r = \frac{\sum_i F_i - F_m}{\sum_i F_i} = 1 - \frac{F_m}{\sum_i F_i}$$

其中,F_m 为众数的频数。

例 1-5 根据如下数据,计算异众比率。

某城市网民使用视频 App 观看内容类型的频数分布如表 1-9 所示。

表　1-9

内容类型	人数/人	比　例	频率/%
电视剧	112	0.560	56.0
电影	51	0.255	25.5
动漫	9	0.045	4.5
综艺	16	0.080	8.0
网络剧	10	0.050	5.0
其他	2	0.010	1.0
合计	200	1	100

解：
$$V_r=\frac{200-112}{200}=1-\frac{112}{200}=0.44$$

在接受调查的 200 人中，不观看电视剧的人数占 44%，异众比率还是比较大的。因此，用电视剧反映该城市网民使用视频 App 观看内容的一般趋势，其代表性不够好。

2. 定序数据离散程度的测度——四分位差

四分位差的概念要点如下：

(1) 它是离散程度的测度之一。

(2) 它也称为内距或四分间距。

(3) 它是上四分位数与下四分位数之差。

(4) 它反映了中间 50%数据的离散程度。

(5) 它不受极端值的影响。

(6) 它用于衡量中位数的代表性。

四分位差的计算公式为

$$Q_D=Q_U-Q_L$$

例 1-6　根据表 1-10 给出的某城市家庭对居住环境状况评价的频数分布数据，计算四分位差。

表　1-10

回答类别	户数/户	百分比/%
非常不满意	24	8
不满意	108	36
一般	93	31
满意	45	15
非常满意	30	10
合计	300	100

解：设非常不满意为 1，不满意为 2，一般为 3，满意为 4，非常满意为 5。已知 Q_L＝不满意＝2，Q_U＝一般＝3，四分位差为

$$Q_D = Q_U = Q_L = 3 - 2 = 1$$

3. 定距和定比数据离散程度的测度——方差和标准差

1）极差

极差的概念要点如下：

(1) 它是一组数据的最大值与最小值之差。

(2) 它是离散程度最简单的测度。

(3) 它易受极端值影响。

(4) 它未考虑数据的分布。

在如图 1-7 所示的两组数据中，左侧一组数据的极差为 0，右侧一组数据的极差为 3。

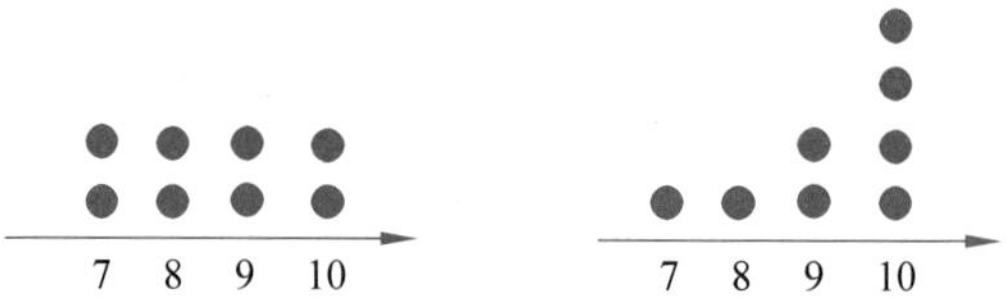

图 1-7

未分组数据极差的计算公式为

$$R = \max(X_i) - \min(X_i)$$

组距分组数据极差的计算公式为

$$R \doteq 最高组上限 - 最低组下限$$

2）平均差

平均差的概念要点如下：

(1) 它是离散程度的测度值之一。

(2) 它是各变量值与其均值离差绝对值的平均数。

(3) 它能全面反映一组数据的离散程度。

(4) 它的数学性质较差，在实际中应用较少。

未分组数据和组距分组数据的平均差计算公式分别为

$$M_D = \frac{\sum_{i=1}^{n} |X_i - \bar{X}|}{n} \tag{1-44}$$

$$M_D \doteq \frac{\sum_{i=1}^{k} |X_i - \bar{X}| F_i}{\sum_{i=1}^{k} F_i} \tag{1-45}$$

3）方差和标准差

方差和标准差的概念要点如下：

(1) 它们是离散程度的两个测度。

(2) 它们是最常用的测度。

(3) 它们反映了数据的分布。

- 反映了各变量值与均值的平均差异。
- 根据总体数据计算的，称为总体方差或总体标准差；根据样本数据计算的，称为样本方差或样本标准差。

未分组数据和组距分组数据的总体方差计算公式分别为

$$\sigma^2 = \frac{\sum_{i=1}^{n}(x_i - \bar{x})^2}{n} \tag{1-46}$$

$$\sigma^2 \doteq \frac{\sum_{i=1}^{k}(x_i - \bar{x})^2 f_i}{\sum_{i=1}^{k} f_i} \tag{1-47}$$

未分组数据和组距分组数据的总体标准差的计算公式分别为

$$\sigma = \sqrt{\frac{\sum_{i=1}^{n}(x_i - \bar{x})^2}{n}} \tag{1-48}$$

$$\sigma \doteq \sqrt{\frac{\sum_{i=1}^{k}(x_i - \bar{x})^2 f_i}{\sum_{i=1}^{k} f_i}} \tag{1-49}$$

未分组数据和组距分组数据的样本方差计算公式分别为

$$S_{n-1}^2 = \frac{\sum_{i=1}^{n}(x_i - \bar{x})^2}{n-1} \tag{1-50}$$

$$S_{n-1}^2 \doteq \frac{\sum_{i=1}^{k}(x_i - \bar{x})^2 f_i}{\sum_{i=1}^{k} f_i - 1} \tag{1-51}$$

未分组数据和组距分组数据的样本标准差的计算公式分别为

$$S_{n-1} = \sqrt{\frac{\sum_{i=1}^{n}(x_i - \bar{x})^2}{n-1}} \tag{1-52}$$

$$S_{n-1} \doteq \sqrt{\frac{\sum_{i=1}^{k}(x_i - \bar{x})^2 f_i}{\sum_{i=1}^{k} f_i - 1}} \tag{1-53}$$

4）样本方差自由度

样本方差自由度的概念要点如下：

(1) 它是一组数据中可以自由取值的数据的个数。

(2) 当样本数据的个数为 n 时，若样本均值 $\bar{x}$ 确定后，只有 $n-1$ 个数据可以自由取值，其中必有一个数据不能自由取值。

例如，样本有 3 个数值，即 $x_1=2$，$x_2=4$，$x_3=9$，则 $\bar{x}=5$。当 $\bar{x}=5$ 确定后，x_1、x_2 和 x_3 有两个数据可以自由取值，另一个则不能自由取值，例如，$x_1=6$，$x_2=7$，那么 x_3 则必然

取 2,而不能取其他值。

从实际应用角度看,在抽样估计中,当用样本方差估计总体方差 σ^2 时,它是 σ^2 的无偏估计量。

5)方差(简化计算公式)

总体方差的计算公式为

$$\sigma^2=\frac{\sum_{i=1}^{N}(X_i-\bar{X})^2}{N}=\frac{\sum_{i=1}^{N}X_i^2}{N}-\bar{X}^2$$

样本方差的计算公式为

$$S_{n-1}^2=\frac{\sum_{i=1}^{n}(x_i-\bar{x})^2}{n-1}=\frac{\sum_{i=1}^{n}x_i^2}{n-1}-\frac{\left(\sum_{i=1}^{n}x_i\right)^2}{n(n-1)}$$

方差有以下数学性质:各变量值对均值的方差小于对任意值的方差。

设 X_0 为不等于 $\bar{X}$ 的任意数,D^2 为对 X_0 的方差,则

$$D^2=\frac{\sum_{i=1}^{N}(X_i-X_0)^2}{N}=\sigma^2+(\bar{X}-X_0)^2$$

6)标准化值

标准化值的概念要点如下:

(1)它也称标准分数。

(2)它给出某一个值在一组数据中的相对位置。

(3)它可用于判断一组数据是否有离群点。

(4)它用于对变量的标准化处理。

总体标准化值和样本标准化值的计算公式分别为

$$Z_i=\frac{X_i-\bar{X}}{\sigma}$$

$$Z_i=\frac{x_i-\bar{x}}{S_{n-1}}$$

标准化解决方案的要点如下:

(1)无论满分多少,标准化后的量的平均数为 0,标准差为 1。

(2)可以比较满分不同的变量。

(3)可以比较单位不同的变量。

(4)不同类别也可以比较,例如 1000m 和跳远两个项目的成绩。

(5)以距离平均值的远近程度以及数据的离散程度为基础,将数据转换为易于讨论的数值。

4. 相对离散程度的测度——离散系数

离散系数的概念要点如下:

(1)它是标准差与其相应的均值之比。

(2)它消除了数据水平高低和计量单位的影响。

(3) 它用于测度数据的相对离散程度。

(4) 它用于对不同组别数据的离散程度的比较。

总体离散系数和样本离散系数的计算公式分别为

$$V_\sigma = \frac{\sigma}{\bar{X}}$$

$$V_S = \frac{S}{\bar{x}}$$

下面给出离散系数的应用实例和计算过程。

例 1-7　某管理局抽查了当地的 8 家企业，其产品销售数据如表 1-11 所示。试比较产品销售额与销售利润的离散程度。

表　1-11

企业编号	产品销售额/万元 X_1	销售利润/万元 X_2
1	170	8.1
2	220	12.5
3	390	18.0
4	430	22.0
5	480	26.5
6	650	40.0
7	950	64.0
8	1000	69.0

解：离散系数的计算过程为

$$\bar{X}_1 = 536.25, S_1 = 309.19, V_1 = \frac{309.19}{536.25} = 0.577$$

$$\bar{X}_2 = 32.5215, S_2 = 23.09, V_2 = \frac{23.09}{32.5215} = 0.710$$

结论：计算结果表明，$V_1 < V_2$，说明产品销售额的离散程度小于销售利润的离散程度。

数据类型和适用的离散程度测度如表 1-12 所示。

表　1-12

数据类型	适用的离散程度测度
定类数据	异众比率
定序数据	四分位差、异众比率
定距数据或定比数据	方差或标准差、离散系数(比较时用)、平均差、极差、四分位差、异众比率

1.4.3　分布形状的测度

偏态与峰度分布的形状如图 1-8 所示。

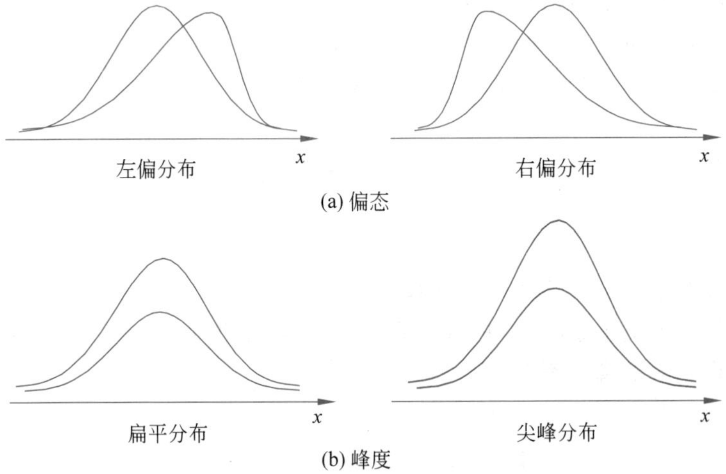

图 1-8

1. 偏态

偏态的概念要点如下:

(1) 偏态是数据分布偏斜程度的测度。

(2) 偏态系数=0 为对称分布。

(3) 偏态系数>0 为右偏分布。

(4) 偏态系数<0 为左偏分布。

偏态的计算公式为

$$\alpha_3=\frac{\sum_{i=1}^{K}(X_i-\bar{X})^3F_i}{\sigma^3\sum_{i=1}^{K}F_i}$$

例 1-8 已知 1997 年我国农村居民家庭按纯收入分组的有关数据如表 1-13 所示,试计算偏态系数。

表 1-13

纯收入分组标准/元	户数比重/%
500 以下	2.28
500～1000(不含)	12.45
1000～1500(不含)	20.35
1500～2000(不含)	19.52
2000～2500(不含)	14.93
2500～3000(不含)	10.35
3000～3500(不含)	6.56
3500～4000(不含)	4.13
4000～4500(不含)	2.68

续表

纯收入分组标准/元	户数比重/%
4500～5000(不含)	1.81
5000 及以上	4.94

解：从直方图观察的结论如图 1-9 所示。

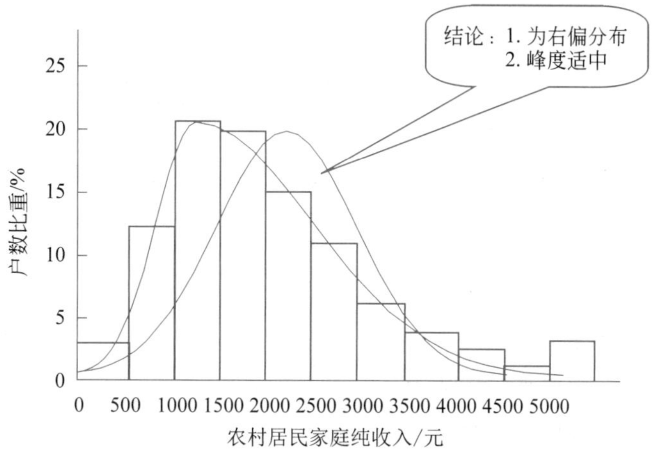

图 1-9

农村居民家庭纯收入数据偏态及峰度计算表如表 1-14 所示。

表 1-14

纯收入分组标准/百元	组中值/百元 X_i	户数比重/% F_i	$X_i - X$ F_i^3	$X_i - X$ F_i^4
5 以下	2.5	2.28	−154.64	2927.15
5～10(不含)	7.5	12.45	−336.46	4686.51
10～15(不含)	12.5	20.35	−144.87	1293.53
15～20(不含)	17.5	19.52	−11.84	46.52
20～25(不含)	22.5	14.93	0.18	0.20
25～30(不含)	27.5	10.35	23.16	140.60
30～35(不含)	32.5	6.56	89.02	985.49
35～40(不含)	37.5	4.13	171.43	2755.00
40～45(不含)	42.5	2.68	250.72	5282.94
45～50(不含)	47.5	1.81	320.74	8361.98
50 及以上	52.5	4.94	1481.81	46 041.33
合计		100	1689.25	72 521.25

根据表 1-14 中的数据计算均值和标准差：

$$\bar{X} \doteq \sum_{i=1}^{K} X_i \cdot \frac{F_i}{\sum_{i=1}^{K} F_i} \doteq 21.439$$

$$\sigma \doteq \sqrt{\sum_{i=1}^{K} X_i \cdot \frac{F_i}{\sum_{i=1}^{K} F_i}} \doteq 12.098$$

将计算结果代入公式得

$$\alpha_3 = \frac{\sum_{i=1}^{K} (X_i - \bar{X})^3 F_i}{\sum_{i=1}^{K} F_i \sigma^3} = \frac{\sum_{i=1}^{11} (X_i - 21.429)^3 F_i}{1 \times (12.089)^3} = 0.956$$

结论：偏态系数为正值，而且数值较大，说明农村居民家庭纯收入的分布为右偏分布，即收入较低的家庭占多数，收入较高的家庭占少数，而且偏斜的程度较高。

2. 峰度

峰度的概念要点如下：

(1) 峰度是数据分布扁平程度的测度。

(2) 峰度系数=3 为扁平程度适中。

(3) 峰度系数<3 为扁平分布。

(4) 峰度系数>3 为尖峰分布。

峰度系数的计算公式为

$$\alpha_4 = \frac{\sum_{i=1}^{K} (X_i - \bar{X})^4 F_i}{\sigma^4 \sum_{i=1}^{K} F_i}$$

例 1-9 根据农村居民家庭纯收入数据偏态及峰度计算表(表 1-14)中的计算结果，计算农村居民家庭纯收入分布的峰度系数。

解：代入公式得

$$\alpha_4 = \frac{\sum_{i=1}^{K} (X_i - \bar{X})^4 F_i}{\sum_{i=1}^{K} F_i \sigma^4} = \frac{72\ 521.25}{1 \times (12.089)^2} = 3.4$$

结论：由于 3.4>3，说明我国农村居民家庭纯收入的分布为尖峰分布，说明收入相对集中于中等收入水平。

1.5 统计数据的整理与显示

1. 数据种类

数据分为分类数据和数值数据两类。

分类数据是不可测量的数据，例如：

- 性别(男、女)。

• 跆拳道段位。

数值数据是可以测量的数据,例如:

• 年龄、身高、体重。

• 月工资收入。

分类数据可以用赋值的方法转换为数值数据,如图 1-10 所示。

编制频数分布表的步骤如图 1-11 所示。

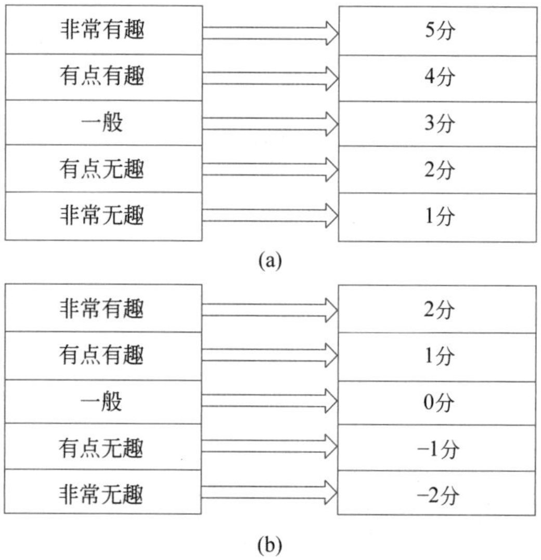

图　1-10

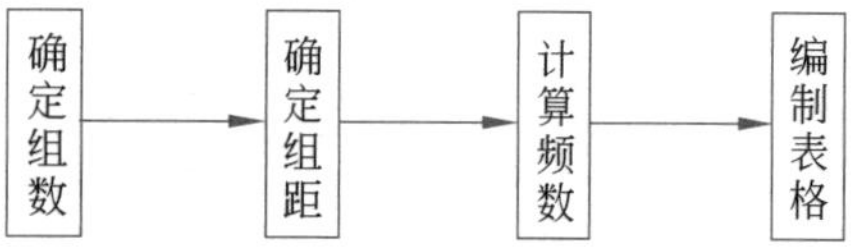

图　1-11

2. 分组方法

分组方法的分类如图 1-12 所示。

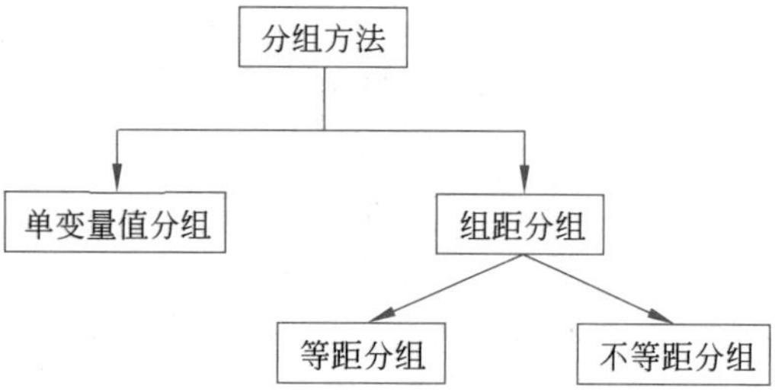

图　1-12

1) 单变量值分组

单变量值分组的要点如下:

(1) 将一个变量值作为一组。

(2) 适用于离散变量。

(3) 适用于变量值较少的情况。

2) 组距分组

组距分组的要点如下:

(1) 将变量值的一个区间作为一组。

(2) 适用于连续变量。

(3) 适用于变量值较多的情况。

(4) 必须遵循“不重不漏”的原则。

(5) 可采用等距分组,也可采用不等距分组。

组距分组的步骤如下:

(1) 确定组数。组数的确定应以能够显示数据的分布特征和规律为原则。在实际分组时,可以按斯特奇思(Sturges)提出的经验公式确定组数 K:

$$K = 1 + \frac{\log_{10} n}{\log_{10} 2}$$

(2) 确定各组的组距。组距(class width)是一个组的上限与下限之差,可根据全部数据的最大值和最小值及所分的组数确定,即

$$\text{组距} = (\text{最大值} - \text{最小值}) \div \text{组数}$$

(3) 根据分组整理成频数分布表。

组距分组有以下几个重要概念:

(1) 下限:一个组的最小值。

(2) 上限:一个组的最大值。

(3) 组距:上限与下限之差。

(4) 组中值:下限与上限之间的中点值,即

$$\text{组中值} = \frac{\text{下限值} + \text{上限值}}{2}$$

等距分组表根据相邻组的上下组限关系分为以下 3 类:

(1) 上下组限重叠的等距分组表。某快递公司 50 名员工日派件数上下组限重叠的等距分组表如表 1-15 所示。

表 1-15

派件数分组标准	频数/人	频率/%
105～110	3	6
110～115	5	10
115～120	8	16
120～125	14	28
125～130	10	20
130～135	6	12
135～140	4	8
合计	50	100

(2) 上下组限间断的等距分组表。某快递公司 50 名员工日派件数上下组限间断的等距分组表如表 1-16 所示。

(3) 使用开口组的等距分组表。某快递公司 50 名员工日派件数使用开口组的等距分组表如表 1-17 所示。

表　1-16

派件数分组标准	频数/人	频率/%
105～109	3	6
110～114	5	10
115～119	8	16
120～124	14	28
125～129	10	20
130～134	6	12
135～139	4	8
合计	50	100

表　1-17

派件数分组标准	频数/人	频率/%
110 以下	3	6
110～114	5	10
115～119	8	16
120～124	14	28
125～129	10	20
130～134	6	12
135 以上	4	8
合计	50	100

等距分组与不等距分组在频数分布表现上有差异。

(1) 等距分组。

- 各组频数的分布不受组距大小的影响。
- 可直接根据绝对频数观察频数分布的特征和规律。

(2) 不等距分组。

- 各组频数的分布受组距大小的影响。
- 各组绝对频数的多少不能反映频数分布的实际状况。
- 需要用频数密度(频数/组距)反映频数分布的实际状况。

3. 数值型数据的图形表示

1) 直方图

分组数据可以用直方图表示。

(1) 用矩形的宽度和高度表示频数分布,实际上是用矩形的面积表示各组的频数分布。矩形的高度表示每一组的频数(或百分比),宽度则表示各组的组距,其高度与宽度均有意义。

(2) 在直角坐标系中,横轴表示数据分组,纵轴表示频数,就形成了直方图。直方图中的各个矩形通常是连续排列的。

例 1-10 下面给出了 84 个小学五年级学生的身高(cm),如表 1-18 所示。画出这些数据的频率直方图。

表 1-18

141	148	132	138	154	142	150	146	155	158	150	140
147	148	144	150	149	145	149	158	143	141	144	144
126	140	144	142	141	140	145	135	147	146	141	136
140	146	142	137	148	154	137	139	143	140	131	143
141	149	148	135	148	152	143	144	141	143	147	146
150	132	142	142	143	153	149	146	149	138	142	149
142	137	134	144	146	147	140	142	140	137	152	145

解:步骤如下。

(1) 找出最小值(126)和最大值(158),取区间为[124.5,159.5]。

(2) 将区间[124.5,159.5]等分为 7 个小区间,将小区间的长度记为 Δ,$\Delta=(159.5-124.5)/7=5$,Δ 称为组距。

(3) 统计落在每个小区间的数据的频数 f_i,算出频率(f_i/n),结果如表 1-19 所示。

表 1-19

组限	频数	频率	累计频率
124.5～129.5	1	0.0119	0.0119
129.5～134.5	4	0.0476	0.0595
134.5～139.5	10	0.1191	0.1786
139.5～144.5	33	0.3929	0.5715
144.5～149.5	24	0.2857	0.8572
149.5～154.5	9	0.1071	0.9643
154.5～159.5	3	0.0357	1.0000

现在自左向右依次在各个小区间上作以 $f_i/(n\Delta)$ 为高的小矩形,这样的图形就是频率直方图,如图 1-13 所示。

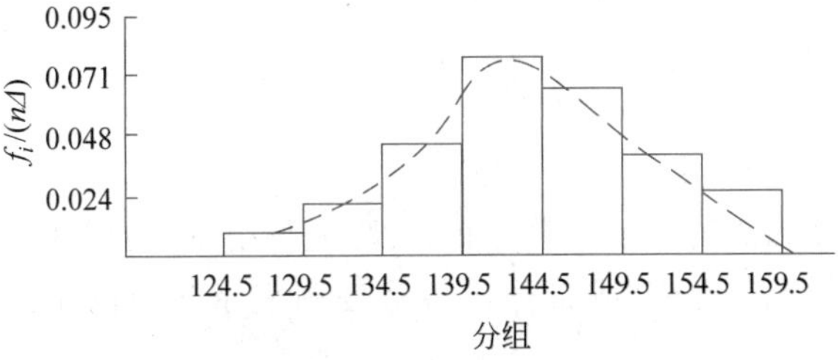

图 1-13

2）折线图

分组数据也可以用折线图表示。

(1) 折线图也称频数多边形图(frequency polygon)。

(2) 折线图是在直方图的基础上，把直方图顶部的中点(组中值)用直线连接起来，再把原来的直方图抹掉。

(3) 折线图的起点和终点要与横轴相交。具体的做法是：第一个矩形顶部的中点通过左侧竖边中点(即该组频数一半的位置)连接到横轴，最后一个矩形顶部的中点通过右侧竖边中点连接到横轴。折线图与横轴围成的面积与直方图的面积相等，二者表示的频数分布是一致的。

例如，某快递公司员工日派件个数的折线图如图 1-14 所示。

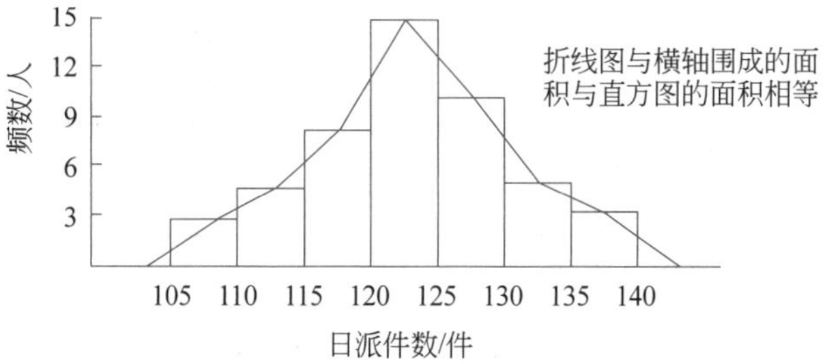

图　1-14

3）茎叶图

未分组数据可以用茎叶图表示。

(1) 茎叶图用于显示未分组的原始数据的分布。

(2) 茎叶图由茎和叶两部分构成，其图形是由数字组成的。

(3) 以该组数据的高位数值作树茎，低位数字作树叶。

(4) 对于 $n(20\leqslant n\leqslant 300)$ 个数据，茎叶图最大行数不超过

$$L=10\log_{10} n$$

(5) 茎叶图类似于横置的直方图，但又与之有区别。直方图可大体上看出一组数据的分布状况，但没有给出具体的数值；茎叶图既能给出一组数据的分布状况，又能给出每一个具体数值，保留了原始数据的信息。

例如，某车间工人日加工零件个数的茎叶图如图 1-15 所示。

树茎	树叶
10	788
11	0223455567889
12	0012223345556677889
13	22345556

图　1-15

扩展的茎叶图如图 1-16 所示。在图 1-16 中，左边的茎叶图将数据分为两组，右边的茎叶图将数据分为 5 组。

4）箱线图

设有容量为 n 的样本观察值 $x_1,x_2,\cdots,x_n$，样本 p 分位数$(0<p<1)$记为 x_p，它具有以下的性质：

(1) 至少有 np 个观察值小于或等于 x_p。

(2) 至少有 $n(1-p)$ 个观察值大于或等于 x_p。

样本 p 分位数可按以下法则求得：

(1) 将 $x_1,x_2,\cdots,x_n$ 按从小到大的顺序排成 $x_{(1)},x_{(2)},\cdots,x_{(n)}$，要求 $x_{(1)}\leqslant x_{(2)}\leqslant\cdots\leqslant x_{(n)}$。

树茎	树叶
10*	
10.	788
11*	012344
11.	12234556788
12*	0011234456678889
12.	1123445677899
13.	00367788
13*	3448

树茎	树叶
10s	7
10.	88
11*	0
11t	223
11f	45
11s	777
11.	8889
12*	001
12t	22223333
12f	44455
12s	66777
12.	889
13*	01
13t	33
13f	445
13s	7
13.	99

图 1-16

(2) 若 np 不是整数,则只有一个数据满足第(2)点要求,这一数据位于大于 np 的最小整数处;若 np 是整数,就取 np 和 $np+1$ 之间的中位数。即

$$x_p=\begin{cases}x_{(\lfloor np\rfloor+1)}, & \text{当 } np \text{ 不是整数时}\\ \dfrac{1}{2}[x_{(np)}+x_{(np+1)}], & \text{当 } np \text{ 是整数时}\end{cases}$$

特别地,当 $p=0.5$ 时,0.5 分位数 $x_{0.5}$ 也记为 Q_2 或 M,称为第二四分位数或样本中位数。即

$$x_{0.5}=\begin{cases}x\left(\left\lfloor\frac{n}{2}\right\rfloor+1\right), & \text{当 } np \text{ 不是整数时}\\ \dfrac{1}{2}\left[x\left(\left\lfloor\frac{n}{2}\right\rfloor\right)+x\left(\left\lfloor\frac{n}{2}\right\rfloor+1\right)\right], & \text{当 } np \text{ 是整数时}\end{cases}$$

0.25 分位数 $x_{0.25}$ 称为第一四分位数,记为 Q_1。

0.75 分位数 $x_{0.75}$ 称为第三四分位数,记为 Q_3。

例 1-11 设有一组容量为 18 的样本如下(已经排好序):

22 26 33 40 45 45 49 50 57

62 66 75 77 77 83 88 90 91

求样本分位数 $x_{0.2}$、$x_{0.25}$ 和 $x_{0.5}$。

解:

(1) 因为 $np=18\times0.2=3.6$,$x_{0.2}$ 位于第$\lfloor 3.6\rfloor+1=4$ 处,即 $x_{0.2}=x_{(4)}=40$。

(2) 因为 $np=18\times0.25=4.5$,$x_{0.25}$ 位于第$\lfloor 4.5\rfloor+1=5$ 处,即 $x_{0.25}=x_{(5)}=45$。

(3) 因为 $np=18\times0.5=9$,$x_{0.5}$ 是这组数中间两个数的平均值,即 $x_{0.5}=\dfrac{57+62}{2}=59.5$。

数据集的箱线图是由箱子和直线组成的图形,它是基于以下 5 个数的图形概括:最小值 Min、第一四分位数 Q_1、中位数 M、第三四分位数 Q_3 和最大值 Max。

箱线图的作法如下：

(1) 画一条水平数轴，在轴上标上 Min、Q_1、M、Q_3、Max。在数轴上方画一个上、下侧平行于数轴的矩形，即箱子，箱子的左右两侧分别位于 Q_1，Q_3 的上方。在 M 点的上方画一条垂直线段，线段位于箱子内部。

(2) 自箱子左侧向左引一条水平线直至最小值并画一条垂直线，在同一水平高度自箱子右侧向右引一条水平线直至最大值并画一条垂直线。

最终的箱线图如图 1-17 所示。

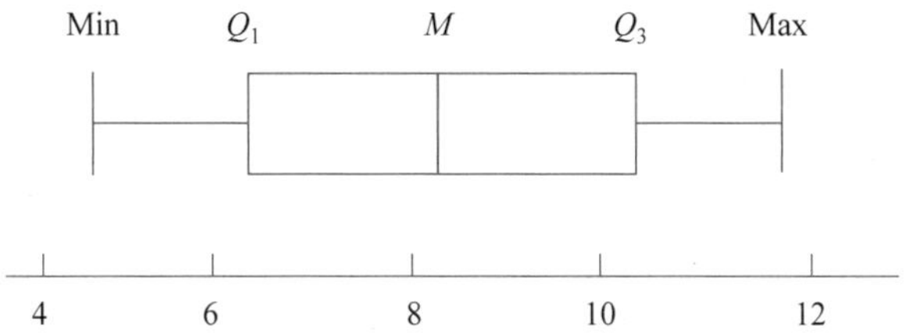

图　1-17

例 1-12　下面分别给出了 25 个女子和 25 个男子的肺活量(以升计。数据已经过排序)。

女子组：	2.7	2.8	2.9	3.1	3.1	3.1	3.2	3.4	3.4
	3.4	3.4	3.4	3.5	3.5	3.5	3.6	3.7	3.7
	3.7	3.8	3.8	4.0	4.1	4.2	4.2		
男子组：	4.1	4.1	4.3	4.3	4.5	4.6	4.7	4.8	4.8
	5.1	5.3	5.3	5.3	5.4	5.4	5.5	5.6	5.7
	5.8	5.8	6.0	6.1	6.3	6.7	6.7		

试分别画出这两组数据的箱线图。

解：女子组 Min$=2.7$，Max$=4.2$，$M=3.5$。

因 $25\times0.25=6.25$，$Q_1=3.2$。

因 $25\times0.75=18.75$，$Q_3=3.7$。

男子组 Min$=4.1$，Max$=6.7$，$M=5.3$。

因 $25\times0.25=6.25$，$Q_1=4.7$。

因 $25\times0.75=18.75$，$Q_3=5.8$。

作出的箱线图如图 1-18 所示。

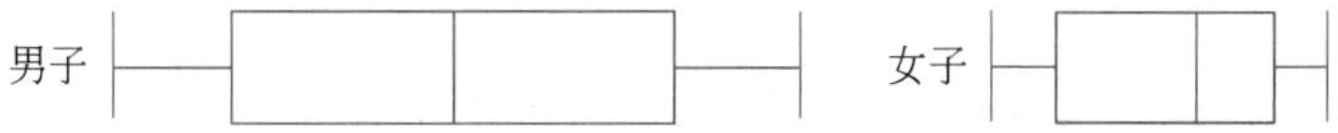

图　1-18

在数据集中，若某个观察值不寻常地大于或小于该数据集中的其他数据，称为疑似异常值。

第一四分位数 Q_1 与第三四分位数 Q_3 之间的距离 Q_3-Q_1 称为四分位数间距，记为 IQR。

若数据小于 $Q_1-1.5\times$IQR 或大于 $Q_3+1.5\times$IQR，则认为它是疑似异常值。

修正箱线图的作法如下：

(1′) 同(1)。

(2′) 计算 $IQR=Q_3-Q_1$,若某个数据小于 $Q_1-1.5\times IQR$ 或大于 $Q_3+1.5\times IQR$,则认为它是一个疑似异常值,以 * 表示。

(3′) 自箱子左侧引一条水平线段直至数据集中除去疑似异常值后的最小值,又自箱子右侧引一条水平线直至数据集中除去疑似异常值后的最大值。

例 1-13 下面给出了某单位 21 名员工的请假时间(以天计,节假日除外),试画出修正箱线图(数据已经过排序)。

1 2 3 3 4 4 5 6 6 7 7

9 9 10 12 12 13 15 18 23 55

解:Min=1,Max=55,$M=7$。

因 $21\times0.25=5.25$,$Q_1=4$。

因 $21\times0.75=15.75$,$Q_3=3.2$。

$IQR=Q_3-Q_1=8$,$Q_3+1.5\times IQR=12+1.5\times8=24$,$Q_1-1.5\times IQR=4-12=-8$。

数据 55>24,故 55 是疑似异常值,且仅此一个疑似异常值。

作出的修正箱线图如图 1-19 所示。

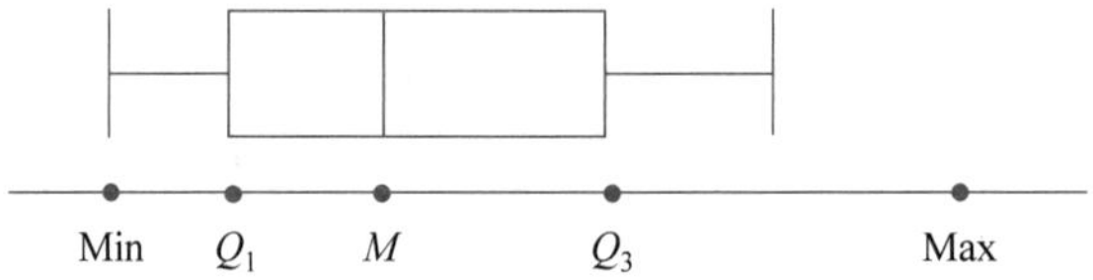

图 1-19

分布形状与箱线图的关系如图 1-20 所示。

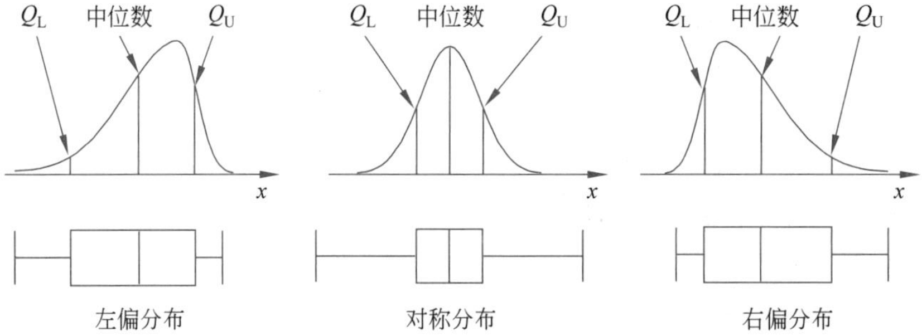

图 1-20

1.6 相关与回归分析

1.6.1 变量相关的概念

变量之间的关系如图 1-21 所示。

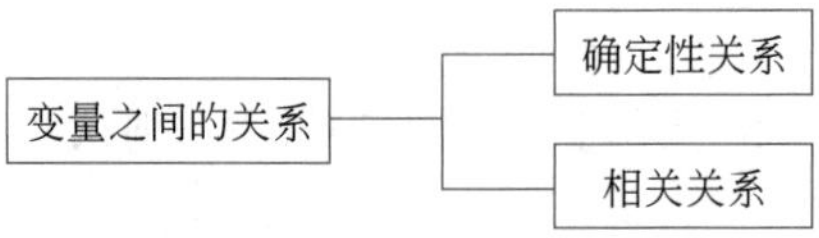

图 1-21

例如，$S=\pi r^2$ 中的 S 和 r 是确定性关系，身高和体重是相关关系。

变量之间的相关关系很难用一种精确的方法表示出来。

1. 确定性关系

确定性关系也称函数关系，其要点如下：

(1) 它是一一对应的关系。

(2) 设有两个变量 x 和 y，变量 y 随变量 x 一起变化，并完全依赖于 x，当变量 x 取某个数值时，y 根据确定的关系取相应的值，则称 y 是 x 的函数，记为 $y=f(x)$，其中 x 称为自变量，y 称为因变量。

(3) 各观测点落在一条线上，如图 1-22 所示。

确定性关系的例子如下：

- 某种商品的销售额 y 与销售量 x 之间的关系可表示为 $y=px$（p 为单价）。
- 圆的面积 S 与半径 r 之间的关系可表示为 $S=\pi r^2$。

2. 相关关系

相关关系的要点如下：

(1) 变量间的关系不能用函数精确表达。

(2) 一个变量的取值不能由另一个变量唯一确定。

(3) 当变量 x 取某个值时，变量 y 的取值可能有多个。

(4) 各观测点分布在直线周围，如图 1-23 所示。

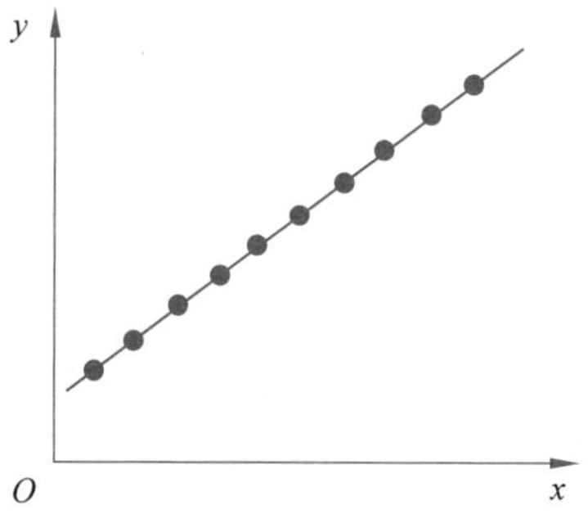

图　1-22

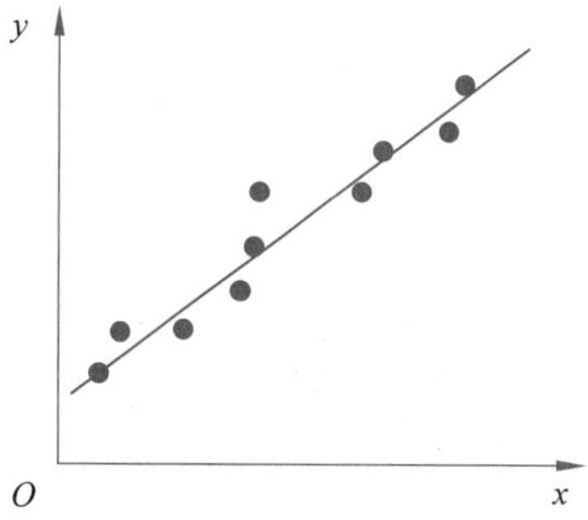

图　1-23

相关关系的例子如下：

- 商品的消费量 y 与居民收入 x 之间的关系。
- 商品销售额 y 与广告费支出 x 之间的关系。
- 收入水平 y 与受教育程度 x 之间的关系。
- 父亲身高 y 与子女身高 x 之间的关系。

相关关系的类型如图 1-24 所示。

相关关系的图示如图 1-25 所示。

1.6.2　相关系数及其计算

相关系数是相关关系的测度。

1. 相关系数

相关系数的概念要点如下：

(1) 它是对变量之间关系密切程度的度量。

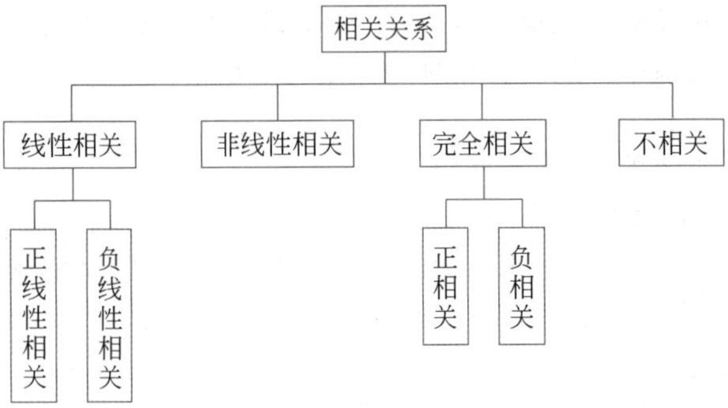

图 1-24

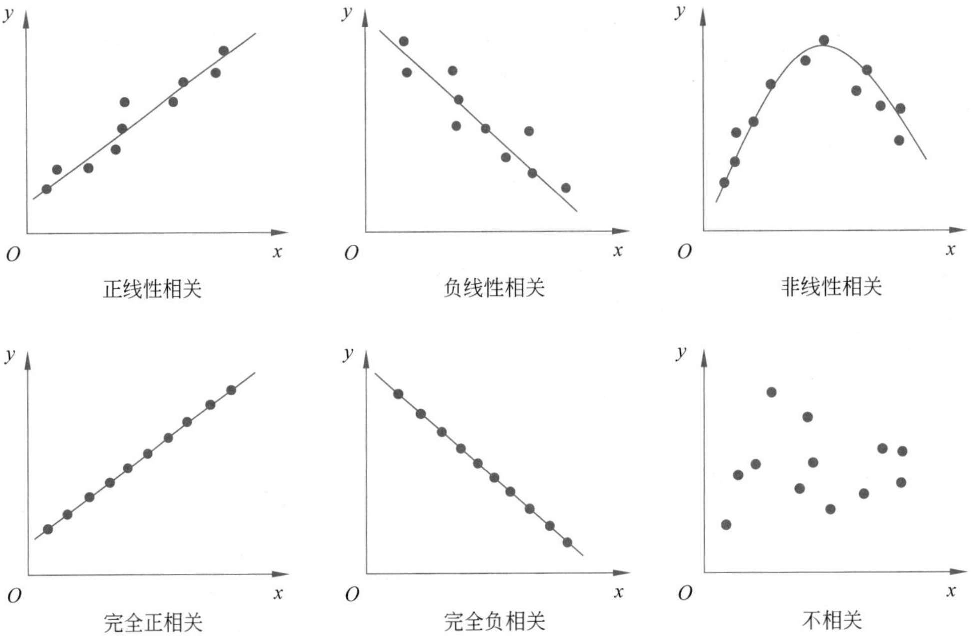

图 1-25

(2) 对两个变量之间线性相关程度的度量称为简单相关系数。

(3) 相关系数若是根据总体的全部数据计算的,称为总体相关系数,记为 ρ;若是根据样本数据计算的,则称为样本相关系数,记为 r。

样本相关系数的计算公式为

$$r=\frac{\sum_{i=1}^{n}(x-\bar{x})(y-\bar{y})}{\sqrt{\sum_{i=1}^{n}(x-\bar{x})^{2}\cdot\sum_{i=1}^{n}(y-\bar{y})^{2}}}\tag{1-54}$$

或

$$r=\frac{n\sum_{i=1}^{n}xy-\sum_{i=1}^{n}x\sum_{i=1}^{n}y}{\sqrt{n\sum_{i=1}^{n}x^{2}-\left(\sum_{i=1}^{n}x\right)^{2}}\sqrt{n\sum_{i=1}^{n}y^{2}-\left(\sum_{i=1}^{n}y\right)^{2}}}\tag{1-55}$$

2. 样本相关系数取值及其意义

(1) r 的取值范围是$[-1,1]$。

(2) $|r|=1$,为完全相关。

- $r=1$,为完全正相关。
- $r=-1$,为完全负相关。

(3) $r=0$,不存在相关关系。

(4) $-1\leqslant r<0$,为负相关。

(5) $0<r\leqslant 1$,为正相关。

(6) $|r|$越趋于 1 表示关系越密切,$|r|$越趋于 0 表示关系越不密切,如图 1-26 所示。

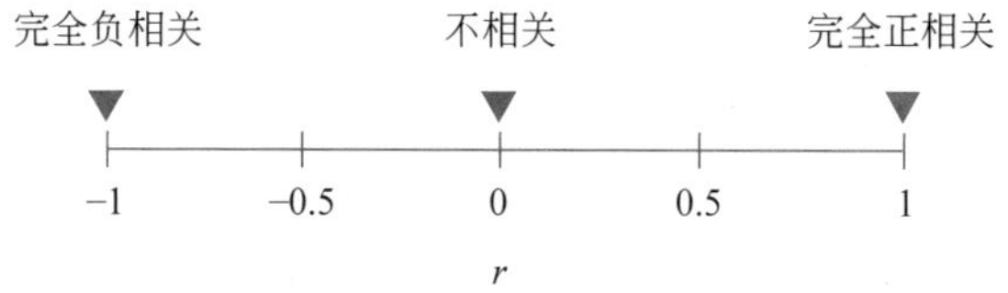

图　1-26

例 1-14　一项关于化妆品费用和服装费用的问卷调查数据如表 1-20 和图 1-27 所示。

表　1-20

消　费　者	化妆品费用/元	服装费用/元
A	3000	7000
B	5000	8000
C	12 000	25 000
D	2000	5000
E	7000	12 000
F	15 000	30 000
G	5000	10 000
H	6000	15 000
I	8000	20 000
J	10 000	18 000

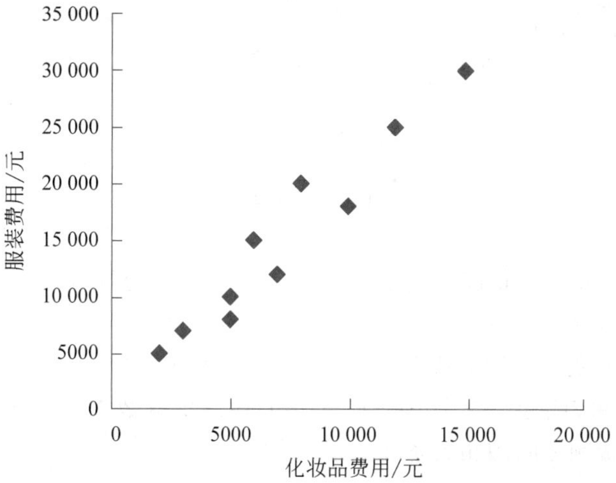

图　1-27

(1) 化妆品费用高的,是否服装费用也多?

(2) 如何确定两者的关联程度?

解:相关系数的计算如表 1-21 所示。

表 1-21

消费者	x	y	$x-\bar{x}$	$y-\bar{y}$	$(x-\bar{x})^2$	$(y-\bar{y})^2$	$(x-\bar{x})(y-\bar{y})$
A	3000	7000	−4300	−8000	18 490 000	64 000 000	34 400 000
B	5000	8000	−2300	−7000	5 290 000	49 000 000	16 100 000
C	12 000	25 000	4700	10 000	22 090 000	100 000 000	47 000 000
D	2000	5000	−5300	−10 000	28 090 000	100 000 000	53 000 000
E	7000	12 000	−300	−3000	90 000	9 000 000	900 000
F	15 000	30 000	7700	15 000	59 290 000	225 000 000	115 500 000
G	5000	10 000	−2300	−5000	5 290 000	25 000 000	11 500 000
H	6000	15 000	−1300	0	1 690 000	0	0
I	8000	20 000	700	5000	490 000	25 000 000	3 500 000
J	10 000	18 000	2700	3000	7 290 000	9 000 000	8 100 000
合计	73 000	150 000	0	0	148 100 000	606 000 000	290 000 000
平均数	7300	15 000					

$$r=\frac{S_{xy}}{\sqrt{S_{xx}\times S_{yy}}}=\frac{290000000}{\sqrt{148100000\times 606000000}}=0.9680$$

相关系数与相关性评价的关系如表 1-22 所示。可见:

- 由于上述相关系数接近 1,所以化妆品费用和服装费用的相关性非常强。
- 若化妆品费用越高,则服装费用越低,相关系数就越接近−1。

表 1-22

相关系数的绝对值	细分相关性	大体上划分相关性
1.0～0.9	相关性非常强	相关
0.9～0.7	相关性有点强	
0.7～0.5	相关性有点弱	
0.5 以下	相关性非常弱	不相关

不适合使用相关系数的情况如图 1-28 所示。其中两个变量有明确的相关性,但是表现为曲线,因此相关系数接近 0。

例 1-15 在研究我国人均消费水平的问题中,把全国人均消费额记为 y,把人均国民收入记为 x。1981—1993 年我国人均国民收入与人均消费额数据如表 1-23 所示,计算人均国民收入与人均消费额之间的相关系数。

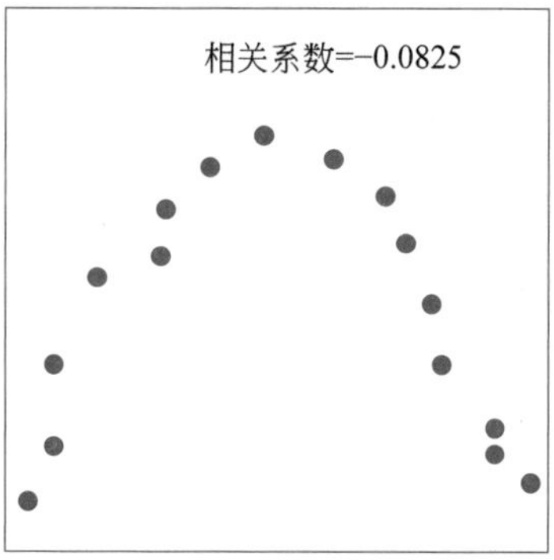

图　1-28

表　1-23

年份	人均国民收入/元	人均消费额/元	年份	人均国民收入/元	人均消费额/元
1981	393.8	249	1988	1068.8	643
1982	419.14	267	1989	1169.2	690
1983	460.86	289	1990	1250.7	713
1984	544.11	329	1991	1429.5	803
1985	688.29	406	1992	1725.9	947
1986	737.73	451	1993	2099.5	1148
1987	859.97	513			

解：根据样本相关系数的计算公式有

$$r=\frac{n\sum_{i=1}^{13}x_iy_i-\sum_{i=1}^{13}x_i\sum_{i=1}^{13}y_i}{\sqrt{n\sum_{i=1}^{13}x_i^2-\left(\sum_{i=1}^{13}x_i\right)^2}\cdot\sqrt{n\sum_{i=1}^{13}y_i^2-\left(\sum_{i=1}^{13}y_i\right)^2}}$$

$$=\frac{13\times 9156173.99-12827.5\times 7457}{\sqrt{13\times 16073323.77-(12827.5)^2}\cdot\sqrt{13\times 5226399-(7457)^2}}$$

$$=0.9987$$

人均国民收入与人均消费额之间的相关系数为 0.9987，两者之间高度正相关。

3. 相关系数的显著性检验

相关系数的显著性检验的概念要点如下：

(1) 它检验两个变量之间是否存在线性相关关系。

(2) 它等价于对回归系数 β_1 的检验。

(3) 它采用 t 检验。

检验的步骤如下：

(1) 提出假设：

$H_0:\rho=0$；$H_1:\rho\neq 0$。

(2) 计算检验的统计量:

$$t=\frac{r\sqrt{n-2}}{\sqrt{1-r^2}}\sim t(n-2)$$

(3) 确定显著性水平 α,并作出决策:若 $|t|>t_{\alpha/2}$,拒绝 H_0;若 $|t|<t_{\alpha/2}$,接受 H_0。

对例 1-15 计算的相关系数进行显著性检验($\alpha=0.05$),步骤如下:

(1) 提出假设:

$H_0:\rho=0;H_1:\rho\neq 0$。

(2) 计算检验的统计量:

$$t=\frac{0.9987\sqrt{13-2}}{\sqrt{1-0.9987^2}}=64.9809$$

(3) 根据显著性水平 $\alpha=0.05$,查 t 分布表得 $t_{\alpha/2}(n-2)=2.201$。

由于 $t_{\alpha/2}(13-2)=2.201$,$|t|>t_{\alpha/2}$,因此拒绝 H_0,人均消费金额与人均国民收入之间的相关关系显著。

4. 相关系数检验表的使用

相关系数检验表的使用方法如下:

(1) 若 $|r|$ 大于相关系数检验表中 $\alpha=5\%$ 对应的值,小于表中 $\alpha=1\%$ 对应的值,称变量 x 与 y 之间有显著的线性相关关系。

(2) 若 $|r|$ 大于相关系数检验表中 $\alpha=1\%$ 对应的值,称变量 x 与 y 之间有十分显著的线性相关关系。

(3) 若 $|r|$ 小于相关系数检验表中 $\alpha=5\%$ 对应的值,称变量 x 与 y 之间没有明显的线性相关关系。

(4) 例 1-15 的 $r=0.9987$ 大于 $\alpha=5\%$ 对应的值 0.553,表明人均消费金额与人均国民收入之间有十分显著的线性相关关系。

5. 回归分析

回归分析的概念要点如下:

(1) 从一组样本数据出发,确定变量之间的数学关系式。

(2) 对这些关系式的可信程度进行各种统计检验,并从影响某一特定变量的诸多变量中找出哪些变量的影响显著,哪些不显著。

(3) 利用这些关系式,根据一个或几个变量的取值预测或控制另一个特定变量的取值,并给出这种预测或控制的精确程度。

6. 回归分析与相关分析的区别

回归分析与相关分析的区别如下:

(1) 在相关分析中,变量 x 和变量 y 处于平等的地位。在回归分析中,变量 y 称为因变量,处在被解释的地位;x 称为自变量,用于预测因变量的变化。

(2) 相关分析中涉及的变量 x 和 y 都是随机变量。在回归分析中,因变量 y 是随机变量;自变量 x 既可以是随机变量,也可以是非随机的确定变量。

(3) 相关分析主要描述两个变量之间线性关系的密切程度;回归分析不仅可以揭示变量 x 对变量 y 的影响大小,还可以利用回归方程进行预测和控制。

7. 回归模型的类型

回归模型的类型如图 1-29 所示。

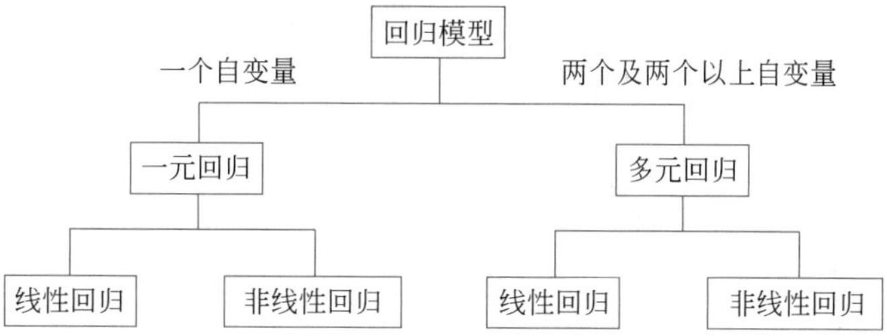

图　1-29

1.6.3　回归模型与回归方程

1. 回归模型

回归模型的概念要点如下：

(1) 回归模型回答“变量之间是什么样的关系”这个问题。

(2) 回归模型在方程中运用。

(3) 回归模型主要用于预测和估计。

2. 一元线性回归模型

一元线性回归模型的概念要点如下：

(1) 当只涉及一个自变量时称为一元回归模型，当因变量 y 与自变量 x 之间为线性关系时称为一元线性回归模型。

(2) 对于具有线性关系的两个变量，可以用一个线性方程表示它们之间的关系。

(3) 描述因变量 y 如何依赖于自变量 x 和误差项 ε 的方程称为回归模型。

只涉及一个自变量的简单线性回归模型可表示为

$$y=\beta_0+\beta_1 x+\varepsilon$$

在该模型中，y 是 x 的线性函数(部分)加上误差项。线性部分反映了由于 x 的变化而引起的 y 的变化，β_0 和 β_1 称为模型的参数；误差项 ε 是随机变量，反映了除 x 和 y 之间的线性关系之外的随机因素对 y 的影响，是不能由 x 和 y 之间的线性关系解释的变异性。

3. 一元线性回归模型的基本假定

一元线性回归模型的基本假定如下：

(1) 误差项 ε 是一个期望值为 0 的随机变量，即 $E(\varepsilon)=0$。对于一个给定的 x 值，y 的期望值为 $E(y)=\beta_0+\beta_1 x$。

(2) 对于所有的 x 值，ε 的方差 σ^2 都相同。

(3) 误差项 ε 是一个服从正态分布的随机变量，且相互独立。即 $\varepsilon\sim N(0,\sigma^2)$。

- 独立性意味着一个特定的 x 值所对应的 ε 与其他 x 值所对应的 ε 不相关。
- 独立性还意味着对于一个特定的 x 值所对应的 y 值与其他 x 值所对应的 y 值不相关。

设随机变量 y(因变量)与普通变量 x(自变量)之间存在着相关关系。由于 y 是随机变量，对于 x 的确定值，y 有它的分布，如图 1-30 所示。图 1-30 中 C_1、C_2 分别是 x_1、x_2 处 y

的概率密度曲线。

假设对于 x 的每一个值有 $y \sim N(a+bx,\sigma^2)$，a、b、σ^2 都是不依赖于 x 的未知参数，记 $\varepsilon = y-(a+bx)$，$\varepsilon \sim N(0,\sigma^2)$，相应的一元线性回归模型如图 1-31 所示。

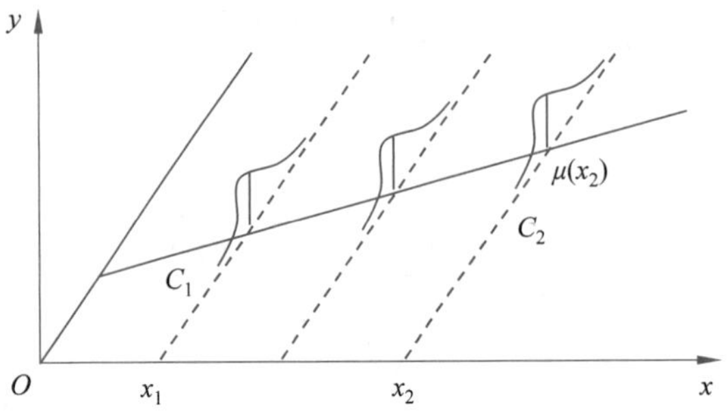

图 1-30

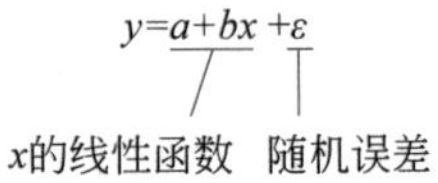

图 1-31

对 y 进行这样的正态假设，相当于假设

$$y = a + bx + \varepsilon, \varepsilon \sim N(0,\sigma^2)$$

其中 b 称为回归系数。

一元线性回归模型的求解步骤如下：

(1) 推测回归函数的形式。

(2) 可以根据专业知识或者经验公式确定，也可以通过作散点图并观察确定模型。

4. 回归方程

回归方程的概念要点如下：

(1) 描述 y 的平均值或期望值如何依赖于 x 的方程称为回归方程。

(2) 简单线性回归方程的形式如下：

$$E(y) = \beta_0 + \beta_1 x$$

该方程的图示是一条直线，因此也称为直线回归方程。其中，β_0 是回归直线在 y 轴上的截距，是当 $x=0$ 时 y 的期望值。β_1 是直线的斜率，称为回归系数，表示当 x 每变动一个单位的值时 y 的平均变动值。

估计(经验)的回归方程的概念要点如下：

(1) 总体回归参数 β_0 和 β_1 是未知的，必须利用样本数据进行估计。

(2) 用样本统计量 $\hat{\beta}_0$ 和 $\hat{\beta}_1$ 代替回归方程中的未知参数 β_0 和 β_1，就得到了估计的回归方程。

(3) 简单估计的回归方程为

$$\hat{y} = \hat{\beta}_0 + \hat{\beta}_1 x$$

其中，$\hat{\beta}_0$ 是估计的回归直线在 y 轴上的截距；$\hat{\beta}_1$ 是直线的斜率，它表示与一个给定的 x 值相应的 y 的估计值，也表示 x 每变动一个单位的值时 y 的平均变动值。

1.6.4 参数 β_0 和 β_1 的最小二乘估计

1. 最小二乘法

最小二乘法的概念要点如下：

(1) 通过使因变量的观察值与估计值之间的离差平方和达到最小的方法求得 $\hat{\beta}_0$ 和 $\hat{\beta}_1$，也就是使下式的值最小：

$$Q(\hat{\beta}_0,\hat{\beta}_1)=\sum_{i=1}^{n}(y_i-\hat{y})^2=\sum_{i=1}^{n}e_i^2 \tag{1-56}$$

(2) 用最小二乘法拟合的直线代表 x 与 y 之间的关系时与实际数据的误差比其他任何直线都小。

最小二乘法如图 1-32 所示。

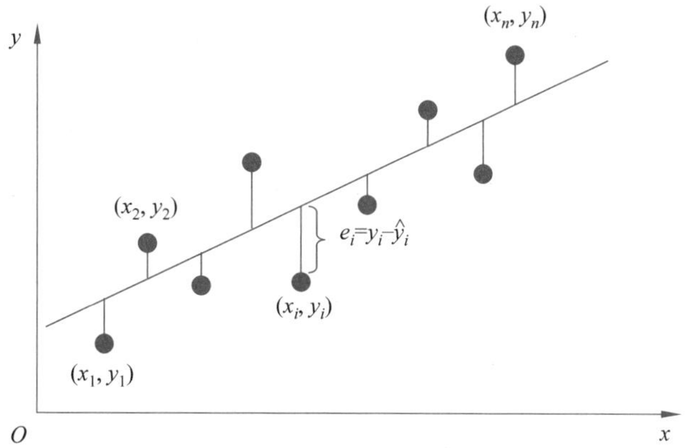

图　1-32

2. $\hat{\beta}_0$ 和 $\hat{\beta}_1$ 的计算公式

根据最小二乘法的要求，可得求解 $\hat{\beta}_0$ 和 $\hat{\beta}_1$ 的标准方程如下：

$$\begin{cases}\hat{\beta}_1=\dfrac{n\sum\limits_{i=1}^{n}x_iy_i-\left(\sum\limits_{i=1}^{n}x_i\right)\left(\sum\limits_{i=1}^{n}y_i\right)}{n\sum\limits_{i=1}^{n}x_i^2-\left(\sum\limits_{i=1}^{n}x_i\right)^2}\\ \hat{\beta}_0=\bar{y}-\hat{\beta}_1\bar{x}\end{cases}$$

例 1-16　为研究某一化学反应过程中温度 x(℃)对产品得率 Y(%)的影响，测得数据如表 1-24 所示。

表　1-24

温度 x/℃	产品得率 Y/%
100	45
110	51
120	54
130	61
140	66
150	70

续表

温度 x/℃	产品得率 Y/%
160	74
170	78
180	85
190	89

这里自变量 x 是普通变量，Y 是随机变量。

解：画出散点图，如图 1-33 所示。

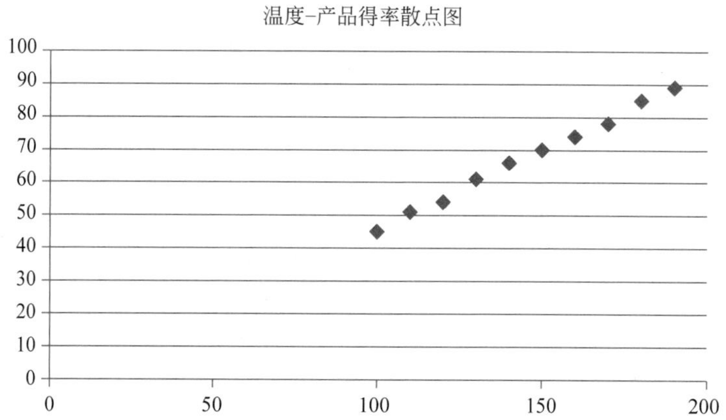

图 1-33

观察散点图，可以看出它具有线性函数 $a+bx$ 的形式。

表 1-25 为求解直线回归方程所需的计算。

表 1-25

序号	x	y	x^2	y^2	xy
1	100	45	10 000	2025	4500
2	110	51	12 100	2601	5610
3	120	54	14 400	2916	6480
4	130	61	16 900	3721	7930
5	140	66	19 600	4356	9240
6	150	70	22 500	4900	10 500
7	160	74	25 600	5476	11 840
8	170	78	28 900	6084	13 260
9	180	85	32 400	7225	15 300
10	190	89	36 100	7921	16 910
合计	1450	673	218 500	47 225	101 570

将表 1-24 所示已计算好的数值代入公式计算：

$$S_{xx}=218\ 500-\frac{1}{10}\times 1450^2=8250$$

$$S_{xy}=101\ 570-\frac{1}{10}\times 1450\times 673=3985$$

$$\hat{b}=\frac{S_{xy}}{S_{xx}}=0.483\ 03$$

$$\hat{a}=\frac{1}{10}\times 673-\frac{1}{10}\times 1450\times 0.483\ 03=-2.739\ 35$$

回归直线方程为

$$\hat{y}=-2.739\ 35+0.483\ 03x \quad 或 \quad \hat{y}=67.3+0.483\ 03(x-145)$$

1.7 大数定理与中心极限定理

1.7.1 大数定理

定义 1-46 在大量的随机现象中，随机事件的频率具有稳定性。大量的随机现象的平均结果具有稳定性。概率论中用来阐明随机现象的一系列定理称为大数定理。

向(0,1)区间内随机投一个质点，其坐标 $X\sim U(0,1)$。重复投点，计算前 n 个观测值的算术平均值。总结前 n 个观测值的算术平均值随 n 增加的变化规律，如表 1-26 所示。

表 1-26

n	1	31	500	530	1000	5000	8000
算术平均值	0.162	0.471	0.517	0.513	0.504	0.495	0.500

频率的稳定性：随着试验次数的增加，事件发生的频率逐渐稳定于某个常数。

定理 1-7 切比雪夫大数定理

设 $X_1,X_2,\cdots,X_n$ 是一列相互独立的随机变量序列，它们都有相同的数学期望 $E(X_i)=\mu$ 和方差 $D(X_i)=\sigma^2$，则 $\frac{1}{n}\sum_{i=1}^{n}X_i\xrightarrow{P}\mu$。即对任意的 $\varepsilon>0$，有

$$\lim_{n\to\infty}P\left\{\left|\frac{1}{n}\sum_{i=1}^{n}X_i-\mu\right|<\varepsilon\right\}=1 \tag{1-57}$$

定理 1-8 弱大数定理(辛钦大数定理)

$\{|\bar{X}-\mu|<\varepsilon\}$ 是一个随机事件，当 $n\to\infty$ 时这个事件的概率趋于 1。即，对于任意正数 ε，当 n 充分大时，有

辛钦大数定理证明

$$\lim_{n\to\infty}P\left\{\left|\frac{1}{n}\sum_{k=1}^{n}X_k-\mu\right|<\varepsilon\right\}=1 \tag{1-58}$$

也就是不等式 $|\bar{X}-\mu|<\varepsilon$ 成立的概率很大。

定理 1-9 伯努利大数定理

伯努利大数定理证明

设 f_A 是 n 次独立重复试验中事件 A 发生的次数，p 是事件 A 在每次试验中发生的概

大数定理习题

率,则对于任意正数 $\varepsilon>0$,有

$$\lim_{n\to\infty}P\left\{\left|\frac{f_A}{n}-p\right|<\varepsilon\right\}=1 \quad 或 \quad \lim_{n\to\infty}P\left\{\left|\frac{f_A}{n}-p\right|\geqslant\varepsilon\right\}=0 \tag{1-59}$$

1.7.2 中心极限定理

1. 问题的引入

实例:考察射击命中点与靶心距离的偏差。

这种偏差是大量微小的偶然因素造成的微小误差的总和,这些因素包括瞄准误差、测量误差、子弹制造过程方面(如外形、重量等)的误差、射击时武器的震动、气象因素(如风速、风向、能见度、温度等)的作用,所有这些不同因素所引起的微小误差是相互独立的,并且它们中每一个对总和产生的影响不大。

问题:某个随机变量是由大量相互独立且均匀分布的随机变量相加而成的,其概率分布情况如何?

2. 基本定理

定理 1-10 独立同分布的中心极限定理

设随机变量 $X_1,X_2,\cdots,X_n$ 相互独立,服从同一分布,且具有如下数学期望和方差:

$$E(X_k)=\mu,D(X_k)=\sigma^2>0(k=1,2,\cdots,n)$$

则随机变量之和的标准化变量

$$Y_n=\frac{\sum_{k=1}^{n}X_k-E\left(\sum_{k=1}^{n}X_k\right)}{\sqrt{D\left(\sum_{k=1}^{n}X_k\right)}}=\frac{\sum_{k=1}^{n}X_k-n\mu}{\sqrt{n}\sigma}$$

的分布函数为 $F_n(x)$,对于任意 x,它满足

$$\lim_{n\to\infty}F_n(x)=\lim_{n\to\infty}P\left\{\frac{\sum_{k=1}^{n}X_k-n\mu}{\sqrt{n}\sigma}\leqslant x\right\}=\int_{-\infty}^{x}\frac{1}{\sqrt{2\pi}}\mathrm{e}^{-\frac{t^2}{2}}\mathrm{d}t=\phi(x) \tag{1-60}$$

定理 1-10 表明:当 $n\to\infty$ 时,随机变量序列 Y_n 的分布函数收敛于标准正态分布的分布函数。

定理 1-11 李雅普诺夫定理

设随机变量 $X_1,X_2,\cdots,X_n$ 相互独立,且具有如下数学期望和方差:

$$E(X_k)=\mu_k,D(X_k)=\mu_k^2\neq 0(k=1,2,\cdots,n)$$

记 $B_n^2=\sum_{k=1}^{n}\sigma_k^2$,若存在正数 δ,使得当 $n\to\infty$ 时有

$$\frac{1}{B_n^{2+\delta}}\sum_{k=1}^{n}E\{|X_k-\mu_k|^{2+\delta}\}\to 0$$

则随机变量之和的标准化变量

$$Z_n=\frac{\sum_{k=1}^{n}X_k-E\left(\sum_{k=1}^{n}X_k\right)}{\sqrt{D\left(\sum_{k=1}^{n}X_k\right)}}=\frac{\sum_{k=1}^{n}X_k-\sum_{k=1}^{n}\mu_k}{B_n}$$

的分布函数为 $F_n(x)$，对于任意 x，它满足

$$\lim_{n\to\infty}F_n(x)=\lim_{n\to\infty}P\left\{\frac{\sum_{k=1}^{n}X_k-\sum_{k=1}^{n}\mu_k}{B_n}\leqslant x\right\}=\int_{-\infty}^{x}\frac{1}{\sqrt{2\pi}}\mathrm{e}^{-\frac{t^2}{2}}\mathrm{d}t=\phi(x) \tag{1-61}$$

定理 1-12　棣莫弗-拉普拉斯定理

设随机变量 $\eta_n(n=1,2,3,\cdots)$ 服从参数为 n、$p(0<p<1)$ 的二项分布，则对于任意 x，恒有

$$\lim_{n\to\infty}P\left\{\frac{\eta_n-np}{\sqrt{np(1-p)}}\leqslant x\right\}=\int_{-\infty}^{x}\frac{1}{\sqrt{2\pi}}\mathrm{e}^{-\frac{t^2}{2}}\mathrm{d}t=\phi(x) \tag{1-62}$$

1.8　参数估计

1.8.1　点估计

设总体 X 的分布函数形式已知，但它的一个或多个参数未知，借助于总体 X 的一个样本估计总体未知参数的值的问题称为点估计问题。

设总体 X 的分布函数 $F(x:\theta)$ 的形式已知，θ 是待估参数，$X_1,X_2,\cdots,X_n$ 是 X 的一个样本，$x_1,x_2,\cdots,x_n$ 为相应的一个样本值，称为观察值。点估计问题就是要构造一个适当的统计量 $\hat{\theta}(X_1,X_2,\cdots,X_n)$，用它的观察值 $\hat{\theta}(x_1,x_2,\cdots,x_n)$ 估计未知参数 θ。

- $\hat{\theta}(X_1,X_2,\cdots,X_n)$ 称为 θ 的估计量。
- $\hat{\theta}(x_1,x_2,\cdots,x_n)$ 称为 θ 的估计值。

以上两者通称估计，简记为 $\hat{\theta}$。

构造估计量的常用方法是矩估计法和最大似然估计法。

1. 矩估计法

用样本矩估计总体矩，用样本矩的连续函数估计总体矩的连续函数，这种构造估计量的方法称为矩估计法。

矩估计法的具体做法是：令 $\mu_l=A_l,l=1,2,\cdots,k$，这是一个包含 k 个未知参数 $\theta_1,\theta_2,\cdots,\theta_k$ 的方程组，解出其中的 $\theta_1,\theta_2,\cdots,\theta_k$。用方程组的解 $\hat{\theta}_1,\hat{\theta}_2\cdots,\hat{\theta}_k$ 分别作为 $\theta_1,\theta_2,\cdots,\theta_k$ 的估计量，这个估计量称为矩估计量。矩估计量的观察值称为矩估计值。

2. 最大似然估计法

若总体 X 属于离散型，设分布律 $P\{X=x\}=p(x:\theta),\theta\in\Theta$ 的形式为已知，θ 为待估参数，Θ 是 θ 可能的取值范围，设 $X_1,X_2,\cdots,X_n$ 的联合分布律为 $\prod_{i=1}^{n}p(x:\theta)$。

又设 $x_1,x_2,\cdots,x_n$ 为对应于样本 $X_1,X_2,\cdots,X_n$ 的一个样本值，则样本 $X_1,X_2,\cdots,X_n$ 取得观察值 $x_1,x_2,\cdots,x_n$ 的概率，即 $\{X_1=x_1,X_2=x_2,\cdots,X_n=x_n\}$ 发生的概率为

$$L(\theta)=L(x_1,x_2,\cdots,x_n:\theta)=\prod_{i=1}^{n}p(x_i:\theta),\theta\in\Theta$$

$L(\theta)$ 称为样本的似然函数。

若总体 X 属于连续型，设概率密度为 $f(x:\theta)$，θ 为待估参数，$\theta\in\Theta$，Θ 是 θ 可能的取值范围。设 $X_1,X_2,\cdots,X_n$ 是来自 X 的样本，则 $X_1,X_2,\cdots,X_n$ 的联合密度为 $\prod_{i=1}^{n}f(x_i:\theta)$。设 $x_1,x_2,\cdots,x_n$ 为对应于样本 $X_1,X_2,\cdots,X_n$ 的一个样本值，则随机点 $(X_1,X_2,\cdots,X_n)$ 落在点 $x_1,x_2,\cdots,x_n$ 的邻域（各边长分别为 $\mathrm{d}x_1,\mathrm{d}x_2,\cdots,\mathrm{d}x_n$ 的 n 维立方体）内的概率近似地为

$$\prod_{i=1}^{n}f(x_i:\theta)\mathrm{d}x_i,L(\theta)=L(x_1,x_2,\cdots,x_n:\theta)=\prod_{i=1}^{n}f(x_i:\theta)$$

$L(\theta)$ 称为样本的似然函数。

若 $L(x_1,x_2,\cdots,x_n:\hat{\theta})=\max\limits_{\theta\in\Theta}L(x_1,x_2,\cdots,x_n:\theta)$，则

- $\hat{\theta}(X_1,X_2,\cdots,X_n)$ 为参数 θ 的最大似然估计量。
- $\hat{\theta}(x_1,x_2,\cdots,x_n)$ 为参数 θ 的最大似然估计值。

求最大似然估计的步骤如下：

(1) 写出似然函数。

$$L(\theta)=L(x_1,x_2,\cdots,x_n:\theta)=\prod_{i=1}^{n}p(x_i:\theta)$$

或

$$L(\theta)=L(x_1,x_2,\cdots,x_n:\theta)=\prod_{i=1}^{n}f(x_i:\theta)$$

(2) 取对数。

$$\ln L(\theta)=\sum_{i=1}^{n}\ln p(x_i;\theta)\quad 或\quad \ln L(\theta)=\sum_{i=1}^{n}\ln f(x_i;\theta)$$

(3) 对 θ 求导：$\dfrac{\mathrm{d}\ln L(\theta)}{\mathrm{d}\theta}$，并令其等于 0，解方程即得未知参数 θ 的最大似然估计值 $\hat{\theta}$。

最大似然估计法也适用于分布中含有多个未知参数的情况，此时只需令 $\dfrac{\partial}{\partial\theta_i}\ln L=0$，$i=1,2,\cdots,k$。解出由 k 个方程组成的方程组，即可得各未知参数 $\theta_i(i=1,2,\cdots,k)$ 的最大似然估计值 $\hat{\theta}_i$。

1.8.2 区间估计

1. 区间估计的基本概念

设总体 X 的分布函数 $F(x:\theta)$ 含有一个未知参数 θ，$\theta\in\Theta$，对于给定值 $\alpha(0<\alpha<1)$，若由样本 $X_1,X_2,\cdots,X_n$ 确定的两个统计量 $\underline{\theta}=\underline{\theta}(X_1,X_2,\cdots,X_n)$ 和 $\overline{\theta}=\overline{\theta}(X_1,X_2,\cdots,X_n)$ $(\underline{\theta}<\overline{\theta})$ 对于任意 $\theta\in\Theta$ 满足 $P\{\underline{\theta}(X_1,X_2,\cdots,X_n)<\theta<\overline{\theta}(X_1,X_2,\cdots,X_n)\}=1-\alpha$，则称随机区间 $(\underline{\theta},\overline{\theta})$ 是 θ 的置信水平为 $1-\alpha$ 的置信区间，$\underline{\theta}$ 和 $\overline{\theta}$ 分别称为置信水平为 $1-\alpha$ 的双侧置信区间的置信下限和置信上限，$1-\alpha$ 为置信水平。

被估计的参数 θ 虽然未知，但它是一个常数，没有随机性，而区间 $(\underline{\theta},\overline{\theta})$ 是随机的，因此定义中的表达式 $P\{\underline{\theta}(X_1,X_2,\cdots,X_n)<\theta<\overline{\theta}(X_1,X_2,\cdots,X_n)\}=1-\alpha$ 的本质是随机区间

$(\underline{\theta},\overline{\theta})$以 $1-\alpha$ 的概率包含参数 θ 的真值，而不能说参数 θ 以 $1-\alpha$ 的概率落入随机区间$(\underline{\theta},\overline{\theta})$。另外，定义中的表达式 $P\{\underline{\theta}(X_1,X_2,\cdots,X_n)<\theta<\overline{\theta}(X_1,X_2,\cdots,X_n)\}=1-\alpha$ 还可以描述为：若反复抽样多次（各次得到的样本容量相等，都是 n），每个样本值确定一个区间$(\underline{\theta},\overline{\theta})$，每个这样的区间或包含 θ 的真值或不包含 θ 的真值。按伯努利大数定理，在这样多的区间中，包含 θ 真值的百分比的数值部分约为 $100(1-\alpha)$，不包含的约为 100α。

2. 求置信区间的一般步骤

求置信区间的一般步骤如下：

(1) 寻求一个样本 $X_1,X_2,\cdots,X_n$ 和 θ 的函数 $W=W(X_1,X_2,\cdots,X_n:\theta)$，使 W 的分布不依赖于 θ 以及其他未知参数，称具这种性质的函数 W 为枢轴量。

(2) 对于给定的置信水平 $1-\alpha$，定出两个常数 a、b，使得 $P\{a<W(X_1,X_2,\cdots,X_n:\theta)<b\}=1-\alpha$。

(3) 从 $a<W(X_1,X_2,\cdots,X_n:\theta)<b$ 得到等价的不等式 $\underline{\theta}<\theta<\overline{\theta}$，其中 $\underline{\theta}=\underline{\theta}(X_1,X_2,\cdots,X_n)$。$\overline{\theta}=\overline{\theta}(X_1,X_2,\cdots,X_n)$都是统计量，那么$(\underline{\theta},\overline{\theta})$就是 θ 的置信水平为 $1-\alpha$ 的置信区间。

样本容量 n 固定，置信水平 $1-\alpha$ 增大，置信区间长度增大，可信程度增大，置信区间估计精度降低。

区间估计例题

置信水平 $1-\alpha$ 固定，样本容量 n 增大，置信区间长度减小，可信程度不变，置信区间估计精度提高。

1.8.3　估计量的评选标准

1. 问题的提出

对于同一个参数，用不同的估计方法求出的估计量可能不相同。

问题：

(1) 对于同一参数究竟采用哪一个估计量更好？

(2) 评价估计量的标准是什么？

本节介绍 3 个评价估计量的常用标准。

2. 无偏性

设 $X_1,X_2,\cdots,X_n$ 为总体 X 的一个样本，$\theta\in\Theta$ 是包含在总体 X 的分布中的待估参数，这里 Θ 是 θ 的取值范围。

若估计量 $\hat{\theta}=\theta(X_1,X_2,\cdots,X_n)$的数学期望 $E(\hat{\theta})$存在，且对于任意 $\theta\in\Theta$ 有 $E(\hat{\theta})=\theta$，则称 $\hat{\theta}$ 是 θ 的无偏估计量。

无偏估计的实际意义是无系统误差。

无偏性是指估计量的数学期望等于被估计的总体参数。

3. 有效性

比较参数 θ 的两个无偏估计量 $\hat{\theta}_1$ 和 $\hat{\theta}_2$，如果在样本容量 n 相同的情况下，$\hat{\theta}_1$ 的观测值较 $\hat{\theta}_2$ 更密集，则认为 $\hat{\theta}_1$ 较 $\hat{\theta}_2$ 更理想。

由于方差是随机变量取值与其数学期望的偏离程度的度量,所以无偏估计以方差小者为好。

设 $\hat{\theta}_1=\hat{\theta}_1(X_1,X_2,\cdots,X_n)$ 与 $\hat{\theta}_2=\hat{\theta}_2(X_1,X_2,\cdots,X_n)$ 都是 θ 的无偏估计量,若有 $D(\hat{\theta}_1)\leqslant D(\hat{\theta}_2)$,则称 $\hat{\theta}_1$ 较 $\hat{\theta}_2$ 更有效。

一个方差较小的无偏估计量称为一个更有效的估计量。例如,与其他估计量相比,样本均值是一个更有效的估计量。

4. 相合性

若 $\hat{\theta}=\hat{\theta}(X_1,X_2,\cdots,X_n)$ 为参数 θ 的估计量,若对于任意 $\theta\in\Theta$,当 $n\to\infty$ 时,$\hat{\theta}(X_1,X_2,\cdots,X_n)$ 依概率收敛于 θ,则称 $\hat{\theta}$ 为 θ 的相合估计量。

随着样本容量的增大,估计量越来越接近被估计的总体参数。

估计量的评选标准总结与例题

相合性是对估计量的基本要求,不具备相合性的估计量是不予以考虑的。由最大似然估计法得到的估计量在一定条件下也具备相合性。估计量的相合性只有当样本容量相当大时才能显示出优越性,这在实际中往往难以做到,因此在工程中往往使用无偏性和有效性这两个标准。

1.8.4 正态总体均值与方差的区间估计

1. 正态总体均值的区间估计

σ^2 为已知时,求 μ 的一个置信水平为 $1-\alpha$ 的置信区间的方法如下:

(1) 从点估计着手构造枢轴量:

$$Z=\frac{\bar{x}-\mu}{\sigma/\sqrt{n}}\sim N(0,1)$$

(2) 构造 Z 的 $1-\alpha$ 的置信区间:

$$P\left\{\frac{\bar{x}-\mu}{\sigma/\sqrt{n}}<z_{\alpha/2}\right\}=1-\alpha$$

(3) μ 在 $1-\alpha$ 置信区间:

$$\left(\bar{x}-\frac{\sigma}{\sqrt{n}}Z_{\alpha/2},\bar{x}+\frac{\sigma}{\sqrt{n}}Z_{\alpha/2}\right)$$

σ^2 为未知时,求 μ 的一个置信水平为 $1-\alpha$ 的置信区间的方法如下:

(1) 从点估计着手构造枢轴量:

$$T=\frac{\bar{x}-\mu}{S_{n-1}/\sqrt{n}}\sim t(n-1)$$

(2) 构造 T 的 $1-\alpha$ 的置信区间:

$$P\{|T|<t_{\frac{\alpha}{2}}(n-1)\}=1-\alpha$$

(3) μ 在 $1-\alpha$ 置信区间:

$$\left(\bar{x}-\frac{S_{n-1}}{\sqrt{n}}t_{\alpha/2},\bar{x}+\frac{S_{n-1}}{\sqrt{n}}t_{\alpha/2}\right)$$

例 1-17 设正态总体方差为 1,根据取自该总体的容量为 100 的样本计算得到样本均值为 5,求总体均值的置信水平为 0.95 的置信区间。

解：已知 $\sigma^2=1, \alpha=0.05$, μ 的 $1-\alpha$ 置信区间为

$$\left(\bar{x}-\frac{\sigma}{\sqrt{n}}Z_{\alpha/2}, \bar{x}+\frac{\sigma}{\sqrt{n}}Z_{\alpha/2}\right)$$

查表得

$$\Phi(Z_{\alpha/2})=1-\frac{\alpha}{2}, \frac{\alpha}{2}=1.96$$

μ 的 $1-\alpha$ 置信区间为(4.804,5.196)。

例 1-18　有一大批糖果,先从中随机地取 16 袋,称的质量(单位：克)如下：

506	508	499	503	504	510	509	496
514	505	493	496	506	502	497	512

假设糖果的质量近似服从正态分布,求平均质量的区间估计,置信水平是 0.95。

解：未知 σ^2, $\alpha=0.05$, μ 的 $1-\alpha$ 置信区间为

$$\left(\bar{x}-\frac{S_{n-1}}{\sqrt{n}}t_{\alpha/2}, \bar{x}+\frac{S_{n-1}}{\sqrt{n}}t_{\alpha/2}\right)$$

单个正态总体均值的区间估计

计算

$$\bar{x}=503.75, s=6.2022$$

查表得

$$t_{\alpha/2}=2.1315$$

μ 的 $1-\alpha$ 置信区间为(500.4,507.1)。

2. 正态总体方差的区间估计

根据实际需要,只介绍 μ 未知的情况。

方差 σ^2 的置信水平为 $1-\alpha$ 的置信区间为

$$\left(\frac{(n-1)S^2}{\chi^2_{\alpha/2}(n-1)}, \frac{(n-1)S^2}{\chi^2_{1-\alpha/2}(n-1)}\right)$$

推导过程如下：因为 S^2 是 σ^2 的无偏估计,样本方差服从卡方分布,所以有 $\frac{(n-1)S^2}{\sigma^2}\sim\chi^2(n-1)$,则

$$P\left\{\chi^2_{1-\alpha/2}(n-1)<\frac{(n-1)S^2}{\sigma^2}<\chi^2_{\alpha/2}(n-1)\right\}=1-\alpha$$

即

$$P\left\{\frac{(n-1)S^2}{\chi^2_{\alpha/2}(n-1)}<\sigma^2<\frac{(n-1)S^2}{\chi^2_{1-\alpha/2}(n-1)}\right\}=1-\alpha$$

于是得到方差 σ^2 的置信水平为 $1-\alpha$ 的置信区间：

$$\left(\frac{(n-1)S^2}{\chi^2_{\alpha/2}(n-1)}, \frac{(n-1)S^2}{\chi^2_{1-\alpha/2}(n-1)}\right)$$

进一步可得标准差 σ 的置信水平为 $1-\alpha$ 的置信区间：

$$\left(\frac{\sqrt{n-1}S}{\sqrt{\chi^2_{\alpha/2}(n-1)}}, \frac{\sqrt{n-1}S}{\sqrt{\chi^2_{1-\alpha/2}(n-1)}}\right)$$

单个正态总体方差的区间估计

例 1-19 投资的回收利用率常常用来衡量投资的风险。随机调查了 26 个投资的回收利用率。设回收利用率服从正态分布，求它的方差区间估计（置信水平为 0.95）。

解：μ 未知，$\alpha=0.05$，方差的区间估计为

$$\left(\frac{(n-1)S^2}{\chi^2_{\alpha/2}(n-1)},\frac{(n-1)S^2}{\chi^2_{1-\alpha/2}(n-1)}\right)$$

查表得到区间估计为$(0.615S^2,1.905S^2)$

1.8.5 两个正态总体均值差的区间估计

设给定置信水平为$1-\alpha$，并设$X_1,X_2,\cdots,X_{n_1}$为第一个总体$N(\mu_1,\sigma_1^2)$的样本，$Y_1,Y_2,\cdots,Y_{n_2}$为第二个总体$N(\mu_2,\sigma_2^2)$的样本，X、Y分别是这两个总体的样本均值，S_1^2、S_2^2分别是这两个总体的样本方差。

1. 两个总体均值之差的估计

当σ_1^2、σ_2^2已知时两个总体均值之差的估计方法如下：

（1）相对于$\mu_1-\mu_2$构造枢轴量：

$$Z=\frac{(\bar{X}-\bar{Y})-(\mu_1-\mu_2)}{\sqrt{\dfrac{\sigma_1^2}{n_1}+\dfrac{\sigma_2^2}{n_2}}}\sim N(0,1)$$

（2）构造Z的$1-\alpha$的置信区间：

$$P\{-z_{\alpha/2}<Z<z_{\alpha/2}\}=1-\alpha$$

（3）概率恒等变换，得到$\mu_1-\mu_2$的$1-\alpha$的置信区间：

$$\left(\bar{X}-\bar{Y}-z_{\alpha/2}\sqrt{\frac{\sigma_1^2}{n_1}+\frac{\sigma_2^2}{n_2}},\bar{X}-\bar{Y}+z_{\alpha/2}\sqrt{\frac{\sigma_1^2}{n_1}+\frac{\sigma_2^2}{n_2}}\right)$$

推导过程如下：因为X、Y分别是μ_1、μ_2的无偏估计，所以$X-Y$是$\mu_1-\mu_2$的无偏估计，由$\bar{X}$、$\bar{Y}$的独立性及

$$\bar{X}\sim N\left(\mu_1,\frac{\sigma_1^2}{n_1}\right),\bar{Y}\sim N\left(\mu_2,\frac{\sigma_2^2}{n_2}\right)$$

可知

$$\bar{X}-\bar{Y}\sim N\left(\mu_1-\mu_2,\frac{\sigma_1^2}{n_1}+\frac{\sigma_2^2}{n_2}\right)$$

或

$$\frac{(\bar{X}-\bar{Y})-(\mu_1-\mu_2)}{\sqrt{\dfrac{\sigma_1^2}{n_1}+\dfrac{\sigma_2^2}{n_2}}}\sim N(0,1)$$

于是得到$\mu_1-\mu_2$的一个置信水平为$1-\alpha$的置信区间：

$$\left(\bar{X}-\bar{Y}-z_{\alpha/2}\sqrt{\frac{\sigma_1^2}{n_1}+\frac{\sigma_2^2}{n_2}},\bar{X}-\bar{Y}+z_{\alpha/2}\sqrt{\frac{\sigma_1^2}{n_1}+\frac{\sigma_2^2}{n_2}}\right)$$

2. 两个总体均值之差的估计

当σ_1^2、σ_2^2未知但相等时两个总体均值之差的估计方法如下：

(1) 相对于 $\mu_1-\mu_2$ 构造枢轴量：

$$T=\frac{(\bar{X}-\bar{Y})-(\mu_1-\mu_2)}{S_w\sqrt{\dfrac{1}{n_1}+\dfrac{1}{n_2}}}\sim t_{\frac{\alpha}{2}}(n_1+n_2-2)S_w\sqrt{\frac{1}{n_1}+\frac{1}{n_2}}$$

(2) 构造 T 的 $1-\alpha$ 的置信区间：

$$P\{|T|<t_{\frac{\alpha}{2}}(n_1+n_2-2)\}=1-\alpha$$

(3) 概率恒等变换，得到 $\mu_1-\mu_2$ 的 $1-\alpha$ 的置信区间：

$$\left(\bar{X}-\bar{Y}-t_{\frac{\alpha}{2}}(n_1+n_2-2)S_w\sqrt{\frac{1}{n_1}+\frac{1}{n_2}},\bar{X}-\bar{Y}+t_{\frac{\alpha}{2}}(n_1+n_2-2)S_w\sqrt{\frac{1}{n_1}+\frac{1}{n_2}}\right)$$

例 1-20 某工厂利用两条自动化流水线生产罐装沙拉酱，分别从两条流水线上抽取随机样本 $X_1,X_2,\cdots,X_{12}$ 和 $Y_1,Y_2,\cdots,Y_{17}$，计算出 $\bar{X}=10.6,\bar{Y}=9.5,S_1^2=2.4,S_2^2=4.7$。假设这两条流水线上罐装沙拉酱的重量都服从正态分布，其总体均值分别为 μ_1、μ_2，且有相同的总体方差。试求总体均值差 $\mu_1-\mu_2$ 的区间估计，置信水平为 0.95。

解：$\sigma_1^2=\sigma_2^2=\sigma^2$，$\sigma^2$ 未知，$\mu_1-\mu_2$ 的 0.95 置信区间为

$$\left(\bar{X}-\bar{Y}-t_{\frac{\alpha}{2}}(n_1+n_2-2)S_w\sqrt{\frac{1}{n_1}+\frac{1}{n_2}},\bar{X}-\bar{Y}+t_{\frac{\alpha}{2}}(n_1+n_2-2)S_w\sqrt{\frac{1}{n_1}+\frac{1}{n_2}}\right)$$

其中

$$S_w^2=\frac{(n_1-1)S_1^2+(n_2-1)S_2^2}{n_1+n_2-2}$$

查表得

$$t_{\frac{\alpha}{2}}(n_1+n_2-2)=2.0518$$

故 $\mu_1-\mu_2$ 的 0.95 置信区间为(−1.81, 4.01)。

两个正态总体均值差的区间估计

1.8.6 两个正态总体方差比的区间估计

两个正态总体均值 μ_1、μ_2 为未知。

两个正态总体方差比的区间估计方法如下：

(1) 对于 σ_1^2/σ_2^2，构造枢轴量：

$$F=\frac{S_1^2/S_2^2}{\sigma_1^2/\sigma_2^2}\sim F(n_1-1,n_2-1)$$

(2) 构造 F 的 $1-\alpha$ 的置信区间：

$$P\{\lambda_1<F<\lambda_2\}=1-\alpha$$

(3) 解不等式得到 σ_1^2/σ_2^2 的 $1-\alpha$ 置信区间：

$$\left(\frac{S_1^2}{S_2^2}\times\frac{1}{F_{\frac{\alpha}{2}}(n_1-1,n_2-1)},\frac{S_1^2}{S_2^2}\times\frac{1}{F_{1-\frac{\alpha}{2}}(n_1-1,n_2-1)}\right)$$

例 1-21 为了比较用两种不同方法生产的某种产品的寿命而进行了一项实验。实验中抽取了由方法一生产的 16 个产品，组成一个随机样本，其方差为 1200h；又抽取了由方法二生产的 21 个产品，组成另一个随机样本，其方差为 800h。试以 95%的置信水平估计两总体方差之比的置信区间。

解：设方法一生产的产品的寿命为 $X \sim N(\mu_1, \sigma_1^2)$，方法二生产的产品的寿命为 $Y \sim N(\mu_2, \sigma_2^2)$，要求 σ_1^2/σ_2^2 的 $1-\alpha$ 置信区间：

$$\left(\frac{S_1^2}{S_2^2} \times \frac{1}{F_{\frac{\alpha}{2}}(n_1-1, n_2-1)}, \frac{S_1^2}{S_2^2} \times \frac{1}{F_{1-\frac{\alpha}{2}}(n_1-1, n_2-1)}\right)$$

两个正态总体方差比的区间估计

查表得

$$F_{\frac{\alpha}{2}}(n_1-1, n_2-1) = 2.57, F_{1-\frac{\alpha}{2}}(n_1-1, n_2-1) = 2.76$$

故 σ_1^2/σ_2^2 的 0.95 置信区间为(0.58,4.14)。

总结：

(1) 单个总体均值 μ 的置信区间为

$$\begin{cases} \left(\bar{X} - \frac{\sigma}{\sqrt{n}} z_{\frac{\alpha}{2}}, \bar{X} + \frac{\sigma}{\sqrt{n}} z_{\frac{\alpha}{2}}\right), & \sigma^2 \text{ 为已知} \\ \left(\bar{X} - \frac{S}{\sqrt{n}} t_{\frac{\alpha}{2}}(n-1), \bar{X} + t_{\frac{\alpha}{2}}(n-1)\right), & \sigma^2 \text{ 为未知} \end{cases}$$

(2) 单个总体方差 σ^2 的置信区间为

$$\left(\frac{(n-1)S^2}{\chi^2_{\frac{\alpha}{2}}(n-1)}, \frac{(n-1)S^2}{\chi^2_{1-\frac{\alpha}{2}}(n-1)}\right)$$

(3) 两个总体均值差 $\mu_1 - \mu_2$ 的置信区间分以下两种情况：

- 当 σ_1^2 和 σ_2^2 均已知时：

$$\left(\bar{X} - \bar{Y} - z_{\frac{\alpha}{2}} \sqrt{\frac{\sigma_1^2}{n_1} + \frac{\sigma_2^2}{n_2}}, \bar{X} - \bar{Y} + z_{\frac{\alpha}{2}} \sqrt{\frac{\sigma_1^2}{n_1} + \frac{\sigma_2^2}{n_2}}\right)$$

- 当 $\sigma_1^2 = \sigma_2^2 = \sigma^2$，但 σ^2 未知时：

$$\left(\bar{X} - \bar{Y} - t_{\frac{\alpha}{2}}(n_1+n_2-2) S_w \sqrt{\frac{1}{n_1} + \frac{1}{n_2}}, \bar{X} - \bar{Y} + t_{\frac{\alpha}{2}}(n_1+n_2-2) S_w \sqrt{\frac{1}{n_1} + \frac{1}{n_2}}\right)$$

两个正态总体方差比的区间估计总结

(4) 当总体均值 μ_1、μ_2 未知时，两个总体方差比 σ_1^2/σ_2^2 的置信区间为

$$\left(\frac{S_1^2}{S_2^2} \times \frac{1}{F_{\frac{\alpha}{2}}(n_1-1, n_2-1)}, \frac{S_1^2}{S_2^2} \times \frac{1}{F_{1-\frac{\alpha}{2}}(n_1-1, n_2-1)}\right)$$

1.9 假设检验

假设检验在统计方法中的地位如图 1-34 所示。

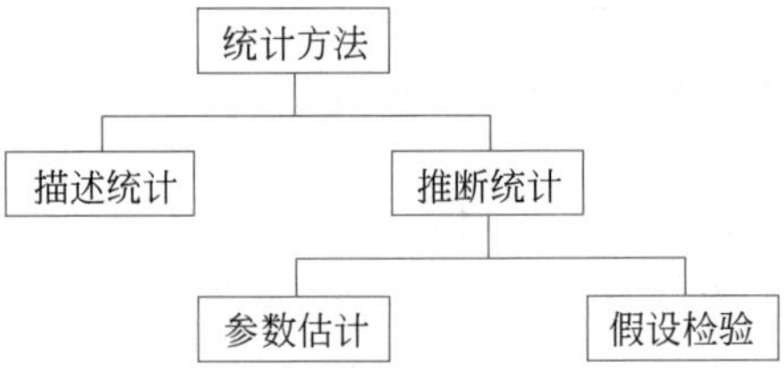

图 1-34

1.9.1　假设检验简介

在总体的分布函数完全未知或只知其形式但不知其参数的情况下，为了推断总体的某些性质，可以提出某些关于总体的假设，例如提出总体服从泊松分布的假设，又如对于正态总体提出数学期望等于 μ_0 的假设，等等。假设检验就是根据样本对提出的假设作出判断：是接受还是拒绝。假设检验是作出这一决策的过程。

假设检验问题是统计推断的另一类重要问题。如何利用样本值对一个具体的假设进行检验？

通常借助于直观分析和理论分析相结合的做法，其基本原理就是人们在实际问题中经常采用的经验性推断："一个小概率事件在一次试验中几乎是不可能发生的。"

例 1-22　有一种元件，要求其使用寿命不低于 1000h。现在从一批这种元件中随机抽取 25 件，测得其寿命平均值为 950h。已知这种元件寿命服从标准差 $\sigma=100$h 的正态分布，试在显著性水平 0.05 下确定这批元件是否合格。

解：提出的假设为

$H_0:\mu\geqslant 1000$；$H_1:\mu<1000$。

构造统计量：此问题情形属于 u 检验，故选用统计量 u 如下：

$$u=\frac{\bar{X}-\mu_0}{\sigma_0/\sqrt{n}}$$

本例中 $\bar{x}=950$，$\sigma_0=100$，$n=25$，代入上式得 $u=-2.5$。拒绝域为 $V=\{u>u_{1-\alpha}\}$，在本例中，$\alpha=0.05$，$u_{0.95}=1.64$，$u>u_{0.95}$，拒绝原假设 H_0，即认为在显著性水平 0.05 下这批元件不合格。

以上采取的检验法是符合经验性推断的。通常 α 总是取得很小，一般取 0.01 或 0.05。因而当 H_0 为真，即 $\mu=\mu_0$ 时，$\left\{\frac{\bar{X}-\mu_0}{\sigma/\sqrt{n}}\geqslant z_{\frac{\alpha}{2}}\right\}$ 是一个小概率事件，根据经验性推断就可以认为：如果 H_0 为真，由一次试验得到满足不等式 $\left|\frac{\bar{X}-\mu_0}{\sigma/\sqrt{n}}\right|\geqslant z_{\frac{\alpha}{2}}$ 的观察值 $\bar{x}$ 几乎是不会发生的。而在一次观测中竟出现了满足 $\left|\frac{\bar{X}-\mu_0}{\sigma/\sqrt{n}}\right|\geqslant z_{\frac{\alpha}{2}}$ 的 $\bar{x}$，就有理由怀疑原来的假设 H_0 的正确性，因而拒绝 H_0。若出现观测值 $\bar{x}$ 满足不等式 $\left|\frac{\bar{X}-\mu_0}{\sigma/\sqrt{n}}\right|\geqslant z_{\frac{\alpha}{2}}$，则没有理由拒绝假设 H_0，因而只能接受 H_0。

假设是对总体参数的一种看法。总体参数包括总体均值、比例、方差等，在分析之前必须加以说明。

假设检验分为参数假设检验和非参数假设检验。

假设检验采用逻辑上的反证法，依据统计上的小概率原理作出判断。

假设检验的基本思想如图 1-35 所示。

假设检验包括以下 5 个步骤。

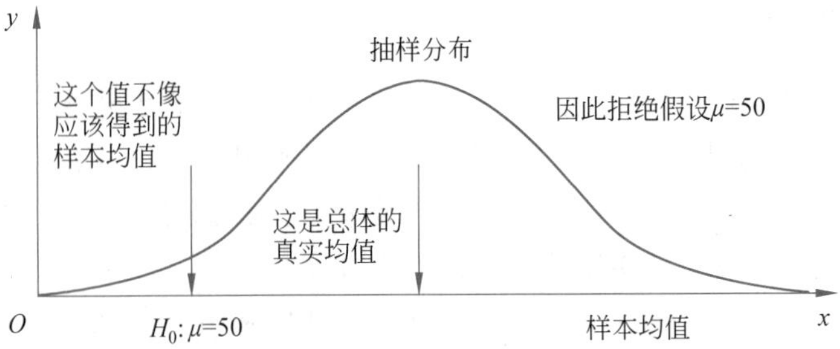

图 1-35

(1) 提出原假设和备择假设。

原假设的概念要点如下:

① 原假设是待检验的假设,又称 0 假设。

② 如果错误地作出决策会导致一系列后果。

③ 原假设中总是有=、≤或≥。

④ 原假设表示为 H_0,格式为

$$H_0: \mu = \text{某一数值}$$

例如,$H_0: \mu = 3190$。

备择假设的概念要点如下:

① 备择假设是与原假设对立的假设。

② 备择假设中总是有≠、<或>。

③ 备择假设表示为 H_1,格式为

$$H_1: \mu < \text{某一数值}(\text{或 } \mu > \text{某一数值})$$

例如,$H_1: \mu < 3910$(或 $H_1: \mu > 3910$)。

(2) 确定适当的检验统计量。

检验统计量的概念要点如下:

① 检验统计量是用于假设检验问题的统计量。

② 假设检验选择统计量的方法与参数估计相同,需考虑是大样本还是小样本以及总体方差已知还是未知。

③ 检验统计量的基本形式为 $z = \dfrac{\bar{X} - \mu_0}{\sigma/\sqrt{n}}$。

(3) 规定显著性水平 α。

显著性水平的概念要点如下:

① 显著性水平是一个概率值。

② 显著性水平是原假设为真时拒绝原假设的概率,被称为抽样分布的拒绝域。

③ 显著性水平表示为 α,常用的 α 值有 0.01、0.05、0.10。

④ 显著性水平由研究者事先确定。

(4) 计算检验统计量的值。

(5) 作出统计决策

① 计算检验的统计量。

② 根据给定的显著性水平 α，查表得出相应的临界值 z_α 或 $z_{\alpha/2}$。

③ 将检验统计量的值与 α 的临界值进行比较。

④ 得出接受或拒绝原假设的结论。

小概率是在一次试验中一个几乎不可能发生的事件发生的概率。在一次试验中，小概率事件一旦发生，就有理由拒绝原假设。小概率由研究者事先确定。

假设检验中的两类错误(决策风险)，如表 1-27 所示。

表　1-27

真实情况（未知）	所作决策	
	接受 H_0	拒绝 H_0
H_0 为真	正确	第一类错误
H_0 不真	第二类错误	正确

假设检验的依据是小概率事件在一次试验中很难发生。但很难发生不等于不发生，因而假设检验得到的结论有可能是错误的。这种错误有两类：

(1) 当原假设 H_0 为真，观察值却落入拒绝域，而作出了拒绝 H_0 的判断，称作第一类错误，又叫弃真错误。该类错误的概率为 α，即显著性水平。

(2) 当原假设 H_0 不真，观察值却落入接受域，而作出了接受 H_0 的判断，称作第二类错误，又叫取伪错误。该类错误的概率记为 β。

α 和 β 的关系就像跷跷板，α 小 β 就大，α 大 β 就小，因此不能同时减少这两类错误。

一般来说，当样本容量 n 一定时，若减少犯第一类错误的概率，则犯第二类错误的概率往往增大。若要使犯两类错误的概率都减小，除非增加样本容量。

只对犯第一类错误的概率加以控制，而不考虑犯第二类错误的概率的检验称为显著性检验。

影响 β 的因素如下：

(1) 总体参数的真值，β 值随着假设的总体参数真值的减少而增大。

(2) 显著性水平 α，当 α 减少时 β 增大。

(3) 总体标准差 σ，当 σ 增大时 β 增大。

(4) 样本容量 n，当 n 减少时 β 增大。

1.9.2　双侧检验和单侧检验

双侧检验与单侧检验(包括左侧检验和右侧检验)如表 1-28 所示。

表　1-28

假　设	研究的问题		
	双侧检验	左侧检验	右侧检验
H_0	$\mu=\mu_0$	$\mu\geqslant\mu_0$	$\mu\leqslant\mu_0$
H_1	$\mu\neq\mu_0$	$\mu<\mu_0$	$\mu>\mu_0$

1. 双侧检验

双侧检验不论是拒绝 H_0 还是接受 H_0 都必须采取相应的行动措施。

例如,某种零件的尺寸要求为 10cm,大于或小于 10cm 均属于不合格。建立的原假设与备择假设应为

$H_0: \mu=10, H_1: \mu\neq10$。

又如,检验某企业生产的零件平均长度是否为 4cm。

提出原假设 ($\mu=4$)和备择假设($\mu\neq4$),两者必须互斥并穷尽所有情况。

双侧检验接受原假设和拒绝原假设的情况如图 1-36 和图 1-37 所示。

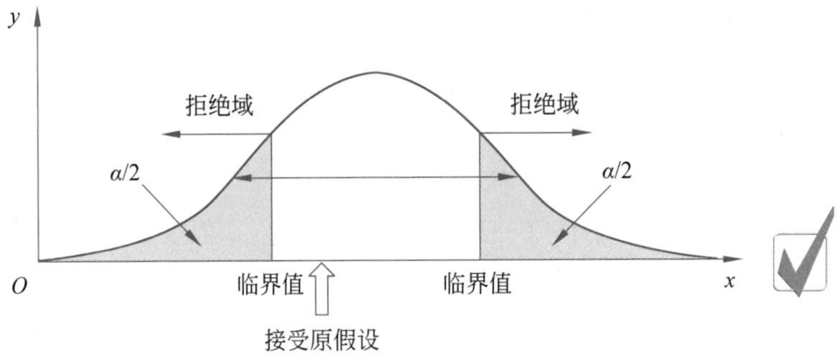

图 1-36

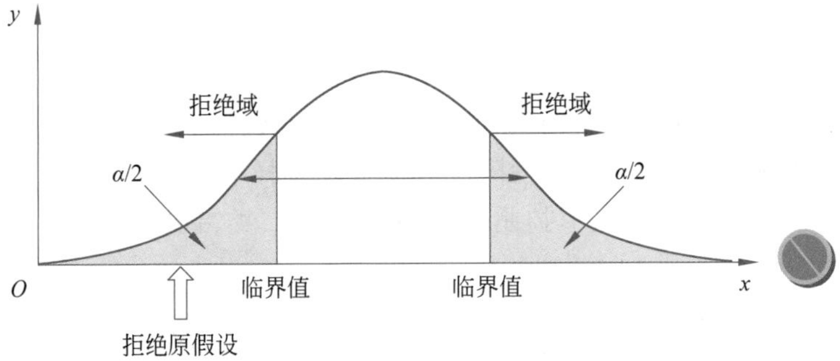

图 1-37

2. 单侧检验

检验研究中的假设时,将研究预期的结论作为备择假设 H_1,将否定研究预期的结论的说法或理论作为原假设 H_0。或者说,把希望(想要)证明的假设作为备择假设,先确立备择假设 H_1。例如,采用新技术生产后,将会使产品的使用寿命明显延长到 1500h 以上,属于研究中的假设,建立的原假设与备择假设应为

$H_0: \mu\leqslant1500; H_1: \mu>1500$。

检验某项声明的有效性时,将所做出的声明作为原假设,将对该说明的质疑作为备择假设,先确立原假设 H_0,除非有证据表明声明无效,否则就应认为声明是有效的。例如,某灯泡制造商声明该企业生产的灯泡的平均使用寿命在 1000h 以上,除非样本能提供证据表明使用寿命在 1000h 以下,否则就应认为该企业的声明是正确的,建立的原假设与备择假设应为

$H_0: \mu\geqslant1000; H_1: \mu<1000$。

设总体 $X\sim N(\mu,\sigma^2)$,σ^2 为已知,$X_1,X_2,\cdots,X_n$ 是来自总体 X 的样本,给定显著性水

平 α，则右侧检验的拒绝域为$\dfrac{\bar{X}-\mu_0}{\sigma/\sqrt{n}}$，左侧检验的拒绝域为$\dfrac{\bar{X}-\mu_0}{\sigma/\sqrt{n}}$。

下面给出右侧检验拒绝域的推导过程。

因 H_0 中的全部 μ 都比 H_1 中的 μ 要小，当 H_1 为真时，观察值 $\bar{x}$ 往往偏大。因此拒绝域的形式为 $\bar{x} \geqslant k$（k 是某一正的常数）。

$$P\{H_0\text{ 为真时拒绝 }H_0\}=P_{\mu\in H_0}\{\bar{X}\geqslant k\}=P_{\mu\leqslant H_0}\left\{\frac{\bar{X}-\mu_0}{\frac{\sigma}{\sqrt{n}}}\geqslant\frac{k-\mu_0}{\frac{\sigma}{\sqrt{n}}}\right\}$$

$$\leqslant P_{\mu\leqslant H_0}\left\{\frac{\bar{X}-\mu}{\frac{\sigma}{\sqrt{n}}}\geqslant\frac{k-\mu_0}{\frac{\sigma}{\sqrt{n}}}\right\}$$

上式成立的原因是：因为 $\mu\leqslant\mu_0$，所以$\dfrac{\bar{X}-\mu}{\frac{\sigma}{\sqrt{n}}}\geqslant\dfrac{k-\mu_0}{\frac{\sigma}{\sqrt{n}}}$。

事件$\left\{\dfrac{\bar{X}-\mu_0}{\frac{\sigma}{\sqrt{n}}}\geqslant\dfrac{k-\mu_0}{\frac{\sigma}{\sqrt{n}}}\right\}\subset\left\{\dfrac{\bar{X}-\mu}{\frac{\sigma}{\sqrt{n}}}\geqslant\dfrac{k-\mu_0}{\frac{\sigma}{\sqrt{n}}}\right\}$要控制 $P_{\mu\leqslant H_0}\left\{\dfrac{\bar{X}-\mu}{\frac{\sigma}{\sqrt{n}}}\geqslant\dfrac{k-\mu_0}{\frac{\sigma}{\sqrt{n}}}\right\}=\alpha$，由于$\dfrac{\bar{X}-\mu_0}{\frac{\sigma}{\sqrt{n}}}\sim N(0,1)$，所以 $k=\mu_0+\dfrac{\sigma}{\sqrt{n}}z_\alpha$，$\dfrac{k-\mu_0}{\frac{\sigma}{\sqrt{n}}}=z_\alpha$。

故 $\bar{x}\geqslant\mu_0+\dfrac{\sigma}{\sqrt{n}}z_\alpha$，即右侧检验的拒绝域为 $z=\dfrac{\bar{x}-\mu_0}{\frac{\sigma}{\sqrt{n}}}\geqslant z_\alpha$。

单侧检验

类似可证，左侧检验的拒绝域为 $z=\dfrac{\bar{x}-\mu_0}{\frac{\sigma}{\sqrt{n}}}\leqslant -z_\alpha$。

1.9.3　一个正态总体的参数检验

正态总体参数检验的方法如图 1-38 所示。

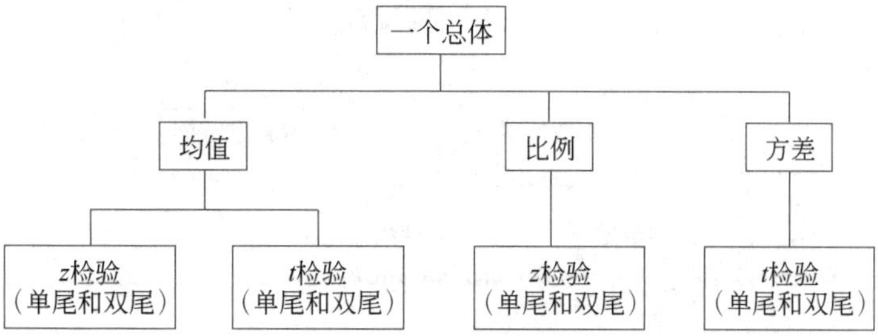

图　1-38

1. 总体方差已知时的均值检验

总体方差已知时的均值检验的步骤是：陈述原假设 H_0，陈述备择假设 H_1，选择显著性水平，选择检验统计量，选择 n，给出临界值，搜集数据，计算检验统计量，进行统计决策，表述决策结果。

2. 总体方差未知时的均值检验

1）均值的双尾 z 检验

检验的步骤如下：

(1) 假定条件：总体服从正态分布；若总体不服从正态分布，可用正态分布近似($n \geqslant 30$)。

(2) 原假设为

$$H_0: \mu = 0$$

备择假设为

$$H_1: \mu \neq \mu_0$$

(3) 使用 z 统计量：

$$z = \frac{\bar{X} - \mu_0}{\frac{\sigma}{\sqrt{n}}} \sim N(0,1)$$

2）均值的单尾 z 检验

检验的步骤如下：

(1) 假定条件：总体服从正态分布；若总体不服从正态分布，可以用正态分布近似($n \geqslant 30$)。

(2) 备择假设有<或>符号。

(3) 使用 z 统计量：

$$z = \frac{\bar{X} - \mu_0}{\frac{\sigma}{\sqrt{n}}} \sim N(0,1)$$

这里给出一个有用的结论：当显著性水平均为 α 时，检验问题 $H_0: \mu \leqslant \mu_0, H_1: \mu > \mu_0$ 和检验问题 $H_0: \mu = \mu_0, H_1: \mu > \mu_0$ 有相同的拒绝域，尽管原假设 H_0 的形式不同，实际意义也不同，但对于相同的显著性水平 α，它们的拒绝域相同。

3. 总体比例的假设检验

总体比例是指总体中具有某种相同特征的个体所占的比例，这些特征可以是数值型的(如产值、人口数量、土地面积等)，也可以是品质型的(如性别、地区、季节、商品等级等)。对大样本而言，总体比例假设检验实际就是直接通过建立标准正态分布的统计量进行检验，一般使用 z 检验，如图 1-39 所示。

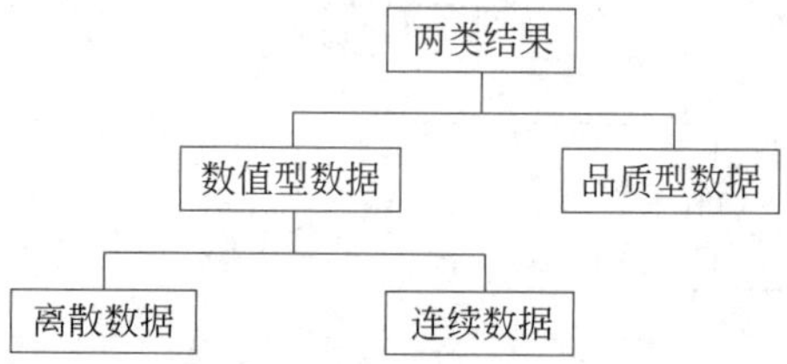

图 1-39

假定条件：有两类结果，总体服从二项分布，可用正态分布近似，检验统计量为

$$z=\frac{\hat{p}-p_0}{\sqrt{\frac{p_0(1-p_0)}{n}}}\sim N(0,1)$$

其中，p_0 为假设的总体比例。

设总体 $X\sim N(\mu,\sigma^2)$，μ 和 σ^2 均为未知，$X_1,X_2,\cdots,X_n$ 为来自总体 X 的样本。要求检验以下假设(显著性水平为 α)：

H_0：$\sigma^2=\sigma_0$；H_1：$\sigma^2\neq\sigma_0$

σ_0 为已知常数。由于 S^2 是 σ^2 的无偏估计，当 H_0 为真时，比值 s^2/σ_0^2 在 1 附近摆动，不应过分大于 1 或过分小于 1。

当 H_0 为真时，根据卡方分布，$\frac{(n-1)S^2}{\sigma_0^2}\sim\chi^2(n-1)$。取 $\chi^2=\frac{(n-1)S^2}{\sigma_0^2}$ 作为检验统计量，上述检验问题拒绝域具有以下的形式：

$$\frac{(n-1)S^2}{\sigma_0^2}\leqslant k_1 \text{ 或} \frac{(n-1)S^2}{\sigma_0^2}\geqslant k_2$$

此处 k_1 和 k_2 的值由下式确定：

$$P\{H_0\text{ 为真时拒绝 }H_0\}=P_{\sigma_0^2}\left\{\left(\frac{(n-1)S^2}{\sigma_0^2}\leqslant k_1\right)\cup\left(\frac{(n-1)S^2}{\sigma_0^2}\geqslant k_2\right)\right\}=\alpha$$

为了计算方便，习惯上取

$$P_{\sigma_0^2}\left\{\frac{(n-1)S^2}{\sigma_0^2}\leqslant k_1\right\}=\frac{\alpha}{2},P_{\sigma_0^2}\left\{\frac{(n-1)S^2}{\sigma_0^2}\geqslant k_2\right\}=\frac{\alpha}{2}$$

故得

$$k_1=\chi^2_{1-\frac{\alpha}{2}}(n-1),k_2=\chi^2_{\frac{\alpha}{2}}(n-1)$$

于是，得到的拒绝域为

$$\frac{(n-1)S^2}{\sigma_0^2}\leqslant\chi^2_{1-\frac{\alpha}{2}}(n-1)$$

或

$$\frac{(n-1)S^2}{\sigma_0^2}\leqslant\chi^2_{\frac{\alpha}{2}}(n-1)$$

下面求以下单侧检验问题的拒绝域(设显著性水平为 α)：

$$H_0：\sigma^2\leqslant\sigma_0^2；H_1：\sigma^2>\sigma_0^2$$

因 H_0 中的全部 σ^2 都比 H_0 中的 σ^2 小，当 H_1 为真时，S^2 的观察值 s^2 往往偏大，因此拒绝域的形式为 $s^2\geqslant k$。此处 k 的值由下式确定：

$$\begin{aligned}P\{H_0\text{ 为真时拒绝 }H_0\}&=P_{\sigma^2\leqslant\sigma_0^2}\{S^2\geqslant k\}=P_{\sigma^2\leqslant\sigma_0^2}\left\{\frac{(n-1)S^2}{\sigma_0^2}\geqslant\frac{(n-1)k}{\sigma_0^2}\right\}\\&\leqslant P_{\sigma^2\leqslant\sigma_0^2}\left\{\frac{(n-1)S^2}{\sigma^2}\geqslant\frac{(n-1)k}{\sigma_0^2}\right\}\end{aligned}$$

这是因为 $\sigma^2\leqslant\sigma_0^2$。

要使 $P\{H_0$ 为真时拒绝 $H_0\}\leqslant\alpha$，只需令

$$P_{\sigma^2\leqslant\sigma_0^2}\left\{\frac{(n-1)S^2}{\sigma^2}\geqslant\frac{(n-1)k}{\sigma_0^2}\right\}=\alpha$$

因为

$$\frac{(n-1)S^2}{\sigma^2}\sim\chi^2(n-1),\frac{(n-1)k}{\sigma_0^2}=\chi_\alpha^2(n-1)$$

所以

$$k=\frac{\sigma_0^2}{n-1}=\chi_\alpha^2(n-1)$$

右侧检验问题的拒绝域为

$$s^2\geqslant\frac{\sigma_0^2}{n-1}\chi_\alpha^2(n-1)$$

即

$$\chi^2=\frac{(n-1)s^2}{\sigma_0^2}\geqslant\chi_\alpha^2(n-1)$$

同理,左侧检验问题 $H_0:\sigma^2\geqslant\sigma_0^2,H_1:\sigma^2\leqslant\sigma_0^2$ 的拒绝域为

$$\chi^2=\frac{(n-1)s^2}{\sigma_0^2}\geqslant\chi_\alpha^2(n-1)$$

上述检验法称为 χ^2 检验法,如图 1-40 所示。

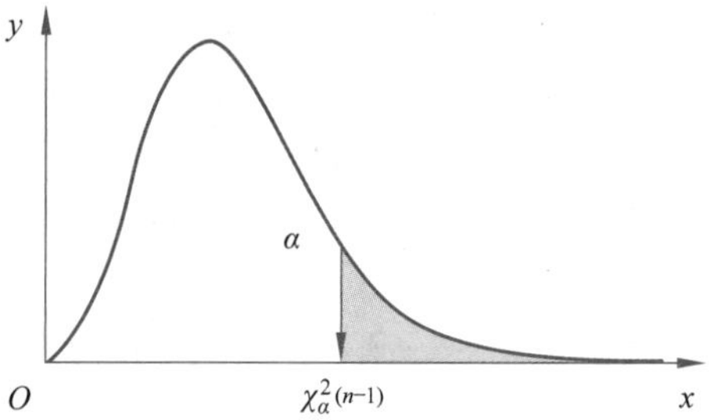

图 1-40

方差的 χ^2 检验的要点如下:

(1) 检验一个总体的方差或标准差。

(2) 假设总体近似服从正态分布。

(3) 原假设为 $H_0:\sigma^2=\sigma_0^2$。

(4) 检验统计量为

一个正态总体的参数检验

$$\chi^2=\frac{(n-1)s^2}{\sigma_0^2}\sim\chi^2(n-1)$$

其中,s^2 是样本方差,σ_0^2 是假设的总体方差。

1.9.4 两个正态总体的参数检验

1. 两个总体均值之差的 z 检验($\boldsymbol{\sigma}_1^2$、$\boldsymbol{\sigma}_2^2$ 已知)

两个总体均值之差的 z 检验(σ_1^2、σ_2^2 已知)的要点如下:

(1) 假定条件:两个样本是独立的随机样本,两个总体都服从正态分布;若样本不服从正态分布,可以用正态分布近似($n_1\geqslant30$ 和 $n_2\geqslant30$)。

（2）原假设为

$$H_0: \mu_1-\mu_2=0$$

备择假设为

$$H_1: \mu_1-\mu_2\neq 0$$

（3）检验统计量为

$$z=\frac{(\bar{x}_1-\bar{x}_2)-(\mu_1-\mu_2)}{\sqrt{\dfrac{\sigma_1^2}{n_1}+\dfrac{\sigma_2^2}{n_2}}}\sim N(0,1)$$

两个总体均值之差的 z 检验如表 1-29 所示。

表　1-29

假　设	研究的问题		
	H_0：没有差异 H_1：有差异	H_0：均值 1≥均值 2 H_1：均值 1<均值 2	H_0：均值 1≤均值 2 H_1：均值 1>均值 2
H_0	$\mu_1-\mu_2=0$	$\mu_1-\mu_2\geqslant 0$	$\mu_1-\mu_2\leqslant 0$
H_1	$\mu_1-\mu_2\neq 0$	$\mu_1-\mu_2<0$	$\mu_1-\mu_2>0$

2. 两个总体均值之差的 t 检验（σ_1^2、σ_2^2 未知）

两个总体均值之差的 t 检验（σ_1^2、σ_2^2 未知）的要点如下：

（1）用于检验具有等方差的两个总体的均值。

（2）假定条件：两个样本是独立的随机样本，两个总体都服从正态分布，两个总体方差未知但相等（$\sigma_1^2=\sigma_2^2$）。

（3）检验统计量为

$$t=\frac{(\bar{x}_1-\bar{x}_2)-(\mu_1-\mu_2)}{S_p\sqrt{\dfrac{1}{n_1}+\dfrac{1}{n_2}}}$$

两个正态总体的参数检验

其中，

$$S_p^2=\frac{(n_1-1)s_1^2-(n_2-1)s_2^2}{n_1-n_2-2}$$

1.9.5　两个相关（配对或匹配）样本的差值检验

两个相关（配对或匹配）样本的差值检验的要点如下：

（1）用于检验两个相关样本的差值。

（2）利用相关样本可消除均值差异检验的样本的方差。通过对配对样本进行相关性分析，可以排除不同项目之间的变化所造成的影响，从而更准确地比较这些变量或样本的均值差异。

（3）假定条件：两个总体都服从正态分布；如果不服从正态分布，可用正态分布近似（$n_1\geqslant 30$ 和 $n_2\geqslant 30$）。

两个相关（配对或匹配）样本的差值检验如表 1-30 所示。

表 1-30

假　设	研究的问题		
	H_0：没有差异 H_1：有差异	H_0：均值 1≥均值 2 H_1：均值 1<均值 2	H_0：均值 1≤均值 2 H_1：均值 1>均值 2
H_0	$\mu_D=0$	$\mu_D\geqslant 0$	$\mu_D\leqslant 0$
H_1	$\mu_D\neq 0$	$\mu_D<0$	$\mu_D>0$

差值 $D_i=x_{1i}-x_{2i}$，如表 1-31 所示。

表 1-31

观察序号	样本 1	样本 2	差　值
1	x_{11}	x_{21}	$D_1=x_{11}-x_{21}$
2	x_{12}	x_{22}	$D_2=x_{12}-x_{22}$
⋮	⋮	⋮	⋮
i	x_{1i}	x_{2i}	$D_i=x_{1i}-x_{2i}$
⋮	⋮	⋮	⋮
n	x_{1n}	x_{2n}	$D_n=x_{1n}-x_{2n}$

统计量为

$$t=\frac{\bar{x}_D-D_0}{S_D/\sqrt{n_D}}$$

自由度为

$$\mathrm{d}f=n_D-1$$

样本均值为

$$\bar{x}_D=\frac{\sum_{i=1}^{n}D_i}{n_D}$$

样本标准差为

$$S_D=\sqrt{\frac{\sum_{i=1}^{n}(D_i-\bar{x}_D)^2}{n_D-1}}$$

1.9.6 两个总体比例之差的检验

两个总体比例之差的检验的要点如下：

(1) 假定条件：两个总体是独立的，两个总体都服从二项分布，可以用正态分布近似。

(2) 检验统计量为

$$z=\frac{(\hat{P}_1-\hat{P}_2)-(P_1-P_2)}{\sqrt{\frac{\hat{P}_1(1-\hat{P}_1)}{n_1}+\frac{\hat{P}_2(1-\hat{P}_2)}{n_2}}}\sim N(0,1)$$

两个总体比例之差的检验如表 1-32 所示。

表　1-32

假　设	研究的问题		
	H_0：没有差异 H_1：有差异	H_0：均值 1≥均值 2 H_1：均值 1<均值 2	H_0：均值 1≤均值 2 H_1：均值 1>均值 2
H_0	$P_1-P_2=0$	$P_1-P_2\geqslant 0$	$P_1-P_2\leqslant 0$
H_1	$P_1-P_2\neq 0$	$P_1-P_2<0$	$P_1-P_2>0$

1.9.7　假设检验中的其他问题

1. 用置信区间进行检验

1）双侧检验

双侧检验的步骤如下：

（1）求出双侧检验均值的置信区间。μ^2 已知时，置信区间为

$$\left(\bar{x}-z_{\frac{\alpha}{2}}\frac{\sigma}{\sqrt{n}},\bar{x}+z_{\frac{\alpha}{2}}\frac{\sigma}{\sqrt{n}}\right)$$

μ^2 未知时，置信区间为

$$\left(\bar{x}-t_{\frac{\alpha}{2}}\frac{S_{n-1}}{\sqrt{n}},\bar{x}+t_{\frac{\alpha}{2}}\frac{S_{n-1}}{\sqrt{n}}\right)$$

（2）若总体的假设值 μ_0 在置信区间外，拒绝 H_0。

2）左侧检验

左侧检验的步骤如下：

（1）求出单边置信下限 $\bar{x}-z_{\frac{\alpha}{2}}\frac{\sigma}{\sqrt{n}}$ 或 $\bar{x}-t_{\frac{\alpha}{2}}\frac{S_{n-1}}{\sqrt{n}}$。

（2）若总体的假设值 μ_0 小于单边置信下限，拒绝 H_0。

3）右侧检验

右侧检验的步骤如下：

（1）求出单边置信上限 $\bar{x}+z_{\frac{\alpha}{2}}\frac{\sigma}{\sqrt{n}}$ 或 $\bar{x}+t_{\frac{\alpha}{2}}\frac{S_{n-1}}{\sqrt{n}}$。

（2）若总体的假设值 μ_0 大于单边置信上限，拒绝 H_0。

2. 利用 P 值进行检验

1）什么是 P 值？

（1）P 值是一个概率值。如果原假设为真，P 值是观测到的样本均值不同于（小于或大于）实测值的概率。

（2）左侧检验时，P 值为曲线上方小于或等于检验统计量部分的面积；右侧检验时，P 值为曲线上方大于或等于检验统计量部分的面积。

（3）P 值被称为观察到的（或实测的）显著性水平，是 H_0 能被拒绝的最小值。

2）单侧检验

若 P 值大于或等于 α，不能拒绝 H_0。

若 P 值小于 α,拒绝 H_0。

3)双侧检验

若 P 值大于或等于 $\alpha/2$,不能拒绝 H_0。

若 P 值小于 $\alpha/2$,拒绝 H_0。

1.9.8 施行特征函数

若 C 是参数 θ 的某检验问题的一个检验法,$\beta(\theta)=P_\theta$(接受 H_0)称为检验法 C 的施行特征函数或者 OC 函数,其图形称为 OC 曲线。施行特征函数如表 1-33 所示。

表 1-33

检验方法	右侧检验	左侧检验	双侧检验
z 检验	$\beta(\mu)=\Phi(z_\alpha-\lambda)$ $\lambda=\frac{\mu-\mu_0}{\sigma/\sqrt{n}}$	$\beta(\mu)=\Phi(z_\alpha+\lambda)$ $\lambda=\frac{\mu-\mu_0}{\sigma/\sqrt{n}}$	$\beta(\mu)=\Phi(z_{\alpha/2}-\lambda)+\Phi(z_{\alpha/2}+\lambda)$ $\lambda=\frac{\mu-\mu_0}{\sigma/\sqrt{n}}$
t 检验	$\beta(\mu)=$ $P_\mu\left\{\frac{\bar{X}-\mu_0}{S/\sqrt{n}}<t_\alpha(n-1)\right\}$ $\frac{\bar{X}-\mu_0}{S/\sqrt{n}}=\left(\frac{\bar{X}-\mu}{\sigma/\sqrt{n}}+\lambda\right)/\left(\frac{S}{\sigma}\right)$	$\beta(\mu)=P_\mu\left\{-t_{\alpha/2}(n-1)<\right.$ $\left.\frac{\bar{X}-\mu_0}{S/\sqrt{n}}<t_{\alpha/2}(n-1)\right\}$ $\frac{\bar{X}-\mu_0}{S/\sqrt{n}}=\left(\frac{\bar{X}-\mu}{\sigma/\sqrt{n}}+\lambda\right)/\left(\frac{S}{\sigma}\right)$	$\beta(\mu)=P_\mu\left\{\frac{\bar{X}-\mu_0}{S/\sqrt{n}}>-t_\alpha(n-1)\right\}$ $\frac{\bar{X}-\mu_0}{S/\sqrt{n}}=\left(\frac{\bar{X}-\mu}{\sigma/\sqrt{n}}+\lambda\right)/\left(\frac{S}{\sigma}\right)$

1.9.9 分布拟合检验

设总体 X 的分布未知,$x_1,x_2,\cdots,x_n$ 是来自 X 的样本值。检验以下假设:

H_0:总体 X 的分布函数为 $F(x)$;H_1:总体 X 的分布函数不是 $F(x)$。

其中,设 $F(x)$ 不含未知参数。

皮尔逊定理如下:设检验假设 H_0 的统计量为

$$\chi^2=\sum_{i=1}^{k}\frac{n}{p_i}\left(\frac{f_i}{n}-p_i\right)^2=\sum_{i=1}^{k}\frac{f_i^{\,2}}{np_i}-n$$

若 n 充分大($n\geqslant 50$),则 H_0 为真时统计量近似服从 $\chi^2(k-1)$ 分布。

随机变量 X 的偏态和峰度分别是指 X 的标准化变量 $\frac{X-E(X)}{\sqrt{D(X)}}$ 的三阶中心距和四阶中心距,即

$$v_1=E\left[\left(\frac{X-E(X)}{\sqrt{D(X)}}\right)^3\right]=\frac{E[(X-E(X))^3]}{(D(X))^{3/2}},$$

$$v_2=E\left[\left(\frac{X-E(X)}{\sqrt{D(X)}}\right)^4\right]=\frac{E[(X-E(X))^4]}{(D(X))^2}$$

当随机变量 X 服从正态分布时,$v_1=0$,$v_2=3$。

样本偏态和样本峰度的定义,$G_1=\frac{B_3}{B_2^{3/2}}$ 和 $G_2=\frac{B_4}{B_2^2}$ 分别称为样本偏态和样本峰度,其中,$B_k(k=2,3,4)$是样本 k 阶中心矩。

下面给出偏态和峰度检验法。

设 $X_1, X_2, \cdots, X_n$ 是来自总体 X 的样本，要检验假设“H_0：X 为正态总体”。记

$$\sigma_1 = \sqrt{\frac{6(n-2)}{(n+1)(n+3)}}, \sigma_2 = \sqrt{\frac{24n(n-2)(n-3)}{(n+1)^2(n+3)(n+5)}}$$

$$\mu_2 = 3 - \frac{6}{n+1}, U_1 = \frac{G_1}{\sigma_1}, U_2 = \frac{G_2 - \mu_2}{\sigma_2}$$

当 H_0 为真且 n 充分大时，近似地有 $U_1 \sim N(0,1)$，$U_2 \sim N(0,1)$。

1.9.10 秩与假设检验问题的 P 值法

1. 秩的定义

秩 X 为一个总体，将容量为 n 的样本观察值按自小到大的次序编号排列：$x_{(1)} < x_{(2)} < \cdots < x_{(n)}$，称 $x_{(i)}$ 的下标 i 为 $x_{(i)}$ 的秩，$i = 1, 2, \cdots, n$。

2. 秩和的定义

设两个总体分别抽取容量为 n_1、n_2 的样本，且设两个样本独立，这里总假定 $n_1 \leqslant n_2$。首先，将这 $n_1 + n_2$ 个观察值放在一起从小到大排序，求出每个观察值的秩。然后，将属于第一个总体的样本观察值的秩相加，其和记为 R_1，称为第一个样本的秩和；将其余观察值的秩的总和记为 R_2，称为第二个样本的秩和。显然 R_1、R_2 是离散型随机变量且有

$$R_1 + R_2 = \frac{1}{2}(n_1 + n_2)(n_1 + n_2 + 1)$$

3. 秩和检验法的定义

秩和检验法是一种非参数检验法，它是一种用样本秩代替样本值的检验法。用秩和检验法可以检验两个总体的分布函数是否相等的问题。

4. 单侧检验和双侧检验

左侧检验“H_0：$a = 0$；H_1：$a < 0$”的拒绝域为 $r_1 \leqslant C_U(\alpha)$（显著性水平为 α）。

右侧检验“H_0：$a = 0$；H_1：$a > 0$”的拒绝域为 $r_1 \geqslant C_L(\alpha)$（显著性水平为 α）。

双侧检验“H_0：$a = 0$；H_1：$a \neq 0$”的拒绝域为 $R_1 \leqslant C_U\left(\frac{\alpha}{2}\right)$ 或 $R_1 \geqslant C_L\left(\frac{\alpha}{2}\right)$。

5. 假设检验问题的 P 值法

假设检验问题的 P 值是通过对检验统计量的样本观测得出的原假设可被拒绝的最小显著性水平。

1.10 小　　结

本章介绍了概率论与数理统计方面的知识，主要包括随机事件与概率、随机变量及其分布、随机变量的数字特征、数据分布特征的度量、统计数据的整理与显示、相关与回归分析、大数定律与中心极限定理、参数估计与假设检验。

1.11 习　　题

1. 一家公司从过去经验得知，一位新员工参加培训后能完成生产任务的概率为 0.8，不参加培训能完成生产任务的概率为 0.4。假设该公司中 60%的员工参加过培训。

(1) 一位新员工完成生产任务的概率是多少?

(2) 若一位新员工已完成生产任务,他参加过培训的概率是多少?

2. 已知变量 X 的分布律如表 1-34 所示。

表 1-34

X	0	1	2	3
P	0.1	0.2	0.4	0.3

求 X 的数学期望与方差。

3. 某灯泡的使用寿命 X(单位:小时)服从指数分布,其概率密度函数为

$$p(x;\theta)=\begin{cases}\dfrac{1}{\theta}e^{-\frac{x}{\theta}}, & x>0\\ 0, & \text{其他}\end{cases},\theta>0$$

已知一组样本的数据 X_k 如下所示,求 θ 的极大似然估计。

18	28	68	100	360	440
330	400	500	620	660	800

4. 7 个地区在 2000 年度的人均 GDP(国内生产总值)和人均消费水平的统计数据如表 1-35 所示。

表 1-35

地区	人均 GDP/元	人均消费水平/元
北京	22 460	7326
辽宁	11 226	4490
上海	34 547	11 546
江西	4851	2396
河南	5444	2208
贵州	2662	1608
陕西	4549	2035

(1) 计算两个变量之间的线性相关系数,说明两个变量之间的关系强度。

(2) 利用最小二乘法求出估计的回归方程,并解释回归系数的实际意义。

(3) 计算判定系数,并解释其意义。

(4) 如果某地区的人均 GDP 为 5000 元,预测其人均消费水平。

5. 一家工厂用机器包装食盐,每袋净重量 X(单位:g)服从正态分布,规定每袋净重量为 500g。某天开工后,为检验机器工作是否正常,从包装好的食盐中随机抽取 9 袋,测得其净重量如下:

498 506 512 478 484 483 524 490 516

以显著性水平 $\alpha=0.05$ 检验这一天机器工作是否正常。

第2章

随机过程的概念和基本类型

2.1 随机过程的基本概念

机器学习是人工智能领域中一个重要的方向，是根据一些已观察到的现象对感兴趣的未知变量进行估计和推测。例如，根据过去的数据集预测比赛中一方的胜率，根据小行星当前的位置和运动规律预测它将来的轨迹，根据一个瓜的纹理、颜色或瓜蒂等信息预测这个瓜的甜度。然而，科学家是如何根据各个影响因素估计结果发生的可能性呢？随机过程为人们提供了一种构建这个概率模型的数学方法，可以帮助人们理清相互依赖的随机过程之间的数学关系，从而预测事物的发展。

我们都知道，初等概率论的主要研究对象是随机现象，可以用一个或有限个随机变量描述随机试验产生的随机现象。但是，随着科学技术的不断发展，我们必须对一些随机现象的过程进行研究，也就是要考虑无穷多个随机变量，而且解决问题的出发点不是随机变量的独立样本，而是无穷多个随机变量的一次具体观测。这时，必须用一簇随机变量才能刻画这种随机现象的全部统计规律，这种随机变量簇就是随机过程。

下面通过几个示例解释随机过程的基本概念。

例 2-1 某人不断地掷一颗骰子，设 $X(n)$ 表示第 n 次掷骰子时出现的点数，$n=1,2,3,\cdots$，对于任意一个 n，在第 n 次掷骰子前不知道试验的结果会出现几点，因此，$X(n)$ 是一个随机变量。这样，作为随机现象，可以用一簇随机变量 $\{X(n), n\geqslant 1\}$ 描述每个点数出现的情况。

例 2-2 设 $X(t)$ 表示某流水线从开工($t=0$)到时刻 t 为止的累计次品数，在开工前不知道时刻 t 的累计次品数将有多少，因此，$X(t)$ 是一个随机变量。假设流水线不断工作，作为随机现象，可以用一簇随机变量 $\{X(t), t\geqslant 0\}$ 描述次品出现的概率和连续工作时长的关系。

例 2-3 在天气预报中，若以 $X(t)$ 表示某地区第 t 次统计得到的该天最高气温，则 $X(t)$ 是一个随机变量。为了预报未来该地区的气温，必须用一簇随机变量 $\{X(t), t\geqslant 0\}$ 描述温度变化的统计规律性。

例题 1

上述例子的共同点不是静止地研究某种随机现象，进而研究个别随机变量；而是动态地关心某种随机现象如何随时间变化而发展，也就是说，需要研究许多随机变量组成的一簇随机变量。一般地，这簇随机变量包含无限多个随机变量。如果这簇随机变量包含有限多个随机变量(例如例 2-1)，那么这类问题就用初等概率论中的多维随机变量解决。一簇随机变量描述了随机现象的变化发展过程。为了更深入地研究随机过程的相关性质,首先给出随机过程的一般定义。

定义 2-1 设$(\Omega,\mathcal{F},P)$是一个概率空间,T 是给定的参数集,若对于任意 $t\in T$,有一个随机变量 $X(t,\omega)$与之对应,则称随机变量簇$\{X(t,\omega),t\in T\}$是$(\Omega,\mathcal{F},P)$上的随机过程(stochastic process),简记为随机过程$\{X(t),t\in T\}$或 $X(t)$。

定义 2-1 中的概率空间是一个由样本空间 Ω、事件域$\mathcal{F}$、概率 P 组成的三元组。Ω 是样本空间,也就是全体样本点组成的集合;$\mathcal{F}$是事件域,也就是事件的集合,也可以看作样本点的集合;P 是概率,用于描述在一次随机实验中包含在$\mathcal{F}$中某一事件的可能性。参数集 T 可以是时间集,也可以是长度、重量、速度等物理量的集合。随机过程本来通称随机函数,仅当参数集 T 是时间集时称为随机过程,但现在将参数集不是时间集的随机函数也称为随机过程,对参数集 T 不再限制其类型。

在例 2-1 中,$T=\{1,2,3,\cdots\}$,在例 2-2 和例 2-3 中 $T=[0,+\infty)$。一般地,如果 T 是由有限个或可列无限个元素组成的集合,则称$\{X(t),t\in T\}$为离散时间(或离散参数)的随机过程;如果 T 是有限或者无限区间,则称$\{X(t),t\in T\}$为连续时间(或连续参数)的随机过程。

从数学角度看,随机过程$\{X(t),t\in T\}$实质上是定义在 $T\times\mathbf{R}$ 上的二元函数。当 t 固定、ω 可变时,可以将 $X(t,\omega)$看作概率空间中的随机变量。随机变量 $X(t)$所取的值称为随机过程在时刻 t 所处的状态,所有状态组成的集合称为随机过程的状态空间,记为 I。当 ω 固定、t 可变时,可以将 $X(t,\omega)$看作 T 上的函数,称为随机过程$\{X(t),t\in T\}$的一个样本函数或轨道,所有样本函数组成的集合称为样本函数空间。

如果 I 是由有限个或可列无限个元素组成的集合,则称$\{X(t),t\in T\}$为离散状态的随机过程,例 2-1 和例 2-2 都是离散状态的随机过程;如果 I 是一个区间,则称$\{X(t),t\in T\}$为连续状态的随机过程,例 2-3 是连续状态的随机过程。

随机过程的分类如表 2-1 所示。

表 2-1

参数集	状态空间	
	离散	连续
连续	连续参数链	随机过程
离散	离散参数链	随机序列

例题 2

随机过程除了按照参数集 T 和状态集 I 是否可列进行分类外,还可以进一步根据过程之间的概率关系进行分类。在后面的几节中,将详细讲解在人工智能中用于建模的几种常用的随机过程,例如用于股票市场分析的泊松过程、用于自然语言处理和语音识别的马尔可夫过程、用于交易算法的维纳过程。

2.2 随机过程中随机变量的分布和数字特征

前面介绍了为预测事物发展而构建的概率模型。数学家常常利用编码记录具体事物的特征,于是每个随机变量都有可能以列向量的形式存储,列向量中每一行都代表该事物的一个具体特征。人们常常需要依据这些特征对模型中离散的随机变量进行分类和聚合。而研究随机过程中随机变量的分布和数字特征是研究人员需要做的基础工作之一。

随机变量的分布刻画了随机变量的统计规律。分布的表现形式是分布函数(或离散型随机变量的概率函数,或连续型随机变量的密度函数)。随机过程$\{X(t),t\in T\}$由一簇随机变量组成。当参数集 T 为有限集时,随机过程$\{X(t),t\in T\}$由有限个随机变量组成,它本质上与概率论中的多维随机变量相同,可以用多维随机变量的分布函数(或概率函数,或密度函数)表示随机过程$\{X(t),t\in T\}$的分布;当 T 为无限集时,也可以借助有限个随机变量的联合分布刻画随机过程$\{X(t),t\in T\}$的分布。

下面分别介绍一维、二维以及 n 维随机变量的分布函数簇以及有限维分布函数簇的概念和性质。

在一维分布函数簇中,对于任意 $t\in T$,$X(t)$都是一维随机变量,其分布函数为

$$F(x;t)=P\{X(t)\leqslant x\},x\in \mathbf{R} \tag{2-1}$$

称 $F(x;t)$为随机过程$\{X(t),t\in T\}$的一维分布函数。显然,对于不同的 t,$X(t)$是不同的随机变量,因此 $F(x;t)$一般也不同。全体一维分布函数组成的集合$\{F(x;t),x\in\mathbf{R}:t\in T\}$ @$\mathcal{F}_1$称为随机过程$\{X(t),t\in T\}$的一维分布函数簇。

在二维分布函数中,对于任意 $t_1,t_2\in T$,$(X(t_1),X(t_2))$都是二维随机变量,其分布函数为

$$F(x_1,x_2;t_1,t_2)=P\{X(t_1)\leqslant x_1,X(t_2)\leqslant x_2\},(x_1,x_2)\in \mathbf{R}^2 \tag{2-2}$$

称 $F(x_1,x_2;t_1,t_2)$为随机过程$\{X(t),t\in T\}$的二维分布函数。显然,对于不同的 t_1 和 t_2,$(X(t_1),X(t_2))$是不同的随机变量,因此,$F(x_1,x_2;t_1,t_2)$一般也不同,全体二维分布函数组成的集合$\mathcal{F}_2=\{F(x_1,x_2;t_1,t_2),(x_1,x_2)\in\mathbf{R}^2:t_1,t_2\in T\}$为随机过程$\{X(t),t\in T\}$的二维分布函数簇。

在 n 维分布函数簇中,对于任意 $t_1,t_2,\cdots,t_n\in T$,$(X(t_1),X(t_2),\cdots,X(t_n))$都是 n 维随机变量,其分布函数为

$$\begin{aligned}&F(x_1,x_2\cdots,x_n;t_1,t_2,\cdots,t_n)=\\&P\{X(t_1)\leqslant x_1,X(t_2)\leqslant x_2,\cdots,X(t_n)\leqslant x_n\},(x_1,x_2,\cdots,x_n)\in\mathbf{R}^n\end{aligned} \tag{2-3}$$

称 $F(x_1,x_2,\cdots,x_n;t_1,t_2,\cdots,t_n)$为随机过程$(X(t_1),X(t_2))$的 n 维分布函数。显然,对于不同的 $t_1,t_2,\cdots,t_n$,$(X(t_1),X(t_2),\cdots,X(t_n))$是不同的随机变量。

因此,$F(x_1,x_2,\cdots,x_n;t_1,t_2,\cdots,t_n)$一般也不同,全体 n 维分布函数组成的集合$\mathcal{F}_n=\{F(x_1,x_2,\cdots,x_n;t_1,t_2,\cdots,t_n),(x_1,x_2,\cdots,x_n)\in\mathbf{R}^n: t_1,t_2,\cdots,t_n\in T\}$为随机过程$\{X(t),t\in T\}$的 n 维分布函数簇。

定义 2-2　$\{X(t),t\in T\}$是全体一维分布函数簇$\mathcal{F}_1$、二维分布函数簇$\mathcal{F}_2$直到 n 维分布函数簇$\mathcal{F}_n$的并集$\mathcal{F}$,即

$$\begin{aligned}\mathcal{F}=\bigcup_{n=1}^{\infty}\mathcal{F}_n=\bigcup_{n=1}^{\infty}\{&F(x_1,x_2,\cdots,x_n;t_1,t_2,\cdots,t_n),(x_1,x_2,\cdots,x_n)\in\mathbf{R}^n:\\&t_1,t_2,\cdots,t_n\in T,n\geqslant 1\}\end{aligned} \tag{2-4}$$

称为随机过程$\{X(t),t\in T\}$的有限维分布函数簇。

如果$\{X(t),t\in T\}$是一个连续状态的随机过程,对于任意 $t\in T$, $X(t)$通常是连续型随机变量,其密度函数为 $f(x;t)$。$f(x;t)$称为随机过程$\{X(t),t\in T\}$的一维密度函数,全

体一维密度函数组成的集合称为随机过程$\{X(t),t\in T\}$的一维密度函数簇；一般地，$(X(t_1),X(t_2),\cdots,X(t_n))$的密度函数$f(x_1,x_2,\cdots,x_n;t_1,t_2,\cdots,t_n)$称为随机过程$\{X(t),t\in T\}$的$n$维密度函数，全体$n$维密度函数组成的集合称为随机过程$\{X(t),t\in T\}$的$n$维密度函数簇。

随机过程$\{X(t),t\in T\}$的一维密度函数簇、二维密度函数簇直到n维密度函数簇的并集$f(x_1,x_2,\cdots,x_n;t_1,t_2,\cdots,t_n:\ t_1,t_2,\cdots,t_n\in T,n\geqslant 1)$称为随机过程$\{X(t),t\in T\}$的有限维密度函数簇。类似地可以得到离散状态随机过程$\{X(t),t\in T\}$的有限维概率函数簇。

随机过程$\{X(t),t\in T\}$的有限维分布函数簇、有限维密度函数簇、有限维概率函数簇统称为随机过程$\{X(t),t\in T\}$的有限维分布簇。

随机过程$\{X(t),t\in T\}$的有限维分布函数簇满足如下两条性质：

对称性与相容性

(1) 对称性。设$i_1,i_2,\cdots,i_n$为1, 2,⋯, n的任意排列，$\forall t_1,t_2,\cdots,t_n\in T$，有

$$F(x_1,x_2,\cdots,x_n;t_1,t_2,\cdots,t_n)=F(x_{i_1},x_{i_2},\cdots,x_{i_n};t_{i_1},t_{i_2},\cdots,t_{i_n})$$

(2) 相容性。设$m<n$，$\forall t_1,t_2,\cdots,t_m,t_{m+1},\cdots,t_n\in T$，有

$$F(x_1,x_2,\cdots,x_m,\infty,\infty,\cdots,\infty;t_1,t_2,\cdots,t_n)=F(x_1,x_2,\cdots,x_m;t_1,t_2,\cdots,t_m)$$

注意，随机过程的统计特性完全由它的有限维分布簇决定，有限维分布簇与有限维特征函数簇相互唯一确定。

反之，对于给定的满足对称性和相容性的分布函数簇，是否存在一个以它作为其有限维分布函数簇的随机过程？

定理 2-1 ［柯尔莫哥洛夫(Kolmogorov)存在定理］设已知参数集T满足对称性和相容性的分布函数簇$\mathcal{F}$，则必存在一个概率空间$(\Omega,\mathcal{F},P)$及定义在其上的随机过程$\{X(t),t\in T\}$，它的有限维分布函数簇是$\mathcal{F}$。

柯尔莫哥洛夫定理说明，随机过程的有限分布簇是随机过程概率特征的完整表述。但在实际问题中，要知道随机过程的全部有限维分布簇是不可能的，因此人们想到了用随机过程的数字特征刻画随机过程的概率特征。

下面举例说明求随机过程的一维、二维分布函数。

例 2-4 设随机过程$X(t)=tV,t\geqslant 0$，V为随机变量，概率函数为

$$P\{V=-1\}=0.4,P\{V=1\}=0.6$$

求随机过程$X(t)$的一维分布函数$F(x;1/2)$与$F(x;2)$及二维分布函数$F(x_1,x_2;1/2,2)$。

解：当$t=1/2$时，$X(1/2)=V/2$是离散型随机变量；当$t=2$时，$X(2)=2V$是离散型随机变量。它们的概率函数分别为

$X\left(\frac{1}{2}\right)$	$-\frac{1}{2}$	$\frac{1}{2}$
p	0.4	0.6

$X(2)$	-2	2
p	0.4	0.6

两个一维分布函数分别为

$$F\left(x,\frac{1}{2}\right)=\begin{cases}0, & x<-\frac{1}{2}\\ 0.4, & -\frac{1}{2}\leqslant x<\frac{1}{2}\\ 1, & x\geqslant\frac{1}{2}\end{cases}$$

$$F(x,2)=\begin{cases}0, & x<-2\\ 0.4, & -2\leqslant x<2\\ 1, & x\geqslant 2\end{cases}$$

当 $t_1=1/2$、$t_2=2$ 时，$(X(1/2),X(2))=(V/2,2V)$是二维离散型随机变量，它的概率函数为

$X\left(\frac{1}{2}\right)$	$X(n)$	
	−2	2
−1/2	0.4	0
1/2	0	0.6

因此，$(X(1/2),X(2))$的分布函数为

$$F\left(x_1,x_2;\frac{1}{2},2\right)=P\left(X\left(\frac{1}{2}\right)\leqslant x_1,X(2)\leqslant x_2\right)$$

$$=\begin{cases}0, & x_1<-\frac{1}{2}\text{ 或 }x_2<-2\\ 0.4, & -\frac{1}{2}\leqslant x_1<\frac{1}{2}\text{ 且 }x_2\geqslant-2,x_1\geqslant-\frac{1}{2}\text{ 且 }-2\leqslant x_2<2\\ 1, & x_1\geqslant\frac{1}{2}\text{ 且 }x_2\geqslant 2\end{cases}$$

2.2.1　随机过程的数字特征

虽然有限维分布函数簇能够比较完整地描述随机过程的统计特征，但在实际中很难得到。于是退而求其次，像引入随机变量的数字特征一样，引入随机过程的数字特征。下面介绍几种主要的数字特征的计算方法：

定义 2-3　设有随机过程$\{X(t),t\in T\}$，如果对于任意 $t\in T$，$E(X(t))$存在，称

$$m_X(t)=E(X(t)),t\in T \tag{2-5}$$

为随机过程$\{X(t),t\in T\}$的均值函数(expectation function)，简记为 $m(t)$。

定义 2-4　设有随机过程$\{X(t),t\in T\}$，如果对于任意 $s,t\in T$，$E[X(s)-m(s)]\cdot[X(t)-m(t)]$存在，称

$$C_X(s,t)\triangleq E\{[X(s)-m(s)][X(t)-m(t)]\},s,t\in T \tag{2-6}$$

为$\{X(t),t\in T\}$的自协方差函数(self-covariance function)，简称协方差函数，简记为 $C(s,t)$；称

$$R_X(s,t)\triangleq E[X(s)X(t)],s,t\in T \tag{2-7}$$

为随机过程$\{X(t),t\in T\}$的自相关函数(self-correlation function),简称相关函数,简记为$R(s,t)$。自协方差函数$C(s,t)$是随机过程$\{X(t),t\in T\}$本身在不同时刻状态之间线性关系程度的一种描述。

特别地,当自协方差函数$C(s,t)$中的$s=t$时,称为随机过程$\{X(t),t\in T\}$的方差函数(variance function),即

$$D_X(t)=C_X(t,t)\triangleq E\{[X(t)-m(t)]^2\} \tag{2-8}$$

例题 3

由施瓦茨(Schwarz)不等式知,随机过程$\{X(t),t\in T\}$的协方差函数和相关函数一定存在,且有下面的关系式:

$$C_X(s,t)=R_X(s,t)-m_X(s)m_X(t)$$

特别地,当均值函数$m_X(t)\equiv 0$时,$C_X(s,t)=R_X(s,t)$。

从定义可知,均值函数$m(t)$反映的是随机过程$\{X(t),t\in T\}$在时刻t的平均值,方差函数$D_X(t)$反映的是随机过程$\{X(t),t\in T\}$在时刻t对均值函数$m(t)$的偏离程度,而协方差函数$C(s,t)$和相关函数$R(s,t)$反映的是随机过程$\{X(t),t\in T\}$在时刻s和t的线性相关程度。

下面举例说明如何求随机过程的均值函数和协方差函数。

例 2-5 设随机过程$X(t)=Y\cos\theta t+Z\sin\theta t,t>0$,其中$Y$、$Z$是相互独立的随机变量,且$E(Y)=E(Z)=0,D(Y)=D(Z)=\sigma^2$,求$\{X(t),t>0\}$的均值函数$m(t)$和自协方差函数$C(s,t)$。

解:由数学期望的性质有

$$E[X(t)]=E[Y\cos\theta t+Z\sin\theta t]=E(Y)\cos\theta t+E(Z)\sin\theta t=0$$

又由Y、Z的相互独立,有

$$\begin{aligned}C_X(s,t)=R_X(s,t)&=E[X(s)X(t)]=E\{[Y\cos\theta s+Z\sin\theta s][Y\cos\theta t+Z\sin\theta t]\}\\&=E(Y^2)\cos\theta s\cos\theta t+E(Z^2)\sin\theta s\sin\theta t=\sigma^2\cos(t-s)\theta\end{aligned}$$

类似地可以定义两个随机过程的互协方差函数和互相关函数。

例题 4

定义 2-5 设有随机过程$\{X(t),t\in T\}$和$\{Y(t),t\subset T\}$,称

$$C_{XY}(s,t)\triangleq E\{[X(s)-m_X(s)][Y(t)-m_Y(t)]\},s,t\in T \tag{2-9}$$

为$\{X(t),t\subset T\}$与$\{Y(t),t\subset T\}$的互协方差函数(mutual covariance function),称

$$R_{XY}(s,t)\triangleq E[X(s)Y(t)],s,t\in T \tag{2-10}$$

为$\{X(t),t\subset T\}$与$\{Y(t),t\in T\}$的互相关函数(mutual correlation function)。

如果对任意$s,t\in T$,有$C_{XY}(s,t)=0$,则称$\{X(t),t\in T\}$与$\{Y(t),t\in T\}$互不相关。显然有

$$C_{XY}(s,t)=R_{XY}(s,t)-m_X(s)m_Y(t) \tag{2-11}$$

例 2-6 设$Z(t)=X+Yt,t\in \mathbf{R}$,若已知二维随机变量$(X,Y)$的协方差矩阵为$\begin{bmatrix}\sigma_1^2 & \rho\\ \rho & \sigma_2^2\end{bmatrix}$,求$Z(t)$的协方差函数。

解:由数学期望的性质有

$$\begin{aligned}C_Z(t_1,t_2)&=E\{[(X+Yt_1)-(m_X+m_Yt_1)][(X+Yt_2)-(m_X+m_Yt_2)]\}\\&=E\{[(X-m_X)+(Yt_1-m_Yt_1)][(X-m_X)+(Yt_2-m_Yt_2)]\}\\&=E[(X-m_X)(X-m_X)]+E[(X-m_X)t_2(Y-m_Y)]+\\&\quad E[(X-m_X)t_1(Y-m_Y)]+E[t_1t_2(Y-m_Y)(Y-m_Y)]\\&=C_{XY}+t_2C_{XY}+t_1C_{XX}+t_1t_2C_{YY}=\sigma_1^2+(t_1+t_2)\rho+t_1t_2\sigma_2^2\end{aligned}$$

例 2-7　设两个随机过程为 $X(t)=A\sin(\omega t+\theta)$ 与 $Y(t)=B\sin(\omega t+\theta-\varphi)$，其中，$A$、$B$、$\omega$、$\varphi$ 为常量，φ 为 $[0,2\pi]$ 上的均匀分布的随机变量，求 $R_{XY}(t_1,t_2)$。

解：设 $t_1<t_2$，则

$$R_{XY}(t_1,t_2)=E[X(t_1)Y(t_2)]=\int_0^{2\pi}A\sin(\omega t_1+\theta)\,B\sin(\omega t_2+\theta-\varphi)\,\frac{1}{2\pi}\mathrm{d}\theta$$

$$=\frac{AB}{2\pi}\int_0^{2\pi}\sin(\omega t_1+\theta)\{\sin(\omega t_1+\theta)\cos[\omega(t_2-t_1)-\varphi]+$$

$$\cos(\omega t_1+\theta)\sin[\omega(t_2-t_1)-\varphi]\}\mathrm{d}\theta$$

$$=\frac{AB}{2\pi}\left\{\cos[\omega(t_2-t_1)-\varphi]\int_0^{2\pi}\sin^2(\omega t_1+\theta)\mathrm{d}\theta+\right.$$

$$\left.\sin[\omega(t_2-t_1)-\varphi]\int_0^{2\pi}\sin(\omega t_1+\theta)\cos(\omega t_1+\theta)\mathrm{d}\theta\right\}$$

$$=\frac{AB}{2}\cos[\omega(t_2-t_1)-\varphi]$$

例 2-8　设 $X(t)$ 为信号过程，$Y(t)$ 为噪音过程，令 $W(t)=X(t)+Y(t)$，则 $W(t)$ 的均值函数为

$$m_W(t)=m_X(t)+m_Y(t)$$

其相关函数为

$$\begin{aligned}R_W(s,t)&=E[X(s)+Y(s)][X(t)+Y(t)]\\&=E[X(s)X(t)]+E[X(s)Y(t)]+E[Y(s)X(t)]+E[Y(s)Y(t)]\\&=R_X(s,t)+R_{XY}(s,t)+R_{YX}(s,t)+R_Y(s,t)\end{aligned}$$

上式表明，两个随机过程之和的相关函数可以表示为各个随机过程的相关函数之和。特别地，当两个随机过程的均值函数恒为 0 且互不相关时，有

$$R_W(s,t)=R_X(s,t)+R_Y(s,t)$$

2.2.2　两个随机过程的独立性

设 $\{X(t),t\in T\}$、$\{Y(t),t\in T\}$ 是两个随机过程，它们具有相同的参数集，任取 $n,m\in\mathbf{N}$，$t_1,t_2,\cdots,t_n\in T$，$t_1',t_2',\cdots,t_m'\in T$，则称 $n+m$ 维随机向量 $(X(t_1),X(t_2),\cdots,X(t_n),Y(t_1'),Y(t_2'),\cdots,Y(t_m'))$ 的联合分布函数

$$\begin{aligned}&F_{XY}(x_1,x_2,\cdots,x_n;t_1,t_2,\cdots,t_n;y_1,y_2,\cdots,y_n;t_1',t_2',\cdots,t_m')\\&=P\{X(t_1)\leqslant x_1,X(t_2)\leqslant x_2,\cdots,X(t_n)\leqslant x_n,Y(t_1')\leqslant y_1,\\&\quad Y(t_2')\leqslant y_2,\cdots,Y(t_m')\leqslant y_m\}\end{aligned}\tag{2-12}$$

为随机过程 $\{X(t),t\in T\}$ 和 $\{Y(t),t\in T\}$ 的 $n+m$ 维联合分布函数。

如果对于任取的 $n,m\in\mathbf{N}$ 以及任意的 $t_1,t_2,\cdots,t_n\in T$ 和 $t_1',t_2',\cdots,t_m'\in T$，随机过程 $\{X(t),t\in T\}$ 和 $\{Y(t),t\in T\}$ 的联合分布函数满足

$$\begin{aligned}&F_{XY}(x_1,x_2,\cdots,x_n;t_1,t_2,\cdots,t_n;y_1,y_2,\cdots,y_n;t_1',t_2',\cdots,t_m')\\&=F_X(x_1,x_2,\cdots,x_n;t_1,t_2,\cdots,t_n)F_Y(y_1,y_2,\cdots,y_n;t_1',t_2',\cdots,t_m')\end{aligned}\tag{2-13}$$

则称随机过程 $\{X(t),t\in T\}$ 和 $\{Y(t),t\in T\}$ 是独立的。

注意，随机过程 $\{X(t),t\in T\}$ 和 $\{Y(t),t\in T\}$ 独立可以得到随机过程 $\{X(t),t\in T\}$ 和 $\{Y(t),t\in T\}$ 统计不相关，反之不然。但这两者对于正态过程来说是等价的，这一点将在后面看到。

2.2.3 复随机过程

在工程技术中,把随机过程表示成复数的形式进行研究更为方便。在机器视觉领域中,常常需要将像素矩阵转换至傅里叶域,也就是在频域内处理。例如,用于目标跟踪的 KCF 算法正是利用了循环矩阵在傅里叶域可以相似对角化的性质大大降低了计算机运算的数据量。利用希尔伯特变换可以把随机过程表示成复随机过程,就好像直角坐标和极坐标的互换,可以帮助人们以另一个角度去看待同一事物。下面介绍复随机过程的定义及其数字特征的计算。

定义 2-6 设$\{X(t),t\in T\}$,$\{Y(t),t\in T\}$是取值实数的两个随机过程,若对于任意$t\in T$均有

$$Z(t)=X(t)+\mathrm{i}Y(t) \tag{2-14}$$

其中$\mathrm{i}=\sqrt{-1}$,则称$\{Z(t),t\in T\}$为复随机过程。

类似地可以定义复随机过程的均值函数、相关函数、协方差函数和方差函数。

均值函数:

$$m_Z(t)=E[Z(t)]=m_X(t)+\mathrm{i}m_Y(t),t\in T \tag{2-15}$$

相关函数:

$$R_Z(t_1,t_2)=E[Z(t_1)\overline{Z(t_2)}],t_1,t_2\in T \tag{2-16}$$

协方差函数:

$$\begin{aligned}C_Z(t_1,t_2)&=E\{[Z(t_1)-m_Z(t_1)]\overline{[Z(t_2)-m_Z(t_2)]}\}\\&=R_Z(t_1,t_2)-m_Z(t_1)\overline{m_Z(t_2)},t_1,t_2\in T\end{aligned} \tag{2-17}$$

方差函数:

$$\begin{aligned}D_Z(t)&=E[|Z(t)-m_Z(t)|^2]\\&=E[(Z(t)-m_Z(t))\overline{(Z(t)-m_Z(t))}]=C_Z(t,t)\end{aligned} \tag{2-18}$$

对于两个随机过程可以定义互相关函数和互协相关函数。

互相关函数:

$$R_{Z_1Z_2}(t_1,t_2)=E[Z_1(t_1)Z_2(t_2)] \tag{2-19}$$

互协相关函数:

$$\begin{aligned}C_{Z_1Z_2}(t_1,t_2)&=\mathrm{Cov}(Z_1(t_1),Z_2(t_2))\\&=E\{[Z_1(t_1)-m_{Z_1}(t_1)]\overline{[Z_2(t_2)-m_{Z_2}(t_2)]}\}\end{aligned} \tag{2-20}$$

2.3 随机过程的主要类型

近年来人工智能的成果喷涌而出,如人机对弈、自动驾驶、智能推荐等。这些令人惊叹的创造都必须建立在坚实的理论基础之上,在逻辑里找到解释,这个不断产生奇迹的世界遵从的就是数学原理。前面介绍了随机过程作为人工智能领域的一门基础学科的一些基本概念和分析方法,下面着重介绍几种常见的随机过程。

通常可以根据状态空间以及参数集是离散的还是连续的对随机过程进行分类,而这里

根据随机过程的统计特征对随机过程作了进一步分类，这些常见的随机过程在以后的章节中将进一步加以说明，这里只作简单介绍。

2.3.1 二阶矩过程

定义 2-7　设$\{X(t),t\in T\}$是取值为实数或复数的随机过程。若对于任意 $t\in T$，都有 $E[|X(t)|^2]<\infty$（二阶矩存在），则称$\{X(t),t\in T\}$是二阶矩过程(two-order moment process)。

二阶矩过程$\{X(t),t\in T\}$的均值函数 $m_X(t)=E(X(t))$一定存在，一般假定 $m_X(t)=0$，这时，协方差函数化为 $C_X(s,t)=E[X(s)\overline{X(t)}]$。

二阶矩过程的协方差函数具有以下性质：

(1) 埃尔米特(Hermite)性。$C_X(s,t)=\overline{C_X(t,s)},s,t\in T$。

(2) 非负定性。对任意 $t_i\in T$ 及复数 $\alpha_i,i=1,2,\cdots,n,n\geqslant 1$ 有

$$\sum_{i=1}^{n}\sum_{j=1}^{n}C_X(t_i,t_j)\alpha_i\bar{\alpha}_j\geqslant 0$$

2.3.2 正交增量过程

定义 2-8　设$\{X(t),t\in T\}$是零均值的二阶矩过程。若对于任意 $t_1<t_2\leqslant t_3<t_4\in T$，有

$$E\{[X(t_2)-X(t_1)][\overline{X(t_4)-X(t_3)}]\}=0$$

则称$\{X(t),t\in T\}$为正交增量过程(orthogonal incremental process)。

从定义 2-8 可以看出，正交增量过程的协方差函数可由其方差确定，且

$$C_X(s,t)=R_X(s,t)=\sigma_X^2(\min(s,t))$$

事实上，不妨设 $T=[a,b]$为有限区间，且规定 $X(a)=0$，取 $t_1=0,t_2=t_3=s,t_4=b$，则当 $a<s<t<b$ 时，有

$$E[X(s)\ \overline{(X(t)-X(s))}]=E[(X(s)-X(a))(\overline{X(t)-X(s)})]=0$$

因此

$$\begin{aligned}C_X(s,t)&=R_X(s,t)-m_X(s)\ \overline{m_X(t)}=R_X(s,t)=E[X(s)\ \overline{X(t)}]\\&=E[X(s)(\overline{X(t)-X(s)+X(s)})]\\&=E[X(s)(\overline{X(t)-X(s)})]+E[X(s)\ \overline{X(s)}]=\sigma_X^2(s)\end{aligned}$$

同理，当 $b>s>t>a$ 时，有

$$C_X(s,t)=R_X(s,t)=\sigma_X^2(t)$$

于是，有

$$C_X(s,t)=R_X(s,t)=\sigma_X^2(\min(s,t))$$

2.3.3 平稳独立增量过程

定义 2-9　给定随机序列$\{X_n,n\geqslant 1\}$，如果随机变量 $X_1,X_2,\cdots,X_n$ 相互独立，那么随机序列$\{X_n,n\geqslant 1\}$为独立过程(independent process，也称独立随机序列)。

在前面的例子中，如果骰子每次出现的点数是相互独立的，那么就得到了一个独立过

程。值得注意的是,就物理意义说,连续参数独立过程是不存在的。这是因为,当 t_1 和 t_2 很接近时,完全有理由认为 $X(t_1)$和 $X(t_2)$有一定的依赖关系。因此,连续参数独立过程只是理想化的随机过程。

定义 2-10 设有随机过程$\{X(t),t\in T\}$。若对任意正整数 n 和 $t_1<t_2<\cdots<t_n\in T$,随机变量 $X(t_2)-X(t_1),X(t_3)-X(t_2),\cdots,X(t_n)-X(t_{n-1})$相互独立,则称随机过程$\{X(t),t\in T\}$为独立增量过程(independent incremental process)。

同独立过程一样,独立增量过程中的参数集 T 可以是离散的,也可以是连续的。独立增量过程的直观含义是:随机过程$\{X(t),t\in T\}$在各个不重叠的时间间隔上状态的增量是相互独立的。在实际应用中,服务系统在某时间间隔的顾客数、电话传呼站的电话呼入次数等都可用这种过程描述。

正交增量过程与独立增量过程都是根据不重叠的时间间隔上状态的增量的统计相依性定义的,前者的增量是不相关的,后者的增量是独立的。显然,正交增量过程不一定是独立增量过程,而独立增量过程只有在二阶矩存在且均值为 0 的条件下才是正交增量过程。

定理 2-2 设二阶矩过程$\{X(t),t\in T\}$是独立增量过程。若 $T=[a,+\infty)$,$X(a)=0$,则$\{X(t),t\in T\}$的协方差函数为

$$C_X(s,t)=\sigma_X^2(\min(s,t)),s,t>a$$

证:假设 $s<t$,由 $X(s)$和 $X(t)$的增量相互独立性可得

$$\begin{aligned}C_X(s,t)&=\mathrm{Cov}(X(s),X(t))=\mathrm{Cov}(X(s),[X(t)-X(s)+X(s)])\\&=\mathrm{Cov}(X(s),X(t)-X(s))+\mathrm{Cov}(X(s),X(s))=\mathrm{DX}(s)=\sigma_X^2(s)\end{aligned}$$

定义 2-11 设有随机过程$\{X(t),t\in T\}$,对于任意 $s,t\in T,s+\tau,t+\tau\in T$,增量 $X(s+\tau)-X(s)$与 $X(t+\tau)-X(t)$有相同的分布,则称$\{X(t),t\in T\}$为平稳增量过程(stationary incremental process)。

平稳增量过程的直观含义是:随机过程$\{X(t),t\in T\}$在时间间隔$(t,t+\tau]$上状态的增量 $X(t+\tau)-X(t)$仅仅依赖于终点和起点的时间差 τ,与时间起点无关。

如果一个独立增量过程同时又是平稳增量过程,则称它为独立平稳增量过程。独立平稳增量过程是一种很重要的随机过程,后面将反复提到。

定理 2-3 设有随机序列$\{X_n,n\geqslant 0\}$,且 $X_0=0$。

(1) $\{X_n,n\geqslant 0\}$是独立增量过程的充要条件是 X_n 可以表示为独立随机变量序列的部分且 $n\geqslant 1$。

(2) $\{X_n,n\geqslant 0\}$是独立平稳增量过程的充要条件是 X_n 可以表示为独立同分布随机变量序列的部分且 $n\geqslant 1$。

证:充分性由相关定义直接得到,下面证明必要性。

令随机变量 $U_n=X_n-X_{n-1},n\geqslant 1$,则

$$X_n=\bigcup_{i=1}^{n}U_i,n\geqslant 1$$

(1) $\{X_n,n\geqslant 0\}$是独立增量随机过程时,对任意 n,增量 $U_1,U_2,\cdots,U_n$ 相互独立,因此 $U_1,U_2,\cdots,U_n$ 是独立随机变量序列。

(2) $\{X_n,n\geqslant 0\}$是平稳独立增量过程时,对任意 m、n,增量 U_m、U_n 同分布,因此 U_1,$U_2,\cdots,U_n$ 是独立同分布随机变量序列。

2.3.4　高斯过程

定义 2-12　设有随机过程 $\{X(t),t\in T\}$，对任意正整数 n 和 $t_1,t_2,\cdots,t_n\in T$，$(X(t_1),$ $X(t_2),\cdots,X(t_n))$ 是 n 维正态分布，即有密度函数

$$f(x)\frac{1}{(2\pi)^{\frac{n}{2}}\mid\boldsymbol{B}\mid^{\frac{1}{2}}}\exp\left\{-\frac{1}{2}(\boldsymbol{x}-\boldsymbol{\mu})^{\top}\boldsymbol{B}^{-1}(\boldsymbol{x}-\boldsymbol{\mu})\right\} \tag{2-21}$$

其中，$\boldsymbol{x}=(x_1,x_2,\cdots,x_n)^{\top}$，$\boldsymbol{\mu}=(E(X(t_1)),E(X(t_2)),\cdots,E(X(t_n)))^{\top}$，$\boldsymbol{B}=(b_{ij})_{n\times n}$ 为正定矩阵，$b_{ij}=E\{[X(t_i)-E(X(t_i))][X(t_i)-E(X(t_i))]\}$，则称 $\{X(t),t\in T\}$ 为高斯过程(Gauss process)或正态过程。

高斯函数广泛应用于统计学领域，用于表述正态分布；在信号处理领域，用于定义高斯滤波器；在图像处理领域，二维高斯核函数常用于高斯模糊(Gaussian blur)处理；在数学领域，高斯函数主要用于解决热力方程和扩散方程以及定义韦尔斯特拉斯变换(Weiertrass transform)；在机器学习领域，高斯过程可以作为贝叶斯推断的先验，也可以用来解决回归和分类问题。

2.3.5　维纳过程

定义 2-13　设随机过程 $\{X(t),t\in T\}$ 满足下列条件：

(1) $X(0)=0$。

(2) $X(t)$ 是独立增量过程。

(3) 对任意 $0\leqslant s<t$，增量 $(X(t)-X(s))\sim N(0,\sigma^2(t-s))$，其中，常数 $\sigma^2>0$，则称随机过程 $\{X(t),t\in T\}$ 是参数为 σ^2 的维纳过程(Wiener process)。

从定义 2-13 可以看出，维纳过程的参数集 $T=[0,\infty)$，状态空间 $I=(-\infty,+\infty)$，而且维纳过程也是平稳增量过程，因此维纳过程是平稳独立增量过程。

另外，当 $s\geqslant t$ 时，$(X(t)-X(s))\sim N(0,\sigma^2\mid t-s\mid)$ 依然成立。特别地，当 $\sigma^2=1$ 时，随机过程 $\{X(t),t\in T\}$ 称为标准维纳过程。

定理 2-4　设随机过程 $\{X(t),t\in T\}$ 是参数为 σ^2 的维纳过程。

(1) 该维纳过程是一个正态过程。

(2) $m_X(t)=0$，$\sigma_X^2(t)=\sigma^2 t$；$t>0$ 且 $R_X(t_1,t_2)=C_X(t_1,t_2)=\sigma^2\min(t_1,t_2)$，$t_1,t_2\geqslant0$。

证：只证(2)。

$$m_X(t)=E(X(t))=E[X(t)-X(0)]=0$$

当 $t_1<t_2$ 时，可以得到

$$R_X(t_1,t_2)=E[X(t_1)X(t_2)]=E\{[X(t_1)-X(0)][X(t_2)-X(t_1)+X(t_1)-X(0)]\}$$
$$=E\{[X(t_1)-X(0)][X(t_2)-X(t_1)]\}+E\{[X(t_1)-X(0)]^2\}=\sigma^2 t_1$$

当 $t_1>t_2$ 时，同样可以得到

$$R_X(t_1,t_2)=\sigma^2 t_2$$

因此，$R_X(t_1,t_2)=\sigma^2\min(t_1,t_2)$。

例 2-9　设随机过程 $\{X(t),t\in T\}$ 是参数为 4 的维纳过程，定义随机过程 $Y(t)=2X\left(\dfrac{t}{3}\right)$，$t>0$，则 $Y(t)$ 的均值函数为

$$m_Y(t)=E(Y(t))=2E\left(X\left(\frac{t}{3}\right)\right)=0$$

$Y(t)$的相关函数为

$$R_Y(t_1,t_2)=E[Y(t_1)Y(t_2)]=4E\left[X\left(\frac{t_1}{3}\right)X\left(\frac{t_2}{3}\right)\right]=4\times 4\min\left(\frac{t_1}{3},\frac{t_2}{3}\right)=\frac{16}{3}\min(t_1,t_2)$$

维纳过程是基于对粒子的布朗运动的数学刻画,被广泛应用在人工智能的各个领域,尤其是在机器视觉方向上。以维纳过程为理论依托的维纳滤波算法将图像信号近似看成平稳随机过程,通过计算使输入图像和恢复后的图像之间的均方误差达到最小,使通过滤波器的输出信号尽可能接近原始信号,最终实现图像降噪。

2.3.6 泊松过程

在现实世界中有一类随机过程,例如盖格计数器上的粒子数、第二次世界大战时伦敦空袭的弹着点、电话总机接听的呼入次数、交通流中的事故数、某地区地震发生次数等,这类随机过程有如下两个性质:一是时间和空间上的均匀性;二是未来的变化与过去的变化没有关系。为了描述这类过程的特性,下面建立这类过程的模型。

定义 2-14 给定随机过程$\{N(t),t\geqslant 0\}$,如果$N(t)$表示时间段$[0,t]$出现的质点数,状态空间$I=\{0,1,2,\cdots\}$,且满足以下条件:

(1) $N(0)=0$。

(2) 当$s<t$时,$N(s)\leqslant N(t)$。

则称$\{N(t),t\geqslant 0\}$为计数过程(counting process)。

计数过程的样本函数是单调不减的右连续函数(阶梯函数)。当跳跃度为1时,称为简单计数过程。简单计数过程表示同一时刻至多出现一个的计数过程。计数的对象不仅可以是电话呼入次数、来到商店的顾客数,也可以表示质点流。计数过程是时间连续、状态离散的随机过程。

定义 2-15 设随机过程$\{N(t),t\geqslant 0\}$是计数过程,如果$N(t)$满足以下条件:

(1) $N(0)=0$。

(2) $N(t)$是独立增量过程。

(3) 对任意$a\geqslant 0,t>0$,区间$(a,a+t]$($a=0$时应理解为$[0,t]$)上的增量$N(a+t)-N(a)$服从参数为λt的泊松分布,即

$$P\{N(a+t)-N(a)=k\}=\mathrm{e}^{-\lambda t}\frac{(\lambda t)^k}{k!},k=0,1,2,\cdots \tag{2-22}$$

则称$\{N(t),t\geqslant 0\}$是参数为$\lambda(\lambda>0)$的泊松过程(Poisson process)。

条件(3)表明,$N(a+t)-N(a)$的分布只依赖于时间t,而与时间起点a无关,因此泊松过程具有平稳增量性,当$a=0$时,有

$$P\{N(t)=k\}=\mathrm{e}^{-\lambda t}\frac{(\lambda t)^k}{k!},k=0,1,2,\cdots,\lambda>0$$

因此,泊松过程的均值函数为$m_N(t)=\mathrm{E}N(t)=\lambda t$,它表明在时间段$[0,t]$出现的平均次数为$\lambda t$,$\lambda$称为泊松过程的强度。因此,泊松过程表明前后时间的独立性和时间上的均匀性,强度λ描述了随机时间发生的频率。泊松过程常常应用于处理等待时间和队列。以银

行排队问题为例，假设某一时段内到达银行的顾客数服从泊松分布，服务时间服从负指数分布，共有 S 个服务窗口，以此构建多服务单等待队列模型。分析该模型，利用状态间的转移关系列出差分方程，用递推法求解每个状态的概率，进而确定某一时段内最优的服务台数。有关泊松过程的更多结论，后面将进一步论述。

例题 5

2.3.7　马尔可夫过程

定义 2-16　设有随机过程 $\{X(t),t\in T\}$，对于任意正整数 n 及 $t_1<t_2<\cdots<t_n$，$P\{X(t_1)=x_1,\cdots,X(t_{n-1})=x_{n-1}\}$，且条件分布为

$$
\begin{aligned}
&P\{X(t_n)\leqslant x_n \mid X(t_1)=x_1,X(t_2)=x_2,\cdots,X(t_{n-1})=x_{n-1}\}\\
&\quad=P\{X(t_n)\leqslant x_n \mid X(t_{n-1})=x_{n-1}\}>0
\end{aligned}
$$

则称 $\{X(t),t\in T\}$ 为马尔可夫过程(Markov process)。

定义 2-16 中给出的性质称为马尔可夫性，或称无后效性。它表明，若已知系统现在的状态，则系统未来所处状态的概率规律性就已确定，而不管系统过去的状态如何。也就是说，系统在现在所处状态的条件下，它将来的状态与过去的状态无关。马尔可夫过程 $\{X(t),t\in T\}$ 的状态空间和参数集可以是连续的，也可以是离散的。

当把马尔可夫过程中每个相关或不独立的随机变量连接成一条链式结构时得到的模型称作马尔可夫模型。到目前为止，马尔可夫模型一直被认为是解决语言识别、机器翻译等问题最快速、有效的方法。其基本思想是：假设句子中的每个词只和前面若干词有关，避免让计算机理解自然语言中烦琐复杂的文法规则，而只需计算每个词前后组合的概率大小，通过统计得出一个可能性最大的输出，从而实现不同语言间的翻译问题。有关马尔可夫过程的进一步讨论将在第 3 章进行。

例题 6

2.3.8　鞅过程

最近几十年才迅速发展起来的现代鞅(过程)论是概率论的一个重要分支，它给随机过程论、随机微分方程等提供了基本工具。

定义 2-17　设有参数集 $T=\{0,1,2,\cdots\}$。如果随机序列 $\{X(n),n\geqslant 0\}$ 对任意 $n\geqslant 0$ 且 $E|X(n)|<\infty$，有 $E[X(n+1)|X(1),X(2),\cdots,X(n)]=X(n)$，则称 $\{X(n),n\geqslant 0\}$ 为离散参数鞅(discrete parameter martingale)。

定义 2-18　设有参数集 $T=[0,\infty)$。如果随机过程 $\{X(t),t\in T\}$ 对任意 $E|X(t)|<\infty$，$t\in T$ 有

$$
E[X(s) \mid X(u),u\leqslant t]=X(t),s>t \tag{2-23}
$$

则称 $\{X(t),t\in T\}$ 为连续参数鞅(continuous parameter martingale)。

在式(2-23)中，如果将=换成≤或≥，则分别称为离散参数(连续参数)的上鞅或下鞅。鞅是用条件期望定义的。关于离散时间鞅，可以作下面的直观解释：设 $X(n)$ 表示赌徒在第 n 次赌博时的赌本，$X(1)$ 表示最初的赌本(这是一个常数)；而对于 $X(n)(n\geqslant 2)$，由于赌博的输和赢是一个随机变量，如果赌博是公平的，那么每次他的赌本增益的期望为 0。在以后的赌博中，他的赌本的期望值还是他最近一次赌完的赌本 $X(n)$，用数学模型表示，就是定义中的等式。因此，鞅表示一种公平的赌博，上鞅和下鞅表示一方赢的赌博。

例 2-10　设 $\{Y(n),n\geqslant 0\}$ 是独立的随机变量序列，$Y(0)=0$ 且 $E(|Y(n)|)<\infty$，

$E(Y(n))=0, n\geqslant 0$,令 $X(0)=0, X(n)=\sum_{i=1}^{n}Y(i), n\geqslant 1$,则$\{X(n), n\geqslant 0\}$是鞅。

证:因为 $E(|X(n)|)=E\left(\left|\sum_{i=1}^{n}Y(i)\right|\right)\leqslant\sum_{i=1}^{n}E(|Y(i)|)<\infty$,且

$$\begin{aligned}&E[X(n+1)\mid X(0),X(1),\cdots,X(n)]\\&=E[X(n)+Y(n+1)\mid X(0),X(1),\cdots,X(n)]\\&=E[X(n)\mid X(0),X(1),\cdots,X(n)]+E[Y(n+1)\mid X(0),X(1),\cdots,X(n)]\\&=X(n)+E[Y(n+1)]=X(n)\end{aligned}$$

所以$\{X(n),n\geqslant 0\}$是鞅。

定理 2-5 设$\{X(t),t\geqslant 0\}$是维纳过程,则它是鞅。

证:对于任意 $0<s<t$,由独立增量性得

$$E[X(t)-X(s)\mid X(s)]=E[X(t)-X(s)]=0$$

因此,对于任意参数 $t_0,t_1,\cdots,t_n,t(0=t_0<t_1<\cdots<t_n<t)$,有

$$\begin{aligned}E[X(t)\mid X(t_i),0\leqslant i\leqslant n]&=E[X(t)-X(t_n)+X(t_n)\mid X(t_i),0\leqslant i\leqslant n]\\&=E[X(t)-X(t_n)]+X(t_n)=X(t_n)\end{aligned}$$

2.4 小结

本章首先介绍了随机过程的概念和基本类型;其次介绍了有限维分布函数簇以及如何计算随机过程的数字特征,如均值函数、方差函数、自相关函数和自协方差函数;最后介绍了几类重要的随机过程,如高斯过程、维纳过程、泊松过程、马尔可夫过程和鞅过程,它们在人工智能领域的模式识别、计算机视觉、自然语言处理等方面有着广泛而深远的影响。

2.5 习题

1. 某商店顾客的到来服从强度为 8 人每小时的泊松过程。已知商店 9:00 开门,试求以下概率:

(1) 在开门后半小时内无顾客到来的概率。

(2) 若已知开门后半小时内无顾客到来,那么在未来半小时内仍无顾客到来的概率。

2. 某商场为调查客源情况,考察了男女顾客来商场的人数。假设男女顾客来商场的人数分别独立地服从 4 人每分钟与 6 人每分钟的泊松过程。

(1) 试求到某时刻 t 为止到达商场的总人数的分布。

(2) 在已知 t 时刻已有 100 人到达的条件下,试求其中恰有 60 位女顾客的概率,并求平均有多少位女顾客。

3. 已知 $X(t)$和 $Y(t)$是统计独立的平稳随机过程,且它们的均值分别为 V_x 和 V_y,它们的自相关函数分别为 $\mathrm{Rx}(\tau)$和 $\mathrm{Ry}(\tau)$。

(1) 求 $Z(t)=X(t)Y(t)$的自相关函数。

(2) 求 $Z(t)=X(t)+Y(t)$的自相关函数。

4. 设$\{W(t),-\infty<t<\infty\}$是参数为 σ^2 的维纳过程,$R\sim N(1,2)$是正态分布随机变量,

且对任意的$-\infty<t<\infty$，$W(t)$与 R 均独立。令 $X(t)=W(t)+R$，求随机过程$\{X(t),-\infty<t<\infty\}$的均值函数、相关函数和协方差函数。

5. 设有两个随机过程 $X(t)=g_1(t+\varepsilon)$和 $Y(t)=g_2(t+\varepsilon)$，其中，$g_1(t)$和 $g_2(t)$都是周期为 C 的周期方波，ε 是在$(0,C)$上服从均匀分布的随机变量。求互相关函数 $R_{XY}(t,t+\tau)$的表达式。

第3章

马尔可夫链

3.1 基本概念

本章首先考察取有限个值或者可数个可能值的随机过程$\{X_n, n=0,1,2,\cdots\}$($n\in T$)。一般将这种随机过程的可能值的集合也记为$\{0,1,2,\cdots\}$(即状态空间也是非负整数集)。如果$X_n=i$,那么称随机过程在时刻n处在状态i。只要过程处在状态i,就有一个固定的概率p_{ij},使它在下一时刻处在状态j。由此有如下定义:若对于一切状态$\{i_0,i_1,\cdots,i_{n-1}\}$、$i$、$j$与一切$n\geqslant 0$均有

$$\begin{aligned}&P\{X_{n+1}=j \mid X_n=i, X_{n-1}=i_{n-1},\cdots,X_1=i_1,X_0=i_0\}\\&=P\{X_{n+1}=j \mid X_n=i\}=p_{ij}\end{aligned} \tag{3-1}$$

则称这样的随机过程为马尔可夫链。并称由此式刻画的马尔可夫链的特性为马尔可夫性,也称无后效性。

上面的定义说明:要确定过程将来的状态,知道它此刻的状态就足够了,并不需要对它以往状况的认识。也就是说对于一个马尔可夫链,在给定过去的状态$X_0,X_1,\cdots X_{n-1}$和现在的状态X_n时,将来的状态X_{n+1}的条件分布独立于过去的状态,而只依赖于现在的状态。p_{ij}表示过程处在状态i时下一次转移到状态j的概率。由于概率值非负且过程必须转移到某个状态,所以有如下性质(状态空间$I=\{1,2,\cdots\}$):

$$\sum_{i=0}^{\infty} p_{ij}\geqslant 0, i.j>0(\text{即 } i,j\in I)$$

$$\sum_{j\in T} p_{ij}=1, i=0,1,2,\cdots(\text{即 } i\in I)$$

称$P\{X_{n+1}=j \mid X_n=i\}=p_{ij}$为马尔可夫链$\{X_n, n=0,1,2,\cdots\}$的一步转移概率,简称转移概率。

由马尔可夫链定义知

$$\begin{aligned}&P\{X_0=i_0,X_1=i_1,\cdots,X_n=i_n\}\\&=P\{X_n=i_n \mid X_0=i_0,X_1=i_1,\cdots,X_{n-1}=i_{n-1}\}P\{X_0=i_0,X_1=i_1,\cdots,X_n=i_n\}\\&=P\{X_n=i_n \mid X_{n-1}=i_{n-1}\}P\{X_0=i_0,X_1=i_1,\cdots,X_{n-1}=i_{n-1}\}\\&\cdots\\&=P\{X_n=i_n \mid X_{n-1}=i_{n-1}\}P\{X_{n-1}=i_{n-1} \mid X_{n-2}=i_{n-2}\}\\&\cdots\\&=P\{X_1=i_1 \mid X_0=i_0\}P\{X_0=i_0\}\end{aligned}$$

可见，一旦马尔可夫链的初始分布 $P\{X_0=i_0\}$ 给定，其统计特性就完全由条件概率所决定：

$$P\{X_n=i_n \mid X_{n-1}=i_{n-1}\}$$

如何确定这个条件概率是马尔可夫链理论和应用中的重要问题之一。一般情况下，转移概率 p_{ij} 与状态 i、j 和时间 n 有关。当马尔可夫链的转移概率 $P\{X_{n+1}=j \mid X_n=j\}$ 只与状态 i、j 有关而与 n 无关时，称马尔可夫链为齐次的；否则，称其为非齐次的。本章只讨论齐次马尔可夫链，并将其简称为马尔可夫链。

当马尔可夫链的状态为有限个时，称为有限链；否则称为无限链。但无论状态是有限的还是无限的，都可以将 $p_{ij}(i,j\in\{0,1,2,\cdots\})$ 排成一个矩阵的形式。记为 $\boldsymbol{P}=(p_{ij})$，它等于

马尔可夫链基本概念

$$\begin{bmatrix} p_{00} & p_{01} & \cdots & p_{0j} \\ p_{10} & p_{11} & \cdots & p_{1j} \\ \vdots & \vdots & \ddots & \vdots \\ p_{i0} & p_{i1} & \cdots & p_{ij} \end{bmatrix}$$

称 $\boldsymbol{P}$ 为转移概率矩阵，一般简称为转移矩阵。转移概率矩阵具有前述性质。称具有此性质的矩阵为随机矩阵（随机矩阵是非负实数矩阵且每一行元素的和为 1）。

例 3-1　将一个过程转变为马尔可夫链。假设今天是否下雨依赖于前两天的天气条件。如果前两天都下雨，那么明天下雨的概率为 0.7；如果今天下雨但昨天没下雨，那么明天下雨的概率为 0.5；如果昨天下雨但今天没下雨，那么明天下雨的概率为 0.4；如果昨天、今天都没下雨，那么明天下雨的概率为 0.2。假设在时间 n 的状态只依赖于在时间 $n-1$ 的状态，那么上面的模型就不是一个马尔可夫链。但是，当假定在任意时间的状态仅由今天与昨天两者的天气条件决定时，上面的模型就可以转变为一个马尔可夫链。换言之，可以假定过程处在以下 4 种状态：

- 状态 0，如果昨天和今天都下雨。
- 状态 1，如果昨天没下雨但今天下雨。
- 状态 2，如果昨天下雨但今天没下雨。
- 状态 3，如果昨天和今天都没下雨。

这就将本例所给的过程转变成一个具有 4 个状态的马尔可夫链，其转移概率矩阵为

$$\boldsymbol{P}=\begin{bmatrix} 0.7 & 0 & 0.3 & 0 \\ 0.5 & 0 & 0.5 & 0 \\ 0 & 0.4 & 0 & 0.6 \\ 0 & 0.2 & 0 & 0.8 \end{bmatrix}$$

3.2　C-K 方程

3.2.1　*n* 步转移概率

下面给出 n 步转移概率的概念。

$$p_{ij}^{(n)}=P\{X_{m+n}=j \mid X_m=i\},i,j\in I,m\geqslant 0,n\geqslant 1 \tag{3-2}$$

为马尔可夫链的 n 步转移概率,并称 $\boldsymbol{P}^{(n)}=(p_{ij}^{(n)})$ 为马尔可夫链的 n 步转移概率矩阵。其中 $p_{ij}^{(n)}\geqslant 0,\sum\limits_{j\in T}p_{ij}^{(n)}=1$。

当 $n=1$ 时,$P_{ij}^{(1)}=P_{ij}$。

当 $n=0$ 时,$p_{ij}^{(0)}=\begin{cases}0, & i\neq j\\ 1, & i=j\end{cases}$,即 $\boldsymbol{P}^{(0)}$ 为单位矩阵。

3.2.2 矩阵的四则运算

定理 3-1 设$\{X_n,n\geqslant 0\}$为马尔可夫链,则对任意正整数 n,$0\leqslant 1\leqslant n$,和状态 $i,j\in T$,n 步转移概率具有下列性质:

(1) C-K 方程。$p_{ij}^{(n)}=\sum\limits_{k\in I}p_{ik}^{(l)}p_{kj}^{(n-l)}$。

(2) $p_{ij}^{(n)}=\sum\limits_{k_1\in I}\cdots\sum\limits_{k_{n-1}\in I}p_{ik_1}p_{k_1k_2}\cdots p_{k_{n-1}j}$。

(3) $\boldsymbol{P}^{(n)}=\boldsymbol{P}\boldsymbol{P}^{(n-1)}$。

(4) $\boldsymbol{P}^{(n)}=\boldsymbol{P}^{n}$。

C-K 方程的全称是 Chapman-Kolmogorov 方程(切普曼-柯尔莫哥洛夫方程)

证:利用全概率公式和马尔可夫性,有

$$\begin{aligned}
p_{ij}^{(n)}&=P\{X_{m+n}=j\mid X_m=i\}=P\{Y_{k\in I}(X_{m+l}=k),X_{m+n}=j\mid X_m=i\}\\
&=\sum_{k\in I}P\{X_{m+l}=k,X_{m+n}=j\mid X_m=i\}\\
&=\sum_{k\in I}\frac{P\{X_m=i,X_{m+l}=k,X_{m+n}=j\}}{P\{X_m=i\}}\\
&=\sum_{k\in I}\frac{P\{X_m=i\}P\{X_{m+l}=k\mid X_m=i\}P\{X_{m+n}=j\mid X_m=i,X_{m+l}=k\}}{P\{X_m=i\}}\\
&=\sum_{k\in I}P\{X_{m+l}=k\mid X_m=i\}P\{X_{m+n}=j\mid X_{m+l}=k\}\\
&=\sum_{k\in I}P_{ik}^{(l)}(m)P_{kj}^{(n-l)}(m+l)=\sum_{k\in I}P_{ik}^{(l)}P_{kj}^{(n-l)}
\end{aligned}$$

(1) 式得证。这是关于转移概率的一个重要结果。C-K 方程直观上可以作如下解释:马尔可夫链$\{X_n,n\geqslant 0\}$在时刻 m 处于状态 i,经过 n 步,即在时刻 $n+m$ 转移到状态 j 的过程可以视为它在时刻 m 处于状态 i,先经过 l 步,即在时刻 $m+l$ 遍历所有状态 $k(k=1,2,3,\cdots)$,然后再经过 $n-l$ 步,即在时刻 $n+m$ 转移到状态 j 的过程,如图 3-1 所示。

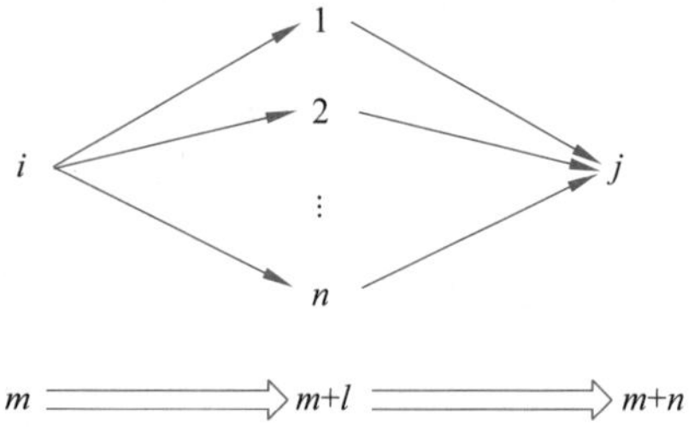

图 3-1

C-K 方程的矩阵形式为 $\boldsymbol{P}^{(n)}=\boldsymbol{P}^{(l)}\boldsymbol{P}^{(n-l)}$,当 $l=1$ 时,即为 $\boldsymbol{P}^{(n)}=\boldsymbol{P}\boldsymbol{P}^{(n-l)}$,(3)式得证。再利用归纳法可证(4)。

在(1) 式中令 $l=1,k=k_1$,得 $p_{ij}^{(n)}=\sum\limits_{k\in I}p_{ik_1}p_{k_1j}^{(n-1)}$,这是一个递推公式,逐步递推可得(2) 式。

例 3-2　随机游动。设质点在线段上做随机游动，如图 3-2 所示。每隔 1s 移动一步。当质点处于"0"点时，必然以概率 1 向右移动一步至"1"点；当质点处于"4"点时，下一步必然以概率 1 向左移动一步至"3"点；当质点处于其他点时，下一步便均分别以概率 1/3 向左、向右移动一步或停留在原地不动。

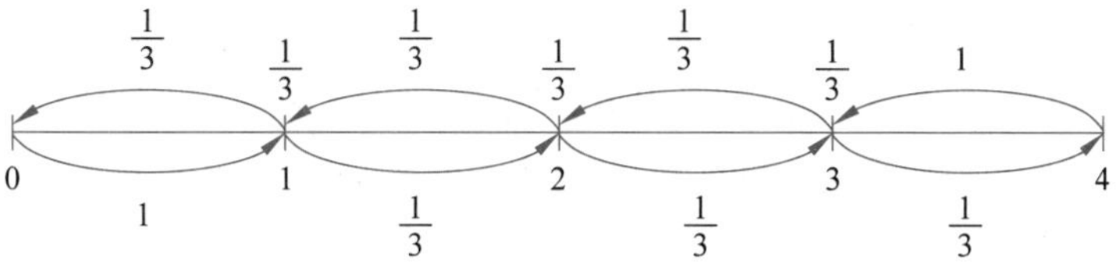

图　3-2

令 X_n 表示 n 次移动后质点所处的位置。显然，$\{X_n, n\geqslant 0\}$ 为一个齐次马尔可夫链，其状态空间为 $I=\{0,1,2,3,4\}$。试求 $\{X_n, n\geqslant 0\}$ 的一步和二步转移概率矩阵。

解：按题意可知

$$p_{00}=P(X_{m+1}=0 \mid X_m=0)=0$$

$$p_{01}=P(X_{m+1}=1 \mid X_m=0)=1$$

$$p_{02}=P(X_{m+1}=2 \mid X_m=0)=0$$

同样可求得其他转移概率：

$$p_{03}=0, p_{04}=0, p_{11}=\frac{1}{3}, p_{12}=\frac{1}{3}, p_{13}=\frac{1}{3}, p_{14}=0, \cdots。$$

于是便得到一步转移概率矩阵：

$$\begin{bmatrix} 0 & 1 & 0 & 0 & 0 \\ \frac{1}{3} & \frac{1}{3} & \frac{1}{3} & 0 & 0 \\ 0 & \frac{1}{3} & \frac{1}{3} & \frac{1}{3} & 0 \\ 0 & 0 & \frac{1}{3} & \frac{1}{3} & \frac{1}{3} \\ 0 & 0 & 0 & 1 & 0 \end{bmatrix}$$

二步转移概率矩阵为

$$\begin{bmatrix} 0 & 1 & 0 & 0 & 0 \\ \frac{1}{3} & \frac{1}{3} & \frac{1}{3} & 0 & 0 \\ 0 & \frac{1}{3} & \frac{1}{3} & \frac{1}{3} & 0 \\ 0 & 0 & \frac{1}{3} & \frac{1}{3} & \frac{1}{3} \\ 0 & 0 & 0 & 1 & 0 \end{bmatrix}\begin{bmatrix} 0 & 1 & 0 & 0 & 0 \\ \frac{1}{3} & \frac{1}{3} & \frac{1}{3} & 0 & 0 \\ 0 & \frac{1}{3} & \frac{1}{3} & \frac{1}{3} & 0 \\ 0 & 0 & \frac{1}{3} & \frac{1}{3} & \frac{1}{3} \\ 0 & 0 & 0 & 1 & 0 \end{bmatrix}=\begin{bmatrix} \frac{1}{3} & \frac{1}{3} & \frac{1}{3} & 0 & 0 \\ \frac{1}{9} & \frac{5}{9} & \frac{2}{9} & \frac{1}{9} & 0 \\ \frac{1}{9} & \frac{2}{9} & \frac{3}{9} & \frac{2}{9} & \frac{1}{9} \\ 0 & \frac{1}{9} & \frac{2}{9} & \frac{5}{9} & \frac{1}{9} \\ 0 & 0 & \frac{1}{3} & \frac{1}{3} & \frac{1}{3} \end{bmatrix}$$

3.3 马尔可夫链的状态分类

3.3.1 互达性和周期性

定义 3-1 设 i 和 j 是齐次马尔可夫链的两个状态。如果存在 $n \geqslant 0$,使得 $P_{ij}^{(n)} > 0$,则称从状态 i 可达状态 j,记作 $i \to j$;而如果对一切 $n \geqslant 0$,有 $P_{ij}^{(n)} = 0$,则称从状态 i 不可达状态 j。若 $i \to j$ 且 $j \to i$,则称状态 i 和 j 互达(相通),记作 $i \leftrightarrow j$。引入互达性概念是为了对状态进行分类。

命题 3-1 互达性是等价关系,即它满足以下性质:

(1) 自反性:$i \leftrightarrow j$。

(2) 对称性:若 $i \leftrightarrow j$,则 $j \leftrightarrow i$。

(3) 传递性:若 $i \leftrightarrow k$ 且 $k \leftrightarrow j$,则 $i \leftrightarrow j$。

证:只证明(3)。若 $i \leftrightarrow k$ 且 $k \leftrightarrow j$,则存在整数 n 和 m 使得

$$P_{ik}^{(n)} > 0, P_{kj}^{(m)} > 0$$

由 C-K 方程得

$$P_{ij}^{(n+m)} = \sum_r P_{ir}^{(n)} P_{rj}^{(m)} \geqslant P_{ik}^{(n)} P_{kj}^{(m)} > 0$$

即 $i \to j$。类似可证 $j \to i$。

在数学上,等价关系可以用于对集合进行分割。因此,也可以利用互达性对状态空间进行分类,并且这些类在互达关系下是等价类。

定义 3-2 一个马尔可夫链的状态空间,如果在互达性这一等价关系下都居于同一类,那么就称这个马尔可夫链是不可约的;否则,这个马尔可夫链就被称为是可约的。引入可约和不可约概念是为了以后研究状态的周期,进一步是为了研究转移概率的极限性质。

例 3-3 若马尔可夫链有转移概率矩阵

$$\boldsymbol{P} = \begin{bmatrix} 0.6 & 0 & 0 & 0.4 & 0 \\ 0 & 0.4 & 0 & 0 & 0.6 \\ 0 & 0 & 1 & 0 & 0 \\ 0.4 & 0 & 0 & 0.6 & 0 \\ 0 & 0.6 & 0 & 1 & 0.4 \end{bmatrix}$$

给出这个马尔可夫链状态的等价类,并且试给出其 n 步转移概率矩阵。

解:等价类为{1,4}、{2,5}和{3}。其中 3 为吸收态。

$$\begin{bmatrix} 0.6 & 0.4 \\ 0.4 & 0.6 \end{bmatrix}^n = \begin{bmatrix} \dfrac{1+0.2^n}{2} & \dfrac{1-0.2^n}{2} \\ \dfrac{1-0.2^n}{2} & \dfrac{1+0.2^n}{2} \end{bmatrix}$$

$$\begin{bmatrix} 0.4 & 0.6 \\ 0.6 & 0.4 \end{bmatrix}^n = \begin{bmatrix} \dfrac{1+(-0.2)^n}{2} & \dfrac{1-(-0.2)^n}{2} \\ \dfrac{1-(-0.2)^n}{2} & \dfrac{1+(-0.2)^n}{2} \end{bmatrix}$$

$$P^{(n)}=\frac{1}{2}\begin{bmatrix}1+0.2^n & 0 & 0 & 1-0.2^n & 0\\ 0 & 1+(-0.2)^n & 0 & 0 & 1-(-0.2)^n\\ 0 & 0 & 2 & 0 & 0\\ 1-0.2^n & 0 & 0 & 1+0.2^n & 0\\ 0 & 1-(-0.2)^n & 0 & 1 & 1+(-0.2)^n\end{bmatrix}$$

$$\to\begin{bmatrix}0.5 & 0 & 0 & 0.5 & 0\\ 0 & 0.5 & 0 & 0 & 0.5\\ 0 & 0 & 1 & 0 & 0\\ 0.5 & 0 & 0 & 0.5 & 0\\ 0 & 0.5 & 0 & 1 & 0.5\end{bmatrix},n\to\infty$$

定义 3-3　设 i 为马尔可夫链的一个状态，使 $p_{ii}^{(n)}>0$ 的所有正整数 $n(n\geqslant1)$ 的最大公约数称为状态 i 的周期，记作 $d(i)$ 或 d_i。如果对所有 $n\geqslant1$ 都有 $p_{ii}^{(n)}=0$，则约定周期为∞，称 $d(i)=1$ 的状态 i 为非周期性的。当状态 i 的周期为 d 时，$p_{ii}^{(d)}>0$ 不一定成立。

推论　如果 n 不能被周期 $d(i)$ 整除，则必有 $p_{ii}^{(n)}=0$。

例 3-4　若马尔可夫链有状态 0、1、2、3 和转移概率矩阵

$$P=\begin{bmatrix}0 & 1 & 0 & 0\\ 0 & 0 & 1 & 0\\ 0 & 0 & 0 & 1\\ 0.5 & 0 & 0.5 & 0\end{bmatrix}$$

试求状态 0 的周期。

解：状态转移可以用图 3-3 和图 3-4 表示。

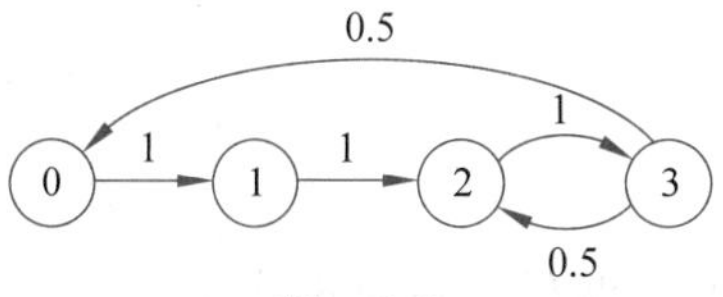

图　3-3

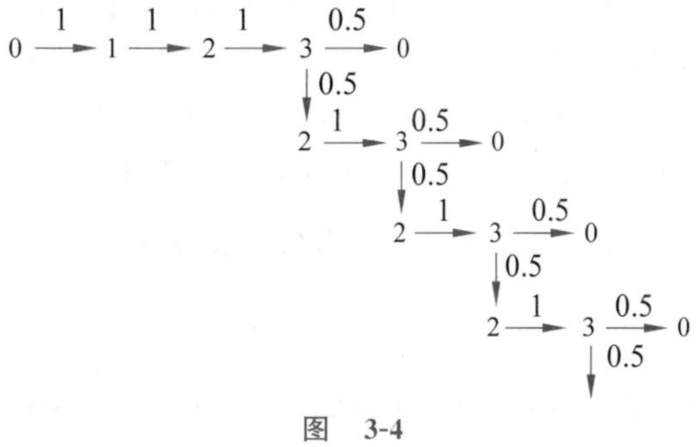

图　3-4

$$P_{00}^{(2n)}=\frac{1}{2^{n-1}},n\geqslant2$$

$$P_{00}^{(2)}=0,P_{00}^{(2n-1)}=0,n\geqslant1$$

所以 $d(0)=2$。

命题 3-2　如果 $i\leftrightarrow j$，则 $d_i=d_j$。

证：设 $m\geqslant1,n\geqslant1$，使得 $P_{ij}^{(m)}>0,P_{ji}^{(n)}>0$，则

$$P_{ii}^{(m+n)}\geqslant P_{ij}^{(m)}P_{ji}^{(n)}>0,P_{jj}^{(m+n)}\geqslant P_{ij}^{(m)}P_{ji}^{(n)}>0$$

因此，$m+n$ 同时能被 d_i 及 d_j 整除。若 $P_{ii}^{(s)}>0$，则对于任意的 $s\geqslant1$ 满足 $P_{ii}^{(s)}>0$，因此

$$P_{jj}^{(m+s+n)} \geqslant P_{ji}^{(m)} P_{ii}^{(s)} P_{ij}^{(n)} > 0$$

即 $m+s+n$ 也能被 d_j 整除。因此,s 能被 d_j 整除。从而 d_j 整除 $\{m \geqslant 1: P_{ii}^{(m)} > 0\}$ 的最大公因子 d_i。根据对称性,d_i 也整除 d_j。所以 $d_i = d_j$。

引入状态周期概念的目的是为了研究状态转移矩阵的极限性质,即当 n 取不同值时 $P(n)$的极限,这个矩阵可以反映马尔可夫链在平稳状态时的特征。因此,下面将讨论周期的基本性质,为此先给出数论中的一个结论。

引理 3-1 设 $s \geqslant 2$,正整数 $s_1, s_2, \cdots, s_m$ 的最大公因子为 d,则存在正整数 N,使得 $n > N$ 时必有非负整数 $c_1, c_2, \cdots, c_m$ 使 $nd = \sum_{i=1}^{m} c_i s_i$。

命题 3-3 如果状态 i 有周期 d,则存在整数 N,使得对所有 $n \geqslant N$ 恒有 $P_{ii}^{(nd)} > 0$。

证:这时存在正整数 $s_1, s_2, \cdots, s_m$,使得它们的最大公因子为 d,

$$P_{ii}^{(s_k)} > 0, k=1,2,\cdots,m$$

由引理 3-1,存在正整数 N,使得 $n > N$ 时,必有非负整数 $c_1, c_2, \cdots, c_m$ 使

$$nd = \sum_{i=1}^{m} c_i s_i$$

从而

$$P_{ii}^{(nd)} \geqslant (P_{ii}^{(s_1)})^{c_1} (P_{ii}^{(s_2)})^{c_2} \cdots (P_{ii}^{(s_m)})^{c_m} > 0$$

推论 3-1 设状态 i 的周期为 d_i。如果 $P_{ji}^{(m)} > 0$,则存在整数 N,使得对所有 $n \geqslant N$ 恒有 $P_{ji}^{(m+nd_i)} > 0$。

命题 3-4 设 $\boldsymbol{P}$ 为一个不可约、非周期、有限状态马尔可夫链的转移矩阵,则必存在 N,使得当 $n \geqslant N$ 时,$\boldsymbol{P}^{(n)}$ 的所有元素都大于 0。

证:由于马尔可夫链是不可约的,过程的任两个状态 i 和 j 都是互达的,于是 m(与 i 和 j 有关)使得 $P_{ii}^{(m)} > 0$。由推论 3-1 和马尔可夫链的非周期性知,存在 N,使得当 $n \geqslant N$ 时,$P_{ij}^{(m+n-1)} > 0$,因为状态空间有限,对全部的状态对 (i,j),求出 $N(i,j)$。并取 $N = \max\limits_{(i,j)}\{m(i,j)+N(i,j)\}$,则显然对所有状态 i 和 j,当 $n > N$ 时有 $P_{ij}^{(n)} > 0$。

例 3-5 若马尔可夫链有转移概率矩阵

$$\boldsymbol{P} = \begin{bmatrix} 0.6 & 0.4 \\ 0.4 & 0.6 \end{bmatrix}$$

显然这是一个不可约、非周期、有限状态的马尔可夫链,其 n 步转移概率矩阵为

$$\boldsymbol{P}^{(n)} = \begin{bmatrix} \dfrac{1+0.2^n}{2} & \dfrac{1-0.2^n}{2} \\ \dfrac{1-0.2^n}{2} & \dfrac{1+0.2^n}{2} \end{bmatrix}$$

3.3.2 常返与瞬过

定义 3-4 $f_{ij}^{(0)} = 0, f_{ij}^{(n)} = P\{X_n = j, X_k \neq j, k=1,2,\cdots,n-1 \mid X_0 = i\}(n \geqslant 2)$,则 $f_{ij}^{(n)}$ 表示从状态 i 出发在第 n 次转移时首次到达状态 j 的概率。

定义 3-5 $f_{ii}^{(0)} = 0, f_{ii}^{(n)} = P\{X_n = i, X_k \neq i, k=1,2,\cdots,n-1 \mid X_0 = i\}(n \geqslant 2)$,则 $f_{ii}^{(n)}$ 表示从状态 i 出发在第 n 次转移时首次回到状态 i 的概率。

定义 3-6　$\sum_{n=1}^{\infty} f_{ij}^{(n)} = f_{ij}$，则 f_{ij} 表示从状态 i 出发最终到达状态 j 的概率。

性质：当 $i \neq j$ 时，$i \to j \leftrightarrow f_{ij} > 0$。

定义 3-7　如果 $f_{ii}=1$，称状态 i 是常返的；如果 $f_{ii}<1$，称状态 i 为非常返的或瞬过的。

注意，如果状态 i 是常返的，那么从状态 i 出发经过有限步转移后又回到 i 的概率为 1。

定义 3-8　τ_{ij} 表示在 0 时刻从状态 i 出发首次到达状态 j 所需的转移步数，即

$$\tau_{ij} = \inf\{n \geqslant 1: X_n = j \mid X_0 = i\}$$

如果 $\{n \geqslant 1: X_n = j \mid X_0 = i\} = \varnothing$，则 $\tau_{ij} = +\infty$。此时有

$$P\{\tau_{ij} = n\} = f_{ij}^{(n)}$$

因此

$$P\{\tau_{ij} < \infty\} = \sum_{n=1}^{\infty} f_{ij}^{(n)} = f_{ij}^{n}$$

上式说明了为什么 $f_{ii}=1$ 表示常返。

定理 3-2　状态 i 是常返的 $\leftrightarrow \sum_{n=1}^{\infty} P_{ii}^{(n)} = \infty$。状态 i 是瞬过的 $\leftrightarrow \sum_{n=1}^{\infty} P_{ii}^{(n)} < \infty$。

由过程的马尔可夫性，一旦回到 I，过程以后的发展只依赖于当前的状态，因此从 i 出发至少回到 i 两次的概率是 f_{ii}^2，依此类推。用随机变量 K 表示过程返回 i 的次数，则

$$P\{K \geqslant k \mid X_0 = i\} = f_{ii}^k,\quad k = 1,2,3,\cdots$$

于是 K 的条件期望为

$$E(K \mid X_0 = i) = \sum_{K=1}^{\infty} P\{K \geqslant k \mid X_0 = i\} = \sum_{K=1}^{\infty} f_{ii}^{K} = \frac{f_{ii}}{1 - f_{ii}},\ f_{ii} < 1$$

显然，$E(K \mid X_0 = i) < \infty$。

下面将证明

$$\sum_{n=1}^{\infty} P_{ii}^{(n)} = E(K \mid X_0 = i)$$

令

$$I_n = \begin{cases} 1, & 若\ X_n = i \\ 0, & 若\ X_n \neq i \end{cases}$$

则

$$K = \sum_{n=1}^{\infty} I_n$$

于是

$$\begin{aligned}\sum_{n=1}^{\infty} P_{ii}^{(n)} &= \sum_{n=1}^{\infty} P\{X_n = i \mid X_0 = i\} = \sum_{n=1}^{\infty} E\{I_n \mid X_0 = i\} = E\{\sum_{n=1}^{\infty} I_n \mid X_0 = i\} \\ &= E\{K \mid X_0 = i\}\end{aligned}$$

因此

$$\sum_{n=1}^{\infty} P_{ii}^{(n)} = \sum_{n=1}^{\infty} P_{ii}^{n}$$

由于状态 i 是瞬过的 $\leftrightarrow f_{ii} < 1$，故状态 i 是瞬过的 $\leftrightarrow \sum_{n=1}^{\infty} P_{ii}^{(n)} < \infty$。

推论 3-2　如果 i 是常返的，且 $i \leftrightarrow j$，则 j 也是常返的。由 $i \leftrightarrow j$ 知，存在 m、n，使 $P_{ji}^{(m)} > 0$ 且 $P_{ij}^{(n)} > 0$。于是，对任何正整数 $s > 0$，有

$$P_{jj}^{(m+s+n)} \geqslant P_{ji}^{(m)} P_{ii}^{(s)} P_{ij}^{(n)}$$

因此 $$\sum_{n=1}^{\infty} P_{jj}^{(k)} \geqslant \sum_{s=1}^{\infty} P_{jj}^{(m+s+n)} \geqslant P_{ji}^{(m)} P_{ij}^{(n)} \sum_{s=1}^{\infty} P_{ii}^{(s)} = \infty$$

例 3-6 考虑在整数点上的随机游动。向右移动一格的概率为 p,向左移动一格的概率为 $q=1-p$。从原点 0 出发,则一步转移概率矩阵为

$$\boldsymbol{P} = \begin{bmatrix} & M & M & M & M & M & \\ \cdots & 0 & p & 0 & 0 & 0 & \cdots \\ \cdots & q & 0 & p & 0 & 0 & \cdots \\ \cdots & 0 & q & 0 & p & 0 & \cdots \\ \cdots & 0 & 0 & q & 0 & p & \cdots \\ \cdots & 0 & 0 & 0 & q & 0 & \cdots \end{bmatrix} \begin{matrix} \\ -2 \\ -1 \\ 0 \\ 1 \\ 2 \end{matrix}$$

因此 $$P_{00}^{(2n-1)} = 0, \quad P_{00}^{(2n)} = \mathrm{C}_{2n}^{n} P^{n} q^{n}, \quad n = 1, 2, 3, \cdots$$

由斯特林(Stirling)公式知,当 n 充分大时,

$$n! \sim \sqrt{2\pi}\, \mathrm{e}^{-n} n^{n+\frac{1}{2}}$$

于是

$$P_{00}^{(2n)} \sim \frac{(4pq)^n}{\sqrt{n\pi}} = \begin{cases} \dfrac{1}{\sqrt{n\pi}}, & p = \dfrac{1}{2} \\ \dfrac{c^n}{\sqrt{n\pi}}, & p \neq \dfrac{1}{2} \end{cases}, \quad c < 1$$

因此,当 $p=0.5$ 时,

$$\sum_{n=1}^{+\infty} P_{00}^{(n)} = \infty$$

当 $p \neq 0.5$ 时,

$$\sum_{n=1}^{+\infty} P_{00}^{(n)} < \infty$$

即,当 $p=0.5$ 时状态 0 是常返的,当 $p \neq 0.5$ 时状态 0 是瞬过的。

定义 3-9 对常返状态 i 定义 T_i 为首次返回状态 i 的时刻,即

$$T_i = \inf\{n \geqslant 1: X_n = i, X_k \neq i, k = 1, 2, \cdots, n-1 \mid X_0 = i\}$$

称为常返时。

记 $\mu_i = E(T_i)$,则有 $\mu_i = \sum_{n=i}^{\infty} n f_{ii}^{n}$,所以 μ_i 是首次返回 i 的期望步数,称为状态 i 的平均常返时。

定义 3-10 一个常返状态 i 当且仅当 $\mu_i = \infty$ 时称为零常返的,当且仅当 $\mu_i < \infty$ 时称为正常返的。

3.4 极限定理及平稳分布

例 3-7 设马尔可夫链的转移矩阵为

$$\boldsymbol{P} = \begin{bmatrix} 1-p & p \\ q & 1-q \end{bmatrix}, 0 < p, q < 1$$

（1）试求状态 1、2 的 n 步首达概率并求 $\mu_i, i=1,2$。

（2）求 $\boldsymbol{P}^{(n)}$ 并考虑当 $n\to\infty$ 的情况。

解：

（1）$f_{11}^{(1)}=1-p, f_{11}^{(2)}=P(X_2=1, X_1\neq 1 \mid X_0=1)=pq, \cdots$

$$f_{11}^{(n)}=p\,(1-q)^{n-2}q, n=2,3,4,\cdots$$

因此
$$\mu_i=\sum_{n=1}^{\infty} n f_{11}^{(n)}=1-p+\sum_{n=2}^{\infty} np\,(1-q)^{n-2}q=\frac{p+q}{q}$$

同理

$$f_{22}^{(1)}=1-q, f_{22}^{(n)}=q\,(1-p)^{n-2}p, n=2,3,4,\cdots$$

因此
$$\mu_2=\frac{p+q}{p}$$

$$f_{12}^{(n)}=(1-p)^{n-1}p, n=1,2,3,\cdots$$

$$f_{21}^{(n)}=q(1-q)^{n-1}, n=1,2,3,\cdots$$

（2）$(\lambda \boldsymbol{I}-\boldsymbol{P})=\boldsymbol{0}\Rightarrow\lambda=1, \lambda=1-p-q$，取

$$\boldsymbol{Q}=\begin{bmatrix}1 & -p\\ 1 & Q\end{bmatrix}, \boldsymbol{D}=\begin{bmatrix}1 & 0\\ 0 & 1-p-q\end{bmatrix}, \boldsymbol{Q}^{-1}=\begin{bmatrix}\dfrac{q}{p+q} & \dfrac{p}{p+q}\\ -\dfrac{1}{p+q} & \dfrac{1}{p+q}\end{bmatrix}$$

从而

$$\boldsymbol{P}=\begin{bmatrix}1-p & P\\ q & 1-q\end{bmatrix}=\boldsymbol{QDQ}^{-1}$$

$$\boldsymbol{P}^{(n)}=\boldsymbol{QD}^{(n)}\boldsymbol{Q}^{-1}=\begin{bmatrix}\dfrac{q+p(1-p-q)^n}{p+q} & \dfrac{p-p(1-p-q)^n}{p+q}\\ \dfrac{q-q(1-p-q)^n}{p+q} & \dfrac{p+q(1-p-q)^n}{p+q}\end{bmatrix}$$

$$\lim_{n\to\infty} P_{ii}^{(n)}=\begin{bmatrix}\dfrac{q}{p+q} & \dfrac{p}{p+q}\\ \dfrac{q}{p+q} & \dfrac{p}{p+q}\end{bmatrix}$$

表明

$$\lim_{n\to\infty} P_{i1}^{(n)}=\frac{q}{p+q}=\frac{1}{\mu_1}$$

$$\lim_{n\to\infty} P_{i2}^{(n)}=\frac{q}{p+q}=\frac{1}{\mu_2}$$

3.4.1　极限定理

定理 3-3　若状态 j 是周期为 d 的常返态，则

$$\lim_{n\to\infty} P_{jj}^{(nd)}=\frac{d}{\mu_j}$$

定理 3-3

推论 3-3　若状态 j 是常返态，则

$$j\text{ 是零常返态}\Leftrightarrow P_{jj}^{(n)}\to 0$$

定理 3-4 若 j 是瞬过态或零常返态,则对任意 $i\in S$,有

$$\lim_{n\to\infty}P_{ij}^{(n)}=0$$

定理 3-5 若 j 是正常返态且周期为 d,则对任意 i 及 $0\leqslant r\leqslant d-1$,有

$$\lim_{n\to\infty}P_{ij}^{(nd+r)}=f_{ij}^{(r)}\frac{d}{\mu_j}$$

推论 3-4 设$\{X_n\}$是不可约遍历链,则 $\forall\, i,j\in E$,有

$$\lim_{n\to\infty}P_{ij}^{(n)}=\frac{1}{\mu_j}>0$$

3.4.2 平稳分布与极限分布

定义 3-11 对于马尔可夫链$\{X_n,n\geqslant 0\}$,若

$$\pi_j=\sum_{i\in S}\pi_i p_{ij}$$

$$\sum_{j\in S}\pi_j=1,\pi_j\geqslant 0$$

称概率分布$\{\pi_j,j\in S\}$是平稳的。

定理 3-6 不可约马尔可夫链是遍历链$\Leftrightarrow$对任意 $i,j\in S$,存在仅依赖于 j 的常数 π_j,使得

$$\lim_{n\to\infty}P_{ij}^{(n)}=\pi_j$$

π_j 称为马尔可夫链的极限分布,且有

$$\pi_j=\sum_{i\in S}\pi_i p_{ij}\tag{3-3}$$

例 3-8 设有 6 个车站,车站之间的公路连接情况如图 3-5 所示。汽车每天凌晨可以从一个车站驶向与之直接相邻的车站,并在夜晚到达车站留宿,次日凌晨重复相同的活动。设每天凌晨汽车开往直接相邻的任一车站是等可能的。试说明很长时间后各车站每晚留宿的汽车比例趋于稳定。求出这个比例,以便正确地设置各车站的服务规模。

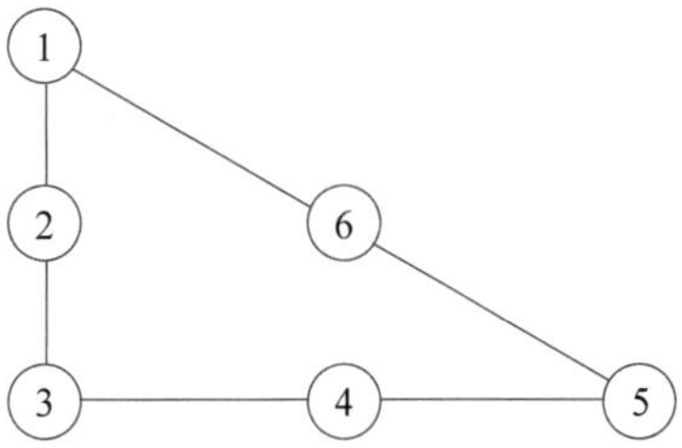

图 3-5

解:以$\{X_n,n=0,1,2,\cdots\}$记第 n 天某辆汽车留宿的车站号,这是一个马尔可夫链,转移概率矩阵通过解以下方程组得到:

$$\begin{cases}\boldsymbol{\pi P}=\boldsymbol{\pi}\\ \displaystyle\sum_{i=1}^{6}\pi_i=1\end{cases}$$

其中,$\boldsymbol{\pi}=(\pi_1,\pi_2,\pi_3,\pi_4,\pi_5,\pi_6)$。

$\boldsymbol{\pi P}=\boldsymbol{\pi}$ 是 6 个方程的方程组,记 P_i 为 $\boldsymbol{P}$ 的列元素,则它们是

$$P_i=\pi_i,i=1,2,\cdots,6$$

$$\boldsymbol{\pi}=\left(\frac{1}{8},\frac{3}{16},\frac{1}{8},\frac{3}{16},\frac{1}{8},\frac{1}{4}\right)$$

$$
\boldsymbol{P}=\begin{bmatrix}
0 & \frac{1}{2} & 0 & 0 & 0 & \frac{1}{2}\\
\frac{1}{3} & 0 & \frac{1}{3} & 0 & 0 & \frac{1}{3}\\
0 & \frac{1}{2} & 0 & \frac{1}{2} & 0 & 0\\
0 & 0 & \frac{1}{3} & 0 & \frac{1}{3} & \frac{1}{3}\\
0 & 0 & 0 & \frac{1}{2} & 0 & \frac{1}{2}\\
\frac{1}{4} & \frac{1}{4} & 0 & \frac{1}{4} & \frac{1}{4} & 0
\end{bmatrix}
$$

可见，无论开始时汽车从哪一个车站出发，在很长时间后，它在任何一个车站留宿的概率都是稳定的，从而可知所有的汽车都将以一个稳定的比例在各车站留宿。

3.5　隐马尔可夫过程

本节要研究的隐马尔可夫过程（HMM）的本质是基于一种动态的情况进行推理，或者说是根据历史进行推理。假设要为一个高血压病人提供治疗方案，医生每天为他量一次血压，并根据血压的测量值调配用药剂量。显然，一个人当前的血压情况是跟他过去一段时间的身体情况、治疗方案、饮食起居等多种因素息息相关的，而当前的血压测量值相当于对他当时身体情况的一个估计，而医生当天开的处方应该是基于当前血压测量值及过往一段时间病人的多种情况综合考虑后的结果。为了根据历史情况评价当前状态，并且预测治疗方案的结果，就必须对这些动态因素建立数学模型。而隐马尔可夫模型就是解决这类问题时最常用的一种数学模型。简单来说，隐马尔可夫模型是用单一离散随机变量描述过程状态的时序概率模型。下面用一个简单的例子说明。

假设一个人手里有 3 个不同的骰子。第一个骰子是普通的立方体骰子（称这个骰子为 D6），有 6 个面，每个面（1～6）出现的概率是 1/6；第二个骰子是四面体（称这个骰子为 D4），每个面（1～4）出现的概率是 1/4；第三个骰子有 8 个面（称这个骰子为 D8），每个面（1～8）出现的概率是 1/8。这 3 个骰子如图 3-6 所示。

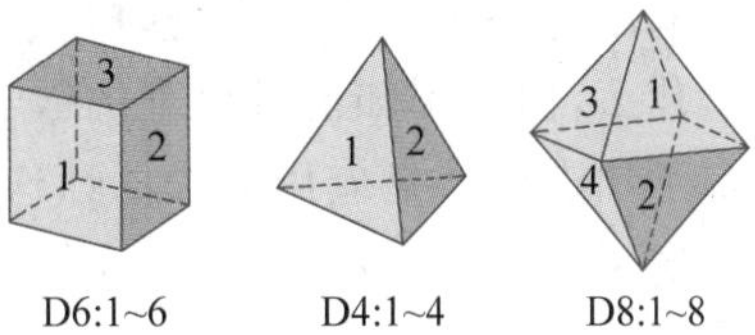

图　3-6

此人开始掷骰子，他先从 3 个骰子里挑一个，挑到每一个骰子的概率都是 1/3。然后掷骰子，得到一个数字，为 1～8 中的一个。不停地重复上述过程，就会得到一串数字，每个数字都是 1～8 中的一个。例如，可能得到这样的一串数字（掷骰子 10 次）：

1 6 3 5 2 7 3 5 2 4

这串数字称为可见状态链。但是在隐马尔可夫模型中，并非仅有一串可见状态链，还有一串隐含状态链。在这个例子里，这串隐含状态链就是该人使用的骰子的序列。例如，隐含状态链有可能是

D6 D8 D8 D6 D4 D8 D6 D6 D4 D8

如图 3-7 所示。

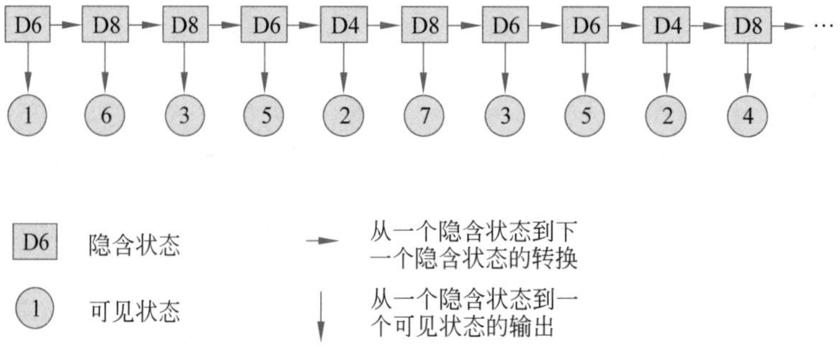

图 3-7

一般来说,隐马尔可夫链中的马尔可夫链其实是指隐含状态链,因为隐含状态之间存在转换概率(transition probability)。在上面的例子里,D6的下一个状态是 D4、D6 和 D8,转换概率都是 1/3,D4 和D8 的下一个状态也是 D4、D6 和 D8,转换概率也都是 1/3(见图 3-8)。这样设定是为了最开始容易说清楚,但是转换概率其实是可以随意设定的。例如,可以这样定义:D6 后面不能接 D4,D6 后面是 D6 的概率是 0.9,是D8 的概率是 0.1。这样就是一个新的隐马尔可夫链。

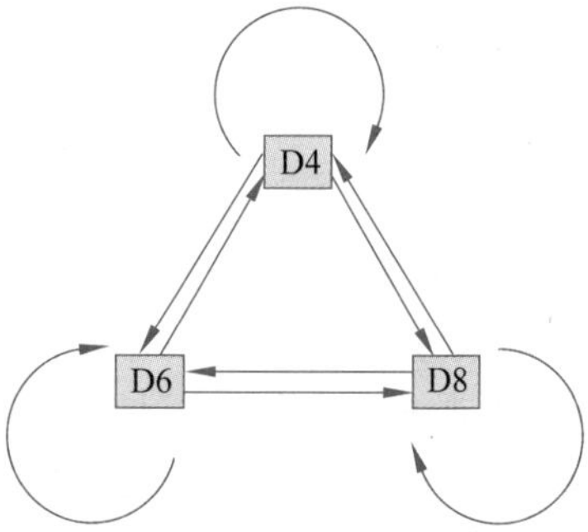

图 3-8

同样,尽管可见状态之间没有转换概率,但是隐含状态和可见状态之间有一个概率,称为输出概率(emission probability)。就上面的例子来说,六面骰子(D6)产生 1 的输出概率是 1/6,产生 2～6 的输出概率也都是 1/6。同样可以对输出概率作其他定义。例如,某人有一个被赌场动过手脚的六面骰子,掷出来是 1 的概率是 1/2,掷出来是 2～6 的概率都是 1/10。其实对于隐马尔可夫链来说,如果提前知道所有隐含状态之间的转换概率和所有隐含状态到所有可见状态之间的输出概率,进行模拟是相当容易的。但是应用隐马尔可夫链模型时往往是缺失了一部分信息。有时候知道骰子有几种,每种骰子是什么,但是不知道掷出来的骰子序列;有时候只是看到了很多次掷骰子的结果,此外什么都不知道。如果应用算法估计这些缺失的信息,就成了一个很重要的问题。

例 3-9

题目背景

从前有个村子,村里的人的身体情况只有两种可能:健康或者发烧。假设这个村的人没有体温计(或者百度这种神奇的东西),人唯一能判断自己身体状况的途径就是到村头甲开设的诊所询问。甲通过村民的描述判断病情。再假设村民只会说正常、头晕或冷。村里的乙连续 3 天去甲的诊所询问。乙第一天告诉甲,感觉正常;第二天告诉甲,感觉冷;第三天告诉甲,感觉头晕。那么,甲如何根据乙的描述推断出这 3 天中乙的身体状况呢?甲通过如下已知情况便可以推断乙的身体状况。

已知情况和算法

隐含的身体状况为{健康,发烧}。

可观察的感觉状态为{正常,冷,头晕}。

甲预判的乙身体状况的概率分布为{健康：0.6,发烧：0.4}。

甲认为的乙身体状况的转换概率分布为{健康→健康：0.7,健康→发烧：0.3,发烧→健康：0.4,发烧→发烧：0.6}。

甲认为的在相应健康状况条件下乙的感觉的概率分布为{健康,正常：0.5,冷：0.4,晕：0.1;发烧,正常：0.1,冷：0.3,头晕：0.6}。

乙连续 3 天的身体感觉依次是正常、冷、头晕。

问题

乙这 3 天的身体状况变化的过程是怎样的?

过程

根据维特比理论,后一天的状态会依赖前一天的状态和当前的可观察的状态。那么只要根据第一天的正常状态依次推算出到第三天头晕状态的最大概率,就可以知道这 3 天的身体状况变化情况。

(1) 初始情况：P(健康)$=0.6$,P(发烧)$=0.4$。

(2) 求第一天的身体状况,即计算在感觉正常的情况下最可能的身体状况。

$$P(\text{今天健康})=P(\text{健康}\mid\text{正常})P(\text{健康}\mid\text{初始情况})=0.5\times0.6=0.3$$

$$P(\text{今天发烧})=P(\text{发烧}\mid\text{正常})P(\text{发烧}\mid\text{初始情况})=0.1\times0.4=0.04$$

那么就可以认为第一天最可能的身体状况是健康。

(3) 求第二天的身体状况。

由第一天的发烧或者健康转换到第二天的发烧或者健康有 4 种可能：

$$\begin{aligned}P(\text{前一天发烧,今天发烧})&=P(\text{发烧}\mid\text{前一天})P(\text{发烧}\rightarrow\text{发烧})P(\text{冷}\mid\text{发烧})\\&=0.04\times0.6\times0.3=0.0072\end{aligned}$$

$$\begin{aligned}P(\text{前一天发烧,今天健康})&=P(\text{健康}\mid\text{前一天})P(\text{发烧}\rightarrow\text{健康})P(\text{冷}\mid\text{健康})\\&=0.04\times0.4\times0.4=0.0064\end{aligned}$$

$$\begin{aligned}P(\text{前一天健康,今天健康})&=P(\text{发烧}\mid\text{前一天})P(\text{健康}\rightarrow\text{健康})P(\text{冷}\mid\text{健康})\\&=0.3\times0.7\times0.4=0.084\end{aligned}$$

$$\begin{aligned}P(\text{前一天健康,今天发烧})&=P(\text{健康}\mid\text{前一天})P(\text{健康}\rightarrow\text{发烧})P(\text{冷}\mid\text{发烧})\\&=0.3\times0.3\times0.3=0.027\end{aligned}$$

可以认为,第二天最可能的状况是健康。

(4) 求第三天的身体状况。

$$\begin{aligned}P(\text{前一天发烧,今天发烧})&=P(\text{发烧}\mid\text{前一天})P(\text{发烧}\rightarrow\text{发烧})P(\text{头晕}\mid\text{发烧})\\&=0.027\times0.6\times0.6=0.00972\end{aligned}$$

$$\begin{aligned}P(\text{前一天发烧,今天健康})&=P(\text{健康}\mid\text{前一天})P(\text{发烧}\rightarrow\text{健康})P(\text{头晕}\mid\text{健康})\\&=0.027\times0.4\times0.1=0.00108\end{aligned}$$

$$\begin{aligned}P(\text{前一天健康,今天健康})&=P(\text{发烧}\mid\text{前一天})P(\text{健康}\rightarrow\text{健康})P(\text{头晕}\mid\text{健康})\\&=0.084\times0.7\times0.1=0.00588\end{aligned}$$

$$\begin{aligned}P(\text{前一天健康,今天发烧})&=P(\text{健康}\mid\text{前一天})P(\text{健康}\rightarrow\text{发烧})P(\text{头晕}\mid\text{发烧})\\&=0.084\times0.3\times0.6=0.01512\end{aligned}$$

可以认为,第三天最可能的状况是发烧。

结论

根据如上计算,可以推断,乙这 3 天身体变化的序列是健康→健康→发烧。

3.6 马尔可夫链的应用

3.6.1 群体消失模型

考虑一个从单个祖先开始的群体。每个个体生命结束时以概率 $p_j(j=0,1,2,\cdots)$ 产生 j 个新的后代,与其他的个体产生的后代个数相互独立。初始的个体总数以 X_0 表示,称为第零代的总数;第零代的后代构成第一代,其总数记为 X_1;第一代的每个个体以同样的分布产生第二代……一般地,以 X_n 记第 n 代的总数。此马尔可夫链 $\{X_n, n=0,1,2,\cdots\}$ 称为离散分支过程。

现在假设群体是从单个祖先开始的,即 $X_0=1$,则有

$$X_n=\sum_{i=1}^{X_{n-1}} Z_{n,i} \tag{3-4}$$

其中 $Z_{n,i}$ 表示第 n 代的第 i 个成员的后代个数。

首先考虑第 n 代的平均个体数 $E[X_n]$,对 X_n 取条件期望,有

$$E[X_n]=E[E[X_n \mid X_{n-1}]]=\mu E[X_{n-1}]=\cdots=\mu^n \tag{3-5}$$

其中,$\mu=\sum_{i=0}^{\infty} i p_i$ 为每个个体的后代个数的均值。

- 若 $\mu<1$,平均个体数单调下降并趋于 0。
- 若 $\mu=1$,各代平均个体数相同。
- 若 $\mu>1$,平均个体数按照指数阶上升至无穷。

下面就考虑群体最终会消亡的概率 π_0。对第一代个体数取条件概率,则

$$\pi_0=P\{\text{群体消亡}\}=\sum_{j=0}^{\infty} P\{\text{群体消亡} \mid X_1=j\} p_j=\sum_{j=0}^{\infty} \pi_0^j p_j$$

上面的公式意为:若群体最终灭绝,则以第一代为祖先的 j 个家族将全部消亡,而各家族已经假定为独立的,每一家族灭绝的概率均为 π_0。

定理 3-7 设 $p_0>0, p_0+p_1<1$,则(不考虑 $p_0=0$ 和 $p_0=1$)平凡情况如下:

(1) π_0 是满足 $\pi_0=\sum_{j=0}^{\infty} \pi_0^j p_j$ 的最小正数。

(2) $\pi_0=1 \Leftrightarrow \mu \leqslant 1$。

定理 3-7

证:为了证明 π_0 是(1)中等式的最小解,设 $\pi \geqslant 0$ 满足该等式。用归纳法证明,对一切 $n, \pi \geqslant P\{X_n=0\}$,现有

$$\pi=\sum_{j=0}^{\infty} \pi_0^j p_j \geqslant \pi^0 p_0=p_0=P\{X_1=0\}$$

假定

$$\pi \geqslant P\{X_n=0\}$$

则 $P\{X_{n+1}=0\}=\sum_{j=0}^{\infty} P\{X_{n+1}=0 \mid X_1=j\} p_j=\sum_{j=0}^{\infty}(P\{X_n=0\})^j p_j \leqslant \sum_{j=0}^{\infty} \pi_0^j p_j=\pi$

因此,对一切 $n, \pi \geqslant P\{X_n=0\}$。令 $n \rightarrow \infty, \pi \geqslant \lim_{n \rightarrow \infty} P\{X_n=0\}=P\{\text{群体消亡}\}=\pi_0$。(1)得证。

下面证明(2)。首先定义母函数：

$$\Phi(s)=\sum_{j=0}^{\infty}s^{j}p_{j}$$

因此 $p_0+p_1<1$。所以，对一切 $s\in(0,1)$，有

$$\Phi''(s)=\sum_{j=0}^{\infty}j(j-1)s^{j-2}p_{j}>0$$

因此 $\Phi(s)$在开区间$(0,1)$中是严格单调递增的凸函数，分两种情况：

第一种情况：对一切 $s\in(0,1)$，$\Phi(s)>s$。

第二种情况：对某个 $s\in(0,1)$，$\Phi(s)=s$，于是

$$\Phi'(\pi_0)\leqslant\pi_0,\pi_0=1\Leftrightarrow\Phi'(1)\leqslant 1,\Phi'(1)=\mu$$

故(2)得证。

在实际应用中，考虑一个群体的真实增长时，离散分支过程的假定在群体达到无限之前就不成立了(比如独立同分布性)。但另一方面，利用离散分支过程研究消亡现象是有意义的，因为一般灭绝常常发生在过程的早期。

3.6.2　人口结构变化的马尔可夫链模型

考虑社会的教育水平与文化程度的发展变化，可以建立如下模型：将全国所有 16 岁以上的人口分为文盲、初中、高中(含中专)、大学(含大专)、中级技术人才、高级技术人才、特级专家 7 类，结构的变化为升级、退化(例如初中文化者会重新变为文盲)、进入(例如年龄达到 16 岁或移民进入)、迁出(例如死亡或移民到国外)。用$(n_1(t),n_2(t),\cdots,n_3(t))$表示在 t 年各等级的人数。

$$N(t)=\sum_{i=1}^{7}n_i(t) \tag{3-6}$$

为全社会 16 岁以上人口总数(简称为总人数)，以 q_{ij} 记为每年从 i 级转为 j 级的人数占 i 级人数的百分百，则

$$\boldsymbol{Q}=(q_{ij})_{7\times 7}$$

是一个准转移矩阵(每行所有元素之和不超过 1)。

考虑进入与迁出。记 w_i 为每年从 i 级迁出的人数占 i 级人数的比例，r_i 为每年进入 i 级的人数占总进入人数的比例，则

$$\sum_{i=1}^{7}q_{ij}+w_i=1,\quad r_i\geqslant 0,\quad \sum_{i=1}^{7}r_i=1$$

记 $R(t)$为总进入人数，$W(t)$为总迁出人数，则

$$N(t+1)=N(t)+R(t)-W(t)$$

$$n_j(t+1)=\sum_{i=1}^{7}n_i(t)q_{ij}+r_jR(t)-n_j(t)w_j$$

令

$$M(t)=N(t+1)-N(t)=R(t)-W(t)$$

设总人数以常数百分比 α 增长(可以为负增长)，即

$$M(t)=\alpha N(t),\alpha=\frac{N(t+1)}{N(t)}-1$$

记 $\alpha_j(t)=\frac{n_j(t)}{N(t)}$,则 $\alpha_j(t+1)=\frac{1}{1+\alpha}\left[\sum_{i=1}^{7}\alpha_j(t)(q_{ij}+r_jw_i)-w_j\alpha_j(t)+\alpha r_j\right]$

特别地,当 $\alpha=0$ 时,

$$\alpha_j(t+1)=\sum_{i=1}^{7}\alpha_j(t)(q_{ij}+r_jw_i)-w_j\alpha_j(t)$$

记 $\alpha(t)=(\alpha_1(t),\alpha_2(t),\cdots,\alpha_7(t))$,$\boldsymbol{P}=(p_{ij})$,其中

$$p_{ij}=\begin{cases}q_{ij}+r_jw_i, & i\neq j\\ q_{ij}+r_jw_i-w_j, & i=j\end{cases}$$

则上式变为 $\alpha(t+1)=\alpha(t)\boldsymbol{P}$。这是一个以 $\boldsymbol{P}$ 为转移矩阵的马尔可夫链在 $t+1$ 时刻的分布所满足的方程。

在实际中,总是希望人口结构维持一个合理的稳定水平 α^*,文盲越少越好,而专家也无须太多,并且从现在的 $\alpha(0)$ 出发,通过控制人口进入各级的比例 $r=(r_1,r_2,\cdots,r_7)$ 尽快地达到这个稳定水平。为此,接下来讨论在不同的 r 下全部可能的稳定结构。

由于 $\alpha=\alpha\boldsymbol{P}$(因为 α 是稳定的),即

$$\alpha=\alpha(\boldsymbol{Q}+(r_jw_i)-(w_j\delta_{ij}))=\alpha\boldsymbol{Q}+(\alpha w')r-(\alpha_1w_1,\alpha_2w_2,\cdots,\alpha_7w_7)$$

其中,$w=(w_1,w_2,\cdots,w_7)$,$r=(r_1,r_2,\cdots,r_7)$。当 $\alpha w'\neq 0$ 时,

$$r=\alpha[\boldsymbol{I}-\boldsymbol{Q}+(w_j\delta_{ij})](\alpha w')^{-1}$$

即 $\alpha=(\alpha w')r\,[\boldsymbol{I}-\boldsymbol{Q}+(w_j\delta_{ij})]^{-1}$

又因为要求 $r_i\geqslant 0$,

$$\alpha_j\geqslant\sum_{i=1}^{7}\alpha_iq_{ij}-\alpha_jw_j(\forall j)$$

可以找出 r,使得

$$\alpha=\alpha\boldsymbol{Q}+\alpha w'r-\alpha(w_j\delta_{ij})=\alpha\boldsymbol{P}$$

从而对于此 r,α 是一个稳定的结构。

3.6.3 数据压缩与熵

信息存储和恢复的数学理论基础是由香农建立的。作为马尔可夫过程的应用,本节讨论这一理论的一个方面。假定文字是由有限字母集 $S=\{a_1,a_2,\cdots,a_m\}$ 中的符号构成的。术语“文字”不是仅仅指人类语言中的文字,还可以有更广泛的意义,例如 DNA 的基因序列、计算机中的数据、音乐等。

加密编码规则是一个变换。它将一个文字序列用另一个文字序列代替并且能够唯一地再现原来的文字序列(解码)。为了简单起见,本节只考虑加密编码。

一个符号序列代表一个单字,符号的个数是它的长度。一个长度为 t 的单字通过加密算法被加密成长度为 s 的代码。为了压缩文字,就要用短的代码代表使用频率高的序列,而用长的代码代表很少使用的序列。在这种关系中,文字的统计结构(字频)将扮演重要角色。

现在考虑符号在序列中出现的频率服从一个具有平稳性的、其转移概率矩阵为(p_{ij}:i,$j=1,2,\cdots,M$)的马尔可夫链。

香农提出了英文的马尔可夫逼近方法。

打开一本英文书,随机地选取一个字母,比如 T;跳过几行以后再读,直到再次遇到 T,

选取其后的第一个字母，例如H；跳过更多行后继续读，直到再次遇到H，选取其后的第一个字母，例如A……继续这样的步骤，得到一个文字样本，这一文字比按照英语语法组成的文字更接近马尔可夫链。

不仅如此，我们还希望这种做法能够使得文字表现得比随机选择的字母更加接近英语语法结构。因此，也可以考虑以更高阶的马尔可夫链逼近英语语法结构，例如选择后面的两个字母。

令过程 $X_1, X_2, X_3, \cdots$ 具有状态空间 S、平稳的转移概率矩阵(p_{ij})和唯一的不变初始分布 $\pi=\pi_1$，则 X_n 是一个平稳过程，并且长度为 t 的单字 $a=\{a_{i1}, a_{i2}, \cdots, a_{it}\}$ 出现的概率为 $\pi_{i1} p_{i1,i2} p_{i2,i3} \cdots p_{it-1,it}$。

假定在编码变换下，单字 $a=\{a_{i1}, a_{i2}, \cdots, a_{it}\}$ 加密为一个长度为 $s=\{a_{i1}, a_{i2}, \cdots, a_{it}\}$ 的单字。令

$$\mu_t=\frac{E[c(a=\{a_{i1}, a_{i2}, \cdots, a_{it}\})]}{t}$$

μ_t 代表文字长度 t 的压缩率。

给定一种类型的文字，它能够被一种编码压缩的最佳范围由压缩系数确定：

$$\mu=\lim_{t\to\infty} \sup \mu_t$$

在这里考虑的问题是用给定文字的马尔可夫结构的参数计算压缩系数和构造最佳的压缩编码。下面将证明最佳的压缩系数(最佳的意义是，虽然有些编码的压缩系数会任意接近，但是绝不会超过 μ)为

$$\mu=\frac{H}{\log_2 M}=\frac{\sum_i \pi_i H_i}{\log_2 M}=-\frac{\sum_i \pi_i\left(\sum_j p_{ij}\log_2 p_{ij}\right)}{\log_2 M} \tag{3-7}$$

$H_i=\sum_j p_{ij}\log_2 p_{ij}$ 代表状态 i 转移分布的熵，它测量的是当马尔可夫链从状态 i 向前移动一步时所得的信息。

$H=\sum_i \pi_i H_i$ 称为马尔可夫链的熵。容易看出，对给定的马尔可夫链的转移概率，一旦不变初始分布确定，则最佳压缩系数可根据式(3-7)计算。

对于一个长度为 t 的单字 a，令 $P_t(a)=P\{(X_0, X_1, \cdots, X_{t-1})=a\}$，则

$$-\log_2 p_t(X_0, X_1, \cdots, X_{t-1})=-\log_2 \pi(X_0)+\sum_i(-\log_2 p_{X_i, X_{i+1}})=Y_0+\sum_i Y_i \tag{3-8}$$

这里 $Y_1, Y_2, Y_3, \cdots$ 是一个平稳的有界随机变量序列。应用大数定理于这一平稳序列，可以得到

$$\lim_{t\to\infty}\frac{-\log_2 p_t(X_0, X_1, \cdots, X_{t-1})}{t}=\mathrm{E}Y_1=H \tag{3-9}$$

式(3-9)的一个重要而且有用的推论是：为了减小概率，将所有字长为 t 的 M^t 个单字排列为 $a_{(1)}, a_{(2)}, \cdots, a_{(M_t)}$。对任何正数 $\varepsilon<1$，令

$$N_t(\varepsilon)=\min\left\{N: \sum_{i=1}^{N} p_t(a_{(i)})\geqslant\varepsilon\right\} \tag{3-10}$$

于是有下面的命题：对 $0<\varepsilon<1$，有

$$\lim_{t\to\infty}\frac{N_t(\varepsilon)}{t}=H$$

3.7 小　　结

本章介绍了马尔可夫链的相关知识，包括基本概念、隐马尔可夫模型、C-K方程、马尔可夫链的状态分类、极限定理及平稳分布、转移概率与柯尔莫哥洛夫微分方程以及马尔可夫链的应用。

3.8 习　　题

1. 设有独立重复试验序列$\{X_n, n\geqslant 1\}$。以$X_n=1$记第n次试验时事件A发生，且$P\{X_n=1\}=\theta$；以$X_n=0$记第n次试验时事件A不发生，且$P\{X_n=0\}=\lambda=1-\theta$。求$k$步转移概率矩阵。

2. 若顾客的购买是无记忆的。现在市场上供应A、B、C 3个不同厂家生产的50g袋装味精。用$X_n=1$，$X_n=2$，$X_n=3$分别表示事件顾客第n次购买A厂、B厂、C厂的味精，则$\{X_n\}$是一个马尔可夫链。已知顾客第一次购买A厂、B厂、C厂味精的概率依次为0.4，0.4，0.2，又已知一般顾客购买的倾向表如下：

$$\begin{bmatrix} 0.8 & 0.1 & 0.1 \\ 0.5 & 0.1 & 0.4 \\ 0.5 & 0.3 & 0.2 \end{bmatrix}$$

（1）求顾客第二次购买A厂、B厂、C厂味精的概率。

（2）求顾客3次购买后的倾向表。

（3）长时间的购买活动后，A、B、C三厂的市场占有率如何？

3. 天气预报问题。设明天是否有雨仅与今天的天气有关，而与过去的天气无关。又设今天下雨而明天下雨的概率为α，而今天无雨明天有雨的概率为β。规定有雨天气为状态0，无雨天气为状态1，因此本问题是有两个状态的马尔可夫链。设$\alpha=0.4$，$\beta=0.7$。求今天有雨且第四天仍有雨的概率。

4. 设马尔可夫链的状态空间为$I=\{0,1,2\}$，一步转移概率矩阵为

$$\boldsymbol{P}=\begin{bmatrix} 0.1 & 0.4 & 0.5 \\ 0.3 & 0.4 & 0.3 \\ 0.5 & 0.3 & 0.2 \end{bmatrix}$$

求其相应的极限分布。

5. 设马尔可夫链的转移概率矩阵为

$$\boldsymbol{P}=\begin{bmatrix} \frac{1}{2} & 0 & \frac{1}{2} & 0 \\ 0 & \frac{1}{2} & 0 & \frac{1}{2} \\ \frac{1}{2} & 0 & \frac{1}{2} & 0 \\ 0 & \frac{1}{2} & 0 & \frac{1}{2} \end{bmatrix}$$

讨论此马尔可夫链的遍历性。

6. 设马尔可夫链$\{X_n, n\geqslant 1\}$的转移概率矩阵为

$$P=\begin{bmatrix}\frac{1}{4} & \frac{3}{4} & 0\\ \frac{3}{4} & 0 & \frac{1}{4}\\ 0 & \frac{1}{4} & \frac{3}{4}\end{bmatrix}$$

求其平稳分布。

7. 在计算机系统中，每一轮循环有误差的概率取决于前一轮循环是否有误差。以 0 表示有误差状态，1 表示无误差状态。设转移概率矩阵为

$$P=\begin{bmatrix}0.25 & 0.75\\ 0.5 & 0.5\end{bmatrix}$$

讨论相应的齐次马尔可夫链的遍历性，并求其平稳(极限)分布。

第 2 部分　矩　阵　论

第4章

矩阵论预备知识

矩阵是线性代数的核心,而线性代数是人工智能的基础,可见矩阵对于人工智能的研究意义非凡。人工智能中的图像处理就离不开矩阵。矩阵的核心意义在于如何把具体事物抽象成某些特征的组合,同时通过矩阵的变换体现描述对象的静态和动态的变化。

4.1 矩阵的概念

4.1.1 矩阵的定义

定义 4-1 由 $m\times n$ 个数 $a_{ij}(i=1,2,\cdots,m;j=1,2,\cdots,n)$ 排成的 m 行 n 列的数表

$$\begin{matrix} a_{11} & a_{12} & \cdots & a_{1n} \\ a_{21} & a_{22} & \cdots & a_{2n} \\ \vdots & \vdots & \ddots & \vdots \\ a_{m1} & a_{m2} & \cdots & a_{mn} \end{matrix}$$

称为 m 行 n 列矩阵,简称 $m\times n$ 矩阵,记作

$$\boldsymbol{A}=\begin{bmatrix} a_{11} & a_{12} & \cdots & a_{1n} \\ a_{21} & a_{22} & \cdots & a_{2n} \\ \vdots & \vdots & \ddots & \vdots \\ a_{m1} & a_{m2} & \cdots & a_{mn} \end{bmatrix}$$

简记为

$$\boldsymbol{A}=\boldsymbol{A}_{m\times n}=(a_{ij})_{m\times n}=(a_{ij})$$

这 $m\times n$ 个数称为矩阵 $\boldsymbol{A}$ 的元素,简称元。

元素是实数的矩阵称为实矩阵,元素是复数的矩阵称为复矩阵。

行列式与矩阵的比较如表 4-1 所示。

4.1.2 几种特殊的矩阵

以下是几种特殊的矩阵。

(1) 行数与列数都等于 n 的矩阵称为 n 阶方阵,可记作 $\boldsymbol{A}_n$。

(2) 只有一行的矩阵 $\boldsymbol{A}=(a_1,a_2,\cdots,a_n)$ 称为行矩阵(或行向量);只有一列的矩阵

表 4-1

比较项	行列式	矩阵
形式	$\begin{vmatrix} a_{11} & a_{12} & \cdots & a_{1n} \\ a_{21} & a_{22} & \cdots & a_{2n} \\ \vdots & \vdots & \ddots & \vdots \\ a_{n1} & a_{n2} & \cdots & a_{nn} \end{vmatrix}$	$\begin{bmatrix} a_{11} & a_{12} & \cdots & a_{1n} \\ a_{21} & a_{22} & \cdots & a_{2n} \\ \vdots & \vdots & \ddots & \vdots \\ a_{m1} & a_{m2} & \cdots & a_{mn} \end{bmatrix}$
形状	行数等于列数	行数不等于列数
元素个数	共有 n^2 个元素	共有 $m\times n$ 个元素
简记形式	$\det(a_{ij})$	$(a_{ij})_{m\times n}$

$$\boldsymbol{B}=\begin{bmatrix} a_1 \\ a_2 \\ \vdots \\ a_n \end{bmatrix}$$

称为列矩阵(或列向量)。

(3) 元素全是 0 的矩阵称为零矩阵,可记作 $\boldsymbol{O}$。例如:

$$\boldsymbol{O}_{2\times 2}=\begin{bmatrix} 0 & 0 \\ 0 & 0 \end{bmatrix},\boldsymbol{O}_{1\times 4}=\begin{bmatrix} 0 & 0 & 0 & 0 \end{bmatrix}$$

(4) 形如

$$\begin{bmatrix} \lambda_1 & 0 & \cdots & 0 \\ 0 & \lambda_2 & \cdots & 0 \\ \vdots & \vdots & \ddots & \vdots \\ 0 & 0 & \cdots & \lambda_n \end{bmatrix}$$

的方阵称为对角阵,记作 $\boldsymbol{A}=\mathrm{diag}(\lambda_1,\lambda_2,\cdots,\lambda_n)$。特别地,方阵

$$\begin{bmatrix} 1 & 0 & \cdots & 0 \\ 0 & 1 & \cdots & 0 \\ \vdots & \vdots & \ddots & \vdots \\ 0 & 0 & \cdots & 1 \end{bmatrix}$$

称为单位阵,记作 $\boldsymbol{E}_n$。

(5) 同型矩阵与矩阵相等。

两个矩阵的行数相等,列数也相等时,称为同型矩阵。例如,以下两个矩阵为同型矩阵:

$$\begin{bmatrix} 1 & 2 \\ 3 & 7 \end{bmatrix} \quad \begin{bmatrix} 14 & 3 \\ 8 & 2 \end{bmatrix}$$

若矩阵 $\boldsymbol{A}=(a_{ij})$ 与 $\boldsymbol{B}=(b_{ij})$ 为同型矩阵,并且对应元素相等,即

$$a_{ij}=b_{ij}\ (i=1,2,\cdots,m;j=1,2,\cdots,n)$$

则称矩阵 $\boldsymbol{A}$ 与 $\boldsymbol{B}$ 相等,记作 $\boldsymbol{A}=\boldsymbol{B}$。

4.1.3 矩阵与线性变换

线性方程组求解的过程表现为变换这些矩阵的过程,所以矩阵和线性变换之间存在密

不可分的联系，线性变换就是线性空间中一个点运动到另一个点。在人工智能中，机器视觉就广泛运用了这一思想，实现对目标的追踪。

设有 n 个变量 $x_1,x_2,\cdots,x_n$ 与 m 个变量 $y_1,y_2,\cdots,y_m$ 之间的关系式：

$$\begin{cases} y_1 = a_{11}x_1 + a_{12}x_2 + \cdots + a_{1n}x_n \\ y_2 = a_{21}x_1 + a_{22}x_2 + \cdots + a_{2n}x_n \\ \qquad \vdots \\ y_m = a_{m1}x_1 + a_{m2}x_2 + \cdots + a_{mn}x_n \end{cases} \tag{4-1}$$

上述关系式表示一个从变量 $x_1,x_2,\cdots,x_n$ 到变量 $y_1,y_2,\cdots,y_m$ 线性变换，其中 a_{ij} 为常数。那么，

$$\mathbf{A} = \begin{bmatrix} a_{11} & a_{12} & \cdots & a_{1n} \\ a_{21} & a_{22} & \cdots & a_{2n} \\ \vdots & \vdots & \ddots & \vdots \\ a_{m1} & a_{m2} & \cdots & a_{mn} \end{bmatrix}$$

称为系数矩阵。线性变换与矩阵之间存在着一一对应关系。例如，以下的 2 阶方阵与线性变换存在对应关系：

$$\begin{bmatrix} 1 & 0 \\ 0 & 0 \end{bmatrix} \leftrightarrow \begin{cases} x_1 = x \\ y_1 = 0 \end{cases}$$

4.2 矩阵的运算及初等变换

矩阵运算在人工智能领域有广泛应用。例如，在机器视觉中，KCF 算法中的循环矩阵傅里叶对角化就运用了大量的矩阵运算，同时矩阵运算也应用于目标跟踪等人工智能问题。

4.2.1 矩阵的概念

对于以下线性方程组：

$$\begin{cases} x_1 - 2x_2 + 3x_3 = 1 \\ -2x_1 + 4x_2 - 6x_3 = -2 \\ x_1 + x_2 - x_3 = 1 \end{cases}$$

它的系数行列式为

$$D = \begin{vmatrix} 1 & -2 & 3 \\ -2 & 4 & -6 \\ 1 & 1 & -1 \end{vmatrix} = 0$$

此时 Cramer 法则失效，可以换一种形式表示：

$$\bar{\mathbf{A}} = \left[\begin{array}{ccc|c} 1 & -2 & 3 & 1 \\ -2 & 4 & -6 & -2 \\ 1 & 1 & -1 & 1 \end{array}\right]$$

这正是“换汤不换药”，以上线性方程组可用这张数表表示，二者之间构成互相“翻译”的关系。这种数表一般用圆括号或方括号括起来，排成一个长方形阵式，就是矩阵。

$$\boldsymbol{A}=\begin{bmatrix}1 & -2 & 3\\ -2 & 4 & -6\\ 1 & 1 & -1\end{bmatrix}$$

也是矩阵,是由以上线性方程组的系数按照原来的顺序排列而成的,称为系数矩阵。而 $\overline{\boldsymbol{A}}$ 多了一个常数列,称为以上线性方程组的增广矩阵。在本书中,矩阵用方括号括起来。

注意,虽然 D 和 $\boldsymbol{A}$ 很相像,但是区别很大。D 是行列式,实质上是一个数;而 $\boldsymbol{A}$ 是一张表。这是本质的不同。况且,行列式的行数必须与列数相同,而矩阵则未必。

关于以上线性方程组后面将进行介绍。

更一般地,对于线性方程组

$$\begin{cases}a_{11}x_1+a_{12}x_2+\cdots+a_{1n}x_n=b_1\\ a_{21}x_1+a_{22}x_2+\cdots+a_{2n}x_n=b_2\\ \qquad\vdots\\ a_{m1}x_1+a_{m2}x_2+\cdots+a_{mn}x_n=b_m\end{cases}$$

它的系数矩阵

$$\begin{bmatrix}a_{11} & a_{12} & \cdots & a_{1n}\\ a_{21} & a_{22} & \cdots & a_{2n}\\ \vdots & \vdots & \ddots & \vdots\\ a_{m1} & a_{m2} & \cdots & a_{mn}\end{bmatrix}$$

称为 m 行 n 列的矩阵,简称 $m\times n$ 矩阵,有时将 $m\times n$ 标记在右下角。

(1) 当 $m\neq n$ 时,称其为长方阵(像长方形)。

(2) 当 $m=n$ 时,称其为 n 阶方阵(像正方形),简称方阵。

(3) 当 $m=1$ 时矩阵只有一行,即 $[a_{11}\quad a_{12}\quad\cdots\quad a_{1n}]$,称之为行矩阵(或行向量)。

(4) 当 $n=1$ 时矩阵只有一列,即

$$\begin{bmatrix}a_{11}\\ a_{21}\\ \vdots\\ a_{m1}\end{bmatrix}$$

称之为列矩阵(或列向量)。

另外,行列式

$$\begin{vmatrix}a_{11} & a_{12}\\ a_{21} & a_{22}\end{vmatrix}$$

是由以上 $m\times n$ 矩阵 1、2 两行和 1、2 两列上交点的 4 个元素组成的一个 2 阶行列式,称为该矩阵的二阶子式。

除了前面介绍的几种特殊的矩阵以外,还有三角矩阵,分为上三角矩阵和下三角矩阵。

(1) 上三角矩阵:

$$\begin{bmatrix}a_{11} & a_{12} & \cdots & a_{1n}\\ 0 & a_{22} & \cdots & a_{2n}\\ \vdots & \vdots & \ddots & \vdots\\ 0 & 0 & \cdots & a_{mn}\end{bmatrix}$$

（2）下三角矩阵：

$$\begin{bmatrix} a_{11} & 0 & \cdots & 0 \\ a_{21} & a_{22} & \cdots & 0 \\ \vdots & \vdots & \ddots & \vdots \\ a_{m1} & a_{m2} & \cdots & a_{mn} \end{bmatrix}$$

与对角矩阵

$$\begin{bmatrix} a_{11} & 0 & \cdots & 0 \\ 0 & a_{22} & \cdots & 0 \\ \vdots & \vdots & \ddots & \vdots \\ 0 & 0 & \cdots & a_{nn} \end{bmatrix}$$

相对的类型是次对角矩阵：

$$\begin{bmatrix} 0 & \cdots & 0 & a_{1n} \\ 0 & \cdots & a_{2\,n-1} & 0 \\ \vdots & \iddots & \vdots & \vdots \\ a_{n1} & 0 & 0 & 0 \end{bmatrix}$$

4.2.2　矩阵的四则运算

数学中的数、式子、极限、导数有四则运算，概率论中的事件也有加法和乘法运算，即事件的并和事件的交。矩阵也有四则运算。

1. 加法和减法

矩阵加法和减法如下：

$$\boldsymbol{A}+\boldsymbol{B}=(a_{ij}+b_{ij})$$
$$\boldsymbol{A}-\boldsymbol{B}=(a_{ij}-b_{ij})$$

即对应位置上的元素进行加减法运算。

例 4-1　设矩阵

$$\boldsymbol{A}=\begin{bmatrix} 3 & 0 & -4 \\ -2 & 5 & -1 \end{bmatrix},\quad \boldsymbol{B}=\begin{bmatrix} -2 & 3 & 4 \\ 0 & -2 & 1 \end{bmatrix}$$

求 $\boldsymbol{A}+\boldsymbol{B}$ 和 $\boldsymbol{A}-\boldsymbol{B}$。

解：

$$\boldsymbol{A}+\boldsymbol{B}=\begin{bmatrix} 3 & 0 & -4 \\ -2 & 5 & -1 \end{bmatrix}+\begin{bmatrix} -2 & 3 & 4 \\ 0 & -2 & 1 \end{bmatrix}=\begin{bmatrix} 1 & 3 & 0 \\ -2 & 2 & 0 \end{bmatrix}$$

$$\boldsymbol{A}-\boldsymbol{B}=\begin{bmatrix} 3 & 0 & -4 \\ -2 & 5 & -1 \end{bmatrix}-\begin{bmatrix} -2 & 3 & 4 \\ 0 & -2 & 1 \end{bmatrix}=\begin{bmatrix} 5 & -3 & -8 \\ -2 & 8 & -2 \end{bmatrix}$$

注意，$\boldsymbol{C}=\begin{bmatrix} 1 & 2 \\ 3 & 4 \end{bmatrix}$与 $\boldsymbol{A}$、$\boldsymbol{B}$ 不能进行加减法运算。只有同型矩阵才能进行加减法运算。

加法运算规则：

（1）交换律：$\boldsymbol{A}+\boldsymbol{B}=\boldsymbol{B}+\boldsymbol{A}$。

（2）结合律：$(\boldsymbol{A}+\boldsymbol{B})+\boldsymbol{C}=\boldsymbol{A}+(\boldsymbol{B}+\boldsymbol{C})$。

2. 数乘

一个数乘以矩阵就是这个数乘以矩阵所有的元素,这一点与行列式不同。

例 4-2 设两个 3×2 矩阵 $\boldsymbol{A}$、$\boldsymbol{B}$ 为

$$\boldsymbol{A}=\begin{bmatrix}1 & -2\\ 2 & 0\\ 1 & 3\end{bmatrix},\quad \boldsymbol{B}=\begin{bmatrix}1 & -2\\ 3 & 2\\ -1 & -2\end{bmatrix}$$

求 $5\boldsymbol{A}-4\boldsymbol{B}$。

解:先做矩阵的数乘运算 $5\boldsymbol{A}$ 和 $4\boldsymbol{B}$,然后求矩阵 $5\boldsymbol{A}$ 和 $4\boldsymbol{B}$ 的差。

因为

$$5\boldsymbol{A}=\begin{bmatrix}5\times 1 & 5\times(-2)\\ 5\times 2 & 5\times 0\\ 5\times 1 & 5\times 3\end{bmatrix}=\begin{bmatrix}5 & -10\\ 10 & 0\\ 5 & 15\end{bmatrix}$$

$$4\boldsymbol{B}=\begin{bmatrix}4\times 1 & 4\times(-2)\\ 4\times 3 & 4\times 2\\ 4\times(-1) & 4\times(-2)\end{bmatrix}=\begin{bmatrix}4 & -8\\ 12 & 8\\ -4 & -8\end{bmatrix}$$

所以

$$5\boldsymbol{A}-4\boldsymbol{B}=\begin{bmatrix}5 & -10\\ 10 & 0\\ 5 & 15\end{bmatrix}-\begin{bmatrix}4 & -8\\ 12 & 8\\ -4 & -8\end{bmatrix}=\begin{bmatrix}1 & 6\\ -2 & -8\\ 9 & 23\end{bmatrix}$$

数乘运算规则:

(1) 分配率。

数对矩阵的分配律:

$$k(\boldsymbol{A}+\boldsymbol{B})=k\boldsymbol{A}+k\boldsymbol{B}$$

矩阵对数的分配律:

$$(k+l)\boldsymbol{A}=k\boldsymbol{A}+l\boldsymbol{A}$$

(2) 数与矩阵的结合律:

$$(kl)\boldsymbol{A}=k(l\boldsymbol{A})=l(k\boldsymbol{A})$$

3. 矩阵相乘

矩阵相乘不是对应元素相乘,而是另有其规则。

例 4-3 设矩阵

$$\boldsymbol{A}=\begin{bmatrix}1 & 2\\ 3 & 4\\ 5 & 6\end{bmatrix}_{3\times 2},\quad \boldsymbol{B}=\begin{bmatrix}1 & 2\\ 3 & 4\end{bmatrix}_{2\times 2}$$

求 $\boldsymbol{A}\cdot\boldsymbol{B}$。

解:

$$\boldsymbol{A}\cdot\boldsymbol{B}=\begin{bmatrix}1 & 2\\ 3 & 4\\ 5 & 6\end{bmatrix}\cdot\begin{bmatrix}1 & 2\\ 3 & 4\end{bmatrix}=\begin{bmatrix}1\times 1+2\times 3 & 1\times 2+2\times 4\\ 3\times 1+4\times 3 & 3\times 2+4\times 4\\ 5\times 1+6\times 3 & 5\times 2+6\times 4\end{bmatrix}=\begin{bmatrix}7 & 10\\ 15 & 22\\ 23 & 34\end{bmatrix}_{3\times 2}$$

矩阵相乘得到的新矩阵的第 i 行第 j 列元素是原来左矩阵的第 i 行各元素与右矩阵第

j 列对应元素乘积之和。

例 4-4　设矩阵

$$\boldsymbol{A}=\begin{bmatrix}3 & 2 & -1\\0 & -3 & 5\end{bmatrix}_{2\times 3},\quad \boldsymbol{B}=\begin{bmatrix}1 & 3\\-5 & 0\\0 & 6\end{bmatrix}_{3\times 2}$$

求 $\boldsymbol{A}\cdot\boldsymbol{B}$ 和 $\boldsymbol{B}\cdot\boldsymbol{A}$。

解：

$$\boldsymbol{A}\cdot\boldsymbol{B}=\begin{bmatrix}3 & 2 & -1\\0 & -3 & 5\end{bmatrix}\cdot\begin{bmatrix}1 & 3\\-5 & 0\\0 & 6\end{bmatrix}=\begin{bmatrix}-7 & 3\\15 & 30\end{bmatrix}_{2\times 2}$$

$$\boldsymbol{B}\cdot\boldsymbol{A}=\begin{bmatrix}1 & 3\\-5 & 0\\0 & 6\end{bmatrix}\cdot\begin{bmatrix}3 & 2 & -1\\0 & -3 & 5\end{bmatrix}=\begin{bmatrix}3 & -7 & 14\\-15 & -10 & 5\\0 & -18 & 30\end{bmatrix}_{3\times 3}$$

可见：

(1) 矩阵相乘未必满足交换律。

(2) 计算得到的新矩阵与原矩阵在形状上的关系：新矩阵的行数和列数分别是原左矩阵的行数和原右矩阵的列数。

(3) 原左矩阵的列数必须与原右矩阵的行数相等，这两个矩阵才能相乘。

$\boldsymbol{A}\cdot\boldsymbol{B}$ 可简写为 $\boldsymbol{AB}$。

例 4-5　设矩阵

$$\boldsymbol{A}=\begin{bmatrix}2 & 4\\1 & 2\end{bmatrix},\quad \boldsymbol{B}=\begin{bmatrix}2 & -2\\-1 & 1\end{bmatrix}$$

求 $\boldsymbol{AB}$。

解：

$$\boldsymbol{AB}=\begin{bmatrix}2 & 4\\1 & 2\end{bmatrix}\begin{bmatrix}2 & -2\\-1 & 1\end{bmatrix}=\begin{bmatrix}2\times 2+4\times(-1) & 2\times(-2)+4\times 1\\1\times 2+2\times(-1) & 1\times(-2)+2\times 1\end{bmatrix}=\begin{bmatrix}0 & 0\\0 & 0\end{bmatrix}$$

例 4-5 中矩阵 $\boldsymbol{A}$ 和 $\boldsymbol{B}$ 都是非零矩阵，但是矩阵 $\boldsymbol{A}$ 和 $\boldsymbol{B}$ 的乘积矩阵 $\boldsymbol{AB}$ 却是一个零矩阵，这种情况在数与代数式的运算中是不会出现的。

4. 矩阵的行列式

矩阵 $\boldsymbol{A}$ 对应的行列式称为矩阵的行列式，记为 $\det\boldsymbol{A}$ 或 $|\boldsymbol{A}|$。例如：

$$\boldsymbol{A}=\begin{bmatrix}1 & 2\\3 & 4\end{bmatrix}$$

则

$$|\boldsymbol{A}|=\begin{vmatrix}1 & 2\\3 & 4\end{vmatrix}$$

特殊地，对于方阵乘积的行列式有如下类似于一般代数运算的运算律：若 $\boldsymbol{A}$ 与 $\boldsymbol{B}$ 均为方阵，则这两个方阵乘积的行列式等于这两个方阵的行列式的乘积。即

$$\det(\boldsymbol{AB})=\det\boldsymbol{A}\det\boldsymbol{B}=\det(\boldsymbol{BA})$$

证明略。

例如：

$$\det\left[\begin{bmatrix}1&5\\4&3\end{bmatrix}\begin{bmatrix}-2&0\\3&4\end{bmatrix}\right]=\det\begin{bmatrix}1&5\\4&3\end{bmatrix}\det\begin{bmatrix}-2&0\\3&4\end{bmatrix}=(-17)\times(-8)=136$$

若两个矩阵 $\boldsymbol{A}$ 和 $\boldsymbol{B}$ 满足 $\boldsymbol{AB}=\boldsymbol{BA}$,则称矩阵 $\boldsymbol{A}$ 和 $\boldsymbol{B}$ 是可交换的。例如,设矩阵

$$\boldsymbol{A}=\begin{bmatrix}-1&4\\1&2\end{bmatrix},\quad \boldsymbol{B}=\begin{bmatrix}0&4\\1&3\end{bmatrix}$$

求矩阵 $\boldsymbol{AB}$ 和 $\boldsymbol{BA}$。

因为

$$\boldsymbol{AB}=\begin{bmatrix}-1&4\\1&2\end{bmatrix}\begin{bmatrix}0&4\\1&3\end{bmatrix}=\begin{bmatrix}4&8\\2&10\end{bmatrix}$$

$$\boldsymbol{BA}=\begin{bmatrix}0&4\\1&3\end{bmatrix}\begin{bmatrix}-1&4\\1&2\end{bmatrix}=\begin{bmatrix}4&8\\2&10\end{bmatrix}$$

即 $\boldsymbol{AB}=\boldsymbol{BA}$,所以,矩阵 $\boldsymbol{A}$ 和 $\boldsymbol{B}$ 是可交换的。

例 4-6 设矩阵

$$\boldsymbol{A}=\begin{bmatrix}-2&4\\3&6\end{bmatrix},\quad \boldsymbol{B}=\begin{bmatrix}2&10\\1&5\end{bmatrix},\quad \boldsymbol{C}=\begin{bmatrix}-6&4\\-3&2\end{bmatrix}$$

求 $\boldsymbol{AB}$ 和 $\boldsymbol{AC}$。

解:

$$\boldsymbol{AB}=\begin{bmatrix}-2&4\\3&6\end{bmatrix}\begin{bmatrix}2&10\\1&5\end{bmatrix}=\begin{bmatrix}0&0\\0&0\end{bmatrix}$$

$$\boldsymbol{AC}=\begin{bmatrix}-2&4\\3&6\end{bmatrix}\begin{bmatrix}-6&4\\-3&2\end{bmatrix}=\begin{bmatrix}0&0\\0&0\end{bmatrix}$$

在例 4-6 中,显然不能从 $\boldsymbol{AB}=\boldsymbol{AC}$ 中消去矩阵 $\boldsymbol{A}$ 而得到 $\boldsymbol{B}=\boldsymbol{C}$。这说明矩阵乘法不满足消去律。

一般地,当 $\boldsymbol{AB}=\boldsymbol{BA}$ 且 $\boldsymbol{A}\neq\boldsymbol{O}$ 时,不能消去矩阵 $\boldsymbol{A}$ 而得到 $\boldsymbol{B}=\boldsymbol{C}$。

总之,矩阵乘法不满足交换律和消去律,但矩阵乘法与数的乘法也有相似的地方,即矩阵乘法满足下列运算规则:

(1) 乘法结合律:

$$(\boldsymbol{AB})\boldsymbol{C}=\boldsymbol{A}(\boldsymbol{BC})$$

(2) 左乘和右乘分配律。

左乘分配律:

$$\boldsymbol{A}(\boldsymbol{B}+\boldsymbol{C})=\boldsymbol{AB}+\boldsymbol{AC}$$

右乘分配律:

$$(\boldsymbol{B}+\boldsymbol{C})\boldsymbol{A}=\boldsymbol{BA}+\boldsymbol{CA}$$

(3) 数乘结合律:

$$k(\boldsymbol{AB})=(k\boldsymbol{A})\boldsymbol{B}=\boldsymbol{A}(k\boldsymbol{B})$$

其中 k 是一个常数。

特别地,当 $\boldsymbol{A}$ 是 n 阶方阵时,记 $\underbrace{\boldsymbol{AA}\cdots\boldsymbol{A}}_{m\text{个}}=\boldsymbol{A}^m$,$\boldsymbol{A}^m$ 称为方阵 $\boldsymbol{A}$ 的 m 次幂,其中 m 是正整数。当 $m=0$ 时,规定 $\boldsymbol{A}^0=\boldsymbol{E}$。显然有

$$\boldsymbol{A}^k\boldsymbol{A}^l=\boldsymbol{A}^{k+l},(\boldsymbol{A}^k)^l=\boldsymbol{A}^{kl}$$

其中 k、l 是任意正整数。

由于矩阵乘法不满足交换律，因此，一般有

$$(\boldsymbol{AB})^k\neq\boldsymbol{A}^k\boldsymbol{B}^k$$

例 4-7　设方阵

$$\boldsymbol{A}=\begin{bmatrix}1 & 2\\0 & 1\end{bmatrix}$$

求 $\boldsymbol{A}^m$，其中 m 是正整数。

解：当 $m=2$ 时，

$$\boldsymbol{A}^2=\begin{bmatrix}1 & 2\\0 & 1\end{bmatrix}\begin{bmatrix}1 & 2\\0 & 1\end{bmatrix}=\begin{bmatrix}1 & 2\times2\\0 & 1\end{bmatrix}$$

当 $m=k$ 时

$$\boldsymbol{A}^k=\begin{bmatrix}1 & 2k\\0 & 1\end{bmatrix}$$

则

$$\boldsymbol{A}^{k+1}=\boldsymbol{A}^k\boldsymbol{A}=\begin{bmatrix}1 & 2k\\0 & 1\end{bmatrix}\begin{bmatrix}1 & 2\\0 & 1\end{bmatrix}=\begin{bmatrix}1 & 2+2k\\0 & 1\end{bmatrix}=\begin{bmatrix}1 & 2(k+1)\\0 & 1\end{bmatrix}$$

所以，由归纳法原理可知

$$\boldsymbol{A}^m=\begin{bmatrix}1 & 2m\\0 & 1\end{bmatrix}$$

4.2.3　矩阵的转置

将一个 $m\times n$ 矩阵

$$\boldsymbol{A}=\begin{bmatrix}a_{11} & a_{12} & \cdots & a_{1n}\\a_{21} & a_{22} & \cdots & a_{2n}\\\vdots & \vdots & \ddots & \vdots\\a_{m1} & a_{m2} & \cdots & a_{mn}\end{bmatrix}$$

的行标和列标互换后所得的 $n\times m$ 矩阵称为 $\boldsymbol{A}$ 的转置矩阵，记作 $\boldsymbol{A}^{\mathrm{T}}$ 或 $\boldsymbol{A}^{\mathrm{t}}$，即

$$\boldsymbol{A}^{\mathrm{T}}=\begin{bmatrix}a_{11} & a_{21} & \cdots & a_{m1}\\a_{11} & a_{22} & \cdots & a_{m2}\\\vdots & \vdots & \ddots & \vdots\\a_{1n} & a_{2n} & \cdots & a_{mn}\end{bmatrix}$$

例如：

$$\begin{bmatrix}1 & 2 & 3\\4 & 5 & 6\end{bmatrix}^{\mathrm{T}}=\begin{bmatrix}1 & 4\\2 & 5\\3 & 6\end{bmatrix}$$

有时列向量也用转置表示，例如：

$$\begin{bmatrix}1\\2\\3\end{bmatrix}=(1\quad 2\quad 3)^{\mathrm{T}}$$

容易验证,矩阵的转置满足下列运算规则:

(1) $(\boldsymbol{A}^{\mathrm{T}})^{\mathrm{T}}=\boldsymbol{A}$。

(2) $(\boldsymbol{A}+\boldsymbol{B})^{\mathrm{T}}=\boldsymbol{A}^{\mathrm{T}}+\boldsymbol{B}^{\mathrm{T}}$。

(3) $(k\boldsymbol{A})^{\mathrm{T}}=k\boldsymbol{A}^{\mathrm{T}}$($k$ 为实数)。

(4) $(\boldsymbol{AB})^{\mathrm{T}}=\boldsymbol{B}^{\mathrm{T}}\boldsymbol{A}^{\mathrm{T}}$。

例 4-8 已知

$$\boldsymbol{A}=\begin{bmatrix}-1&5\\6&0\end{bmatrix},\quad \boldsymbol{B}=\begin{bmatrix}1&2\\4&4\\3&5\end{bmatrix},\quad \boldsymbol{C}=\begin{bmatrix}0&1&5\\1&0&2\end{bmatrix}$$

求 $\boldsymbol{AB}^{\mathrm{T}}+4\boldsymbol{C}$。

解:

$$\begin{aligned}\boldsymbol{AB}^{\mathrm{T}}+4\boldsymbol{C}&=\begin{bmatrix}-1&5\\6&0\end{bmatrix}\begin{bmatrix}1&2\\4&4\\3&5\end{bmatrix}^{\mathrm{T}}+4\times\begin{bmatrix}0&1&5\\1&0&2\end{bmatrix}\\&=\begin{bmatrix}-1&5\\6&0\end{bmatrix}\begin{bmatrix}1&4&3\\2&4&5\end{bmatrix}+4\times\begin{bmatrix}0&1&5\\1&0&2\end{bmatrix}\\&=\begin{bmatrix}9&16&22\\6&24&18\end{bmatrix}+\begin{bmatrix}0&4&20\\4&0&8\end{bmatrix}\\&=\begin{bmatrix}9&20&42\\10&24&26\end{bmatrix}\end{aligned}$$

如果矩阵 $\boldsymbol{A}=(a_{ij})$满足 $\boldsymbol{A}=\boldsymbol{A}^{\mathrm{T}}$,即它的第 i 行第 j 列的元素与第 j 行第 i 列的元素相同:

$$a_{ij}=a_{ji}\quad(i,j=1,2,\cdots,n)$$

则称 $\boldsymbol{A}$ 是对称矩阵。

显然,对称矩阵一定是方阵。

因此,单位阵、对角阵都是对称矩阵的特例。

4.2.4 矩阵初等变换的概念

矩阵初等变换的本质就是通过对矩阵左乘或者右乘一个矩阵实现矩阵的运动,人工智能中利用矩阵的初等变换实现视觉的移动。

定义 4-2 对矩阵施行下面的 3 种变换称为矩阵的初等行(列)变换:

(1) 交换矩阵的两行(列)。

(2) 以一个数 $k\neq0$ 乘矩阵某一行(列)的所有元素。

(3) 把矩阵的某一行(列)所有元素的 k 倍加到另一行(列)对应的元素上去。

矩阵的初等行变换和初等列变换统称为矩阵的初等变换。

定义 4-3 如果 $\boldsymbol{A}$ 经过有限次初等变换变为矩阵 $\boldsymbol{B}$,称矩阵 $\boldsymbol{A}$ 与 $\boldsymbol{B}$ 等价,记为 $\boldsymbol{A}\cong\boldsymbol{B}$。

定义 4-4 由单位阵 $\boldsymbol{E}$ 经过一次初等变换得到的矩阵称为初等矩阵。

3 种初等变换对应下面 3 种初等矩阵:

(1) 交换单位阵 $\boldsymbol{E}$ 中的第 i、j 两行(列),得到初等矩阵:

$$E(i,j)=\begin{bmatrix}1&&&&&&&&\\&\ddots&&&&&&&\\&&1&&&&&&\\&&&0&\cdots&\cdots&\cdots&1&&&\\&&&\vdots&1&&&\vdots&&&\\&&&\vdots&&1&&\vdots&&&\\&&&\vdots&&&1&\vdots&&&\\&&&1&\cdots&\cdots&\cdots&0&&&\\&&&&&&&&1&&\\&&&&&&&&&\ddots&\\&&&&&&&&&&1\end{bmatrix}\begin{matrix}\\\\\\\leftarrow 第\ i\ 行\\\\\\\\\leftarrow 第\ j\ 行\\\\\\\\\end{matrix}\tag{4-2}$$

(2) 以数 $k\neq 0$ 乘以单位阵 $\boldsymbol{E}$ 的第 i 行(列),得到初等矩阵:

$$E(i(k))=\begin{bmatrix}1&&&&&&\\&\ddots&&&&&\\&&1&&&&\\&&&k&&&\\&&&&1&&\\&&&&&\ddots&\\&&&&&&1\end{bmatrix}\begin{matrix}\\\\\\\leftarrow 第\ i\ 行\\\\\\\\\end{matrix}\tag{4-3}$$

(3) 把单位阵 $\boldsymbol{E}$ 的第 i 行的 k 倍加到第 j 行上,得到初等矩阵:

$$E(ij(k))=\begin{bmatrix}1&&&&&&\\&\ddots&&&&&\\&&1&&&&\\&&\vdots&\ddots&&&\\&&k&\cdots&1&&\\&&&&&\ddots&\\&&&&&&1\end{bmatrix}\begin{matrix}\\\\\leftarrow 第\ i\ 行\\\\\leftarrow 第\ j\ 行\\\\\\\end{matrix}\tag{4-4}$$

定义 4-5　在 $m\times n$ 矩阵 $\boldsymbol{A}$ 中,任取 k 行和 k 列($k\leqslant m,k\leqslant n$),位于这些行列交叉处的 k^2 个元素,不改变它们在 $\boldsymbol{A}$ 中所处的相对位置而得到的 k 阶行列式称为矩阵 $\boldsymbol{A}$ 的 k 阶子式。

定义 4-6　矩阵 $\boldsymbol{A}$ 中非零子式的最高阶数称为矩阵 $\boldsymbol{A}$ 的秩,记作 $R(\boldsymbol{A})$。

矩阵初等变换有以下 4 个性质。

性质 1　矩阵的每一种初等变换都是可逆的。即,若矩阵 $\boldsymbol{A}$ 经过一次行(列)初等变换变为矩阵 $\boldsymbol{B}$,则矩阵 $\boldsymbol{B}$ 也可以经过一次同种行(列)初等变换变为矩阵 $\boldsymbol{A}$。

性质 2　矩阵的相等关系是一种等价关系,即矩阵的相等关系满足以下 3 个条件(设 $\boldsymbol{A}$、$\boldsymbol{B}$、$\boldsymbol{C}$ 是任意 3 个同型矩阵):

(1) 自反性:$\boldsymbol{A}\cong\boldsymbol{A}$。

(2) 对称性:若 $\boldsymbol{A}\cong\boldsymbol{B}$,则 $\boldsymbol{B}\cong\boldsymbol{A}$。

(3) 传递性:若 $\boldsymbol{A}\cong\boldsymbol{B}$,$\boldsymbol{B}\cong\boldsymbol{C}$,则 $\boldsymbol{A}\cong\boldsymbol{C}$。

性质 3 初等矩阵都是可逆矩阵,且其逆是同类型的初等矩阵。

$$\boldsymbol{E}(i,j)^{-1}=\boldsymbol{E}(i,j),\boldsymbol{E}(i(k))^{-1}=\boldsymbol{E}\left(i\left(\frac{1}{k}\right)\right)^{-1},\boldsymbol{E}(i,j(k))^{-1}=\boldsymbol{E}(i,j(-k)) \quad (4\text{-}5)$$

性质 4 设 $\boldsymbol{A}$ 是一个 $m\times n$ 矩阵。对 $\boldsymbol{A}$ 施行一次初等行变换,相当于对 $\boldsymbol{A}$ 左乘以相应的 m 阶初等矩阵;对 $\boldsymbol{A}$ 施行一次初等列变换,相当于对 $\boldsymbol{A}$ 右乘以相应的 n 阶初等矩阵。即

$$\boldsymbol{A}\overset{r_i\leftrightarrow r_j}{\sim}\boldsymbol{B}=\boldsymbol{A}\boldsymbol{A}(i,j)\boldsymbol{A},\quad \boldsymbol{A}\overset{c_i\leftrightarrow c_j}{\sim}\boldsymbol{B}=\boldsymbol{A}\boldsymbol{E}(i,j) \quad (4\text{-}6)$$

$$\boldsymbol{A}\overset{r_i\times k}{\sim}\boldsymbol{B}=\boldsymbol{E}(i(k))\boldsymbol{A},\quad \boldsymbol{A}\overset{c_i\times k}{\sim}\boldsymbol{B}=\boldsymbol{A}\boldsymbol{E}(i(k)) \quad (4\text{-}7)$$

$$\boldsymbol{A}\overset{r_i+kr_j}{\sim}\boldsymbol{B}=\boldsymbol{E}(i,j(k))\boldsymbol{A},\quad \boldsymbol{A}\overset{c_i+kc_j}{\sim}\boldsymbol{B}=\boldsymbol{A}\boldsymbol{E}(j,i(k)) \quad (4\text{-}8)$$

4.3 线性方程组的求解及性质

4.3.1 向量组的定义

定义 4-7 n 个有次序的数组成的数组称为 n 维向量,这 n 个数称为该向量的 n 个分量,第 i 个数称为第 i 个分量。

定义 4-8 给定向量组 A:$\boldsymbol{a}_1,\boldsymbol{a}_2,\cdots,\boldsymbol{a}_m$,对于任何一组实数 $k_1,k_2,\cdots,k_m$,表达式 $k_1\boldsymbol{a}_1+k_2\boldsymbol{a}_2+\cdots+k_m\boldsymbol{a}_m$ 称为该向量组的一个线性组合,$k_1,k_2,\cdots,k_m$ 称为这个线性组合的系数。

定义 4-9 给定向量组 A:$\boldsymbol{a}_1,\boldsymbol{a}_2,\cdots,\boldsymbol{a}_m$ 和向量 $\boldsymbol{b}$,如果存在一组数 $\lambda_1,\lambda_2,\cdots,\lambda_m$,使 $\boldsymbol{b}=\lambda_1\boldsymbol{a}_1+\lambda_2\boldsymbol{a}_2+\cdots+\lambda_m\boldsymbol{a}_m$,则向量 $\boldsymbol{b}$ 是向量组 A 的线性组合,这时称向量 $\boldsymbol{b}$ 能由向量组 A 线性表示。

注意,向量 $\boldsymbol{b}$ 能由向量组 A 线性表示,也就是方程组 $\boldsymbol{b}=x_1\boldsymbol{a}_1+x_2\boldsymbol{a}_2+\cdots+x_m\boldsymbol{a}_m$ 有解。

例 4-9 给定以下向量组 A 和向量 $\boldsymbol{b}$:

$$A:\boldsymbol{a}_1=\begin{bmatrix}1\\1\end{bmatrix},\boldsymbol{a}_2=\begin{bmatrix}1\\2\end{bmatrix},\boldsymbol{a}_3=\begin{bmatrix}1\\-1\end{bmatrix};\boldsymbol{b}=\begin{bmatrix}5\\9\end{bmatrix}$$

若向量 $\boldsymbol{b}$ 能由向量组 A 线性表示,则 $\boldsymbol{b}=x_1\boldsymbol{a}_1+x_2\boldsymbol{a}_2+x_3\boldsymbol{a}_3$ 有解,即以下方程组有解:

$$\begin{cases}x_1+x_2+x_3=5\\x_1+2x_2-x_3=9\end{cases}$$

定理 4-1 向量 $\boldsymbol{b}$ 能由向量组 A:$\boldsymbol{a}_1,\boldsymbol{a}_2,\cdots,\boldsymbol{a}_m$ 线性表示的充分必要条件是矩阵 $\boldsymbol{A}=(\boldsymbol{a}_1,\boldsymbol{a}_2,\cdots,\boldsymbol{a}_m)$ 的秩等于矩阵 $\boldsymbol{B}=(\boldsymbol{a}_1,\boldsymbol{a}_2,\cdots,\boldsymbol{a}_m,\boldsymbol{b})$ 的秩。

定义 4-10 设有两个向量组 A:$\boldsymbol{a}_1,\boldsymbol{a}_2,\cdots,\boldsymbol{a}_m$ 及 B:$\boldsymbol{b}_1,\boldsymbol{b}_2,\cdots,\boldsymbol{b}_m$,若 B 中的每个向量都能由 A 中的向量线性表示,则称 B 能由 A 线性表示。

定义 4-11 若向量组 A 与向量组 B 能相互线性表示,则称这两个向量组等价。

定理 4-2 向量组 B:$\boldsymbol{b}_1,\boldsymbol{b}_2,\cdots,\boldsymbol{b}_l$ 能由向量组 A:$\boldsymbol{a}_1,\boldsymbol{a}_2,\cdots,\boldsymbol{a}_m$ 线性表示的充分必要条件是矩阵 $\boldsymbol{A}=(\boldsymbol{a}_1,\boldsymbol{a}_2,\cdots,\boldsymbol{a}_m)$ 的秩等于矩阵 $(\boldsymbol{A},\boldsymbol{B})=(\boldsymbol{a}_1,\boldsymbol{a}_2,\cdots,\boldsymbol{a}_m,\boldsymbol{b}_1,\boldsymbol{b}_2,\cdots,\boldsymbol{b}_l)$ 的秩,即 $R(\boldsymbol{A})=R(\boldsymbol{A},\boldsymbol{B})$。

推论 向量组 A:$\boldsymbol{a}_1,\boldsymbol{a}_2,\cdots,\boldsymbol{a}_m$ 与向量组 B:$\boldsymbol{b}_1,\boldsymbol{b}_2,\cdots,\boldsymbol{b}_l$ 等价的充分必要条件是 $R(\boldsymbol{A})=R(\boldsymbol{B})=R(\boldsymbol{A},\boldsymbol{B})$,其中 $\boldsymbol{A}$ 和 $\boldsymbol{B}$ 是向量组 A 和 B 构成的矩阵。

定理 4-3　设向量组 B：$\boldsymbol{b}_1,\boldsymbol{b}_2,\cdots,\boldsymbol{b}_l$ 能由向量组 A：$\boldsymbol{a}_1,\boldsymbol{a}_2,\cdots,\boldsymbol{a}_m$ 线性表示，则 $R(\boldsymbol{b}_1,\boldsymbol{b}_2,\cdots,\boldsymbol{b}_l)\leqslant R(\boldsymbol{a}_1,\boldsymbol{a}_2,\cdots,\boldsymbol{a}_m)$。

4.3.2　向量组的线性相关性的判定

定义 4-12　设 $\boldsymbol{a}_1,\boldsymbol{a}_2,\cdots,\boldsymbol{a}_m,\boldsymbol{\beta}$ 是一组 n 维向量，若存在 m 个实数 $k_1,k_2,\cdots,k_m$ 使得 $\boldsymbol{\beta}=k_1\boldsymbol{a}_1+k_2\boldsymbol{a}_2+\cdots+k_m\boldsymbol{a}_m$，则称 $\boldsymbol{\beta}$ 可以由 $\boldsymbol{a}_1,\boldsymbol{a}_2,\cdots,\boldsymbol{a}_m$ 线性表示。或称 $\boldsymbol{a}_1,\boldsymbol{a}_2,\cdots,\boldsymbol{a}_m$ 线性表示 $\boldsymbol{\beta}$。

定义 4-13　设 $\boldsymbol{a}_1,\boldsymbol{a}_2,\cdots,\boldsymbol{a}_m$ 是一组 n 维向量，如果存在 m 个不全为 0 的常数 $k_1,k_2,\cdots,k_m$ 使得 $k_1\boldsymbol{a}_1+k_2\boldsymbol{a}_2+\cdots+k_m\boldsymbol{a}_m=\boldsymbol{0}$，则称向量组 $\boldsymbol{a}_1,\boldsymbol{a}_2,\cdots,\boldsymbol{a}_m$ 线性相关；否则，称向量组 $\boldsymbol{a}_1,\boldsymbol{a}_2,\cdots,\boldsymbol{a}_m$ 线性无关。

定义 4-13 通过否定线性相关给出线性无关的定义，下面将直接表述线性无关这个概念。为此，先检查线性相关的定义。称 $\boldsymbol{a}_1,\boldsymbol{a}_2,\cdots,\boldsymbol{a}_m$ 线性相关是指存在不全为 0 的 m 个常数 $k_1,k_2,\cdots,k_m$ 使得 $k_1\boldsymbol{a}_1+k_2\boldsymbol{a}_2+\cdots+k_m\boldsymbol{a}_m=\boldsymbol{0}$，这就是说，以 $k_1,k_2,\cdots,k_m$ 为未知数的方程（实际上，若按向量的分量来看，这是一个方程组）$k_1\boldsymbol{a}_1+k_2\boldsymbol{a}_2+\cdots+k_m\boldsymbol{a}_m=\boldsymbol{0}$ 有非零解 $(k_1,k_2,\cdots,k_m)$。

因此，关于线性无关有下述几种等价说法：

(1) $\boldsymbol{a}_1,\boldsymbol{a}_2,\cdots,\boldsymbol{a}_m$ 线性无关。

(2) 以 $k_1,k_2,\cdots,k_m$ 为未知数的方程 $k_1\boldsymbol{a}_1+k_2\boldsymbol{a}_2+\cdots+k_m\boldsymbol{a}_m=\boldsymbol{0}$ 没有非零解。

(3) $k_1\boldsymbol{a}_1+k_2\boldsymbol{a}_2+\cdots+k_m\boldsymbol{a}_m=\boldsymbol{0}$ 只有零解：$k_1=k_2=\cdots=k_m=0$。

(4) 由 $k_1\boldsymbol{a}_1+k_2\boldsymbol{a}_2+\cdots+k_m\boldsymbol{a}_m=\boldsymbol{0}$ 一定可以推出 $k_1=k_2=\cdots=k_m=0$。

(5) 若 $k_1,k_2,\cdots,k_m$ 不全为 0，则必有 $k_1\boldsymbol{a}_1+k_2\boldsymbol{a}_2+\cdots+k_m\boldsymbol{a}_m\neq\boldsymbol{0}$。

注意，对线性无关这个概念要多多思考。或许有人这样认为：$\boldsymbol{a}_1,\boldsymbol{a}_2,\cdots,\boldsymbol{a}_m$ 线性无关是指当系数 $k_1,k_2,\cdots,k_m$ 全为 0 时，有 $k_1\boldsymbol{a}_1+k_2\boldsymbol{a}_2+\cdots+k_m\boldsymbol{a}_m=\boldsymbol{0}$。实际上，这种看法是错误的。当系数 $k_1,k_2,\cdots,k_m$ 全为 0 时，$k_1\boldsymbol{a}_1+k_2\boldsymbol{a}_2+\cdots+k_m\boldsymbol{a}_m$ 当然是零向量，这与 $\boldsymbol{a}_1,\boldsymbol{a}_2,\cdots,\boldsymbol{a}_m$ 线性相关或线性无关没有任何联系。

从上述关于线性无关的几种等价说法可以看出：$\boldsymbol{a}_1,\boldsymbol{a}_2,\cdots,\boldsymbol{a}_m$ 线性无关是指只有当 $k_1=k_2=\cdots=k_m=0$ 时才有 $k_1\boldsymbol{a}_1+k_2\boldsymbol{a}_2+\cdots+k_m\boldsymbol{a}_m=\boldsymbol{0}$。换句话说，在 $k_1\boldsymbol{a}_1+k_2\boldsymbol{a}_2+\cdots+k_m\boldsymbol{a}_m=\boldsymbol{0}$ 这个条件下，一定可以推出 $k_1=k_2=\cdots=k_m=0$。实际上，以后在证明一个向量组线性无关时一般均采用此观点，即先假设 $k_1\boldsymbol{a}_1+k_2\boldsymbol{a}_2+\cdots+k_m\boldsymbol{a}_m=\boldsymbol{0}$，然后在此假设条件下证明 $k_1=k_2=\cdots=k_m=0$。

例 4-10　设 $\boldsymbol{e}_1=(1,1,0)^{\mathrm{T}},\boldsymbol{e}_2=(0,1,-1)^{\mathrm{T}},\boldsymbol{e}_3=(0,0,1)^{\mathrm{T}}$，证明 $\boldsymbol{e}_1$、$\boldsymbol{e}_2$、$\boldsymbol{e}_3$ 线性无关。

证：如果存在数 k_1、k_2、k_3 使得 $k_1\boldsymbol{e}_1+k_2\boldsymbol{e}_2+k_3\boldsymbol{e}_3=\boldsymbol{0}$，即

$$k_1\begin{bmatrix}1\\1\\0\end{bmatrix}+k_2\begin{bmatrix}0\\1\\-1\end{bmatrix}+k_3\begin{bmatrix}0\\0\\1\end{bmatrix}=\begin{bmatrix}0\\0\\0\end{bmatrix}$$

通过左边的数乘和加法，上述等式即是

$$\begin{bmatrix}k_1\\k_2\\k_3\end{bmatrix}=\begin{bmatrix}0\\0\\0\end{bmatrix}$$

所以 $k_1=k_2=k_3=0$。

因此 $\boldsymbol{e}_1$、$\boldsymbol{e}_2$、$\boldsymbol{e}_3$ 线性无关。

定理 4-4 向量组 $\boldsymbol{a}_1,\boldsymbol{a}_2,\cdots,\boldsymbol{a}_m(m\geqslant 2)$线性相关的充分必要条件是其中至少有一个向量可以由其余 $m-1$ 个向量线性表示。

证:先证必要性。

因为 $\boldsymbol{a}_1,\boldsymbol{a}_2,\cdots,\boldsymbol{a}_m$ 线性相关,所以存在不全为 0 的 m 个常数 $k_1,k_2,\cdots,k_m$ 使得 $k_1\boldsymbol{a}_1+k_2\boldsymbol{a}_2+\cdots+k_m\boldsymbol{a}_m=\mathbf{0}$。不妨设 $k_1\neq 0$,则

$$\boldsymbol{a}_1=-\frac{k_2}{k_1}\boldsymbol{a}_2-\frac{k_3}{k_1}\boldsymbol{a}_3-\cdots-\frac{k_m}{k_1}\boldsymbol{a}_m$$

这就说明 $\boldsymbol{a}_1$ 可以由 $\boldsymbol{a}_2,\boldsymbol{a}_3,\cdots,\boldsymbol{a}_m$ 线性表示。

再证充分性。

不妨设 $\boldsymbol{a}_1$ 可以由 $\boldsymbol{a}_2,\boldsymbol{a}_3,\cdots,\boldsymbol{a}_m$ 线性表示,即存在 $m-1$ 个常数,不妨设为 $k_2,k_3,\cdots,k_m$,使得 $\boldsymbol{a}_1=k_2\boldsymbol{a}_2+k_3\boldsymbol{a}_3+\cdots+k_m\boldsymbol{a}_m$,即

$$(-1)\boldsymbol{a}_1+k_2\boldsymbol{a}_2+k_3\boldsymbol{a}_3+\cdots+k_m\boldsymbol{a}_m=\mathbf{0}$$

且 $-1,k_2,k_3,\cdots,k_m$ 这 m 个数不全为 0(至少 -1 不为 0),故 $\boldsymbol{a}_1,\boldsymbol{a}_2,\cdots,\boldsymbol{a}_m$ 线性相关。证毕。

定理 4-4 指出了向量组的线性相关性与其中某个向量可用其他向量线性表示之间的联系。但它并没有断言究竟是哪一个向量可用其他向量线性表示。定理 4-5 即回答了这样一个问题(当然是在更强的条件下)。

定理 4-5 设

(1) 向量组 $\boldsymbol{a}_1,\boldsymbol{a}_2,\cdots,\boldsymbol{a}_m,\boldsymbol{\beta}$ 线性相关。

(2) 向量组 $\boldsymbol{a}_1,\boldsymbol{a}_2,\cdots,\boldsymbol{a}_m$ 线性无关,则向量 $\boldsymbol{\beta}$ 可以由 $\boldsymbol{a}_1,\boldsymbol{a}_2,\cdots,\boldsymbol{a}_m$ 线性表示,且表示式唯一。

定理 4-6 若向量组 $\boldsymbol{a}_1,\boldsymbol{a}_2,\cdots,\boldsymbol{a}_m$ 线性相关,则向量组 $\boldsymbol{a}_1,\boldsymbol{a}_2,\cdots,\boldsymbol{a}_m,\boldsymbol{a}_{m+1},\cdots,\boldsymbol{a}_n$ 也线性相关。

证:设 $\boldsymbol{a}_1,\boldsymbol{a}_2,\cdots,\boldsymbol{a}_m$ 线性相关,则有不全为 0 的 m 个数 $k_1,k_2,k_3,\cdots,k_m$ 使得 $k_1\boldsymbol{a}_1+k_2\boldsymbol{a}_2+\cdots+k_m\boldsymbol{a}_m=\mathbf{0}$,从而

$$k_1\boldsymbol{a}_1+k_2\boldsymbol{a}_2+\cdots+k_m\boldsymbol{a}_m+0\times\boldsymbol{a}_{m+1}+\cdots+0\times\boldsymbol{a}_n=\mathbf{0}$$

因为 $k_1,k_2,\cdots,k_m,0,\cdots,0$ 这 n 个数不全为 0(因为 $k_1,k_2,\cdots,k_m$ 不全为 0),故 $\boldsymbol{a}_1,\boldsymbol{a}_2,\cdots,\boldsymbol{a}_m,\boldsymbol{a}_{m+1},\cdots,\boldsymbol{a}_n$ 线性相关。

推论 若某向量组含有零向量,则此向量组一定线性相关。

定理 4-7 设两个向量组 T_1:$\boldsymbol{a}_1,\boldsymbol{a}_2,\cdots,\boldsymbol{a}_n$ 和 T_2:$\boldsymbol{\beta}_1,\boldsymbol{\beta}_2,\cdots,\boldsymbol{\beta}_n$,其中,

$$\boldsymbol{a}_j=(a_{1j},a_{2j},\cdots,a_{mj})^{\mathrm{T}},\boldsymbol{\beta}_j=(a_{1j},a_{2j},\cdots,a_{mj},a_{m+1\,j})^{\mathrm{T}},j=1,2,\cdots,n$$

若向量组 T_1:$\boldsymbol{a}_1,\boldsymbol{a}_2,\cdots,\boldsymbol{a}_n$ 线性无关,则向量组 T_2:$\boldsymbol{\beta}_1,\boldsymbol{\beta}_2,\cdots,\boldsymbol{\beta}_n$ 线性无关。

4.3.3 齐次线性方程组的求解及解的结构

若 $\boldsymbol{AX}=\mathbf{0}$ 有非零解,这些解具有哪些性质?解集合的整体结构如何?

性质 5　如果 $\boldsymbol{\eta}_1$、$\boldsymbol{\eta}_2$ 是 $\boldsymbol{AX}=\mathbf{0}$ 的解，则 $\boldsymbol{\eta}_1+\boldsymbol{\eta}_2$ 也是它的解。

由 $\boldsymbol{\eta}_1$、$\boldsymbol{\eta}_2$ 是 $\boldsymbol{AX}=\mathbf{0}$ 的解，即

$$\boldsymbol{A\eta}_1=\mathbf{0},\boldsymbol{A\eta}_2=\mathbf{0}\Rightarrow\boldsymbol{A}(\boldsymbol{\eta}_1+\boldsymbol{\eta}_2)=\boldsymbol{A\eta}_1+\boldsymbol{A\eta}_2=\mathbf{0}+\mathbf{0}=\mathbf{0}$$
$$\Rightarrow\boldsymbol{\eta}_1+\boldsymbol{\eta}_2\text{ 也是 }\boldsymbol{AX}=\mathbf{0}\text{ 的解}$$

性质 6　如果 $\boldsymbol{\eta}$ 是 $\boldsymbol{AX}=\mathbf{0}$ 的解，则对任意的数 c，$c\boldsymbol{\eta}$ 也是它的解。由 $\boldsymbol{\eta}$ 是 $\boldsymbol{AX}=\mathbf{0}$ 的解，即

$$\boldsymbol{A\eta}=\mathbf{0}\Rightarrow\forall c\in\mathbf{R},\boldsymbol{A}(c\boldsymbol{\eta})=c\boldsymbol{A}(\boldsymbol{\eta})=\mathbf{0}\Rightarrow\forall c\in\mathbf{R},c\boldsymbol{\eta}\text{ 也是 }\boldsymbol{AX}=\mathbf{0}\text{ 的解}$$

综合以上两点：若 $\boldsymbol{AX}=\mathbf{0}$ 有非零解，那么，这些解的任意线性组合仍是解，因此必有无穷多个解。

定义 4-14　如果 $\boldsymbol{\eta}_1,\boldsymbol{\eta}_2,\cdots,\boldsymbol{\eta}_s$ 是 n 元齐次线性方程组 $\boldsymbol{AX}=\mathbf{0}$ 解向量组的一个最大线性无关组，则称 $\boldsymbol{\eta}_1,\boldsymbol{\eta}_2,\cdots,\boldsymbol{\eta}_s$ 为方程组 $\boldsymbol{AX}=\mathbf{0}$ 的一个基础解系。

基础解系满足以下条件：

(1) $\boldsymbol{\eta}_1,\boldsymbol{\eta}_2,\cdots,\boldsymbol{\eta}_s$ 线性无关。

(2) $\boldsymbol{AX}=\mathbf{0}$ 的任何一个解都可以由这 s 个解线性表现。

① 当齐次方程组仅有零解时，不存在基础解系。

② 如果 $\boldsymbol{\eta}_1,\boldsymbol{\eta}_2,\cdots,\boldsymbol{\eta}_s$ 是齐次线性方程组 $\boldsymbol{AX}=\mathbf{0}$ 的一个基础解系，那么，对任意常数 $c_1,c_2,\cdots,c_s$，$\eta=c_1\boldsymbol{\eta}_1+c_2\boldsymbol{\eta}_2+\cdots+c_s\boldsymbol{\eta}_s$ 是 $\boldsymbol{AX}=\mathbf{0}$ 的解，称这种形式为 $\boldsymbol{AX}=\mathbf{0}$ 的通解。

③ 齐次线性方程组的关键问题就是求通解，而求全部解的关键问题是求基础解系。

定理 4-8　令 $R(\boldsymbol{A})$ 为 n 元齐次线性方程组 $\boldsymbol{AX}=\mathbf{0}$ 的系数矩阵 $\boldsymbol{A}$ 的秩。若 $R(\boldsymbol{A})<n$，则该方程组存在一个基础解系，它含有 $n-r$ 个解向量。

证明思路：基础解系必须在解集合中寻找，要先从求解开始，再设法找 $n-r$ 个无关解向量。

例 4-11　求以下齐次线性方程组的一个基础解系。

$$\begin{cases}x_1+x_2+x_3+x_4+x_5=0\\3x_1+2x_2+x_3+x_4-3x_5=0\\x_2+2x_3+2x_4+6x_5=0\\5x_1+4x_2+3x_3+3x_4-x_5=0\end{cases}$$

解：对系数矩阵 $\boldsymbol{A}$ 作初等行变换，有

$$\boldsymbol{A}=\begin{bmatrix}1&1&1&1&1\\3&2&1&1&-3\\0&1&2&2&6\\5&4&3&3&-1\end{bmatrix}\rightarrow\begin{bmatrix}1&0&-1&-1&-5\\0&1&2&2&6\\0&0&0&0&0\\0&0&0&0&0\end{bmatrix}$$

解为

$$\begin{cases}x_1=x_3+x_4+5x_5\\x_2=-2x_3-2x_4-6x_5\end{cases}\quad(x_3\text{、}x_4\text{、}x_5\text{ 为任意数})$$

取 $x_3=1,x_4=x_5=0$，得解 $\boldsymbol{\eta}_1=(1,-2,1,0,0)^{\mathrm{T}}$。

取 $x_4=1, x_3=x_5=0$,得解 $\boldsymbol{\eta}_2=(1,-2,0,1,0)^{\mathrm{T}}$。

取 $x_5=1, x_3=x_4=0$,得解 $\boldsymbol{\eta}_3=(1,-6,0,0,1)^{\mathrm{T}}$。

$$(\boldsymbol{\eta}_1,\boldsymbol{\eta}_2,\boldsymbol{\eta}_3)=\begin{bmatrix}1 & 1 & 1\\ -2 & -2 & -6\\ 1 & 0 & 0\\ 0 & 1 & 0\\ 0 & 0 & 1\end{bmatrix}$$

它的秩为 3,所以 $\boldsymbol{\eta}_1$、$\boldsymbol{\eta}_2$、$\boldsymbol{\eta}_3$ 线性无关。

又,方程组的任一解可表示为

$$\boldsymbol{X}=\begin{bmatrix}x_1\\ x_2\\ x_3\\ x_4\\ x_5\end{bmatrix}=\begin{bmatrix}x_3+x_4+5x_5\\ -2x_3-2x_4-6x_4\\ x_3\\ x_4\\ x_5\end{bmatrix}=x_3\begin{bmatrix}1\\ -2\\ 1\\ 0\\ 0\end{bmatrix}+x_4\begin{bmatrix}1\\ -2\\ 0\\ 1\\ 0\end{bmatrix}+x_5\begin{bmatrix}1\\ -6\\ 0\\ 0\\ 1\end{bmatrix}$$

即

$$(x_1,x_2,x_3,x_4,x_5)^{\mathrm{T}}=x_3\boldsymbol{\eta}_1+x_4\boldsymbol{\eta}_2+x_5\boldsymbol{\eta}_3$$

也就是说,任一解均可用 $\boldsymbol{\eta}_1$、$\boldsymbol{\eta}_2$、$\boldsymbol{\eta}_3$ 线性表示,从而 $\boldsymbol{\eta}_1$、$\boldsymbol{\eta}_2$、$\boldsymbol{\eta}_3$ 是齐次线性方程组的一个基础解系。

4.3.4 非齐次线性方程组的求解及解的结构

定义 4-15 齐次线性方程组 $\boldsymbol{AX}=\boldsymbol{0}$ 称为非齐次线性方程组 $\boldsymbol{AX}=\boldsymbol{\beta}$ 的导出组(或对应的齐次线性方程组)。

非齐次线性方程组与其导出组的解的关系如下:

(1) 如果 $\boldsymbol{u}_1$ 是 $\boldsymbol{Ax}=\boldsymbol{b}$ 的一个解,$\boldsymbol{v}_1$ 是 $\boldsymbol{A}x=\boldsymbol{0}$ 的一个解,则 $\boldsymbol{u}_1+\boldsymbol{v}_1$ 也是 $\boldsymbol{Ax}=\boldsymbol{b}$ 的解。

(2) 如果 $\boldsymbol{u}_1$、$\boldsymbol{u}_2$ 是 $\boldsymbol{Ax}=\boldsymbol{b}$ 的两个解,则 $\boldsymbol{u}_1-\boldsymbol{u}_2$ 是 $\boldsymbol{Ax}=\boldsymbol{0}$ 的一个解。

定理 4-9 若 $\boldsymbol{u}_1$ 是非齐次线性方程组 $\boldsymbol{Ax}=\boldsymbol{b}$ 的一个解,$\boldsymbol{v}$ 是齐次线性方程组 $\boldsymbol{Ax}=\boldsymbol{0}$ 的全部解,则 $\boldsymbol{u}=\boldsymbol{u}_1+\boldsymbol{v}$ 是 $\boldsymbol{Ax}=\boldsymbol{b}$ 的全部解。

定理 4-10 n 元非齐次线性方程组 $\boldsymbol{A}_{s\times n}\boldsymbol{X}=\boldsymbol{\beta}$ 解的情况如下:

(1) 无解的充分必要条件是 $R(\boldsymbol{A})<R(\boldsymbol{A},\boldsymbol{b})$。

(2) 有唯一解的充分必要条件是 $R(\boldsymbol{A})=R(\boldsymbol{A},\boldsymbol{b})=n$。

(3) 有无穷多个解的充分必要条件是 $R(\boldsymbol{A})=R(\boldsymbol{A},\boldsymbol{b})=r<n$。

$\boldsymbol{AX}=\boldsymbol{\beta}$ 的通解为 $\boldsymbol{X}_0+c_1\boldsymbol{X}_1+c_2\boldsymbol{X}_2+\cdots+c_{n-r}\boldsymbol{X}_{n-r}$,其中 $\boldsymbol{X}_1,\boldsymbol{X}_2,\cdots,\boldsymbol{X}_{n-r}$ 为导出组 $\boldsymbol{Ax}=\boldsymbol{0}$ 的一个基础解系,$\boldsymbol{X}_0$ 为 $\boldsymbol{AX}=\boldsymbol{\beta}$ 的一个特解。

定理 4-10 给出了判断非齐次线性方程组 $\boldsymbol{AX}=\boldsymbol{\beta}$ 是否有解以及当有无穷解时求解的方法:

对增广矩阵 $\bar{\boldsymbol{A}}=(\boldsymbol{A},\boldsymbol{\beta})$ 进行初等行变换,化为若尔当(Jordan)阶梯形 $\boldsymbol{B}$,不妨设为

$$\boldsymbol{B}=\begin{bmatrix}1&0&\cdots&0&b_{1,1}&\cdots&b_{1,n-r}&d_1\\0&1&0&0&b_{2,1}&\cdots&b_{2,n-r}&d_2\\\vdots&\vdots&\vdots&\vdots&\vdots&\ddots&\vdots&\vdots\\0&0&0&1&b_{r,1}&\cdots&b_{r,n-r}&d_r\\0&0&0&0&0&0&0&d_{r+1}\\0&0&0&0&0&0&0&0\\\vdots&\vdots&\vdots&\vdots&\vdots&\vdots&\vdots&\vdots\\0&0&0&0&0&0&0&0\end{bmatrix}\tag{4-9}$$

由于初等变换不改变矩阵的秩，故当 $d_{r+1}=0$，$R(\boldsymbol{A})=R(\widetilde{\boldsymbol{A}})=r$ 时，$\boldsymbol{AX}=\boldsymbol{\beta}$ 有解；当 $d_{r+1}\neq0$，$R(\boldsymbol{A})\neq R(\widetilde{\boldsymbol{A}})=r$ 时，$\boldsymbol{AX}=\boldsymbol{\beta}$ 无解；当 $d_{r+1}=0$，$R(\boldsymbol{A})=R(\widetilde{\boldsymbol{A}})=r=n$ 时，$\boldsymbol{AX}=\boldsymbol{\beta}$ 有唯一解；当 $d_{r+1}=0$，$R(\boldsymbol{A})=R(\widetilde{\boldsymbol{A}})=r<n$ 时，$\boldsymbol{AX}=\boldsymbol{\beta}$ 有无穷多个解。

例 4-12　设有线性方程组

$$\begin{cases}\lambda x_1+x_2+x_3=1\\x_1+\lambda x_2+x_3=\lambda\\x_1+x_2+\lambda x_3=\lambda^2\end{cases}$$

λ 取何值时方程组有解？λ 取何值时有无穷多个解？

解：对增广矩阵 $\boldsymbol{B}=(\boldsymbol{A},\boldsymbol{b})$ 作初等行变换

$$\boldsymbol{B}=\begin{bmatrix}\lambda&1&1&1\\1&\lambda&1&\lambda\\1&1&\lambda&\lambda^2\end{bmatrix}\sim\begin{bmatrix}1&1&\lambda&\lambda^2\\1&\lambda&1&\lambda\\\lambda&1&1&1\end{bmatrix}\sim\begin{bmatrix}1&1&\lambda&\lambda^2\\0&\lambda-1&1-\lambda&\lambda-\lambda^2\\0&1-\lambda&1-\lambda^2&1-\lambda^3\end{bmatrix}$$

$$\sim\begin{bmatrix}1&1&\lambda&\lambda^2\\0&\lambda-1&1-\lambda&\lambda-\lambda^2\\0&0&2-\lambda-\lambda^2&1+\lambda-\lambda^2-\lambda^3\end{bmatrix}$$

$$=\begin{bmatrix}1&1&\lambda&\lambda^2\\0&\lambda-1&1-\lambda&\lambda(1-\lambda)\\0&0&(1-\lambda)(2+\lambda)&(1-\lambda)(1+\lambda)^2\end{bmatrix}$$

(1) 当 $\lambda=1$ 时，

$$\boldsymbol{B}\sim\begin{bmatrix}1&1&1&1\\0&0&0&0\\0&0&0&0\end{bmatrix}$$

$R(\boldsymbol{A})=R(\boldsymbol{B})<3$，方程组有无穷多个解。将自由未知量 x_2、x_3 分别代入(1,0)和(0,1)，得基础解系$(-1,1,0)^{\mathrm{T}}$ 和$(-1,0,1)^{\mathrm{T}}$，即

$$\begin{cases}x_1=1-x_2-x_3\\x_2=x_2\\x_3=x_3\end{cases}$$

(2) 当 $\lambda\neq1$ 时，

$$\boldsymbol{B}\sim\begin{bmatrix}1&1&\lambda&\lambda^2\\0&1&-1&-\lambda\\0&0&2+\lambda&(1+\lambda)^2\end{bmatrix}$$

这时又分两种情形：

① 当 $\lambda \neq -2$ 时，$R(\boldsymbol{A})=R(\boldsymbol{B})=3$，方程组有唯一解：

$$x_1=-\frac{\lambda+1}{\lambda+2},x_2=\frac{1}{\lambda+2},x_3=\frac{(\lambda+1)^2}{\lambda+2}$$

② 当 $\lambda=-2$ 时，

$$\boldsymbol{B}\sim\begin{bmatrix}1 & 1 & -2 & 4\\ 0 & -3 & 3 & -6\\ 0 & 0 & 0 & 3\end{bmatrix},R(\boldsymbol{A})\neq R(\boldsymbol{B})$$

故方程组无解。

4.4 方阵的特征值与特征向量

在人工智能中，方阵的特征值与特征向量广泛应用于图像处理，例如图像处理中的PCA方法利用特征值和特征向量降低特征数据的维数，也可以用于特征提取。

4.4.1 特征值与特征向量的概念与计算

方阵特征值的定义

定义 4-16 设 $\boldsymbol{A}$ 为 n 阶方阵，λ 是一个数，如果存在非零 n 维向量 $\boldsymbol{\alpha}$，使得 $\boldsymbol{A\alpha}=\lambda\boldsymbol{\alpha}$，则称 λ 是方阵 $\boldsymbol{A}$ 的一个特征值，非零向量 $\boldsymbol{\alpha}$ 为方阵 $\boldsymbol{A}$ 的属于(或对应于)特征值 λ 的特征向量。

下面讨论一般方阵特征值和它对应的特征向量的计算方法。

设 $\boldsymbol{A}$ 是 n 阶方阵，如果 λ_0 是 $\boldsymbol{A}$ 的特征值，$\boldsymbol{\alpha}$ 是 $\boldsymbol{A}$ 的属于 λ_0 的特征向量，则

$$\boldsymbol{A\alpha}=\lambda_0\boldsymbol{\alpha}\Rightarrow\lambda_0\boldsymbol{\alpha}-\boldsymbol{A\alpha}=\boldsymbol{0}\Rightarrow(\lambda_0\boldsymbol{E}-\boldsymbol{A})\boldsymbol{\alpha}=\boldsymbol{0}(\boldsymbol{\alpha}\neq\boldsymbol{0})$$

因为 $\boldsymbol{\alpha}$ 是非零向量，这说明 $\boldsymbol{\alpha}$ 是齐次线性方程组$(\lambda_0\boldsymbol{I}-\boldsymbol{A})\boldsymbol{X}=\boldsymbol{0}$ 的非零解，而齐次线性方程组有非零解的充分必要条件是其系数矩阵 $\lambda_0\boldsymbol{E}-\boldsymbol{A}$ 的行列式等于0，即$|\lambda_0\boldsymbol{E}-\boldsymbol{A}|=0$，而属于 λ_0 的特征向量就是齐次线性方程组$(\lambda_0\boldsymbol{E}-\boldsymbol{A})\boldsymbol{x}=\boldsymbol{0}$ 的非零解。

定理 4-11 设 $\boldsymbol{A}$ 是 n 阶方阵，则 λ_0 是 $\boldsymbol{A}$ 的特征值，$\boldsymbol{\alpha}$ 是 $\boldsymbol{A}$ 的属于 λ_0 的特征向量的充分必要条件是 λ_0 为$|\lambda_0\boldsymbol{E}-\boldsymbol{A}|=0$ 的根，$\boldsymbol{\alpha}$ 是齐次线性方程组$(\lambda_0\boldsymbol{E}-\boldsymbol{A})\boldsymbol{X}=\boldsymbol{0}$ 的非零解。

由定理4-11可归纳出求方阵 $\boldsymbol{A}$ 的特征值及特征向量的步骤：

(1) 计算$|\lambda\boldsymbol{E}-\boldsymbol{A}|$。

(2) 求$|\lambda\boldsymbol{E}-\boldsymbol{A}|=0$ 的全部根，它们就是 $\boldsymbol{A}$ 的全部特征值。

(3) 对于方阵 $\boldsymbol{A}$ 的每一个特征值 λ_0，求出齐次线性方程组$(\lambda_0\boldsymbol{E}-\boldsymbol{A})\boldsymbol{X}=\boldsymbol{0}$ 的一个基础解系：$\boldsymbol{\eta}_1,\boldsymbol{\eta}_2,\cdots,\boldsymbol{\eta}_{n-r}$，其中 r 为方阵 $\lambda_0\boldsymbol{E}-\boldsymbol{A}$ 的秩，则方阵 $\boldsymbol{A}$ 的属于 λ_0 的全部特征向量为

$$k_1\boldsymbol{\eta}_1+k_2\boldsymbol{\eta}_2+\cdots+k_{n-r}\boldsymbol{\eta}_{n-r}$$

其中 $k_1,k_2,\cdots,k_{n-r}$ 为不全为0的常数。

例 4-13 求以下方阵的特征值及对应的特征向量：

$$\boldsymbol{A}=\begin{bmatrix}0 & 1 & 1\\ 1 & 0 & 1\\ 1 & 1 & 0\end{bmatrix}$$

解：

$$|\lambda\boldsymbol{E}-\boldsymbol{A}|=\begin{vmatrix}\lambda & -1 & -1\\ -1 & \lambda & -1\\ -1 & -1 & \lambda\end{vmatrix}=\begin{vmatrix}\lambda-2 & -1 & -1\\ \lambda-2 & \lambda & -1\\ \lambda-2 & -1 & \lambda\end{vmatrix}=(\lambda-2)\begin{vmatrix}1 & -1 & -1\\ 1 & \lambda & -1\\ 1 & -1 & \lambda\end{vmatrix}$$

$$=(\lambda-2)\begin{vmatrix}1 & -1 & -1\\ 0 & \lambda+1 & 0\\ 0 & 0 & \lambda+1\end{vmatrix}=(\lambda-2)(\lambda+1)^2$$

令 $|\lambda\boldsymbol{E}-\boldsymbol{A}|=0$，得

$$\lambda_1=\lambda_2=-1,\lambda_3=2$$

当 $\lambda_1=\lambda_2=-1$ 时，解齐次线性方程组 $(-\boldsymbol{E}-\boldsymbol{A})\boldsymbol{X}=\boldsymbol{0}$，即

$$-\boldsymbol{E}-\boldsymbol{A}=\begin{bmatrix}-1 & -1 & -1\\ -1 & -1 & -1\\ -1 & -1 & -1\end{bmatrix}\to\begin{bmatrix}-1 & -1 & -1\\ 0 & 0 & 0\\ 0 & 0 & 0\end{bmatrix}\to\begin{bmatrix}1 & 1 & 1\\ 0 & 0 & 0\\ 0 & 0 & 0\end{bmatrix}$$

取 x_2、x_3 为自由变量，对应的方程为 $x_1+x_2+x_3=0$。

求得一个基础解系为

$$\boldsymbol{\alpha}_1=(-1,1,0)^{\mathrm{T}},\boldsymbol{\alpha}_2=(-1,0,1)^{\mathrm{T}}$$

当 $\boldsymbol{A}$ 的特征值为 -1 时，$\boldsymbol{A}$ 全部特征向量为 $k_1\boldsymbol{\alpha}_1+k_2\boldsymbol{\alpha}_2$，其中 k_1、k_2 是不全为 0 的常数。

当 $\lambda_3=2$ 时，解齐次线性方程组 $(2\boldsymbol{E}-\boldsymbol{A})\boldsymbol{X}=\boldsymbol{0}$：

$$2\boldsymbol{E}-\boldsymbol{A}=\begin{bmatrix}2 & -1 & -1\\ -1 & 2 & -1\\ -1 & -1 & 2\end{bmatrix}\to\begin{bmatrix}-1 & -1 & 2\\ -1 & 2 & -1\\ 2 & -1 & -1\end{bmatrix}\to\begin{bmatrix}-1 & -1 & 2\\ 0 & 3 & -3\\ 0 & -3 & 3\end{bmatrix}$$

$$\to\begin{bmatrix}-1 & -1 & 2\\ 0 & 1 & -1\\ 0 & 0 & 0\end{bmatrix}$$

取 x_3 为自由变量，对应的方程组为

$$\begin{cases}-x_1-x_2+2x_3=0\\ x_2-x_3=0\end{cases}$$

求得它的一个基础解系 $\boldsymbol{\alpha}_3=(1,1,1)^{\mathrm{T}}$。所以 $\boldsymbol{A}$ 的特征值为 2 的全部特征向量为 $k_3\boldsymbol{\alpha}_3$，其中 k_3 是不为 0 的常数。

例 4-14　已知方阵

$$\boldsymbol{B}=\begin{bmatrix}6 & 1 & 1\\ -1 & a & 3\\ b & 5 & -2\end{bmatrix}$$

有一个特征向量

$$\boldsymbol{\alpha}_1=\begin{bmatrix}1\\ 2\\ 3\end{bmatrix}$$

求 a、b 以及 $\boldsymbol{\alpha}_1$ 对应的特征值。

解：设 λ_1 是特征向量 $\boldsymbol{\alpha}_1$ 对应的特征值，由定义得

$$\begin{bmatrix} 6 & 1 & 1 \\ -1 & a & 3 \\ b & 5 & -2 \end{bmatrix}\begin{bmatrix} 1 \\ 2 \\ 3 \end{bmatrix}=\lambda_1\begin{bmatrix} 1 \\ 2 \\ 3 \end{bmatrix}$$

解得

$$\lambda_1=11, a=7, b=29$$

4.4.2 方阵特征值与特征向量的性质

方阵特征值与特征向量有以下几个性质。

(1) 如果 $\boldsymbol{\alpha}$ 是 $\boldsymbol{A}$ 的属于特征值 λ_0 的特征向量，则 $\boldsymbol{\alpha}$ 一定是非零向量，且对于任意非零常数 k，$k\boldsymbol{\alpha}$ 也是 $\boldsymbol{A}$ 的属于特征值 λ_0 的特征向量。

(2) 如果 $\boldsymbol{\alpha}_1$、$\boldsymbol{\alpha}_2$ 是 $\boldsymbol{A}$ 的属于特征值 λ_0 的特征向量，则当 $k_1\boldsymbol{\alpha}_1+k_2\boldsymbol{\alpha}_2\neq\boldsymbol{0}$ 时，$k_1\boldsymbol{\alpha}_1+k_2\boldsymbol{\alpha}_2$ 也是 $\boldsymbol{A}$ 的属于特征值 λ_0 的特征向量。

证：

$$\boldsymbol{A}(k_1\boldsymbol{\alpha}_1+k_2\boldsymbol{\alpha}_2)=k_1\boldsymbol{A}\boldsymbol{\alpha}_1+k_2\boldsymbol{A}\boldsymbol{\alpha}_2=k_1\lambda_0\boldsymbol{\alpha}_1+k_2\lambda_0\boldsymbol{\alpha}_2=\lambda_0(k_1\boldsymbol{\alpha}_1+k_2\boldsymbol{\alpha}_2)$$

(3) n 阶方阵 $\boldsymbol{A}$ 与它的转置方阵 $\boldsymbol{A}^{\mathrm{T}}$ 有相同的特征值。

证： $$|\lambda\boldsymbol{I}-\boldsymbol{A}^{\mathrm{T}}|=|(\lambda\boldsymbol{I}-\boldsymbol{A})^{\mathrm{T}}|=|\lambda\boldsymbol{I}-\boldsymbol{A}|$$

注意，$\boldsymbol{A}$ 与 $\boldsymbol{A}^{\mathrm{T}}$ 同一特征值的特征向量不一定相同；$\boldsymbol{A}$ 与 $\boldsymbol{A}^{\mathrm{T}}$ 的特征矩阵不一定相同。

(4) 设 $\boldsymbol{A}=(a_{ij})_{n\times n}$，则

① $\lambda_1+\lambda_2+\cdots+\lambda_n=a_{11}+a_{22}+\cdots+a_{nn}$。

② $\lambda_1\lambda_2\cdots\lambda_n=|\boldsymbol{A}|$。

推论 $\boldsymbol{A}$ 可逆的充分必要条件是 $\boldsymbol{A}$ 的所有特征值都不为 0，即

$$\lambda_1\lambda_2\cdots\lambda_n=|\boldsymbol{A}|\neq 0$$

(5) 设 λ 是 $\boldsymbol{A}$ 的特征值，且 $\boldsymbol{\alpha}$ 是 $\boldsymbol{A}$ 属于 λ 的特征向量，则

① $a\lambda$ 是 $a\boldsymbol{A}$ 的特征值，并有 $(a\boldsymbol{A})\boldsymbol{\alpha}=(a\lambda)\boldsymbol{\alpha}$。

② λ^k 是 $\boldsymbol{A}^k$ 的特征值，$\boldsymbol{A}^k\boldsymbol{\alpha}=\lambda^k\boldsymbol{\alpha}$。

③ 若 $\boldsymbol{A}$ 可逆，则 $\lambda\neq 0$，且 $\frac{1}{\lambda}$ 是 $\boldsymbol{A}^{-1}$ 的特征值，$\boldsymbol{A}^{-1}\boldsymbol{\alpha}=\frac{1}{\lambda}\boldsymbol{\alpha}$。

证：因为 $\boldsymbol{\alpha}$ 是 $\boldsymbol{A}$ 属于 λ 的特征值，有 $\boldsymbol{A}\boldsymbol{\alpha}=\lambda\boldsymbol{\alpha}$。

① 等式两边同乘以 a 得

$$(a\boldsymbol{A})\boldsymbol{\alpha}=(a\lambda)\boldsymbol{\alpha}$$

则 $a\lambda$ 是 $a\boldsymbol{A}$ 的特征值。

② $$\begin{aligned}\boldsymbol{A}^k\boldsymbol{\alpha}&=\boldsymbol{A}^{k-1}(\boldsymbol{A}\boldsymbol{\alpha})=\boldsymbol{A}^{k-1}(\lambda\boldsymbol{\alpha})=\lambda\boldsymbol{A}^{k-2}(\boldsymbol{A}\boldsymbol{\alpha})=\lambda\boldsymbol{A}^{k-2}(\lambda\boldsymbol{\alpha})=\lambda^2(\boldsymbol{A}^{k-2}\boldsymbol{\alpha})\\&=\cdots=\lambda^{k-1}(\boldsymbol{A}\boldsymbol{\alpha})=\lambda^k\boldsymbol{\alpha}\end{aligned}$$

则 λ^k 是 $\boldsymbol{A}^k$ 的特征值。

③ 因为 $\boldsymbol{A}$ 可逆，所以它所有的特征值都不为 0，由 $\boldsymbol{A}\boldsymbol{\alpha}=\lambda\boldsymbol{\alpha}$，得

$$\boldsymbol{A}^{-1}(\boldsymbol{A}\boldsymbol{\alpha})=\boldsymbol{A}^{-1}(\lambda\boldsymbol{\alpha})$$

即 $$(\boldsymbol{A}^{-1}\boldsymbol{A})\boldsymbol{\alpha}=\lambda(\boldsymbol{A}^{-1}\boldsymbol{\alpha})\Rightarrow\boldsymbol{\alpha}=\lambda(\boldsymbol{A}^{-1}\boldsymbol{\alpha})$$

再由 $\lambda\neq 0$，两边同除以 λ 得

$$\boldsymbol{A}^{-1}\boldsymbol{\alpha}=\frac{1}{\lambda}\boldsymbol{\alpha}$$

所以 $\lambda \neq 0$ 且 $\frac{1}{\lambda}$ 是 $\boldsymbol{A}^{-1}$ 的特征值。

（6）设

$$\boldsymbol{A}=(a_{ij})_{n\times n}$$

把 $\boldsymbol{A}$ 的主对角线元素之和称为 $\boldsymbol{A}$ 的迹，记作 $\mathrm{tr}(\boldsymbol{A})$，即

$$\mathrm{tr}(\boldsymbol{A})=a_{11}+a_{22}+\cdots+a_{nn}$$

此性质可记为

$$\mathrm{tr}(\boldsymbol{A})=\lambda_1+\lambda_2+\cdots+\lambda_n$$

例 4-15　已知 3 阶方阵 $\boldsymbol{A}$ 的 3 个特征值为 4、5、6。

（1）求 $|\boldsymbol{A}|$。

（2）求 $\boldsymbol{A}^{-1}$ 的特征值。

（3）求 $\boldsymbol{A}^{\mathrm{T}}$ 的特征值。

（4）求 $\boldsymbol{A}^*$ 的特征值。

解：由方阵特征值与特征向量的性质可以求解以上问题。

（1）$|\boldsymbol{A}|=4\times5\times6=120$。

（2）$\boldsymbol{A}^{-1}$ 的特征值为 $\frac{1}{4}$、$\frac{1}{5}$、$\frac{1}{6}$。

（3）$\boldsymbol{A}^{\mathrm{T}}$ 的特征值为 4、5、6。

（4）$\boldsymbol{A}^*=|\boldsymbol{A}|\boldsymbol{A}^{-1}=120\boldsymbol{A}^{-1}$，则 $\boldsymbol{A}^*$ 的特征值为 $120\times\frac{1}{4}$、$120\times\frac{1}{5}$、$120\times\frac{1}{6}$，即 30、24、20。

例 4-16　已知方阵

$$\boldsymbol{A}=\begin{bmatrix} 7 & 4 & 8 \\ 4 & 7 & 1 \\ -1 & -4 & x \end{bmatrix}$$

有特征值 $\lambda_1=2$（二重），$\lambda_2=15$，试确定 x 的值。

解：由方阵的特征值与特征向量的性质可知，方阵的全部特征值之和等于其主对角线元素之和，可得

$$\lambda_1+\lambda_2+\lambda_3=7+7+x$$

可解得 $x=5$。

4.5　相似方阵

4.5.1　相似方阵相似变换与相似变换方阵

定义 4-17　设 $\boldsymbol{A}$、$\boldsymbol{B}$ 都是 n 阶方阵，若有可逆方阵 $\boldsymbol{P}$，使 $\boldsymbol{P}^{-1}\boldsymbol{AP}=\boldsymbol{B}$，则称 $\boldsymbol{B}$ 是 $\boldsymbol{A}$ 的相似方阵，或者说方阵 $\boldsymbol{A}$ 与 $\boldsymbol{B}$ 相似。

对 $\boldsymbol{A}$ 进行 $\boldsymbol{P}^{-1}\boldsymbol{AP}$ 运算称为对 $\boldsymbol{A}$ 进行相似变换，可逆方阵 $\boldsymbol{P}$ 称为把 $\boldsymbol{A}$ 变成 $\boldsymbol{B}$ 的相似变换方阵。

定理 4-12　若 n 阶方阵 $\boldsymbol{A}$ 与 $\boldsymbol{B}$ 相似，则 $\boldsymbol{A}$ 与 $\boldsymbol{B}$ 的特征多项式相同，从而 $\boldsymbol{A}$ 与 $\boldsymbol{B}$ 的特征

值也相同。

证:$\boldsymbol{A}$ 与 $\boldsymbol{B}$ 相似⇒∃可逆方阵 $\boldsymbol{P}$,使得 $\boldsymbol{P}^{-1}\boldsymbol{AP}=\boldsymbol{B}$,所以

$$|\boldsymbol{B}-\lambda\boldsymbol{E}|=|\boldsymbol{P}^{-1}\boldsymbol{AP}-\boldsymbol{P}^{-1}(\lambda\boldsymbol{E})\boldsymbol{P}|=|\boldsymbol{P}^{-1}(\boldsymbol{A}-\lambda\boldsymbol{E})\boldsymbol{P}|=|\boldsymbol{P}^{-1}||\boldsymbol{A}-\lambda\boldsymbol{E}||\boldsymbol{P}|=|\boldsymbol{A}-\lambda\boldsymbol{E}|$$

推论 若 n 阶方阵 $\boldsymbol{A}$ 与对角阵

$$\boldsymbol{\Lambda}=\begin{bmatrix}\lambda_1 & & & \\ & \lambda_2 & & \\ & & \ddots & \\ & & & \lambda_n\end{bmatrix}$$

相似,则 $\lambda_1,\lambda_2,\cdots,\lambda_n$ 就是 $\boldsymbol{A}$ 的 n 个特征值。

可以利用对角方阵计算矩阵多项式。

若 $\boldsymbol{A}=\boldsymbol{PBP}^{-1}$,则

$$\boldsymbol{A}^k=\boldsymbol{PBP}^{-1}\boldsymbol{PBP}^{-1}\cdots\boldsymbol{PBP}^{-1}\boldsymbol{PBP}^{-1}=\boldsymbol{PB}^k\boldsymbol{P}^{-1}$$

$\boldsymbol{A}$ 的多项式

$$\begin{aligned}\varphi(\boldsymbol{A})&=a_0\boldsymbol{A}^n+a_1\boldsymbol{A}^{n-1}+\cdots+a_{n-1}\boldsymbol{A}+a_n\boldsymbol{E}\\&=a_0\boldsymbol{PB}^n\boldsymbol{P}^{-1}+a_1\boldsymbol{PB}^{n-1}\boldsymbol{P}^{-1}+\cdots+a_{n-1}\boldsymbol{PBP}^{-1}+a_n\boldsymbol{PEP}^{-1}=\boldsymbol{P}\varphi(\boldsymbol{B})\boldsymbol{P}^{-1}\end{aligned}$$

特别地,若可逆方阵 $\boldsymbol{P}$ 使 $\boldsymbol{P}^{-1}\boldsymbol{AP}=\boldsymbol{\Lambda}$ 为对角方阵,则

$$\boldsymbol{A}^k=\boldsymbol{P\Lambda}^k\boldsymbol{P}^{-1},\varphi(\boldsymbol{A})=\boldsymbol{P}\varphi(\boldsymbol{\Lambda})\boldsymbol{P}^{-1}$$

对于对角阵 $\boldsymbol{\Lambda}$,有

$$\boldsymbol{\Lambda}^k=\begin{bmatrix}\lambda_1^k & & & \\ & \lambda_2^k & & \\ & & \ddots & \\ & & & \lambda_n^k\end{bmatrix}$$

一般地,有

$$\varphi(\boldsymbol{\Lambda})=\begin{bmatrix}\varphi(\lambda_1) & & & \\ & \varphi(\lambda_2) & & \\ & & \ddots & \\ & & & \varphi(\lambda_n)\end{bmatrix}$$

利用上述结论可以很方便地计算方阵 $\boldsymbol{A}$ 的多项式 $\varphi(\boldsymbol{A})$。

定理 4-13 设 $f(\lambda)$是方阵 $\boldsymbol{A}$ 的特征多项式,则 $f(\boldsymbol{A})=0$。

证:只证明 $\boldsymbol{A}$ 与对角阵相似的情形。

若 $\boldsymbol{A}$ 与对角阵相似,则有可逆矩阵 $\boldsymbol{P}$,使 $\boldsymbol{P}^{-1}\boldsymbol{P}=\boldsymbol{\Lambda}=\mathrm{diag}(\lambda_1,\lambda_2,\cdots,\lambda_n)$,其中 λ_i 为 $\boldsymbol{A}$ 的特征值,$f(\lambda_i)=0$。由 $\boldsymbol{A}=\boldsymbol{P\Lambda P}^{-1}$,有

$$\begin{aligned}f(\boldsymbol{A})=\boldsymbol{P}f(\lambda)\boldsymbol{P}^{-1}&=\boldsymbol{P}\begin{bmatrix}f(\lambda_1) & & & \\ & f(\lambda_2) & & \\ & & \ddots & \\ & & & f(\lambda_n)\end{bmatrix}\boldsymbol{P}^{-1}\\&=\boldsymbol{POP}^{-1}=0\end{aligned}$$

相似方阵与相似变换有以下性质：

(1) 等价关系。

- 反身性：$\boldsymbol{A}$ 与 $\boldsymbol{A}$ 本身相似。
- 对称性：若 $\boldsymbol{A}$ 与 $\boldsymbol{B}$ 相似，则 $\boldsymbol{B}$ 与 $\boldsymbol{A}$ 相似。
- 传递性：若 $\boldsymbol{A}$ 与 $\boldsymbol{B}$ 相似，$\boldsymbol{B}$ 与 $\boldsymbol{C}$ 相似，则 $\boldsymbol{A}$ 与 $\boldsymbol{C}$ 相似。

(2) $\boldsymbol{P}^{-1}(\boldsymbol{A}_1\boldsymbol{A}_2)\boldsymbol{P}=(\boldsymbol{P}^{-1}\boldsymbol{A}_1\boldsymbol{P})(\boldsymbol{P}^{-1}\boldsymbol{A}_2\boldsymbol{P})$。

(3) 若 $\boldsymbol{A}$ 与 $\boldsymbol{B}$ 相似，则 $\boldsymbol{A}^m$ 与 $\boldsymbol{B}^m$ 相似(m 为正整数)。

(4) $\boldsymbol{P}^{-1}(k_1\boldsymbol{A}_1+k_2\boldsymbol{A}_2)\boldsymbol{P}=k_1\boldsymbol{P}^{-1}\boldsymbol{A}_1\boldsymbol{P}+k_2\boldsymbol{P}^{-1}\boldsymbol{A}_2\boldsymbol{P}$，其中 k_1、k_2 是任意常数。

4.5.2　方阵的对角化

可以利用相似变换将方阵对角化。

定义 4-18　对 n 阶方阵 $\boldsymbol{A}$，若 $\exists\,|\boldsymbol{P}|\neq 0$，使 $\boldsymbol{P}^{-1}\boldsymbol{A}\boldsymbol{P}=\boldsymbol{\Lambda}$ 为对角阵，则称方阵 $\boldsymbol{A}$ 能对角化。

定理 4-14　$\boldsymbol{A}_n$ 与对角阵相似(即 $\boldsymbol{A}$ 能对角化)$\Leftrightarrow\boldsymbol{A}$ 有 n 个线性无关的特征向量。

证：$\boldsymbol{A}$ 能对角化$\Rightarrow\exists\,|\boldsymbol{P}|\neq 0$，使

$$\boldsymbol{P}^{-1}\boldsymbol{A}\boldsymbol{P}=\boldsymbol{\Lambda}\Rightarrow\boldsymbol{A}\boldsymbol{P}=\boldsymbol{P}\boldsymbol{\Lambda}$$

把 $\boldsymbol{P}$ 用其列向量表示为 $\boldsymbol{P}=(\boldsymbol{p}_1,\boldsymbol{p}_2,\cdots,\boldsymbol{p}_n)$，即

$$\boldsymbol{A}(\boldsymbol{p}_1,\boldsymbol{p}_2,\cdots,\boldsymbol{p}_n)=(\boldsymbol{p}_1,\boldsymbol{p}_2,\cdots,\boldsymbol{p}_n)\begin{bmatrix}\lambda_1 & & & \\ & \lambda_2 & & \\ & & \ddots & \\ & & & \lambda_n\end{bmatrix}=(\lambda_1\boldsymbol{p}_1,\lambda_2\boldsymbol{p}_2,\cdots,\lambda_n\boldsymbol{p}_n)$$

所以

$$\boldsymbol{A}(\boldsymbol{p}_1,\boldsymbol{p}_2,\cdots,\boldsymbol{p}_n)=(\boldsymbol{A}\boldsymbol{p}_1,\boldsymbol{A}\boldsymbol{p}_2,\cdots,\boldsymbol{A}\boldsymbol{p}_n)=(\lambda_1\boldsymbol{p}_1,\lambda_2\boldsymbol{p}_2,\cdots,\lambda_n\boldsymbol{p}_n)$$

于是有

$$\boldsymbol{A}\boldsymbol{p}_i=\lambda_i\boldsymbol{p}_i\quad(i=1,2,\cdots,n)$$

可见 λ_i 是 $\boldsymbol{A}$ 的特征值，而 $\boldsymbol{P}$ 的列向量 $\boldsymbol{p}_i$ 就是 $\boldsymbol{A}$ 的对应于特征值 λ_i 的特征向量。

又由于 $\boldsymbol{P}$ 可逆，所以 $\boldsymbol{p}_1,\boldsymbol{p}_2,\cdots,\boldsymbol{p}_n$ 线性无关。

$$\begin{aligned}\boldsymbol{A}\text{ 有 }n\text{ 个特征向量 }\boldsymbol{p}_i&\Rightarrow\boldsymbol{A}\boldsymbol{p}_i=\lambda_i\boldsymbol{p}_i,\boldsymbol{p}_i(i=1,2,\cdots,n)\text{ 线性无关}\\&\Rightarrow R(\boldsymbol{p}_1,\boldsymbol{p}_2,\cdots,\boldsymbol{p}_n)=R(\boldsymbol{P})=n\Rightarrow\boldsymbol{P}\text{ 可逆}\\&\boldsymbol{A}\boldsymbol{p}_i=\lambda_i\boldsymbol{p}_i(i=1,2,\cdots,n)\Rightarrow\boldsymbol{A}\boldsymbol{P}=\boldsymbol{P}\mathrm{diag}(\lambda_1,\lambda_2,\cdots,\lambda_n)\end{aligned}$$

定理 4-14 得证。

推论　如果 n 阶方阵 $\boldsymbol{A}$ 的 n 个特征值不相等，则 $\boldsymbol{A}$ 与对角阵相似。

说明：

(1) 如果 $\boldsymbol{A}$ 的特征方根有重根，此时 $\boldsymbol{A}$ 不一定有 n 个线性无关的特征向量，从而方阵 $\boldsymbol{A}$ 不一定能对角化。

(2) 但是如果能找到 n 个线性无关的特征向量，$\boldsymbol{A}$ 就能对角化。

例 4-17　判断下列实方阵能否化为对角阵。

(1) $\boldsymbol{A}=\begin{bmatrix}1 & -2 & 2\\ -2 & -2 & 4\\ 2 & 4 & -2\end{bmatrix}$。

(2) $\boldsymbol{A}=\begin{bmatrix}-2 & 1 & -2\\-5 & 3 & -3\\1 & 0 & 2\end{bmatrix}$。

解：

(1) 由

$$|\boldsymbol{A}-\lambda\boldsymbol{E}|=\begin{vmatrix}1-\lambda & -2 & 2\\-2 & -2-\lambda & 4\\2 & 4 & -2-\lambda\end{vmatrix}=-(\lambda-2)^2(\lambda+7)=0$$

得

$$\lambda_1=\lambda_2=2,\lambda_3=-7$$

将 $\lambda_1=\lambda_2=2$ 代入 $(\boldsymbol{A}-\lambda_1\boldsymbol{E})\boldsymbol{x}=\boldsymbol{0}$，得方程组

$$\begin{cases}-x_1-2x_2+2x_3=0\\-2x_1-4x_2+4x_3=0\\2x_1+4x_2-4x_3=0\end{cases}$$

解之得基础解系：

$$\boldsymbol{\alpha}_1=\begin{bmatrix}2\\0\\1\end{bmatrix},\boldsymbol{\alpha}_2=\begin{bmatrix}0\\1\\1\end{bmatrix}$$

同理，对 $\lambda_3=-7$，由 $(\boldsymbol{A}-\lambda\boldsymbol{E})\boldsymbol{x}=\boldsymbol{0}$，求得基础解系：

$$\boldsymbol{\alpha}_3=(1,2,2)^{\mathrm{T}}$$

由于

$$\begin{vmatrix}2 & 0 & 1\\0 & 1 & 2\\1 & 1 & 2\end{vmatrix}\neq 0$$

所以 $\boldsymbol{\alpha}_1$、$\boldsymbol{\alpha}_2$、$\boldsymbol{\alpha}_3$ 线性无关，即 $\boldsymbol{A}$ 有 3 个线性无关的特征向量，因而 $\boldsymbol{A}$ 可对角化。

(2)

$$\boldsymbol{A}=\begin{bmatrix}-2 & 1 & -2\\-5 & 3 & -3\\1 & 0 & 2\end{bmatrix}$$

$$|\boldsymbol{A}-\lambda\boldsymbol{E}|=\begin{vmatrix}2-\lambda & -1 & 2\\5 & -3-\lambda & 3\\-1 & 0 & -2-\lambda\end{vmatrix}=-(\lambda+1)^3$$

所以 $\boldsymbol{A}$ 的特征值为 $\lambda_1=\lambda_2=\lambda_3=-1$。

把 $\lambda=-1$ 代入 $(\boldsymbol{A}-\lambda\boldsymbol{E})\boldsymbol{x}=\boldsymbol{0}$，解之得基础解系：

$$\boldsymbol{\xi}=(1,1,-1)^{\mathrm{T}}$$

故 $\boldsymbol{A}$ 不能化为对角阵。

例 4-18 设

$$\boldsymbol{A}=\begin{bmatrix}4 & 6 & 0\\-3 & -5 & 0\\-3 & -6 & 1\end{bmatrix}$$

$\boldsymbol{A}$ 能否对角化？若能对角化，则求出可逆矩阵 $\boldsymbol{P}$，使 $\boldsymbol{P}^{-1}\boldsymbol{A}\boldsymbol{P}$ 为对角阵。

解：

$$|\boldsymbol{A}-\lambda\boldsymbol{E}|=\begin{vmatrix}4-\lambda & 6 & 0\\ -3 & -5-\lambda & 0\\ -3 & -6 & 1-\lambda\end{vmatrix}=-(\lambda-1)^2(\lambda+2)$$

所以 $\boldsymbol{A}$ 的全部特征值为 $\lambda_1=\lambda_2=1,\lambda_3=-2$。

将 $\lambda_1=\lambda_2=1$ 代入 $(\boldsymbol{A}-\lambda\boldsymbol{E})\boldsymbol{x}=\boldsymbol{0}$，得方程组

$$\begin{cases}3x_1+6x_2=0\\ -3x_1-6x_2=0\\ -3x_1-6x_2=0\end{cases}$$

解之得基础解系：

$$\boldsymbol{\xi}_1=\begin{bmatrix}-2\\ 1\\ 0\end{bmatrix},\quad \boldsymbol{\xi}_2=\begin{bmatrix}0\\ 0\\ 1\end{bmatrix}$$

将 $\lambda_3=-2$ 代入 $(\boldsymbol{A}-\lambda\boldsymbol{E})\boldsymbol{x}=\boldsymbol{0}$，得方程组的基础解系：

$$\boldsymbol{\xi}_3=(-1,1,1)^{\mathrm{T}}$$

由于 $\boldsymbol{\xi}_1$、$\boldsymbol{\xi}_2$、$\boldsymbol{\xi}_3$ 线性无关，所以 $\boldsymbol{A}$ 可以对角化。

令

$$\boldsymbol{P}=(\boldsymbol{\xi}_1,\boldsymbol{\xi}_2,\boldsymbol{\xi}_3)=\begin{bmatrix}-2 & 0 & -1\\ 1 & 0 & 1\\ 0 & 1 & 1\end{bmatrix}$$

则有

$$\boldsymbol{P}^{-1}\boldsymbol{A}\boldsymbol{P}=\begin{bmatrix}1 & 0 & 0\\ 0 & 1 & 0\\ 0 & 0 & -2\end{bmatrix}$$

4.6 向量空间

本节包括 4 部分内容，分别是向量空间子空间及不变子空间的定义、向量空间基与坐标的概念、基变换与坐标变换、解空间的定义。

4.6.1 向量空间子空间及不变子空间的定义

1. 向量空间

定义 4-19　设 V 为 n 维向量的集合，如果集合 V 非空，且对于加法及乘法两种运算封闭，那么就称集合 V 为向量空间。

说明：

(1) 集合 V 对于加法及乘法两种运算封闭是指：若 $\boldsymbol{\alpha}\in V,\boldsymbol{\beta}\in V$，则 $\boldsymbol{\alpha}+\boldsymbol{\beta}\in V$；若 $\boldsymbol{\alpha}\in V,\lambda\in\mathbf{R}$，则 $\lambda\boldsymbol{\alpha}\in V$。

(2) n 维向量的集合是一个向量空间，记作 $\mathbf{R}^n$。

2. 子空间

定义 4-20　设有向量空间 V_1 及 V_2，若向量空间 $V_1\in V_2$，就说 V_1 是 V_2 的子空间。

3. 不变子空间

定义 4-21 设 σ 是数域 P 上线性空间 V 的线性变换,W 是 V 的子空间,若 $\forall \xi \in W$,有 $\sigma(\xi) \in W$(即 $\sigma(W) \subseteq W$),则称 W 是 σ 的不变子空间,简称 σ-子空间。

注意,V 的平凡子空间(V 及零子空间)对于 V 的任意一个变换 σ 来说都是 σ-子空间。

不变子空间有以下性质:

(1) 两个 σ-子空间的交与和仍是 σ-子空间。

(2) 设 $W=L(\boldsymbol{\alpha}_1,\boldsymbol{\alpha}_2,\cdots,\boldsymbol{\alpha}_s)$,则

$$W \text{ 是 } \sigma\text{-子空间} \Leftrightarrow \sigma(\boldsymbol{\alpha}_1),\sigma(\boldsymbol{\alpha}_2),\cdots,\sigma(\boldsymbol{\alpha}_s) \in W$$

一些重要的不变子空间如下:

(1) 线性变换 σ 的值域 $\sigma(V)$ 与核 $\sigma^{-1}(0)$ 都是 σ 的不变子空间。

(2) 若 $\sigma\tau=\tau\sigma$,则 $\tau(V)$ 与 $\tau^{-1}(0)$ 都是 σ-子空间。

(3) 任何子空间都是数乘变换 K 的不变子空间。

(4) 线性变换 σ 的特征子空间 V_{λ_0} 是 σ 的不变子空间。

(5) 由 σ 的特征向量生成的子空间是 σ 不变子空间。

4.6.2 向量空间基与坐标的概念

定义 4-22 设 V 是向量空间,如果 r 个向量 $\boldsymbol{\alpha}_1,\boldsymbol{\alpha}_2,\cdots,\boldsymbol{\alpha}_r \in V$,且满足以下两个条件:

(1) $\boldsymbol{\alpha}_1,\boldsymbol{\alpha}_2,\cdots,\boldsymbol{\alpha}_r$ 线性无关。

(2) V 中任一向量都可由 $\boldsymbol{\alpha}_1,\boldsymbol{\alpha}_2,\cdots,\boldsymbol{\alpha}_r$ 线性表示。

向量组 $\boldsymbol{\alpha}_1,\boldsymbol{\alpha}_2,\cdots,\boldsymbol{\alpha}_r$ 就称为向量空间 V 的一个基,r 称为向量空间 V 的维数,并称 V 为 r 维向量空间,用 $\dim(V)$ 表示向量空间的维数。

说明:

(1) 只含有零向量的向量空间称为 0 维向量空间,因此它没有基。如果向量空间 V 没有基,就说 V 的维数为 0。

(2) 若把向量空间 V 看作向量组,那么 V 的基就是向量组的最大无关组,V 的维数就是向量组的秩。当 V 由 n 维向量组成时,它的维数不会超过 n。

(3) 若向量组 $\boldsymbol{\alpha}_1,\boldsymbol{\alpha}_2,\cdots,\boldsymbol{\alpha}_r$ 是向量空间 V 的一个基,则 V 可表示为

$$V=\{x=\lambda_1\boldsymbol{\alpha}_1+\lambda_2\boldsymbol{\alpha}_2\cdots+\lambda_r\boldsymbol{\alpha}_r \mid \lambda_1,\lambda_2,\cdots,\lambda_r \in \mathbf{R}\}$$

定义 4-23 设 $\boldsymbol{\alpha}_1,\boldsymbol{\alpha}_2,\cdots,\boldsymbol{\alpha}_r$ 是向量空间 V 的基,$\boldsymbol{a} \in V$,且 $\boldsymbol{a}=k_1\boldsymbol{\alpha}_1+k_2\boldsymbol{\alpha}_2+\cdots+k_r\boldsymbol{\alpha}_r$,则称系数 $k_1,k_2,\cdots,k_r$ 为 $\boldsymbol{a}$ 在基 $\boldsymbol{\alpha}_1,\boldsymbol{\alpha}_2,\cdots,\boldsymbol{\alpha}_r$ 下的坐标。

注意:

(1) 向量在一组确定的基下的坐标是唯一的。

(2) 向量空间的基不唯一,因此,向量在不同基下的坐标也不一样。

(3) 向量在一组基下的坐标求法有待定系数法和矩阵方程法。

(4) N 维空间基的判别定理:N 维空间 V 中任 N 个线性无关的向量均是 N 维空间 V 中的一组基。

4.6.3 基变换与坐标变换

1. 基变换

定义 4-24 设 $\boldsymbol{\alpha}_1,\boldsymbol{\alpha}_2,\cdots,\boldsymbol{\alpha}_r$ 是向量空间 V 的一个基,则对任意的 $\boldsymbol{a} \in V$,存在唯一一组

有序数 $x_1, x_2, \cdots, x_r$ 使 $\boldsymbol{a}=x_1\boldsymbol{\alpha}_1+x_2\boldsymbol{\alpha}_2+\cdots+x_r\boldsymbol{\alpha}_r$，称这组有序数 $x_1, x_2, \cdots, x_r$ 为向量 $\boldsymbol{a}$ 在基 $\boldsymbol{\alpha}_1, \boldsymbol{\alpha}_2, \cdots, \boldsymbol{\alpha}_r$ 下的坐标，记为 $\boldsymbol{a}=(x_1, x_2, \cdots, x_r)$。

一个向量空间可能有多个基。同一个向量在不同基下的坐标可能不同。

设 $\boldsymbol{e}_1, \boldsymbol{e}_2, \cdots, \boldsymbol{e}_n$ 与 $\boldsymbol{\beta}_1, \boldsymbol{\beta}_2, \cdots, \boldsymbol{\beta}_n$ 是 n 维向量空间 $\mathbf{R}^n$ 的两组基，则后一组基可用前一组基唯一地表示：

$$\begin{cases}\boldsymbol{\beta}_1=p_{11}\boldsymbol{e}_1+p_{21}\boldsymbol{e}_2+\cdots+p_{n1}\boldsymbol{e}_n\\ \boldsymbol{\beta}_2=p_{12}\boldsymbol{e}_1+p_{22}\boldsymbol{e}_2+\cdots+p_{n2}\boldsymbol{e}_n\\ \qquad\vdots\\ \boldsymbol{\beta}_n=p_{1n}\boldsymbol{e}_1+p_{2n}\boldsymbol{e}_2+\cdots+p_{nn}\boldsymbol{e}_n\end{cases}\tag{4-10}$$

这个方程组称为两组基之间的变换公式，写成矩阵形式为

$$(\boldsymbol{\beta}_1, \boldsymbol{\beta}_2, \cdots, \boldsymbol{\beta}_n)=(\boldsymbol{e}_1, \boldsymbol{e}_2, \cdots, \boldsymbol{e}_n)\begin{bmatrix}p_{11} & p_{12} & \cdots & p_{1n}\\ p_{21} & p_{22} & \cdots & p_{2n}\\ \vdots & \vdots & \ddots & \vdots\\ p_{n1} & p_{n2} & \cdots & p_{nn}\end{bmatrix}\tag{4-11}$$

其中，矩阵

$$\boldsymbol{P}=\begin{bmatrix}p_{11} & p_{12} & \cdots & p_{1n}\\ p_{21} & p_{22} & \cdots & p_{2n}\\ \vdots & \vdots & \ddots & \vdots\\ p_{n1} & p_{n2} & \cdots & p_{nn}\end{bmatrix}$$

称为由基 $\boldsymbol{e}_1, \boldsymbol{e}_2, \cdots, \boldsymbol{e}_n$ 到 $\boldsymbol{\beta}_1, \boldsymbol{\beta}_2, \cdots, \boldsymbol{\beta}_n$ 的过渡矩阵。

2. 坐标变换

设向量 $\boldsymbol{a}$ 在上述两组基下的坐标分别为 $(x_1, x_2, \cdots, x_n)$ 和 $(y_1, y_2, \cdots, y_n)$，则

$$\boldsymbol{a}=x_1\boldsymbol{e}_1+x_2\boldsymbol{e}_2+\cdots+x_n\boldsymbol{e}_n=y_1\boldsymbol{\beta}_1+y_2\boldsymbol{\beta}_2+\cdots+y_n\boldsymbol{\beta}_n$$

即

$$\boldsymbol{a}=(\boldsymbol{e}_1, \boldsymbol{e}_2, \cdots, \boldsymbol{e}_n)\begin{bmatrix}x_1\\ x_2\\ \vdots\\ x_n\end{bmatrix}=(\boldsymbol{\beta}_1, \boldsymbol{\beta}_2, \cdots, \boldsymbol{\beta}_n)\begin{bmatrix}y_1\\ y_2\\ \vdots\\ y_n\end{bmatrix}$$

因此，

$$\boldsymbol{a}=(\boldsymbol{e}_1, \boldsymbol{e}_2, \cdots, \boldsymbol{e}_n)\begin{bmatrix}x_1\\ x_2\\ \vdots\\ x_n\end{bmatrix}=(\boldsymbol{e}_1, \boldsymbol{e}_2, \cdots, \boldsymbol{e}_n)\begin{bmatrix}p_{11} & p_{12} & \cdots & p_{1n}\\ p_{21} & p_{22} & \cdots & p_{2n}\\ \vdots & \vdots & \ddots & \vdots\\ p_{n1} & p_{n2} & \cdots & p_{nn}\end{bmatrix}\begin{bmatrix}y_1\\ y_2\\ \vdots\\ y_n\end{bmatrix}$$

由于基向量组是线性无关的，比较上式两边得

$$\begin{bmatrix}x_1\\ x_2\\ \vdots\\ x_n\end{bmatrix}=\boldsymbol{P}\begin{bmatrix}y_1\\ y_2\\ \vdots\\ y_n\end{bmatrix}\quad 或 \quad\begin{bmatrix}y_1\\ y_2\\ \vdots\\ y_n\end{bmatrix}=\boldsymbol{P}^{-1}\begin{bmatrix}x_1\\ x_2\\ \vdots\\ x_n\end{bmatrix}$$

如果一个向量在基（Ⅰ）下的坐标为 $\boldsymbol{x}=(x_1, x_2, x_3, x_4)^{\mathrm{T}}$，在基（Ⅱ）下的坐标为 $\boldsymbol{y}=$

$(y_1,y_2,y_3,y_4)^T$,则由坐标变换公式 $\boldsymbol{y}=\boldsymbol{P}^{-1}\boldsymbol{x}$ 得

$$\begin{cases} y_1=x_2-x_3+x_4 \\ y_2=-x_1+x_2 \\ y_3=x_4 \\ y_4=x_1-x_2+x_3-x_4 \end{cases}$$

例 4-19 设线性空间 $\mathbf{R}^3$ 中有向量 $\boldsymbol{\alpha}$、$\boldsymbol{\beta}$,其中,$\boldsymbol{\alpha}_1=(1,0,0)$,$\boldsymbol{\alpha}_2=(1,1,0)$,$\boldsymbol{\alpha}_3=(1,1,1)$;$\boldsymbol{\beta}_1=(1,2,3)$,$\boldsymbol{\beta}_2=(2,3,1)$,$\boldsymbol{\beta}_3=(3,1,2)$。

(1) 求由基 $\boldsymbol{\alpha}_1,\boldsymbol{\alpha}_2,\boldsymbol{\alpha}_3$ 到 $\boldsymbol{\beta}_1,\boldsymbol{\beta}_2,\boldsymbol{\beta}_3$ 的过渡矩阵。

(2) 求 $\boldsymbol{\alpha}$ 在上述两个基下的坐标。

解:

(1) 因 $\boldsymbol{\alpha}_1,\boldsymbol{\alpha}_2,\boldsymbol{\alpha}_3$ 与 $\boldsymbol{\beta}_1,\boldsymbol{\beta}_2,\boldsymbol{\beta}_3$ 均线性无关,它们均构成 $\mathbf{R}^3$ 的基。又因为

$$(\boldsymbol{\alpha}_1,\boldsymbol{\alpha}_2,\boldsymbol{\alpha}_3|\boldsymbol{\beta}_1,\boldsymbol{\beta}_2,\boldsymbol{\beta}_3)=\left[\begin{array}{ccc|ccc} 1 & 1 & 1 & 1 & 2 & 3 \\ 0 & 1 & 1 & 2 & 3 & 1 \\ 0 & 0 & 1 & 3 & 1 & 2 \end{array}\right]\to\left[\begin{array}{ccc|ccc} 1 & 0 & 0 & -1 & -1 & 2 \\ 0 & 1 & 0 & -1 & 2 & -1 \\ 0 & 0 & 1 & 3 & 1 & 2 \end{array}\right]$$

所以,由基 $\boldsymbol{\alpha}_1,\boldsymbol{\alpha}_2,\boldsymbol{\alpha}_3$ 到 $\boldsymbol{\beta}_1,\boldsymbol{\beta}_2,\boldsymbol{\beta}_3$ 的过渡矩阵为

$$\boldsymbol{A}=\begin{bmatrix} -1 & -1 & 2 \\ -1 & 2 & -1 \\ 3 & 1 & 2 \end{bmatrix}$$

(2) 因为 $\boldsymbol{\alpha}=1\cdot\boldsymbol{\alpha}_1+0\cdot\boldsymbol{\alpha}_2+0\cdot\boldsymbol{\alpha}_3$,又因为

$$(\boldsymbol{\beta}_1,\boldsymbol{\beta}_2,\boldsymbol{\beta}_3\mid\boldsymbol{\alpha})=\left[\begin{array}{ccc|c} 1 & 2 & 3 & 1 \\ 2 & 3 & 1 & 0 \\ 3 & 1 & 2 & 0 \end{array}\right]\to\left[\begin{array}{ccc|c} 1 & 2 & 3 & 1 \\ 0 & -1 & -5 & -2 \\ 0 & -5 & -7 & -3 \end{array}\right]$$

$$\to\left[\begin{array}{ccc|c} 1 & 0 & -7 & -3 \\ 0 & 1 & 5 & 2 \\ 0 & 0 & 18 & 7 \end{array}\right]\to\left[\begin{array}{ccc|c} 1 & 0 & 0 & -\frac{5}{18} \\ 0 & 1 & 0 & \frac{1}{18} \\ 0 & 0 & 1 & \frac{7}{18} \end{array}\right]$$

所以,$\boldsymbol{\alpha}$ 在 $\boldsymbol{\alpha}_1$、$\boldsymbol{\alpha}_2$、$\boldsymbol{\alpha}_3$ 下的坐标为(1,0,0),在 $\boldsymbol{\beta}_1,\boldsymbol{\beta}_2,\boldsymbol{\beta}_3$ 下的坐标为 $\left(-\frac{5}{18},\frac{1}{18},\frac{7}{18}\right)$。

4.6.4 解空间的定义

定义 4-25 n 维向量空间 P^n 的子集 V,如果对任意数 k 以及 l 和 V 中的任意向量 $\boldsymbol{\alpha}$、$\boldsymbol{\beta}$,有 $k\boldsymbol{\alpha}+l\boldsymbol{\beta}\in V$,称 V 为 n 维向量空间 P^n 的子空间,也称为线性空间。

特殊地,n 维向量空间本身是它自身的子空间,单个零向量构成的子集也构成子空间。

集合 $V=\{\boldsymbol{X}|\boldsymbol{AX}=\boldsymbol{0},\boldsymbol{A}$ 为 $m\times n$ 矩阵,$\boldsymbol{X}$ 为 n 维列向量$\}$是线性空间,称为齐次线性方程组 $\boldsymbol{AX}=\boldsymbol{0}$ 的解空间。

定义 4-26 设 $\boldsymbol{\eta}_1,\boldsymbol{\eta}_2,\cdots,\boldsymbol{\eta}_s$ 是齐次线性方程组 $\boldsymbol{AX}=\boldsymbol{0}$ 的解,如果这个解满足:

(1) $\boldsymbol{\eta}_1,\boldsymbol{\eta}_2,\cdots,\boldsymbol{\eta}_s$ 线性无关。

(2) $\boldsymbol{AX}=\mathbf{0}$ 的任一解可由 $\boldsymbol{\eta}_1,\boldsymbol{\eta}_2,\cdots,\boldsymbol{\eta}_s$ 线性表示。
则称 $\boldsymbol{\eta}_1,\boldsymbol{\eta}_2,\cdots,\boldsymbol{\eta}_s$ 是 $\boldsymbol{AX}=\mathbf{0}$ 的一个基础解系。

例 4-20　用基础解系表示下列方程组的通解：

$$\begin{cases}x_1-2x_2+x_3+x_4=0\\x_1-2x_2+x_3-x_4=0\\x_1-2x_2+x_3+5x_4=0\end{cases}$$

解：

$$\boldsymbol{A}=\begin{bmatrix}1&-2&1&1\\1&-2&1&-1\\1&-2&1&5\end{bmatrix}\rightarrow\begin{bmatrix}1&-2&1&0\\0&0&0&1\\0&0&0&0\end{bmatrix}(x_1\quad x_4\quad x_3\quad x_2)\rightarrow\begin{bmatrix}1&0&1&-2\\0&1&0&0\\0&0&0&0\end{bmatrix}$$

则按 (x_1,x_4,x_3,x_2) 顺序构成的基础解系为

$$\boldsymbol{\eta}_1'=\begin{bmatrix}-1\\0\\1\\0\end{bmatrix},\quad\boldsymbol{\eta}_2'=\begin{bmatrix}2\\0\\0\\1\end{bmatrix}$$

还原成 (x_1,x_2,x_3,x_4) 顺序的基础解系为

$$\boldsymbol{\eta}_1=\begin{bmatrix}-1\\0\\1\\0\end{bmatrix},\quad\boldsymbol{\eta}_2=\begin{bmatrix}2\\1\\0\\0\end{bmatrix}$$

故方程组的通解为 $c_1\boldsymbol{\eta}_1+c_2\boldsymbol{\eta}_2$（$c_1$、$c_2$ 为任意数）。

4.7　小　结

本章主要学习了矩阵的相关知识，包括矩阵的概念、矩阵的运算及初等变换、线性方程组的求解及性质、方阵的特征值与特征向量、相似矩阵、向量空间。通过本章的学习，应该对矩阵有全面的认识。

4.8　习　题

1. 设函数矩阵

$$\boldsymbol{A}(t)=\begin{bmatrix}\sin t&-\cos t\\\cos t&\sin t\end{bmatrix}$$

求 $\int_0^t\boldsymbol{A}(t)\mathrm{d}t$ 和 $\int_0^{t^2}\boldsymbol{A}(t)\mathrm{d}t$。

2. 在 $\mathbf{R}^3$ 中线性变换 σ 将基

$$\boldsymbol{\alpha}_1=\begin{bmatrix}1\\1\\-1\end{bmatrix},\boldsymbol{\alpha}_2=\begin{bmatrix}0\\2\\-1\end{bmatrix},\boldsymbol{\alpha}_3=\begin{bmatrix}1\\0\\-1\end{bmatrix}$$

变为基

$$\boldsymbol{\beta}_1=\begin{bmatrix}1\\-1\\0\end{bmatrix},\boldsymbol{\beta}_2=\begin{bmatrix}0\\1\\-1\end{bmatrix},\boldsymbol{\beta}_3=\begin{bmatrix}0\\3\\-2\end{bmatrix}$$

(1) 求 σ 在基 $\boldsymbol{a}_1,\boldsymbol{a}_2,\boldsymbol{a}_3$ 下的矩阵表示 $\boldsymbol{A}$。

(2) 求向量 $\boldsymbol{\xi}=(1,2,3)^{\mathrm{T}}$ 及 $\sigma(\boldsymbol{\xi})$在基 $\boldsymbol{a}_1,\boldsymbol{a}_2,\boldsymbol{a}_3$ 下的坐标。

(3) 求向量 $\boldsymbol{\xi}=(1,2,3)^{\mathrm{T}}$ 及 $\sigma(\boldsymbol{\xi})$在基 $\boldsymbol{\beta}_1,\boldsymbol{\beta}_2,\boldsymbol{\beta}_3$ 下的坐标。

3. 设矩阵

$$\boldsymbol{A}=\begin{bmatrix}0&0&-2\\0&1&0\\1&0&3\end{bmatrix}$$

求 $\mathrm{e}^{\boldsymbol{A}t}$。

4. 求以下矩阵的奇异值分解。

$$\boldsymbol{A}=\begin{bmatrix}1&0&1\\0&1&1\\0&0&0\end{bmatrix}$$

5. 求以下矩阵的满秩分解。

$$\boldsymbol{A}=\begin{bmatrix}-1&0&1&2\\1&2&-1&1\\2&2&-2&-1\end{bmatrix}$$

6. 求以下矩阵的若尔当标准形。

$$\boldsymbol{A}=\begin{bmatrix}-1&1&0\\-4&3&0\\1&0&2\end{bmatrix}$$

7. 设矩阵

$$\boldsymbol{A}=\begin{bmatrix}1&0&0\\1&0&1\\0&1&0\end{bmatrix}$$

证明 $\boldsymbol{A}^n=\boldsymbol{A}^{n-2}+\boldsymbol{A}^2-\boldsymbol{E}(n\geqslant 3)$。

8. 设 n 阶矩阵 $\boldsymbol{A}$、$\boldsymbol{B}$ 满足 $\boldsymbol{AB}=\boldsymbol{BA}$,证明:

(1) 列空间 $R(\boldsymbol{A}+\boldsymbol{B})\subset R(\boldsymbol{A})+R(\boldsymbol{B})$,$R(\boldsymbol{AB})\subset R(\boldsymbol{A})\cap R(\boldsymbol{B})$。

(2) 矩阵秩不等式 $r(\boldsymbol{A}+\boldsymbol{B})\leqslant r(\boldsymbol{A})+r(\boldsymbol{B})-r(\boldsymbol{AB})$。

第5章

线性空间与线性变换

5.1 线性空间

5.1.1 集合与映射

定义 5-1 集合是能够作为整体看待的一些对象。

集合有两种表示法：

(1) 列举法：$S=\{a_1,a_2,a_3,\cdots\}$。

(2) 性质法：$S=\{a \mid a$ 所具有的性质$\}$。

集合 S_1、S_2 相等($S_1=S_2$)指下面二式同时成立：

$$\forall a \in S_1 \Rightarrow a \in S_2,\text{即 } S_1 \subseteq S_2$$

$$\forall b \in S_2 \Rightarrow b \in S_1,\text{即 } S_2 \subseteq S_1$$

集合可以进行以下运算：

(1) 交：$S_1 \cap S_2=\{a \mid a \in S_1$ 且 $a \in S_2\}$。

(2) 并：$S_1 \cup S_2=\{a \mid a \in S_1$ 或 $a \in S_2\}$。

(3) 和：$S_1+S_2=\{a=a_1+a_2 \mid a_1 \in S_1, a_2 \in S_2\}$。

定义 5-2 数域是关于四则运算封闭的数的集合，例如实数域 **R**、复数域 **C**、有理数域 **Q** 等。

定义 5-3 设有集合 S_1 与 S_2，若对任意的 $a \in S_1$，按照法则 σ，对应唯一的 $b \in S_2$，记为 $\sigma(a)=b$，称 σ 为由 S_1 到 S_2 的映射，b 为 a 的象，a 为 b 的象源。

定义 5-4 当 $S_1=S_2$ 时，称 S_1 到 S_2 的映射 σ 为 S_1 上的变换。

例 5-1 假设有两个集合分别是

$$S_1=\left\{\boldsymbol{A}=\begin{bmatrix} 0 & a_{12} \\ a_{21} & a_{22} \end{bmatrix} \middle| a_{ij} \in \mathbf{R}\right\}$$

$$S_2=\left\{\boldsymbol{A}=\begin{bmatrix} a_{11} & a_{12} \\ a_{21} & 0 \end{bmatrix} \middle| a_{ij} \in \mathbf{R}\right\}, S_1 \neq S_2$$

求两个集合的交、并、和。

解：

$$S_1 \cap S_2=\left\{\boldsymbol{A}=\begin{bmatrix} 0 & a_{12} \\ a_{21} & 0 \end{bmatrix} \middle| a_{12}, a_{21} \in \mathbf{R}\right\}$$

$$S_1 \cup S_2=\left\{\boldsymbol{A}=\begin{bmatrix} a_{11} & a_{12} \\ a_{21} & a_{22} \end{bmatrix} \middle| a_{11}, a_{22}=0, a_{ij} \in \mathbf{R}\right\}$$

$$S_1+S_2=\left\{\boldsymbol{A}=\begin{bmatrix}a_{11} & a_{12}\\ a_{21} & a_{22}\end{bmatrix}\middle| a_{ij}\in\mathbf{R}\right\}$$

例 5-2 $S=\{\boldsymbol{A}=(a_{ij})_{n\times n}\,|\,a_{ij}\in\mathbf{R}\}(n\geqslant 2)$。

解：映射 σ_1 为

$$\sigma_1(\boldsymbol{A})=\det\boldsymbol{A}\quad (S\to\mathbf{R})$$

变换 σ_2 为：

$$\sigma_2(\boldsymbol{A})=(\det\boldsymbol{A})I_n\quad (S\to S)$$

5.1.2 线性空间及其性质

定义 5-5 设集合 V 非空，给定数域 K。若在 V 中定义的加法运算封闭，即 $\forall x,y\in V$，对应唯一元素 $(x+y)\in V$，且满足

(1) 结合律：$x+(y+z)=(x+y)+z(\forall z\in V)$。

(2) 交换律：$x+y=y+x$。

(3) 有零元：$\exists\theta\in V$，使得 $x+\theta=x(\forall x\in V)$。

(4) 有负元：$\forall x\in V$，$\exists(-x)\in V$，使得 $x+(-x)=\theta$。

并且定义的数乘运算封闭，即 $\forall x\in V$，$\forall k\in K$，对应唯一元素 $(kx)\in V$，且满足

(1) 数对元素分配律：$k(x+y)=kx+ky(\forall y\in V)$。

(2) 元素对数分配律：$(k+l)x=kx+lx(\forall l\in K)$。

(3) 数因子结合律：$k(lx)=(kl)x(\forall l\in K)$。

(4) 有单位数：单位数为 1，有 $x\in K$，使得 $1x=x$。

则称 V 为 K 上的线性空间。

例 5-3 集合 $\mathbf{R}^+=\{a\,|\,a$ 是正整数$\}$，数域 $R=\{k\,|\,k$ 是实数$\}$。

加法：$a,b\in\mathbf{R}^+$，$a\oplus b=ab$。

数乘：$a\in\mathbf{R}^+$，$k\in\mathbf{R}$，$k\otimes a=a^k$，验证 $\mathbf{R}^+$ 是 R 上的线性空间。

证：$\mathbf{R}^+$ 关于加法运算封闭，且定义 5-5 中关于加法运算封闭性的(1)、(2)成立。

(3) $a\oplus\theta=a\Rightarrow a\theta=a\Rightarrow\theta=1$。

(4) $a\oplus(-a)=\theta\Rightarrow a(-a)=1\Rightarrow(-a)=1/a$。

$\mathbf{R}^+$ 关于数乘运算封闭，(1)～(4)成立，故 $\mathbf{R}^+$ 是 R 上的线性空间。

定理 5-1 线性空间 V 中的零元素唯一，负元素也唯一。

证：设 θ_1 与 θ_2 都是 V 的零元素，则

$$\theta_1=\theta_1+\theta_2=\theta_2+\theta_1=\theta_2$$

设 x_1 与 x_2 都是 x 的负元素，则由 $x+x_1=\theta$ 及 $x+x_2=\theta$ 可得

$$\begin{aligned}x_1&=x_1+\theta=x_1+(x+x_2)=(x_1+x)+x_2=(x+x_1)+x_2\\&=\theta+x_2=x_2+\theta=x_2\end{aligned}$$

定义 5-6 在线性空间 V 中，减法运算为

$$x-y=x+(-y)$$

定义 5-7 向量 $\boldsymbol{x}$，$x_i\in V$，若存在 $C_i\in K$，使向量 $\boldsymbol{x}=c_1x_1+c_2x_2+\cdots+c_mx_m$，则称向量 $\boldsymbol{x}$ 是 $x_1,x_2,\cdots,x_m$ 的线性组合，或者向量 $\boldsymbol{x}$ 可由 $x_1,x_2,\cdots,x_m$ 线性表示。

定义 5-8 若有 $c_1,c_2,\cdots,c_m$ 不全为 0，使得 $c_1x_1+c_2x_2+\cdots+c_mx_m=\theta$，则称 $x_1,x_2,\cdots,$

x_m 线性相关。

定义 5-9　仅当 $c_1,c_2,\cdots,c_m$ 全为 0 时，才有 $c_1x_1+c_2x_2+\cdots+c_mx_m=\theta$，则称 $x_1,x_2,\cdots,x_m$ 线性无关。

5.1.3　基与坐标

定义 5-10　在线性空间 V 中，若元素组 $x_1,x_2,\cdots,x_n$ 满足以下两个条件：

(1) $x_1,x_2,\cdots,x_n$ 线性无关。

(2) $\forall x\in V$ 都可由 $x_1,x_2,\cdots,x_n$ 线性表示。

称 $x_1,x_2,\cdots,x_n$ 为 V 的一个基，n 为 V 的维数，记作 $\dim V=n$，或者 V^n。

例 5-4　在矩阵空间 $\mathbf{R}^{m\times n}$ 中，易见，因为 $\boldsymbol{E}_{ij}(i=1,2,\cdots,m;j=1,2,\cdots,n)$ 线性无关，

$$\boldsymbol{A}=(a_{ij})_{m\times n}=\sum_{i=1}^{m}\sum_{j=1}^{n}a_{ij}\boldsymbol{E}_{ij}$$

故 $\boldsymbol{E}_{ij}(i=1,2,\cdots,m;j=1,2,\cdots,n)$ 是 $\mathbf{R}^{m\times n}$ 的一个基，$\dim\mathbf{R}^{m\times n}=mn$。

定义 5-11　给定线性空间 V^n 的基 $\boldsymbol{x}_1,\boldsymbol{x}_2,\cdots,\boldsymbol{x}_n$，当 $\boldsymbol{x}\in V^n$ 时，$\boldsymbol{x}=\xi_1\boldsymbol{x}_1+\xi_2\boldsymbol{x}_2+\cdots+\xi_n\boldsymbol{x}_n$，称 $\xi_1,\xi_2,\cdots,\xi_n$ 为 $\boldsymbol{x}$ 在给定基 $\boldsymbol{x}_1,\boldsymbol{x}_2,\cdots,\boldsymbol{x}_n$ 下的坐标，记作列向量 $\boldsymbol{\alpha}=(\xi_1,\xi_2,\cdots,\xi_n)^{\mathrm{T}}$。

例 5-5　在矩阵空间 $\mathbf{R}^{2\times 2}$ 中，设 $\boldsymbol{A}=(a_{ij})_{2\times 2}$，取基 $\boldsymbol{E}_{11}$、$\boldsymbol{E}_{12}$、$\boldsymbol{E}_{21}$、$\boldsymbol{E}_{22}$：

$$\boldsymbol{A}=a_{11}\boldsymbol{E}_{11}+a_{12}\boldsymbol{E}_{12}+a_{21}\boldsymbol{E}_{21}+a_{22}\boldsymbol{E}_{22}$$

坐标为 $\boldsymbol{\alpha}=(a_{11},a_{12},a_{21},a_{22})^{\mathrm{T}}$。

取基 $\boldsymbol{B}_1=\begin{bmatrix}1&1\\1&1\end{bmatrix}$，$\boldsymbol{B}_2=\begin{bmatrix}0&1\\1&1\end{bmatrix}$，$\boldsymbol{B}_3=\begin{bmatrix}0&0\\1&1\end{bmatrix}$，$\boldsymbol{B}_4=\begin{bmatrix}0&0\\0&1\end{bmatrix}$：

$$\begin{aligned}\boldsymbol{A}&=a_{11}(\boldsymbol{B}_1-\boldsymbol{B}_2)+a_{12}(\boldsymbol{B}_2-\boldsymbol{B}_3)+a_{21}(\boldsymbol{B}_3-\boldsymbol{B}_4)+a_{22}\boldsymbol{B}_4\\&=a_{11}\boldsymbol{B}_1+(a_{12}-a_{11})\boldsymbol{B}_2+(a_{21}-a_{12})\boldsymbol{B}_3+(a_{22}-a_{21})\boldsymbol{B}_4\end{aligned}$$

坐标为 $\boldsymbol{\beta}=(a_{11},a_{12}-a_{11},a_{21}-a_{12},a_{22}-a_{21})^{\mathrm{T}}$。

定理 5-2　在线性空间 V^n 中，元素在给定基下的坐标唯一。

证：设 V^n 的基为 $\boldsymbol{x}_1,\boldsymbol{x}_2,\cdots,\boldsymbol{x}_n$。对于 $\boldsymbol{x}\in V^n$，若

$$\boldsymbol{x}=\xi_1\boldsymbol{x}_1+\xi_2\boldsymbol{x}_2+\cdots+\xi_n\boldsymbol{x}_n=\eta_1\boldsymbol{x}_1+\eta_2\boldsymbol{x}_2+\cdots+\eta_n\boldsymbol{x}_n$$

则有

$$(\xi_1-\eta_1)\boldsymbol{x}_1+(\xi_2-\eta_2)\boldsymbol{x}_2+\cdots+(\xi_n-\eta_n)\boldsymbol{x}_n=\theta$$

因为 $\boldsymbol{x}_1,\boldsymbol{x}_2,\cdots,\boldsymbol{x}_n$ 线性无关，所以 $\xi_i-\eta_i=0$，即 $\xi_i=\eta_i(i=1,2,\cdots,n)$，故 $\boldsymbol{x}$ 的坐标唯一。

基与坐标
例题

定义 5-12　设线性空间 V^n 的基(Ⅰ)为 $\boldsymbol{x}_1,\boldsymbol{x}_2,\cdots,\boldsymbol{x}_n$，基(Ⅱ)为 $\boldsymbol{y}_1,\boldsymbol{y}_2,\cdots,\boldsymbol{y}_n$，则

$$\begin{cases}\boldsymbol{y}_1=c_{11}\boldsymbol{x}_1+c_{21}\boldsymbol{x}_2+\cdots+c_{n1}\boldsymbol{x}_n\\\boldsymbol{y}_2=c_{12}\boldsymbol{x}_1+c_{22}\boldsymbol{x}_2+\cdots+c_{n2}\boldsymbol{x}_n\\\qquad\vdots\\\boldsymbol{y}_n=c_{1n}\boldsymbol{x}_1+c_{2n}\boldsymbol{x}_2+\cdots+c_{nn}\boldsymbol{x}_n\end{cases},\quad \boldsymbol{C}=\begin{bmatrix}c_{11}&c_{12}&\cdots&c_{1n}\\c_{21}&c_{22}&\cdots&c_{2n}\\\vdots&\vdots&\ddots&\vdots\\c_{n1}&c_{n2}&\cdots&c_{nn}\end{bmatrix}\tag{5-1}$$

写成矩阵乘法形式为

$$(\boldsymbol{y}_1,\boldsymbol{y}_2,\cdots,\boldsymbol{y}_n)=(\boldsymbol{x}_1,\boldsymbol{x}_2,\cdots,\boldsymbol{x}_n)\boldsymbol{C}$$

称上式为基变换公式，$\boldsymbol{C}$ 为由基(Ⅰ)改变为基(Ⅱ)的过渡矩阵。

基变换与
坐标变换

定义 5-13　设 $\boldsymbol{x}\in V^n$ 在两个基下的坐标分别为 $\boldsymbol{\alpha}$ 和 $\boldsymbol{\beta}$，则有

$$\boldsymbol{x}=\xi_1\boldsymbol{x}_1+\xi_2\boldsymbol{x}_2+\cdots+\xi_n\boldsymbol{x}_n=(\boldsymbol{x}_1,\boldsymbol{x}_2,\cdots,\boldsymbol{x}_n)\boldsymbol{\alpha} \tag{5-2}$$

$$\boldsymbol{x}=\eta_1\boldsymbol{y}_1+\eta_2\boldsymbol{y}_2+\cdots+\eta_n\boldsymbol{y}_n=(\boldsymbol{y}_1,\boldsymbol{y}_2,\cdots,\boldsymbol{y}_n)\boldsymbol{\beta}=(\boldsymbol{x}_1,\boldsymbol{x}_2,\cdots,\boldsymbol{x}_n)\boldsymbol{C}\boldsymbol{\beta} \tag{5-3}$$

由定理 5-2 可得 $\boldsymbol{\alpha}=\boldsymbol{C}\boldsymbol{\beta}$,或者 $\boldsymbol{\beta}=\boldsymbol{C}^{-1}\boldsymbol{\alpha}$,称为坐标变换公式。

例 5-6 在多项式空间 $P[t]_2$ 中存在两种基:

(Ⅰ) $f_1(t)=1, f_2(t)=1+t, f_3(t)=1+t+t^2$。

(Ⅱ) $g_1(t)=1+t^2, g_2(t)=t+t^2, g_3(t)=1+t$。

(1) 求由基(Ⅰ)改变为基(Ⅱ)的过渡矩阵。

(2) 求 $P[t]_2$ 中在基(Ⅰ)和基(Ⅱ)下有相同坐标的全体多项式。

解:

(1) 采用中介基法求过渡矩阵:取 $P[t]_2$ 的简单基 $\boldsymbol{C}$ 为 $1,t,t^2$,写出由简单基改变为基(Ⅰ)和基(Ⅱ)的过渡矩阵:

所以
$$\begin{cases} f_1(t)=1\times1+0\times t+0\times t^2 \\ f_2(t)=1\times1+1\times t+0\times t^2 \\ f_3(t)=1\times1+1\times t+1\times t^2 \end{cases},\boldsymbol{C}_1=\begin{bmatrix}1&1&1\\0&1&1\\0&0&1\end{bmatrix}$$

又
$$\begin{cases} g_1(t)=1\times1+0\times t+1\times t^2 \\ g_2(t)=0\times1+1\times t+1\times t^2 \\ g_3(t)=1\times1+1\times t+0\times t^2 \end{cases},\boldsymbol{C}_2=\begin{bmatrix}1&0&1\\0&1&1\\1&1&0\end{bmatrix}$$

可得

$$\begin{cases} \boldsymbol{f}=\boldsymbol{C}\boldsymbol{C}_1 \\ \boldsymbol{g}=\boldsymbol{C}\boldsymbol{C}_2 \end{cases}$$

由基(Ⅰ)改变为基(Ⅱ)的过渡矩阵为

$$\boldsymbol{C}_1^{-1}\boldsymbol{C}_2=\begin{bmatrix}1&-1&0\\0&1&-1\\0&0&1\end{bmatrix}\begin{bmatrix}1&0&1\\0&1&1\\1&1&0\end{bmatrix}=\begin{bmatrix}1&-1&0\\-1&0&1\\1&1&0\end{bmatrix}$$

(2) 设 $\boldsymbol{f}(t)\in P[t]_2$ 在基(Ⅰ)和基(Ⅱ)下的坐标分别为 $\boldsymbol{\alpha}=(\xi_1,\xi_2,\xi_3)^{\mathrm{T}}$,$\boldsymbol{\beta}=(\eta_1,\eta_2,\eta_3)^{\mathrm{T}}$。由坐标变换公式 $\boldsymbol{\alpha}=\boldsymbol{C}\boldsymbol{\beta}$ 及题设 $\boldsymbol{\alpha}=\boldsymbol{\beta}$ 可得 $(\boldsymbol{I}-\boldsymbol{C})\boldsymbol{\alpha}=\boldsymbol{0}$。

该齐次线性方程组的通解为

$$\boldsymbol{\alpha}=k\ (1,0,1)^{\mathrm{T}}(\forall k\in\mathbf{R})$$

在基(Ⅰ)和基(Ⅱ)下有相同坐标的全体多项式:

$$\boldsymbol{f}(t)=(f_1(t),f_2(t),f_3(t))\boldsymbol{\alpha}=kf_1(t)+kf_3(t)=2k+kt+kt^2(\forall k\in\mathbf{R})$$

线性子空间

定义 5-14 在线性空间 V 中,若子集 V_1 非空,且对 V 中的线性运算封闭,即

$$\forall \boldsymbol{x},\boldsymbol{y}\in V_1\Rightarrow\boldsymbol{x}+\boldsymbol{y}\in V_1$$

若 $\forall \boldsymbol{x}\in V_1$,$\forall k\in K\Rightarrow k\boldsymbol{x}\in V_1$,称 V_1 为 V 的线性子空间,简称子空间。

说明:

(1) 子空间 V_1 也是线性空间,而且 $\dim V_1\leqslant\dim V$。

(2) $\{\theta\}$是 V 的线性子空间,规定 $\dim\{\theta\}=0$。

(3) 子空间 V_1 的零元素就是 V 的零元素。

划分 $\mathbf{A}=(a_{ij})_{m\times n}=(\boldsymbol{\beta}_1,\boldsymbol{\beta}_2,\cdots,\boldsymbol{\beta}_n)\in\boldsymbol{C}^{m\times n}(\boldsymbol{\beta}_j\in\boldsymbol{C}^m)$,称 $R(\mathbf{A})=L(\boldsymbol{\beta}_1,\boldsymbol{\beta}_2,\cdots,\boldsymbol{\beta}_n)$为矩

阵 $\boldsymbol{A}$ 的值域(列空间)。易见 $\dim R(\boldsymbol{A})=\operatorname{rank}\boldsymbol{A}$。

设 $\boldsymbol{A}\in\boldsymbol{C}^{m\times n}$,称 $N(\boldsymbol{A})=\{\boldsymbol{x}\mid\boldsymbol{A}\boldsymbol{x}=\boldsymbol{0},\boldsymbol{x}\in\boldsymbol{C}^{n}\}$为矩阵 $\boldsymbol{A}$ 的零空间。易见 $\dim N(\boldsymbol{A})=n-\operatorname{rank}\boldsymbol{A}$。

定理 5-3　线性空间 V^n 中,设子空间 V_1 的基为 $\boldsymbol{x}_1,\boldsymbol{x}_2,\cdots,\boldsymbol{x}_m(m<n)$,则存在 $\boldsymbol{x}_{m+1}$,$\boldsymbol{x}_{m+2},\cdots,\boldsymbol{x}_n\in V^n$,得 $\boldsymbol{x}_1,\boldsymbol{x}_2,\cdots,\boldsymbol{x}_m,\boldsymbol{x}_{m+1},\cdots,\boldsymbol{x}_n$ 为 V^n 的基。

证:$m<n\Rightarrow\exists\boldsymbol{x}_{m+1}\in V^n$ 不能由 $\boldsymbol{x}_1,\boldsymbol{x}_2,\cdots,\boldsymbol{x}_m$ 线性表示$\Rightarrow\boldsymbol{x}_1,\boldsymbol{x}_2,\cdots,\boldsymbol{x}_m,\boldsymbol{x}_{m+1}$线性无关。

线性子空间例题

若 $m+1=n$,则 $\boldsymbol{x}_1,\cdots,\boldsymbol{x}_m,\boldsymbol{x}_{m+1}$是 V^n 的基。

否则,$m+1<n\Rightarrow\exists\boldsymbol{x}_{m+2}\in V^n$ 不能由 $\boldsymbol{x}_1,\cdots,\boldsymbol{x}_m,\boldsymbol{x}_{m+1}$线性表示$\Rightarrow\boldsymbol{x}_1,\cdots,\boldsymbol{x}_m,\boldsymbol{x}_{m+1}$,$\boldsymbol{x}_{m+2}$线性无关。

若 $m+2=n$,则 $\boldsymbol{x}_1,\cdots,\boldsymbol{x}_m,\boldsymbol{x}_{m+1},\boldsymbol{x}_{m+2}$是 V^n 的基;否则,$m+2<n\Rightarrow\cdots$。

依此类推,即得所证。

定义 5-15　子空间的交:

$$V_1\cap V_2=\{\boldsymbol{x}\mid\boldsymbol{x}\in V_1\text{ 且 }\boldsymbol{x}\in V_2\}$$

子空间的和:

$$V_1+V_2=\{\boldsymbol{x}=\boldsymbol{x}_1+\boldsymbol{x}_2\mid\boldsymbol{x}_1\in V_1,\boldsymbol{x}_2\in V_2\}$$

子空间的直和:

$$V_1+V_2=\{\boldsymbol{x}=\boldsymbol{x}_1+\boldsymbol{x}_2\mid\text{唯一 }\boldsymbol{x}_1\in V_1,\text{唯一 }\boldsymbol{x}_2\in V_2\}$$

记作

$$V_1+V_2=V_1\oplus V_2\tag{5-4}$$

定理 5-4　设 V_1、V_2 是线性空间 V 的子空间,则 $V_1\cap V_2$ 是 V 的子空间。

证:$\theta\in V_1,\theta\in V_2\Rightarrow\theta\in V_1\cap V_2\Rightarrow V_1\cap V_2$ 非空。

$$\forall\boldsymbol{x},\boldsymbol{y}\in V_1\cap V_2\Rightarrow\begin{cases}\boldsymbol{x},\boldsymbol{y}\in V_1\Rightarrow\boldsymbol{x}+\boldsymbol{y}\in V_1\\\boldsymbol{x},\boldsymbol{y}\in V_2\Rightarrow\boldsymbol{x}+\boldsymbol{y}\in V_2\end{cases}\Rightarrow\boldsymbol{x}+\boldsymbol{y}\in V_1\cap V_2$$

$$\forall k\in K,\forall\boldsymbol{x}\in V_1\cap V_2\Rightarrow\begin{cases}\boldsymbol{x}\in V_1\Rightarrow k\boldsymbol{x}\in V_1\\\boldsymbol{x}\in V_2\Rightarrow k\boldsymbol{x}\in V_2\end{cases}\Rightarrow k\boldsymbol{x}\in V_1\cap V_2$$

所以,$V_1\cap V_2$ 是 V 的子空间。

定理 5-5　设 V_1、V_2 是线性空间 V 的子空间,则 V_1+V_2 是 V 的子空间。

证:$\theta\in V_1,\theta\in V_2\Rightarrow\theta=\theta+\theta\in V_1\cap V_2\Rightarrow V_1\cap V_2$ 非空。

$$\begin{aligned}\forall\boldsymbol{x},\boldsymbol{y}\in V_1+V_2&\Rightarrow\begin{cases}\boldsymbol{x}=\boldsymbol{x}_1+\boldsymbol{x}_2,\boldsymbol{x}_1\in V_1,\boldsymbol{x}_2\in V_2\\\boldsymbol{y}=\boldsymbol{y}_1+\boldsymbol{y}_2,\boldsymbol{y}_1\in V_1,\boldsymbol{y}_2\in V_2\end{cases}\\&\Rightarrow\boldsymbol{x}+\boldsymbol{y}=(\boldsymbol{x}_1+\boldsymbol{y}_1)+(\boldsymbol{x}_2+\boldsymbol{y}_2),\boldsymbol{x}_1+\boldsymbol{y}_1\in V_1,\boldsymbol{x}_2+\boldsymbol{y}_2\in V_2\\&\Rightarrow\boldsymbol{x}+\boldsymbol{y}\in V_1+V_2\end{aligned}$$

$$\begin{aligned}\forall k\in K,\forall\boldsymbol{x}\in V_1+V_2&\Rightarrow\boldsymbol{x}=\boldsymbol{x}_1+\boldsymbol{x}_2,\boldsymbol{x}_1\in V_1,\boldsymbol{x}_2\in V_2\\&\Rightarrow k\boldsymbol{x}=k\boldsymbol{x}_1+k\boldsymbol{x}_2,k\boldsymbol{x}_1\in V_1,k\boldsymbol{x}_2\in V_2\\&\Rightarrow k\boldsymbol{x}\in V_1+V_2\end{aligned}$$

所以 V_1+V_2 是 V 的子空间。

定理 5-6　设 V_1、V_2 是线性空间 V 的有限维子空间,则

$$\dim(V_1+V_2)=\dim V_1+\dim V_2-\dim(V_1\cap V_2) \tag{5-5}$$

证:

$$\dim V_1=n_1, \dim V_2=n_2, \dim(V_1\cap V_2)=m$$

要证 $\dim(V_1\cap V_2)=n_1+n_2-m$。

(1) $m=n_1$ 时:

$$(V_1\cap V_2)\subset V_1\Rightarrow V_1\cap V_2=V_1$$
$$(V_1\cap V_2)\subset V_2\Rightarrow V_1\subset V_2\Rightarrow V_1+V_2=V_2$$
$$\dim(V_1+V_2)=\dim V_2=n_2=n_1+n_2-m$$

(2) $m=n_2$ 时:

$$(V_1\cap V_2)\subset V_2\Rightarrow V_1\cap V_2=V_2$$
$$(V_1\cap V_2)\subset V_1\Rightarrow V_2\subset V_1\Rightarrow V_1+V_2=V_1$$
$$\dim(V_1+V_2)=\dim V_1=n_1=n_1+n_2-m$$

(3) $m<n_1, m<n_2$ 时:

设 $V_1\cap V_2$ 的基为 $\boldsymbol{x}_1,\boldsymbol{x}_2,\cdots,\boldsymbol{x}_m$,那么,扩充为 V_1 的基:

$$\boldsymbol{x}_1,\boldsymbol{x}_2,\cdots,\boldsymbol{x}_m,\boldsymbol{y}_1,\boldsymbol{y}_2,\cdots,\boldsymbol{y}_{n_1-m}(\text{Ⅰ})$$

扩充为 V_2 的基:

$$\boldsymbol{x}_1,\boldsymbol{x}_2,\cdots,\boldsymbol{x}_m,\boldsymbol{z}_1,\boldsymbol{z}_2,\cdots,\boldsymbol{z}_{n_2-m}(\text{Ⅱ})$$

考虑元素组:

$$\boldsymbol{x}_1,\boldsymbol{x}_2,\cdots,\boldsymbol{x}_m,\boldsymbol{y}_1,\boldsymbol{y}_2,\cdots,\boldsymbol{y}_{n_1-m},\boldsymbol{z}_1,\boldsymbol{z}_2,\cdots,\boldsymbol{z}_{n_2-m}(\text{Ⅲ})$$

因为 $V_1=L(\text{Ⅰ}), V_2=L(\text{Ⅱ})$,所以 $V_1+V_2=L(\text{Ⅲ})$(自证)。

下面证明元素组(Ⅲ)线性无关:

设有数组 $k_1,k_2,\cdots,k_m,p_1,p_2,\cdots,p_{n_1-m},q_1,q_2,\cdots,q_{n_2-m}$,使得

$$k_1\boldsymbol{x}_1+k_2\boldsymbol{x}_2+\cdots+k_m\boldsymbol{x}_m+p_1\boldsymbol{y}_1+p_2\boldsymbol{y}_2+\cdots+p_{n_1-m}\boldsymbol{y}_{n_1-m}+q_1\boldsymbol{z}_1+q_2\boldsymbol{z}_2+\cdots+q_{n_2-m}\boldsymbol{z}_{n_2-m}=\theta$$

由
$$\boldsymbol{x}=\begin{cases}k_1\boldsymbol{x}_1+k_2\boldsymbol{x}_2+\cdots+k_m\boldsymbol{x}_m+p_1\boldsymbol{y}_1+p_2\boldsymbol{y}_2+\cdots+p_{n_1-m}\boldsymbol{y}_{n_1-m}\in V_1\\-(q_1\boldsymbol{z}_1+q_2\boldsymbol{z}_2+\cdots+q_{n_2-m}\boldsymbol{z}_{n_2-m})\in V_2\end{cases} \tag{*}$$

得
$$\boldsymbol{x}\in V_1\cap V_2\Rightarrow \boldsymbol{x}=l_1\boldsymbol{x}_1+l_2\boldsymbol{x}_2+\cdots+l_m\boldsymbol{x}_m$$

结合(*)中第二式得

$$l_1\boldsymbol{x}_1+l_2\boldsymbol{x}_2+\cdots+l_m\boldsymbol{x}_m+q_1\boldsymbol{z}_1+q_2\boldsymbol{z}_2+\cdots+q_{n_2-m}\boldsymbol{z}_{n_2-m}=\theta$$

结合(*)中第一式得

$$k_1\boldsymbol{x}_1+k_2\boldsymbol{x}_2+\cdots+k_m\boldsymbol{x}_m+p_1\boldsymbol{y}_1+p_2\boldsymbol{y}_2+\cdots+p_{n_1-m}\boldsymbol{y}_{n_1-m}=\theta$$

(Ⅰ)由线性无关可得

$$k_1=k_2=\cdots=k_m=0, p_1=p_2=\cdots=p_{n_1-m}=0$$

故元素组(Ⅲ)线性无关,从而是 V_1+V_2 的一个基。因此,

$$\dim(V_1+V_2)=n_1+n_2-m$$

定理 5-7 设 V_1,V_2 是线性空间 V 的子空间,则

$$V_1+V_2\text{ 是直和}\Leftrightarrow V_1\cap V_2=\{\theta\}$$

证:充分性。已知 $V_1\cap V_2=\{\theta\}$。对于 $\forall z\in V_1+V_2$,若

$$\begin{cases}\boldsymbol{z}=\boldsymbol{x}_1+\boldsymbol{x}_2, \boldsymbol{x}_1\in V_1, \boldsymbol{x}_2\in V_2\\\boldsymbol{z}=\boldsymbol{y}_1+\boldsymbol{y}_2, \boldsymbol{y}_1\in V_1, \boldsymbol{y}_2\in V_2\end{cases}$$

则有

$$
\begin{aligned}
(\boldsymbol{x}_1-\boldsymbol{y}_1)+(\boldsymbol{x}_2-\boldsymbol{y}_2)=\theta,\boldsymbol{x}_1-\boldsymbol{y}_1\in V_1,\boldsymbol{x}_2-\boldsymbol{y}_2\in V_2\\
\Rightarrow \boldsymbol{x}_1-\boldsymbol{y}_1=-(\boldsymbol{x}_2-\boldsymbol{y}_2)\in V_1\cap V_2\\
\Rightarrow \boldsymbol{x}_1-\boldsymbol{y}_1=\theta,\boldsymbol{x}_2-\boldsymbol{y}_2=\theta\\
\Rightarrow \boldsymbol{x}_1=\boldsymbol{y}_1,\boldsymbol{x}_2=\boldsymbol{y}_2
\end{aligned}
$$

故 $\boldsymbol{z}\in V_1+V_2$ 的分解式唯一，从而 $V_1+V_2=V_1\oplus V_2$。

必要性。若 $V_1\cap V_2\neq\{\theta\}$，则有 $\theta\neq\boldsymbol{x}\in V_1\cap V_2$。对于 $\theta\in V_1\cap V_2$，有 $\theta=\theta+\theta,\theta\in V_1$，$\theta\in V_2$，

$$\theta=\boldsymbol{x}+(-\boldsymbol{x}),\boldsymbol{x}\in V_1,(-\boldsymbol{x})\in V_2$$

即 $\theta\in V_1+V_2$ 有两种不同的分解式，这与 V_1+V_2 是直和矛盾。故 $V_1\cap V_2=\{\theta\}$。

推论 1　V_1+V_2 是直和 $\Leftrightarrow \dim(V_1+V_2)=\dim V_1+\dim V_2$。

推论 2　设 V_1+V_2 是直和，V_1 的基为 $\boldsymbol{x}_1,\boldsymbol{x}_2,\cdots,\boldsymbol{x}_k$，$V_2$ 的基为 $\boldsymbol{y}_1,\boldsymbol{y}_2,\cdots,\boldsymbol{y}_l$，则 V_1+V_2 的基为 $\boldsymbol{x}_1,\boldsymbol{x}_2,\cdots,\boldsymbol{x}_k,\boldsymbol{y}_1,\boldsymbol{y}_2,\cdots,\boldsymbol{y}_l$。

证：因为 $V_1+V_2=L(\boldsymbol{x}_1,\boldsymbol{x}_2,\cdots,\boldsymbol{x}_k,\boldsymbol{y}_1,\boldsymbol{y}_2,\cdots,\boldsymbol{y}_l)$，且 $\dim(V_1+V_2)=\dim V_1+\dim V_2=k+l$，所以 $\boldsymbol{x}_1,\boldsymbol{x}_2,\cdots,\boldsymbol{x}_k,\boldsymbol{y}_1,\boldsymbol{y}_2,\cdots,\boldsymbol{y}_l$ 线性无关，故 $\boldsymbol{x}_1,\boldsymbol{x}_2,\cdots,\boldsymbol{x}_k,\boldsymbol{y}_1,\boldsymbol{y}_2,\cdots,\boldsymbol{y}_l$ 是 V_1+V_2 的基。

5.2　线性变换及其矩阵

5.2.1　线性变换及相关概念

定义 5-16　设有线性空间 V 和数域 K，T 是 V 中的变换。若对 $\forall\boldsymbol{x},\boldsymbol{y}\in V,\forall k,l\in K$，都有 $T(k\boldsymbol{x}+l\boldsymbol{y})=k(T\boldsymbol{x})+l(T\boldsymbol{y})$，称 T 是 V 中的线性变换。

线性变换的性质如下：

(1) $T\theta=T(0\boldsymbol{x}+0\boldsymbol{y})=0(T\boldsymbol{x})+0(T\boldsymbol{y})=0$。

(2) $T(-\boldsymbol{x})=T((-1)\boldsymbol{x}+0\boldsymbol{y})=(-1)(T\boldsymbol{x})+0(T\boldsymbol{y})=-T(\boldsymbol{x})$。

(3) $\boldsymbol{x}_1,\boldsymbol{x}_2,\cdots,\boldsymbol{x}_m\in V$ 线性相关 $\Rightarrow T\boldsymbol{x}_1,T\boldsymbol{x}_2,\cdots,T\boldsymbol{x}_m$ 线性相关。

(4) $\boldsymbol{x}_1,\boldsymbol{x}_2,\cdots,\boldsymbol{x}_m\in V$ 线性无关时，不能推出 $T\boldsymbol{x}_1,T\boldsymbol{x}_2,\cdots,T\boldsymbol{x}_m$ 线性无关。

(5) T 是线性变换 $\Leftrightarrow T(\boldsymbol{x}+\boldsymbol{y})=T\boldsymbol{x}+T\boldsymbol{y},T(k\boldsymbol{x})=k(T\boldsymbol{x})(\forall\boldsymbol{x},\boldsymbol{y}\in V,\forall k\in K)$。

例 5-7　矩阵空间 $\mathbf{R}^{n\times n}$，给定矩阵 $\boldsymbol{B}_{n\times n}$，则变换 $\boldsymbol{TX}=\boldsymbol{BX}+\boldsymbol{XB}(\forall\boldsymbol{X}\in\mathbf{R}^{n\times n})$ 是 $\mathbf{R}^{n\times n}$ 的线性变换。

定义 5-17　线性变换的值域是 $R(T)=\{\boldsymbol{y}\mid\boldsymbol{y}=T\boldsymbol{x},\boldsymbol{x}\in V\}$。

定义 5-18　线性变换的核是 $N(T)=\{\boldsymbol{x}\mid T\boldsymbol{x}=\theta,\boldsymbol{x}\in V\}$。

定理 5-8　设 T 是线性空间 V 的线性变换，则 $R(T)$ 和 $N(T)$ 都是 V 的子空间。

证：

(1) V 非空 $\Rightarrow R(T)$ 非空。

$$
\begin{aligned}
&\forall\boldsymbol{y}_2\in R(T)\Rightarrow\exists\boldsymbol{x}_2\in V,\text{s.t. }\boldsymbol{y}_2=T\boldsymbol{x}_2\\
&\boldsymbol{y}_1+\boldsymbol{y}_2=T\boldsymbol{x}_1+T\boldsymbol{x}_2=T(\boldsymbol{x}_1+\boldsymbol{x}_2)\in R(T)(\text{因 }\boldsymbol{x}_1+\boldsymbol{x}_2\in V)\\
&k\boldsymbol{y}_1=k(T\boldsymbol{x}_1)=T(k\boldsymbol{x}_1)\in R(T)(\text{因 }\forall k\in K,k\boldsymbol{x}_1\in V)
\end{aligned}
$$

故 $R(T)$是 V 的子空间。

(2) $\theta\in V,T\theta=\theta\Rightarrow\theta\in N(T)$,即 $N(T)$非空。

$\forall\,\boldsymbol{x},\boldsymbol{y}\in N(T)\Rightarrow T(\boldsymbol{x}+\boldsymbol{y})=T\boldsymbol{x}+T\boldsymbol{y}=\theta$,即 $\boldsymbol{x}+\boldsymbol{y}\in N(T)$。

$\forall\,\boldsymbol{x}\in N(T),\forall\,k\in K\Rightarrow T(k\boldsymbol{x})=k(T\boldsymbol{x})=\theta$,即 $k\boldsymbol{x}\in N(T)$。

故 $N(T)$是 V 的子空间。

注意,定义 T 的秩为 $\dim R(T)$,T 的亏为 $\dim N(T)$。

例 5-8 设线性空间 V^n 的基为 $\boldsymbol{x}_1,\boldsymbol{x}_2,\cdots,\boldsymbol{x}_n$,$T$ 是 V 的线性变换,则

$$R(T)=L(T\boldsymbol{x}_1,T\boldsymbol{x}_2,\cdots,T\boldsymbol{x}_n),\dim R(T)+\dim N(T)=n$$

证:

(1) 先证 $R(T)\subset L(T\boldsymbol{x}_1,T\boldsymbol{x}_2,\cdots,T\boldsymbol{x}_n)$。

$\forall\,\boldsymbol{y}\in R(T)\Rightarrow\exists\,\boldsymbol{x}\in V^n$, s.t. $\boldsymbol{y}=T\boldsymbol{x}$

$$\boldsymbol{x}=c_1\boldsymbol{x}_1+c_2\boldsymbol{x}_2+\cdots+c_n\boldsymbol{x}_n\Rightarrow y=c_1(T\boldsymbol{x}_1)+c_2(T\boldsymbol{x}_2)+\cdots+c_n(T\boldsymbol{x}_n)\in L(T\boldsymbol{x}_1,T\boldsymbol{x}_2,\cdots,T\boldsymbol{x}_n)$$

再证 $R(T)\supset L(T\boldsymbol{x}_1,T\boldsymbol{x}_2,\cdots,T\boldsymbol{x}_n)$。

$\forall\,\boldsymbol{y}\in L(T\boldsymbol{x}_1,T\boldsymbol{x}_2,\cdots,T\boldsymbol{x}_n)\Rightarrow\exists\,c_1,c_2,\cdots,c_n$, s.t. $\boldsymbol{y}=c_1(T\boldsymbol{x}_1)+c_2(T\boldsymbol{x}_2)+\cdots+c_n(T\boldsymbol{x}_n)$

$\boldsymbol{x}_i\in V^n\Rightarrow T\boldsymbol{x}_i\in R(T)\Rightarrow\boldsymbol{y}=c_1(T\boldsymbol{x}_1)+c_2(T\boldsymbol{x}_2)+\cdots+c_n(T\boldsymbol{x}_n)\in R(T)$

(2) 设 $\dim N(T)=m$,且 $N(T)$的基为 $\boldsymbol{y}_1,\boldsymbol{y}_2,\cdots,\boldsymbol{y}_m$,扩充为 V^n 的基:$\boldsymbol{y}_1,\boldsymbol{y}_2,\cdots,\boldsymbol{y}_m,\boldsymbol{y}_{m+1},\cdots,\boldsymbol{y}_n$,则

$$R(T)=L(T\boldsymbol{y}_1,T\boldsymbol{y}_2,\cdots,T\boldsymbol{y}_m,T\boldsymbol{y}_{m+1},\cdots,T\boldsymbol{y}_n)=L(T\boldsymbol{y}_{m+1},T\boldsymbol{y}_{m+2},\cdots,T\boldsymbol{y}_n)$$

设数组 $k_{m+1},k_{m+2},\cdots,k_n$ 使得 $k_{m+1}(T\boldsymbol{y}_{m+1})+k_{m+2}(T\boldsymbol{y}_{m+2})+\cdots+k_n(T\boldsymbol{y}_n)=\theta$,故

$$T(k_{m+1}\boldsymbol{y}_{m+1}+k_{m+2}\boldsymbol{y}_{m+2}+\cdots+k_n\boldsymbol{y}_n)=\theta$$

因为 T 是线性变换,所以 $k_{m+1}\boldsymbol{y}_{m+1}+k_{m+2}\boldsymbol{y}_{m+2}+\cdots+k_n\boldsymbol{y}_n\in N(T)$,故

$$k_{m+1}\boldsymbol{y}_{m+1}+k_{m+2}\boldsymbol{y}_{m+2}+\cdots+k_n\boldsymbol{y}_n=l_1\boldsymbol{y}_1+l_2\boldsymbol{y}_2+\cdots+l_m\boldsymbol{y}_m$$

即
$$(-l_1)\boldsymbol{y}_1+(-l_2)\boldsymbol{y}_2+\cdots+(-l_m)\boldsymbol{y}_m+k_{m+1}\boldsymbol{y}_{m+1}+\cdots+k_n\boldsymbol{y}_n=\theta$$

因为 $\boldsymbol{y}_1,\boldsymbol{y}_2,\cdots,\boldsymbol{y}_m,\boldsymbol{y}_{m+1},\cdots,\boldsymbol{y}_n$ 线性无关,所以 $k_{m+1}=0,2,\cdots,k_n=0$。

因此,$T\boldsymbol{y}_{m+1},T\boldsymbol{y}_{m+2},\cdots,T\boldsymbol{y}_n$ 线性无关,从而 $\dim R(T)=n-m$,即 $\dim R(T)+m=n$。

例题 5-9

例 5-9 在向量空间 R^4 中,$\boldsymbol{x}=(\xi_1,\xi_2,\xi_3,\xi_4)$,线性变换 T 为 $T\boldsymbol{x}=(\xi_1+\xi_2-3\xi_3-\xi_4,3\xi_1-\xi_2-3\xi_3+4\xi_4,0,0)$,求 $R(T)$和 $N(T)$的基与维数。

解:

(1) 取 R^4 的简单基 $\boldsymbol{e}_1,\boldsymbol{e}_2,\boldsymbol{e}_3,\boldsymbol{e}_4$,计算

$$T\boldsymbol{e}_1=(1,3,0,0),T\boldsymbol{e}_2=(1,-1,0,0),T\boldsymbol{e}_3=(-3,-3,0,0),T\boldsymbol{e}_4=(-1,4,0,0)$$

该基象组的一个最大线性无关组为 $T\boldsymbol{e}_1,T\boldsymbol{e}_2$。故 $\dim R(T)=2$,且 $R(T)$的一个基为 $T\boldsymbol{e}_1,T\boldsymbol{e}_2$。

(2) 记

$$\boldsymbol{A}=\begin{bmatrix}1&1&-3&-1\\3&-1&-3&4\end{bmatrix}$$

则
$$N(T)=\{\boldsymbol{x}\mid T\boldsymbol{x}=\theta\}=\left\{\boldsymbol{x}\;\middle|\;\boldsymbol{A}\begin{bmatrix}\xi_1\\\xi_2\\\xi_3\\\xi_4\end{bmatrix}=\boldsymbol{0}\right\}$$

$\boldsymbol{A}\begin{bmatrix}\xi_1\\\xi_2\\\xi_3\\\xi_4\end{bmatrix}=\boldsymbol{0}$ 的基础解系为 $\begin{bmatrix}3\\3\\2\\0\end{bmatrix},\begin{bmatrix}-3\\7\\0\\4\end{bmatrix}$。故 $\dim N(T)=2$，且 $N(T)$的一个基为

$$(3\quad 3\quad 2\quad 0),(-3\quad 7\quad 0\quad 4)$$

定义 5-19　在线性变换 V 中，定义变换 T 为 $T\boldsymbol{x}=\boldsymbol{x}(\forall\boldsymbol{x}\in V)$，则 T 是单位变换，记作 T_e。

定义 5-20　在线性空间 V 中，定义变换 T 为 $T\boldsymbol{x}=\theta(\forall\boldsymbol{x}\in V)$，则 T 是零变换，记作 T_0。

5.2.2　线性变换的运算

定义 5-21　设有线性空间 V 和数域 K，线性变换 T_1 与 T_2。线性变换有以下运算：

(1) 相等。若 $T_1\boldsymbol{x}=T_2\boldsymbol{x}(\forall\boldsymbol{x}\in V)$，称 $T_1=T_2$。

(2) 加法。定义变换 T 为 $T\boldsymbol{x}=T_1\boldsymbol{x}+T_2\boldsymbol{x}(\forall\boldsymbol{x}\in V)$，则 T 是线性变换，记作 $T=T_1+T_2$。

(3) 负变换。定义变换 T 为 $T\boldsymbol{x}=-(T_1\boldsymbol{x})(\forall\boldsymbol{x}\in V)$，则 T 是线性变换，记作 $T=-T_1$。

(4) 数乘。给定 $k\in K$，定义变换 T 为 $T\boldsymbol{x}=k(T_1\boldsymbol{x})(\forall\boldsymbol{x}\in V)$，则 T 是线性变换，记作 $T=kT_1$。

注意，集合 $\mathrm{Hom}(V,V)\overset{\det}{=}\{T\mid T$ 是数域 K 上的线性空间 V 的线性变换$\}$，按照线性运算(2)～(4)构成数域 K 上的线性空间，称为 V 的同态。

(5) 乘法。定义变换 T 为 $T\boldsymbol{x}=T_1(T_2\boldsymbol{x})(\forall\boldsymbol{x}\in V)$，则 T 是线性变换，记作 $T=T_1T_2$。

定义 5-22　设 T 是线性空间 V 的线性变换，若 V 的线性变换 S 满足 $(ST)\boldsymbol{x}=(TS)\boldsymbol{x}=\boldsymbol{x}(\forall\boldsymbol{x}\in V)$，则称 T 为可逆变换，且 S 为 T 的逆变换，记作 $T^{-1}=S$。

定义 5-23　设 T 是线性空间 V 的线性变换，则 $T^m\overset{\det}{=}T^{m-1}T(m=2,3,4,\cdots)$ 也是 V 的线性变换。

逆变换、幂变换、多项式变换

定义 5-24　设 T 是线性空间 V 的线性变换，多项式

$$f(t)=a_0+a_1t+\cdots+a_mt^m(a_i\in K)\tag{5-6}$$

则 $f(T)=a_0T_e+a_1T+\cdots+a_mT^m$ 也是 V 的线性变换，称为多项式变换。

5.2.3　线性变换的矩阵表示

定义 5-25　设线性空间 V^n 的基为 $\boldsymbol{x}_1,\boldsymbol{x}_2,\cdots,\boldsymbol{x}_n$，$T$ 是 V^n 的线性变换，则 $T\boldsymbol{x}_i\in V^n$，且有

线性变换的矩阵表示

$$\begin{cases}T\boldsymbol{x}_1=a_{11}\boldsymbol{x}_1+a_{21}\boldsymbol{x}_2+\cdots+a_{n1}\boldsymbol{x}_n\\T\boldsymbol{x}_2=a_{12}\boldsymbol{x}_1+a_{22}\boldsymbol{x}_2+\cdots+a_{n2}\boldsymbol{x}_n\\\qquad\vdots\\T\boldsymbol{x}_n=a_{1n}\boldsymbol{x}_1+a_{2n}\boldsymbol{x}_2+\cdots+a_{nn}\boldsymbol{x}_n\end{cases},\boldsymbol{A}=\begin{bmatrix}a_{11}&a_{12}&\cdots&a_{1n}\\a_{21}&a_{22}&\cdots&a_{2n}\\\vdots&\vdots&\ddots&\vdots\\a_{n1}&a_{n2}&\cdots&a_{nn}\end{bmatrix}\tag{5-7}$$

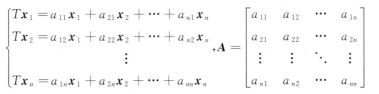

写成矩阵乘法形式 $T(\boldsymbol{x}_1,\boldsymbol{x}_2,\cdots,\boldsymbol{x}_n)\stackrel{\text{det}}{=}(T\boldsymbol{x}_1,T\boldsymbol{x}_2,\cdots,T\boldsymbol{x}_n)=(\boldsymbol{x}_1,\boldsymbol{x}_2,\cdots,\boldsymbol{x}_n)\boldsymbol{A}$,称 $\boldsymbol{A}$ 为线性变换 T 在基 $\boldsymbol{x}_1,\boldsymbol{x}_2,\cdots,\boldsymbol{x}_n$ 下的矩阵。

注意:

(1) 给定 V^n 的基 $\boldsymbol{x}_1,\boldsymbol{x}_2,\cdots,\boldsymbol{x}_n$ 和线性变换 T 时,矩阵 $\boldsymbol{A}$ 唯一。

(2) 给定 V^n 的基 $\boldsymbol{x}_1,\boldsymbol{x}_2,\cdots,\boldsymbol{x}_n$ 和矩阵 $\boldsymbol{A}$ 时,基象组 $T\boldsymbol{x}_1,T\boldsymbol{x}_2,\cdots,T\boldsymbol{x}_n$ 确定。

$$\forall \boldsymbol{x}\in V^n \Rightarrow \boldsymbol{x}=c_1\boldsymbol{x}_1+c_2\boldsymbol{x}_2+\cdots+c_n\boldsymbol{x}_n$$

定义变换 $T\boldsymbol{x}=c_1(T\boldsymbol{x}_1)+c_2(T\boldsymbol{x}_2)+\cdots+c_n(T\boldsymbol{x}_n)$,则 T 是线性变换,因此线性变换 T 与矩阵 $\boldsymbol{A}$ 有一一对应关系。

定义 5-26 线性运算的矩阵表示由定理 5-9 给出。

定理 5-9 设线性空间 V^n 的基为 $\boldsymbol{x}_1,\boldsymbol{x}_2,\cdots,\boldsymbol{x}_n$,线性变换 T_1 与 T_2 的矩阵为 $\boldsymbol{A}$ 与 $\boldsymbol{B}$。

(1) T_1+T_2 在该基下的矩阵为 $\boldsymbol{A}+\boldsymbol{B}$。

(2) kT_1 在该基下的矩阵为 $k\boldsymbol{A}$。

(3) T_1T_2 在该基下的矩阵为 $\boldsymbol{AB}$。

(4) T_1^{-1} 在该基下的矩阵为 $\boldsymbol{A}^{-1}$。

证:

$$T_1(\boldsymbol{x}_1,\boldsymbol{x}_2,\cdots,\boldsymbol{x}_n)=(\boldsymbol{x}_1,\boldsymbol{x}_2,\cdots,\boldsymbol{x}_n)\boldsymbol{A},T_2(\boldsymbol{x}_1,\boldsymbol{x}_2,\cdots,\boldsymbol{x}_n)=(\boldsymbol{x}_1,\boldsymbol{x}_2,\cdots,\boldsymbol{x}_n)\boldsymbol{B}$$

(1) 略。

(2) 略。

(3) 先证:$\forall \boldsymbol{C}=(c_{ij})_{n\times m},T[(\boldsymbol{x}_1,\boldsymbol{x}_2,\cdots,\boldsymbol{x}_n)\boldsymbol{C}]=[T(\boldsymbol{x}_1,\boldsymbol{x}_2,\cdots,\boldsymbol{x}_n)]\boldsymbol{C}$。

$$\begin{aligned}
\text{左}&=T\left[\sum_i c_{i1}\boldsymbol{x}_1,\sum_i c_{i2}\boldsymbol{x}_2,\cdots,\sum_i c_{in}\boldsymbol{x}_n\right]\\
&=\left[\sum_i c_{i1}(T\boldsymbol{x}_1),\sum_i c_{i2}(T\boldsymbol{x}_2),\cdots,\sum_i c_{in}(T\boldsymbol{x}_n)\right]\\
&=(T\boldsymbol{x}_1,T\boldsymbol{x}_2,\cdots,T\boldsymbol{x}_n)\boldsymbol{C}=\text{右}
\end{aligned}$$

由此可得

$$\begin{aligned}
(T_1T_2)(\boldsymbol{x}_1,\boldsymbol{x}_2,\cdots,\boldsymbol{x}_n)&=T_1[T_2(\boldsymbol{x}_1,\boldsymbol{x}_2,\cdots,\boldsymbol{x}_n)]=T_1[(\boldsymbol{x}_1,\boldsymbol{x}_2,\cdots,\boldsymbol{x}_n)\boldsymbol{B}]\\
&=[T_1(\boldsymbol{x}_1,\boldsymbol{x}_2,\cdots,\boldsymbol{x}_n)]\boldsymbol{B}=(\boldsymbol{x}_1,\boldsymbol{x}_2,\cdots,\boldsymbol{x}_n)\boldsymbol{AB}
\end{aligned}$$

(4) 记 $T_1^{-1}=T_2$,则

$$T_1T_2=T_2T_1=T_e\stackrel{(3)}{\Rightarrow}\boldsymbol{AB}=\boldsymbol{BA}=\boldsymbol{I}\Rightarrow\boldsymbol{B}=\boldsymbol{A}^{-1}$$

定义 5-27 象与原象坐标间的关系由定理 5-10 给出。

定理 5-10 线性空间 V^n 的基为 $\boldsymbol{x}_1,\boldsymbol{x}_2,\cdots,\boldsymbol{x}_n$,线性变换 T 在该基下的矩阵为 $\boldsymbol{A}$,$\boldsymbol{x}\in V^n$ 的坐标为 $\begin{bmatrix}\xi_1\\ \xi_2\\ \vdots\\ \xi_n\end{bmatrix}$,$T\boldsymbol{x}$ 的坐标为 $\begin{bmatrix}\eta_1\\ \eta_2\\ \vdots\\ \eta_n\end{bmatrix}$,则 $\begin{bmatrix}\eta_1\\ \eta_2\\ \vdots\\ \eta_n\end{bmatrix}=\boldsymbol{A}\begin{bmatrix}\xi_1\\ \xi_2\\ \vdots\\ \xi_n\end{bmatrix}$

证:

$$x=\xi_1\boldsymbol{x}_1+\xi_2\boldsymbol{x}_2+\cdots+\xi_n\boldsymbol{x}_n$$

$$T\boldsymbol{x}=\xi_1(T\boldsymbol{x}_1)+\xi_2(T\boldsymbol{x}_2)+\cdots+\xi_n(T\boldsymbol{x}_n)$$

$$=(T\boldsymbol{x}_1,T\boldsymbol{x}_2,\cdots,T\boldsymbol{x}_n)\begin{bmatrix}\xi_1\\\xi_2\\\vdots\\\xi_n\end{bmatrix}=(\boldsymbol{x}_1,\boldsymbol{x}_2,\cdots,\boldsymbol{x}_n)\boldsymbol{A}\begin{bmatrix}\xi_1\\\xi_2\\\vdots\\\xi_n\end{bmatrix}$$

由定理 5-2 知

$$\begin{bmatrix}\eta_1\\\eta_2\\\vdots\\\eta_n\end{bmatrix}=\boldsymbol{A}\begin{bmatrix}\xi_1\\\xi_2\\\vdots\\\xi_n\end{bmatrix}$$

定义 5-28　线性变换在不同基下矩阵之间的关系由定理 5-11 给出。

定理 5-11　设线性空间 V^n 的基(Ⅰ)为 $\boldsymbol{x}_1,\boldsymbol{x}_2,\cdots,\boldsymbol{x}_n$,基(Ⅱ)为 $\boldsymbol{y}_1,\boldsymbol{y}_2,\cdots,\boldsymbol{y}_n$。线性变换 T:

定理 5-11

$$T(\boldsymbol{x}_1,\boldsymbol{x}_2,\cdots,\boldsymbol{x}_n)=(\boldsymbol{x}_1,\boldsymbol{x}_2,\cdots,\boldsymbol{x}_n)\boldsymbol{A}$$
$$T(\boldsymbol{y}_1,\boldsymbol{y}_2,\cdots,\boldsymbol{y}_n)=(\boldsymbol{y}_1,\boldsymbol{y}_2,\cdots,\boldsymbol{y}_n)\boldsymbol{B}$$

由基(Ⅰ)到基(Ⅱ)的过渡矩阵为 $\boldsymbol{C}$,则 $\boldsymbol{B}=\boldsymbol{C}^{-1}\boldsymbol{AC}$。

证:因为

$$T(\boldsymbol{y}_1,\boldsymbol{y}_2,\cdots,\boldsymbol{y}_n)=T(\boldsymbol{x}_1,\boldsymbol{x}_2,\cdots,\boldsymbol{x}_n)\boldsymbol{C}=(\boldsymbol{x}_1,\boldsymbol{x}_2,\cdots,\boldsymbol{x}_n)\boldsymbol{AC}=(\boldsymbol{y}_1,\boldsymbol{y}_2,\cdots,\boldsymbol{y}_n)\boldsymbol{C}^{-1}\boldsymbol{AC}$$
$$T(\boldsymbol{y}_1,\boldsymbol{y}_2,\cdots,\boldsymbol{y}_n)=(\boldsymbol{y}_1,\boldsymbol{y}_2,\cdots,\boldsymbol{y}_n)\boldsymbol{B}$$

所以 $\boldsymbol{B}=\boldsymbol{C}^{-1}\boldsymbol{AC}$。

5.2.4　线性变换的特征值与特征向量

定义 5-29　设有线性空间 V 和线性变换 T,若 $\lambda_0\in K$ 及 $\theta\neq\boldsymbol{x}\in V$ 满足 $T\boldsymbol{x}=\lambda_0\boldsymbol{x}$,称 λ_0 为 T 的特征值,$\boldsymbol{x}$ 为对应于 T 的 λ_0 的特征向量(元素)。

定义 5-30　设线性空间 V^n 的基为 $\boldsymbol{x}_1,\boldsymbol{x}_2,\cdots,\boldsymbol{x}_n$,线性变换 T 的矩阵为 $\boldsymbol{A}_{n\times n}$。$T$ 的特征值为 λ_0,对应的特征向量为 $\boldsymbol{x}$。

$\boldsymbol{x}$ 的坐标为 $\boldsymbol{\alpha}=\begin{bmatrix}\xi_1\\\xi_2\\\vdots\\\xi_n\end{bmatrix}$,$T\boldsymbol{x}$ 的坐标为 $\boldsymbol{A\alpha}$,$\lambda_0\boldsymbol{x}$ 的坐标为 $\lambda\boldsymbol{\alpha}$。

因为 $T\boldsymbol{x}=\lambda_0\boldsymbol{x}\Leftrightarrow\boldsymbol{A\alpha}=\lambda_0\boldsymbol{\alpha}$,所以 T 的特征值与 $\boldsymbol{A}$ 的特征值相同;T 对应于 λ_0 的特征向量的坐标就是 $\boldsymbol{A}$ 对应于 λ_0 的特征向量。

定义 5-31　设 $\boldsymbol{A}=(a_{ij})_{n\times n}$,矩阵的迹为

$$\mathrm{tr}(\boldsymbol{A})\triangleq\sum_{i=1}^{n}a_{ii}$$

定理 5-12　$\boldsymbol{A}_{m\times n},\boldsymbol{B}_{n\times m}\Rightarrow\mathrm{tr}(\boldsymbol{AB})=\mathrm{tr}(\boldsymbol{BA})$。

证:

$$\boldsymbol{A}=(a_{ij})_{m\times n},\boldsymbol{B}=(b_{ij})_{n\times m}$$
$$\boldsymbol{AB}\triangleq(\mu_{ij})_{m\times m},\boldsymbol{BA}\triangleq(\nu_{ij})_{n\times n}$$

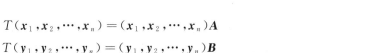

$$\mu_{ii}=(a_{i1},a_{i2},\cdots,a_{in})\begin{bmatrix}b_{1i}\\b_{2i}\\\vdots\\b_{ni}\end{bmatrix}=\sum_{k=1}^{n}a_{ik}b_{ki}$$

$$\nu_{kk}=(b_{k1},b_{k2},\cdots,b_{km})\begin{bmatrix}a_{1k}\\a_{2k}\\\vdots\\a_{mk}\end{bmatrix}=\sum_{i=1}^{m}b_{ki}a_{ik}$$

$$\mathrm{tr}(\boldsymbol{AB})=\sum_{i=1}^{m}\mu_{ii}=\sum_{i=1}^{m}\sum_{k=1}^{n}a_{ik}b_{ki}=\sum_{k=1}^{n}\sum_{i=1}^{m}b_{ki}a_{ik}=\sum_{k=1}^{n}\nu_{kk}=\mathrm{tr}(\boldsymbol{BA})$$

定理 5-13 若 $\boldsymbol{A}$ 与 $\boldsymbol{B}$ 相似,则 $\mathrm{tr}(\boldsymbol{A})=\mathrm{tr}(\boldsymbol{B})$。

定理 5-13

证:由 $\boldsymbol{B}=\boldsymbol{P}^{-1}\boldsymbol{AP}$ 可得

$$\mathrm{tr}(\boldsymbol{B})=\mathrm{tr}(\boldsymbol{P}^{-1}\boldsymbol{AP})=\mathrm{tr}((\boldsymbol{AP})\boldsymbol{P}^{-1})=\mathrm{tr}(\boldsymbol{A})$$

注意,因为相似矩阵有相同的特征值,所以线性变换的特征值与线性空间中基的选取无关。

定义 5-32 三角相似由定理 5-14 给出。

定理 5-14 $\boldsymbol{A}_{n\times n}$ 相似于上三角矩阵。

证:用归纳法。

当 $n=1$ 时,$\boldsymbol{A}=(a_{11})$是上三角矩阵$\Rightarrow\boldsymbol{A}$ 相似于上三角矩阵。

假设 $n=k-1$ 时定理成立,下证 $n=k$ 时定理也成立。

$\boldsymbol{A}_{k\times k}$ 的特征值为 $\lambda_1,\lambda_2,\cdots,\lambda_k$,对应 λ_1 的特征向量为 $\boldsymbol{x}_1\Rightarrow\boldsymbol{Ax}_1=\lambda_1\boldsymbol{x}_1$。扩充 $\boldsymbol{x}_1$ 为 $\mathbf{C}^k$ 的基:$\boldsymbol{x}_1,\boldsymbol{x}_2,\cdots,\boldsymbol{x}_k$(列向量)。

$\boldsymbol{P}_1=(\boldsymbol{x}_1,\boldsymbol{x}_2,\cdots,\boldsymbol{x}_k)$可逆。

$$\boldsymbol{AP}_1=(\boldsymbol{Ax}_1,\boldsymbol{Ax}_2,\cdots,\boldsymbol{Ax}_k),\boldsymbol{Ax}_j\in\mathbf{C}^k$$

$$\Rightarrow\boldsymbol{Ax}_j=b_{1j}\boldsymbol{x}_1+b_{2j}\boldsymbol{x}_2+\cdots+b_{kj}\boldsymbol{x}_k(j=2,3,\cdots,k)$$

$$\boldsymbol{AP}_1=(\boldsymbol{x}_1,\boldsymbol{x}_2,\cdots,\boldsymbol{x}_k)\begin{bmatrix}\lambda_1&\lambda_{12}&\cdots&b_{1k}\\0&b_{22}&\cdots&b_{2k}\\\vdots&\vdots&\ddots&\vdots\\0&b_{k2}&\cdots&b_{kk}\end{bmatrix}\boldsymbol{P}_1^{-1}\boldsymbol{AP}_1=\begin{bmatrix}\lambda_1&b_{12}&&b_{1k}\\0&&&\\\vdots&&\boldsymbol{A}_1&\\0&&&\end{bmatrix}$$

$\boldsymbol{A}_1$ 的特征值为 $\lambda_2,\lambda_3,\cdots,\lambda_k$,由假设知,存在 $k-1$ 阶可逆矩阵 $\boldsymbol{Q}$ 使得

$$\boldsymbol{Q}^{-1}\boldsymbol{A}_1\boldsymbol{Q}=\begin{bmatrix}\lambda_2&*&\cdots&*\\&\lambda_3&\ddots&\vdots\\&&\ddots&*\\&&&\lambda_k\end{bmatrix},\boldsymbol{P}_2\triangleq\begin{bmatrix}1&0&\cdots&0\\0&&&\\\vdots&&\boldsymbol{Q}&\\0&&&\end{bmatrix}$$

$$\boldsymbol{P}\triangleq\boldsymbol{P}_1\boldsymbol{P}_2\Rightarrow\boldsymbol{P}^{-1}\boldsymbol{AP}=\cdots=\begin{bmatrix}\lambda_1&*&\cdots&*\\&\lambda_2&\ddots&\vdots\\&&\ddots&*\\&&&\lambda_k\end{bmatrix}$$

由归纳法原理，对任意 n，定理 5-14 成立。

定义 5-33　哈密顿-凯莱(Hamilton-Cayley)定理由定理 5-15 给出。

定理 5-15　设 $\boldsymbol{A}_{n\times n}$，$\varphi(\lambda)\triangleq\det(\lambda\boldsymbol{I}-\boldsymbol{A})=\lambda^n+a_1\lambda^{n-1}+\cdots+a_{n-1}\lambda+a_n$，则

$$\varphi(\boldsymbol{A})\triangleq\boldsymbol{A}^n+a_1\boldsymbol{A}^{n-1}+\cdots+a_{n-1}\boldsymbol{A}+a_n\boldsymbol{I}=\boldsymbol{O}_{n\times n} \tag{5-8}$$

证：$\boldsymbol{A}$ 的特征值为

$$\lambda_1,\lambda_2,\cdots,\lambda_n\Rightarrow\varphi(\lambda)=(\lambda-\lambda_1)(\lambda-\lambda_2)\cdots(\lambda-\lambda_n)$$

由定理 5-14 知，存在可逆矩阵 $\boldsymbol{P}_{n\times n}$，使得

$$\boldsymbol{P}^{-1}\boldsymbol{A}\boldsymbol{P}=\begin{bmatrix}\lambda_1 & * & \cdots & * \\ & \lambda_2 & \ddots & \vdots \\ & & \ddots & * \\ & & & \lambda_n\end{bmatrix}$$

$$\begin{aligned}\varphi(\boldsymbol{P}^{-1}\boldsymbol{A}\boldsymbol{P})&=(\boldsymbol{P}^{-1}\boldsymbol{A}\boldsymbol{P}-\lambda_1\boldsymbol{I})(\boldsymbol{P}^{-1}\boldsymbol{A}\boldsymbol{P}-\lambda_2\boldsymbol{I})\cdots(\boldsymbol{P}^{-1}\boldsymbol{A}\boldsymbol{P}-\lambda_n\boldsymbol{I})\\
&=\begin{bmatrix}0 & * & \cdots & * \\ & \lambda_2-\lambda_1 & \ddots & \vdots \\ & & \ddots & * \\ & & & \lambda_n-\lambda_1\end{bmatrix}\begin{bmatrix}\lambda_1-\lambda_2 & * & \cdots & * \\ & 0 & \ddots & \vdots \\ & & \ddots & * \\ & & & \lambda_n-\lambda_2\end{bmatrix}\\
&\quad\cdots\begin{bmatrix}\lambda_1-\lambda_n & * & \cdots & * \\ & \ddots & \ddots & \vdots \\ & & \lambda_{n-1}-\lambda_n & * \\ & & & 0\end{bmatrix}\\
&=\begin{bmatrix}0 & 0 & * & \cdots & * \\ 0 & 0 & * & \cdots & * \\ 0 & 0 & * & \ddots & \vdots \\ \vdots & \vdots & & \ddots & * \\ 0 & 0 & & & *\end{bmatrix}\begin{bmatrix}\lambda_1-\lambda_3 & * & * & \cdots & * \\ & \lambda_2-\lambda_3 & * & \cdots & * \\ & & 0 & \ddots & \vdots \\ & & & \ddots & * \\ & & & & \lambda_n-\lambda_3\end{bmatrix}\cdots\\
&\quad\begin{bmatrix}\lambda_1-\lambda_n & * & * & \cdots & * \\ & \lambda_2-\lambda_n & * & \cdots & * \\ & & \ddots & \ddots & \vdots \\ & & & \lambda_{n-1}-\lambda_n & * \\ & & & & 0\end{bmatrix}=0\end{aligned}$$

即

$$\boldsymbol{P}^{-1}\varphi(\boldsymbol{A})\boldsymbol{P}=\boldsymbol{O}\Rightarrow\varphi(\boldsymbol{A})=\boldsymbol{O}$$

注意：

(1) $|\boldsymbol{A}|\neq0\Rightarrow a_n\neq0,\boldsymbol{A}^{-1}=-\dfrac{1}{a_n}(\boldsymbol{A}^{n-1}+a_1\boldsymbol{A}^{n-2}+\cdots+a_{n-2}\boldsymbol{A}+a_{n-1}\boldsymbol{I})$。

(2) $\boldsymbol{A}^n\in\operatorname{span}\{\boldsymbol{A}^{n-1},\cdots,\boldsymbol{A},\boldsymbol{I}\}$。

定义 5-34　以 $\boldsymbol{A}_{n\times n}$ 为根且次数最低的首项系数为 1(以下简称首 1)的零化多项式称为最小多项式，记作 $m(\lambda)$。

$$f(\lambda)=1\Rightarrow f(\boldsymbol{A})=\boldsymbol{I}\neq\boldsymbol{O}\Rightarrow\partial m(\lambda)\geqslant1$$

$$\varphi(\lambda) = \det(\lambda \boldsymbol{I} - \boldsymbol{A})$$

由定理 5-15 可推出

$$\varphi(\boldsymbol{A}) = \boldsymbol{O} \Rightarrow \partial m(\lambda) \leqslant n$$

定理 5-16

(1) 多项式 $f(\lambda)$满足 $f(\boldsymbol{A}) = \boldsymbol{O} \Rightarrow m(\lambda) \mid f(\lambda)$。

(2) $m(\lambda)$唯一。

证：

(1) 反证法。

$$m(\lambda) \nmid f(\lambda) \Rightarrow f(\lambda) = m(\lambda) g(\lambda) + r(\lambda)$$

$$r(\lambda) \not\equiv 0 \text{ 且 } \partial r(\lambda) < \partial m(\lambda) \Rightarrow f(\boldsymbol{A}) = m(\boldsymbol{A}) g(\boldsymbol{A}) + r(\boldsymbol{A})$$

$f(\boldsymbol{A}) = \boldsymbol{O}, m(A) = \boldsymbol{O} \Rightarrow r(A) = \boldsymbol{O}, \partial r(\lambda) < \partial m(\lambda) \Rightarrow m(\lambda)$不是 $\boldsymbol{A}$ 的最小多项式，矛盾。

(2) 设 $m(\lambda)$与 $\widetilde{m}(\lambda)$都是 $\boldsymbol{A}$ 的最小多项式，则

$$\left.\begin{array}{l} \widetilde{m}(\boldsymbol{A}) = \boldsymbol{O} \Rightarrow m(\lambda) \mid \widetilde{m}(\lambda) \\ m(\boldsymbol{A}) = \boldsymbol{O} \Rightarrow \widetilde{m}(\lambda) \mid m(\lambda) \end{array}\right\} \overset{\text{首}1}{\Rightarrow} m(\lambda) = \widetilde{m}(\lambda)$$

定理 5-17

定理 5-17 $m(\lambda)$与 $\varphi(\lambda)$的零点相同(不计重数)。

证：由定理 5-16 可推出 $m(\lambda)$的零点是 $\varphi(\lambda)$的零点，再设 λ_0 是 $\varphi(\lambda)$的零点，则有

$$\boldsymbol{A}\boldsymbol{x} = \lambda_0 \boldsymbol{x} (\boldsymbol{x} \neq \boldsymbol{0}) \Rightarrow m(\boldsymbol{A}) \boldsymbol{x} = m(\lambda_0) \boldsymbol{x}$$

$$m(\boldsymbol{A}) = \boldsymbol{O} \Rightarrow m(\lambda_0) \boldsymbol{x} = \boldsymbol{0} \Rightarrow m(\lambda_0) = 0$$

故 λ_0 也是 $m(\lambda)$的零点。

注意，由定理 5-17 可推出 $m(\lambda)$一定含 $\varphi(\lambda)$的全部单因式，但 $m(\lambda)$不一定是 $\varphi(\lambda)$的全部单因式的乘积。例如：

$$\boldsymbol{A} = \begin{bmatrix} 1 & 1 \\ 0 & 1 \end{bmatrix}, \varphi(\lambda) = (\lambda - 1)^2, m(\lambda) \neq (\lambda - 1)$$

定义 5-35 最小多项式由定理 5-18 给出。

定理 5-18 对 $\boldsymbol{A}_{n \times n}$，设 $\lambda \boldsymbol{I} - \boldsymbol{A}$ 的第 i 行第 j 列元素的余子式为 $M_{ij}(\lambda)$，则最小多项式为

$$m(\lambda) = \frac{\det(\lambda \boldsymbol{I} - \boldsymbol{A})}{d(\lambda)} \quad (d(\lambda) = \max_{i,j} \lfloor M_{ij}(\lambda) \rfloor) \tag{5-9}$$

5.2.5 若尔当标准形

定义 5-36 $\boldsymbol{A}(\lambda) = (a_{ij}(\lambda))_{n \times n}$称为$\lambda$-矩阵，其中 $a_{ij}(\lambda)$是 λ 的多项式。$\boldsymbol{A}(\lambda)$的秩等于 $\boldsymbol{A}(\lambda)$中不恒等于 0 的子式的最高阶数。

λ-矩阵的初等变换：

(1) 对调：行变换为 $r_i \leftrightarrow r_j$，列变换为 $c_i \leftrightarrow c_j$。

(2) 数乘($k \neq 0$)：行变换为 kr_i，列变换为 kc_i。

(3) 倍加($p(\lambda)$是多项式)：行变换为 $r_i + p(\lambda) r_i$，列变换为 $c_i + p(\lambda) c_j$。

定义 5-37 $\boldsymbol{A}(\lambda)$的所有 k 阶子式的最大公因式称为行列式因子，记为 $D_k(\lambda)$。

不变因子为

$$d_k(\lambda) = \frac{D_k(\lambda)}{D_{k-1}(\lambda)} \quad (D_0(\lambda) = 1, k = 1, 2, \cdots, n)$$

$d_k(\lambda)$的不可约因式称为初等因子。

注意，考虑 λ-矩阵 $\lambda\boldsymbol{I}-\boldsymbol{A}$ 可得 $\boldsymbol{A}$ 的最小多项式

$$m(\lambda)=d_n(\lambda)=\frac{D_n(\lambda)}{D_{n-1}(\lambda)}$$

定义 5-38　初等变换法求初等因子的方法如下：

$$\boldsymbol{A}(\lambda)\rightarrow\begin{bmatrix} f_1(\lambda) & & \\ & \ddots & \\ & & f_n(\lambda)\end{bmatrix}$$

其中，$f_k(\lambda)$是首 1 多项式。$f_k(\lambda)$的不可约因式称为 $\boldsymbol{A}(\lambda)$的初等因子。

定义 5-39　若尔当(Jordan)标准形

设 $\boldsymbol{A}=(a_{ij})_{n\times n}$的全体初等因子为$(\lambda-\lambda_1)^{m_1},\cdots,(\lambda-\lambda_i)^{m_i},\cdots,(\lambda-\lambda_s)^{m_s}$，则有

$$\begin{aligned}\varphi(\lambda)&=\det(\lambda\boldsymbol{I}-\boldsymbol{A})=D_n(\lambda)=D_{n-1}(\lambda)d_n(\lambda)=\cdots=D_0(\lambda)d_1(\lambda)\cdots d_n(\lambda)\\&=(\lambda-\lambda_1)^{m_1}\cdots(\lambda-\lambda_i)^{m_i}\cdots(\lambda-\lambda_s)^{m_s}\end{aligned}\tag{5-10}$$

而且 $m_1+\cdots+m_i+\cdots+m_s=n$。对于第 i 个初等因子$(\lambda-\lambda_i)^{m_i}$构造 m_i 阶若尔当块矩阵 $\boldsymbol{J}_i$ 以及准对角矩阵 $\boldsymbol{J}$：

$$\boldsymbol{J}_i=\begin{bmatrix}\lambda_i & 1 & & \\ & \lambda_i & \ddots & \\ & & \ddots & 1\\ & & & \lambda_i\end{bmatrix}_{m_i\times m_i},\quad \boldsymbol{J}=\begin{bmatrix}J_1 & & & \\ & J_2 & & \\ & & \ddots & \\ & & & J_s\end{bmatrix}$$

称 $\boldsymbol{J}$ 为矩阵 $\boldsymbol{A}$ 的若尔当标准形。

定理 5-19　设矩阵 $\boldsymbol{A}$ 的若尔当标准形为 $\boldsymbol{J}$，则存在可逆矩阵 $\boldsymbol{P}$，使得 $\boldsymbol{P}^{-1}\boldsymbol{AP}=\boldsymbol{J}$。

定义 5-40　特征向量分析法求初等因子方法如下：

设 $\varphi(\lambda)=\det(\boldsymbol{\lambda I}-\boldsymbol{A})$的一个不可约因式为$(\lambda-\lambda_0)^r$，则

$(\lambda-\lambda_0)^r$ 是 $\boldsymbol{A}$ 的 K 个初等因子的乘积

$\Leftrightarrow(\lambda_0\boldsymbol{I}-\boldsymbol{A})\boldsymbol{x}=\boldsymbol{0}$ 的基础解系含 k 个解向量(证明略去)

$\Leftrightarrow$ 对应特征值 λ_0 有 k 个线性无关的特征向量

$\Leftrightarrow k=n-\operatorname{rank}(\lambda_0\boldsymbol{I}-\boldsymbol{A})$

定义 5-41　相似变换矩阵的求法如下：

相似变换矩阵的求法

$$\boldsymbol{P}=(\boldsymbol{P}_1,\boldsymbol{P}_2,\cdots,\boldsymbol{P}_s),\boldsymbol{P}_i=(\boldsymbol{X}_1^{(i)},\boldsymbol{X}_2^{(i)},\cdots,\boldsymbol{X}_{m_i}^{(i)})$$

$$\boldsymbol{AP}=\boldsymbol{PJ}\Leftrightarrow\boldsymbol{AP}_i=\boldsymbol{P}_i\boldsymbol{J}_i,i=1,2,\cdots,s$$

$$(\boldsymbol{AX}_1^{(i)},\boldsymbol{AX}_2^{(i)},\cdots,\boldsymbol{AX}_{m_i}^{(i)})=(\lambda_i\boldsymbol{X}_1^{(i)},\boldsymbol{X}_1^{(i)}+\lambda_i\boldsymbol{X}_2^{(i)},\cdots,\boldsymbol{X}_{m_i-1}^{(i)}+\lambda_i\boldsymbol{X}_{m_i}^{(i)})$$

$$\begin{cases}(\lambda_i\boldsymbol{I}-\boldsymbol{A})\boldsymbol{X}_1^{(i)}=0, & \boldsymbol{X}_1^{(i)}\text{ 是}(\lambda_i\boldsymbol{I}-\boldsymbol{A})\boldsymbol{X}=\boldsymbol{0}\text{ 的非零解}\\(\lambda_i\boldsymbol{I}-\boldsymbol{A})X_2^{(i)}=-\boldsymbol{X}_1^{(i)}, & \boldsymbol{X}_2^{(i)}\text{ 是}(\lambda_i\boldsymbol{I}-\boldsymbol{A})\boldsymbol{X}=-\boldsymbol{X}_1^{(i)}\text{ 的一个解}\\\quad\vdots & \quad\vdots\\(\lambda_i\boldsymbol{I}-\boldsymbol{A})\boldsymbol{X}_{m_i}^{(i)}=-\boldsymbol{X}_{m_i-1}^{(i)}, & \boldsymbol{X}_{m_i}^{(i)}\text{ 是}(\lambda_i\boldsymbol{I}-\boldsymbol{A})\boldsymbol{X}=-\boldsymbol{X}_{m_i-1}^{(i)}\text{ 的一个解}\end{cases}$$

以上求法仅适用于初等因子组中 $\lambda_i\neq\lambda_j(i\neq j)$的情形。

可以证明 $\boldsymbol{X}_1^{(i)},\boldsymbol{X}_2^{(i)},\cdots,\boldsymbol{X}_{m_i}^{(i)}$线性无关。

5.3 欧几里得空间与酉空间

5.3.1 欧几里得空间的定义

定义 5-42 设有线性空间 V 和数域 R，对 $\forall \boldsymbol{x},\boldsymbol{y}\in V$，定义实数 $(\boldsymbol{x},\boldsymbol{y})$，且满足以下性质：

（1）交换律：$(\boldsymbol{x},\boldsymbol{y})=(\boldsymbol{y},\boldsymbol{x})$。

（2）分配律：$\forall \boldsymbol{z}\in V,(\boldsymbol{x},\boldsymbol{y}+\boldsymbol{z})=(\boldsymbol{x},\boldsymbol{y})+(\boldsymbol{x},\boldsymbol{z})$。

（3）齐次性：$\forall k\in R,(k\boldsymbol{x},\boldsymbol{y})=k(\boldsymbol{x},\boldsymbol{y})$。

（4）非负性：$(\boldsymbol{x},\boldsymbol{x})\geqslant 0,(\boldsymbol{x},\boldsymbol{x})=0\Leftrightarrow \boldsymbol{x}=\theta$。

称实数 $(\boldsymbol{x},\boldsymbol{y})$ 为 $\boldsymbol{x}$ 与 $\boldsymbol{y}$ 的内积。

例 5-10

（1）在线性空间 R^n 中：$\boldsymbol{x}=(\xi_1,\xi_2,\cdots,\xi_n),\boldsymbol{y}=(\eta_1,\eta_2,\cdots,\eta_n)$

内积 1：$(\boldsymbol{x},\boldsymbol{y})\triangleq \xi_1\eta_1+\xi_2\eta_2+\cdots+\eta_n\eta_n$。

内积 2：$(\boldsymbol{x},\boldsymbol{y})_h\triangleq h(\xi_1\eta_1+\xi_2\eta_2+\cdots+\xi_n\eta_n),h>0$。

（2）在线性空间 $R^{m\times n}$ 中：$\boldsymbol{A}=(a_{ij})_{m\times n},\boldsymbol{B}=(b_{ij})_{m\times n}$。

内积：$(\boldsymbol{A},\boldsymbol{B})\triangleq \sum_{i=1}^{m}\sum_{j=1}^{n}a_{ij}b_{ij}=\operatorname{tr}(\boldsymbol{A}\boldsymbol{B}^{\mathrm{T}})$。

（3）在线性空间 $C[a,b]$ 中：$f(t)$、$g(t)$ 是区间 $[a,b]$ 上的连续函数。

内积：$(f(t),g(t))\triangleq \int_a^b f(t)g(t)\mathrm{d}t$

定义 5-43 欧几里得空间定义了内积运算的实线性空间。

设欧几里得空间 V^n 的基为 $\boldsymbol{x}_1,\boldsymbol{x}_2,\cdots,\boldsymbol{x}_n$，对 $\forall \boldsymbol{x},\boldsymbol{y}\in V^n$ 有

$$\left.\begin{aligned}\boldsymbol{x}&=\xi_1\boldsymbol{x}_1+\xi_2\boldsymbol{x}_2+\cdots+\xi_n\boldsymbol{x}_n\\ \boldsymbol{y}&=\eta_1\boldsymbol{x}_1+\eta_2\boldsymbol{x}_2+\cdots+\eta_n\boldsymbol{x}_n\end{aligned}\right\}\Rightarrow(\boldsymbol{x},\boldsymbol{y})=\sum_{i,j=1}^{n}\xi_i\eta_j(\boldsymbol{x}_i,\boldsymbol{x}_j) \tag{5-11}$$

令 $a_{ij}=(\boldsymbol{x}_i,\boldsymbol{x}_j)(i,j=1,2,\cdots,n)$，则称 $\boldsymbol{A}=(a_{ij})_{n\times n}$ 为基 $\boldsymbol{x}_1,\boldsymbol{x}_2,\cdots,\boldsymbol{x}_n$ 的度量矩阵，此时有

$$(\boldsymbol{x},\boldsymbol{y})=\sum_{i,j=1}^{n}a_{ij}\xi_i\eta_j=(\xi_1,\xi_2,\cdots,\xi_n)\boldsymbol{A}\begin{bmatrix}\eta_1\\ \eta_2\\ \vdots\\ \eta_n\end{bmatrix} \tag{5-12}$$

（1）$\boldsymbol{A}$ 对称：

$$(\boldsymbol{x}_i,\boldsymbol{x}_j)=(\boldsymbol{x}_j,\boldsymbol{x}_i)\Rightarrow a_{ij}=a_{ji}$$

（2）$\boldsymbol{A}$ 正定：

$$\forall \xi_1,\xi_2,\cdots,\xi_n\in R\ \text{不全为零}\Rightarrow \boldsymbol{x}\triangleq \xi_1\boldsymbol{x}_1+\xi_2\boldsymbol{x}_2+\cdots+\xi_n\boldsymbol{x}_n\neq\theta$$

$$(\boldsymbol{x},\boldsymbol{x})>0\Rightarrow \text{二次型}(\xi_1,\xi_2,\cdots,\xi_n)\boldsymbol{A}\begin{bmatrix}\xi_1\\ \xi_2\\ \vdots\\ \xi_n\end{bmatrix}>0$$

即 $\boldsymbol{A}$ 正定。

(3) V^n 中不同基的度量矩阵是合同(matrix congruence)的：

基(Ⅰ)：$\boldsymbol{x}_1,\boldsymbol{x}_2,\cdots,\boldsymbol{x}_n$；

基(Ⅱ)：$\boldsymbol{y}_1,\boldsymbol{y}_2,\cdots,\boldsymbol{y}_n$；

基(Ⅰ)到基(Ⅱ)的过渡矩阵为 $\boldsymbol{C}$：

$$(\boldsymbol{y}_1,\boldsymbol{y}_2,\cdots,\boldsymbol{y}_n)=(\boldsymbol{x}_1,\boldsymbol{x}_2,\cdots,\boldsymbol{x}_n)\boldsymbol{C}$$

$$\boldsymbol{y}_i=c_{1i}\boldsymbol{x}_1+c_{2i}\boldsymbol{x}_2+\cdots+c_{ni}\boldsymbol{x}_n$$

$$\boldsymbol{y}_j=c_{1j}\boldsymbol{x}_1+c_{2j}\boldsymbol{x}_2+\cdots+c_{nj}\boldsymbol{x}_n=(\boldsymbol{y}_i,\boldsymbol{y}_j)=(c_{1i},c_{2i},\cdots,c_{ni})\boldsymbol{A}\begin{bmatrix}c_{1j}\\c_{2j}\\\vdots\\c_{nj}\end{bmatrix}\tag{5-13}$$

$$(b_{i1},b_{i2},\cdots,b_{in})=(c_{1i},c_{2i},\cdots,c_{ni})\boldsymbol{AC}$$

$$\boldsymbol{B}=\begin{bmatrix}b_{11}&b_{12}&\cdots&b_{1n}\\b_{21}&b_{22}&\cdots&b_{2n}\\\vdots&\vdots&\ddots&\vdots\\b_{n1}&b_{n2}&\cdots&b_{nn}\end{bmatrix}=\begin{bmatrix}c_{11}&c_{12}&\cdots&c_{1n}\\c_{21}&c_{22}&\cdots&c_{2n}\\\vdots&\vdots&\ddots&\vdots\\c_{n1}&c_{n2}&\cdots&c_{nn}\end{bmatrix}\boldsymbol{AC}=\boldsymbol{C}^{\mathrm{T}}\boldsymbol{AC}\tag{5-14}$$

(4) 内积值的计算与基的选取无关：$\forall\,\boldsymbol{x},\boldsymbol{y}\in V^n$，

内积值

$$\left.\begin{aligned}\boldsymbol{x}&=(\boldsymbol{x}_1,\boldsymbol{x}_2,\cdots,\boldsymbol{x}_n)\boldsymbol{\alpha}_1\\\boldsymbol{x}&=(\boldsymbol{y}_1,\boldsymbol{y}_2,\cdots,\boldsymbol{y}_n)\boldsymbol{\alpha}_2=(\boldsymbol{x}_1,\boldsymbol{x}_2,\cdots,\boldsymbol{x}_n)\boldsymbol{C\alpha}_2\end{aligned}\right\}\Rightarrow\boldsymbol{\alpha}_1=\boldsymbol{C\alpha}_2\tag{5-15}$$

$$\left.\begin{aligned}\boldsymbol{y}&=(\boldsymbol{x}_1,\boldsymbol{x}_2,\cdots,\boldsymbol{x}_n)\boldsymbol{\beta}_1\\\boldsymbol{y}&=(\boldsymbol{y}_1,\boldsymbol{y}_2,\cdots,\boldsymbol{y}_n)\boldsymbol{\beta}_2=(\boldsymbol{x}_1,\boldsymbol{x}_2,\cdots,\boldsymbol{x}_n)\boldsymbol{C\beta}_2\end{aligned}\right\}\Rightarrow\boldsymbol{\beta}_1=\boldsymbol{C\beta}_2\tag{5-16}$$

基(Ⅰ)下：$(\boldsymbol{x},\boldsymbol{y})=\boldsymbol{\alpha}_1^{\mathrm{T}}\boldsymbol{A\beta}_1$

基(Ⅱ)下：$(\boldsymbol{x},\boldsymbol{y})=\boldsymbol{\alpha}_2^{\mathrm{T}}\boldsymbol{B\beta}_2=\boldsymbol{\alpha}_2^{\mathrm{T}}\boldsymbol{C}^{\mathrm{T}}\boldsymbol{AC\beta}_2=\boldsymbol{\alpha}_1^{\mathrm{T}}\boldsymbol{A\beta}_1$

定义 5-44　设有欧几里得空间 V，$\forall\,\boldsymbol{x}\in V$，称 $|\boldsymbol{x}|\triangleq\sqrt{(\boldsymbol{x},\boldsymbol{x})}$ 为元素 $\boldsymbol{x}$ 的模(长度)。

(1) $\forall\,k\in\mathbf{R}$，$|k\boldsymbol{x}|=|k||\boldsymbol{x}|$。

(2) $|(\boldsymbol{x},\boldsymbol{y})|\leqslant|\boldsymbol{x}||\boldsymbol{y}|$；$\boldsymbol{x}\neq\theta,\boldsymbol{y}\neq\theta$ 时，等号成立$\Leftrightarrow\boldsymbol{x}$、$\boldsymbol{y}$ 线性相关。

证：

$$\forall\,t\in\mathbf{R},\boldsymbol{x}-t\boldsymbol{y}\in V\Rightarrow|\boldsymbol{x}-t\boldsymbol{y}|^2=(\boldsymbol{x}-t\boldsymbol{y},\boldsymbol{x}-t\boldsymbol{y})\geqslant 0$$

$$(\boldsymbol{y},\boldsymbol{y})t^2-2(\boldsymbol{x},\boldsymbol{y})t+(\boldsymbol{x},\boldsymbol{x})\geqslant 0,$$

$$\Delta\leqslant 0:4(\boldsymbol{x},\boldsymbol{y})^2-4(\boldsymbol{y},\boldsymbol{y})(\boldsymbol{x},\boldsymbol{x})\leqslant 0\Rightarrow|(\boldsymbol{x},\boldsymbol{y})|\leqslant|\boldsymbol{x}||\boldsymbol{y}|$$

充分性。已知 $\boldsymbol{x}$、$\boldsymbol{y}$ 线性相关，且 $\boldsymbol{x}\neq\theta$，所以 $\boldsymbol{y}=k\boldsymbol{x}$，从而

$$|(\boldsymbol{x},\boldsymbol{y})|=|(\boldsymbol{x},k\boldsymbol{x})|=|k||(\boldsymbol{x},\boldsymbol{x})|=|k||\boldsymbol{x}||\boldsymbol{x}|=|\boldsymbol{x}||\boldsymbol{y}|$$

必要性。已知 $|(\boldsymbol{x},\boldsymbol{y})|=|\boldsymbol{x}||\boldsymbol{y}|$，则 $(\boldsymbol{x},\boldsymbol{y})\geqslant 0$ 时，取

$$t=\frac{|\boldsymbol{x}|}{|\boldsymbol{y}|}\Rightarrow(\boldsymbol{x}-t\boldsymbol{y},\boldsymbol{x}-t\boldsymbol{y})=\cdots=0\Rightarrow\boldsymbol{x}-t\boldsymbol{y}=\mathbf{0}$$

$(\boldsymbol{x},\boldsymbol{y})<0$ 时，取

$$t=-\frac{|\boldsymbol{x}|}{|\boldsymbol{y}|}\Rightarrow(\boldsymbol{x}-t\boldsymbol{y},\boldsymbol{x}-t\boldsymbol{y})=\cdots=0\Rightarrow\boldsymbol{x}-t\boldsymbol{y}=\mathbf{0}$$

故 $\boldsymbol{x}$、$\boldsymbol{y}$ 线性相关。

5.3.1 节总结

(3) $|\boldsymbol{x}+\boldsymbol{y}|\leqslant|\boldsymbol{x}|+|\boldsymbol{y}|$。

(4) $|\boldsymbol{x}-\boldsymbol{y}|\geqslant||\boldsymbol{x}|-|\boldsymbol{y}||$。

定义 5-45 在欧几里得空间 V 中,$\boldsymbol{x}\neq\theta,\boldsymbol{y}\neq\theta$,称

$$\varphi\triangleq\arccos\frac{(\boldsymbol{x},\boldsymbol{y})}{|\boldsymbol{x}||\boldsymbol{y}|}\in[0,\pi]$$

为 $\boldsymbol{x}$ 与 $\boldsymbol{y}$ 之间的夹角。

5.3.2 元素正交性

欧几里得空间 V 中,若 $(\boldsymbol{x},\boldsymbol{y})=0$,称 $\boldsymbol{x}$ 与 $\boldsymbol{y}$ 正交,记作 $\boldsymbol{x}\perp\boldsymbol{y}$。

若 $\boldsymbol{x}_1,\boldsymbol{x}_2,\cdots,\boldsymbol{x}_m$ 满足 $(\boldsymbol{x}_i,\boldsymbol{x}_j)=0(i\neq j)$,称 $\boldsymbol{x}_1,\boldsymbol{x}_2,\cdots,\boldsymbol{x}_m$ 为正交元素组。

定理 5-20 $\boldsymbol{x}\perp\boldsymbol{y}\Rightarrow|\boldsymbol{x}+\boldsymbol{y}|^2=|\boldsymbol{x}|^2+|\boldsymbol{y}|^2$。

定理 5-21 $\boldsymbol{x}_1,\boldsymbol{x}_2,\cdots,\boldsymbol{x}_m$ 两两正交且非零$\Rightarrow\boldsymbol{x}_1,\boldsymbol{x}_2,\cdots,\boldsymbol{x}_m$ 线性无关。

注意,在欧几里得空间 V^n 中,两两正交的非零元素的个数不超过 n。

定义 5-46 在欧几里得空间 V^n 中,若 $\boldsymbol{x}_1,\boldsymbol{x}_2,\cdots,\boldsymbol{x}_n$ 两两正交且非零,称 $\boldsymbol{x}_1,\boldsymbol{x}_2,\cdots,\boldsymbol{x}_n$ 为 V^n 的正交基。

若还有 $|\boldsymbol{x}_i|=1(i=1,2,\cdots,n)$,称 $\boldsymbol{x}_1,\boldsymbol{x}_2,\cdots,\boldsymbol{x}_n$ 为 V^n 的标准正交基。

定义 5-47 施密特(Schmidt)正交化方法:设欧几里得空间 V^n 的一个基为 $\boldsymbol{x}_1,\boldsymbol{x}_2,\cdots,\boldsymbol{x}_n$,构造元素组 $\boldsymbol{y}_1,\boldsymbol{y}_2,\cdots,\boldsymbol{y}_n$,使之满足 $\boldsymbol{y}_i\perp\boldsymbol{y}_j(i\neq j)$ 且 $\boldsymbol{y}_i\neq\theta(i=1,2,\cdots,n)$:

$$\boldsymbol{y}_1=\boldsymbol{x}_1,\boldsymbol{y}_1\neq\theta$$

$$\boldsymbol{y}_2=\boldsymbol{x}_2+k_{21}\boldsymbol{y}_1,\boldsymbol{y}_2\neq\theta$$

$$(\boldsymbol{y}_2,\boldsymbol{y}_1)=0\Rightarrow 0=(\boldsymbol{x}_2,\boldsymbol{y}_1)+k_{21}(\boldsymbol{y}_1,\boldsymbol{y}_1)\Rightarrow k_{21}=-\frac{(\boldsymbol{x}_2,\boldsymbol{y}_1)}{(\boldsymbol{y}_1,\boldsymbol{y}_1)}$$

$$\boldsymbol{y}_3=\boldsymbol{x}_3+k_{32}\boldsymbol{y}_2+k_{31}\boldsymbol{y}_1,\boldsymbol{y}_3\neq\theta$$

$$(\boldsymbol{y}_3,\boldsymbol{y}_1)=0\Rightarrow k_{31}=-\frac{(\boldsymbol{x}_3,\boldsymbol{y}_1)}{(\boldsymbol{y}_1,\boldsymbol{y}_1)}$$

$$(\boldsymbol{y}_3,\boldsymbol{y}_2)=0\Rightarrow k_{32}=-\frac{(\boldsymbol{x}_3,\boldsymbol{y}_2)}{(\boldsymbol{y}_2,\boldsymbol{y}_2)}$$

$$\cdots$$

$$\boldsymbol{y}_n=\boldsymbol{x}_n+k_{n,n-1}\boldsymbol{y}_{n-1}+\cdots+k_{n1}\boldsymbol{y}_1,\boldsymbol{y}_n\neq\theta$$

$$(\boldsymbol{y}_n,\boldsymbol{y}_j)=0\Rightarrow k_{nj}=-\frac{(\boldsymbol{x}_n,\boldsymbol{y}_j)}{(\boldsymbol{y}_j,\boldsymbol{y}_j)},j=1,2,\cdots,n-1$$

因为 $\boldsymbol{y}_1,\boldsymbol{y}_2,\cdots,\boldsymbol{y}_n$ 两两正交且非零,所以该元素组线性无关,从而是 V^n 的正交基。

定理 5-22 欧几里得空间 $V^n(n\geqslant1)$存在标准正交基。

证:对 V^n 的基 $\boldsymbol{x}_1,\boldsymbol{x}_2,\cdots,\boldsymbol{x}_n$ 进行正交化,可得正交基 $\boldsymbol{y}_1,\boldsymbol{y}_2,\cdots,\boldsymbol{y}_n$。

再进行单位化,可得标准正交基 $\boldsymbol{z}_1,\boldsymbol{z}_2,\cdots,\boldsymbol{z}_n\left(\boldsymbol{z}_j=\dfrac{1}{|\boldsymbol{y}_j|}\boldsymbol{y}_j\right)$

子空间的正交性

定义 5-48 设有欧几里得空间 V 的子空间 V_1,给定 $\boldsymbol{y}\in V$,若 $\forall\boldsymbol{x}\in V_1$,都有 $\boldsymbol{y}\perp\boldsymbol{x}$,则称 $\boldsymbol{y}$ 正交于 V_1,记作 $\boldsymbol{y}\perp V_1$。

定理 5-23 设有欧几里得空间 V^n 的子空间 V_1,则 $V^n=V_1\oplus V_1^{\perp}$。

证：若 $V_1=\{\theta\}$，则 $V_1^{\perp}=V^n \Rightarrow V^n=\{\theta\}\oplus V^n=V_1\oplus V_1^{\perp}$。

若 $V_1\neq\{\theta\}$，记 $\dim V_1 \triangleq m\leqslant n$。

设 V_1 的标准正交基为 $\boldsymbol{x}_1,\boldsymbol{x}_2,\cdots,\boldsymbol{x}_m$：

(1) 先证 $V^n=V_1+V_1^{\perp}$。只需证明 $V^n\subset V_1+V_1^{\perp}$ 即可。

$\forall \boldsymbol{x}\in V^n$，记 $a_i=(\boldsymbol{x}_i,\boldsymbol{x})$，$i=1,2,\cdots,m$，

$$\boldsymbol{y}\triangleq a_1\boldsymbol{x}_1+a_2\boldsymbol{x}_2+\cdots+a_m\boldsymbol{x}_m\in V_1$$

因为

$$(\boldsymbol{x}-\boldsymbol{y},\boldsymbol{x}_i)=(\boldsymbol{x},\boldsymbol{x}_i)-(\boldsymbol{y},\boldsymbol{x}_i)=a_i-a_i=0$$

$$(\boldsymbol{x}-\boldsymbol{y})\perp V_1 \Rightarrow \boldsymbol{z}\triangleq \boldsymbol{x}-\boldsymbol{y}\in V_1^{\perp}$$

故 $\boldsymbol{x}=\boldsymbol{y}+\boldsymbol{z}$，即 $V^n=V_1+V_1^{\perp}$。

(2) 再证 $V_1\cap V_1^{\perp}=\{\theta\}$。

$$\forall \boldsymbol{x}\in V_1\cap V_1^{\perp}\Rightarrow\begin{cases}\boldsymbol{x}\in V_1\\ \boldsymbol{x}\in V_1^{\perp}\end{cases}\Rightarrow(\boldsymbol{x},\boldsymbol{x})=0\Rightarrow\boldsymbol{x}=\theta$$

故定理成立。

定理 5-24　设 $\boldsymbol{A}=(a_{ij})_{m\times n}\in R^{m\times n}$，则

(1) $[R(\boldsymbol{A})]^{\perp}=N(\boldsymbol{A}^{\mathrm{T}})$，且 $R(\boldsymbol{A})\oplus N(\boldsymbol{A}^{\mathrm{T}})=R^m$。

(2) $[R(\boldsymbol{A}^{\mathrm{T}})]^{\perp}=N(\boldsymbol{A})$，且 $R(\boldsymbol{A}^{\mathrm{T}})\oplus N(\boldsymbol{A})=R^n$。

定理 5-24

证：划分 $\boldsymbol{A}=(\boldsymbol{\beta}_1,\boldsymbol{\beta}_2,\cdots,\boldsymbol{\beta}_n)$，$\boldsymbol{\beta}_j\in R^m$（列向量）。

$$V_1\triangleq R(\boldsymbol{A})=L(\boldsymbol{\beta}_1,\boldsymbol{\beta}_2,\cdots,\boldsymbol{\beta}_n)\subset R^m;V_1^{\perp}=\{\boldsymbol{y}\mid\boldsymbol{y}\in R^m\}$$

且　$\boldsymbol{y}\perp(k_1\boldsymbol{\beta}_1+k_2\boldsymbol{\beta}_2+\cdots+k_n\boldsymbol{\beta}_n)\}\subset R^m=\{\boldsymbol{y}\mid\boldsymbol{y}\in R^m\}$

且　$\boldsymbol{y}\perp\boldsymbol{\beta}_j,j=1,2,\cdots,n\}=\{\boldsymbol{y}\mid\boldsymbol{y}\in R^m$ 且 $\boldsymbol{\beta}_j^{\mathrm{T}}\boldsymbol{y}=0,j=1,2,\cdots,n\}$

$$=\{\boldsymbol{y}\mid\boldsymbol{y}\in R^m\text{ 且 }\boldsymbol{A}^{\mathrm{T}}\boldsymbol{y}=\boldsymbol{0}\}=N(\boldsymbol{A}^{\mathrm{T}})$$

由定理 5-23 可得

$$R^m=V_1\oplus V_1^{\perp}=R(\boldsymbol{A})\oplus N(\boldsymbol{A}^{\mathrm{T}})$$

对 $\boldsymbol{A}^{\mathrm{T}}$ 应用上述结果可得

$$[R(\boldsymbol{A}^{\mathrm{T}})]^{\perp}=N(\boldsymbol{A})$$

再由定理 5-23 可得

$$R^n=R(\boldsymbol{A}^{\mathrm{T}})\oplus N(\boldsymbol{A})$$

5.3.3　正交变换与正交矩阵

在欧几里得空间 V 中，若线性变换 T 满足 $(T\boldsymbol{x},T\boldsymbol{x})=(\boldsymbol{x},\boldsymbol{x})(\forall\boldsymbol{x}\in V)$，称 T 为正交变换。

定理 5-25　设有欧几里得空间 V 和线性变换 T，T 是正交变换 $\Leftrightarrow\forall\boldsymbol{x},\boldsymbol{y}\in V,(T\boldsymbol{x},T\boldsymbol{y})=(\boldsymbol{x},\boldsymbol{y})$

证：先证充分性。取 $\boldsymbol{y}=\boldsymbol{x}$，则

$$\forall\boldsymbol{x}\in V,(T\boldsymbol{x},T\boldsymbol{x})=(\boldsymbol{x},\boldsymbol{x})$$

再证必要性，T 是正交变换：

$\forall\boldsymbol{x},\boldsymbol{y}\in V\Rightarrow\boldsymbol{x}-\boldsymbol{y}\in V$

$$\begin{aligned}(T(\boldsymbol{x}-\boldsymbol{y}),T(\boldsymbol{x}-\boldsymbol{y}))=(\boldsymbol{x}-\boldsymbol{y},\boldsymbol{x}-\boldsymbol{y})&\Rightarrow(T\boldsymbol{x},T\boldsymbol{x})+(T\boldsymbol{y},T\boldsymbol{y})-2(T\boldsymbol{x},T\boldsymbol{y})\\&=(\boldsymbol{x},\boldsymbol{x})+(\boldsymbol{y},\boldsymbol{y})-2(\boldsymbol{x},\boldsymbol{y})\Rightarrow(T\boldsymbol{x},T\boldsymbol{y})=(\boldsymbol{x},\boldsymbol{y})\end{aligned}$$

定理 5-26

定理 5-26 欧几里得空间 V 的标准正交基为 $\boldsymbol{x}_1,\boldsymbol{x}_2,\cdots,\boldsymbol{x}_n$，线性变换为 $T(\boldsymbol{x}_1,\boldsymbol{x}_2,\cdots,\boldsymbol{x}_n)=(\boldsymbol{x}_1,\boldsymbol{x}_2,\cdots,\boldsymbol{x}_n)\boldsymbol{A}$，则 T 是正交变换$\Leftrightarrow\boldsymbol{A}$ 是正交矩阵。

证：必要性。T 是正交变换，设 $\boldsymbol{A}=(a_{ij})_{n\times n}$，则

$$T\boldsymbol{x}_i=a_{1i}\boldsymbol{x}_1+a_{2i}\boldsymbol{x}_2+\cdots+a_{ni}\boldsymbol{x}_n,T\boldsymbol{x}_j=a_{1j}\boldsymbol{x}_1+a_{2j}\boldsymbol{x}_2+\cdots+a_{nj}\boldsymbol{x}_n$$

$$(T\boldsymbol{x}_i,T\boldsymbol{x}_j)=(\boldsymbol{x}_i,\boldsymbol{x}_j)\Rightarrow\sum_{k=1}^{n}a_{ki}a_{kj}=\delta_{ij}\Rightarrow\boldsymbol{A}^{\mathrm{T}}\boldsymbol{A}=\boldsymbol{I}$$

充分性。$\boldsymbol{A}$ 是正交矩阵，

$$\forall\boldsymbol{x}\in V\Rightarrow\boldsymbol{x}=(\boldsymbol{x}_1,\boldsymbol{x}_2,\cdots,\boldsymbol{x}_n)\begin{bmatrix}\xi_1\\\xi_2\\\vdots\\\xi_n\end{bmatrix},T\boldsymbol{x}=(\boldsymbol{x}_1,\boldsymbol{x}_2,\cdots,\boldsymbol{x}_n)\boldsymbol{A}\begin{bmatrix}\xi_1\\\xi_2\\\vdots\\\xi_n\end{bmatrix}$$

$$(T\boldsymbol{x},T\boldsymbol{x})=(\xi_1,\xi_2,\cdots,\xi_n)\boldsymbol{A}^{\mathrm{T}}\boldsymbol{A}\begin{bmatrix}\xi_1\\\xi_2\\\vdots\\\xi_n\end{bmatrix}=(\xi_1,\xi_2,\cdots,\xi_n)\begin{bmatrix}\xi_1\\\xi_2\\\vdots\\\xi_n\end{bmatrix}=(\boldsymbol{x},\boldsymbol{x})$$

注意，欧几里得空间 V 的标准正交基具有如下性质：

(1) $\boldsymbol{x}_1,\boldsymbol{x}_2,\cdots,\boldsymbol{x}_n$ 是标准正交基，T 是正交变换$\Rightarrow T\boldsymbol{x}_1,T\boldsymbol{x}_2,\cdots,T\boldsymbol{x}_n$ 是标准正交基。

(2) $\left.\begin{array}{l}\boldsymbol{x}_1,\boldsymbol{x}_1,\cdots,\boldsymbol{x}_n\text{ 和 }\boldsymbol{y}_1,\boldsymbol{y}_2,\cdots,\boldsymbol{y}_n\text{ 都是标准正交基}\\(\boldsymbol{y}_1,\boldsymbol{y}_2,\cdots,\boldsymbol{y}_n)=(\boldsymbol{x}_1,\boldsymbol{x}_2,\cdots,\boldsymbol{x}_n)\boldsymbol{C}\end{array}\right\}\Rightarrow\boldsymbol{C}\text{ 是正交矩阵。}$

5.3.4 对称变换与对称矩阵

在欧几里得空间 V 中，若线性变换 T 满足$(T\boldsymbol{x},\boldsymbol{y})=(\boldsymbol{x},T\boldsymbol{y})(\forall\boldsymbol{x},\boldsymbol{y}\in V)$，称 T 是对称变换。

定理 5-27 欧几里得空间 V^n 的标准正交基为 $\boldsymbol{x}_1,\boldsymbol{x}_2,\cdots,\boldsymbol{x}_n$，线性变换为 $T(\boldsymbol{x}_1,\boldsymbol{x}_2,\cdots,\boldsymbol{x}_n)=(\boldsymbol{x}_1,\boldsymbol{x}_2,\cdots,\boldsymbol{x}_n)\boldsymbol{A}$，则 T 是对称变换$\Leftrightarrow\boldsymbol{A}$ 是对称矩阵。

证：设 $\boldsymbol{A}=(a_{ij})_{n\times n}$，则

$$T\boldsymbol{x}_i=a_{1i}\boldsymbol{x}_1+a_{2i}\boldsymbol{x}_2+\cdots+a_{ni}\boldsymbol{x}_n\Rightarrow(T\boldsymbol{x}_i,\boldsymbol{x}_j)=a_{ji}$$
$$T\boldsymbol{x}_j=a_{1j}\boldsymbol{x}_1+a_{2j}\boldsymbol{x}_2+\cdots+a_{nj}\boldsymbol{x}_n\Rightarrow(\boldsymbol{x}_i,T\boldsymbol{x}_j)=a_{ij}$$

必要性。T 是对称变换$\Rightarrow(T\boldsymbol{x}_i,\boldsymbol{x}_j)=(\boldsymbol{x}_i,T\boldsymbol{x}_j)\Rightarrow a_{ji}=a_{ij}$，即 $\boldsymbol{A}^{\mathrm{T}}=\boldsymbol{A}$。

充分性。$\boldsymbol{A}$ 是对称矩阵，则有

$$\forall\boldsymbol{x}\in V^n\Rightarrow\boldsymbol{x}=(\boldsymbol{x}_1,\boldsymbol{x}_2,\cdots,\boldsymbol{x}_n)\begin{bmatrix}\xi_1\\\xi_2\\\vdots\\\xi_n\end{bmatrix},T\boldsymbol{x}=(\boldsymbol{x}_1,\boldsymbol{x}_2,\cdots,\boldsymbol{x}_n)\boldsymbol{A}\begin{bmatrix}\xi_1\\\xi_2\\\vdots\\\xi_n\end{bmatrix}$$

$$\forall\boldsymbol{y}\in V^n\Rightarrow\boldsymbol{y}=(\boldsymbol{x}_1,\boldsymbol{x}_2,\cdots,\boldsymbol{x}_n)\begin{bmatrix}\eta_1\\\eta_2\\\vdots\\\eta_n\end{bmatrix},T\boldsymbol{y}=(\boldsymbol{x}_1,\boldsymbol{x}_2,\cdots,\boldsymbol{x}_n)\boldsymbol{A}\begin{bmatrix}\eta_1\\\eta_2\\\vdots\\\eta_n\end{bmatrix}$$

$$(T\boldsymbol{x},\boldsymbol{y})=(\xi_1,\xi_2,\cdots,\xi_n)\boldsymbol{A}^{\mathrm{T}}\begin{bmatrix}\eta_1\\ \eta_2\\ \vdots\\ \eta_n\end{bmatrix}=(\xi_1,\xi_2,\cdots,\xi_n)\boldsymbol{A}\begin{bmatrix}\eta_1\\ \eta_2\\ \vdots\\ \eta_n\end{bmatrix}=(\boldsymbol{x},T\boldsymbol{y})$$

定理 5-28　$\boldsymbol{A}\in R^{n\times n}$ 且 $\boldsymbol{A}^{\mathrm{T}}=\boldsymbol{A}\Rightarrow\lambda_A\in\mathbf{R}$。

证：设 $\boldsymbol{A}x=\lambda\boldsymbol{x}(\boldsymbol{x}\neq\theta)$，则

$$\boldsymbol{x}^{\mathrm{T}}(\boldsymbol{A}\boldsymbol{x})=\begin{cases}\boldsymbol{x}^{\mathrm{T}}(\boldsymbol{A}\boldsymbol{x})=\lambda(\boldsymbol{x}^{\mathrm{T}}\boldsymbol{x})\\ (\boldsymbol{A}\boldsymbol{x})^{\mathrm{T}}\boldsymbol{x}=\bar{\lambda}(\boldsymbol{x}^{\mathrm{T}}\boldsymbol{x})\end{cases}$$

故

$$(\lambda-\bar{\lambda})(\boldsymbol{x}^{\mathrm{T}}\boldsymbol{x})=0\Rightarrow\lambda=\bar{\lambda}(\text{因 } \boldsymbol{x}^{\mathrm{T}}\boldsymbol{x}>0)$$

注意，因为 $(\lambda\boldsymbol{I}-\boldsymbol{A})\boldsymbol{x}=\mathbf{0}$ 是实系数齐次线性方程组，所以可求得非零解向量 $\boldsymbol{x}\in R^n$。因此，约定实对称矩阵的特征向量为实向量。

定理 5-29　设实对称矩阵 $\boldsymbol{A}$ 的特征值 $\lambda_1\neq\lambda_2$，对应的特征向量分别为 $\boldsymbol{x}_1$ 和 $\boldsymbol{x}_2$，则 $(\boldsymbol{x}_1,\boldsymbol{x}_2)=0$。

证：

$$\left.\begin{aligned}\boldsymbol{A}\boldsymbol{x}_1=\lambda_1\boldsymbol{x}_1\\ \boldsymbol{A}\boldsymbol{x}_2=\lambda_2\boldsymbol{x}_2\end{aligned}\right\}\Rightarrow\boldsymbol{x}_1^{\mathrm{T}}\boldsymbol{A}\boldsymbol{x}_2=\begin{cases}\boldsymbol{x}_1^{\mathrm{T}}(\boldsymbol{A}\boldsymbol{x}_2)=\lambda_2(\boldsymbol{x}_1^{\mathrm{T}}\boldsymbol{x}_2)\\ (\boldsymbol{A}\boldsymbol{x}_1)^{\mathrm{T}}\boldsymbol{x}_2=\lambda_1(\boldsymbol{x}_1^{\mathrm{T}}\boldsymbol{x}_2)\end{cases}$$

$$\Rightarrow(\lambda_2-\lambda_1)(\boldsymbol{x}_1^{\mathrm{T}}\boldsymbol{x}_2)=0\Rightarrow\boldsymbol{x}_1^{\mathrm{T}}\boldsymbol{x}_2=0$$

即 $(\boldsymbol{x}_1,\boldsymbol{x}_2)=0$。

5.3.5　酉空间的介绍

定义 5-49　设有线性空间 V 和复数域 K，对 $\forall\,\boldsymbol{x},\boldsymbol{y}\in V$，定义复数 $(\boldsymbol{x},\boldsymbol{y})$，且满足以下条件：

(1) $(\boldsymbol{x},\boldsymbol{y})=\overline{(\boldsymbol{y},\boldsymbol{x})}$。

(2) $(\boldsymbol{x},\boldsymbol{y}+\boldsymbol{z})=(\boldsymbol{x},\boldsymbol{y})+(\boldsymbol{x},\boldsymbol{z})$，$\forall\,\boldsymbol{z}\in V$。

(3) $(k\boldsymbol{x},\boldsymbol{y})=k(\boldsymbol{x},\boldsymbol{y})$，$\forall\,k\in K$。

(4) $(\boldsymbol{x},\boldsymbol{x})\geqslant0$，$(\boldsymbol{x},\boldsymbol{x})=0\Leftrightarrow\boldsymbol{x}=\theta$。

称复数 $(\boldsymbol{x},\boldsymbol{y})$ 为 $\boldsymbol{x}$ 与 $\boldsymbol{y}$ 的复内积。

定义 5-50　酉空间定义了复内积运算的复线性空间。内积性质如下：

(1) $(\boldsymbol{x},k\boldsymbol{y})=\bar{k}(\boldsymbol{x},\boldsymbol{y})$

(2) 基的度量矩阵为埃尔米特正定矩阵：

$$(\boldsymbol{x},\boldsymbol{y})=(\xi_1,\xi_2,\cdots,\xi_n)\boldsymbol{A}\begin{bmatrix}\overline{\eta_1}\\ \overline{\eta_2}\\ \vdots\\ \overline{\eta_n}\end{bmatrix}\tag{5-17}$$

(3) $\boldsymbol{T}$ 在标准正交基下的矩阵 $\boldsymbol{A}$ 是酉矩阵，即 $\boldsymbol{A}^{\mathrm{H}}\boldsymbol{A}=\boldsymbol{I}$。

埃尔米特变换：

$$(\boldsymbol{T}\boldsymbol{x},\boldsymbol{y})=(\boldsymbol{x},\boldsymbol{T}\boldsymbol{y})(\forall\,\boldsymbol{x}\in V)\Leftrightarrow\text{埃尔米特变换}$$

复内积、酉空间

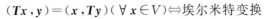

(4) $\boldsymbol{T}$ 在标准正交基下的矩阵 $\boldsymbol{A}$ 是埃尔米特矩阵，即 $\boldsymbol{A}^{\mathrm{H}}=\boldsymbol{A}$。

定理 5-30

(1) 设 $\boldsymbol{A}_{n\times n}$ 的特征值为 $\lambda_1,\lambda_2,\cdots,\lambda_n$，则存在酉矩阵 $\boldsymbol{P}_{n\times n}$，使得

$$\boldsymbol{P}^{\mathrm{H}}\boldsymbol{A}\boldsymbol{P}=\begin{bmatrix}\lambda_1 & * & \cdots & * \\ & \lambda_2 & \ddots & \vdots \\ & & \ddots & * \\ & & & \lambda_n\end{bmatrix} \tag{5-18}$$

(2) 设 $\boldsymbol{A}\in\mathbf{R}^{n\times n}$ 且 $\lambda_{\boldsymbol{A}}\in\mathbf{R}$，则存在正交矩阵 $\boldsymbol{Q}_{n\times n}$，使得 $\boldsymbol{Q}^{\mathrm{T}}\boldsymbol{A}\boldsymbol{Q}$ 为上三角矩阵。

证：在定理 5-14 的证明过程中将"扩充 $\boldsymbol{x}_1$ 为 $\mathbf{C}^k$ 的基"改为"扩充 $\boldsymbol{x}_1$ 为 $\mathbf{C}^k$ 的标准正交基"即可。

定义 5-51 若 $\boldsymbol{A}_{n\times n}$ 满足 $\boldsymbol{A}^{\mathrm{H}}\boldsymbol{A}=\boldsymbol{A}\boldsymbol{A}^{\mathrm{H}}$，则称为正规矩阵。

例如，在 $\mathbf{C}^{n\times n}$ 中：

$$\boldsymbol{A}^{\mathrm{H}}=\boldsymbol{A}\Rightarrow\boldsymbol{A}\text{ 是正规矩阵}$$
$$\boldsymbol{A}^{\mathrm{H}}\boldsymbol{A}=\boldsymbol{I}\Rightarrow\boldsymbol{A}\text{ 是正规矩阵}$$

在 $\mathbf{R}^{n\times n}$ 中：

$$\boldsymbol{A}^{\mathrm{T}}=\boldsymbol{A}\Rightarrow\boldsymbol{A}\text{ 是正规矩阵}$$
$$\boldsymbol{A}^{\mathrm{T}}\boldsymbol{A}=\boldsymbol{I}\Rightarrow\boldsymbol{A}\text{ 是正规矩阵}$$
$$\boldsymbol{B}=\begin{bmatrix}5+4\mathrm{j} & 1+6\mathrm{j}\\ 1+6\mathrm{j} & 5+4\mathrm{j}\end{bmatrix}$$
$$\boldsymbol{B}^{\mathrm{H}}\boldsymbol{B}=\begin{bmatrix}78 & 58\\ 58 & 78\end{bmatrix}=\boldsymbol{B}\boldsymbol{B}^{\mathrm{H}}\Rightarrow\boldsymbol{B}\text{ 是正规矩阵}$$

但是 $\boldsymbol{B}^{\mathrm{H}}\neq\boldsymbol{B},\boldsymbol{B}^{\mathrm{H}}\boldsymbol{B}\neq\boldsymbol{I}$。

证：充分性：

$$\boldsymbol{A}=\boldsymbol{P}\boldsymbol{\Lambda}\boldsymbol{P}^{\mathrm{H}},\boldsymbol{A}^{\mathrm{H}}=\boldsymbol{P}\bar{\boldsymbol{\Lambda}}\boldsymbol{P}^{\mathrm{H}},\boldsymbol{A}^{\mathrm{H}}\boldsymbol{A}=\boldsymbol{P}\bar{\boldsymbol{\Lambda}}\boldsymbol{\Lambda}\boldsymbol{P}^{\mathrm{H}}=\boldsymbol{P}\boldsymbol{\Lambda}\bar{\boldsymbol{\Lambda}}\boldsymbol{P}^{\mathrm{H}}=\boldsymbol{A}\boldsymbol{A}^{\mathrm{H}}$$

必要性：

$$\boldsymbol{A}^{\mathrm{H}}\boldsymbol{A}=\boldsymbol{A}\boldsymbol{A}^{\mathrm{H}}$$

定理 5-31

(1) $\boldsymbol{A}\in\mathbf{C}^{n\times n}$，$\boldsymbol{A}$ 是正规矩阵$\Rightarrow\exists$ 酉矩阵 $\boldsymbol{P}_{n\times n}$，使得 $\boldsymbol{P}^{\mathrm{H}}\boldsymbol{A}\boldsymbol{P}=\boldsymbol{\Lambda}$。

(2) $\boldsymbol{A}\in\mathbf{R}^{n\times n}$ 且 $\lambda_{\boldsymbol{A}}\in\mathbf{R}$，$\boldsymbol{A}$ 是正规矩阵$\Leftrightarrow\exists$ 正交矩阵 $\boldsymbol{Q}_{n\times n}$，使得 $\boldsymbol{Q}^{\mathrm{T}}\boldsymbol{A}\boldsymbol{Q}=\boldsymbol{\Lambda}$。

证：

(1) $\boldsymbol{A}\in\mathbf{C}^{n\times n}$，$\boldsymbol{A}$ 是正规矩阵$\Rightarrow\exists$ 酉矩阵 $\boldsymbol{P}$ 使得

$$\boldsymbol{P}^{\mathrm{H}}\boldsymbol{A}\boldsymbol{P}=\begin{bmatrix}b_{11} & b_{12} & \cdots & b_{1n}\\ & b_{22} & \cdots & b_{2n}\\ & & \ddots & \vdots\\ & & & b_{nn}\end{bmatrix}\triangleq\boldsymbol{B}$$

$$\boldsymbol{B}^{\mathrm{H}}\boldsymbol{B}=\boldsymbol{P}^{\mathrm{H}}\boldsymbol{A}^{\mathrm{H}}\boldsymbol{A}\boldsymbol{P}=\boldsymbol{P}^{\mathrm{H}}\boldsymbol{A}\boldsymbol{A}^{\mathrm{H}}\boldsymbol{P}=\boldsymbol{B}\boldsymbol{B}^{\mathrm{H}}$$

$$\begin{bmatrix}\bar{b}_{11} & & & \\ \bar{b}_{12} & \bar{b}_{22} & & \\ \vdots & \vdots & \ddots & \\ \bar{b}_{1n} & \bar{b}_{2n} & \cdots & \bar{b}_{nn}\end{bmatrix}\begin{bmatrix}b_{11} & b_{12} & \cdots & b_{1n}\\ & b_{22} & \cdots & b_{2n}\\ & & \ddots & \vdots\\ & & & b_{nn}\end{bmatrix}=\begin{bmatrix}b_{11} & b_{12} & \cdots & b_{1n}\\ & b_{22} & \cdots & b_{2n}\\ & & \ddots & \vdots\\ & & & b_{nn}\end{bmatrix}\begin{bmatrix}\bar{b}_{11} & & & \\ \bar{b}_{12} & \bar{b}_{22} & & \\ \vdots & \vdots & \ddots & \\ \bar{b}_{1n} & \bar{b}_{2n} & \cdots & \bar{b}_{nn}\end{bmatrix}$$

比较第一行第一列元素可得

$$|b_{11}|^2=|b_{11}|^2+|b_{12}|^2+\cdots+|b_{1n}|^2\Rightarrow b_{12}=0,b_{13}=0,\cdots,b_{1n}=0$$

一般地，有

$$\left.\begin{aligned}&i=0: && b_{12}=0,b_{13}=0,\cdots,b_{1n}=0\\ &i=1: && b_{23}=0,\cdots,b_{2n}=0\\ & && \ddots\\ &i=n-1: && b_{n-1,n}=0\end{aligned}\right\}\Rightarrow \boldsymbol{B}=\begin{bmatrix}b_{11}&&&\\&b_{22}&&\\&&\ddots&\\&&&b_{nn}\end{bmatrix}$$

(2) 利用定理 5-30 的(2)可得证。

例如，对上述条件，可求得酉矩阵 $\boldsymbol{P}=\dfrac{1}{\sqrt{2}}\begin{bmatrix}1&1\\1&-1\end{bmatrix}$，使得 $\boldsymbol{P}^{\mathrm{H}}\boldsymbol{B}\boldsymbol{P}=\begin{bmatrix}6+10\mathrm{j}&\\&4-2\mathrm{j}\end{bmatrix}$。

推论

推论 1　$\boldsymbol{A}_{n\times n}$ 实对称 $\Rightarrow\exists$ 正交矩阵 $\boldsymbol{Q}_{n\times n}$，使得 $\boldsymbol{Q}^{\mathrm{T}}\boldsymbol{A}\boldsymbol{Q}=\boldsymbol{\Lambda}$。

推论 2　在欧几里得空间 V^n 中，对称变换 $T\Rightarrow\exists$ 标准正交基 $\boldsymbol{y}_1,\boldsymbol{y}_2,\cdots,\boldsymbol{y}_n$，使得 $T(\boldsymbol{y}_1,\boldsymbol{y}_2,\cdots,\boldsymbol{y}_n)=(\boldsymbol{y}_1,\boldsymbol{y}_2,\cdots,\boldsymbol{y}_n)\boldsymbol{\Lambda}$。

证：设 $\boldsymbol{V}^n$ 的标准正交基为 $\boldsymbol{x}_1,\boldsymbol{x}_2,\cdots,\boldsymbol{x}_n$，$T$ 在该基下的矩阵为 $\boldsymbol{A}$，则 $\boldsymbol{A}$ 是实对称矩阵 $\Rightarrow\exists$ 正交矩阵 $\boldsymbol{Q}_{n\times n}$ 使得 $\boldsymbol{Q}^{\mathrm{T}}\boldsymbol{A}\boldsymbol{Q}=\boldsymbol{\Lambda}$。

构造 $\boldsymbol{V}^n$ 的标准正交基：$(\boldsymbol{y}_1,\boldsymbol{y}_2,\cdots,\boldsymbol{y}_n)=(\boldsymbol{x}_1,\boldsymbol{x}_2,\cdots,\boldsymbol{x}_n)\boldsymbol{Q}$，则

$$\begin{aligned}T(\boldsymbol{y}_1,\boldsymbol{y}_2,\cdots,\boldsymbol{y}_n)&=T(\boldsymbol{x}_1,\boldsymbol{x}_2,\cdots,\boldsymbol{x}_n)\boldsymbol{Q}=(\boldsymbol{x}_1,\boldsymbol{x}_2,\cdots,\boldsymbol{x}_n)\boldsymbol{A}\boldsymbol{Q}\\&=(\boldsymbol{y}_1,\boldsymbol{y}_2,\cdots,\boldsymbol{y}_n)\boldsymbol{Q}^{-1}\boldsymbol{A}\boldsymbol{Q}=(\boldsymbol{y}_1,\boldsymbol{y}_2,\cdots,\boldsymbol{y}_n)\boldsymbol{\Lambda}\end{aligned}$$

推论 3　$\boldsymbol{A}$ 实对称 $\Rightarrow\boldsymbol{A}$ 有 n 个线性无关的特征向量($\mathbf{R}^n$ 中)。

推论 4　T 是欧几里得空间 V^n 的对称变换 $\Rightarrow T$ 有 n 个线性无关的特征向量(V^n 中)。

谱分解 $\boldsymbol{A}_{n\times n}$ 是埃尔米特矩阵 $\overset{\text{定理5-31}}{\Rightarrow}\exists$ 酉矩阵 $\boldsymbol{P}_{n\times n}$，使得 $\boldsymbol{A}=\boldsymbol{P}\boldsymbol{\Lambda}\boldsymbol{P}^{\mathrm{H}}$。

划分 $\boldsymbol{P}\triangleq(P_1,P_2,\cdots,P_n)$，则有

$$\begin{aligned}\boldsymbol{A}&=(\boldsymbol{P}_1,\boldsymbol{P}_2,\cdots,\boldsymbol{P}_n)\begin{bmatrix}\lambda_1&&&\\&\lambda_2&&\\&&\ddots&\\&&&\lambda_n\end{bmatrix}\boldsymbol{P}^{\mathrm{H}}=(\lambda_1\boldsymbol{P}_1,\lambda_2\boldsymbol{P}_2,\cdots,\lambda_n\boldsymbol{P}_n)\begin{bmatrix}\boldsymbol{P}_1^{\mathrm{H}}\\\boldsymbol{P}_2^{\mathrm{H}}\\\vdots\\\boldsymbol{P}_n^{\mathrm{H}}\end{bmatrix}\\&=\lambda_1(\boldsymbol{P}_1\boldsymbol{P}_1^{\mathrm{H}})+\lambda_2(\boldsymbol{P}_2\boldsymbol{P}_2^{\mathrm{H}})+\cdots+\lambda_n(\boldsymbol{P}_n\boldsymbol{P}_n^{\mathrm{H}})\end{aligned}\tag{5-19}$$

(1) 矩阵组 $\boldsymbol{B}_1=\boldsymbol{P}_1\boldsymbol{P}_1^{\mathrm{H}},\boldsymbol{B}_2=\boldsymbol{P}_2\boldsymbol{P}_2^{\mathrm{H}},\cdots,\boldsymbol{B}_n=\boldsymbol{P}_n\boldsymbol{P}_n^{\mathrm{H}}$ 线性无关。

(2) $\operatorname{rank}\boldsymbol{B}_j=1,j=1,2,\cdots,n$。

5.4　小　　结

本章主要学习了线性空间以及线性变换，包括线性变换及其矩阵、欧几里得空间与酉空间。通过本章的学习，应该对线性空间以及线性变换有清晰的认识。

5.5　习　　题

1. 设线性空间 V^3 的线性变换 T 在基 $\boldsymbol{\alpha}_1,\boldsymbol{\alpha}_2,\boldsymbol{\alpha}_3$ 下的矩阵为

$$A=\begin{bmatrix}1&2&1\\1&1&2\\2&2&1\end{bmatrix}$$

证明：V^3 的子空间 $W=L(\boldsymbol{\alpha}_3-\boldsymbol{\alpha}_1,\boldsymbol{\alpha}_2-\boldsymbol{\alpha}_1)$是 T 的不变子空间。

2. 设矩阵空间 $R^{2\times2}$的子空间为

$$V=\{X=(x_{ij})_{2\times2}\mid x_{11}-x_{21}-x_{12}=0,x_{ij}\in\mathbf{R}\}$$

V 中的线性变换为

$$T(\boldsymbol{X})=\boldsymbol{X}+\boldsymbol{X}^{\mathrm{T}}(\forall\boldsymbol{X}\in V)$$

求 V 的一个基,使 T 在该基下的矩阵为对角阵。

3. 设欧几里得空间 $\mathbf{R}^{2\times2}$的内积定义为

$$(\boldsymbol{A},\boldsymbol{B})=\sum_{i=1}^{2}\sum_{j=1}^{2}a_{ij}b_{ij}\left(\boldsymbol{A}=\begin{bmatrix}a_{11}&a_{12}\\a_{21}&a_{22}\end{bmatrix},\boldsymbol{B}=\begin{bmatrix}b_{11}&b_{12}\\b_{21}&b_{22}\end{bmatrix}\right)$$

选取

$$\boldsymbol{A}_1=\begin{bmatrix}0&1\\0&1\end{bmatrix},\quad\boldsymbol{A}_2=\begin{bmatrix}1&1\\1&0\end{bmatrix}$$

构造子空间 $W=L(\boldsymbol{A}_1,\boldsymbol{A}_2)$。

(1) 求 $W^{\perp}$的一个基。

(2) 利用已知的子空间 W 和 $W^{\perp}$的基,求 $R^{2\times2}$的一个标准正交基。

4. 给定欧几里得空间 V^n 的标准正交基 $\boldsymbol{x}_1,\boldsymbol{x}_2,\cdots,\boldsymbol{x}_n$,设 T 是 V^n 的正交变换,$W=L(\boldsymbol{x}_1,\boldsymbol{x}_2,\cdots,\boldsymbol{x}_r)$是 T 的不变子空间。证明：V^n 的子空间 $W^{\perp}=\{\boldsymbol{y}\mid\boldsymbol{y}\in V^n,\boldsymbol{y}\perp W\}$也是 T 的不变子空间。

5. 设线性空间 V 中的线性变换 T 满足 $T^2=T$,$R(T)$表示 T 的值域,$N(T)$表示 T 的核,T_{e} 表示 V 中的单位变换。证明：$N(T)=R(T_{\mathrm{e}}-T)$。

第6章

范数理论及其应用

第 5 章介绍了线性空间中的各种线性变换以及欧几里得空间与酉空间，本章详细介绍这些线性变换的具体计算方法。

距离是一个宽泛的概念，只要满足非负、自反、三角不等式就可以称之为距离。范数是一种强化的距离概念，它在定义上比距离多了一条数乘的运算法则。有时候为了便于理解，可以把范数当作距离来理解。

在数学上，范数包括向量范数和矩阵范数，向量范数表征向量空间中向量的大小，矩阵范数表征矩阵引起的变化的大小。一种非严密的解释就是，对应向量范数，向量空间中的向量都是有大小的，这个大小就是用范数度量的，不同的范数都可以用来度量这个大小，就好比米和尺都可以用来度量远近一样；对于矩阵范数，学过线性代数就会知道，通过运算，可以将向量 $\boldsymbol{X}$ 变化为 $\boldsymbol{B}$，矩阵范数就是来度量这个变化大小的。

在人工智能中，范数可以作为正则项用来防止过拟合，使得预测效果更加真实。例如，在线性回归中可以通过范数调整拟合效果。

6.1 向量范数

6.1.1 向量空间序列的收敛性

向量范数

定义 6-1 设 $\boldsymbol{x}^{(k)}=(\xi_1^{(k)},\xi_2^{(k)},\cdots,\xi_n^{(k)})$，若 $\lim\limits_{k\to\infty}\xi_i^{(k)}=\xi_i\,(i=1,2,\cdots,n)$，称 $\{\boldsymbol{x}^{(k)}\}$ 收敛于 $\boldsymbol{x}=(\xi_1,\xi_2,\cdots,\xi_n)$，记作 $\lim\limits_{k\to\infty}\boldsymbol{x}^{(k)}=\boldsymbol{x}$ 或 $\boldsymbol{x}^{(k)}\to\boldsymbol{x}\,(k\to\infty)$。

注意，判断一个向量序列收敛等价于判断 n 个数列同时收敛。

用模刻画：$\mathbf{C}^n$ 中向量 $\boldsymbol{x}$ 的模为 $|\boldsymbol{x}|=(|\xi_1|^2+|\xi_2|^2+\cdots+|\xi_i|^2)^{\frac{1}{2}}$，则

$$\lim_{k\to\infty}\boldsymbol{x}^{(k)}=\boldsymbol{x}\Leftrightarrow\lim_{k\to\infty}\xi_i^{(k)}=\xi_i\,(i=1,2,\cdots,n)\Leftrightarrow\lim_{k\to\infty}|\xi_i^{(k)}-\xi_i|^2=0\,(i=1,2,\cdots,n)$$

$$\Leftrightarrow\lim_{k\to\infty}(|\xi_1^{(k)}-\xi_1|^2+|\xi_2^{(k)}-\xi_2|^2+\cdots+|\xi_n{}^{(k)}-\xi_n|^2)^{\frac{1}{2}}=0$$

$$\Leftrightarrow\lim_{k\to\infty}|\boldsymbol{x}^{(k)}-\boldsymbol{x}|=0$$

6.1.2 线性空间的向量范数

定义 6-2 设有线性空间 V 和数域 K，$\forall\,\boldsymbol{x}\in V$，定义实数 $\|\boldsymbol{x}\|$，且满足

(1) $\|\boldsymbol{x}\|\geqslant 0$；$\|\boldsymbol{x}\|=0\Leftrightarrow\boldsymbol{x}=\theta$。

(2) $\| k\boldsymbol{x} \| = |k| \, \| \boldsymbol{x} \|$, $\forall k \in K$。

(3) $\| \boldsymbol{x}+\boldsymbol{y} \| \leqslant \| \boldsymbol{x} \| + \| \boldsymbol{y} \|$, $\forall \boldsymbol{y} \in V$,称 $\| \boldsymbol{x} \|$ 为向量 $\boldsymbol{x}$ 的范数。

例 6-1 在线性空间 $\mathbf{C}^n$ 中,$\| \boldsymbol{x} \|_p \triangleq \left(\sum_{i=1}^{n} \left| \xi_i \right|^p \right)^{\frac{1}{p}}$ $(1 \leqslant p < \infty)$是向量范数。

证:

(1) 略。

(2) 略。

(3) 设 $\boldsymbol{x} = (\xi_1, \xi_2, \cdots, \xi_n)$,$\boldsymbol{y} = (\eta_1, \eta_2, \cdots, \eta_n)$,则

$p=1$:$\| \boldsymbol{x}+\boldsymbol{y} \|_1 = \sum | \xi_i + \eta_i | \leqslant \sum (| \xi_i | + | \eta_i |) = \| \boldsymbol{x} \|_1 + \| \boldsymbol{y} \|_1$。

$p>1$:$\boldsymbol{x}+\boldsymbol{y}=\theta$ 时,结论成立。

$\boldsymbol{x}+\boldsymbol{y} \neq \theta$ 时,应用赫尔德(Hölder)不等式

$$\sum_i | a_i b_i | \leqslant \left(\sum_i | a_i |^p \right)^{\frac{1}{p}} \left(\sum_i | b_i |^q \right)^{\frac{1}{q}} \quad \left(p > 1, q > 1, \frac{1}{p} + \frac{1}{q} = 1 \right)$$

利用$(p-1)q=p$ 可得

$$\begin{aligned}
(\| \boldsymbol{x}+\boldsymbol{y} \|_p)^p &= \sum_i | \xi_i + \eta_i |^p \\
&= \sum_i (| \xi_i + \eta_i | \, | \xi_i + \eta_i |^{p-1}) \\
&\leqslant \sum_i | \xi_i | \, | \xi_i + \eta_i |^{p-1} + \sum_i | \eta_i | \, | \xi_i + \eta_i |^{p-1} \\
&\leqslant \left(\sum_i | \xi_i |^p \right)^{\frac{1}{p}} \left(\sum_i (| \xi_i + \eta_i |^{p-1})^q \right)^{\frac{1}{q}} + \\
&\quad \left(\sum_i | \eta_i |^p \right)^{\frac{1}{p}} \left(\sum_i (| \xi_i + \eta_i |^{p-1})^q \right)^{\frac{1}{q}} \\
&= (\| \boldsymbol{x} \|_p + \| \boldsymbol{y} \|_p)(\| \boldsymbol{x}+\boldsymbol{y} \|_p)^{p-1}
\end{aligned}$$

故

$$\| \boldsymbol{x}+\boldsymbol{y} \|_p \leqslant \| \boldsymbol{x} \|_p + \| \boldsymbol{y} \|_p$$

因此,当 $1 \leqslant p < \infty$ 时,$\| \boldsymbol{x} \|_p$ 是向量 $\boldsymbol{x}$ 的范数。

特例:

- 1:范数 $\| \boldsymbol{x} \|_1 = \sum_i | \xi_i |$。
- 2:范数 $\| \boldsymbol{x} \|_2 = \left(\sum_i | \xi_i |^2 \right)^{\frac{1}{2}}$。
- ∞:范数 $\| \boldsymbol{x} \|_\infty \triangleq \lim_{p \to +\infty} \| \boldsymbol{x} \|_p = \max_i |\xi_i|$。

下面证明上述极限式:

$\boldsymbol{x}=\theta$ 时,等式成立。

$\boldsymbol{x} \neq \theta$ 时,设$|\xi_{i0}| = \max_i |\xi_i|$,则有

$$\| \boldsymbol{x} \|_p = | \xi_{i0} | \left(\sum_i \left| \frac{\xi_i}{\xi_{i0}} \right|^p \right)^{\frac{1}{p}}, 1 \leqslant \left(\sum_i \left| \frac{\xi_i}{\xi_{i0}} \right|^p \right)^{\frac{1}{p}} \leqslant n^{\frac{1}{p}} \to 1,$$

$$\lim_{k \to +\infty} \| \boldsymbol{x} \|_p = | \xi_i | = \max_i | \xi_i |$$

容易验证 $\| \boldsymbol{x} \|_\infty = \max_i |\xi_i|$ 满足向量范数的 3 个条件,从而是向量范数。

例 6-2

例 6-2　对于任意 $\boldsymbol{A}\in\mathbf{C}^{m\times n}$，定义

$$\|\boldsymbol{A}\|=\sum_{i=1}^{m}\sum_{j=1}^{n}|a_{ij}|$$

证明如此定义的 $\|\boldsymbol{A}\|$ 为 $\boldsymbol{A}$ 的范数。

证：只需要验证此定义满足矩阵范数的 4 个性质——非负性、齐次性、三角不等式和相容性即可。前 3 个容易证明。现在验证乘法的相容性。

设 $\boldsymbol{A}\in\mathbf{C}^{m\times p}$，$\boldsymbol{B}\in\mathbf{C}^{p\times n}$，则

$$\begin{aligned}\|\boldsymbol{AB}\|&=\sum_{i=1}^{m}\sum_{j=1}^{n}\left|\sum_{k=1}^{p}a_{ik}b_{kj}\right|\leqslant\sum_{i=1}^{m}\sum_{j=1}^{n}\sum_{k=1}^{p}|a_{ik}||b_{kj}|\\&\leqslant\sum_{i=1}^{m}\sum_{j=1}^{n}\left(\sum_{k=1}^{p}|a_{ik}|\sum_{k=1}^{p}|b_{kj}|\right)\\&\leqslant\left(\sum_{i=1}^{m}\sum_{k=1}^{p}|a_{ik}|\right)\left(\sum_{j=1}^{n}\sum_{k=1}^{p}|b_{kj}|\right)=\|\boldsymbol{A}\|\,\|\boldsymbol{B}\|\end{aligned}$$

例 6-3　对 $\mathbf{C}^{m\times n}$ 的矩阵范数 $\|\boldsymbol{A}\|$，任取非零列向量 $\boldsymbol{y}\in\mathbf{C}^{n}$，定义 $|\boldsymbol{x}|_V=\boldsymbol{x}\boldsymbol{y}^{\mathrm{H}}$，证明 $\|\boldsymbol{A}\|$ 与 $\|\boldsymbol{x}\|_V$ 相容。

证：

$$\|\boldsymbol{Ax}\|_V=\|(\boldsymbol{Ax})\boldsymbol{y}^{\mathrm{H}}\|=\|\boldsymbol{A}(\boldsymbol{xy}^{\mathrm{H}})\|\leqslant\|\boldsymbol{A}\|\cdot\|\boldsymbol{xy}^{\mathrm{H}}\|=\|\boldsymbol{A}\|\cdot\|\boldsymbol{x}\|_V$$

例 6-4　在 n 维酉空间中，对于任意的向量 $\boldsymbol{a}=(a_1,a_2,\cdots,a_n)\in\mathbf{C}^n$ 分别定义

(1) $\|\boldsymbol{a}\|_1=\sum\limits_{i=1}^{n}|a_i|$。

(2) $\|\boldsymbol{a}\|_2=\left(\sum\limits_{i=1}^{n}|a_i|^2\right)^{\frac{1}{2}}$。

(3) $\|\boldsymbol{a}\|_\infty=\max\limits_{1\leqslant i\leqslant n}|a_i|$。

证明 $\|\boldsymbol{a}\|_1$、$\|\boldsymbol{a}\|_2$、$\|\boldsymbol{a}\|_\infty$ 都是 $\mathbf{C}^n$ 上的范数，并且还有

(1) $\|\boldsymbol{a}\|_\infty\leqslant\|\boldsymbol{a}\|_1\leqslant n\|\boldsymbol{a}\|_\infty$。

(2) $\|\boldsymbol{a}\|_2\leqslant\|\boldsymbol{a}\|_1\leqslant\sqrt{n}\|\boldsymbol{a}\|_2$。

(3) $\|\boldsymbol{a}\|_\infty\leqslant\|\boldsymbol{a}\|_2\leqslant n\|\boldsymbol{a}\|_\infty$。

证：略。

6.1.3　范数的等价性

范数的等价性

定义 6-3　对于线性空间 V^n 的向量范数 $\|\boldsymbol{x}\|_\alpha$ 与 $\|\boldsymbol{x}\|_\beta$，若有正常数 c_1 和 c_2，使得

$$c_1\|\boldsymbol{x}\|_\beta\leqslant\|\boldsymbol{x}\|_\alpha\leqslant c_2\|\boldsymbol{x}\|_\beta(\forall\boldsymbol{x}\in V^n)\tag{6-1}$$

成立，称 $\|\boldsymbol{x}\|_\alpha$ 与 $\|\boldsymbol{x}\|_\beta$ 等价。

等价有以下 3 个性质：

(1) 自反性：$1\cdot\|\boldsymbol{x}\|_\alpha\leqslant\|\boldsymbol{x}\|_\alpha\leqslant1\cdot\|\boldsymbol{x}\|_\alpha$，$\forall\boldsymbol{x}\in V^n$。

(2) 对称性：$\dfrac{1}{c_2}\|\boldsymbol{x}\|_\alpha\leqslant\|\boldsymbol{x}\|_\beta\leqslant\dfrac{1}{c_1}\|\boldsymbol{x}\|_\alpha$，$\forall\boldsymbol{x}\in V^n$。

(3) 传递性：

$$\left.\begin{aligned}c_1\|\boldsymbol{x}\|_\beta\leqslant\|\boldsymbol{x}\|_\alpha\leqslant c_2\|\boldsymbol{x}\|_\beta\\c_1'\|\boldsymbol{x}\|_\gamma\leqslant\|\boldsymbol{x}\|_\beta\leqslant c_2'\|\boldsymbol{x}\|_\gamma\end{aligned}\right\}\Rightarrow c_1''\|\boldsymbol{x}\|_\gamma\leqslant\|\boldsymbol{x}\|_\alpha\leqslant c_2''\|\boldsymbol{x}\|_\gamma,\ \forall\boldsymbol{x}\in V^n$$

定理 6-1 线性空间 V^n 中,任意两种向量范数等价。

证:只需证明任一向量范数 $\|\boldsymbol{x}\|_\alpha$ 与向量范数 $\|\boldsymbol{x}\|_2$ 等价即可。

给定 V^n 的基 $\boldsymbol{x}_1,\boldsymbol{x}_2,\cdots,\boldsymbol{x}_n$,对任意 $\boldsymbol{x}\in V^n$,有 $\boldsymbol{x}=\xi_1\boldsymbol{x}_1+\xi_2\boldsymbol{x}_2+\cdots+\xi_n\boldsymbol{x}_n$ 唯一。

$\|\boldsymbol{x}\|_2=\left(\sum\limits_{i=1}^{n}|\xi_i|^2\right)^{\frac{1}{2}}$(见例 6-4)

$\mathbf{C}^n$ 的子集 $S\triangleq\{(\xi_1,\xi_2,\cdots,\xi_n)\mid|\xi_1|^2+|\xi_2|^2+\cdots+|\xi_n|^2=1\}$是闭区域,实值函数

$$f(\xi_1,\xi_2,\cdots,\xi_n)\triangleq\|\boldsymbol{x}\|_\alpha=\|\xi_1\boldsymbol{x}_1+\xi_2\boldsymbol{x}_2+\cdots+\xi_n\boldsymbol{x}_n\|_\alpha$$

在 S 上连续,故 f 在 S 上取得最值: $\min f=c_1,\max f=c_2$。

对于 $\forall(\xi_1,\xi_2,\cdots,\xi_n)\in S\Rightarrow x=\xi_1x_1+\xi_2x_2+\cdots+\xi_nx_n\neq\theta$

$$\Rightarrow f(\xi_1,\xi_2,\cdots,\xi_n)=\|\boldsymbol{x}\|_\alpha>0\Rightarrow c_1>0$$

对 $\forall\boldsymbol{x}\in V^n$,当 $\boldsymbol{x}\neq\theta$ 时,有

$$\boldsymbol{y}=\frac{\boldsymbol{x}}{\|\boldsymbol{x}\|_2}=\sum_{i=1}^{n}\frac{\xi_i}{\|\boldsymbol{x}\|_2}\boldsymbol{x}_i=\sum_{i=1}^{n}\eta_i\boldsymbol{x}_i\quad\left(\eta_i=\frac{\xi_i}{\|\boldsymbol{x}\|_2}\right)$$

$$|\eta_1|^2+|\eta_2|^2+\cdots+|\eta_n|^2=1\Rightarrow(\eta_1,\eta_2,\cdots,\eta_n)\in S$$

故 $0<c_1\leqslant f(\eta_1,\eta_2,\cdots,\eta_n)\leqslant c_2\Rightarrow 0<c_1\leqslant\|\boldsymbol{y}\|_\alpha\leqslant c_2$

$$\Rightarrow c_1\|\boldsymbol{x}\|_2\leqslant\|\boldsymbol{x}\|_\alpha\leqslant c_2\|\boldsymbol{x}\|_2$$

当 $\boldsymbol{x}=\theta$ 时,上式显然成立。

定理 6-2 在向量空间 $\mathbf{C}^n$ 中,$\lim\limits_{k\to\infty}\boldsymbol{x}^{(k)}=\boldsymbol{x}\Leftrightarrow\forall\|\boldsymbol{x}\|,\lim\limits_{k\to\infty}\|\boldsymbol{x}^{(k)}-\boldsymbol{x}\|=0$。

证:只需对 $\|\boldsymbol{x}\|=\|\boldsymbol{x}\|_1$ 证明即可。

$$\boldsymbol{x}^{(k)}\to\boldsymbol{x}\Leftrightarrow\xi_i^{(k)}\to\xi_i\quad(i=1,2,\cdots,n)\Leftrightarrow|\xi_i^{(k)}-\xi_i|\to 0\quad(i=1,2,\cdots,n)$$

$$\Leftrightarrow\sum_{i=1}^{n}|\xi_i^{(k)}-\xi_i|\to 0\Leftrightarrow\|\boldsymbol{x}^{(k)}-\boldsymbol{x}\|_1\to 0$$

6.2 矩阵范数

6.2.1 矩阵范数的定义

定义 6-4 在集合 $\mathbf{C}^{m\times n}$ 中,$\forall\boldsymbol{A}\in\mathbf{C}^{m\times n}$,定义实数 $\|\boldsymbol{A}\|$,且满足

(1) $\|\boldsymbol{A}\|\geqslant 0$, $\|\boldsymbol{A}\|=0\Leftrightarrow\boldsymbol{A}=\boldsymbol{O}_{m\times n}$。

(2) $\|k\boldsymbol{A}\|=\|k\|\ \|\boldsymbol{A}\|$,$\forall k\in\mathbf{C}$。

(3) $\|\boldsymbol{A}+\boldsymbol{B}\|\leqslant\|\boldsymbol{A}\|+\|\boldsymbol{B}\|$,$\forall\boldsymbol{B}\in\mathbf{C}^{m\times n}$。

(4) $\boldsymbol{AB}$ 有意义: $\|\boldsymbol{AB}\|\leqslant\|\boldsymbol{A}\|\cdot\|\boldsymbol{B}\|$,$\forall\boldsymbol{B}\in\mathbf{C}^{n\times l}$。

则称 $\|\boldsymbol{A}\|$ 为矩阵 $\boldsymbol{A}$ 的范数。

6.2.2 矩阵范数与向量范数的相容性

定义 6-5 设 $\mathbf{C}^{m\times n}$ 的矩阵范数为 $\|\boldsymbol{A}\|_m$,$\mathbf{C}^m$ 与 $\mathbf{C}^n$ 上的同类向量范数为 $\|\boldsymbol{x}\|_V$,若

$$\|\boldsymbol{Ax}\|_V\leqslant\|\boldsymbol{A}\|_m\cdot\|\boldsymbol{x}\|_V(\forall\boldsymbol{A}\in\mathbf{C}^{m\times n},\forall\boldsymbol{x}\in\mathbf{C}^n)\tag{6-2}$$

则称矩阵范数 $\|\boldsymbol{A}\|_m$ 与向量范数 $\|\boldsymbol{x}\|_V$ 是相容的。

预备: $\alpha=|a_1|+|a_2|+\cdots+|a_n|$,$\beta=|b_1|+|b_2|+\cdots+|b_n|$

$$(\alpha,\beta)\leqslant\sqrt{(\alpha,\alpha)}\cdot\sqrt{(\beta,\beta)}\Rightarrow\sum_{i=1}^{n}|a_i||b_i|\leqslant\sqrt{\sum_{i=1}^{n}|a_i|^2}\cdot\sqrt{\sum_{i=1}^{n}|b_i|^2}$$

例 6-5　$\boldsymbol{A}=(a_{ij})_{m\times n}\in C^{m\times n}$，$\boldsymbol{x}=(\xi_1,\xi_2,\cdots,\xi_n)^{\mathrm{T}}$，证明：$\|\boldsymbol{A}\|_{m2}=\left(\sum_{i=1}^{n}\sum_{j=1}^{n}|a_{ij}|^2\right)^{\frac{1}{2}}$ 是矩阵范数，且与 $\|\boldsymbol{x}\|_2$ 相容。

证：设 $\boldsymbol{B}_{m\times n}$，划分 $\boldsymbol{A}=(a_1,a_2,\cdots,a_n)$，$\boldsymbol{B}=(b_1,b_2,\cdots,b_n)$，则有

$$\begin{aligned}\|\boldsymbol{A}+\boldsymbol{B}\|_{m2}^2&=\|a_1+b_1\|_2^2+\|a_2+b_2\|_2^2+\cdots+\|a_n+b_n\|_2^2\\&\leqslant(\|a_1\|_2+\|b_1\|_2)^2+\|a_2\|_2+\|b_2\|_2)^2+\cdots+\\&\quad(\|a_n\|_2+\|b_n\|_2)^2\\&\leqslant\|\boldsymbol{A}\|_{m2}^2+2(\|a_1\|_2+\|b_1\|_2+\|a_2\|_2+\|b_2\|_2+\cdots+\\&\quad\|a_n\|_2+\|b_n\|_2)+\|\boldsymbol{B}\|_{m2}^2\\&\leqslant\|\boldsymbol{A}\|_{m2}^2+2\left(\sum_{i=1}^{n}\|a_i\|_2^2\right)^{\frac{1}{2}}\left(\sum_{i=1}^{n}\|b_i\|_2^2\right)^{\frac{1}{2}}+\|\boldsymbol{B}\|_{m2}^2\\&=(\|\boldsymbol{A}\|_{m2}+\|\boldsymbol{B}\|_{m2})^2\end{aligned}$$

设 $\boldsymbol{B}_{n\times l}$，$\boldsymbol{AB}=\left(\sum_{k=1}^{n}a_{ik}b_{kj}\right)_{m\times l}$，则有

$$\begin{aligned}\|\boldsymbol{AB}\|_{m2}^2&=\sum_{i,j}^{n}\left|\sum_{k=1}^{n}a_{ik}b_{kj}\right|^2\leqslant\sum_{i,j=1}^{n}\left(\sum_{k=1}^{n}|a_{ik}|\cdot|b_{kj}|\right)^2\\&\leqslant\sum_{i,j=1}^{n}\left[\left(\sum_{k=1}^{n}|a_{ik}|^2\right)\cdot\left(\sum_{k=1}^{n}|b_{kj}|^2\right)\right]\\&\leqslant\sum_{i=1}^{n}\left[\left(\sum_{k=1}^{n}|a_{ik}|^2\right)\cdot\sum_{j=1}^{n}\left(\sum_{k=1}^{n}|b_{kj}|^2\right)\right]\\&\leqslant\left(\sum_{i,k=1}^{n}|a_{ik}|^2\right)\cdot\left(\sum_{k,j=1}^{n}|b_{kj}|^2\right)=\|\boldsymbol{A}\|_{m2}^2\cdot\|\boldsymbol{B}\|_{m2}^2\end{aligned}$$

特别地，取 $\boldsymbol{B}=\boldsymbol{x}\in\mathbf{C}^{n\times 1}$，则有

$$\|\boldsymbol{Ax}\|_2=\|\boldsymbol{AB}\|_{m2}\leqslant\|\boldsymbol{A}\|_{m2}\cdot\|\boldsymbol{B}\|_{m2}=\|\boldsymbol{A}\|_{m2}\cdot\|\boldsymbol{x}\|_{m2}$$

定义 6-6　对于任意 $\boldsymbol{A}\in\mathbf{C}^{m\times n}$，定义 $\|\boldsymbol{A}\|_{\mathrm{F}}=\left(\sum_{i=1}^{m}\sum_{j=1}^{n}|a_{ij}|^2\right)^{\frac{1}{2}}$，可以证明 $\|\boldsymbol{A}\|_{\mathrm{F}}$ 也是矩阵 $\boldsymbol{A}$ 的范数，称为矩阵 $\boldsymbol{A}$ 的弗罗贝尼乌斯(Frobenius)范数。

证：非负性、齐次性是显然的。利用闵可夫斯基(Minkowski)不等式容易证明三角不等式。现在验证乘法的相容性：

设 $\boldsymbol{A}\in\mathbf{C}^{m\times l}$，$\boldsymbol{B}\in\mathbf{C}^{l\times n}$，则

$$\begin{aligned}\|\boldsymbol{AB}\|_{\mathrm{F}}^2&=\sum_{i=1}^{m}\sum_{j=1}^{n}\left|\sum_{k=1}^{p}a_{ik}b_{kj}\right|^2\leqslant\sum_{i=1}^{m}\sum_{j=1}^{n}\left(\sum_{k=1}^{p}|a_{ik}||b_{kj}|\right)^2\\&\leqslant\sum_{i=1}^{m}\sum_{j=1}^{n}\left(\left(\sum_{k=1}^{p}|a_{ik}|\right)^2\left(\sum_{k=1}^{p}|b_{kj}|\right)^2\right)\\&\leqslant\left(\sum_{i=1}^{m}\sum_{k=1}^{p}|a_{ik}|^2\right)\left(\sum_{j=1}^{n}\sum_{k=1}^{p}|b_{kj}|^2\right)=\|\boldsymbol{A}\|^2\|\boldsymbol{B}\|^2\end{aligned}$$

于是有 $\|\boldsymbol{AB}\|_{\mathrm{F}}\leqslant\|\boldsymbol{A}\|_{\mathrm{F}}\|\boldsymbol{B}\|_{\mathrm{F}}$。

定理 6-3 对于 $\boldsymbol{A}_{m\times n}$ 及酉矩阵 $\boldsymbol{P}_{m\times m}$ 和 $\boldsymbol{Q}_{n\times n}$，有

$$\|\boldsymbol{PA}\|_F=\|\boldsymbol{A}\|_F,\ \|\boldsymbol{AQ}\|_F=\|\boldsymbol{A}\|_F$$

证：$\|\boldsymbol{PA}\|_F^2=\mathrm{tr}((\boldsymbol{PA})^H(\boldsymbol{PA}))=\mathrm{tr}(\boldsymbol{A}^H\boldsymbol{P}^H\boldsymbol{PA})=\mathrm{tr}(\boldsymbol{A}^H\boldsymbol{A})=\|\boldsymbol{A}\|_F^2$

$$\|\boldsymbol{AQ}\|_F^2=\mathrm{tr}((\boldsymbol{AQ})(\boldsymbol{AQ})^H)=\mathrm{tr}(\boldsymbol{AQQ}^H\boldsymbol{A}^H)=\mathrm{tr}(\boldsymbol{AA}^H)=\|\boldsymbol{A}\|_F^2$$

引理：对 $\mathbf{C}^{m\times n}$ 的矩阵范数 $\|\boldsymbol{A}\|$，存在向量范数 $\|\boldsymbol{x}\|_V$ 使得 $\|\boldsymbol{Ax}\|_V\leqslant\|\boldsymbol{A}\|\cdot\|\boldsymbol{x}\|_V$。

证：与例 6-3 类似，略。

例 6-6 设矩阵 $\boldsymbol{A}\in\mathbf{C}^{n\times n}$，证明 $\|\boldsymbol{A}\|_{m\infty}=n\max\limits_{(i,j)}|a_{ij}|$ 是矩阵范数。

证：非负性、齐次性与三角不等式容易证明。现在验证乘法的相容性。

设 $\boldsymbol{A}\in\mathbf{C}^{n\times n}$，$\boldsymbol{B}\in\mathbf{C}^{n\times n}$，那么

$$\begin{aligned}\|\boldsymbol{AB}\|_{m\infty}&=n\max_{(i,j)}\left|\sum_{k=1}^{n}a_{ik}b_{kj}\right|\leqslant n\max_{(i,j)}\sum_{k=1}^{n}|a_{ik}||b_{kj}|\\&\leqslant n\cdot n\max_{(i,k)}|a_{ik}|\max_{(k,j)}|b_{kj}|\\&=n\max_{(i,k)}|a_{ik}|\cdot n\max_{(k,j)}|b_{kj}|\\&=\|\boldsymbol{A}\|_{m\infty}\|\boldsymbol{B}\|_{m\infty}\end{aligned}$$

因此，$\|\boldsymbol{A}\|_{m\infty}$ 为矩阵 $\boldsymbol{A}$ 的范数。

6.2.3 从属范数

定理 6-4 对 $\mathbf{C}^m$ 与对 $\mathbf{C}^n$ 上的同类向量范数 $\|\boldsymbol{x}\|_V$，定义实数 $\|\boldsymbol{A}\|=\max\limits_{\|\boldsymbol{x}\|_V=1}\|\boldsymbol{Ax}\|_V$ ($\forall\boldsymbol{A}_{m\times n},\boldsymbol{x}\in\mathbf{C}^n$)，则 $\|\boldsymbol{A}\|$ 是对 $\mathbf{C}^{m\times n}$ 中矩阵 $\boldsymbol{A}$ 的范数，且 $\|\boldsymbol{A}\|$ 与 $\|\boldsymbol{x}\|_V$ 相容。

注意，等价定义为

$$\max_{\|\boldsymbol{x}\|_V=1}\|\boldsymbol{Ax}\|_V=\max_{\boldsymbol{x}\neq\theta}\frac{\|\boldsymbol{Ax}\|_V}{\|\boldsymbol{x}\|_V}$$

证：

(1) $\boldsymbol{A}\neq\boldsymbol{O}$：$\exists\boldsymbol{x}_0$ 满足 $\|\boldsymbol{x}_0\|_V=1$，s.t. $\boldsymbol{Ax}_0\neq\theta\Rightarrow\|\boldsymbol{A}\|\geqslant\|\boldsymbol{Ax}_0\|_V>0$。

$\boldsymbol{A}=\boldsymbol{O}$：$\|\boldsymbol{A}\|=\max\limits_{\|\boldsymbol{x}\|_V=1}\|\boldsymbol{Ax}\|_V=\max\limits_{\|\boldsymbol{x}\|_V=1}\|\boldsymbol{O}\|_V=0$。

(2) 略。

(3) 对 $\boldsymbol{A}+\boldsymbol{B}$：$\exists\boldsymbol{x}_1$ 满足 $\|\boldsymbol{x}_1\|_V=1$，s.t. $\max\limits_{\|\boldsymbol{x}\|_V=1}\|(\boldsymbol{A}+\boldsymbol{B})\boldsymbol{x}\|_V=\|(\boldsymbol{A}+\boldsymbol{B})\boldsymbol{x}_1\|_V$。

$$\|\boldsymbol{A}+\boldsymbol{B}\|=\|\boldsymbol{Ax}_1+\boldsymbol{Bx}_1\|_V\leqslant\|\boldsymbol{Ax}_1\|_V+\|\boldsymbol{Bx}_1\|_V\leqslant\|\boldsymbol{A}\|+\|\boldsymbol{B}\|$$

(4) 先证 $\|\boldsymbol{Ay}\|_V\leqslant\|\boldsymbol{A}\|\ \|\boldsymbol{y}\|_V$ ($\boldsymbol{y}\in\mathbf{C}^n$)。

$\boldsymbol{y}=\theta$：显然成立。

$\boldsymbol{y}\neq\theta$：$y_0\triangleq\dfrac{y}{\|\boldsymbol{y}\|_V}$ 满足

$$\|\boldsymbol{y}_0\|_V=1\Rightarrow\|\boldsymbol{Ay}_0\|_V\leqslant\max_{\|\boldsymbol{x}\|_V=1}\|\boldsymbol{Ax}\|_V=\|\boldsymbol{A}\|$$

故 $\|\boldsymbol{Ay}\|_V=\|\boldsymbol{A}(\|\boldsymbol{y}\|_V\boldsymbol{y}_0)\|_V=\|\boldsymbol{Ay}_0\|_V\cdot\|\boldsymbol{y}\|_V\leqslant\|\boldsymbol{A}\|\cdot\|\boldsymbol{y}\|_V$

对 AB，$\exists\boldsymbol{x}_2$ 满足 $\|\boldsymbol{x}_2\|_V=1$，使得

$$\max_{\|\boldsymbol{x}\|_V=1}\|(\boldsymbol{AB})\boldsymbol{x}\|_V=\|(\boldsymbol{AB})\boldsymbol{x}_2\|_V$$

于是 $\|AB\| = \|(AB)x_2\|_V = \|A(Bx_2)\|_V \leqslant \|A\|\ \|Bx_2\|_V \leqslant \|A\| \cdot \|B\|$

故定理 6-4 成立。

注意：

(1) 一般的矩阵范数：$I = I \cdot I \Rightarrow \|I\| \leqslant \|I\| \cdot \|I\| \Rightarrow \|I\| \geqslant 1$。例如，$\|I\|_{m1} = n$，$\|I\|_F = \sqrt{n}$。

(2) 矩阵的从属范数：$\|I\| = \max\limits_{\|x\|_V=1} \|Ix\|_V = 1$。

(3) 常用从属范数：$\|x\|_V\ \|x\|_1\ \|x\|_2\ \|x\|_\infty$，$\|A\|_M\ \|A\|_1\ \|A\|_2\ \|A\|_\infty$。

定理 6-5　设 $A = (a_{ij})_{m\times n}$，则

定理 6-5

(1) 列和范数：$\|A\|_1 = \max\limits_j \sum\limits_{i=1}^m |a_{ij}|$。

(2) 谱范数：$\|A\|_2 = \sqrt{\lambda_1}$，$\lambda_1 = \max\limits_j \lambda_j(A^H A)$。

(3) 行和范数：$\|A\|_\infty = \max\limits_i \sum\limits_{j=1}^n |a_{ij}|$。

证：

(1) 记 $t = \max\limits_j \sum\limits_{i=1}^m |a_{ij}|$，先证左 $\leqslant$ 右，若 $x \in \mathbf{C}^n$ 满足 $\|x\|_1 = 1$，则

$$\|Ax\|_1 = \sum_{i=1}^m \left|\sum_{j=1}^n a_{ij}\xi_j\right| \leqslant \sum_i \sum_j |a_{ij}| \cdot |\xi_j| = \sum_j \left[|\xi_j| \cdot \left(\sum_j |a_{ij}|\right)\right]$$
$$\leqslant \sum_j \lfloor |\xi_j|\ t \rfloor = t \cdot \|x\|_1 = \text{右}$$

故 $\|A\|_1 = \max\limits_{\|x\|_1=1} \|Ax\|_1 \leqslant$ 右。

再证左 $\geqslant$ 右，选取 k 使得 $t = \max\limits_j \sum\limits_{i=1}^m |a_{ij}| = \sum\limits_{i=1}^m |a_{ik}|$，令

$$e_k \geqslant \|Ae_k\|_1 = \left\|\begin{bmatrix} a_{1k} \\ a_{2k} \\ \vdots \\ a_{mk} \end{bmatrix}\right\|_1 = \sum_{i=1}^m |a_{ik}| = \text{右}$$

(2) $A^H A$ 是埃尔米特矩阵 $\Rightarrow \lambda(A^H A) \in R$ 且 $\lambda(A^H A) \geqslant 0$。

$A^H A$ 的特征值：$\lambda_1 \geqslant \lambda_2 \geqslant \cdots \geqslant \lambda_n$。

$A^H A$ 的特征向量：$x_1, x_2, \cdots, x_n$ 两两正交且满足 $\|x_i\|_2 = 1$。

只证左 $\leqslant$ 右，若 $x \in \mathbf{C}^m$ 满足 $\|x\|_2 = 1$，则 $x = \xi_1 x_1 + \xi_2 x_2 + \cdots + \xi_n x_n$，且有 $|\xi_1|^2 + |\xi_2|^2 + \cdots + |\xi_n|^2 = 1$，

$$(A^H A)x = \lambda_1 \xi_1 x_1 + \lambda_2 \xi_2 x_2 + \cdots + \lambda_n \xi_n x_n$$
$$\|Ax\|_2^2 = (Ax)^H (Ax) = x^H (A^H A) x$$
$$= (\bar{\xi}_1 x_1^H + \bar{\xi}_2 x_2^H + \cdots + \bar{\xi}_n x_n^H)(\lambda_1 \xi_1 x_1 + \lambda_2 \xi_2 x_2 + \cdots + \lambda_n \xi_n x_n)$$
$$= \lambda_1 |\xi_1|^2 + \lambda_2 |\xi_2|^2 + \cdots + \lambda_n |\xi_n|^2 \leqslant \lambda_1$$

故 $\|A\|_2 = \max\limits_{\|x\|_2=1} \|Ax\|_2 \leqslant \sqrt{\lambda_1}$。

(3) 记 $t=\max\limits_{i}\sum\limits_{j=1}^{n}|a_{ij}|$,先证左 $\leqslant$ 右,若 $\boldsymbol{x}\in\mathbf{C}^n$ 满足 $\|\boldsymbol{x}\|_\infty=1$,则

$$\|\boldsymbol{Ax}\|_\infty=\max_i\left|\sum_{j=1}^{n}a_{ij}\xi_j\right|\leqslant\max_i\sum_j|a_{ij}|\cdot|\xi_j|$$

$$\leqslant\left(\max_i\sum_j|a_{ij}|\right)\cdot\max_j|\xi_j|=t\|\boldsymbol{x}\|_\infty=t$$

$$\|\boldsymbol{A}\|_\infty=\max_{\|\boldsymbol{x}\|_\infty=1}\|\boldsymbol{A}\|_\infty\leqslant\text{右}$$

再证左 $\geqslant$ 右,选取 k 使得 $t=\max\limits_{i}\left(\sum\limits_{j=1}^{n}|a_{ij}|\right)=\sum\limits_{j=1}^{n}|a_{kj}|$,令

$$\boldsymbol{y}_0=\begin{bmatrix}\eta_1\\\eta_2\\\vdots\\\eta_n\end{bmatrix}\quad\text{其中},\eta_j=\begin{cases}1, & a_{kj}=0\\ \dfrac{|a_{kj}|}{a_{kj}}, & a_{kj}\neq0\end{cases}\Rightarrow|\eta_j|=1$$

则 $\|\boldsymbol{y}_0\|_\infty=1$,

$$\boldsymbol{Ay}_0=\begin{bmatrix}\sum\limits_{j=1}^{n}a_{1j}\eta_j\\\vdots\\\sum\limits_{j=1}^{n}|a_{kj}|\\\vdots\\\sum\limits_{j=1}^{n}a_{mj}\eta_j\end{bmatrix}\Rightarrow\|\boldsymbol{Ay}_0\|_\infty=t$$

由此可得

$$\|\boldsymbol{A}\|_\infty=\max_{\|\boldsymbol{x}\|_\infty=1}\|\boldsymbol{Ax}\|_\infty\geqslant\|\boldsymbol{Ay}_0\|_\infty=t=\text{右}$$

例 6-7 证明矩阵的 F 范数与向量的 2-范数是相容的。

证:因为

$$\|\boldsymbol{A}\|_F=\left(\sum_{i=1}^{m}\sum_{j=1}^{n}|a_{ij}|^2\right)^{\frac{1}{2}}$$

$$\|\boldsymbol{X}\|_2=\left(\sum_{j=1}^{n}|x_i|^2\right)^{\frac{1}{2}}=(\boldsymbol{X}^{\mathrm{H}}\boldsymbol{X})^{\frac{1}{2}}$$

根据赫尔德不等式可得

$$\|\boldsymbol{AX}\|_2^2=\sum_{i=1}^{m}\left|\sum_{j=1}^{n}a_{ij}x_j\right|^2\leqslant\sum_{i=1}^{m}\left(\sum_{j=1}^{n}|a_{ij}x_j|\right)^2$$

$$\leqslant\sum_{i=1}^{m}\left[\left(\sum_{j=1}^{n}|a_{ij}|^2\right)\left(\sum_{j=1}^{n}|x_j|^2\right)\right]$$

$$=\left(\sum_{i=1}^{m}\sum_{j=1}^{n}|a_{ij}|^2\right)\left(\sum_{j=1}^{n}|x_j|^2\right)$$

$$=\|\boldsymbol{A}\|_F^2\|\boldsymbol{X}\|_2^2$$

于是有 $\|AX\|_2 \leqslant \|A\|_F \|X\|_2$。

例 6-8　求矩阵 A 的常用范数。

$$A=\begin{bmatrix}1 & 2 & 0\\ -1 & 2 & -1\\ 0 & 1 & 1\end{bmatrix}$$

解：
$$\|A\|_1=\max_{1\leqslant j\leqslant n}\sum_{i=1}^{n}|a_{ij}|=\max_{1\leqslant j\leqslant n}\{2,5,2\}=5$$

$$\|A\|_\infty=\max_{1\leqslant i\leqslant n}\sum_{j=1}^{n}|a_{ij}|=\max_{1\leqslant i\leqslant n}\{3,4,2\}=4$$

由于
$$\|A\|_2=\sqrt{\lambda_{\max}(A^TA)}$$

因此，先求 A^TA 的特征值：

$$A^TA=\begin{bmatrix}1 & -1 & 0\\ 2 & 2 & 1\\ 0 & -1 & 1\end{bmatrix}\cdot\begin{bmatrix}1 & 2 & 0\\ -1 & 2 & -1\\ 0 & 1 & 1\end{bmatrix}=\begin{bmatrix}2 & 0 & 1\\ 0 & 9 & -1\\ 1 & -1 & 2\end{bmatrix}$$

特征方程为

$$\det(\lambda I-A^TA)=\begin{bmatrix}\lambda-2 & 0 & -1\\ 0 & \lambda-9 & 1\\ -1 & 1 & \lambda-2\end{bmatrix}=0$$

可得 A^TA 的特征值为：

$$\lambda_1=9.1428,\lambda_2=2.9211,\lambda_3=0.9361$$

$$\lambda_{\max}(A^TA)=9.1428$$

$$\|A\|_2=\sqrt{\lambda_{\max}(A^TA)}=3.0237$$

$$\|A\|_F=\sqrt{\operatorname{tr}(A^TA)}=\sqrt{2+9+2}=3.6056$$

6.3　范数的应用

定理 6-6　$\|A_{n\times n}\|<1\Rightarrow(I-A)$ 可逆，且 $\|(I-A)^{-1}\|\leqslant\dfrac{\|I\|}{1-\|A\|}$。

证：选取向量范数 $\|x\|_V$，使得 $\|A\|$ 与 $\|x\|_V$ 相容(见例 6-7)。

若 $\det(I-A)=0$，则 $(I-A)x=\mathbf{0}$ 有非零解 x_0，即 $(I-A)x_0=\mathbf{0}$。于是有

$$x_0=Ax_0\Rightarrow\|x_0\|_V\leqslant\|A\|\cdot\|x_0\|_V<\|x_0\|_V$$

产生矛盾，故 $I-A$ 可逆。

$$(I-A)^{-1}(I-A)=I\Rightarrow(I-A)^{-1}=I+(I-A)^{-1}A$$
$$\Rightarrow\|(I-A)^{-1}\|\leqslant\|I\|+\|(I-A)^{-1}\|\cdot\|A\|$$
$$\Rightarrow\|(I-A)^{-1}\|\leqslant\frac{\|I\|}{1-\|A\|}$$

定理 6-7　$$\|A_{n\times n}\|<1\Rightarrow\|I-(I-A)^{-1}\|\leqslant\frac{\|A\|}{1-\|A\|}$$

证：恒等式 $(I-A)^{-1}-I=-A$ 右乘 $(I-A)^{-1}$ 得到

$$\boldsymbol{I}-(\boldsymbol{I}-\boldsymbol{A})^{-1}=-\boldsymbol{A}(\boldsymbol{I}-\boldsymbol{A})^{-1}$$

左乘 $\boldsymbol{A}$ 得到

$$\boldsymbol{A}-(\boldsymbol{I}-\boldsymbol{A})^{-1}=-\boldsymbol{A}^2(\boldsymbol{I}-\boldsymbol{A})^{-1}$$

$$\Rightarrow \boldsymbol{A}(\boldsymbol{I}-\boldsymbol{A})^{-1}=\boldsymbol{A}+\boldsymbol{A}\cdot\boldsymbol{A}(\boldsymbol{I}-\boldsymbol{A})^{-1}$$

$$\Rightarrow \|\boldsymbol{A}(\boldsymbol{I}-\boldsymbol{A})^{-1}\| \leqslant \|\boldsymbol{A}\|+\|\boldsymbol{A}\|\cdot\|\boldsymbol{A}(\boldsymbol{I}-\boldsymbol{A})^{-1}\|$$

$$\Rightarrow \|\boldsymbol{A}(\boldsymbol{I}-\boldsymbol{A})^{-1}\| \leqslant \frac{\|\boldsymbol{A}\|}{1-\|\boldsymbol{A}\|}$$

$$\Rightarrow \|\boldsymbol{I}-(\boldsymbol{I}-\boldsymbol{A})^{-1}\|=\|-\boldsymbol{A}(\boldsymbol{I}-\boldsymbol{A})^{-1}\| \leqslant \frac{\|\boldsymbol{A}\|}{1-\|\boldsymbol{A}\|}$$

定理 6-8 设 $\boldsymbol{A}_{n\times n}$ 可逆,设有 $\boldsymbol{B}_{n\times n}$,且满足 $\|\boldsymbol{A}^{-1}\boldsymbol{B}\|<1$,则

(1) $\boldsymbol{A}+\boldsymbol{B}$ 可逆。

(2) $\boldsymbol{F}\triangleq\boldsymbol{I}-(\boldsymbol{I}+\boldsymbol{A}^{-1}\boldsymbol{B})^{-1}$:$\|\boldsymbol{F}\|\leqslant\dfrac{\|\boldsymbol{A}^{-1}\boldsymbol{B}\|}{1-\|\boldsymbol{A}^{-1}\boldsymbol{B}\|}$。

(3) $\dfrac{\|\boldsymbol{A}^{-1}-(\boldsymbol{A}+\boldsymbol{B})^{-1}\|}{\|\boldsymbol{A}^{-1}\|}\leqslant\dfrac{\|\boldsymbol{A}^{-1}\boldsymbol{B}\|}{1-\|\boldsymbol{A}^{-1}\boldsymbol{B}\|}$。

证:略。

定理 6-9 对 $\forall\boldsymbol{A}_{n\times n}$,$\forall\|\cdot\|_M$,有 $\rho(\boldsymbol{A})\leqslant\|\boldsymbol{A}\|_M$。

证:对矩阵范数 $\|\cdot\|_M$,存在向量范数 $\|\cdot\|_V$,使得 $\|\boldsymbol{Ax}\|_V\leqslant\|\boldsymbol{A}\|_M\cdot\|\boldsymbol{x}\|_M$

设 $\boldsymbol{Ax}_i=\lambda_i\boldsymbol{x}_i(\boldsymbol{x}_i\neq\theta)$,则有

$$|\lambda_i|\cdot\|\boldsymbol{x}_i\|_V=\|\lambda_i\boldsymbol{x}_i\|_V=\|\boldsymbol{Ax}_i\|_V\leqslant\|\boldsymbol{A}\|_M\cdot\|\boldsymbol{x}_i\|_V$$

$$|\lambda_i|\leqslant\|\boldsymbol{A}\|_M\leqslant\rho(\boldsymbol{A})\leqslant\|\boldsymbol{A}\|_M$$

定理 6-10 给定 $\boldsymbol{A}_{n\times n}$,对 $\forall\varepsilon>0$,$\exists$ 矩阵范数 $\|\cdot\|_M$,s.t. $\|\boldsymbol{A}\|_M\leqslant\rho(\boldsymbol{A})+\varepsilon$。

证:根据矩阵的若尔当标准形理论,对于矩阵 $\boldsymbol{A}$,存在可逆矩阵 $\boldsymbol{P}_{n\times n}$,使得 $\boldsymbol{P}^{-1}\boldsymbol{AP}=\boldsymbol{J}$。记

定理 6-10

$$\boldsymbol{\Lambda}=\begin{bmatrix}\lambda_1 & & & \\ & \lambda_2 & & \\ & & \ddots & \\ & & & \lambda_n\end{bmatrix},\quad \widetilde{\boldsymbol{I}}=\begin{bmatrix}0 & \delta_1 & & & \\ & 0 & \delta_2 & & \\ & & \ddots & \ddots & \\ & & & 0 & \delta_{n-1} \\ & & & & 0\end{bmatrix}$$

则 $\boldsymbol{J}=\boldsymbol{\Lambda}+\widetilde{\boldsymbol{I}}(\xi_i=0$ 或 $1)$,于是有

$$\boldsymbol{D}=\begin{bmatrix}1 & & & \\ & \varepsilon & & \\ & & \ddots & \\ & & & \varepsilon^{n-1}\end{bmatrix},(\boldsymbol{PD})^{-1}\boldsymbol{A}(\boldsymbol{PD})=\boldsymbol{D}^{-1}\boldsymbol{JD}=\boldsymbol{\Lambda}+\varepsilon\widetilde{\boldsymbol{I}}$$

对于 $\boldsymbol{S}\triangleq\boldsymbol{PD}$ 可逆,$\|\boldsymbol{S}^{-1}\boldsymbol{AS}\|_1=\|\boldsymbol{\Lambda}+\varepsilon\widetilde{\boldsymbol{I}}\|_1\leqslant\rho(\boldsymbol{A})+\varepsilon$。

可证 $\|\boldsymbol{B}\|_M=\|\boldsymbol{S}^{-1}\boldsymbol{BS}\|_1(\forall\boldsymbol{B}\in C^{n\times n})$ 是 $\mathbf{C}^{n\times n}$ 中的矩阵范数,于是有 $\|\boldsymbol{A}\|_M=\|\boldsymbol{S}^{-1}\boldsymbol{AS}\|_1\leqslant\rho(\boldsymbol{A})+\varepsilon$。

注意,因为 $\|\cdot\|_M$ 与给定的矩阵 $\boldsymbol{A}$ 有关,所以当 $\boldsymbol{B}_{n\times n}\neq\boldsymbol{A}$ 时,针对 $\boldsymbol{A}$ 构造的矩阵范数 $\|\cdot\|_M$,不等式 $\|\boldsymbol{B}\|_M\leqslant\rho(\boldsymbol{B})+\varepsilon$ 不一定成立。

讨论：

(1) $\|\boldsymbol{A}\|_{M_1}$、$\|\boldsymbol{A}\|_{M_2}$ 与同一种 $\|\boldsymbol{x}\|_V$ 是否相容？

(2) $\|\boldsymbol{A}\|_M$ 与不同的 $\|\boldsymbol{x}\|_{V_1}$、$\|\boldsymbol{x}\|_{V_2}$ 是否相容？

(3) $\forall\ \|\boldsymbol{A}\|_M$ 与 $\forall\ \|\boldsymbol{x}\|_V$ 是否不一定相容？

分析：

(1) $\|\boldsymbol{A}\|_{M_1}$、$\|\boldsymbol{A}\|_1$ 与 $\|\boldsymbol{x}\|_1$ 相容。

(2) $\|\boldsymbol{A}\|_{M_1}$ 与 $\|\boldsymbol{x}\|_p$ 相容。例如，$p=1, p=2$。

$$\boldsymbol{x}=(\delta_1,\delta_2,\cdots,\delta_n)^{\mathrm{T}}, E_{ij}\boldsymbol{x}=(0,\cdots,0,\xi_j,0,\cdots,0)^{\mathrm{T}} \Rightarrow \|E_{ij}\boldsymbol{x}\|_p \leqslant \|\boldsymbol{x}\|_p$$

$$\boldsymbol{A}\boldsymbol{x}=\sum_{i,j} a_{ij}E_{ij}\boldsymbol{x}$$

$$\|\boldsymbol{A}\boldsymbol{x}\|_p \leqslant \sum_{i,j} |a_{ij}| \cdot \|E_{ij}\boldsymbol{x}\|_p \leqslant \left(\sum_{i,j} |a_{ij}|\right) \cdot \|\boldsymbol{x}\|_p = \|\boldsymbol{A}\|_{m_1} \cdot \|\boldsymbol{x}\|_p$$

(3) $\|\boldsymbol{A}\|_1=\max\limits_j \sum\limits_{i=1}^{m} |a_{ij}|$ 与 $\|\boldsymbol{x}\|_\infty=\max\limits_i |\xi_i|$ 不相容。

当 $n>1$ 时：

$$\boldsymbol{A}_0=\begin{bmatrix} 1 & 1 & \cdots & 1 \\ 0 & 0 & \cdots & 0 \\ \vdots & \vdots & \ddots & \vdots \\ 0 & 0 & \cdots & 0 \end{bmatrix}_{m\times n}, \boldsymbol{x}_0=\begin{bmatrix} 1 \\ 1 \\ \vdots \\ 1 \end{bmatrix}, \boldsymbol{A}_0\boldsymbol{x}_0=\begin{bmatrix} n \\ 0 \\ \vdots \\ 0 \end{bmatrix}$$

$$\|\boldsymbol{A}_0\|_1=1, \|\boldsymbol{x}_0\|_\infty=1, \|\boldsymbol{A}_0\boldsymbol{x}_0\|_\infty=n$$

$$\|\boldsymbol{A}_0\boldsymbol{x}_0\|_\infty=n>1=\|\boldsymbol{A}_0\|_1 \cdot \|\boldsymbol{x}_0\|_\infty$$

范数构造方法如下：

(1) 由向量范数构造新的向量范数：$\boldsymbol{S}_{m\times n}$ 列满秩，是 $\mathbf{C}^n$ 中的向量范数。

(2) 由矩阵范数构造向量范数：非零列向量 $\boldsymbol{y}_0 \in \mathbf{C}^n$，$\|\boldsymbol{x}\|=\|\boldsymbol{x}\boldsymbol{y}_0^{\mathrm{T}}\|_M$ 是 $\mathbf{C}^m$ 中的向量范数。

例如，$\boldsymbol{y}_0=\boldsymbol{e}_i$ 时，

$$\boldsymbol{x}\boldsymbol{y}_0^{\mathrm{T}}=\begin{bmatrix} 0 & 0 & \cdots & 0 & \xi_1 & 0 & 0 & \cdots & 0 \\ 0 & 0 & \cdots & 0 & \xi_2 & 0 & 0 & \cdots & 0 \\ \vdots & \vdots & \ddots & \vdots & \vdots & \vdots & \vdots & \ddots & \vdots \\ 0 & 0 & \cdots & 0 & \xi_m & 0 & 0 & \cdots & 0 \end{bmatrix}$$

$$\|\boldsymbol{A}\|_M=\|\boldsymbol{A}\|_{m_1} \Rightarrow \|\boldsymbol{x}\|=\|\boldsymbol{x}\|_1$$

$$\|\boldsymbol{A}\|_M=\|\boldsymbol{A}\|_{m_2} \Rightarrow \|\boldsymbol{x}\|=\|\boldsymbol{x}\|_2$$

$$\|\boldsymbol{A}\|_M=\|\boldsymbol{A}\|_2 \Rightarrow \|\boldsymbol{x}\|=\|\boldsymbol{x}\|_2$$

$$\|\boldsymbol{A}\|_M=\|\boldsymbol{A}\|_\infty \Rightarrow \|\boldsymbol{x}\|=\|\boldsymbol{x}\|_\infty$$

(3) 由向量范数构造矩阵范数：$\|\boldsymbol{A}\|=\max\limits_{\|\boldsymbol{x}\|_V=1} \|\boldsymbol{A}\boldsymbol{x}\|_V$ 是 $\mathbf{C}^{m\times n}$ 中的矩阵范数。

(4) 由矩阵范数构造 $\|\boldsymbol{x}\|=\|\boldsymbol{S}\boldsymbol{x}\|_V$，新的矩阵范数 $\boldsymbol{S}_{n\times n}$ 可逆，$\|\boldsymbol{A}\|=\|\boldsymbol{S}^{-1}\boldsymbol{A}\boldsymbol{S}\|_M$ 是 $C^{n\times n}$ 中的向量范数。

6.4 小　结

本章主要介绍了向量范数和矩阵范数的相关基本理论。矩阵范数和向量范数一样均为一种度量性质。本章要求理解矩阵范数的概念,掌握几个常用范数的计算,掌握常用条件数的计算。

6.5 习　题

1. 设 $\boldsymbol{A}=\begin{bmatrix}2 & -1 & 0\\0 & 2 & 3\\1 & 2 & 0\end{bmatrix}$,求 $\|\boldsymbol{A}\|_1$、$\|\boldsymbol{A}\|_2$、$\|\boldsymbol{A}\|_\infty$、$\|\boldsymbol{A}\|_F$。

2. 设 $\boldsymbol{A}$ 是一个正规矩阵,证明 $\rho(\boldsymbol{A})=\|\boldsymbol{A}\|_2$。

3. $\boldsymbol{A}=\begin{bmatrix}0 & 0.2 & 0.1\\-0.2 & 0 & 0.2\\-0.1 & -0.2 & 0\end{bmatrix}$,试估计 $\boldsymbol{A}$ 的特征值的范围。

4. 已知 $\boldsymbol{A}=\begin{bmatrix}2 & 1\\1 & 3\end{bmatrix}$,$\delta\boldsymbol{A}=\begin{bmatrix}0 & 0.5\\0.2 & 0\end{bmatrix}$,试估计 $\dfrac{\|\boldsymbol{A}^{-1}-(\boldsymbol{A}+\delta\boldsymbol{A})^{-1}\|_\infty}{\|\boldsymbol{A}^{-1}\|_\infty}$ 的值。

5. 已知矩阵范数 $\|\boldsymbol{A}\|_*=\|\boldsymbol{A}\|=\sum_{i=1}^{m}\sum_{j=1}^{n}|a_{ij}|$,求与之相容的一个向量范数。

第7章

矩阵分解

矩阵分解是推荐系统常用的手段，经常应用于用户偏好预测。当前的推荐系统得到的用户对物品的评分矩阵往往是非常稀疏的，一个有 m 个用户、n 个商品的网站，它所收集到的 $m\times n$ 用户评分矩阵 $\boldsymbol{R}$ 可能只有不到万分之一的数据。非零矩阵分解算法常用来构造出多个矩阵，用这些矩阵相乘的结果 $\boldsymbol{R}'$ 来拟合原来的评分矩阵 $\boldsymbol{R}$，目标是使得到的矩阵 $\boldsymbol{R}'$ 在 $\boldsymbol{R}$ 的非零元素那些位置上的值尽量接近 $\boldsymbol{R}$ 中的元素，同时对于 $\boldsymbol{R}$ 中非零值进行补全。定义 $\boldsymbol{R}$ 和 $\boldsymbol{R}'$ 之间的距离，把它作为优化的目标，那么矩阵分解就变成了最优化问题。

7.1 三角分解

三角分解的目的是将 $\boldsymbol{A}_{n\times n}$ 分解为下三角矩阵与上三角矩阵的乘积。

1. 分解原理

以 $n=4$ 为例。

(1) $\Delta_1(\boldsymbol{A})=a_{11}$：

$$a_{11}\neq 0\Rightarrow c_{i1}=\frac{a_{i1}}{a_{11}}\quad (i=2,3,4)$$

$$\boldsymbol{L}_1=\begin{bmatrix}1 & & & \\ c_{21} & 1 & & \\ c_{31} & 0 & 1 & \\ c_{41} & 0 & 0 & 1\end{bmatrix},\boldsymbol{L}_1^{-1}=\begin{bmatrix}1 & & & \\ -c_{21} & 1 & & \\ -c_{31} & 0 & 1 & \\ -c_{41} & 0 & 0 & 1\end{bmatrix}$$

$$\boldsymbol{L}_1^{-1}\boldsymbol{A}=\begin{bmatrix}a_{11} & a_{12} & a_{13} & a_{14}\\ & a_{22}^{(1)} & a_{23}^{(1)} & a_{24}^{(1)}\\ & a_{32}^{(1)} & a_{33}^{(1)} & a_{34}^{(1)}\\ & a_{42}^{(1)} & a_{43}^{(1)} & a_{44}^{(1)}\end{bmatrix}\triangleq \boldsymbol{A}^{(1)}$$

(2) $\Delta_2(\boldsymbol{A})=\Delta_2(\boldsymbol{A}^{(1)})=a_{11}a_{11}^{(1)}$：

$$a_{22}^{(2)}\neq 0\Rightarrow c_{i2}=\frac{a_{i1}^{(1)}}{a_{22}^{(1)}}\quad (i=3,4)$$

$$\boldsymbol{L}_2=\begin{bmatrix}1 & & & \\ 0 & 1 & & \\ 0 & c_{32} & 1 & \\ 0 & c_{42} & 0 & 1\end{bmatrix},\boldsymbol{L}_2^{-1}=\begin{bmatrix}1 & & & \\ 0 & 1 & & \\ 0 & -c_{32} & 1 & \\ 0 & -c_{42} & 0 & 1\end{bmatrix}$$

$$\boldsymbol{L}_2^{-1}\boldsymbol{A}^{(1)}=\begin{bmatrix} a_{11} & a_{12} & a_{13} & a_{14} \\ & a_{22}^{(1)} & a_{23}^{(1)} & a_{24}^{(1)} \\ & & a_{33}^{(1)} & a_{34}^{(1)} \\ & & a_{43}^{(1)} & a_{44}^{(1)} \end{bmatrix} \triangleq \boldsymbol{A}^{(2)}$$

(3) $\Delta_3(\boldsymbol{A})=\Delta_3(\boldsymbol{A}^{(2)})=a_{11}a_{22}^{(1)}a_{33}^{(2)}$:

$$a_{33}^{(2)}\neq 0 \Rightarrow c_{43}=\frac{a_{43}^{(2)}}{a_{33}^{(2)}}$$

$$\boldsymbol{L}_3=\begin{bmatrix} 1 & & & \\ 0 & 1 & & \\ 0 & 0 & 1 & \\ 0 & 0 & c_{43} & 1 \end{bmatrix},\boldsymbol{L}_3^{-1}=\begin{bmatrix} 1 & & & \\ 0 & 1 & & \\ 0 & 0 & 1 & \\ 0 & 0 & -c_{43} & 1 \end{bmatrix}$$

$$\boldsymbol{L}_2^{-1}\boldsymbol{A}^{(2)}=\begin{bmatrix} a_{11} & a_{12} & a_{13} & a_{14} \\ & a_{22}^{(1)} & a_{23}^{(1)} & a_{24}^{(1)} \\ & & a_{33}^{(2)} & a_{34}^{(2)} \\ & & & a_{44}^{(2)} \end{bmatrix} \triangleq \boldsymbol{A}^{(3)}$$

即 $$\boldsymbol{L}_3^{-1}\boldsymbol{L}_2^{-1}\boldsymbol{L}_1^{-1}\boldsymbol{A}=\boldsymbol{A}^{(3)} \Rightarrow \boldsymbol{A}=\boldsymbol{L}_1\boldsymbol{L}_2\boldsymbol{L}_3\boldsymbol{A}^{(3)}$$

令 $$\boldsymbol{L}\triangleq \boldsymbol{L}_1\boldsymbol{L}_2\boldsymbol{L}_3=\begin{bmatrix} 1 & & & \\ c_{21} & 1 & & \\ c_{31} & c_{32} & 1 & \\ c_{41} & c_{42} & c_{43} & 1 \end{bmatrix}$$

则 $\boldsymbol{A}=\boldsymbol{L}\boldsymbol{A}^{(3)}$。

分解 $\boldsymbol{A}^{(3)}$:

$$\boldsymbol{A}^{(3)}=\begin{bmatrix} a_{11} & & & \\ & a_{22}^{(1)} & & \\ & & a_{33}^{(2)} & \\ & & & a_{44}^{(3)} \end{bmatrix}\begin{bmatrix} 1 & * & * & * \\ & 1 & * & * \\ & & 1 & * \\ & & & 1 \end{bmatrix}=\boldsymbol{D}\boldsymbol{U}$$

则 $\boldsymbol{A}=\boldsymbol{L}\boldsymbol{D}\boldsymbol{U}$。

定理 7-1 $\boldsymbol{A}_{n\times n},\Delta_k(\boldsymbol{A})\neq 0(k=1,2,\cdots,n-1)\Rightarrow \boldsymbol{A}=\boldsymbol{L}\boldsymbol{D}\boldsymbol{U}$ 唯一。

紧凑格式算法

2. 紧凑格式算法

$$\boldsymbol{A}=\boldsymbol{L}\boldsymbol{D}\boldsymbol{U}\triangleq \tilde{\boldsymbol{L}}\boldsymbol{U}$$

克劳特(Crout)分解:

$$\tilde{\boldsymbol{L}}=\begin{bmatrix} l_{11} & & & \\ l_{21} & l_{22} & & \\ \vdots & \vdots & \ddots & \\ l_{n1} & l_{n2} & \cdots & l_{nn} \end{bmatrix},\boldsymbol{U}=\begin{bmatrix} 1 & u_{12} & \cdots & u_{1n} \\ & 1 & \cdots & u_{2n} \\ & & \ddots & \vdots \\ & & & 1 \end{bmatrix}$$

$(i,1)$元:

$$a_{i1}=l_{i1}\cdot 1 \Rightarrow l_{i1}=a_{i1}(i=1,2,\cdots,n) \tag{7-1}$$

$(1,j)$元：

$$a_{1j}=l_{11}\cdot u_{1j}\Rightarrow u_{1j}=\frac{a_{1j}}{l_{11}}(j=2,3,\cdots,n) \tag{7-2}$$

(i,k)元：

$$\begin{aligned} a_{ik}&=l_{i1}\cdot u_{1k}+l_{i2}\cdot u_{2k}+\cdots+l_{i\,k-1}\cdot u_{ik}+l_{ik}\cdot 1\\ &\Rightarrow l_{ik}=a_{ik}-(l_{i1}\cdot u_{1k}+l_{i2}\cdot u_{2k}+\cdots+l_{i\,k-1}\cdot u_{k-1\,k})(i\geqslant k) \end{aligned}\tag{7-3}$$

(k,j)元：

$$\begin{aligned} a_{kj}&=l_{k1}\cdot u_{1j}+l_{k2}\cdot u_{2j}+\cdots+l_{k\,k-1}\cdot u_{k-1\,j}+l_{kk}\cdot u_{kj}\\ &\Rightarrow u_{kj}=\frac{1}{l_{kk}}[a_{kj}-(l_{k1}\cdot u_{1j}+l_{k2}\cdot u_{2j}+\cdots+l_{k\,k-1}\cdot u_{k-1\,j})](j>k) \end{aligned}\tag{7-4}$$

计算框图如下：

$$\begin{array}{|c|c|c|c|cl} l_{11} & u_{12} & u_{13} & u_{14} & \cdots & \text{第一框}\\ l_{21} & l_{22} & u_{23} & u_{24} & \cdots & \text{第二框}\\ l_{31} & l_{32} & l_{33} & u_{34} & \cdots & \text{第三框}\\ l_{41} & l_{42} & l_{43} & u_{44} & \cdots & \text{第四框}\\ \vdots & \vdots & \vdots & \vdots & \ddots & \end{array}$$

例 7-1　$\boldsymbol{A}=\begin{bmatrix}5 & 2 & -4 & 0\\ 2 & 1 & -2 & 1\\ -4 & -2 & 5 & 0\\ 0 & 1 & 0 & 2\end{bmatrix}$，计算框图为

$$\begin{array}{|cccc} 5 & \frac{2}{5} & -\frac{4}{5} & 0\\ 2 & \frac{1}{5} & -2 & 5\\ -4 & -\frac{2}{5} & 1 & 2\\ 0 & 1 & 2 & -7 \end{array}$$

$$\widetilde{\boldsymbol{L}}=\begin{bmatrix}5 & 0 & 0 & 0\\ 2 & \frac{1}{5} & 0 & 0\\ -4 & -\frac{2}{5} & 1 & 0\\ 0 & 1 & 2 & -7\end{bmatrix}=\begin{bmatrix}1 & & & \\ \frac{2}{5} & 1 & & \\ -\frac{4}{5} & -2 & 1 & \\ 0 & 5 & 2 & 1\end{bmatrix}\begin{bmatrix}5 & & & \\ & \frac{1}{5} & & \\ & & 1 & \\ & & & -7\end{bmatrix}$$

$$\widetilde{\boldsymbol{U}}=\begin{bmatrix}1 & \frac{2}{5} & -\frac{4}{5} & 0\\ & 1 & -2 & 5\\ & & 1 & 2\\ & & & 1\end{bmatrix}$$

$$\boldsymbol{A}=\widetilde{\boldsymbol{L}}\boldsymbol{U}=\boldsymbol{LDU}$$

7.2　QR 分解

QR 分解的目的是将 $\boldsymbol{A}_{n\times n}$ 分解为正交矩阵与上三角矩阵之积。

约定：本节涉及的矩阵为实矩阵，向量为实向量，数为实数。

1. 吉文斯矩阵

吉文斯(Givens)矩阵如下：

$$\boldsymbol{T}_{ij}(c,s)\triangleq\widetilde{\boldsymbol{L}}=\begin{bmatrix}\boldsymbol{I} & & & & \\ & c & & s & \\ & & \boldsymbol{I} & & \\ & -s & & c & \\ & & & & \boldsymbol{I}\end{bmatrix}\begin{matrix} \\ (i) \\ \\ (j) \\ \\ \end{matrix}\quad (c^2+s^2=1) \tag{7-5}$$

吉文斯矩阵有以下性质：

(1) $\boldsymbol{T}_{ij}^{\mathrm{T}}\boldsymbol{T}_{ij}=\boldsymbol{I}$，$[\boldsymbol{T}_{ij}(c,s)]^{-1}=\boldsymbol{T}_{ij}(c,-s)$，$\det\boldsymbol{T}_{ij}=1$。

(2) $\boldsymbol{x}=\begin{bmatrix}\xi_1\\ \xi_2\\ \vdots\\ \xi_n\end{bmatrix}$，$\boldsymbol{T}_{ij}\boldsymbol{x}\triangleq\begin{bmatrix}\eta_1\\ \eta_2\\ \vdots\\ \eta_n\end{bmatrix}\Rightarrow\begin{cases}\eta_i=c\xi_i+s\xi_j\\ \eta_j=-s\xi_i+c\xi_j\\ \eta_k=\xi_k\ (k\neq i,j)\end{cases}$。

若 $\xi_i^2+\xi_j^2\neq0$，取

$$c=\frac{\xi_i}{(\xi_i^2+\xi_j^2)^{\frac{1}{2}}},\ s=\frac{\xi_j}{(\xi_i^2+\xi_j^2)^{\frac{1}{2}}}$$

则

$$\eta_i=(\xi_i^2+\xi_j^2)^{\frac{1}{2}}>0,\ \eta_j=0$$

定理 7-2

定理 7-2　$\boldsymbol{x}\neq\boldsymbol{0}\Rightarrow\exists$ 有限个吉文斯矩阵之积 $\boldsymbol{T}$，s.t. $\boldsymbol{T}\boldsymbol{x}=|\boldsymbol{x}|\boldsymbol{e}_1$。

证：

(1) $\xi_1\neq0$，在 $\boldsymbol{T}_{12}(c,s)$ 中：

$$c=\frac{\xi_1}{(\xi_1^2+\xi_2^2)^{\frac{1}{2}}},\ s=\frac{\xi_2}{(\xi_1^2+\xi_2^2)^{\frac{1}{2}}}$$

$$\boldsymbol{T}_{12}\boldsymbol{x}=\begin{bmatrix}(\xi_1^2+\xi_2^2)^{\frac{1}{2}}\\ 0\\ \xi_3\\ \vdots\\ \xi_n\end{bmatrix}\triangleq\boldsymbol{x}^{(2)}$$

在 $\boldsymbol{T}_{1n}(c,s)$ 中：

令 $c=\dfrac{(\xi_1^2+\xi_2^2+\cdots+\xi_{n-1}^2)^{\frac{1}{2}}}{(\xi_1^2+\xi_2^2+\cdots+\xi_n^2)^{\frac{1}{2}}}$，$s=\dfrac{\xi_n}{(\xi_1^2+\xi_2^2+\cdots+\xi_n^2)^{\frac{1}{2}}}$

则 $\boldsymbol{T}_{1n}\boldsymbol{x}^{(n-1)}=|\boldsymbol{x}|\boldsymbol{e}_1$

$$\boldsymbol{T}_{1n}(\boldsymbol{T}_{1\,n-1}\boldsymbol{T}_{1\,n-2}\cdots\boldsymbol{T}_{12}\boldsymbol{x})=|\boldsymbol{x}|\boldsymbol{e}_1$$

(2) $\xi_1=\xi_2=\cdots=\xi_{k-1}=0,\xi_k\neq 0(1<k\leqslant n)$：

$$|\boldsymbol{x}|=(\xi_k^2+\xi_{k+1}^2+\cdots+\xi_n^2)^{\frac{1}{2}}$$

由 $\boldsymbol{T}_{1k}$ 开始即可。

推论：在 $\mathbf{R}^n$ 中，$\forall\, \boldsymbol{x}\neq\boldsymbol{0}$，$\forall$ 单位向量 $\boldsymbol{z}\Rightarrow\exists$ 有限个吉文斯矩阵之积 $\boldsymbol{T}\boldsymbol{x}=|\boldsymbol{x}|\boldsymbol{z}$。

证：

$$\boldsymbol{T}^{(1)}\boldsymbol{x}=|\boldsymbol{x}|\boldsymbol{e}_1,\boldsymbol{T}^{(2)}\boldsymbol{z}=|\boldsymbol{z}|\boldsymbol{e}_1\Rightarrow[\boldsymbol{T}^{(2)}]^{-1}\boldsymbol{T}^{(1)}\boldsymbol{x}=|\boldsymbol{x}|\boldsymbol{z}$$

令 $\boldsymbol{T}=[\boldsymbol{T}^{(2)}]^{-1}\boldsymbol{T}^{(1)}=[\boldsymbol{T}_{1n}^{(2)}\boldsymbol{T}_{1\,n-1}^{(2)}\cdots\boldsymbol{T}_{12}^{(2)}]^{-1}\boldsymbol{T}^{(1)}=[(\boldsymbol{T}_{12}^{(2)})^{\mathrm{T}}(\boldsymbol{T}_{13}^{(2)})^{\mathrm{T}}\cdots(\boldsymbol{T}_{1n}^{(2)})^{\mathrm{T}}][\boldsymbol{T}_{1n}^{(1)}\boldsymbol{T}_{1\,n-1}^{(1)}\cdots\boldsymbol{T}_{12}^{(1)}]$ 即可。

例 7-2　$\boldsymbol{x}=\begin{bmatrix}3\\4\\5\end{bmatrix}$，求矩阵之积 $\boldsymbol{T}$ 使得 $\boldsymbol{T}\boldsymbol{x}=|\boldsymbol{x}|\boldsymbol{e}_1$。

解：在 $\boldsymbol{T}_{12}(c,s)$ 中：$c=\dfrac{3}{5},s=\dfrac{4}{5}$

在 $\boldsymbol{T}_{13}(c,s)$ 中：$c=\dfrac{1}{\sqrt{2}},s=\dfrac{1}{\sqrt{2}}$

则有 $\boldsymbol{T}_{13}(\boldsymbol{T}_{12}\boldsymbol{x})=\begin{bmatrix}5\sqrt{2}\\0\\0\end{bmatrix}=|\boldsymbol{x}|\boldsymbol{e}_1$

$$\boldsymbol{T}=\boldsymbol{T}_{13}\boldsymbol{T}_{12}=\frac{1}{\sqrt{2}}\begin{bmatrix}1&0&1\\0&\sqrt{2}&0\\-1&0&1\end{bmatrix}\cdot\frac{1}{5}\begin{bmatrix}3&4&0\\-4&3&0\\0&0&5\end{bmatrix}=\frac{1}{5\sqrt{2}}\begin{bmatrix}3&4&5\\-4\sqrt{2}&3\sqrt{2}&0\\-3&-4&5\end{bmatrix}$$

2. 豪斯霍尔德矩阵

豪斯霍尔德(Householder)矩阵如下：

$$\boldsymbol{H}_u\triangleq\boldsymbol{I}_n-2\boldsymbol{u}\boldsymbol{u}^{\mathrm{T}}$$

其中，$\boldsymbol{u}\in\mathbf{R}^n$ 是单位列向量。

(1) 对称：$\boldsymbol{H}^{\mathrm{T}}=\boldsymbol{H}$。

(2) 正交：$\boldsymbol{H}^{\mathrm{T}}\boldsymbol{H}=\boldsymbol{I}$。

(3) 对合：$\boldsymbol{H}^2=\boldsymbol{I}$。

(4) 自逆：$\boldsymbol{H}^{-1}=\boldsymbol{H}$。

(5) $\det\boldsymbol{H}=-1$。

验证(5)：

$$\begin{bmatrix}\boldsymbol{I}&0\\-\boldsymbol{u}^{\mathrm{T}}&1\end{bmatrix}\begin{bmatrix}\boldsymbol{I}&2\boldsymbol{u}\\0&1\end{bmatrix}\begin{bmatrix}\boldsymbol{I}-2\boldsymbol{u}\boldsymbol{u}^{\mathrm{T}}&0\\\boldsymbol{u}^{\mathrm{T}}&1\end{bmatrix}=\begin{bmatrix}\boldsymbol{I}&0\\-\boldsymbol{u}^{\mathrm{T}}&1\end{bmatrix}\begin{bmatrix}\boldsymbol{I}&2\boldsymbol{u}\\\boldsymbol{u}^{\mathrm{T}}&1\end{bmatrix}=\begin{bmatrix}\boldsymbol{I}&2\boldsymbol{u}\\0&-1\end{bmatrix}$$

$$\begin{vmatrix}\boldsymbol{I}-2\boldsymbol{u}\boldsymbol{u}^{\mathrm{T}}&0\\\boldsymbol{u}^{\mathrm{T}}&1\end{vmatrix}=\begin{vmatrix}\boldsymbol{I}&2\boldsymbol{u}\\0&-1\end{vmatrix}\Rightarrow\det(1-2\boldsymbol{u}\boldsymbol{u}^{\mathrm{T}})=-1$$

定理 7-3　$\mathbf{R}^n$ 中$(n>1)$，$\forall\,\boldsymbol{x}\neq\boldsymbol{0}$，$\forall$ 单位向量 $\boldsymbol{z}\Rightarrow\exists\,\boldsymbol{H}_u\boldsymbol{x}=|\boldsymbol{x}|\boldsymbol{z}$。

证：

(1) $\boldsymbol{x}=|\boldsymbol{x}|\boldsymbol{z}$：$n>1$ 时，可取单位向量 $\boldsymbol{u}$ 使得 $\boldsymbol{u}\perp\boldsymbol{x}$，于是

$$\boldsymbol{H}_u=\boldsymbol{I}-2\boldsymbol{u}\boldsymbol{u}^{\mathrm{T}}:\boldsymbol{H}_u\boldsymbol{x}=\boldsymbol{I}\boldsymbol{x}-2\boldsymbol{u}\boldsymbol{u}^{\mathrm{T}}\boldsymbol{x}=\boldsymbol{x}=|\boldsymbol{x}|\boldsymbol{z}$$

（2）$\boldsymbol{x}\neq|\boldsymbol{x}|\boldsymbol{z}$：取 $\boldsymbol{u}=\dfrac{\boldsymbol{x}-|\boldsymbol{x}|\boldsymbol{z}}{|\boldsymbol{x}-|\boldsymbol{x}|\boldsymbol{z}|}$，有

$$\begin{aligned}\boldsymbol{H}_u\boldsymbol{x}&=\left[\boldsymbol{I}-2\,\frac{(\boldsymbol{x}-|\boldsymbol{x}|\boldsymbol{z})(\boldsymbol{x}-|\boldsymbol{x}|\boldsymbol{z})^{\mathrm{T}}}{|\boldsymbol{x}-|\boldsymbol{x}|\boldsymbol{z}|^2}\right]\boldsymbol{x}=\boldsymbol{x}-\frac{2(\boldsymbol{x}-|\boldsymbol{x}|\boldsymbol{z},\boldsymbol{x})}{|\boldsymbol{x}-|\boldsymbol{x}|\boldsymbol{z}|^2}(\boldsymbol{x}-|\boldsymbol{x}|\boldsymbol{z})\\&=\boldsymbol{x}-1\cdot(\boldsymbol{x}-|\boldsymbol{x}|\boldsymbol{z})=|\boldsymbol{x}|\boldsymbol{z}\end{aligned}$$

例 7-3 $\boldsymbol{x}=\begin{bmatrix}1\\1\\1\\1\end{bmatrix}$，通过豪斯霍尔德矩阵将其变为 $2\times\begin{bmatrix}1\\0\\0\\0\end{bmatrix}$。

解：令

$$\boldsymbol{v}=2\times\begin{bmatrix}1\\0\\0\\0\end{bmatrix}-\begin{bmatrix}1\\1\\1\\1\end{bmatrix}=\begin{bmatrix}1\\-1\\-1\\-1\end{bmatrix},\ \|\boldsymbol{v}\|_2=2,\boldsymbol{u}=\frac{\boldsymbol{v}}{\|\boldsymbol{v}\|_2}=\frac{1}{2}\times\begin{bmatrix}1\\-1\\-1\\-1\end{bmatrix}$$

$$\begin{aligned}\boldsymbol{H}&=\boldsymbol{I}-2\boldsymbol{u}\boldsymbol{u}^{\mathrm{H}}=\begin{bmatrix}1&&&\\&1&&\\&&1&\\&&&1\end{bmatrix}-2\times\frac{1}{2}\times\begin{bmatrix}1\\-1\\-1\\-1\end{bmatrix}\times\frac{1}{2}(1\quad -1\quad -1\quad -1)\\&=\begin{bmatrix}\frac{1}{2}&\frac{1}{2}&\frac{1}{2}&\frac{1}{2}\\\frac{1}{2}&\frac{1}{2}&-\frac{1}{2}&-\frac{1}{2}\\\frac{1}{2}&-\frac{1}{2}&\frac{1}{2}&-\frac{1}{2}\\\frac{1}{2}&-\frac{1}{2}&-\frac{1}{2}&\frac{1}{2}\end{bmatrix}\end{aligned}$$

3. 吉文斯矩阵与豪斯霍尔德矩阵的关系

定理 7-4

定理 7-4 吉文斯矩阵 $\boldsymbol{T}_{ij}(c,s)\Rightarrow\exists$ 豪斯霍尔德矩阵 $\boldsymbol{H}_u$ 与 $\boldsymbol{H}_v$，s.t. $\boldsymbol{T}_{ij}=\boldsymbol{H}_u\boldsymbol{H}_v$。

证：$c^2+s^2=1\Rightarrow$ 取 $\theta=\arctan\dfrac{s}{c}$，则 $\cos\theta=c,\sin\theta=s$。

$$\boldsymbol{T}_{ij}(c,s)=\begin{bmatrix}\boldsymbol{I}&&&&\\&\cos\theta&&\sin\theta&\\&&\boldsymbol{I}&&\\&-\sin\theta&&\cos\theta&\\&&&&\boldsymbol{I}\end{bmatrix}\begin{matrix}(i)\\ \\ \\ \\(j)\end{matrix}$$

$$\boldsymbol{v}=\left(0\quad\cdots\quad 0\quad \sin\frac{\theta}{4}\quad 0\quad\cdots\quad 0\quad \cos\frac{\theta}{4}\quad 0\quad\cdots\quad 0\right)^{\mathrm{T}}$$

$$\boldsymbol{H}_v=\begin{bmatrix}\boldsymbol{I}&&&&\\&1&&&\\&&\boldsymbol{I}&&\\&&&1&\\&&&&\boldsymbol{I}\end{bmatrix}-2\begin{bmatrix}\boldsymbol{O}&&&&\\&\sin^2\dfrac{\theta}{4}&&\sin\dfrac{\theta}{4}\cos\dfrac{\theta}{4}&\\&&\boldsymbol{I}&&\\&\cos\dfrac{\theta}{4}\sin\dfrac{\theta}{4}&&\cos^2\dfrac{\theta}{4}&\\&&&&\boldsymbol{O}\end{bmatrix}$$

$$=\begin{bmatrix}\boldsymbol{I}&&&&\\&\cos\dfrac{\theta}{2}&&-\sin\dfrac{\theta}{2}&\\&&\boldsymbol{I}&&\\&-\sin\dfrac{\theta}{2}&&-\cos\dfrac{\theta}{2}&\\&&&&\boldsymbol{I}\end{bmatrix}$$

$$\boldsymbol{u}=\begin{bmatrix}0&\cdots&0&\sin\dfrac{3\theta}{4}&0&\cdots&0&\cos\dfrac{3\theta}{4}&0&\cdots&0\end{bmatrix}^{\mathrm{T}}$$

$$\boldsymbol{H}_u=\begin{bmatrix}\boldsymbol{I}&&&&\\&\cos\dfrac{3\theta}{2}&&-\sin\dfrac{3\theta}{2}&\\&&\boldsymbol{I}&&\\&-\sin\dfrac{3\theta}{2}&&-\cos\dfrac{3\theta}{2}&\\&&&&\boldsymbol{I}\end{bmatrix},\boldsymbol{T}_{ij}(c,s)=\boldsymbol{H}_u\boldsymbol{H}_v$$

注意，豪斯霍尔德矩阵不能由若干个吉文斯矩阵的乘积表示。这是因为 $\det\boldsymbol{H}=-1$，而 $\det\boldsymbol{T}_{ij}=1$

例 7-4　在吉文斯矩阵 $\boldsymbol{H}_{12}(0,1)=\begin{bmatrix}0&1\\-1&1\end{bmatrix}$中，$c=0,s=1\Rightarrow\theta=\dfrac{\pi}{2}$。

$$\boldsymbol{H}_u=\frac{1}{\sqrt{2}}\begin{bmatrix}-1&-1\\-1&1\end{bmatrix},\boldsymbol{H}_v=\frac{1}{\sqrt{2}}\begin{bmatrix}1&-1\\-1&-1\end{bmatrix}\Rightarrow\boldsymbol{H}_u\boldsymbol{H}_v=\begin{bmatrix}0&1\\-1&0\end{bmatrix}$$

4. QR 分解

1）施密特正交化方法

定理 7-5　矩阵 $\boldsymbol{A}$ 可逆⇒∃正交矩阵 $\boldsymbol{Q}$ 和可逆上三角矩阵 $\boldsymbol{R}$，使得 $\boldsymbol{A}=\boldsymbol{QR}$。

证：$\boldsymbol{A}=(\boldsymbol{a}_1,\boldsymbol{a}_2,\cdots,\boldsymbol{a}_n)$可逆⇒$\boldsymbol{a}_1,\boldsymbol{a}_2,\cdots,\boldsymbol{a}_n$线性无关，令 $k_{ji}=\dfrac{(\boldsymbol{b}_i,\boldsymbol{a}_j)}{(\boldsymbol{b}_i,\boldsymbol{b}_i)}\ (j\neq i),k_{jj}=1$，

则正交化可得：

$$\begin{cases}k_{11}\boldsymbol{b}_1=\boldsymbol{a}_1\\k_{22}\boldsymbol{b}_2=\boldsymbol{a}_2-k_{21}\boldsymbol{b}_1\\\vdots\\k_{jj}\boldsymbol{b}_j=\boldsymbol{a}_j-\displaystyle\sum_{i=1}^{j-1}k_{ji}\boldsymbol{b}_i\\k_{nn}\boldsymbol{b}_n=\boldsymbol{a}_n-\displaystyle\sum_{i=1}^{n-1}k_{ni}\boldsymbol{b}_i\end{cases}$$

此时有

$$\begin{cases}\boldsymbol{a}_1=k_{11}\boldsymbol{b}_1\\ \boldsymbol{a}_2=k_{21}\boldsymbol{b}_1+k_{22}\boldsymbol{b}_2\\ \vdots\\ \boldsymbol{a}_j=k_{j1}\boldsymbol{b}_1+k_{j2}\boldsymbol{b}_2+\cdots+k_{jj}\boldsymbol{b}_j\\ \boldsymbol{a}_n=k_{n1}\boldsymbol{b}_1+k_{n2}\boldsymbol{b}_2+\cdots+k_{nn}\boldsymbol{b}_n\end{cases}$$

即$(\boldsymbol{a}_1,\boldsymbol{a}_2,\cdots,\boldsymbol{a}_n)=(\boldsymbol{b}_1,\boldsymbol{b}_2,\cdots,\boldsymbol{b}_n)\cdot\boldsymbol{K}$

$$=(\boldsymbol{q}_1,\boldsymbol{q}_2,\cdots,\boldsymbol{q}_n)\begin{bmatrix}|\boldsymbol{b}_1| & & & \\ & |\boldsymbol{b}_2| & & \\ & & \ddots & \\ & & & |\boldsymbol{b}_n|\end{bmatrix}\begin{bmatrix}1 & k_{21} & \cdots & k_{n1}\\ & 1 & \cdots & k_{n2}\\ & & \ddots & \vdots\\ & & & 1\end{bmatrix},\text{其中 }\boldsymbol{q}_i=\frac{\boldsymbol{b}_i}{|\boldsymbol{b}_i|}$$

令 $\boldsymbol{Q}=(\boldsymbol{q}_1,\boldsymbol{q}_2,\cdots,\boldsymbol{q}_n)$，$\boldsymbol{R}=\begin{bmatrix}|\boldsymbol{b}_1| & & & \\ & |\boldsymbol{b}_2| & & \\ & & \boldsymbol{O} & \\ & & & |\boldsymbol{b}_n|\end{bmatrix}\begin{bmatrix}1 & k_{21} & \cdots & k_{n1}\\ & 1 & \cdots & k_{n2}\\ & & \ddots & \vdots\\ & & & 1\end{bmatrix}$

则 $\boldsymbol{A}=\boldsymbol{QR}$。

例 7-5 设矩阵 $\boldsymbol{A}=\begin{bmatrix}1 & 1 & 1\\ 2 & -1 & -1\\ 2 & -4 & 5\end{bmatrix}$，试作矩阵 $\boldsymbol{A}$ 的 QR 的分解。

解：$k_{11}=k_{22}=k_{33}=1$，$\boldsymbol{b}_1=\boldsymbol{a}_1=(1,2,2)$

$$k_{21}=\frac{(\boldsymbol{b}_1,\boldsymbol{a}_2)}{(\boldsymbol{b}_1,\boldsymbol{b}_1)}=-1,\boldsymbol{b}_2=\boldsymbol{a}_2-k_{21}\boldsymbol{b}_1=(2,1,-2)$$

$$k_{31}=\frac{(\boldsymbol{b}_1,\boldsymbol{a}_3)}{(\boldsymbol{b}_1,\boldsymbol{b}_1)}=1,k_{32}=\frac{(\boldsymbol{b}_2,\boldsymbol{a}_3)}{(\boldsymbol{b}_2,\boldsymbol{b}_2)}=-1,\boldsymbol{b}_3=(2,-2,1)$$

$$\boldsymbol{A}=\begin{bmatrix}1 & 1 & 1\\ 2 & -1 & -1\\ 2 & -4 & 5\end{bmatrix}=\begin{bmatrix}1/3 & 2/3 & 2/3\\ 2/3 & 1/3 & -2/3\\ 2/3 & -2/3 & 1/3\end{bmatrix}\begin{bmatrix}3 & 0 & 0\\ 0 & 3 & 0\\ 0 & 0 & 3\end{bmatrix}\begin{bmatrix}1 & -1 & 1\\ 0 & 1 & -1\\ 0 & 0 & 1\end{bmatrix}$$

$$\boldsymbol{Q}=\begin{bmatrix}1/3 & 2/3 & 2/3\\ 2/3 & 1/3 & -2/3\\ 2/3 & -2/3 & 1/3\end{bmatrix},\boldsymbol{R}=\begin{bmatrix}3 & -3 & 3\\ 0 & 3 & -3\\ 0 & 0 & 3\end{bmatrix}$$

定理 7-6 $\boldsymbol{A}_{n\times n}$ 列满秩 $\Rightarrow\exists$ 矩阵 $\boldsymbol{Q}_{m\times n}$ 满足 $\boldsymbol{Q}^{\mathrm{H}}\boldsymbol{Q}=\boldsymbol{I}$，可逆上三角矩阵 $\boldsymbol{R}_{n\times n}$，使得 $\boldsymbol{A}=\boldsymbol{QR}$。

证明过程同定理 7-5，此处略。

2）吉文斯变换方法

定理 7-7 $\boldsymbol{A}_{n\times n}$ 可逆 $\Rightarrow\exists$ 有限个吉文斯矩阵之积 $\boldsymbol{T}$，使得 $\boldsymbol{TA}$ 为可逆上三角矩阵。

证：以 $n=4$ 为例。

（1）$|\boldsymbol{A}|\neq 0$：

$$\boldsymbol{\beta}^{(0)}=\begin{bmatrix}a_{11}\\a_{21}\\a_{31}\\a_{41}\end{bmatrix}\neq\boldsymbol{0}\Rightarrow\exists\text{有限个吉文斯矩阵之积 }\boldsymbol{T}_0\text{,使得}$$

$$\boldsymbol{T}_0\boldsymbol{\beta}^{(0)}=\begin{bmatrix}|\boldsymbol{\beta}^{(0)}|\\0\\0\\0\end{bmatrix},a_{11}^{(1)}=|\boldsymbol{\beta}^{(0)}|>0$$

$$\boldsymbol{T}_0\boldsymbol{A}=\left[\begin{array}{c:ccc}a_{11}^{(1)}&a_{12}^{(1)}&a_{13}^{(1)}&a_{14}^{(1)}\\\hdashline 0&&&\\0&&\boldsymbol{A}^{(1)}&\\0&&&\end{array}\right],\boldsymbol{A}^{(1)}=\begin{bmatrix}a_{22}^{(1)}&a_{23}^{(1)}&a_{24}^{(1)}\\a_{32}^{(1)}&a_{33}^{(1)}&a_{34}^{(1)}\\a_{42}^{(1)}&a_{43}^{(1)}&a_{44}^{(1)}\end{bmatrix}$$

(2) $|\boldsymbol{A}^{(1)}|\neq0$:

$$\boldsymbol{\beta}^{(1)}=\begin{bmatrix}a_{22}^{(1)}\\a_{32}^{(1)}\\a_{42}^{(1)}\end{bmatrix}\neq\boldsymbol{0}\Rightarrow\exists\text{有限个吉文斯矩阵之积 }\boldsymbol{T}_1\text{,使得}$$

$$\boldsymbol{T}_1\boldsymbol{\beta}^{(1)}=\begin{bmatrix}|\boldsymbol{\beta}^{(1)}|\\0\\0\end{bmatrix},a_{22}^{(2)}=|\boldsymbol{\beta}^{(1)}|>0$$

$$\boldsymbol{T}_1\boldsymbol{A}^{(1)}=\begin{bmatrix}a_{22}^{(2)}&a_{23}^{(2)}&a_{24}^{(2)}\\0&a_{33}^{(2)}&a_{34}^{(2)}\\0&a_{43}^{(2)}&a_{44}^{(2)}\end{bmatrix},\boldsymbol{A}^{(2)}=\begin{bmatrix}a_{33}^{(2)}&a_{34}^{(2)}\\a_{43}^{(2)}&a_{44}^{(2)}\end{bmatrix}$$

(3) $|\boldsymbol{A}^{(2)}|\neq0$:

$$\boldsymbol{\beta}^{(2)}=\begin{bmatrix}a_{33}^{(2)}\\a_{43}^{(2)}\end{bmatrix}\neq\boldsymbol{0}\Rightarrow\text{吉文斯矩阵 }\boldsymbol{T}_2\text{,使得}$$

$$\boldsymbol{T}_2\boldsymbol{\beta}^{(2)}=\begin{bmatrix}|\boldsymbol{\beta}^{(2)}|\\0\end{bmatrix},a_{33}^{(2)}=|\boldsymbol{\beta}^{(2)}|>0,\boldsymbol{T}_2\boldsymbol{A}^{(2)}=\begin{bmatrix}a_{33}^{(3)}&a_{34}^{(3)}\\0&a_{44}^{(3)}\end{bmatrix}$$

令

$$\boldsymbol{T}=\begin{bmatrix}\boldsymbol{I}_2&\\&\boldsymbol{T}_2\end{bmatrix}\cdot\begin{bmatrix}1&\\&\boldsymbol{T}_1\end{bmatrix}\cdot\boldsymbol{T}_0$$

则 $\boldsymbol{T}$ 为有限个吉文斯矩阵之积,且有

$$\boldsymbol{TA}=\begin{bmatrix}a_{11}^{(1)}&a_{12}^{(1)}&a_{13}^{(1)}&a_{14}^{(1)}\\&a_{22}^{(2)}&a_{23}^{(2)}&a_{24}^{(2)}\\&&a_{33}^{(3)}&a_{34}^{(3)}\\&&&a_{44}^{(3)}\end{bmatrix}\triangleq\boldsymbol{R}$$

注意,$\det\boldsymbol{T}=1\Rightarrow\det\boldsymbol{A}=a_{11}^{(1)}a_{22}^{(2)}\cdots a_{n-1,n-1}^{(n-1)}a_{nn}^{(n-1)}$,故 $a_{nn}^{(n-1)}$ 与 $\det\boldsymbol{A}$ 同符号。

例 7-6　用吉文斯变换法求 $\boldsymbol{A}=\begin{bmatrix}0&1&1\\1&1&0\\1&0&1\end{bmatrix}$ 的 QR 分解。

解：第一步，对 $\boldsymbol{A}$ 的第一列 $\boldsymbol{b}^{(1)}=(0,1,1)^{\mathrm{T}}$ 构造 $\boldsymbol{T}_1$，使

$$\boldsymbol{T}_1\boldsymbol{b}^{(1)}=|\boldsymbol{b}^{(1)}|\boldsymbol{e}_1,\boldsymbol{T}_{12}=\begin{bmatrix}0&1&0\\-1&0&0\\0&0&1\end{bmatrix},\boldsymbol{T}_{12}\boldsymbol{b}^{(1)}=\begin{bmatrix}1\\0\\1\end{bmatrix}$$

$$\boldsymbol{T}_{13}=\begin{bmatrix}1/\sqrt{2}&0&1/\sqrt{2}\\0&1&0\\-1/\sqrt{2}&0&1/\sqrt{2}\end{bmatrix},\boldsymbol{T}_{13}(\boldsymbol{T}_{12}\boldsymbol{b}^{(1)})=\begin{bmatrix}\sqrt{2}\\0\\0\end{bmatrix}$$

第二步，对 $\boldsymbol{A}^{(1)}=\begin{bmatrix}-1&-1\\-1/\sqrt{2}&1/\sqrt{2}\end{bmatrix}$ 的第一列 $\boldsymbol{b}^{(2)}=\begin{bmatrix}-1\\-1/\sqrt{2}\end{bmatrix}$ 构造 $\boldsymbol{T}_2$，使

$$\boldsymbol{T}_2\boldsymbol{b}^{(2)}=|\boldsymbol{b}^{(2)}|\boldsymbol{e}_1,\boldsymbol{T}_2=\begin{bmatrix}-\sqrt{2/3}&-1/\sqrt{3}\\1/\sqrt{3}&-2/\sqrt{3}\end{bmatrix}$$

$$\boldsymbol{T}_2\boldsymbol{b}^{(2)}=\begin{bmatrix}\sqrt{3/2}\\0\end{bmatrix},\boldsymbol{A}^{(2)}=\begin{bmatrix}\sqrt{3/2}&1/\sqrt{6}\\0&-2/\sqrt{3}\end{bmatrix}$$

第三步，利用 $\boldsymbol{T}_1$ 和 $\boldsymbol{T}_2$ 解出 $\boldsymbol{T}$。

则有

$$\boldsymbol{Q}=\boldsymbol{T}^{\mathrm{T}}=\begin{bmatrix}0&2/\sqrt{6}&-1/\sqrt{3}\\1/\sqrt{2}&1/\sqrt{6}&1/\sqrt{3}\\1/\sqrt{2}&-1/\sqrt{6}&-1/\sqrt{3}\end{bmatrix},\boldsymbol{R}=\begin{bmatrix}\sqrt{2}&1/\sqrt{2}&1/\sqrt{2}\\0&3/\sqrt{6}&1/\sqrt{6}\\0&0&-2/\sqrt{3}\end{bmatrix},\boldsymbol{A}=\boldsymbol{QR}$$

例 7-7　$\boldsymbol{A}=\begin{bmatrix}3&5&5\\0&3&4\\4&0&5\end{bmatrix},\boldsymbol{b}=\begin{bmatrix}-25\\5\\25\end{bmatrix}$，试用 QR 分解求 $\boldsymbol{Ax}=\boldsymbol{b}$ 的解。

解：对于 $\boldsymbol{A}$ 的第一列 $\boldsymbol{\beta}^{(0)}=(3\quad 0\quad 4)^{\mathrm{T}}$ 构造 $\boldsymbol{T}_{13}$，其中

$$c=\frac{3}{5},s=\frac{4}{5},\boldsymbol{T}_{13}\boldsymbol{\beta}^{(0)}=(5\quad 0\quad 0)^{\mathrm{T}}$$

于是可得

$$\boldsymbol{T}_0=\boldsymbol{T}_{13}=\frac{1}{5}\begin{bmatrix}3&0&4\\0&5&0\\-4&0&3\end{bmatrix},\boldsymbol{T}_0\boldsymbol{A}=\begin{bmatrix}5&3&7\\0&3&4\\0&-4&-1\end{bmatrix}$$

对于 $\boldsymbol{A}^{(1)}=\begin{bmatrix}3&4\\-4&-1\end{bmatrix}$ 的第 1 列 $\boldsymbol{\beta}^{(1)}=\begin{bmatrix}3\\-4\end{bmatrix}$，构造 $\boldsymbol{T}_{12}$，其中

$$c=\frac{3}{5},s=-\frac{4}{5},\boldsymbol{T}_{12}\boldsymbol{\beta}^{(1)}=\begin{bmatrix}5\\0\end{bmatrix}$$

于是可得

$$\boldsymbol{T}_1=\boldsymbol{T}_{12}=\frac{1}{5}\times\begin{bmatrix}3 & -4\\ 4 & 3\end{bmatrix},\boldsymbol{T}_0\boldsymbol{A}^{(1)}=\begin{bmatrix}5 & \frac{16}{5}\\ 0 & \frac{13}{5}\end{bmatrix}$$

最后，令 $\boldsymbol{T}=\begin{bmatrix}1 & \\ & \boldsymbol{T}_1\end{bmatrix}$，

$$\boldsymbol{T}_0=\frac{1}{25}\times\begin{bmatrix}15 & 0 & 20\\ 16 & 15 & -12\\ -12 & 20 & 9\end{bmatrix}$$

则有

$$\boldsymbol{Q}=\boldsymbol{T}^{\mathrm{T}}=\frac{1}{25}\times\begin{bmatrix}15 & 16 & -12\\ 0 & 15 & 20\\ 20 & -12 & 9\end{bmatrix},\boldsymbol{R}=\begin{bmatrix}5 & 3 & 7\\ 0 & 5 & \frac{16}{5}\\ 0 & 0 & \frac{13}{5}\end{bmatrix}$$

则 $\boldsymbol{A}=\boldsymbol{QR}$，所以

$$\boldsymbol{x}=\boldsymbol{R}^{-1}\boldsymbol{Q}^{-1}\boldsymbol{b}=\begin{bmatrix}\frac{1}{5} & -\frac{3}{25} & -\frac{127}{325}\\ 0 & \frac{1}{5} & -\frac{16}{65}\\ 0 & 0 & \frac{5}{13}\end{bmatrix}\begin{bmatrix}\frac{3}{5} & 0 & 4\\ \frac{16}{25} & \frac{3}{5} & -\frac{12}{25}\\ -\frac{12}{25} & \frac{4}{5} & \frac{9}{25}\end{bmatrix}\begin{bmatrix}-25\\ 5\\ 25\end{bmatrix}$$

$$=\begin{bmatrix}-\frac{1427}{325}\\ -\frac{73}{13}\\ \frac{125}{13}\end{bmatrix}$$

3）豪斯霍尔德变换方法

定理 7-8　$\boldsymbol{A}_{n\times n}$ 可逆⇒∃有限个豪斯霍尔德矩阵之积 $\boldsymbol{S}$，使得 $\boldsymbol{SA}$ 为可逆上三角矩阵。

证：以 $n=4$ 为例。

（1）$|\boldsymbol{A}|\neq 0$：

$\boldsymbol{\beta}^{(0)}=\begin{bmatrix}a_{11}\\ a_{21}\\ a_{31}\\ a_{41}\end{bmatrix}\neq\boldsymbol{0}$⇒∃豪斯霍尔德矩阵之积 $\boldsymbol{H}_0$，使得

$$\boldsymbol{H}_{(0)}\boldsymbol{\beta}^{(0)}=\begin{bmatrix}|\boldsymbol{\beta}^{(0)}|\\ 0\\ 0\\ 0\end{bmatrix},a_{11}^{(1)}=|\boldsymbol{\beta}^{(0)}|>0$$

$$H_0 A=\left[\begin{array}{c:ccc} a_{11}^{(1)} & a_{12}^{(1)} & a_{13}^{(1)} & a_{14}^{(1)} \\ \hdashline 0 & & & \\ 0 & & A^{(1)} & \\ 0 & & & \end{array}\right], A^{(1)}=\begin{bmatrix} a_{22}^{(1)} & a_{23}^{(1)} & a_{24}^{(1)} \\ a_{32}^{(1)} & a_{33}^{(1)} & a_{34}^{(1)} \\ a_{42}^{(1)} & a_{43}^{(1)} & a_{44}^{(1)} \end{bmatrix}$$

(2) $|A^{(1)}|\neq 0$:

$$\beta^{(1)}=\begin{bmatrix} a_{22}^{(1)} \\ a_{32}^{(1)} \\ a_{42}^{(1)} \end{bmatrix}\neq \mathbf{0}\Rightarrow \exists \text{有限个豪斯霍尔德矩阵之积 } H_1\text{,使得}$$

$$H_1\beta^{(1)}=\begin{bmatrix} |\beta^{(1)}| \\ 0 \\ 0 \end{bmatrix}, a_{22}^{(1)}=|\beta^{(1)}|>0$$

$$H_1 A^{(1)}=\begin{bmatrix} a_{22}^{(2)} & a_{23}^{(2)} & a_{24}^{(2)} \\ 0 & a_{33}^{(2)} & a_{34}^{(2)} \\ 0 & a_{43}^{(2)} & a_{44}^{(2)} \end{bmatrix}, A^{(2)}=\begin{bmatrix} a_{33}^{(2)} & a_{34}^{(2)} \\ a_{43}^{(2)} & a_{44}^{(2)} \end{bmatrix}$$

(3) $|A^{(2)}|\neq 0$:

$$\beta^{(2)}=\begin{bmatrix} a_{33}^{(2)} \\ a_{43}^{(2)} \end{bmatrix}\neq \mathbf{0}\Rightarrow \exists \text{豪斯霍尔德矩阵 } H_2\text{,使得}$$

$$H_2\beta^{(2)}=\begin{bmatrix} |\beta^{(2)}| \\ 0 \end{bmatrix}, a_{33}^{(3)}=|\beta^{(2)}|>0, H_2 A^{(2)}=\begin{bmatrix} a_{33}^{(3)} & a_{34}^{(3)} \\ 0 & a_{44}^{(3)} \end{bmatrix}$$

令

$$S=\begin{bmatrix} I_2 & \\ & H_2 \end{bmatrix}\cdot\begin{bmatrix} 1 & \\ & H_1 \end{bmatrix}\cdot H_0$$

则 S 为有限个豪斯霍尔德矩阵之积,且有

$$SA=\begin{bmatrix} a_{11}^{(1)} & a_{12}^{(1)} & a_{13}^{(1)} & a_{14}^{(1)} \\ & a_{22}^{(2)} & a_{23}^{(2)} & a_{24}^{(2)} \\ & & a_{33}^{(3)} & a_{34}^{(3)} \\ & & & a_{44}^{(3)} \end{bmatrix}\triangleq R$$

注意,设 $H_l=I_{n-1}-2u_{n-l}u_{n-l}^{\mathrm{T}}(u_{n-l}^{\mathrm{T}}u_{n-l}=1)$,则

$$\begin{bmatrix} I_l & \\ & H_l \end{bmatrix}=\begin{bmatrix} I_l & \\ & I_{n-l} \end{bmatrix}-2\times\begin{bmatrix} O & O \\ O & u_{n-l}u_{n-l}^{\mathrm{T}} \end{bmatrix}=I_n-2\times\begin{bmatrix} 0 \\ \vdots \\ 0 \\ u_{n-l} \end{bmatrix}(0 \ \cdots \ 0 \ \ u_{n-l}^{\mathrm{T}})$$

$$=I_{n-1}-2u_n u_n^{\mathrm{T}}(u_n^{\mathrm{T}}u_n=1)$$

故$\begin{bmatrix} I_l & \\ & H_l \end{bmatrix}$是豪斯霍尔德矩阵。在定理 7-8 中,当 $A_{n\times n}$ 不可逆时,仍可得 $SA=R$,但 R 是不可逆矩阵。

例 7-8 $W=\left(\frac{1}{\sqrt{2}} \quad 0 \quad \frac{1}{\sqrt{2}}\right)^{\mathrm{T}}\in \mathbf{R}^3$, $\|W\|_2=1$。求 H 矩阵。

$$H=I-2WW^{\mathrm{T}}=I-2\times\begin{bmatrix}\frac{1}{\sqrt{2}}\\0\\\frac{1}{\sqrt{2}}\end{bmatrix}\begin{bmatrix}\frac{1}{\sqrt{2}}&0&\frac{1}{\sqrt{2}}\end{bmatrix}=\begin{bmatrix}0&0&-1\\0&1&0\\-1&0&0\end{bmatrix}$$

例 7-9　用豪斯霍尔德变换求 $A=\begin{bmatrix}3&14&9\\6&43&3\\6&22&15\end{bmatrix}$ 的 QR 分解。

解：

(1) $\boldsymbol{\beta}^{(0)}=\begin{bmatrix}3\\6\\6\end{bmatrix},\boldsymbol{\beta}^{(0)}-|\boldsymbol{\beta}^{(0)}|\boldsymbol{e}_1=\begin{bmatrix}-6\\6\\6\end{bmatrix}=6\times\begin{bmatrix}-1\\1\\1\end{bmatrix},\boldsymbol{u}=\frac{1}{\sqrt{3}}\times\begin{bmatrix}-1\\1\\1\end{bmatrix}$

$$H_0=I-2uu^{\mathrm{T}}=\frac{1}{3}\times\begin{bmatrix}1&2&2\\2&1&-2\\2&-2&1\end{bmatrix},H_0A=\begin{bmatrix}9&48&15\\0&9&-3\\0&-12&9\end{bmatrix}$$

(2) $A^{(1)}=\begin{bmatrix}9&-3\\-12&9\end{bmatrix},\boldsymbol{\beta}^{(1)}=\begin{bmatrix}9\\-12\end{bmatrix}$

$$\boldsymbol{\beta}^{(1)}-|\boldsymbol{\beta}^{(1)}|\boldsymbol{e}_1=\begin{bmatrix}-6\\-12\end{bmatrix}=(-6)\times\begin{bmatrix}1\\2\end{bmatrix},\boldsymbol{u}=\frac{1}{\sqrt{5}}\times\begin{bmatrix}1\\2\end{bmatrix}$$

$$H_1=I-2uu^{\mathrm{T}}=\frac{1}{5}\times\begin{bmatrix}3&-4\\-4&-3\end{bmatrix},H_1A^{(1)}=\begin{bmatrix}15&-9\\0&-3\end{bmatrix}$$

令 $S=\begin{bmatrix}1&\\&H_1\end{bmatrix}H_0$，则

$$Q=S^{-1}=S^{\mathrm{T}}=H_0\begin{bmatrix}1&\\&H_1\end{bmatrix}=\frac{1}{15}\times\begin{bmatrix}5&-2&-14\\10&11&2\\10&-10&5\end{bmatrix}$$

$$R=\begin{bmatrix}9&48&15\\&15&-9\\&&-3\end{bmatrix},A=QR$$

5. 化方阵与海森伯格矩阵相似

上海森伯格矩阵：

$$F_{上}=\begin{bmatrix}a_{11}&a_{12}&a_{13}&\cdots&a_{1n}\\a_{21}&a_{22}&a_{23}&\cdots&a_{2n}\\&\ddots&\ddots&\ddots&\vdots\\&&a_{n-1,n-2}&a_{n-1,n-1}&a_{n-1,n}\\&&&a_{n,n-1}&a_{n,n}\end{bmatrix}$$

定理 7-9

定理 7-9 设 $\boldsymbol{A}\in\mathbf{R}^{n\times n}$,则存在有限个吉文斯矩阵之积 $\boldsymbol{Q}$,使得 $\boldsymbol{QAQ}^{\mathrm{T}}=\boldsymbol{F}_{上}$。

证:

(1) 对 $\boldsymbol{A}$,若 $\boldsymbol{\beta}^{(0)}=\begin{bmatrix}a_{21}\\a_{31}\\\vdots\\a_{n1}\end{bmatrix}\neq\boldsymbol{0}$,则存在有限个吉文斯矩阵之积 $\boldsymbol{T}_0$,使得 $\boldsymbol{T}_0\boldsymbol{\beta}^{(0)}=|\boldsymbol{\beta}^{(0)}|\boldsymbol{e}_1$ $\triangleq a_{21}^{(1)}\boldsymbol{e}_1$。

$$\begin{bmatrix}1&\\&\boldsymbol{T}_0\end{bmatrix}\boldsymbol{A}\begin{bmatrix}1&\\&\boldsymbol{T}_0\end{bmatrix}^{\mathrm{T}}=\left[\begin{array}{c:cccc}a_{11}^{(1)}&a_{12}^{(1)}&a_{13}^{(1)}&\cdots&a_{1n}^{(1)}\\\hdashline a_{21}^{(1)}&&&&\\0&&&&\\\vdots&&&\boldsymbol{A}^{(1)}&\\0&&&&\end{array}\right]$$

若 $\boldsymbol{\beta}^0=\theta$,转入(2)。

(2) 对 $\boldsymbol{A}^{(1)}$,若 $\boldsymbol{\beta}^{(1)}=\begin{bmatrix}a_{32}^{(1)}\\a_{42}^{(1)}\\\vdots\\a_{n2}^{(1)}\end{bmatrix}\neq\boldsymbol{0}$,则存在有限个吉文斯矩阵之积 $\boldsymbol{T}_1$,使得 $\boldsymbol{T}_1\boldsymbol{\beta}^{(1)}=|\boldsymbol{\beta}^{(1)}|\boldsymbol{e}_1$ $\triangleq a_{32}^{(2)}\boldsymbol{e}_1$。

$$\begin{bmatrix}1&\\&\boldsymbol{T}_1\end{bmatrix}\boldsymbol{A}^{(1)}\begin{bmatrix}1&\\&\boldsymbol{T}_1\end{bmatrix}^{\mathrm{T}}=\left[\begin{array}{c:cccc}a_{22}^{(1)}&a_{21}^{(2)}&a_{22}^{(2)}&\cdots&a_{2n}^{(2)}\\\hdashline a_{32}^{(2)}&&&&\\0&&&&\\\vdots&&&\boldsymbol{A}^{(2)}&\\0&&&&\end{array}\right]$$

若 $\boldsymbol{\beta}^{(1)}=\theta$,转入(3)。

(3) 对 $\boldsymbol{A}^{(2)}$,进行 $n-2$ 步结束。

令 $\boldsymbol{Q}=\begin{bmatrix}\boldsymbol{I}_{n-2}&\\&\boldsymbol{T}_{n-3}\end{bmatrix}\begin{bmatrix}\boldsymbol{I}_{n-3}&\\&\boldsymbol{T}_{n-4}\end{bmatrix}\cdots\begin{bmatrix}\boldsymbol{I}_2&\\&\boldsymbol{T}_1\end{bmatrix}\begin{bmatrix}1&\\&\boldsymbol{T}_0\end{bmatrix}$

则 $\boldsymbol{QAQ}^{\mathrm{T}}=\boldsymbol{F}_{上}$。

定理 7-10 设 $\boldsymbol{A}\in\mathbf{R}^{n\times n}$,则存在有限个豪斯霍尔德矩阵之积 $\boldsymbol{Q}$,使得 $\boldsymbol{QAQ}^{\mathrm{T}}=\boldsymbol{F}_{上}$。

证:类似于定理 7-9 的证明。

推论 $\boldsymbol{A}_{n\times n}$实对称⇒∃有限个豪斯霍尔德矩阵(吉文斯矩阵)之积 $\boldsymbol{Q}$,使得 $\boldsymbol{QAQ}^{\mathrm{T}}=\boldsymbol{F}_{上}$,$\boldsymbol{F}_{上}$ 是实对称三对角矩阵。

证:由定理 7-10 知,存在 $\boldsymbol{Q}=\boldsymbol{H}_{u_{n-2}}\boldsymbol{H}_{u_{n-3}}\cdots\boldsymbol{H}_{u_1}$,使得 $\boldsymbol{QAQ}^{\mathrm{T}}=\boldsymbol{F}_{上}$,于是有

$$\boldsymbol{A}^{\mathrm{T}}=\boldsymbol{A}\Rightarrow\boldsymbol{QAQ}^{\mathrm{T}}=\boldsymbol{F}_{上}^{\mathrm{T}}$$

即 $\boldsymbol{F}_{上}=\boldsymbol{F}_{上}^{\mathrm{T}}$,故 $\boldsymbol{F}_{上}$ 是实对称三对角矩阵。

7.3　满秩分解

满秩分解的目的是对 $\boldsymbol{A}\in \mathrm{C}_r^{m\times n}(r\geqslant 1)$，求 $\boldsymbol{F}\in \mathrm{C}_r^{m\times r}$ 及 $\boldsymbol{G}\in \mathrm{C}_r^{r\times n}$ 使 $\boldsymbol{A}=\boldsymbol{FG}$。

1. 分解原理

$$\operatorname{rank}\boldsymbol{A}=r\Rightarrow \boldsymbol{A}\xrightarrow{\text{行}}\text{阶梯形 }\boldsymbol{B}=\begin{bmatrix}\boldsymbol{G}\\ \boldsymbol{O}\end{bmatrix}$$

$$\boldsymbol{G}\in \mathrm{C}_r^{r\times n}\Rightarrow \exists\ \text{有限个初等矩阵之积 }\boldsymbol{P}_{m\times m},\text{s.t. }\boldsymbol{PA}=\boldsymbol{B}$$

$$\Rightarrow \boldsymbol{A}=\boldsymbol{P}^{-1}\boldsymbol{B}=(\boldsymbol{F}_{m\times r}\mid \boldsymbol{S}_{m\times(n-r)})\begin{bmatrix}\boldsymbol{G}\\ \boldsymbol{O}\end{bmatrix}=\boldsymbol{FG},\boldsymbol{G}\in \mathrm{C}_r^{r\times n}$$

例 7-10　求矩阵 $\boldsymbol{A}=\begin{bmatrix}2 & 4 & 1 & -1\\ 1 & 2 & -1 & 2\\ 1 & -2 & -2 & 1\end{bmatrix}$ 的满秩分解。

解：将 $\boldsymbol{A}$ 进行初等行变换，化为行最简形，得

$$\boldsymbol{A}\xrightarrow{\text{初等行变换}}\begin{bmatrix}1 & 0 & 0 & -1\\ 0 & 0 & 1 & -\dfrac{5}{3}\\ 0 & 1 & 0 & \dfrac{2}{3}\end{bmatrix}$$

可见 $k_1=1,k_2=3,k_3=2$，故需要取 $\boldsymbol{A}$ 构成矩阵 $\boldsymbol{B}$，所以

$$\boldsymbol{A}=\begin{bmatrix}2 & 4 & 1\\ 1 & 2 & -1\\ 1 & -2 & -2\end{bmatrix}\begin{bmatrix}1 & 0 & 0 & -1\\ 0 & 1 & 0 & \dfrac{2}{3}\\ 0 & 0 & 1 & -5\end{bmatrix}$$

若 $\boldsymbol{B}\in \mathrm{C}_r^{m\times n}(r\geqslant 1)$ 满足

(1) $\boldsymbol{B}$ 的后 $m-r$ 行元素均为 0。

(2) $\boldsymbol{B}$ 中有 r 列，设为 $c_1,c_2,\cdots,c_r$ 列，构成 $\boldsymbol{I}_m$ 的前 r 列，称 $\boldsymbol{B}$ 为拟埃尔米特标准形。

注意，使用初等行变换可将任何非零矩阵化为埃尔米特标准形。矩阵的埃尔米特标准形就是矩阵的行最简形(在初等变换意义下)。

2. 置换矩阵

划分单位矩阵 $\boldsymbol{I}_n=(e_1,e_2,\cdots,e_n)$，称 $\boldsymbol{P}_1=(e_{j1},e_{j2},\cdots,e_{jn})$ 为置换矩阵，其中 $j_1j_2\cdots j_n$ 是 $1,2,\cdots,n$ 的一个排序。

特点：划分 $\boldsymbol{A}_{m\times n}=(a_1,a_2,\cdots,a_n)$，那么 $\boldsymbol{AP}_1=(a_{j1},a_{j2},\cdots,a_{jn})$。

定理 7-11　设 $\boldsymbol{A}\in \mathrm{C}_r^{m\times n}$ 的拟埃尔米特标准形为 $\boldsymbol{B}$，$\boldsymbol{F}$ 为 $\boldsymbol{A}$ 的 $c_1,c_2,\cdots,c_r$ 列，$\boldsymbol{G}$ 为 $\boldsymbol{B}$ 的前 r 行，则 $\boldsymbol{A}$ 的满秩分解为 $\boldsymbol{A}=\boldsymbol{FG}$。

定理 7-11

证：$\boldsymbol{A}\xrightarrow{\text{行}}\boldsymbol{B}$(拟埃尔米特标准形)$\Rightarrow \boldsymbol{PA}=\boldsymbol{B}$，所以 $\boldsymbol{A}=\boldsymbol{P}^{-1}\boldsymbol{B}$。

构造置换矩阵 $\boldsymbol{P}_1=(e_{c_1},\cdots,e_{c_r},e_{c_{r+1}},\cdots,e_{c_n})$

$$\boldsymbol{B}=(b_1,b_2,\cdots,b_n)\Rightarrow \boldsymbol{BP}_1=(b_{c_1},\cdots,b_{c_r},b_{c_{r+1}},\cdots,b_{c_n})=\begin{bmatrix}\boldsymbol{I}_r & \boldsymbol{B}_{12}\\ \boldsymbol{O} & \boldsymbol{O}\end{bmatrix}$$

$$\boldsymbol{A}=(a_1,a_2,\cdots,a_n)\Rightarrow \boldsymbol{AP}_1=(a_{c_1},\cdots,a_{c_r},a_{c_{r+1}},\cdots,a_{c_n})$$

$$\boldsymbol{P}^{-1}=(\boldsymbol{F}\mid\boldsymbol{S}),\boldsymbol{AP}_1=\boldsymbol{P}^{-1}\cdot(\boldsymbol{BP}_1)=(\boldsymbol{F}\mid\boldsymbol{S})\begin{bmatrix}\boldsymbol{I}_r & \boldsymbol{B}_{12}\\ \boldsymbol{O} & \boldsymbol{O}\end{bmatrix}=(\boldsymbol{F}\mid\boldsymbol{FB}_{12})$$

故 $\boldsymbol{F}$ 为 $\boldsymbol{AP}_1$ 的前 r 列,也就是 $\boldsymbol{A}$ 的 $c_1,c_2,\cdots,c_r$ 列,$\boldsymbol{G}$ 为 $\boldsymbol{B}$ 的前 r 行。

由此可得

$$\boldsymbol{A}=\boldsymbol{P}^{-1}\boldsymbol{B}=(\boldsymbol{F}\mid\boldsymbol{S})\begin{bmatrix}\boldsymbol{G}\\ \boldsymbol{O}\end{bmatrix}=\boldsymbol{FG}$$

例 7-11 $\boldsymbol{A}=\begin{bmatrix}1&0&1&1\\2&1&2&1\\2&0&2&2\\6&2&6&4\end{bmatrix}$,求 $\boldsymbol{A}=\boldsymbol{FG}$。

解:

$$\boldsymbol{A}\xrightarrow{\text{行}}\begin{bmatrix}1&0&1&1\\0&1&0&-1\\0&0&0&0\\0&2&0&-2\end{bmatrix}\xrightarrow{\text{行}}\begin{bmatrix}1&0&1&1\\0&1&0&-1\\0&0&0&0\\0&0&0&0\end{bmatrix}=\boldsymbol{B}$$

(1) $c_1=1$、$c_2=2$ 时,$\boldsymbol{F}$ 为 $\boldsymbol{A}$ 的第 1、2 列:

$$\boldsymbol{F}=\begin{bmatrix}1&0\\2&1\\2&0\\6&2\end{bmatrix}$$

$\boldsymbol{G}$ 是 $\boldsymbol{B}$ 的第 1、2 行:

$$\boldsymbol{G}=\begin{bmatrix}1&0&1&-1\\0&1&0&-1\end{bmatrix}$$

(2) $c_1=3$、$c_2=2$ 时,$\boldsymbol{F}$ 为 $\boldsymbol{A}$ 的第 3、2 列,$\boldsymbol{G}$ 为 $\boldsymbol{B}$ 的第 1、2 行。

(3) $\boldsymbol{A}\xrightarrow{\text{行}}\boldsymbol{B}\xrightarrow{\text{行}}\begin{bmatrix}1&1&1&0\\0&-1&0&1\\0&0&0&0\\0&0&0&0\end{bmatrix}=\boldsymbol{C}$,可取 $c_1=1$,$c_2=4$,$\boldsymbol{F}$ 为 $\boldsymbol{A}$ 的第 1、4 列:

$$\boldsymbol{F}=\begin{bmatrix}1&1\\2&1\\2&2\\6&4\end{bmatrix}$$

$\boldsymbol{G}$ 为 $\boldsymbol{C}$ 的第 1、2 行:

$$\boldsymbol{G}=\begin{bmatrix}1&1&1&0\\0&-1&0&1\end{bmatrix}$$

7.4　奇异值分解

奇异值分解预备知识

1. 预备知识

(1) $\forall \boldsymbol{A}_{n\times n}$，$(\boldsymbol{A}^{\mathrm{H}}\boldsymbol{A})_{n\times n}$是埃尔米特(半)正定矩阵。

$$\forall \boldsymbol{x}\neq\boldsymbol{0},\boldsymbol{x}^{\mathrm{H}}\boldsymbol{A}^{\mathrm{H}}\boldsymbol{A}\boldsymbol{x}=(\boldsymbol{A}\boldsymbol{x})^{\mathrm{H}}(\boldsymbol{A}\boldsymbol{x})=|\boldsymbol{AX}|^2\geqslant 0$$

(2) 方程组 $\boldsymbol{Ax}=\boldsymbol{0}$ 与 $\boldsymbol{A}^{\mathrm{H}}\boldsymbol{Ax}=\boldsymbol{0}$ 同解。

若 $\boldsymbol{Ax}=\boldsymbol{0}$，则 $\boldsymbol{A}^{\mathrm{H}}\boldsymbol{Ax}=\boldsymbol{0}$。

反之，$\boldsymbol{A}^{\mathrm{H}}\boldsymbol{Ax}=\boldsymbol{0}\Rightarrow|\boldsymbol{Ax}|^2=(\boldsymbol{Ax})^{\mathrm{H}}(\boldsymbol{Ax})=\boldsymbol{x}^{\mathrm{H}}(\boldsymbol{A}^{\mathrm{H}}\boldsymbol{Ax})=\boldsymbol{0}\Rightarrow\boldsymbol{Ax}=\boldsymbol{0}$。

(3) $\mathrm{rank}\boldsymbol{A}=\mathrm{rank}(\boldsymbol{A}^{\mathrm{H}}\boldsymbol{A})$，

$$\boldsymbol{S}_1=\{\boldsymbol{x}\mid \boldsymbol{Ax}=\boldsymbol{0}\},\boldsymbol{S}_2=\{\boldsymbol{A}^{\mathrm{H}}\boldsymbol{Ax}=\boldsymbol{0}\}$$

$$\boldsymbol{S}_1=\boldsymbol{S}_2\Rightarrow\dim\boldsymbol{S}_1=\dim\boldsymbol{S}_2\Rightarrow n-r_{\boldsymbol{A}}=n-r_{\boldsymbol{A}^{\mathrm{H}}\boldsymbol{A}}\Rightarrow r_{\boldsymbol{A}}=r_{\boldsymbol{A}^{\mathrm{H}}\boldsymbol{A}}$$

(4) $\boldsymbol{A}=\boldsymbol{O}_{m\times n}\Leftrightarrow\boldsymbol{A}^{\mathrm{H}}\boldsymbol{A}=\boldsymbol{O}_{n\times n}$。

必要性：左乘 $\boldsymbol{A}^{\mathrm{H}}$ 即得。

充分性：$r_{\boldsymbol{A}}=r_{\boldsymbol{A}^{\mathrm{H}}\boldsymbol{A}}=0\Rightarrow\boldsymbol{A}=\boldsymbol{O}$。

2. 正交对角分解

定理 7-12　$\boldsymbol{A}_{n\times n}$可逆$\Rightarrow\exists$酉矩阵 $\boldsymbol{U}_{n\times n}$ 及 $\boldsymbol{V}_{n\times n}$，使得

$$\boldsymbol{U}^{\mathrm{H}}\boldsymbol{AV}=\begin{bmatrix}\sigma_1 & & & \\ & \sigma_2 & & \\ & & \ddots & \\ & & & \sigma_n\end{bmatrix}\triangleq\boldsymbol{D}(\sigma_n>0)$$

证：$\boldsymbol{A}^{\mathrm{H}}\boldsymbol{A}$ 是埃尔米特正定矩阵，$\exists$酉矩阵 $\boldsymbol{V}_{n\times n}$，使得

$$\boldsymbol{V}^{\mathrm{H}}(\boldsymbol{A}^{\mathrm{H}}\boldsymbol{A})\boldsymbol{V}=\mathrm{diag}(\lambda_1,\lambda_2,\cdots,\lambda_n)\triangleq\boldsymbol{\Lambda}(\lambda_i>0)$$

改写为

$$\boldsymbol{D}^{-1}\boldsymbol{V}^{\mathrm{H}}\boldsymbol{A}^{\mathrm{H}}\cdot\boldsymbol{AVD}^{-1}=\boldsymbol{I}(\sigma_i=\sqrt{\lambda_i})$$

令 $\boldsymbol{U}\triangleq\boldsymbol{AVD}^{-1}$，则有 $\boldsymbol{U}^{\mathrm{H}}\boldsymbol{U}=\boldsymbol{I}$，从而 $\boldsymbol{U}$ 是酉矩阵。

由此可得

$$\boldsymbol{U}^{\mathrm{H}}\boldsymbol{AV}=\boldsymbol{U}^{\mathrm{H}}\boldsymbol{UD}=\boldsymbol{D}$$

注意，称 $\boldsymbol{A}=\boldsymbol{U}^{\mathrm{H}}\boldsymbol{UV}$ 为 $\boldsymbol{A}$ 的正交对角分解。

3. 奇异值分解

$$\boldsymbol{A}\in\mathrm{C}_r^{m\times n}(r\geqslant 1)\Rightarrow\boldsymbol{A}^{\mathrm{H}}\boldsymbol{A}\in\mathrm{C}_r^{m\times n}\text{ 半正定}$$

$\boldsymbol{A}^{\mathrm{H}}\boldsymbol{A}$ 的特征值为$\sigma_i\triangleq\sqrt{\lambda_i}$，$i=1,2,\cdots,n$。

奇异值有以下特点：

(1) $\boldsymbol{A}$ 的奇异值个数等于 $\boldsymbol{A}$ 的列数。

(2) $\boldsymbol{A}$ 的非零奇异值个数等于 $\mathrm{rank}\boldsymbol{A}$。

定理 7-13　$\boldsymbol{A}\in\mathrm{C}_r^{m\times n}(r\geqslant 1)$，$\boldsymbol{\Sigma}_r\triangleq\begin{bmatrix}\sigma_1 & & & \\ & \sigma_2 & & \\ & & \ddots & \\ & & & \sigma_r\end{bmatrix}\Rightarrow$存在酉矩阵$\boldsymbol{U}_{m\times m}$ 及 $\boldsymbol{V}_{n\times n}$，使

得 $\boldsymbol{U}^{\mathrm{H}}\boldsymbol{A}\boldsymbol{V}=\begin{bmatrix}\boldsymbol{\Sigma}_r & \boldsymbol{O}\\ \boldsymbol{O} & \boldsymbol{O}\end{bmatrix}_{m\times n}\triangleq \boldsymbol{D}$。

证：对于埃尔米特半正定矩阵 $\boldsymbol{A}^{\mathrm{H}}\boldsymbol{A}$，∃酉矩阵 $\boldsymbol{V}_{n\times n}$，使得

$$\boldsymbol{V}^{\mathrm{H}}(\boldsymbol{A}^{\mathrm{H}}\boldsymbol{A})=\begin{bmatrix}\lambda_1 & & & \\ & \lambda_2 & & \\ & & \ddots & \\ & & & \lambda_n\end{bmatrix}=\begin{bmatrix}\boldsymbol{\Sigma}^2 & \boldsymbol{O}\\ \boldsymbol{O} & \boldsymbol{O}\end{bmatrix}_{n\times n}$$

划分 $\boldsymbol{V}=(\boldsymbol{V}_1|\boldsymbol{V}_2)$，其中，$\boldsymbol{V}_1$ 是 $\boldsymbol{V}$ 的前 r 列，$\boldsymbol{V}_2$ 是 $\boldsymbol{V}$ 的后 $n-r$ 列。

$$\boldsymbol{A}^{\mathrm{H}}\boldsymbol{A}\boldsymbol{V}=\boldsymbol{V}\begin{bmatrix}\boldsymbol{\Sigma}^2 & \boldsymbol{O}\\ \boldsymbol{O} & \boldsymbol{O}\end{bmatrix}_{n\times n},(\boldsymbol{A}^{\mathrm{H}}\boldsymbol{A}\boldsymbol{V}_1|\boldsymbol{A}^{\mathrm{H}}\boldsymbol{A}\boldsymbol{V}_2)=(\boldsymbol{V}_1\boldsymbol{\Sigma}^2|\boldsymbol{O})$$

(1) $\boldsymbol{A}^{\mathrm{H}}\boldsymbol{A}\boldsymbol{V}_1=\boldsymbol{V}_1\boldsymbol{\Sigma}^2$ 时：

$$\boldsymbol{V}_1^{\mathrm{H}}\boldsymbol{A}^{\mathrm{H}}\boldsymbol{A}\boldsymbol{V}_1=\boldsymbol{\Sigma}^2\Rightarrow(\boldsymbol{A}\boldsymbol{V}_1\boldsymbol{\Sigma}^{-1})^{\mathrm{H}}(\boldsymbol{A}\boldsymbol{V}_1\boldsymbol{\Sigma}^{-1})=\boldsymbol{I}_r$$

(2) $\boldsymbol{A}^{\mathrm{H}}\boldsymbol{A}\boldsymbol{V}_2=\boldsymbol{O}$ 时：

$$\boldsymbol{V}_2^{\mathrm{H}}\boldsymbol{A}^{\mathrm{H}}\boldsymbol{A}\boldsymbol{V}_2=\boldsymbol{O}\Rightarrow(\boldsymbol{A}\boldsymbol{V}_2)^{\mathrm{H}}(\boldsymbol{A}\boldsymbol{V}_2)=\boldsymbol{O}\Rightarrow\boldsymbol{A}\boldsymbol{V}_2=\boldsymbol{O}$$

令 $\boldsymbol{U}_1\triangleq\boldsymbol{A}\boldsymbol{V}_1\boldsymbol{\Sigma}^{-1}$，$\boldsymbol{U}_1^{\mathrm{H}}\boldsymbol{U}_1=\boldsymbol{I}_r$。

设 $\boldsymbol{U}_2=(u_{r+1},u_{r+2},\cdots,u_m)$，满足 $\boldsymbol{U}_2^{\mathrm{H}}\boldsymbol{U}_1=\boldsymbol{O}_{(m-r)\times r}$。记 $\boldsymbol{U}=(\boldsymbol{U}_1|\boldsymbol{U}_2)$，则有

$$\boldsymbol{U}^{\mathrm{H}}\boldsymbol{A}\boldsymbol{V}=\boldsymbol{U}^{\mathrm{H}}(\boldsymbol{A}\boldsymbol{V}_1|\boldsymbol{A}\boldsymbol{V}_2)=\begin{pmatrix}\boldsymbol{U}_1^{\mathrm{H}}\\ \boldsymbol{U}_2^{\mathrm{H}}\end{pmatrix}(\boldsymbol{U}_1\boldsymbol{\Sigma}|\boldsymbol{O})=\begin{bmatrix}\boldsymbol{U}_1^{\mathrm{H}}\boldsymbol{U}_1\boldsymbol{\Sigma} & \boldsymbol{O}\\ \boldsymbol{U}_2^{\mathrm{H}}\boldsymbol{U}_1\boldsymbol{\Sigma} & \boldsymbol{O}\end{bmatrix}=\begin{bmatrix}\boldsymbol{\Sigma} & \boldsymbol{O}\\ \boldsymbol{O} & \boldsymbol{O}\end{bmatrix}_{m\times n}$$

注意，称 $\boldsymbol{A}=\boldsymbol{U}\boldsymbol{D}\boldsymbol{V}^{\mathrm{H}}$ 为 $\boldsymbol{A}$ 的奇异值分解。

(1) $\boldsymbol{U}$ 与 $\boldsymbol{V}$ 不唯一。

(2) $\boldsymbol{U}$ 的列为 $\boldsymbol{A}\boldsymbol{A}^{\mathrm{H}}$ 的特征向量，$\boldsymbol{V}$ 的列为 $\boldsymbol{A}^{\mathrm{H}}\boldsymbol{A}$ 的特征向量。

(3) 称 $\boldsymbol{U}$ 的列为 $\boldsymbol{A}$ 的左奇异向量，称 $\boldsymbol{V}$ 的列为 $\boldsymbol{A}$ 的右奇异向量。

例 7-12 已知矩阵 $\boldsymbol{A}=\begin{bmatrix}1 & 1\\ 1 & 1\\ 0 & 0\end{bmatrix}$，通过计算 $\boldsymbol{A}\boldsymbol{A}^{\mathrm{T}}$ 和 $\boldsymbol{A}^{\mathrm{T}}\boldsymbol{A}$ 的特征值和特征向量，求矩阵 $\boldsymbol{A}$ 的奇异值分解。

解：矩阵 $\boldsymbol{A}\boldsymbol{A}^{\mathrm{T}}$ 为

$$\boldsymbol{A}\boldsymbol{A}^{\mathrm{T}}=\begin{bmatrix}2 & 2 & 0\\ 2 & 2 & 0\\ 0 & 0 & 0\end{bmatrix}$$

其特征值为 0,0,4，相应的特征向量为

$$\begin{bmatrix}\dfrac{\sqrt{2}}{2}\\ -\dfrac{\sqrt{2}}{2}\\ 0\end{bmatrix},\begin{bmatrix}0\\ 0\\ 1\end{bmatrix},\begin{bmatrix}\dfrac{\sqrt{2}}{2}\\ \dfrac{\sqrt{2}}{2}\\ 0\end{bmatrix}$$

矩阵 $\boldsymbol{A}^{\mathrm{T}}\boldsymbol{A}$ 为

$$\boldsymbol{A}^{\mathrm{T}}\boldsymbol{A}=\begin{bmatrix}2 & 2\\ 2 & 2\end{bmatrix}$$

其特征值为 0,4,相应的特征向量为

$$\begin{bmatrix} -\frac{\sqrt{2}}{2} \\ \frac{\sqrt{2}}{2} \end{bmatrix},\begin{bmatrix} \frac{\sqrt{2}}{2} \\ \frac{\sqrt{2}}{2} \end{bmatrix}$$

由奇异值分解的性质知,矩阵 $\boldsymbol{A}$ 的奇异值分解为

$$\boldsymbol{A}=\begin{bmatrix} \frac{\sqrt{2}}{2} & \frac{\sqrt{2}}{2} & 0 \\ \frac{\sqrt{2}}{2} & -\frac{\sqrt{2}}{2} & 0 \\ 0 & 0 & 1 \end{bmatrix}\begin{bmatrix} 2 & 0 \\ 0 & 0 \\ 0 & 0 \end{bmatrix}\begin{bmatrix} \frac{\sqrt{2}}{2} & \frac{\sqrt{2}}{2} \\ \frac{\sqrt{2}}{2} & -\frac{\sqrt{2}}{2} \end{bmatrix}$$

定理 7-14　在 $\boldsymbol{A}\in C_r^{m\times n}(r>0)$ 的奇异值分解,$\boldsymbol{A}=\boldsymbol{U}\begin{bmatrix} \boldsymbol{\Sigma} & \boldsymbol{O} \\ \boldsymbol{O} & \boldsymbol{O} \end{bmatrix}\boldsymbol{V}^{\mathrm{H}}$ 中,划分 $\boldsymbol{U}=(\boldsymbol{u}_1,\boldsymbol{u}_2,\cdots,\boldsymbol{u}_m)$,$\boldsymbol{V}=(\boldsymbol{v}_1,\boldsymbol{v}_2,\cdots,\boldsymbol{v}_n)$,则有

(1) $N(\boldsymbol{A})=\mathrm{span}\{\boldsymbol{v}_{r+1},\boldsymbol{v}_{r+2},\cdots,\boldsymbol{v}_n\}$。

(2) $R(\boldsymbol{A})=\mathrm{span}\{\boldsymbol{u}_1,\boldsymbol{u}_2,\cdots,\boldsymbol{u}_r\}$。

(3) $\boldsymbol{A}=\sigma_1\boldsymbol{u}_1\boldsymbol{v}_1^{\mathrm{H}}+\sigma_2\boldsymbol{u}_2\boldsymbol{v}_2^{\mathrm{H}}+\cdots+\sigma_r\boldsymbol{u}_r\boldsymbol{v}_r^{\mathrm{H}}$。

证:

$$\boldsymbol{A}=(\boldsymbol{U}_1\mid\boldsymbol{U}_2)\begin{bmatrix} \boldsymbol{\Sigma} & \boldsymbol{O} \\ \boldsymbol{O} & \boldsymbol{O} \end{bmatrix}\begin{bmatrix} \boldsymbol{V}_1^{\mathrm{H}} \\ \boldsymbol{V}_2^{\mathrm{H}} \end{bmatrix}=\boldsymbol{U}_1\boldsymbol{\Sigma}\boldsymbol{V}_1^{\mathrm{H}}$$

容易验证

$$\boldsymbol{U}_1\boldsymbol{\Sigma}\boldsymbol{V}_1^{\mathrm{H}}=\boldsymbol{0}\Leftrightarrow\boldsymbol{V}_1^{\mathrm{H}}=\boldsymbol{0}$$

(1)
$$\begin{aligned} N(\boldsymbol{A})&=\{\boldsymbol{x}\mid\boldsymbol{A}\boldsymbol{x}=\boldsymbol{0}\}=\{\boldsymbol{x}\mid\boldsymbol{U}_1\boldsymbol{\Sigma}\boldsymbol{V}_1^{\mathrm{H}}\boldsymbol{x}=0\} \\ &=\{\boldsymbol{x}\mid\boldsymbol{V}_1^{\mathrm{H}}\boldsymbol{x}=\boldsymbol{0}\}=N(\boldsymbol{V}_1^{\mathrm{H}})=R^{\perp}(\boldsymbol{V}_1) \\ &=R(\boldsymbol{V}_2)=\mathrm{span}\{\boldsymbol{v}_{r+1},\boldsymbol{v}_{r+2},\cdots,\boldsymbol{v}_n\} \end{aligned}$$

(2)
$$R(\boldsymbol{A})=\{\boldsymbol{y}\mid\boldsymbol{y}=\boldsymbol{A}\boldsymbol{x}\}=\{\boldsymbol{y}\mid\boldsymbol{y}=\boldsymbol{U}_1(\boldsymbol{\Sigma}\boldsymbol{V}_1^{\mathrm{H}}\boldsymbol{x})\}\subset\{\boldsymbol{y}\mid\boldsymbol{y}=\boldsymbol{U}_1\boldsymbol{z}\}=R(\boldsymbol{U}_1)$$
$$R(\boldsymbol{U}_1)=\{\boldsymbol{y}\mid\boldsymbol{y}=\boldsymbol{U}_1\boldsymbol{z}\}=\{\boldsymbol{y}\mid\boldsymbol{y}=\boldsymbol{A}(\boldsymbol{V}_1\boldsymbol{\Sigma}^{-1}\boldsymbol{z})\}\subset\{\boldsymbol{y}\mid\boldsymbol{y}=\boldsymbol{A}\boldsymbol{x}\}=R(\boldsymbol{A})$$

(3) 比较矩阵的谱分解:

$$\boldsymbol{A}=(\boldsymbol{u}_1,\boldsymbol{u}_2,\cdots,\boldsymbol{u}_r)\begin{bmatrix} \sigma_1 & & & \\ & \sigma_2 & & \\ & & \ddots & \\ & & & \sigma_r \end{bmatrix}\begin{bmatrix} \boldsymbol{v}_1^{\mathrm{H}} \\ \boldsymbol{v}_2^{\mathrm{H}} \\ \vdots \\ \boldsymbol{v}_r^{\mathrm{H}} \end{bmatrix}=\sigma_1\boldsymbol{u}_1\boldsymbol{v}_1^{\mathrm{H}}+\sigma_2\boldsymbol{u}_2\boldsymbol{v}_2^{\mathrm{H}}+\cdots+\sigma_r\boldsymbol{u}_r\boldsymbol{v}_r^{\mathrm{H}}$$

4. 正交相抵

设有 $\boldsymbol{A}_{m\times n}$ 和 $\boldsymbol{B}_{m\times n}$,若有酉矩阵 $\boldsymbol{U}_{m\times m}$ 及 $\boldsymbol{V}_{n\times n}$ 使 $\boldsymbol{U}^{\mathrm{H}}\boldsymbol{A}\boldsymbol{V}=\boldsymbol{B}$,称 $\boldsymbol{A}$ 与 $\boldsymbol{B}$ 正交相抵。

正交相抵有以下性质:

(1) 自反性:$\boldsymbol{A}$ 与 $\boldsymbol{A}$ 正交相抵。

(2) 对称性:$\boldsymbol{A}$ 与 $\boldsymbol{B}$ 正交相抵 $\Rightarrow\boldsymbol{B}$ 与 $\boldsymbol{A}$ 正交相抵。

(3) 传递性:$\boldsymbol{A}$ 与 $\boldsymbol{B}$ 正交相抵,$\boldsymbol{B}$ 与 $\boldsymbol{C}$ 正交相抵 $\Rightarrow\boldsymbol{A}$ 与 $\boldsymbol{C}$ 正交相抵。

定理 7-15　$\boldsymbol{A}$ 与 $\boldsymbol{B}$ 正交相抵 $\Rightarrow\sigma_{\boldsymbol{A}}=\sigma_{\boldsymbol{B}}$。

证：$\boldsymbol{B}=\boldsymbol{U}^{\mathrm{H}}\boldsymbol{A}\boldsymbol{V}\Rightarrow\boldsymbol{B}^{\mathrm{H}}\boldsymbol{B}=\boldsymbol{V}^{-1}(\boldsymbol{A}^{\mathrm{H}}\boldsymbol{A})\boldsymbol{V}\Rightarrow\lambda_{\boldsymbol{B}^{\mathrm{H}}\boldsymbol{B}}=\lambda_{\boldsymbol{A}^{\mathrm{H}}\boldsymbol{A}}\geqslant 0\Rightarrow\sigma_{\boldsymbol{B}}=\sigma_{\boldsymbol{A}}$

例 7-13 $\boldsymbol{A}^{\mathrm{H}}=\boldsymbol{A}\Rightarrow\sigma_{\boldsymbol{A}}=|\lambda_{\boldsymbol{A}}|$(因为 $\lambda_{\boldsymbol{A}^{\mathrm{H}}\boldsymbol{A}}=\lambda_{\boldsymbol{A}^2}=(\lambda_{\boldsymbol{A}})^2$)

$\boldsymbol{A}^{\mathrm{H}}=-\boldsymbol{A}\Rightarrow\sigma_{\boldsymbol{A}}=|\lambda_{\boldsymbol{A}}|$(因为 $\lambda_{\boldsymbol{A}^{\mathrm{H}}\boldsymbol{A}}=\lambda_{(\mathrm{j}\boldsymbol{A})^2}=(\mathrm{j}\lambda_{\boldsymbol{A}})^2$)

$\boldsymbol{A}^{\mathrm{H}}=-\boldsymbol{A}\Rightarrow\lambda_{\boldsymbol{A}}$ 为 0 或纯虚数，$\mathrm{j}\lambda_{\boldsymbol{A}}$ 为实数。

矩阵分解的应用如下。设方程组 $\boldsymbol{A}_{m\times n}\boldsymbol{x}=\boldsymbol{b}$ 有解，则有

(1) $m=n$：$\boldsymbol{A}=\boldsymbol{L}\boldsymbol{U}\Rightarrow\boldsymbol{L}\boldsymbol{y}=\boldsymbol{b},\boldsymbol{U}\boldsymbol{x}=\boldsymbol{y}$。

(2) $m=n$：$\boldsymbol{A}=\boldsymbol{Q}\boldsymbol{R}\Rightarrow\boldsymbol{R}\boldsymbol{x}=\boldsymbol{Q}^{\mathrm{T}}\boldsymbol{b}$。

(3) $\boldsymbol{A}=\boldsymbol{U}\boldsymbol{D}\boldsymbol{V}^{\mathrm{H}}\Rightarrow\boldsymbol{D}\boldsymbol{y}=\boldsymbol{U}^{\mathrm{H}}\boldsymbol{b}\overset{\det}{=}\boldsymbol{c},\boldsymbol{V}^{\mathrm{H}}\boldsymbol{x}=\boldsymbol{y}$。

$$\boldsymbol{D}=\begin{bmatrix}\boldsymbol{\Sigma} & \boldsymbol{O}\\ \boldsymbol{O} & \boldsymbol{O}\end{bmatrix}_{m\times n},\boldsymbol{\Sigma}=\begin{bmatrix}\sigma_1 & & & \\ & \sigma_2 & & \\ & & \ddots & \\ & & & \sigma_r\end{bmatrix}$$

$$\begin{bmatrix}\boldsymbol{\Sigma} & \boldsymbol{O}\\ \boldsymbol{O} & \boldsymbol{O}\end{bmatrix}\begin{bmatrix}y_1\\ y_2\\ \vdots\\ y_n\end{bmatrix}=\begin{bmatrix}c_1\\ c_2\\ \vdots\\ c_n\end{bmatrix}\text{(隐含 } c_{r+1}=0,c_{r+2}=0,\cdots,c_n=0\text{)}$$

通解为

$$\begin{bmatrix}y_1\\ \vdots\\ y_r\\ y_{r+1}\\ \vdots\\ y_n\end{bmatrix}=\begin{bmatrix}c_1/\sigma_1\\ \vdots\\ c_r/\sigma_r\\ c_{r+1}/\sigma_{r+1}\\ \vdots\\ c_n/\sigma_n\end{bmatrix}$$

$$\boldsymbol{x}=\boldsymbol{V}\boldsymbol{y}=\left(\frac{c_1}{\sigma_1}\boldsymbol{v}_1+\frac{c_2}{\sigma_2}\boldsymbol{v}_2+\cdots+\frac{c_r}{\sigma_r}\boldsymbol{v}_r\right)+(k_1\boldsymbol{v}_{r+1}+k_2\boldsymbol{v}_{r+2}+\cdots+k_{n-r}\boldsymbol{v}_n)$$

其中，$k_1,k_2,\cdots,k_{n-r}$ 是任意的常数。

注意，$k_1\boldsymbol{v}_{r+1}+k_2\boldsymbol{v}_{r+2}+\cdots+k_{n-r}\boldsymbol{v}_n$ 是 $\boldsymbol{A}_{m\times n}\boldsymbol{x}=\boldsymbol{0}$ 的通解[见定理 7-11 的(1)]。

因为

$$\boldsymbol{A}\left(\frac{c_1}{\sigma_1}\boldsymbol{v}_1+\frac{c_2}{\sigma_2}\boldsymbol{v}_2+\cdots+\frac{c_r}{\sigma_r}\boldsymbol{v}_r\right)=\boldsymbol{A}\boldsymbol{V}_1\boldsymbol{\Sigma}^{-1}\begin{bmatrix}c_1\\ c_2\\ \vdots\\ c_r\end{bmatrix}=\boldsymbol{U}_1\begin{bmatrix}c_1\\ c_2\\ \vdots\\ c_r\end{bmatrix}=[\boldsymbol{U}_1|\boldsymbol{U}_2]\boldsymbol{c}=\boldsymbol{b}$$

所以 $\frac{c_1}{\sigma_1}\boldsymbol{v}_1+\frac{c_2}{\sigma_2}\boldsymbol{v}_2+\cdots+\frac{c_r}{\sigma_r}\boldsymbol{v}_r$ 是 $\boldsymbol{A}_{m\times n}\boldsymbol{x}=\boldsymbol{b}$ 的一个特解。

7.5 小结

本章主要讲了 4 种矩阵分解，分别是三角分解、QR 分解、满秩分解和奇异值分解。三角分解介绍了分解原理和紧凑格式算法。对于 QR 分解介绍了吉文斯矩阵、豪斯霍尔德矩

阵、这两种矩阵的关系和 QR 分解。对于满秩分解介绍了分解原理和埃尔米特标准形方法。对于奇异值分解介绍了预备知识、正交对角分解、奇异值分解原理和正交相抵。

矩阵分解在很多需要利用数据挖掘技术的实际应用(例如信息检索、机器视觉和模式识别等领域)中非常热门。矩阵分解旨在使用两个或者更多的低维矩阵逼近一个高维矩阵。应用矩阵分解得到未知数大大简化了求解过程并降低了难度。

7.6 习　　题

1. 若矩阵 $\boldsymbol{A}=\begin{bmatrix}1&1&1&0&1&0&1\\1&0&2&1&0&3&2\\1&2&2&1&1&0&1\\1&3&5&2&2&3&4\end{bmatrix}$的满秩分解为 $\boldsymbol{A}=\boldsymbol{BC}$，求 $\boldsymbol{B}$、$\boldsymbol{C}$。

2. 设 $\boldsymbol{x}=\begin{bmatrix}3\\4\\5\end{bmatrix}$，求吉文斯矩阵之积 $\boldsymbol{T}$ 使得 $\boldsymbol{Tx}=|\boldsymbol{x}|\boldsymbol{e}_1$。

3. 求矩阵 $\boldsymbol{A}=\begin{bmatrix}1&0&1\\0&1&-1\end{bmatrix}$的奇异值分解。

4. 设 $\boldsymbol{X}=\begin{bmatrix}-1&a&0\\-a&0&-a\\0&a&-1\end{bmatrix}$，$\boldsymbol{X}$ 是否为正规矩阵？若是，求它的相似对角分解。

5. 设 $\boldsymbol{A}=\begin{bmatrix}-1&0&1&2\\0&2&-1&1\\1&2&-2&-1\end{bmatrix}$，求 $\boldsymbol{A}=\boldsymbol{FG}$。

第8章 特征值的估计

8.1 特征值相关概念介绍

本节主要介绍特征值的上界和特征值的包含域。

8.1.1 特征值的上界

定理 8-1

定理 8-1 $\boldsymbol{A}\in\mathbf{R}^{n\times n}, M=\frac{1}{2}\max\{|a_{ij}-a_{ji}|\}\Rightarrow|\boldsymbol{I}m(\lambda_{\boldsymbol{A}})|\leqslant M\left[\frac{1}{2}n(n-1)\right]^{\frac{1}{2}}$

证明略。

例 8-1 $\boldsymbol{B}_{n\times n}$是实对称矩阵$\Rightarrow\boldsymbol{I}m(\lambda_{\boldsymbol{B}})=0$，即 $\lambda_{\boldsymbol{B}}\in\mathbf{R}$。

定理 8-2 $\forall\boldsymbol{B}=(b_{ij})_{n\times n}, \forall\boldsymbol{y}=\begin{bmatrix}\eta_1\\\eta_2\\\vdots\\\eta_n\end{bmatrix}$满足 $\|\boldsymbol{y}\|_2=1\Rightarrow|\boldsymbol{y}^{\mathrm{H}}\boldsymbol{B}\boldsymbol{y}|\leqslant\|\boldsymbol{B}\|_{m\infty}$。

证：$|\boldsymbol{y}^{\mathrm{H}}\boldsymbol{B}\boldsymbol{y}|=\left|\sum_{i,j}b_{ij}\bar{\eta}_i\eta_j\right|\leqslant\max_{i,j}|b_{ij}|\sum_{i,j}|\eta_i||\eta_j|\leqslant\max_{i,j}|b_{ij}|\cdot\sum_{i,j}(|\eta_i|^2+|\eta_j|^2)=\max_{i,j}|b_{ij}|\frac{1}{2}(n+n)=\|\boldsymbol{B}\|_{m\infty}$。

定理 8-3 $\boldsymbol{A}_{n\times n}, |\lambda_{\boldsymbol{A}}|\leqslant\|\boldsymbol{A}\|_{m\infty}, |\mathrm{Re}(\lambda_{\boldsymbol{A}})|\leqslant\frac{1}{2}\|\boldsymbol{A}+\boldsymbol{A}^{\mathrm{H}}\|_{m\infty}, |\boldsymbol{I}m(\lambda_{\boldsymbol{A}})|\leqslant\frac{1}{2}\|\boldsymbol{A}-\boldsymbol{A}^{\mathrm{H}}\|_{m\infty}$。

证：设 $\boldsymbol{A}$ 的特征值为λ，特征向量 $\boldsymbol{x}$ 满足 $\|\boldsymbol{x}\|_2=1$，则

$$\boldsymbol{A}\boldsymbol{x}=\lambda\boldsymbol{x}\Rightarrow\lambda=\boldsymbol{x}^{\mathrm{H}}\boldsymbol{A}\boldsymbol{x}, \bar{\lambda}=\boldsymbol{x}^{\mathrm{H}}\boldsymbol{A}^{\mathrm{H}}\boldsymbol{x}$$

特征值有以下性质：

(1) $|\lambda|=|\boldsymbol{x}^{\mathrm{H}}\boldsymbol{A}\boldsymbol{x}|\leqslant\|\boldsymbol{A}\|_{m\infty}$。

(2) $\lambda+\bar{\lambda}=\boldsymbol{x}^{\mathrm{H}}(\boldsymbol{A}+\boldsymbol{A}^{\mathrm{H}})\boldsymbol{x}\Rightarrow|\mathrm{Re}(\lambda_{\boldsymbol{A}})|=\frac{1}{2}|\lambda+\bar{\lambda}|\leqslant\frac{1}{2}\|\boldsymbol{A}+\boldsymbol{A}^{\mathrm{H}}\|_{m\infty}$。

(3) $\lambda-\bar{\lambda}=\boldsymbol{x}^{\mathrm{H}}(\boldsymbol{A}-\boldsymbol{A}^{\mathrm{H}})\boldsymbol{x}\Rightarrow|\boldsymbol{I}m(\lambda_{\boldsymbol{A}})|=\frac{1}{2}|\lambda-\bar{\lambda}|\leqslant\frac{1}{2}\|\boldsymbol{A}-\boldsymbol{A}^{\mathrm{H}}\|_{m\infty}$。

例 8-2 $\boldsymbol{B}^{\mathrm{H}}=\boldsymbol{B}\Rightarrow\boldsymbol{I}m(\lambda_{\boldsymbol{B}})=0$，即 $\lambda_{\boldsymbol{B}}\in\mathbf{R}$。

$\boldsymbol{B}^{\mathrm{H}}=\boldsymbol{B}\Rightarrow\mathrm{Re}(\lambda_{\boldsymbol{B}})=0$，即 $\lambda_{\boldsymbol{B}}$ 是纯虚数或 0。

定理 8-4　$A_{n\times n}=(a_1,a_2,\cdots,a_n)\Rightarrow|\lambda_1||\lambda_2|\cdots|\lambda_n|\leqslant\|a_1\|_2\ \|a_2\|_2\cdots\|a_n\|_2$。

证：$\det A=0$ 时，结论成立。

$\det A\neq0\Rightarrow a_1,a_2,\cdots,a_n$ 线性无关。正交化可得

$$\begin{cases}b_1=a_1\\ b_2=a_2-k_{21}b_1\\ \qquad\vdots\\ b_n=a_n-k_{n\,n-1}b_{n-1}-\cdots-k_{n1}b_1\end{cases}\qquad\begin{cases}a_1=b_1\\ a_2=k_{21}b_1+b_2\\ \qquad\cdots\\ a_n=k_{21}b_1+\cdots+k_{n\,n-1}b_{n-1}+b_n\end{cases}$$

$$(a_1,a_2,\cdots,a_n)=(b_1,b_2,\cdots,b_n)\begin{bmatrix}1&k_{21}&\cdots&k_{n1}\\ &1&\cdots&k_{n2}\\ &&\ddots&\vdots\\ &&&1\end{bmatrix}$$

$B\triangleq(b_1,b_2,\cdots,b_n)$

$\det A=\det B,b_i\perp b_j(i\neq j)$

$$\begin{aligned}\|a_i\|_2^2&=\|(k_{i1}b_1+k_{i2}b_2+\cdots+k_{i\,i-1}b_{i-1})+b_i\|_2^2\\&=\|(k_{i1}b_1+k_{i2}b_2+\cdots+k_{i\,i-1}b_{i-1})\|_2^2+\|b_i\|_2^2\geqslant\|b_i\|_2^2\end{aligned}$$

$$\begin{aligned}|\det B|^2&=\overline{\det B}\cdot\det B=\det\bar{B}\cdot\det B=\det B^{\mathrm H}\cdot\det B\\&=\det(B^{\mathrm H}B)=\det\begin{bmatrix}\|b_1\|_2^2&&&\\&\|b_2\|_2^2&&\\&&\ddots&\\&&&\|b_n\|_2^2\end{bmatrix}\\&=(\|b_1\|_2\|b_2\|_2\cdots\|b_n\|_2)^2\end{aligned}$$

$|\lambda_1||\lambda_2|\cdots|\lambda_n|=|\det A|=\|b_1\|_2\|b_2\|_2\cdots\|b_n\|_2\leqslant\|a_1\|_2\ \|a_2\|_2\cdots\|a_n\|_2$

定理 8-5　设 $A_{n\times n}$ 的特征值为 $\lambda_1,\lambda_2,\cdots,\lambda_n$，则 $|\lambda_1|^2+|\lambda_2|^2+\cdots+|\lambda_n|^2\leqslant\|A\|_F^2$。

证：对 A，存在酉矩阵 $U_{m\times n}$，s.t.$U^{\mathrm H}AU=\begin{bmatrix}\lambda_1&*&\cdots&*\\ &\lambda_2&\ddots&\vdots\\ &&\ddots&*\\ &&&\lambda_n\end{bmatrix}\triangleq T$。

由此可得 $|\lambda_1|^2+|\lambda_2|^2+\cdots+|\lambda_n|^2\leqslant\|T\|_F^2=\|A\|_F^2$。

8.1.2　特征值的包含域

1. 盖尔圆

设 $A=(a_{ij})_{n\times n}$，记 $R_i\triangleq\sum\limits_{\substack{j=1\\j\neq i}}^{n}|a_{ij}|\ (i=1,2,\cdots,n)$，称 $G_i\triangleq\{z\,|\,|z-a_{ii}|\leqslant R_i\}$ 为 A 的第 i 个盖尔圆(Gerschgorin 圆)。

定理 8-6　矩阵 $A_{n\times n}$ 的特征值 $\lambda_A\in\bigcup\limits_{i=1}^{n}G_i$。

证：设 A 的特征值为 λ，对应的特征向量为 $x=(\xi_1,\xi_2,\cdots,\xi_n)^{\mathrm T}$，选取 i_0 使得 $|\xi_{i_0}|=$

$\max_i|\xi_i|$，则 $\xi_{i_0}\neq 0$，且有

$$\boldsymbol{Ax}=\lambda\boldsymbol{x}\Rightarrow\sum_{j=1}^{n}a_{i_0}\xi_j=\lambda\xi_{i_0}\ (i_0\text{ 分量})$$

$$\Rightarrow(\lambda-a_{i_0i_0})\xi_j=\sum_{j\neq i_0}a_{i_0}\xi_j$$

$$\Rightarrow|\lambda-a_{i_0i_0}|=\left|\sum_{j\neq i_0}a_{i_0j}\frac{\xi_j}{\xi_{i_0}}\right|\leqslant\sum_{j\neq i_0}|a_{i_0j}|\frac{|\xi_j|}{|\xi_{i_0}|}\leqslant R_{i_0}$$

$$\Rightarrow\lambda\in G_{i_0}\subset\bigcup_{i=1}^{n}G_i$$

例 8-3 估计矩阵 $\boldsymbol{A}=\begin{bmatrix}2&-2&-1&0\\-2&3&\mathrm{i}&0\\0&\mathrm{i}&10&-\mathrm{i}\\2&0&0&6\mathrm{i}\end{bmatrix}$的特征值分布范围。

例 8-3

解：$\boldsymbol{A}$ 的 4 个盖尔圆为

$$G_1: |z-2|\leqslant 3$$
$$G_2: |z-3|\leqslant 3$$
$$G_3: |z-10|\leqslant 2$$
$$G_4: |z-6i|\leqslant 2$$

如图 8-1 所示。

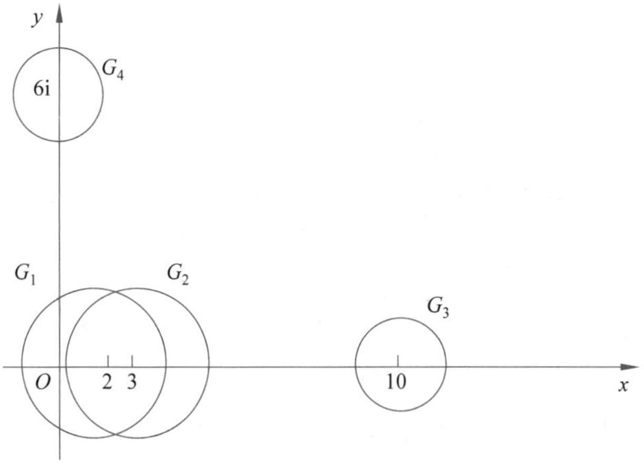

图 8-1

$\boldsymbol{A}$ 的特征值 $\lambda\in\bigcup_{i=1}^{4}G_i$。

2. 连通部分

盖尔圆的连通部分是指孤立的盖尔圆或相交的盖尔圆构成的最大连通区域。

定理 8-7 设 S 为 $\boldsymbol{A}_{n\times n}$ 的盖尔圆的一个连通部分，则 S 由 k 个盖尔圆构成$\Leftrightarrow S$ 中恰好有 $\boldsymbol{A}$ 的 k 个特征值。其中盖尔圆重叠时重复计数，特征值相同时也重复计数。

例 8-4 $\boldsymbol{A}=\begin{bmatrix}1&0.8\\-0.5&0\end{bmatrix}$，估计 $\lambda_{\boldsymbol{A}}$。

特征值的分离问题

解：G_1 为 $|z-1|\leqslant 0.8$，G_2 为 $|z|\leqslant 0.5$，计算得

$$\lambda_{1,2}=0.5\pm \mathrm{i}\sqrt{0.6},\ |\lambda_{1,2}|=\sqrt{0.4}>0.5\Rightarrow \lambda_{1,2}\notin G_2$$

3. 特征值的分离问题

找 n 个孤立的盖尔圆，使它们各包含 $\boldsymbol{A}_{n\times n}$ 的一个特征值。

$$\boldsymbol{D}=\begin{bmatrix} d_1 & & & \\ & d_2 & & \\ & & \ddots & \\ & & & d_n \end{bmatrix}(d_i>0)$$

$$\boldsymbol{B}\triangleq \boldsymbol{DAD}^{-1}=\left(a_{ij}\frac{d_i}{d_j}\right)_{n\times n}=\begin{bmatrix} a_{11} & a_{12}\dfrac{d_1}{d_2} & \cdots & a_{1n}\dfrac{d_1}{d_n} \\ a_{21}\dfrac{d_2}{d_1} & a_{22} & \cdots & a_{2n}\dfrac{d_2}{d_n} \\ \vdots & \vdots & \ddots & \vdots \\ a_{n1}\dfrac{d_n}{d_1} & a_{n2}\dfrac{d_n}{d_2} & \cdots & a_{nn} \end{bmatrix} \tag{8-1}$$

B 的盖尔圆为

$$G_i'=\{z\mid |z-a_{ii}|\leqslant r_i\},r_i\triangleq\sum_{i\neq j}|a_{ij}|\frac{d_i}{d_j}$$

$\boldsymbol{A}$ 与 $\boldsymbol{B}$ 相似：$\boldsymbol{B}\Rightarrow\lambda_{\boldsymbol{A}}\ \bigcup_{i=1}^{n}G_i'$。

注意，当 G_i' 是 $\boldsymbol{B}$ 的孤立盖尔圆时，G_i' 中恰有 $\boldsymbol{A}$ 的一个特征值。

$\boldsymbol{A}^{\mathrm{T}}$ 的盖尔圆称为 $\boldsymbol{A}$ 的列盖尔圆，$\boldsymbol{A}^{\mathrm{T}}$ 与 $\boldsymbol{A}$ 特征值相同。

例 8-5　$\boldsymbol{A}=\begin{bmatrix} 2 & 0.5 & 0.25 & 0.25 \\ 0.25 & 1+2\mathrm{i} & 0 & 0.25 \\ 0.5 & 0.25 & -1 & 0.5 \\ 0.25 & 0.5 & 0.5 & -2-2\mathrm{i} \end{bmatrix}$，分离 $\lambda_{\boldsymbol{A}}$。

解：$\boldsymbol{A}$ 的 4 个行盖尔圆为

$$S_1: |z-2|\leqslant 1$$
$$S_2: |z-(1+2\mathrm{i})|\leqslant 0.5$$
$$S_3: |z+1|\leqslant 1.25$$
$$S_4: |z-(-2-2\mathrm{i})|\leqslant 1.25$$

其中 S_1 与 S_2 是孤立盖尔圆，因而各含有 $\boldsymbol{A}$ 的一个特征值；S_3 与 S_4 连通，其并集 $S_3\cup S_4$ 含有 $\boldsymbol{A}$ 的两个特征值。

$\boldsymbol{A}$ 的 4 个列盖尔圆为

$$G_1: |z-2|\leqslant 1$$
$$G_2: |z-(1+2\mathrm{i})|\leqslant 1.25$$
$$G_3: |z+1|\leqslant 0.75$$
$$G_4: |z-(-2-2\mathrm{i})|\leqslant 1$$

其中 G_3 与 G_4 是孤立盖尔圆，因而含在 $S_3\cup S_4$ 内的两个特征值分别位于 G_3 和 G_4 内。

例 8-6 证明 n 阶矩阵

$$A=\begin{bmatrix} 2 & \frac{2}{n} & \frac{1}{n} & \cdots & \frac{1}{n} \\ \frac{1}{n} & 4 & \frac{1}{n} & \cdots & \frac{1}{n} \\ \vdots & \vdots & \vdots & \ddots & \vdots \\ \frac{1}{n} & \frac{1}{n} & \frac{1}{n} & \cdots & 2n \end{bmatrix}$$

与对角矩阵相似,且 A 的特征值都是实数。

证:A 的 n 个盖尔圆为

$$S_1:|z-2|\leqslant 1$$

$$S_k:|z-2k|\leqslant\frac{n-1}{n}(k=2,3,\cdots,n)$$

它们两两互不相交,又因为 A 为实矩阵,所以可知 A 的特征值都是实数。

4. 矩阵的卡西尼卵形

矩阵 $A=(a_{ij})_{n\times n}(n>1)$的卡西尼(Cassini)卵形定义如下:

$$\Omega_{ij}\triangleq\{z\,|\,|z-a_{ii}|\cdot|z-a_{jj}|\leqslant R_iR_j\}(i\neq j) \tag{8-2}$$

定理 8-8 矩阵 $A_{n\times n}(n>1)$ 的特征值 $\lambda_A\in\bigcup\limits_{i\neq j}\Omega_{ij}$。

证:设 A 的特征值为λ,对应的特征向量为 $x=(\xi_1,\xi_2,\cdots,\xi_n)^{\mathrm{T}}$。

选取 $i_0\neq j_0$ 满足$|\xi_{i_0}|\geqslant|\xi_{j_0}|\geqslant|\xi_k|(k\neq i_0,j_0)$,下面证 $\lambda\in\Omega_{i_0j_0}$

(1) $\xi_{j_0}=0$,此时

$$\xi_k=0(k\neq i_0,j_0),\xi_{i_0}\neq 0(\text{因为 } x\neq \mathbf{0})$$

$$Ax=\lambda x\Rightarrow\lambda\xi_{i_0}=\sum_{k=1}^{n}a_{i_0k}\xi_k=a_{i_0j_0}\xi_{i_0}$$

$$\Rightarrow\lambda=a_{i_0i_0}$$

$$\Rightarrow|\lambda-a_{i_0i_0}||\lambda-a_{j_0j_0}|=0\leqslant R_{i_0}R_{j_0}$$

(2) $\xi_{j_0}\neq0$,此时

$|\xi_{i_0}|\geqslant|\xi_{j_0}|>0$

$$Ax=\lambda x\Rightarrow\sum_{k=1}^{n}a_{lk}\xi_k=\lambda\xi_l(l=1,2,\cdots,n)\Rightarrow(\lambda-a_{ll})\xi_l=\sum_{k\neq l}a_{lk}\xi_k(l=1,2,\cdots,n)$$

$$l=i_0:|\lambda-a_{i_0i_0}|\cdot|\xi_{i_0}|\leqslant\sum_{k\neq i_0}|a_{i_0k}|\cdot|\xi_k|\leqslant|\xi_{j_0}|R_{i_0}$$

$$l=j_0:|\lambda-a_{j_0j_0}|\cdot|\xi_{j_0}|\leqslant\sum_{k\neq j_0}|a_{j_0k}|\cdot|\xi_k|\leqslant|\xi_{i_0}|R_{j_0}$$

故$|\lambda-a_{i_0i_0}|\cdot|\lambda-a_{j_0j_0}|\leqslant R_{i_0j_0}$。

因此,$\lambda\in\Omega_{i_0j_0}\subset\bigcup\limits_{i\neq j}\Omega_{ij}$

例 8-7 $A_{n\times n}(n>1)$满足$|a_{ii}|\cdot|a_{jj}|>R_iR_j(i\neq j)\Rightarrow\det A\neq0$。

证:因为$\forall i\neq j,|a_{ii}|\cdot|a_{jj}|>R_iR_j$,所以

$$0 \notin \Omega_{ij} \Rightarrow 0 \text{ 不是 } \boldsymbol{A} \text{ 的特征值} \Rightarrow \det \boldsymbol{A} \neq 0$$

例 8-8 $\bigcup\limits_{i \neq j} \Omega_{ij} \subset \bigcup\limits_{k=1}^{n} G_k$

证：$\forall z \in$ 左，$\exists i \neq j$，s.t. $z \in \Omega_{ij} \Rightarrow |z-a_{ii}| \cdot |z-a_{jj}| \leqslant R_i R_j$

$\Rightarrow |z-a_{ii}| > R_i$ 与 $|z-a_{jj}| > R_j$ 至少之一不成立

$\Rightarrow |z-a_{ii}| \leqslant R_i$ 与 $|z-a_{jj}| \leqslant R_j$ 至少之一成立

$\Rightarrow z \in G_i$ 或者 $z \in G_j$，即 $z \in$ 右

8.2 广义特征值问题

本节主要介绍向量的 $\boldsymbol{B}$-正交、$\boldsymbol{B}$-标准正交以及广义特征向量的正交性。

$\boldsymbol{A}_{n\times n}$ 实对称，$\boldsymbol{B}_{n\times n}$ 实对称正定，确定数 λ 及非零列向量 $\boldsymbol{x}$ 使 $\boldsymbol{A}\boldsymbol{x}=\lambda\boldsymbol{B}\boldsymbol{x}$。

直接解法：

$$\boldsymbol{A}\boldsymbol{x}=\lambda\boldsymbol{B}\boldsymbol{x} \Leftrightarrow (\lambda\boldsymbol{B}-\boldsymbol{A})\boldsymbol{x}=\boldsymbol{0}$$

$$|\lambda\boldsymbol{B}-\boldsymbol{A}|=0 \Rightarrow \lambda_1, \lambda_2, \cdots, \lambda_n$$

$$(\lambda_i\boldsymbol{B}-\boldsymbol{A})\boldsymbol{x}=\boldsymbol{0} \Rightarrow \text{基础解系}$$

等价形式：

(1) $\boldsymbol{A}\boldsymbol{x}=\lambda\boldsymbol{B}\boldsymbol{x} \Leftrightarrow (\boldsymbol{B}^{-1}\boldsymbol{A})\boldsymbol{x}=\lambda\boldsymbol{x}$：$\boldsymbol{B}^{-1}\boldsymbol{A}$ 不一定对称。

(2) $\boldsymbol{B}$ 对称正定 $\Rightarrow \boldsymbol{B}=\boldsymbol{G}\boldsymbol{G}^{\mathrm{T}}$：$\boldsymbol{G}$ 可逆。

$$\boldsymbol{A}\boldsymbol{x}=\lambda\boldsymbol{B}\boldsymbol{x} \Leftrightarrow \boldsymbol{G}^{-1}\boldsymbol{A}\,(\boldsymbol{G}^{-1})^{\mathrm{T}}\boldsymbol{G}^{\mathrm{T}}\boldsymbol{x}=\lambda\boldsymbol{G}^{\mathrm{T}}\boldsymbol{x}$$

$$\Leftrightarrow \boldsymbol{S}\boldsymbol{y}=\lambda\boldsymbol{y}:\ \boldsymbol{S} \triangleq \boldsymbol{G}^{-1}\boldsymbol{A}\,(\boldsymbol{G}^{-1})^{\mathrm{T}} \text{ 对称}, \boldsymbol{y} \triangleq \boldsymbol{G}^{\mathrm{T}}\boldsymbol{x}$$

8.2.1 向量的 $\boldsymbol{B}$-正交与 $\boldsymbol{B}$-标准正交

1. $\boldsymbol{B}$-正交

设 $\boldsymbol{B}$ 为实对称正定矩阵，列向量 $\boldsymbol{x}_1, \boldsymbol{x}_2, \cdots, \boldsymbol{x}_m \in \mathbf{R}^n$，若 $\boldsymbol{x}_i^{\mathrm{T}}\boldsymbol{B}\boldsymbol{x}_j=0\,(i \neq j)$，称 $\boldsymbol{x}_1, \boldsymbol{x}_2, \cdots, \boldsymbol{x}_m$ 按 $\boldsymbol{B}$-正交。

$\boldsymbol{B}$-正交的性质：非零向量 $\boldsymbol{x}_1, \boldsymbol{x}_2, \cdots, \boldsymbol{x}_m$ 按 $\boldsymbol{B}$-正交 $\Rightarrow \boldsymbol{x}_1, \boldsymbol{x}_2, \cdots, \boldsymbol{x}_m$ 线性无关。

证：

$$k_1\boldsymbol{x}_1+\cdots+k_i\boldsymbol{x}_i+\cdots+k_m\boldsymbol{x}_m=\boldsymbol{0}$$

左乘 $\boldsymbol{x}_i^{\mathrm{T}}\boldsymbol{B}$：

$k_i\boldsymbol{x}_i^{\mathrm{T}}\boldsymbol{B}\boldsymbol{x}_i=\boldsymbol{0} \Rightarrow k_i=0$（因为 $\boldsymbol{B}$ 是正定矩阵）

故 $\boldsymbol{x}_1, \boldsymbol{x}_2, \cdots, \boldsymbol{x}_m$ 线性无关。

2. $\boldsymbol{B}$-标准正交

设 $\boldsymbol{x}_1, \boldsymbol{x}_2, \cdots, \boldsymbol{x}_m$ 按 $\boldsymbol{B}$-正交，若 $\|\boldsymbol{x}_i\|_{\boldsymbol{B}}=1\,(i=1,2,\cdots,m)$，称 $\boldsymbol{x}_1, \boldsymbol{x}_2, \cdots, \boldsymbol{x}_m$ 按 $\boldsymbol{B}$-标准正交（$\|\boldsymbol{x}\|_{\boldsymbol{B}}=\sqrt{\boldsymbol{x}^{\mathrm{T}}\boldsymbol{B}\boldsymbol{x}}$）。

8.2.2 广义特征向量的正交性

$\boldsymbol{S}$ 实对称 $\Rightarrow$ 特征值 $\lambda_1, \lambda_2, \cdots, \lambda_n \in \mathbf{R}$，特征向量 $\boldsymbol{y}_1, \boldsymbol{y}_2, \cdots, \boldsymbol{y}_n \in \mathbf{R}^n$ 标准正交。

$$\boldsymbol{x}_i \triangleq (\boldsymbol{G}^{-1})^{\mathrm{T}}\boldsymbol{y}_i \Rightarrow \boldsymbol{x}_i^{\mathrm{T}}\boldsymbol{B}\boldsymbol{x}_j=\boldsymbol{y}_i^{\mathrm{T}}\boldsymbol{G}^{-1}\cdot\boldsymbol{G}\boldsymbol{G}^{\mathrm{T}}\cdot(\boldsymbol{G}^{-1})^{\mathrm{T}}\boldsymbol{y}_j=\boldsymbol{y}_i^{\mathrm{T}}\boldsymbol{y}_j=\delta_{ij}$$

$$\Rightarrow \boldsymbol{x}_1, \boldsymbol{x}_2, \cdots, \boldsymbol{x}_n \text{ 按 } \boldsymbol{B}\text{-标准正交}$$

$$\Rightarrow \boldsymbol{x}_1, \boldsymbol{x}_2, \cdots, \boldsymbol{x}_n \text{ 线性无关}$$

8.3 对称矩阵特征值的极性

本节介绍常义瑞利商、广义瑞利商、矩阵奇异值的极性。

问题：若 $\boldsymbol{x}$ 是实对称矩阵 $\boldsymbol{A}$ 的特征向量，则有

$$\boldsymbol{A}\boldsymbol{x}=\lambda\boldsymbol{x}\Rightarrow\lambda=\frac{\boldsymbol{x}^{\mathrm{T}}\boldsymbol{A}\boldsymbol{x}}{\boldsymbol{x}^{\mathrm{T}}\boldsymbol{x}}$$

下面讨论多元函数$\frac{\boldsymbol{x}^{\mathrm{T}}\boldsymbol{A}\boldsymbol{x}}{\boldsymbol{x}^{\mathrm{T}}\boldsymbol{x}}(\boldsymbol{x}\neq\boldsymbol{0})$的极值问题。

8.3.1 常义瑞利商

设 $\boldsymbol{A}_{n\times n}$ 实对称，$\boldsymbol{x}\in\mathbf{R}^n$，

$$R(\boldsymbol{x})\triangleq\frac{\boldsymbol{x}^{\mathrm{T}}\boldsymbol{A}\boldsymbol{x}}{\boldsymbol{x}^{\mathrm{T}}\boldsymbol{x}}(\boldsymbol{x}\neq\boldsymbol{0})$$

称 $R(\boldsymbol{x})$ 为常义瑞利(Rayleigh)商。

常义瑞利商 $R(\boldsymbol{x})$ 有以下性质：

(1) $R(\boldsymbol{x})$ 连续；

(2) $\forall$ 实数 $k\neq0$，$R(k\boldsymbol{x})=R(\boldsymbol{x})$。

(3) $\forall\boldsymbol{x}_0\neq\boldsymbol{0}$，当 $\boldsymbol{0}\neq\boldsymbol{x}\in L(\boldsymbol{x}_0)$ 时，$R(\boldsymbol{x})=R(\boldsymbol{x}_0)$，这是因为

$$\boldsymbol{x}\in L(\boldsymbol{x}_0)\Rightarrow\boldsymbol{x}=k\boldsymbol{x}_0\Rightarrow R(\boldsymbol{x})=R(k\boldsymbol{x}_0)=R(\boldsymbol{x}_0)$$

(4) $\min\limits_{\boldsymbol{x}\neq\boldsymbol{0}}R(\boldsymbol{x})$ 与 $\max\limits_{\boldsymbol{x}\neq\boldsymbol{0}}R(\boldsymbol{x})$ 存在，且在 $S=\{\boldsymbol{x}\mid\boldsymbol{x}\in\mathbf{R}^n,\|\boldsymbol{x}\|_2=1\}$ 上达到极值。

证：因为子集 S 是闭集，且 $R(\boldsymbol{x})$ 在 S 上连续，所以

$$\min_{\boldsymbol{x}\in S}R(\boldsymbol{x})=m_1,\ \max_{\boldsymbol{x}\in S}R(\boldsymbol{x})=m_2$$

$$\forall\,\boldsymbol{0}\neq\boldsymbol{y}\in\mathbf{R}^n,\ \boldsymbol{x}=\frac{1}{\|\boldsymbol{y}\|_2}\boldsymbol{y}\in S\Rightarrow m_1\leqslant R(\boldsymbol{y})\leqslant m_2$$

约定：实对称矩阵 $\boldsymbol{A}_{n\times n}$ 的特征值排序为 $\lambda_1\leqslant\lambda_2\leqslant\cdots\leqslant\lambda_n$。

定理 8-9 $\boldsymbol{A}_{n\times n}$ 实对称 $\Rightarrow\min\limits_{\boldsymbol{x}\neq\boldsymbol{0}}R(\boldsymbol{x})=\lambda_1$，$\max\limits_{\boldsymbol{x}\neq\boldsymbol{0}}R(\boldsymbol{x})=\lambda_n$。

证：设 $\boldsymbol{A}$ 的特征值为 $\lambda_1,\lambda_2,\cdots,\lambda_n$，特征向量 $\boldsymbol{p}_1,\boldsymbol{p}_2,\cdots,\boldsymbol{p}_n$ 标准正交。

$$\forall\,\boldsymbol{x}\neq\boldsymbol{0}\Rightarrow\boldsymbol{x}=c_1\boldsymbol{p}_1+c_2\boldsymbol{p}_2+\cdots+c_n\boldsymbol{p}_n\ (c_1^2+c_2^2+\cdots+c_n^2\neq0)$$

$$\boldsymbol{A}\boldsymbol{x}=c_1\lambda_1\boldsymbol{p}_1+c_2\lambda_2\boldsymbol{p}_2+\cdots+c_n\lambda_n\boldsymbol{p}_n,\ \boldsymbol{x}^{\mathrm{T}}\boldsymbol{A}\boldsymbol{x}=c_1^2\lambda_1+c_2^2\lambda_2+\cdots+c_n^2\lambda_n$$

$$\boldsymbol{x}^{\mathrm{T}}\boldsymbol{x}=c_1^2+c_2^2+\cdots+c_n^2:\ k_i\triangleq\frac{c_i^2}{c_1^2+c_2^2+\cdots+c_n^2}\Rightarrow k_1+k_2+\cdots+k_n=1$$

$$\begin{cases}R(\boldsymbol{x})=k_1\lambda_1+k_2\lambda_2+\cdots+k_n\lambda_n\Rightarrow\lambda_1\leqslant R(\boldsymbol{x})\leqslant\lambda_n\\ R(\boldsymbol{p}_1)=\lambda_1,\ R(\boldsymbol{p}_n)=\lambda_n\end{cases}\Rightarrow\begin{cases}\min\limits_{\boldsymbol{x}\neq\boldsymbol{0}}R(\boldsymbol{x})=\lambda_1\\ \max\limits_{\boldsymbol{x}\neq\boldsymbol{0}}R(\boldsymbol{x})=\lambda_n\end{cases}$$

定理 8-10 设 $\boldsymbol{A}_{n\times n}$ 实对称，特征向量 $\boldsymbol{p}_1,\boldsymbol{p}_2,\cdots,\boldsymbol{p}_n$ 标准正交，对于 $1\leqslant r\leqslant s\leqslant n$，当 $\boldsymbol{x}\in L(\boldsymbol{p}_r,\boldsymbol{p}_{r+1},\cdots,\boldsymbol{p}_s)$ 时，有

$$\min_{\boldsymbol{x}\neq\boldsymbol{0}}R(\boldsymbol{x})=\lambda_r,\ \max_{\boldsymbol{x}\neq\boldsymbol{0}}R(\boldsymbol{x})=\lambda_s$$

定理 8-11 设 $\boldsymbol{A}_{n\times n}$ 实对称，$\forall\,\boldsymbol{V}_k\subset\mathbf{R}^n$ 且 $\dim\boldsymbol{V}_k=k$，则 $\boldsymbol{A}$ 的第 k 个特征值为 $\lambda_k=$

$\min\limits_{V_k}[\max\{R(\boldsymbol{x})\mid \boldsymbol{0}\neq\boldsymbol{x}\in\boldsymbol{V}_k\}]$。

证：$\boldsymbol{A}$ 的特征向量 $\boldsymbol{p}_1,\boldsymbol{p}_2,\cdots,\boldsymbol{p}_n$ 标准正交。

$$\boldsymbol{W}_k=L(\boldsymbol{p}_k,\boldsymbol{p}_{k+1},\cdots,\boldsymbol{p}_n)\subset \dim\boldsymbol{W}_k=n-k+1$$

$$\boldsymbol{V}_k\subset\mathbf{R}^n\Rightarrow\boldsymbol{V}_k+\boldsymbol{W}_k\subset\mathbf{R}^n(\text{注意 }\dim\boldsymbol{V}_k=k)$$

因为 $n\geqslant\dim(\boldsymbol{V}_k+\boldsymbol{W}_k)=\dim\boldsymbol{V}_k+\dim\boldsymbol{W}_k-\dim(\boldsymbol{V}_k\cap\boldsymbol{W}_k)$

$$=n+1-\dim(\boldsymbol{V}_k\cap\boldsymbol{W}_k)$$

所以 $\dim(\boldsymbol{V}_k\cap\boldsymbol{W}_k)\geqslant1\Rightarrow\exists\,\boldsymbol{x}_0\in\boldsymbol{V}_k\cap\boldsymbol{W}_k$ 且 $\boldsymbol{x}_0\neq\boldsymbol{0}$。

由 $\boldsymbol{x}_0\in\boldsymbol{W}_k$，可得

$$\boldsymbol{x}_0=c_k\boldsymbol{p}_k+c_{k+1}\boldsymbol{p}_{k+1}+\cdots+c_n\boldsymbol{p}_n(c_k^2+c_{k+1}^2+\cdots+c_n^2\neq0)$$

故 $R(\boldsymbol{x}_0)=\dfrac{\boldsymbol{x}_0^{\mathrm{T}}\boldsymbol{A}\boldsymbol{x}_0}{\boldsymbol{x}_0^{\mathrm{T}}\boldsymbol{x}_0}=\dfrac{c_k^2\lambda_k+c_{k+1}^2\lambda_{k+1}+\cdots+c_n^2\lambda_n}{c_k^2+c_{k+1}^2+\cdots+c_n^2}\geqslant\lambda_k$

$$\max\{R(\boldsymbol{x})\mid\boldsymbol{x}\in\boldsymbol{V}_k\}\geqslant R(\boldsymbol{x}_0)\geqslant\lambda_k\Rightarrow\text{右}\geqslant\text{左}$$

令 $\boldsymbol{V}_k^0=L(\boldsymbol{p}_1,\boldsymbol{p}_2,\cdots,\boldsymbol{p}_k)$，对 $\forall\,\boldsymbol{x}\in\boldsymbol{V}_k^0(\boldsymbol{x}\neq0)$，有

$$\boldsymbol{x}=l_1\boldsymbol{p}_1+l_2\boldsymbol{p}_2+\cdots+l_k\boldsymbol{p}_k(l_1^2+l_2^2+\cdots+l_k^2\neq0)$$

$$R(\boldsymbol{x})=\frac{\boldsymbol{x}^{\mathrm{T}}\boldsymbol{A}\boldsymbol{x}}{\boldsymbol{x}^{\mathrm{T}}\boldsymbol{x}}=\frac{l_1^2\lambda_1+l_2^2\lambda_2+\cdots+l_k^2\lambda_k}{l_1^2+l_2^2+\cdots+l_k^2}\leqslant\lambda_k$$

$$\max\{R(\boldsymbol{x})\mid\boldsymbol{x}\in\boldsymbol{V}_k^0\}\leqslant\lambda_k\Rightarrow\text{右}\leqslant\text{左}$$

定理 8-10、定理 8-11

8.3.2 广义瑞利商

设 $\boldsymbol{A}_{n\times n}$ 实对称，$\boldsymbol{B}_{n\times n}$ 实对称正定，$\boldsymbol{x}\in\mathbf{R}^n$，

$$R_{\boldsymbol{B}}(\boldsymbol{x})\triangleq\frac{\boldsymbol{x}^{\mathrm{T}}\boldsymbol{A}\boldsymbol{x}}{\boldsymbol{x}^{\mathrm{T}}\boldsymbol{B}\boldsymbol{x}}(\boldsymbol{x}\neq\boldsymbol{0})$$

称 $R_{\boldsymbol{B}}(x)$ 为广义瑞利商。

广义瑞利商 $R_{\boldsymbol{B}}(x)$ 有以下性质：

(1) $R_{\boldsymbol{B}}(\boldsymbol{x})$ 连续。

(2) $\forall$ 实数 $k\neq0$，$R_{\boldsymbol{B}}(k\boldsymbol{x})=R_{\boldsymbol{B}}(\boldsymbol{x})$。

(3) $\forall\,\boldsymbol{x}_0\neq\boldsymbol{0}$，当 $\boldsymbol{0}\neq\boldsymbol{x}\in L(\boldsymbol{x}_0)$ 时，$R_{\boldsymbol{B}}(\boldsymbol{x})=R_{\boldsymbol{B}}(\boldsymbol{x}_0)$。

(4) $\min\limits_{\boldsymbol{x}\neq\boldsymbol{0}}R_{\boldsymbol{B}}(x)$ 与 $\max\limits_{\boldsymbol{x}\neq\boldsymbol{0}}R_{\boldsymbol{B}}(\boldsymbol{x})$ 存在，且在 $S_{\boldsymbol{B}}=\{\boldsymbol{x}\mid\boldsymbol{x}\in\mathbf{R}^n,\ \|\boldsymbol{x}\|_{\boldsymbol{B}}=1\}$ 上达到极值。

定理 8-12 $\boldsymbol{x}_0\neq\boldsymbol{0}$ 是 $R_{\boldsymbol{B}}(\boldsymbol{x})$ 的驻点 $\Leftrightarrow\boldsymbol{A}\boldsymbol{x}_0=\lambda\boldsymbol{B}\boldsymbol{x}_0$。

证：$(\boldsymbol{x}^{\mathrm{T}}\boldsymbol{B}\boldsymbol{x})\cdot R_{\boldsymbol{B}}(\boldsymbol{x})=(\boldsymbol{x}^{\mathrm{T}}\boldsymbol{A}\boldsymbol{x})$，$2\boldsymbol{B}\boldsymbol{x}R_{\boldsymbol{B}}(\boldsymbol{x})+(\boldsymbol{x}^{\mathrm{T}}\boldsymbol{B}\boldsymbol{x})\dfrac{\mathrm{d}R_{\boldsymbol{B}}(\boldsymbol{x})}{\mathrm{d}\boldsymbol{x}}=2\boldsymbol{A}\boldsymbol{x}$

$$\frac{\mathrm{d}R_{\boldsymbol{B}}(\boldsymbol{x})}{\mathrm{d}\boldsymbol{x}}=\frac{2}{\boldsymbol{x}^{\mathrm{T}}\boldsymbol{B}\boldsymbol{x}}[\boldsymbol{A}\boldsymbol{x}-R_{\boldsymbol{B}}(\boldsymbol{x})\boldsymbol{B}\boldsymbol{x}]$$

必要性。$\boldsymbol{x}_0\neq\boldsymbol{0}$ 使 $\left.\dfrac{\mathrm{d}R_{\boldsymbol{B}}(\boldsymbol{x})}{\mathrm{d}\boldsymbol{x}}\right|_{\boldsymbol{x}=\boldsymbol{x}_0}=0$：

$$\boldsymbol{A}\boldsymbol{x}_0=R_{\boldsymbol{B}}(\boldsymbol{x}_0)\boldsymbol{B}\boldsymbol{x}_0(\lambda\triangleq R_{\boldsymbol{B}}(\boldsymbol{x}_0))$$

充分性。$\boldsymbol{x}_0\neq\boldsymbol{0}$ 使 $\boldsymbol{A}\boldsymbol{x}_0=\lambda\boldsymbol{B}\boldsymbol{x}_0$：

$$\lambda=R_{\boldsymbol{B}}(\boldsymbol{x}_0),\left.\frac{\mathrm{d}R_{\boldsymbol{B}}(\boldsymbol{x})}{\mathrm{d}\boldsymbol{x}}\right|_{\boldsymbol{x}=\boldsymbol{x}_0}=0$$

约定：$Ax=\lambda Bx$ 的特征值排序为 $\lambda_1\leqslant\lambda_2\leqslant\cdots\leqslant\lambda_n$。

广义特征向量 $\boldsymbol{p}_1,\boldsymbol{p}_2,\cdots,\boldsymbol{p}_n$ 按 $\boldsymbol{B}$-标准正交。

定理 8-13 $\forall \mathbf{V}_k\subset\mathbf{R}^n$ 且 $\dim\mathbf{V}_k=k\Rightarrow\lambda_k=\min\limits_{\mathbf{V}_k}[\max\{R_{\boldsymbol{B}}(\boldsymbol{x})\mid \boldsymbol{0}\neq\boldsymbol{x}\in\mathbf{V}_k\}]$。

证：类似于定理 8-11。

定理 8-14 $\forall \mathbf{V}_k\subset\mathbf{R}^n$ 且 $\dim\mathbf{V}_k=k\Rightarrow\lambda_{n-k+1}=\max\limits_{\mathbf{V}_k}[\min\{R_{\boldsymbol{B}}(\boldsymbol{x})\mid \boldsymbol{0}\neq\boldsymbol{x}\in\mathbf{V}_k\}]$。

证：由定理 8-13 可得，$(-\boldsymbol{A})\boldsymbol{x}=(-\lambda)\boldsymbol{B}\boldsymbol{x}$ 的第 k 个特征值为

$$-\lambda_{n-k+1}=\min_{\mathbf{V}_k}[\max\{-R_{\boldsymbol{B}}(\boldsymbol{x})\mid\boldsymbol{0}\neq\boldsymbol{x}\in\mathbf{V}_k\}]=\min_{\mathbf{V}_k}[(-1)\min\{R_{\boldsymbol{B}}(\boldsymbol{x})\mid\boldsymbol{0}\neq\boldsymbol{x}\in\mathbf{V}_k\}]$$
$$=(-1)\max_{\mathbf{V}_k}[\min\{R_{\boldsymbol{B}}(\boldsymbol{x})\mid\boldsymbol{0}\neq\boldsymbol{x}\in\mathbf{V}_k\}]$$

特殊情形：

定理 8-13$\Rightarrow\lambda_n=\max\{R_{\boldsymbol{B}}(\boldsymbol{x})\mid\boldsymbol{0}\neq\boldsymbol{x}\in\mathbf{R}^n\}=\max\{\boldsymbol{x}^{\mathrm{T}}\boldsymbol{A}\boldsymbol{x}\mid\boldsymbol{x}\in\mathbf{R}^n$ 且 $\|\boldsymbol{x}\|_{\boldsymbol{B}}=1\}$。

定理 8-14$\Rightarrow\lambda_1=\min\{R_{\boldsymbol{B}}(\boldsymbol{x})\mid\boldsymbol{0}\neq\boldsymbol{x}\in\mathbf{R}^n\}=\min\{\boldsymbol{x}^{\mathrm{T}}\boldsymbol{A}\boldsymbol{x}\mid\boldsymbol{x}\in\mathbf{R}^n$ 且 $\|\boldsymbol{x}\|_{\boldsymbol{B}}=1\}$。

矩阵奇异值的极性

8.3.3 矩阵奇异值的极性

$$\boldsymbol{A}\in R_r^{m\times n}:\sigma(\boldsymbol{A})=[\lambda(\boldsymbol{A}^{\mathrm{T}}\boldsymbol{A})]^{\frac{1}{2}}$$

$\boldsymbol{A}^{\mathrm{T}}\boldsymbol{A}$ 的特征值：$0=\lambda_1=\lambda_2=\cdots=\lambda_{n-r}<\lambda_{n-r+1}<\cdots<\lambda_n$。

$\boldsymbol{A}$ 的奇异值：$0=\sigma_1=\sigma_2=\cdots=\sigma_{n-r}<\sigma_{n-r+1}\leqslant\cdots\leqslant\sigma_n$。

定理 8-15 $\forall \mathbf{V}_k\subset\mathbf{R}^n$ 且 $\dim\mathbf{V}_k=k$，则有

$$\sigma_k=\min_{\mathbf{V}_k}\left\{\max_{\boldsymbol{0}\neq\boldsymbol{x}\in\mathbf{V}_k}\frac{\|\boldsymbol{A}\boldsymbol{x}\|_2}{\|\boldsymbol{x}\|_2}\right\}\tag{8-3}$$

$$\sigma_{n-k+1}=\max_{\mathbf{V}_k}\left\{\min_{\mathbf{V}_k}\frac{\|\boldsymbol{A}\boldsymbol{x}\|_2}{\|\boldsymbol{x}\|_2}\right\}\tag{8-4}$$

证：对 $\boldsymbol{A}^{\mathrm{T}}\boldsymbol{A}$ 应用定理 8-13 可得

$$\sigma_k=\lambda_k^{\frac{1}{2}}=\left[\min_{\mathbf{V}_k}\left\{\max_{\boldsymbol{0}\neq\boldsymbol{x}\in\mathbf{V}_k}\frac{\boldsymbol{x}^{\mathrm{T}}(\boldsymbol{A}^{\mathrm{T}}\boldsymbol{A})\boldsymbol{x}}{\boldsymbol{x}^{\mathrm{T}}\boldsymbol{x}}\right\}\right]^{\frac{1}{2}}=\left[\min_{\mathbf{V}_k}\left\{\max_{\boldsymbol{0}\neq\boldsymbol{x}\in\mathbf{V}_k}\left(\frac{\|\boldsymbol{A}\boldsymbol{x}\|_2}{\|\boldsymbol{x}\|_2}\right)^2\right\}\right]^{\frac{1}{2}}=\text{右}$$

应用定理 8-14 可得

$$\sigma_{n-k+1}=\lambda_{n-k+1}^{\frac{1}{2}}=\left[\max_{\mathbf{V}_k}\left\{\min_{\boldsymbol{0}\neq\boldsymbol{x}\in\mathbf{V}_k}\frac{\boldsymbol{x}^{\mathrm{T}}(\boldsymbol{A}^{\mathrm{T}}\boldsymbol{A})\boldsymbol{x}}{\boldsymbol{x}^{\mathrm{T}}\boldsymbol{x}}\right\}\right]^{\frac{1}{2}}=\left[\max_{\mathbf{V}_k}\left\{\min_{\boldsymbol{0}\neq\boldsymbol{x}\in\mathbf{V}_k}\left(\frac{\|\boldsymbol{A}\boldsymbol{x}\|_2}{\|\boldsymbol{x}\|_2}\right)^2\right\}\right]^{\frac{1}{2}}=\text{右}$$

8.4 矩阵的直积及应用

本节包括 3 部分内容，分别是矩阵直积的基本性质、线性矩阵方程的可解性、线性矩阵方程的矩阵函数解法。

$$\boldsymbol{A}=(a_{ij})_{m\times n},\boldsymbol{B}=(b_{ij})_{p\times q},\boldsymbol{A}\otimes\boldsymbol{B}=\begin{bmatrix}a_{11}\boldsymbol{B}&a_{12}\boldsymbol{B}&\cdots&a_{1n}\boldsymbol{B}\\a_{21}\boldsymbol{B}&a_{22}\boldsymbol{B}&\cdots&a_{2n}\boldsymbol{B}\\\vdots&\vdots&\ddots&\vdots\\a_{m1}\boldsymbol{B}&a_{m2}\boldsymbol{B}&\cdots&a_{mn}\boldsymbol{B}\end{bmatrix}$$

8.4.1　矩阵直积的基本性质

矩阵直积的基本性质如下：

(1) $k(\boldsymbol{A}\otimes\boldsymbol{B})=(k\boldsymbol{A})\otimes\boldsymbol{B}=\boldsymbol{A}\otimes(k\boldsymbol{B})$。

(2) $\boldsymbol{A}_1$ 与 $\boldsymbol{A}_2$ 同阶：

$$(\boldsymbol{A}_1+\boldsymbol{A}_2)\otimes\boldsymbol{B}=\boldsymbol{A}_1\otimes\boldsymbol{B}+\boldsymbol{A}_2\otimes\boldsymbol{B}$$

$$\boldsymbol{B}\otimes(\boldsymbol{A}_1+\boldsymbol{A}_2)=\boldsymbol{B}\otimes\boldsymbol{A}_1+\boldsymbol{B}\otimes\boldsymbol{A}_2$$

(3) $(\boldsymbol{A}\otimes\boldsymbol{B})\otimes\boldsymbol{C}=\boldsymbol{A}\otimes(\boldsymbol{B}\otimes\boldsymbol{C})$。

证：$$\boldsymbol{A}\otimes\boldsymbol{B}=\begin{bmatrix} & \vdots & \\ \cdots & \begin{bmatrix} a_{ij}b_{11} & & a_{ij}b_{1q} \\ & \ddots & \\ a_{ij}b_{p1} & & a_{ij}b_{pq}\end{bmatrix} & \cdots \\ & \vdots & \end{bmatrix}$$

$$(\boldsymbol{A}\otimes\boldsymbol{B})\otimes\boldsymbol{C}=\begin{bmatrix} & \vdots & \\ \cdots & \begin{bmatrix} a_{ij}b_{11}\boldsymbol{C} & & a_{ij}b_{1q}\boldsymbol{C} \\ & \ddots & \\ a_{ij}b_{p1}\boldsymbol{C} & & a_{ij}b_{pq}\boldsymbol{C}\end{bmatrix} & \cdots \\ & \vdots & \end{bmatrix}=\begin{bmatrix} & \vdots & \\ \cdots & [a_{ij}(\boldsymbol{B}\otimes\boldsymbol{C})] & \cdots \\ & \vdots & \end{bmatrix}$$

$$=\boldsymbol{A}\otimes(\boldsymbol{B}\otimes\boldsymbol{C})$$

(4) 设 $\boldsymbol{A}_1=(a_{ij}^{(1)})_{m\times n}$，$\boldsymbol{A}_2=(a_{ij}^{(2)})_{n\times l}$，$\boldsymbol{B}_1=(b_{ij}^{(1)})_{q\times r}$，$\boldsymbol{B}_2=(b_{ij}^{(2)})_{r\times l}$，则$(\boldsymbol{A}_1\otimes\boldsymbol{B}_1)(\boldsymbol{A}_2\otimes\boldsymbol{B}_2)=(\boldsymbol{A}_1\boldsymbol{A}_2)\otimes(\boldsymbol{B}_1\boldsymbol{B}_2)$。

证：$$\boldsymbol{A}_1\otimes\boldsymbol{B}_1=\begin{bmatrix} \vdots & \vdots & \cdots & \vdots \\ a_{i1}^{(1)}\boldsymbol{B}_1 & a_{i2}^{(1)}\boldsymbol{B}_1 & \cdots & a_{in}^{(1)}\boldsymbol{B}_1 \\ \vdots & \vdots & \cdots & \vdots \end{bmatrix},\boldsymbol{A}_2\otimes\boldsymbol{B}_2=\begin{bmatrix} \cdots & a_{1j}^{(2)}\boldsymbol{B}_2 & \cdots \\ \cdots & a_{2j}^{(2)}\boldsymbol{B}_2 & \cdots \\ \vdots & \vdots & \vdots \\ \cdots & a_{nj}^{(2)}\boldsymbol{B}_2 & \cdots \end{bmatrix}$$

$$[\text{左}]_{ij\text{块}}=\sum_{k=1}^{n}(a_{ik}^{(1)})(a_{kj}^{(2)}\boldsymbol{B}_2)=\sum_{k=1}^{n}a_{ik}^{(1)}a_{kj}^{(2)}(\boldsymbol{B}_1\boldsymbol{B}_2)=(\boldsymbol{A}_1\boldsymbol{A}_2)_{ij}(\boldsymbol{B}_1\boldsymbol{B}_2)=[\text{右}]_{ij\text{块}}$$

(5) $\boldsymbol{A}_{m\times m}$ 与 $\boldsymbol{B}_{n\times n}$ 都可逆$\Rightarrow(\boldsymbol{A}\otimes\boldsymbol{B})^{-1}=\boldsymbol{A}^{-1}\otimes\boldsymbol{B}^{-1}$。

(6) $\boldsymbol{A}_{m\times m}$ 与 $\boldsymbol{B}_{n\times n}$ 都是上(下)三角矩阵$\Rightarrow\boldsymbol{A}\otimes\boldsymbol{B}$ 也是上(下)三角矩阵。

(7) $(\boldsymbol{A}\otimes\boldsymbol{B})^{\mathrm{H}}=\boldsymbol{A}^{\mathrm{H}}\otimes\boldsymbol{B}^{\mathrm{H}}$。

(8) $\boldsymbol{A}_{m\times m}$ 与 $\boldsymbol{B}_{n\times n}$ 都是(酉)正交矩阵$\Rightarrow\boldsymbol{A}\otimes\boldsymbol{B}$ 也是(酉)正交矩阵。

(9) $\operatorname{rank}(\boldsymbol{A}\otimes\boldsymbol{B})=\operatorname{rank}\boldsymbol{A}\cdot\operatorname{rank}\boldsymbol{B}$。

证：记 $r_1=\operatorname{rank}\boldsymbol{A}$，$r_2=\operatorname{rank}\boldsymbol{B}$。

存在满秩矩阵 $\boldsymbol{P}_1$、$\boldsymbol{Q}_1$，使得

$$\boldsymbol{P}_1\boldsymbol{A}\boldsymbol{Q}_1=\begin{bmatrix}\boldsymbol{I}_{r_1} & \boldsymbol{O} \\ \boldsymbol{O} & \boldsymbol{O}\end{bmatrix}=\boldsymbol{A}_1$$

存在满秩矩阵 $\boldsymbol{P}_2$、$\boldsymbol{Q}_2$，使得

$$\boldsymbol{P}_2\boldsymbol{B}\boldsymbol{Q}_2=\begin{bmatrix}\boldsymbol{I}_{r_2} & \boldsymbol{O} \\ \boldsymbol{O} & \boldsymbol{O}\end{bmatrix}=\boldsymbol{B}_1$$

$$(\boldsymbol{P}_1\otimes\boldsymbol{P}_2)(\boldsymbol{A}\otimes\boldsymbol{B})(\boldsymbol{Q}_1\otimes\boldsymbol{Q}_2)=\cdots=\boldsymbol{A}_1\otimes\boldsymbol{B}_1$$

因为 $\boldsymbol{P}_1\otimes\boldsymbol{P}_2$ 与 $\boldsymbol{Q}_1\otimes\boldsymbol{Q}_2$ 都可逆，所以

$$\text{rank}(\boldsymbol{A}\otimes\boldsymbol{B})=\text{rank}(\boldsymbol{A}_1\otimes\boldsymbol{B}_1)=\text{“}\boldsymbol{A}_1\otimes\boldsymbol{B}_1\text{ 中 1 的个数”}=r_1r_2$$

设二元多项式 $f(x,y)\triangleq\sum_{i,j=0}^{l}c_{ij}x^iy^j$，对于 $\boldsymbol{A}_{m\times m}$ 和 $\boldsymbol{B}_{n\times n}$，定义矩阵 $f(\boldsymbol{A},\boldsymbol{B})=\sum_{i,j=0}^{l}c_{ij}\boldsymbol{A}^i\otimes\boldsymbol{B}^j$，称为直积矩阵的特征值。

定理 8-16 设 $\boldsymbol{A}_{m\times m}$ 的特征值为 $\lambda_1,\lambda_2,\cdots,\lambda_m$，$\boldsymbol{B}_{n\times n}$ 的特征值为 $\mu_1,\mu_2,\cdots,\mu_n$，则 $f(\boldsymbol{A},\boldsymbol{B})$ 的特征值为 $f(\lambda_i,\mu_j)$，$i=1,2,\cdots,m$，$j=1,2,\cdots,n$。

证：对于 $\boldsymbol{A}_{m\times m}$ 和 $\boldsymbol{B}_{n\times n}$，存在可逆矩阵 $\boldsymbol{P}_{m\times m}$ 与 $\boldsymbol{Q}_{n\times n}$，使得

$$\boldsymbol{P}^{-1}\boldsymbol{A}\boldsymbol{P}=\begin{bmatrix}\lambda_1 & * & \cdots & * \\ & \lambda_2 & \ddots & \vdots \\ & & \ddots & * \\ & & & \lambda_m\end{bmatrix}\triangleq\boldsymbol{T}_1,\boldsymbol{Q}^{-1}\boldsymbol{B}\boldsymbol{Q}=\begin{bmatrix}\mu_1 & * & \cdots & * \\ & \mu_2 & \ddots & \vdots \\ & & \ddots & * \\ & & & \mu_n\end{bmatrix}\triangleq\boldsymbol{T}_2$$

因为 $\boldsymbol{P}\otimes\boldsymbol{Q}$ 可逆，所以

$$(\boldsymbol{P}\otimes\boldsymbol{Q})^{-1}(\boldsymbol{A}^i\otimes\boldsymbol{B}^j)(\boldsymbol{P}\otimes\boldsymbol{Q})=\cdots=\boldsymbol{T}_1^i\otimes\boldsymbol{T}_2^j\text{ 是上三角矩阵}$$

$$(\boldsymbol{P}\otimes\boldsymbol{Q})^{-1}f(\boldsymbol{A},\boldsymbol{B})(\boldsymbol{P}\otimes\boldsymbol{Q})=\cdots=f(\boldsymbol{T}_i,\boldsymbol{T}_j)\text{是上三角矩阵}$$

又

$$\boldsymbol{T}_1^i\otimes\boldsymbol{T}_2^j=\begin{bmatrix}\lambda_1^i\boldsymbol{T}_2^j & * & \cdots & * \\ & \lambda_2^i\boldsymbol{T}_2^j & \ddots & \vdots \\ & & \ddots & * \\ & & & \lambda_m^i\boldsymbol{T}_2^j\end{bmatrix},\lambda_k^i\boldsymbol{T}_2^j=\begin{bmatrix}\lambda_1^i\mu_1^j & * & \cdots & * \\ & \lambda_2^i\mu_2^j & \ddots & \vdots \\ & & \ddots & * \\ & & & \lambda_k^i\mu_n^j\end{bmatrix}$$

故 $f(\boldsymbol{T}_1,\boldsymbol{T}_2)$ 的主对角线元素为 $f(\lambda_k,\mu_s)$，$k=1,2,\cdots,m$，$s=1,2,\cdots,n$。

由此可得 $f(\boldsymbol{A},\boldsymbol{B})$ 的特征值为 $f(\lambda_i,\mu_j)$，$i=1,2,\cdots,m$，$j=1,2,\cdots,n$。

推论 8-1 设有 $\boldsymbol{A}_{m\times m}$ 和 $\boldsymbol{B}_{n\times n}$，$\boldsymbol{A}\otimes\boldsymbol{B}$ 的特征值为 $\lambda_i\mu_j$，$i=1,2,\cdots,m$，$j=1,2,\cdots,n$。取 $f(x,y)=x^1y^1$，则 $f(\boldsymbol{A},\boldsymbol{B})=\boldsymbol{A}\otimes\boldsymbol{B}$。

推论 8-2 设有 $\boldsymbol{A}_{m\times m}$ 和 $\boldsymbol{B}_{n\times n}$，则 $|\boldsymbol{A}\otimes\boldsymbol{B}|=|\boldsymbol{A}|^n\ |\boldsymbol{B}|^m$。

$$\text{左}=\prod_{i=1}^{m}\prod_{j=1}^{n}\lambda_i\mu_j=\prod_{i=1}^{m}\left(\lambda_i^n\prod_{j=1}^{n}\mu_j\right)=\prod_{i=1}^{m}\lambda_i^n\ \left(\prod_{j=1}^{n}\mu_j\right)^m=\text{右}$$

8.4.2 线性矩阵方程的可解性

$$\boldsymbol{A}=(a_{ij})_{m\times p},\boldsymbol{B}_{q\times n},\boldsymbol{X}_{p\times q}=\begin{bmatrix}\boldsymbol{x}_1^{\mathrm{T}}\\ \boldsymbol{x}_2^{\mathrm{T}}\\ \vdots\\ \boldsymbol{x}_p^{\mathrm{T}}\end{bmatrix},\overline{\text{vec}}(\boldsymbol{X})\triangleq\begin{bmatrix}\boldsymbol{x}_1\\ \boldsymbol{x}_2\\ \vdots\\ \boldsymbol{x}_p\end{bmatrix}=\overrightarrow{\boldsymbol{X}}$$

$$\boldsymbol{AXB}=\begin{bmatrix}a_{11} & a_{12} & \cdots & a_{1p}\\ a_{21} & a_{22} & \cdots & a_{2p}\\ \vdots & \vdots & \ddots & \vdots\\ a_{m1} & a_{m2} & \cdots & a_{mp}\end{bmatrix}\begin{bmatrix}\boldsymbol{x}_1^{\mathrm{T}}\\ \boldsymbol{x}_2^{\mathrm{T}}\\ \vdots\\ \boldsymbol{x}_p^{\mathrm{T}}\end{bmatrix}\boldsymbol{B}=\begin{bmatrix}(a_{11}\boldsymbol{x}_1^{\mathrm{T}}+a_{12}\boldsymbol{x}_2^{\mathrm{T}}+\cdots+a_{1p}\boldsymbol{x}_p^{\mathrm{T}})\boldsymbol{B}\\ (a_{21}\boldsymbol{x}_1^{\mathrm{T}}+a_{22}\boldsymbol{x}_2^{\mathrm{T}}+\cdots+a_{2p}\boldsymbol{x}_p^{\mathrm{T}})\boldsymbol{B}\\ \vdots\\ (a_{m1}\boldsymbol{x}_1^{\mathrm{T}}+a_{m2}\boldsymbol{x}_2^{\mathrm{T}}+\cdots+a_{mp}\boldsymbol{x}_p^{\mathrm{T}})\boldsymbol{B}\end{bmatrix}$$

$$\overrightarrow{AXB}=\begin{bmatrix}B^{\mathrm T}(a_{11}x_1+a_{12}x_2+\cdots+a_{1p}x_p)\\B^{\mathrm T}(a_{21}x_1+a_{22}x_2+\cdots+a_{2p}x_p)\\\vdots\\B^{\mathrm T}(a_{m1}x_1+a_{m2}x_2+\cdots+a_{mp}x_p)\end{bmatrix}=\begin{bmatrix}a_{11}B^{\mathrm T} & a_{12}B^{\mathrm T} & \cdots & a_{1p}B^{\mathrm T}\\\vdots & \vdots & \ddots & \vdots\\a_{m1}B^{\mathrm T} & a_{m2}B^{\mathrm T} & \cdots & a_{mp}B^{\mathrm T}\end{bmatrix}\begin{bmatrix}x_1\\x_2\\\vdots\\x_p\end{bmatrix}$$

$$=(A\otimes B^{\mathrm T})\vec{X}$$

复习：划分 $A=[a_1\quad a_2\quad\cdots\quad a_n]$，则有

(1) $R(A)=\mathrm{span}([a_1\quad a_2\quad\cdots\quad a_n])$。

(2) $Ax=b$ 有解 $\Leftrightarrow[a_1\quad a_2\quad\cdots\quad a_n]\begin{bmatrix}x_1\\x_2\\\vdots\\x_n\end{bmatrix}=b$ 有解 $\Leftrightarrow b\in R(A)$。

定理 8-17　设有 $A_i\in C^{m\times p}$、$B_i\in C^{q\times n}$ 和 $F\in C^{m\times n}$，则

$$\sum_{i=1}^{k}A_iXB_i=F \text{ 有解 } X_{p\times q}\Leftrightarrow\vec{F}\in R\left(\sum_{i=1}^{k}A_i\otimes B_i^{\mathrm T}\right)$$

证：

$$\text{左}\Leftrightarrow\sum_{i=1}^{k}\overrightarrow{A_iXB_i}=\vec{F}\text{ 有解 }X\Leftrightarrow\sum_{i=1}^{k}(A_i\otimes B_i^{\mathrm T})\vec{X}=\vec{F}\text{ 有解 }\vec{X}\Leftrightarrow\vec{F}\in R\left(\sum_{i=1}^{k}(A_i\otimes B_i^{\mathrm T})\right)$$

定理 8-18　设有 $A_{m\times m}$、$B_{n\times n}$ 和 $F_{m\times n}$，矩阵方程 $AX+XB=F$ 有唯一解 $X_{m\times n}\Leftrightarrow\lambda_i(A)+\mu_j(B)\neq0(i=1,2,\cdots,m,j=1,2,\cdots,n)$

证：

$$\text{左}\Leftrightarrow AXI_n+I_mXB=F\text{ 有唯一解 }X_{m\times n}\Leftrightarrow(A\otimes I_n+I_m\otimes B^{\mathrm T})\vec{X}=\vec{F}\text{ 有唯一解 }\vec{X}$$

$$\Leftrightarrow\det(A\otimes I_n+I_m\otimes B^{\mathrm T})\neq0$$

令 $f(x,y)=x^1y^0+x^0y^1$，并注意 $\mu(B^{\mathrm T})=\mu(B)$，由定理 8-15 知 $f(A,B^{\mathrm T})=A\otimes I_n+I_m\otimes B^{\mathrm T}$ 的特征值为 $f(\lambda_i,\mu_j)=\lambda_i+\mu_j$，因此可得

$$\det(A\otimes I_n+I_m\otimes B^{\mathrm T})\neq0\Leftrightarrow\lambda_i+\mu_j\neq0(i=1,2,\cdots,m,j=1,2,\cdots,n)$$

推论 8-3　设有 $A_{m\times m}$ 和 $B_{n\times n}$，$AX+XB=O_{m\times n}$ 有非零解 $X\Leftrightarrow\exists\, i_0,j_0$，s.t. $\lambda_{i_0}+\mu_{j_0}=0$。

例 8-9　设有 $A_{m\times m}$、$B_{n\times n}$ 和 $C_{m\times n}$，则 $\lambda(A)\neq\mu(B)\Rightarrow\begin{bmatrix}A & C\\O & B\end{bmatrix}$ 相似于 $\begin{bmatrix}A & O\\O & B\end{bmatrix}$。

证：设 $P=\begin{bmatrix}I_m & X\\O & I_n\end{bmatrix}$（$X_{m\times n}$）待定，则有

$$P^{-1}=\begin{bmatrix}I_m & -X\\O & I_n\end{bmatrix},P\begin{bmatrix}A & C\\O & B\end{bmatrix}P^{-1}=\begin{bmatrix}A & C+XB-AX\\O & B\end{bmatrix}$$

$$\lambda(A)\neq\mu(B)\Rightarrow\lambda_i(A)+\mu_j(-B)\neq0$$

$$\Rightarrow AX+X(-B)=C\text{ 有唯一解 }X^*_{m\times n}$$

$$\Rightarrow\text{存在 }P=\begin{bmatrix}I_m & X^*\\O & I_n\end{bmatrix}\text{，使得 }P\begin{bmatrix}A & C\\O & B\end{bmatrix}P^{-1}=\begin{bmatrix}A & O\\O & B\end{bmatrix}$$

注意，本例中，$\begin{bmatrix}A & C\\O & B\end{bmatrix}$ 相似于 $\begin{bmatrix}A & C\\O & B\end{bmatrix}\Leftrightarrow\vec{C}\in R(A\otimes I_n-I_m\otimes B^{\mathrm T})$。

定理 8-19 $\boldsymbol{A}_{m\times m}$的特征值为$\lambda_1,\lambda_2,\cdots,\lambda_m$，$\boldsymbol{B}_{n\times n}$的特征值为$\mu_1,\mu_2,\cdots,\mu_n$。

(1) $\sum_{k=0}^{l}\boldsymbol{A}^k\boldsymbol{X}\boldsymbol{B}^k=\boldsymbol{F}$ 有唯一解$\Leftrightarrow 1+(\lambda_i\mu_j)+(\lambda_i\mu_j)^2+\cdots+(\lambda_i\mu_j)^l\neq 0(\forall i,j)$。

(2) $\sum_{k=0}^{l}\boldsymbol{A}^k\boldsymbol{X}\boldsymbol{B}^k=\boldsymbol{O}$有非零解$\Leftrightarrow\exists i_0,j_0,\text{s.t.}1+(\lambda_{i_0}\mu_{j_0})+(\lambda_{i_0}\mu_{j_0})^2+\cdots+(\lambda_{i_0}\mu_{j_0})^l=0$。

证：将$\sum_{k=0}^{l}\boldsymbol{A}^k\boldsymbol{X}\boldsymbol{B}^k=\boldsymbol{F}$ 按行拉直可得$\sum_{k=0}^{l}\boldsymbol{A}^k\otimes(\boldsymbol{B}^{\mathrm{T}})^k\vec{\boldsymbol{X}}=\vec{\boldsymbol{F}}$；

$$f(x,y)\triangleq\sum_{k}x^ky^k\Rightarrow f(\boldsymbol{A},\boldsymbol{B}^{\mathrm{T}})\sum_{k=0}^{l}\boldsymbol{A}^k\otimes(\boldsymbol{B}^{\mathrm{T}})^k$$

$f(\boldsymbol{A},\boldsymbol{B}^{\mathrm{T}})$的特征值为$f(\lambda_i,\mu_j)=\sum_{k=0}^{l}\lambda_i^k\mu_j^k=\sum_{k=0}^{l}(\lambda_i\mu_j)^k$

故
$$\sum_{k=0}^{l}\boldsymbol{A}^k\boldsymbol{X}\boldsymbol{B}^k=\boldsymbol{F}\text{ 有唯一解 }\Leftrightarrow f(\lambda_i,\mu_j)\neq 0$$
$$\sum_{k=0}^{l}\boldsymbol{A}^k\boldsymbol{X}\boldsymbol{B}^k=\boldsymbol{O}\text{ 有非零解 }\Leftrightarrow\exists i_0,j_0,\text{s.t.}f(\lambda_{i_0\mu_0})=0$$

8.4.3 线性矩阵方程的矩阵函数解法

引理 8-1 设有$\boldsymbol{A}_{m\times m}$、$\boldsymbol{B}_{n\times n}$和$\boldsymbol{F}_{m\times n}$，$\lambda_{\boldsymbol{A}}+\mu_{\boldsymbol{B}}\neq 0$，若$\mathrm{Re}(\lambda_{\boldsymbol{A}})<0$，$\mathrm{Re}(\mu_{\boldsymbol{B}})<0$，则广义积分$\int_0^{\infty}\mathrm{e}^{\boldsymbol{A}t}\boldsymbol{F}\mathrm{e}^{\boldsymbol{B}t}\mathrm{d}t$ 存在。

定理 8-20 设有$\boldsymbol{A}_{m\times m}$、$\boldsymbol{B}_{n\times n}$和$\boldsymbol{F}_{m\times n}$，$\lambda_{\boldsymbol{A}}+\mu_{\boldsymbol{B}}\neq 0$且$\int_0^{\infty}\mathrm{e}^{\boldsymbol{A}t}\boldsymbol{F}\mathrm{e}^{\boldsymbol{B}t}\mathrm{d}t$ 存在$\Rightarrow\boldsymbol{AX}+\boldsymbol{XB}=\boldsymbol{F}$存在唯一解 $\boldsymbol{X}=-\int_0^{\infty}\mathrm{e}^{\boldsymbol{A}t}\boldsymbol{F}\mathrm{e}^{\boldsymbol{B}t}\mathrm{d}t$。

证：$Y(t)\triangleq\mathrm{e}^{\boldsymbol{A}t}\boldsymbol{F}\mathrm{e}^{\boldsymbol{B}t}$，$Y(t)|_{t=0}=\boldsymbol{F}$，

$$\int_0^{\infty}Y(t)\mathrm{d}t\text{ 存在 }\Rightarrow\lim_{t\to+\infty}Y(t)=\boldsymbol{O}$$
$$\frac{\mathrm{d}Y}{\mathrm{d}t}=\boldsymbol{A}Y(t)+Y(t)\boldsymbol{B}$$

对上式积分：

$$Y(t)\,|_0^{\infty}=\boldsymbol{A}\int_0^{\infty}Y(t)\mathrm{d}t+\left(\int_0^{\infty}Y(t)\mathrm{d}t\right)\boldsymbol{B}$$
$$-\boldsymbol{F}=\boldsymbol{A}(-\boldsymbol{X})+(-\boldsymbol{X})\boldsymbol{B}\Rightarrow\boldsymbol{AX}+\boldsymbol{XB}=\boldsymbol{F}$$

推论 8-4 设有$\boldsymbol{A}_{m\times m}$、$\boldsymbol{B}_{n\times n}$和$\boldsymbol{F}_{m\times n}$，$\mathrm{Re}(\lambda_{\boldsymbol{A}})<0$，$\mathrm{Re}(\mu_{\boldsymbol{B}})<0$，则$\boldsymbol{AX}+\boldsymbol{XB}=\boldsymbol{F}$存在唯一解$\boldsymbol{X}=\int_0^{\infty}\mathrm{e}^{\boldsymbol{A}t}\boldsymbol{F}\mathrm{e}^{\boldsymbol{B}t}\mathrm{d}t$。

推论 8-5 设有$\boldsymbol{A}_{m\times m}$和$\boldsymbol{F}_{m\times m}$，$\mathrm{Re}(\lambda_{\boldsymbol{A}})<0$，则$\boldsymbol{A}^{\mathrm{H}}\boldsymbol{X}+\boldsymbol{XA}=-\boldsymbol{F}$存在唯一解$\boldsymbol{X}=\int_0^{\infty}\mathrm{e}^{\boldsymbol{A}^{\mathrm{H}}t}\boldsymbol{F}\mathrm{e}^{\boldsymbol{A}t}\mathrm{d}t$。若$\boldsymbol{F}$是正定矩阵，则$\boldsymbol{X}$也是正定矩阵。

$$\lambda(\boldsymbol{A}^{\mathrm{H}})=\overline{\lambda(\boldsymbol{A})}\Rightarrow\mathrm{Re}(\lambda(\boldsymbol{A}^{\mathrm{H}}))<0$$

8.5　小　结

本章首先介绍了特征值的相关概念，该部分主要包括两个内容，分别是特征值的上界和特征值的包含域。其次介绍了广义特征值问题，该部分主要包括两个内容：一个是向量的 **B**-正交与 **B**-标准正交以及广义特征向量的正交性；另一个是对称矩阵特征值的极性，主要介绍了常义瑞利商、广义瑞利商和矩阵奇异值的极性。最后介绍了矩阵的直积及应用，包括矩阵直积的基本性质、线性矩阵方程的可解性以及线性矩阵方程的矩阵函数解法。

8.6　习　题

1. 设矩阵 $\boldsymbol{A}=\begin{bmatrix}0 & 0.4 & 0.2\\ -0.4 & 0 & 0.4\\ -0.2 & -0.4 & 0\end{bmatrix}$，估计其特征值的实部和虚部的范围。

2. 估计矩阵 $\boldsymbol{A}=\begin{bmatrix}2 & -2 & -1 & 0\\ 2\mathrm{i} & 3 & -1 & 0\\ 0 & \mathrm{i} & 10 & -\mathrm{i}\\ -2 & 0 & 0 & 6\mathrm{i}\end{bmatrix}$ 的特征值的分布范围。

3. 应用盖尔圆定理说明 $\boldsymbol{A}=\begin{bmatrix}9 & 1 & -2 & 1\\ 0 & 8 & 1 & 1\\ 0 & -1 & 4 & 0\\ 1 & 0 & 0 & 1\end{bmatrix}$ 至少有两个实特征值。

4. 设 $\boldsymbol{A}_{m\times m}$、$\boldsymbol{B}_{n\times n}$ 和 $\boldsymbol{C}_{m\times n}$ 是 3 个矩阵，$\boldsymbol{A}$ 的特征值为 $\lambda(\boldsymbol{A})$，$\boldsymbol{B}$ 的特征值为 $\mu(\boldsymbol{B})$，且 $\lambda(\boldsymbol{A})\neq\mu(\boldsymbol{B})$。证明 $\begin{bmatrix}\boldsymbol{A} & \boldsymbol{C}\\ \boldsymbol{O} & \boldsymbol{B}\end{bmatrix}$ 相似于 $\begin{bmatrix}\boldsymbol{A} & \boldsymbol{O}\\ \boldsymbol{O} & \boldsymbol{B}\end{bmatrix}$。

5. 设 $\boldsymbol{A}\in\mathbf{C}^{n\times n}$ 的 n 个线性无关的特征向量为 $\boldsymbol{x}_1,\boldsymbol{x}_2,\cdots,\boldsymbol{x}_n$，证明 $\boldsymbol{A}\otimes\boldsymbol{A}$ 有 n^2 个线性无关的特征向量，并将它们构造出来。

6. 设 $\boldsymbol{A}=\begin{bmatrix}20 & 3 & 1\\ 2 & 10 & 2\\ 8 & 1 & 0\end{bmatrix}$，分离 $\lambda_{\boldsymbol{A}}$。

第3部分　运　筹　学

第9章

运筹学思想与运筹学建模

机器学习、人工智能、深度学习等在利用训练集对模型和参数进行训练时，通常都会定义一个损失函数(loss function)或能量函数，设定约束条件，然后求函数的能量最小值，通常需要使用优化求解器，或是根据特定问题人工编程求解。从这个意义上说，人工智能、大数据，最终几乎都归结为一个求能量最小值的优化问题，而运筹学正是研究优化理论的学科。

运筹学(operations research，OR)作为一门现代科学，是在第二次世界大战中首先在英美两国发展起来的。当时，运筹学的研究与应用主要集中在战略和战术方面。运筹学主要研究人类对有限资源的运用及筹划，以期在满足一定约束的条件下发挥有限资源的最大效益，达到总体最优的目标。运筹学最初由钱学森引入国内，最早用在优化航空、军工等领域。

运筹学究竟是什么？很难给出一个明确的定义，先给出一些描述：

- 运筹学是为决策机构在对其控制下的业务活动进行决策时提供以量化为基础的科学处理方法。
- 运筹学是一门应用科学，它广泛应用现有的科学技术知识和数学方法，解决实际中提出的专门问题，为决策者选择最优决策提供定量依据。
- 运筹学是一种给出问题坏的答案的艺术，否则问题的结果会更坏。

举一个例子：在日常生活中用到的导航软件中，从一地到另一地的最短路径问题就是一个典型的运筹学问题。该问题的目标是找到最短的驾驶路径（或驾驶时间最短的路径），约束条件往往有单行路段以及每条路段的限速等(都可以写成严格的数学表达式)。

从上面的描述可以体会到，运筹学的思想就是在对要研究的问题进行深入了解分析之后，对得到的结果运用相关的数学工具进行研究，从而提出有效的方案以解决问题。实质上，运筹学的基本目的是找到最优的方案、途径。但在实际中，由于问题的复杂性以及不确定因素的综合影响，往往只能获得满意的结果，而最优只能是一种理想追求。因此，运筹学目标的准确表述应该是通过研究使人们避开更坏的结果。

9.1 运筹学简介

9.1.1 运筹学的思想与内涵

运筹学的发展历程如图 9-1 所示。早期，运筹学的研究主要集中在军事领域。

在中国的春秋战国时期运用运筹学的思想夺得战争胜利的例子数不胜数。这反映出运筹学中的分析并研究优化方案的思想是自然、朴素的。人们常说“道高一尺,魔高一丈”,在竞争中,各方都运用这些思想解决问题时,就表现为在运筹学内涵的认识、研究和运用能力上的较量。

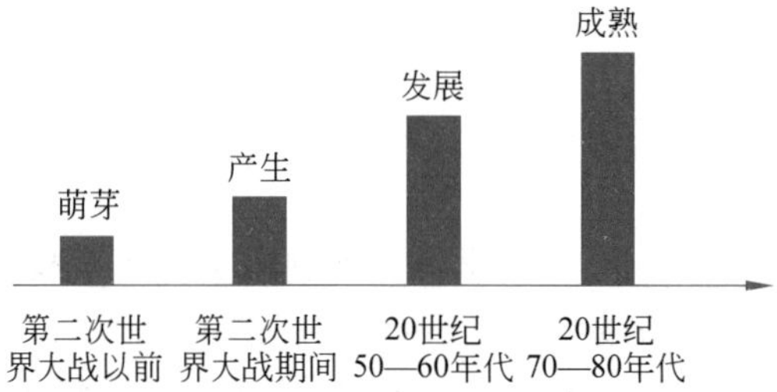

图 9-1

9.1.2 运筹学的特点与应用原则

1. 运筹学的特点

运筹学有以下特点:

(1) 引入数学方法解决实际问题:定性与定量方法结合。

(2) 系统与整体性:从全局考察问题。

(3) 应用性:源于实践、为了实践、服务于实践。

(4) 交叉学科:涉及经济、管理、数学、工程和系统等多学科。

(5) 开放性:不断产生新的问题和学科分支。

(6) 多分支:问题的复杂和多样性。

2. 运筹学的应用原则

运筹学的应用原则如下:

(1) 合伙原则:应善于同各有关人员合作。

(2) 催化原则:善于引导人们改变一些常规看法。

(3) 互相渗透原则:多部门彼此渗透地考虑问题。

(4) 独立原则:不应受某些特殊情况所左右。

(5) 宽容原则:思路宽、方法多,不局限在某一特定方法上。

(6) 平衡原则:考虑各种矛盾的平衡、关系的平衡。

9.1.3 运筹学解决问题的一般步骤

运筹学解决问题的过程可以归纳为以下 7 个步骤:

(1) 提出问题:确定目标、约束、决策变量和参数。

(2) 建立模型:表示变量、参数、目标之间的关系。

(3) 模型求解:运用数学方法及其他方法。

(4) 解的检验:制定检验准则,讨论解与现实的一致性。

(5) 灵敏性分析:分析参数扰动对解的影响情况。

(6) 解的实施:回到实践中解决问题。

（7）后评估：考察问题是否得到圆满解决。

9.1.4　运筹学的学科地位

运筹学并不是一门独立的学科，它与多个学科（如管理、经济等）之间有着紧密的联系。其学科地位如图 9-2 所示。

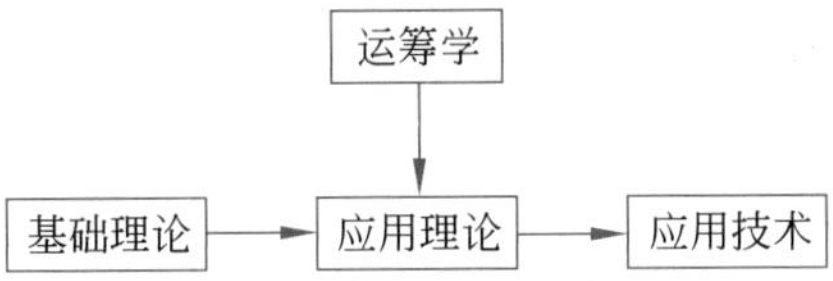

图　9-2

运筹学在不同学科中的地位是不同的：

- 运筹学在数学中的地位体现为运筹数学。
- 运筹学在系统科学中的地位体现为系统工程。
- 运筹学在管理科学中的地位体现为管理与运筹学。
- 运筹学与经济学的关系体现为问题与方法。
- 运筹学与工程科学的关系体现为方法与应用。
- 运筹学与计算机科学的关系体现为核心算法与工具。

……

9.1.5　最优化模型的构造思路及评价

1. 模型要素

最优化模型有以下 3 个要素：

（1）变量，为可控因素。

（2）目标，为优化的动力和依据。

（3）约束，为内部条件和外部约束。

2. 研究内容

运筹学的主要研究内容如图 9-3 所示。

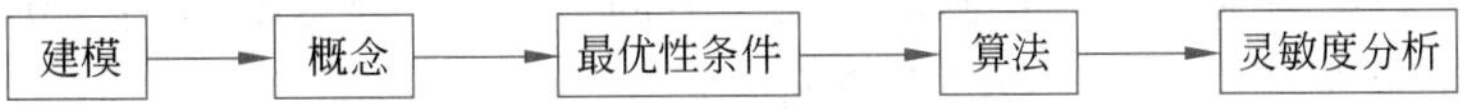

图　9-3

3. 模型的构造及评价

最优化模型的构造方法主要有以下几种：

- 直接分析法。
- 类比方法。
- 模拟方法。
- 数据分析法。
- 实验分析法。
- 构想法。

最优化模型评价包括易于理解、易于探查错误、易于计算等。

9.2 基本概念

9.2.1 向量和子空间投影定理

以下是与向量相关的几个重要概念：

- n 维欧几里得空间：$\mathbf{R}^n$。
- 点(向量)：$\boldsymbol{x}\in\mathbf{R}^n$，$\boldsymbol{x}=(x_1,x_2,\cdots,x_n)^{\mathrm{T}}$。
- 分量：$x_i\in\mathbf{R}$(实数集)。
- 方向(自由向量)：$\boldsymbol{d}\in\mathbf{R}^n$，$\boldsymbol{d}\neq\mathbf{0}$；$\boldsymbol{d}=(d_1,d_2,\cdots,d_n)^{\mathrm{T}}$ 表示从 0 指向 $\boldsymbol{d}$ 的方向，如图 9-4(左)所示。通常用 $\boldsymbol{x}+\lambda\boldsymbol{d}$ 表示从 $\boldsymbol{x}$ 点出发沿 $\boldsymbol{d}$ 方向移动 $\|\lambda\boldsymbol{d}\|$ 长度得到的点，如图 9-4(右)所示。

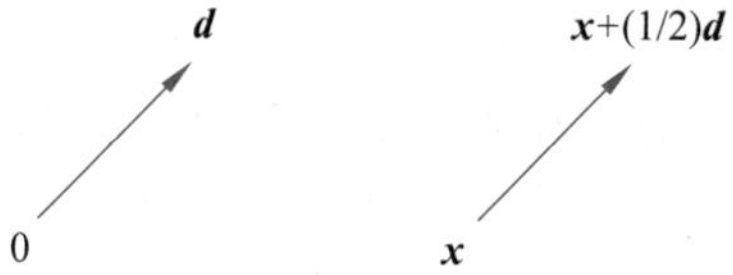

图 9-4

向量有以下几个重要运算：

- $\boldsymbol{x}$、$\boldsymbol{y}$ 的内积：$\boldsymbol{x}^{\mathrm{T}}\boldsymbol{y}=\sum_{i=1}^{n}x_iy_i=x_1y_1+x_2y_2+\cdots+x_ny_n$。
- $\boldsymbol{x}$、$\boldsymbol{y}$ 的距离：$\|\boldsymbol{x}-\boldsymbol{y}\|=[(\boldsymbol{x}-\boldsymbol{y})^{\mathrm{T}}(\boldsymbol{x}-\boldsymbol{y})]^{\frac{1}{2}}$
- $\boldsymbol{x}$ 的长度：$\|\boldsymbol{x}\|=[\boldsymbol{x}^{\mathrm{T}}\boldsymbol{x}]^{\frac{1}{2}}$。

向量的距离满足三角不等式：

$$\|\boldsymbol{x}-\boldsymbol{y}\|\leqslant\|\boldsymbol{x}\|+\|\boldsymbol{y}\|$$

设有点列 $\{\boldsymbol{x}^{(k)}\subset\mathbf{R}^n,\boldsymbol{x}\in\mathbf{R}^n\}$，点列 $\boldsymbol{x}^{(k)}$ 收敛到 $\boldsymbol{x}$ 记作

$$\lim_{k\to\infty}\boldsymbol{x}^{(k)}=\boldsymbol{x}\Leftrightarrow\lim_{k\to\infty}\|\boldsymbol{x}^{(k)}-\boldsymbol{x}\|=0\Leftrightarrow\lim_{k\to\infty}x_i^{(k)}=x_i,\ \forall x_i$$

定义 9-1 设 $\boldsymbol{d}^{(1)},\boldsymbol{d}^{(2)},\cdots,\boldsymbol{d}^{(m)}\in\mathbf{R}^n$，$\boldsymbol{d}^{(k)}\neq\mathbf{0}$，记

$$L(\boldsymbol{d}^{(1)},\boldsymbol{d}^{(2)},\cdots,\boldsymbol{d}^{(m)})=\left\{\boldsymbol{x}=\sum_{j=1}^{m}\alpha_j\boldsymbol{d}^{(j)}\ \middle|\ \alpha_j\in\mathbf{R}\right\}$$

为由 $\boldsymbol{d}^{(1)},\boldsymbol{d}^{(2)},\cdots,\boldsymbol{d}^{(m)}$ 生成的子空间，简记为 L。

定义 9-2 设 L 为 $\mathbf{R}^n$ 的子空间，其正交子空间为 $L^{\perp}=\{\boldsymbol{x}\in\mathbf{R}^n\mid\boldsymbol{x}^{\mathrm{T}}\boldsymbol{y}=0,\forall\boldsymbol{y}\in L\}$。特别地，$L=\mathbf{R}^n$ 时，正交子空间 $L^{\perp}=0$(零空间)。

定理 9-1 (子空间投影定理) 设 L 为 $\mathbf{R}^n$ 的子空间，那么 $\forall\boldsymbol{z}\in\mathbf{R}^n$，$\exists$ 唯一 $\boldsymbol{x}\in L$，$\boldsymbol{y}\in L^{\perp}$，使 $\boldsymbol{z}=\boldsymbol{x}+\boldsymbol{y}$，且 $\boldsymbol{x}$ 为问题

$$\begin{cases}\min\ \|\boldsymbol{z}-\boldsymbol{u}\|\\ \text{s.t. } \boldsymbol{u}\in L\end{cases}$$

的唯一解，最优值为 $\|\boldsymbol{y}\|$。

规定：$\boldsymbol{x},\boldsymbol{y}\in\mathbf{R}^n$，$\boldsymbol{x}\leqslant\boldsymbol{y}\Leftrightarrow x_i\leqslant y_i,\forall i$。

类似可规定 $\boldsymbol{x}\geqslant\boldsymbol{y}$、$\boldsymbol{x}=\boldsymbol{y}$、$\boldsymbol{x}<\boldsymbol{y}$、$\boldsymbol{x}>\boldsymbol{y}$ 的情况。

定理 9-2 设 $\boldsymbol{x}\in\mathbf{R}^n$，$\alpha\in\mathbf{R}$，$L$ 为 $\mathbf{R}^n$ 的线性子空间，

(1) 若 $\boldsymbol{x}^{\mathrm{T}}\boldsymbol{y}\leqslant\alpha,\forall\boldsymbol{y}\in\mathbf{R}^n$，且 $\boldsymbol{y}\geqslant\mathbf{0}$，则 $\boldsymbol{x}\leqslant\mathbf{0}$，$\alpha\geqslant0$。

(2) 若 $\boldsymbol{x}^{\mathrm{T}}\boldsymbol{y}\leqslant\alpha,\forall\boldsymbol{y}\in L\subseteq\mathbf{R}^n$，则 $\boldsymbol{x}\in L^{\perp}$，$\alpha\geqslant0$(特别地，$L=\mathbf{R}^n$ 时，$\boldsymbol{x}=\mathbf{0}$)。

证：设 $\boldsymbol{x}=(x_1,x_2,\cdots,x_n)^{\mathrm{T}}$，取 $\boldsymbol{y}=(0,0,\cdots,0)^{\mathrm{T}}$，则有 $\alpha\geqslant\boldsymbol{x}^{\mathrm{T}}\boldsymbol{y}=0$，又对 $i=1,2,\cdots,n$ 取 $\boldsymbol{y}_\lambda=(0,\cdots,\lambda,\cdots,0)^{\mathrm{T}}$，$\lambda\geqslant0$，得 $\lambda x_i=\boldsymbol{x}^{\mathrm{T}}\boldsymbol{y}_\lambda\leqslant\alpha$，由 $\lambda\geqslant0$ 的任意性知 $x_i\leqslant0$，$i=1,2,\cdots,n$。

同(1)，$\alpha\geqslant0$。由定理 9-1，设 $\boldsymbol{z}'\in L$，$\boldsymbol{z}''\in L^{\perp}$，使 $\boldsymbol{x}=\boldsymbol{z}'+\boldsymbol{z}''$，只需证明 $\boldsymbol{z}'=\boldsymbol{0}$。事实上，对 $\lambda\geqslant0$，取 $\boldsymbol{y}_\lambda=\lambda\boldsymbol{z}'$，则有 $\lambda\|\boldsymbol{z}'\|^2=\boldsymbol{x}^{\mathrm{T}}\boldsymbol{y}_\lambda\leqslant\alpha$。由 $\lambda>0$ 的任意性知 $\boldsymbol{z}'=\boldsymbol{0}$。

类似地，可以得到定理 9-1 的其他形式：

- 若 $\boldsymbol{x}^{\mathrm{T}}\boldsymbol{y}\leqslant\alpha$，$\forall\boldsymbol{y}\in\mathbf{R}^n$ 且 $\boldsymbol{y}\leqslant\boldsymbol{0}$，则 $\boldsymbol{x}\geqslant\boldsymbol{0}$，$\alpha\geqslant0$。
- 若 $\boldsymbol{x}^{\mathrm{T}}\boldsymbol{y}\geqslant\alpha$，$\forall\boldsymbol{y}\in\mathbf{R}^n$ 且 $\boldsymbol{y}\geqslant\boldsymbol{0}$，则 $\boldsymbol{x}\geqslant\boldsymbol{0}$，$\alpha\leqslant0$。
- 若 $\boldsymbol{x}^{\mathrm{T}}\boldsymbol{y}\geqslant\alpha$，$\forall\boldsymbol{y}\in\mathbf{R}^n$ 且 $\boldsymbol{y}\leqslant\boldsymbol{0}$，则 $\boldsymbol{x}\leqslant\boldsymbol{0}$，$\alpha\leqslant0$。
- 若 $\boldsymbol{x}^{\mathrm{T}}\boldsymbol{y}\geqslant\alpha$，$\forall\boldsymbol{y}\in\mathbf{R}^n$ 且 $\boldsymbol{y}\in L\subseteq\mathbf{R}^n$，则 $\boldsymbol{x}\in L^{\perp}$，$\alpha\leqslant0$。

9.2.2 多元函数及其偏导数

1. 多元函数

$$f(\boldsymbol{x}):\mathbf{R}^n\to\mathbf{R}$$

线性函数：

$$f(\boldsymbol{x})=\boldsymbol{c}^{\mathrm{T}}\boldsymbol{x}+\boldsymbol{b}=\sum c_ix_i+\boldsymbol{b}$$

二次函数：

$$f(\boldsymbol{x})=\frac{1}{2}\boldsymbol{x}^{\mathrm{T}}\boldsymbol{Q}\boldsymbol{x}+\boldsymbol{c}^{\mathrm{T}}\boldsymbol{x}+\boldsymbol{b}=\frac{1}{2}\sum_i\sum_j a_{ij}x_ix_j+\sum c_ix_i+\boldsymbol{b}$$

向量线性函数：

$$F(\boldsymbol{x})=\boldsymbol{A}\boldsymbol{x}+\boldsymbol{b}\in\mathbf{R}^m$$

其中，$\boldsymbol{A}$ 为 $m\times n$ 矩阵，$\boldsymbol{b}$ 为 m 维向量

$$F(\boldsymbol{x})=(f_1(\boldsymbol{x}),f_2(\boldsymbol{x}),\cdots,f_m(\boldsymbol{x}))^{\mathrm{T}}:\mathbf{R}^n\to\mathbf{R}^m$$

记 $\boldsymbol{a}_i^{\mathrm{T}}$ 为 $\boldsymbol{A}$ 的第 i 行向量，则

$$f_i(\boldsymbol{x})=\boldsymbol{a}_i^{\mathrm{T}}\boldsymbol{x}+\boldsymbol{d}_i:\mathbf{R}^n\to\mathbf{R}$$

同样可以定义一般的多元函数和向量值函数及其可微性。

2. 偏导数

1）梯度(一阶偏导数向量)

$$\nabla f(\boldsymbol{x})=\left(\frac{\partial f}{\partial x_1},\frac{\partial f}{\partial x_2},\cdots,\frac{\partial f}{\partial x_n}\right)^{\mathrm{T}}\in\mathbf{R}^n$$

线性函数：

$$f(\boldsymbol{x})=\boldsymbol{c}^{\mathrm{T}}\boldsymbol{x}+\boldsymbol{b},\nabla f(\boldsymbol{x})=\boldsymbol{c}$$

二次函数：

$$f(\boldsymbol{x})=\frac{1}{2}\boldsymbol{x}^{\mathrm{T}}\boldsymbol{Q}\boldsymbol{x}+\boldsymbol{c}^{\mathrm{T}}\boldsymbol{x}+\boldsymbol{b},\nabla f(\boldsymbol{x})=\boldsymbol{Q}\boldsymbol{x}+\boldsymbol{c}$$

向量值线性函数：

$$F(\boldsymbol{x})=\boldsymbol{A}\boldsymbol{x}+\boldsymbol{b}\in\mathbf{R}^m$$

偏导矩阵：

$$F'(\boldsymbol{x})=\frac{\partial f}{\partial \boldsymbol{x}}=(\nabla f_1(\boldsymbol{x}),\nabla f_2(\boldsymbol{x}),\cdots,\nabla f_m(\boldsymbol{x}))=\boldsymbol{A}^{\mathrm{T}}$$

对一般的向量值函数:

$$F(\boldsymbol{x})=(f_1(\boldsymbol{x}),f_2(\boldsymbol{x}),\cdots,f_m(\boldsymbol{x}))^{\mathrm{T}}$$

可定义其可微性和偏导矩阵:

$$F'(\boldsymbol{x})=(\nabla f_1(\boldsymbol{x}),\nabla f_2(\boldsymbol{x}),\cdots,\nabla f_m(\boldsymbol{x}))$$

2) 黑塞矩阵(二阶偏导数矩阵)

黑塞(Hesse)矩阵如下:

$$\nabla^2 f(\boldsymbol{x})=\begin{bmatrix}\dfrac{\partial^2 f}{\partial x_1^2} & \dfrac{\partial^2 f}{\partial x_2 x_1} & \cdots & \dfrac{\partial^2 f}{\partial x_n x_1}\\ \dfrac{\partial^2 f}{\partial x_1 x_2} & \dfrac{\partial^2 f}{\partial x_2 x_2} & \cdots & \dfrac{\partial^2 f}{\partial x_n x_2}\\ \vdots & \vdots & \ddots & \vdots\\ \dfrac{\partial^2 f}{\partial x_1 x_n} & \dfrac{\partial^2 f}{\partial x_2 x_n} & \cdots & \dfrac{\partial^2 f}{\partial x_n^2}\end{bmatrix} \tag{9-1}$$

线性函数:

$$f(\boldsymbol{x})=\boldsymbol{c}^{\mathrm{T}}\boldsymbol{x}+\boldsymbol{b},\nabla^2 f(\boldsymbol{x})=0$$

二次函数:

$$f(\boldsymbol{x})=\frac{1}{2}\boldsymbol{x}^{\mathrm{T}}\boldsymbol{Q}\boldsymbol{x}+\boldsymbol{c}^{\mathrm{T}}\boldsymbol{x}+\boldsymbol{b},\nabla^2 f(\boldsymbol{x})=\boldsymbol{Q}$$

3. 多元函数的泰勒展开式及中值公式

设 $f(\boldsymbol{x})$: $\mathbf{R}^n\to\mathbf{R}$ 二阶可导,在 $\boldsymbol{x}^*$ 的邻域内;

一阶泰勒展开式:

$$f(\boldsymbol{x})=f(\boldsymbol{x}^*)+\nabla f^{\mathrm{T}}(\boldsymbol{x}^*)(\boldsymbol{x}-\boldsymbol{x}^*)+o\,\|\boldsymbol{x}-\boldsymbol{x}^*\| \tag{9-2}$$

二阶泰勒展开式:

$$f(\boldsymbol{x})=f(\boldsymbol{x}^*)+\nabla f^{\mathrm{T}}(\boldsymbol{x})(\boldsymbol{x}-\boldsymbol{x}^*)+\frac{1}{2}(\boldsymbol{x}-\boldsymbol{x}^*)^{\mathrm{T}}\nabla^2 f(\boldsymbol{x}^*)(\boldsymbol{x}-\boldsymbol{x}^*)+o\,\|\boldsymbol{x}-\boldsymbol{x}^*\|^2 \tag{9-3}$$

一阶中值公式:

$$f(\boldsymbol{x})=f(\boldsymbol{x}^*)+[\nabla f(\boldsymbol{x}^*)+\lambda(\boldsymbol{x}-\boldsymbol{x}^*)]^{\mathrm{T}}(\boldsymbol{x}-\boldsymbol{x}^*) \tag{9-4}$$

二阶中值公式。对 $\boldsymbol{x}$,$\exists\mu\in(0,1)$,记 $\boldsymbol{x}_\mu=\boldsymbol{x}^*+\mu(\boldsymbol{x}-\boldsymbol{x}^*)$,则

$$f(\boldsymbol{x})=f(\boldsymbol{x}^*)+\nabla f^{\mathrm{T}}(\boldsymbol{x})(\boldsymbol{x}-\boldsymbol{x}^*)+\frac{1}{2}(\boldsymbol{x}-\boldsymbol{x}^*)^{\mathrm{T}}\nabla^2 f(\boldsymbol{x}_\mu)(\boldsymbol{x}-\boldsymbol{x}^*) \tag{9-5}$$

9.3 小　　结

本章首先介绍了运筹学的基本思想、特点以及应用,随后介绍了几个基本概念,如向量和子空间投影定理、多元函数及其偏导数。通过本章的学习,应该对运筹学这个学科有大体的了解。

9.4 习　　题

1. 运筹学的基本思想是什么？

2. 运筹学都有哪些特点以及应用原则？

3. 运筹学研究的工作步骤可以归纳为哪几步？

4. 运筹学和哪些学科有关联？运筹学在这些学科中充当什么样的角色？

5. 设 $z=e^u\sin v$，$u=xy$，$v=x+y$，求$\frac{\partial z}{\partial x}$和$\frac{\partial z}{\partial y}$。

6. $f(x)$在$[0,1]$二阶可导，且$|f(x)|\leqslant M$，$|f''(x)|\leqslant N$，证明：对$\forall x\in(0,1)$，$|f'(x)|\leqslant 2M+\frac{N}{2}$。

第10章

数学规划

10.1 线性规划

10.1.1 线性规划问题及其模型

线性规划模型是运筹学中应用最广泛的模型之一，它的应用遍布各个科学领域，如管理、经济等，在人工智能领域应用也较为广泛，能让计算机在一个问题的所有限制或约束条件中找到最好、最经济的解决办法。为了方便大家理解线性规划模型，下面举两个建立线性规划模型的简单例子。

例 10-1 某工厂拥有 A、B、C 3 种类型的设备，生产甲、乙两种产品。每件产品在生产中需要的设备机时、每件产品可以获得的利润以及 3 种设备可用机时如表 10-1 所示。

表 10-1

设备	每件产品需要的设备机时/小时		设备可用机时/小时
	产品甲	产品乙	
设备 A	3	2	65
设备 B	2	1	40
设备 C	0	3	75
利润/(元/件)	1500	3500	

问题：工厂如何安排生产可获得最大总利润？

解：设变量 x_i 为第 i 种(甲、乙)产品的生产件数($i=1,2$)。

根据题意，两种产品的生产受到设备可用机时的限制。对设备 A，两种产品生产所占用的机时不能超过 65，于是有不等式

$$3x_1+2x_2\leqslant 65$$

同理，对设备 B 和 C，有不等式

$$2x_1+x_2\leqslant 40$$

$$3x_2\leqslant 75$$

另外，产品数不为负，即 $x_1,x_2\geqslant 0$。

问题追求的目标是获取最大利润。于是可写出目标函数 z 为相应的生产计

划可以获得的总利润：

$$\max z=1500x_1+3500x_2$$

综上所述，可建立如下的线性规划模型：

目标函数：

$$\max z=1500x_1+3500x_2$$

约束条件：

$$\text{s.t.}\begin{cases}3x_1+2x_2\leqslant 65\\2x_1+x_2\leqslant 40\\3x_2\leqslant 75\\x_1,x_2\geqslant 0\end{cases}$$

这是一个典型的利润最大化的生产计划问题。其中，Max 是英文单词 Maximize 的缩写，含义为“最大化”；s.t.是 subject to 的缩写，表示“满足于……”。因此，上述模型的含义是：在给定条件限制下，求使目标函数 z 达到最大的 x_1、x_2 的取值。

例 10-2　运输问题。

一个制造厂要把若干单位的产品从两个仓库 $A_i(i=1,2)$ 发送到零售点 $B_j(j=1,2,3,4)$。仓库 A_i 能够提供的产品数量为 $a_i(i=1,2)$，零售点 B_j 所需的产品数量为 $b_j(j=1,2,3,4)$。假设供给总量和需求总量相等，且已知从仓库 A_i 运一个单位产品到 B_j 的运价为 c_{ij}。应如何组织运输才能使总运费最小？

首先分析问题。

- 可控因素：从仓库 A_i 运往 B_j 的产品数量设为 $x_{ij},i=1,2,j=1,2,3,4$。
- 目标：总运费最小。
- 费用函数：$\sum_{i=1}^{2}\sum_{j=1}^{4}c_{ij}x_{ij}$。
- 受控条件：从仓库运出总量（总供给量）不超过可提供的总量，运入零售点的总量不低于总需求量。由于总供给量等于总需求量，所以都是等号，即

$$x_{i1}+x_{i2}+x_{i3}+x_{i4}=a_i,i=1,2$$

$$x_{1j}+x_{2j}=b_j,j=1,2,3,4$$

- 蕴含条件：数量非负，即 $x_{ij}\geqslant 0,i=1,2,j=1,2,3,4$。

综上所述，可建立以下模型：

$$\min\sum_{i=1}^{2}\sum_{j=1}^{4}c_{ij}x_{ij}$$

$$\text{s.t.}\begin{cases}x_{i1}+x_{i2}+x_{i3}+x_{i4}=a_i,i=1,2\\x_{1j}+x_{2j}=b_j,j=1,2,3,4\\x_{ij}\geqslant 0,i=1,2,j=1,2,3,4\end{cases}$$

因此，可以得到线性规划问题的以下模型。

(1) 一般形式：

- 目标函数：

$$\max(\min)z=c_1x_1+c_2x_2+\cdots+c_nx_n$$

- 约束条件：

$$\text{s.t.}\begin{cases}a_{11}x_1+a_{12}x_2+\cdots+a_{1n}x_n\leqslant(=,\geqslant)b_1\\a_{21}x_1+a_{22}x_2+\cdots+a_{2n}x_n\leqslant(=,\geqslant)b_2\\\qquad\vdots\\a_{m1}x_1+a_{m2}x_2+\cdots+a_{mn}x_n\leqslant(=,\geqslant)b_m\\x_1,x_2,\cdots,x_n\geqslant(=,\leqslant)0\end{cases}$$

(2) 标准形式:

- 目标函数: $\max z=c_1x_1+c_2x_2+\cdots+c_nx_n$
- 约束条件:

$$\text{s.t.}\begin{cases}a_{11}x_1+a_{12}x_2+\cdots+a_{1n}x_n=b_1\geqslant 0\\ a_{21}x_1+a_{22}x_2+\cdots+a_{2n}x_n=b_2\geqslant 0\\ \qquad\vdots\\ a_{m1}x_1+a_{m2}x_2+\cdots+a_{mn}x_n=b_m\geqslant 0\\ x_1,x_2,\cdots,x_n\geqslant 0\end{cases}$$

线性规划问题解决方法

对于各种非标准形式的线性规划问题,总可以通过变换将其转化为标准形式。

(1) 极小化目标函数问题。

设目标函数为 $\min f=c_1x_1+c_2x_2+\cdots+c_nx_n$,则可以令 $z=-f$,则极小化问题与下面的极大化问题有相同的最优解:

$$\max z=-c_1x_1-c_2x_2-\cdots-c_nx_n$$

必须注意,尽管以上两个问题的最优解相同,但它们最优解的目标函数值却相差一个符号,即 $\min f=-\max z$。

(2) 约束条件不是等式的问题。

当约束条件为 $a_{i1}x_1+a_{i2}x_2+\cdots+a_{in}x_n\leqslant b_i$ 时,可以引进一个新的变量 $s\geqslant 0$:

$$s=b_i-(a_{i1}x_1+a_{i2}x_2+\cdots+a_{in}x_n)$$

这时约束条件变为

$$a_{i1}x_1+a_{i2}x_2+\cdots+a_{in}x_n+s=b_i$$

当约束条件为 $a_{i1}x_1+a_{i2}x_2+\cdots+a_{in}x_n\geqslant b_i$ 时,类似地令

$$s=(a_{i1}x_1+a_{i2}x_2+\cdots+a_{in}x_n)-b_i\geqslant 0$$

这时约束条件变为

$$a_{i1}x_1+a_{i2}x_2+\cdots+a_{in}x_n-s=b_i$$

如上的变量 s 统称为松弛变量。

(3) 变量不满足非负限制的问题。

在标准形式中,必须每一个变量均有非负约束。

当某个变量 x_j 没有非负约束时,可以令 $x_j=x_j'-x_j''$,其中 $x_j'\geqslant 0,x_j''\geqslant 0$。

当某个变量 $x_j\leqslant 0$ 时,令 $x_j'=-x_j$,则 $x_j'\geqslant 0$。

(4) 右端项有负值的问题。

在标准形式中,要求右端项必须每一个分量非负。当某个右端项系数为负时,如 $b_i<0$,则把该等式约束两端同时乘以-1,得到

$$-a_{i1}x_1-a_{i2}x_2-\cdots-a_{in}x_n=-b_i$$

除此之外,线性规划问题的模型可以以矩阵的形式表示。

线性规划的标准形式为

$$\max \boldsymbol{c}^{\mathrm{T}}\boldsymbol{x}$$

$$\text{s.t.}\begin{cases}\boldsymbol{A}\boldsymbol{x}=\boldsymbol{b}\\ \boldsymbol{x}\geqslant 0\end{cases}\tag{10-1}$$

其中,$\boldsymbol{c},\boldsymbol{x}\in\mathbf{R}^n,\boldsymbol{b}\in\mathbf{R}^m,\boldsymbol{b}\geqslant 0$;$\boldsymbol{A}$ 为 $m\times n$ 矩阵。

线性规划的规范形式为

$$\max \ \boldsymbol{c}^{\mathrm{T}}\boldsymbol{x}$$
$$\text{s.t.}\begin{cases}\boldsymbol{A}\boldsymbol{x} \leqslant \boldsymbol{b} \\ \boldsymbol{x} \geqslant 0\end{cases} \tag{10-2}$$

其中，$\boldsymbol{c},\boldsymbol{x} \in \mathbf{R}^n$，$\boldsymbol{b} \in \mathbf{R}^m$；$\boldsymbol{A}$ 为 $m \times n$ 矩阵。

例 10-3　将以下线性规划问题转化为标准形式。

$$\min f = 7.2x_1 - 2.6x_2 + 1.2x_3$$
$$\text{s.t.}\begin{cases}1.2x_1 + 2.3x_2 - 6.1x_3 \leqslant 15.7 \\ 4.1x_1 + 3.3x_3 \geqslant 8.9 \\ x_1 + x_2 + x_3 = 38 \\ x_1, x_2, x_3 \geqslant 0\end{cases}$$

解：首先，将目标函数转化成极大化。令

$$z = -f = -7.2x_1 + 2.6x_2 - 1.2x_3$$

其次，对两个不等式约束引进松弛变量 $x_4, x_5 \geqslant 0$。

可以得到以下标准形式的线性规划问题：

$$\max f = -7.2x_1 + 2.6x_2 - 1.2x_3$$
$$\text{s.t.}\begin{cases}1.2x_1 + 2.3x_2 - 6.1x_3 + x_4 = 15.7 \\ 4.1x_1 + 3.3x_3 - x_5 = 8.9 \\ x_1 + x_2 + x_3 = 38 \\ x_1, x_2, x_3, x_4, x_5 \geqslant 0\end{cases}$$

例 10-4　将以下线性规划问题转化为标准形式。

$$\min f = -x_1 + 10x_2 - 4x_3$$
$$\text{s.t.}\begin{cases}3x_1 + 2x_2 - 4x_3 \leqslant 6 \\ 2x_1 - 3x_2 + x_3 \geqslant 5 \\ x_1 + x_2 + x_3 = 9 \\ x_1, x_2 \geqslant 0\end{cases}$$

解：首先，将目标函数转化成极大化。令

$$z = -f = x_1 - 10x_2 + 4x_3$$

其次，对两个不等式约束引进松弛变量 $x_4, x_5 \geqslant 0$。

由于 x_3 无非负约束，可令 $x_3 = x_3' - x_3''$，其中 $x_3' \geqslant 0, x_3'' \geqslant 0$。

于是，可以得到以下标准形式的线性规划问题：

$$\max z = x_1 - 10x_2 + 4x_3' - 4x_3''$$
$$\text{s.t.}\begin{cases}3x_1 + 2x_2 - 4x_3' + 4x_3'' + x_4 = 6 \\ 2x_1 - 3x_2 + x_3' - x_3'' - x_5 = 5 \\ x_1 + x_2 + x_3' - x_3' = 9 \\ x_1, x_2, x_3', x_3'', x_4, x_5 \geqslant 0\end{cases}$$

10.1.2　线性规划的单纯形法

线性规划的单纯形法基本概念

1. 基本概念

1）解的概念

基本假设：约束方程组的秩[即 $\boldsymbol{A} = (\boldsymbol{P}_1, \boldsymbol{P}_2, \cdots, \boldsymbol{P}_n)$ 的秩]为 m（设标准形有 n 个变量

和 m 个约束方程组)。

2) 基与基变量

$\boldsymbol{A}$ 中线性无关的 m 列构成该标准形的一个基,即 $\boldsymbol{B}=[\boldsymbol{P}_{1'} \quad \boldsymbol{P}_{2'} \quad \cdots \quad \boldsymbol{P}_{m'}]$,$|\boldsymbol{B}|\neq 0$,称为基向量;与基向量对应的变量称为基变量,记为 $\boldsymbol{x}_{\boldsymbol{B}}=[\boldsymbol{x}_{1'} \quad \boldsymbol{x}_{2'} \quad \cdots \quad \boldsymbol{x}_{m'}]^{\mathrm{T}}$;其余的变量称为非基变量,记为 $\boldsymbol{x}_{\boldsymbol{N}}=[\boldsymbol{x}_{m+1'} \quad \boldsymbol{x}_{m+2'} \quad \cdots \quad \boldsymbol{x}_{n'}]^{\mathrm{T}}$。故有 $\boldsymbol{x}\cong[\boldsymbol{x}_{\boldsymbol{B}}^{\mathrm{T}} \quad \boldsymbol{x}_{\boldsymbol{N}}^{\mathrm{T}}]^{\mathrm{T}}$,最多有 C_n^m 个基。

3) 可行解与非可行解

满足约束条件和非负条件的解 $\boldsymbol{x}$ 称为可行解,满足约束条件但不满足非负条件的解 $\boldsymbol{x}$ 称为非可行解。

4) 基础解

令非基变量 $\boldsymbol{x}_{\boldsymbol{N}}=\boldsymbol{0}$,代入约束方程组求得基变量 $\boldsymbol{x}_{\boldsymbol{B}}$ 的值,称($\boldsymbol{x}_{\boldsymbol{B}} \quad \boldsymbol{x}_{\boldsymbol{N}}$)(简记为 $\boldsymbol{x}_{\boldsymbol{B}}$)为基础解,即 $\boldsymbol{x}_{\boldsymbol{B}}=\boldsymbol{B}^{-1}\boldsymbol{b}$。

$\boldsymbol{x}$ 是基础解的必要条件为 $\boldsymbol{x}$ 的非零分量个数不大于 m。基础解不一定是可行解。

5) 基础可行解

基础解 $\boldsymbol{x}_{\boldsymbol{B}}$ 的非零分量都不小于 0 时称为基础可行解,否则为基础非可行解。

基础可行解的非零分量个数小于 m 时称为退化解。

6) 线性规划标准形问题解的关系

线性规划标准形问题解的关系如图 10-1 所示。

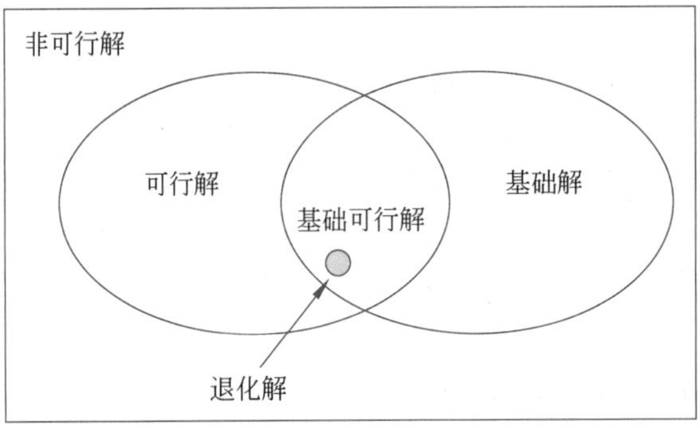

图 10-1

结论:$\boldsymbol{x}\in S$ 是基础可行解的充分必要条件为 $\boldsymbol{x}$ 是 S 的极点。

定理 10-1 线性规划问题的基础可行解对应于可行域的顶点。

定理 10-2 考虑线性规划问题及上述非空的多面体 S,设 $\boldsymbol{A}$ 满秩,$\boldsymbol{x}^{(1)},\boldsymbol{x}^{(2)},\cdots,\boldsymbol{x}^{(k)}$ 为 S 的所有极点,$\boldsymbol{d}^{(1)},\boldsymbol{d}^{(2)},\cdots,\boldsymbol{d}^{(l)}$ 为 S 的所有极方向。那么

(1) 线性规划问题存在有限最优解 $\Leftrightarrow \boldsymbol{c}^{\mathrm{T}}\boldsymbol{d}^{(j)}\leqslant\boldsymbol{0},\forall j$。

(2) 若线性规划问题存在有限最优解,则最优解可以在某个极点达到。

定理 10-3 考虑线性规划问题,条件同上,设 $\boldsymbol{x}^*$ 为极点。存在分解 $\boldsymbol{A}=[\boldsymbol{B} \quad \boldsymbol{N}]$,其中 $\boldsymbol{B}$ 为 m 阶非奇异矩阵,$\boldsymbol{x}^{*\mathrm{T}}=[\boldsymbol{x}_{\boldsymbol{B}}^{*\mathrm{T}} \quad \boldsymbol{x}_{\boldsymbol{N}}^{*\mathrm{T}}]$,使 $\boldsymbol{x}_{\boldsymbol{B}}^{*\mathrm{T}}=\boldsymbol{B}^{-1}\boldsymbol{b}\geqslant 0$,$\boldsymbol{x}_{\boldsymbol{N}}^{*\mathrm{T}}=\boldsymbol{0}$;相应地,$\boldsymbol{c}^{\mathrm{T}}=[\boldsymbol{c}_{\boldsymbol{B}}^{\mathrm{T}} \quad \boldsymbol{c}_{\boldsymbol{N}}^{\mathrm{T}}]$。那么

(1) 若 $\boldsymbol{c}_{\boldsymbol{N}}^{\mathrm{T}}-\boldsymbol{c}_{\boldsymbol{B}}^{\mathrm{T}}\boldsymbol{B}^{-1}\boldsymbol{N}\leqslant\boldsymbol{0}$,则 $\boldsymbol{x}^*$ 为最优解。

(2) 若 $\boldsymbol{c}_j-\boldsymbol{c}_{\boldsymbol{B}}^{\mathrm{T}}\boldsymbol{B}^{-1}\boldsymbol{p}_j>\boldsymbol{0}$,且 $\boldsymbol{B}^{-1}\boldsymbol{p}_j\leqslant\boldsymbol{0}$,则线性规划问题无有界解。

2. 表格单纯形法

在介绍表格单纯形法之前,首先看一下单纯形法的基本原理。设有以下线性规划问题:

$$\max \ \boldsymbol{c}^{\mathrm{T}}\boldsymbol{x}$$
$$\text{s.t.}\begin{cases}\boldsymbol{A}\boldsymbol{x}=\boldsymbol{b}\\ \boldsymbol{x}\geqslant \boldsymbol{0}\end{cases}$$

其中，$\boldsymbol{c},\boldsymbol{x}\in\mathbf{R}^n$，$\boldsymbol{b}\in\mathbf{R}^m$，$\boldsymbol{b}\geqslant\boldsymbol{0}$；$\boldsymbol{A}$ 是 $m\times n$ 矩阵，$r(\boldsymbol{A})=m$。

设 $\boldsymbol{x}^{(k)}$ 为极点，对应分解 $\boldsymbol{A}=[\boldsymbol{B}\quad\boldsymbol{N}]$，使 $\boldsymbol{x}^{(k)\mathrm{T}}=[\boldsymbol{x}_B^{\mathrm{T}}\quad\boldsymbol{x}_N^{\mathrm{T}}]$，这里 $\boldsymbol{x}_B=\boldsymbol{B}^{-1}\boldsymbol{b}\geqslant\boldsymbol{0}$，$\boldsymbol{x}_N=\boldsymbol{0}$；相应地 $\boldsymbol{c}^{\mathrm{T}}=[\boldsymbol{c}_B^{\mathrm{T}}\quad\boldsymbol{c}_N^{\mathrm{T}}]$。那么

(1) 若 $\boldsymbol{c}_N^{\mathrm{T}}-\boldsymbol{c}_B^{\mathrm{T}}\boldsymbol{B}^{-1}\boldsymbol{N}\leqslant\boldsymbol{0}$，则 $\boldsymbol{x}^{(k)}$ 是最优解，停机。

(2) 否则，存在 $\boldsymbol{c}_j-\boldsymbol{c}_B^{\mathrm{T}}\boldsymbol{B}^{-1}\boldsymbol{p}_j>\boldsymbol{0}$。

① 若 $\boldsymbol{B}^{-1}\boldsymbol{p}_j\leqslant\boldsymbol{0}$，则线性规划问题无有界解，停机。

② 若存在 $(\boldsymbol{B}^{-1}\boldsymbol{p}_j)_i>\boldsymbol{0}$。

取 $\alpha=\min\{(\boldsymbol{B}^{-1}\boldsymbol{b})_i/(\boldsymbol{B}^{-1}\boldsymbol{p}_j)_i\mid(\boldsymbol{B}^{-1}\boldsymbol{p}_j)_i>0\}=(\boldsymbol{B}^{-1}\boldsymbol{b})_r/(\boldsymbol{B}^{-1}\boldsymbol{p}_j)_r\geqslant\boldsymbol{0}$，得到 $\boldsymbol{x}^{(k+1)}=\boldsymbol{x}^{(k)}+\alpha\boldsymbol{d}$ 是极点（沿极方向得到），其中 $\boldsymbol{d}^{\mathrm{T}}=[\boldsymbol{d}_B^{\mathrm{T}}\quad\boldsymbol{d}_N^{\mathrm{T}}]$。

这里，$\boldsymbol{d}_B=-\boldsymbol{B}^{-1}\boldsymbol{p}_j$，$\boldsymbol{d}_N=[0\quad\cdots\quad1\quad\cdots\quad0]^{\mathrm{T}}$，有

$$\boldsymbol{c}^{\mathrm{T}}\boldsymbol{x}^{(k+1)}=\boldsymbol{c}^{\mathrm{T}}\boldsymbol{x}^{(k)}+\alpha\boldsymbol{c}^{\mathrm{T}}\boldsymbol{d}=\boldsymbol{c}^{\mathrm{T}}\boldsymbol{x}^{(k)}+\alpha(\boldsymbol{c}_j-\boldsymbol{c}_B^{\mathrm{T}}\boldsymbol{B}^{-1}\boldsymbol{p}_j)\geqslant\boldsymbol{c}^{\mathrm{T}}\boldsymbol{x}^{(k)}$$

所以，$\boldsymbol{x}^{(k+1)}$ 不比 $\boldsymbol{x}^{(k)}$ 差。

重复这个过程，直到停机。

根据以上讨论，单纯形法的基本过程如图 10-2 所示。

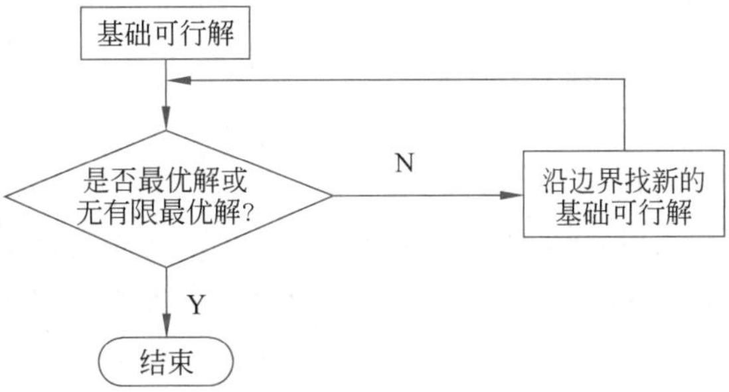

图　10-2

为了便于计算，构造用矩阵、向量表示的单纯形表。设 $\boldsymbol{x}$ 为初始极点，相应地分解 $\boldsymbol{A}=[\boldsymbol{B}\quad\boldsymbol{N}]$，如表 10-2 所示。

表　10-2

行	f	$\boldsymbol{x}_B^{\mathrm{T}}$	$\boldsymbol{x}_N^{\mathrm{T}}$	RHS	行数
目标行	1	$\boldsymbol{c}_B^{\mathrm{T}}$	$\boldsymbol{c}_N^{\mathrm{T}}$	0	1
约束行	0	$\boldsymbol{B}$	$\boldsymbol{N}$	$\boldsymbol{b}$	m
列数	1	m	$n-m$	1	

将前 $m+1$ 列对应的 $m+1$ 阶方阵变为单位方阵，相当于该表左乘

$$\begin{bmatrix}1 & \boldsymbol{c}_B^{\mathrm{T}}\\ 0 & \boldsymbol{B}\end{bmatrix}^{-1}=\begin{bmatrix}1 & -\boldsymbol{c}_B^{\mathrm{T}}\boldsymbol{B}^{-1}\\ 0 & \boldsymbol{B}^{-1}\end{bmatrix}$$

经上述变换后得到表 10-3。

表 10-3

行/矩阵	f	$\boldsymbol{x}_B^{\mathrm{T}}$	$\boldsymbol{x}_N^{\mathrm{T}}$	RHS	行数
目标行	1	$\boldsymbol{0}^{\mathrm{T}}$	$\boldsymbol{c}_N^{\mathrm{T}}-\boldsymbol{c}_B^{\mathrm{T}}\boldsymbol{B}^{-1}\boldsymbol{N}$	$\boldsymbol{c}_B^{\mathrm{T}}\boldsymbol{B}^{-1}\boldsymbol{b}$	1
$\boldsymbol{x}_B$	0	$\boldsymbol{I}$	$\boldsymbol{B}^{-1}\boldsymbol{N}$	$\boldsymbol{B}^{-1}\boldsymbol{b}$	m
列数	1	m	$n-m$	1	

为了计算方便,对规范形式建立如下单纯形表(引入了 m 个松弛变量)。考虑 $b_i \geqslant 0$,$i=1,2,\cdots,m$:

$$\max z = c_1x_1 + c_2x_2 + \cdots + c_nx_n$$

$$\text{s.t.}\begin{cases} a_{11}x_1 + a_{12}x_2 + \cdots + a_{1n}x_n \leqslant b_1 \\ a_{21}x_1 + a_{22}x_2 + \cdots + a_{2n}x_n \leqslant b_2 \\ \quad\vdots \\ a_{m1}x_1 + a_{m2}x_2 + \cdots + a_{mn}x_n \leqslant b_m \\ x_1, x_2, \cdots, x_n \geqslant 0 \end{cases} \tag{10-3}$$

加入松弛变量:

$$\max z = c_1x_1 + c_2x_2 + \cdots + c_nx_n$$

$$\text{s.t.}\begin{cases} a_{11}x_1 + a_{12}x_2 + \cdots + a_{1n}x_n + x_{n+1} = b_1 \\ a_{21}x_1 + a_{22}x_2 + \cdots + a_{2n}x_n + x_{n+2} = b_2 \\ \quad\vdots \\ a_{m1}x_1 + a_{m2}x_2 + \cdots + a_{mn}x_n + x_{n+m} = b_m \\ x_1, \cdots, x_n, x_{n+1}, \cdots, x_{n+m} \geqslant 0 \end{cases} \tag{10-4}$$

显然,$x_j=0, j=1,2,\cdots,n; x_{n+i}=b_i, i=1,2,\cdots,m$ 是基本可行解,对应的基是单位矩阵。

初始单纯形表如表 10-4 所示。

表 10-4

$\boldsymbol{C}_B$	$\boldsymbol{X}_B$	$\boldsymbol{b}_i$	$\boldsymbol{c}_1$	…	$\boldsymbol{c}_n$	$\boldsymbol{c}_{n+1}$	…	$\boldsymbol{c}_{n+m}$	$\boldsymbol{\theta}_i$
			$\boldsymbol{x}_1$	…	$\boldsymbol{x}_n$	$\boldsymbol{x}_{n+1}$	…	$\boldsymbol{x}_{n+m}$	
c_{n+1}	x_{n+1}	b_1	a_{11}	…	a_{1n}	$a_{1\,n+1}$	…	$a_{1\,n+m}$	θ_1
c_{n+2}	x_{n+2}	b_2	a_{21}	…	a_{2n}	$a_{2\,n+1}$	…	$a_{2\,n+m}$	θ_2
⋮	⋮	⋮	⋮	⋮	⋮	⋮	⋮	⋮	⋮
c_{n+m}	x_{n+m}	b_m	a_{m1}	…	a_{mn}	$a_{m\,n+1}$	…	$a_{m\,n+m}$	θ_m
$-z$		f	σ_1	…	σ_n	0	…	0	

其中,$f=-\sum_{i=1}^{m} c_{n+i}b_i$,$\sigma_j = c_j - \sum_{i=1}^{m} c_{n+i}a_{ij}$ 为检验数,$c_{n+i}=0$,$a_{n+i,i}=1$,$a_{n+i,j}=0(j \neq i)$,i,$j=1,2,\cdots,m$。

根据以上讨论,可以将标准形式的表格单纯形法基本步骤总结为以下 6 步:

(1) 找初始可行基。在系数矩阵中找出 m 阶单位子矩阵。对于(max,≤),松弛变量对应的列构成一个单位矩阵;其他情况需要用人工变量法构造单位子矩阵。

(2) 检验当前基可行解是否为最优解。用算法形式表示如下:

IF　所有检验数 $\sigma_j \leqslant 0$

THEN　得最优解,退出

ELSE IF 存在 $\sigma_j > 0$ 且对应的系数列向量 $\boldsymbol{P}_j \leqslant \boldsymbol{0}$

　　THEN　此问题没有最优解,停止运算

　　ELSE 进行下一步(对所有 $\sigma_j > 0$ 均有 $\boldsymbol{P}_j > \boldsymbol{0}$)

(3) 确定改善方向(注意基变量的检验数为 0)。从 σ_j 中找最大者(j^*),称 x_{j^*} 为入变量,称第 j^* 列为主列。

(4) 按最小比例原则(θ 原则)确定出变量。令

$$\theta = \min_i \left[\frac{b_i}{a_{ij^*}} \mid a_{ij^*} > 0 \right] = \frac{b_{i^*}}{a_{i^*j^*}}$$

则基变量 x_{i^*} 称为出变量,第 i^* 行称为主行。

(5) 迭代过程。主行 i^* 行与主列 j^* 相交的元素 $a_{i^*j^*}$ 称为主元,迭代以主元为中心进行。迭代的实质是方程组的线性行变换,即,将 $a_{i^*j^*}$ 主元变为 1,主列上其他元素变为 0,变换步骤如下:

① 变换主行 $a_{i^*j} = a_{i^*j} / a_{i^*j^*}$, $j = 1, 2, \cdots, m+n$, $b_{i^*} = b_{i^*} / a_{i^*j^*}$。

② 变换主列,除主元保留为 1,其余都置 0。

③ 变换非主行、主列元素 a_{ij}(包括 b_i)。

④ 变换 $\boldsymbol{C_B}$ 和 $\boldsymbol{x_B}$。

⑤ 计算目标函数和检验数 σ_j。

(6) 返回步骤(2)。

利用求解线性规划问题基本可行解(极点)的方法求解较大规模的问题是不可行的,这是由于随着解的维数增加,极点个数呈指数级增加。单纯形法的基本思路是有选择地取基本可行解,即从可行域的一个极点出发,沿着可行域的边界移到另一个相邻的极点,要求新极点的目标函数值不比原目标函数值差。

例 10-5　用单纯形法的基本思路解线性规划问题。

$$\max z = 1500x_1 + 3500x_2$$

$$\text{s.t.} \begin{cases} 3x_1 + 2x_2 + x_3 = 65 \\ 2x_1 + x_2 + x_4 = 40 \\ 3x_2 + x_5 = 75 \\ x_1, x_2, x_3, x_4, x_5 \geqslant 0 \end{cases}$$

解:用单纯形法求解的过程如表 10-5 所示。

表 10-5

C_B	X_B	b_i	1500	3500	0	0	0	θ_i
			x_1	x_2	x_3	x_4	x_5	
0	x_3	65	3	2	1	0	0	32.5
0	x_4	40	2	1	0	1	0	40
0	x_5	75	0	(3)	0	0	1	25
$-z$		0	1500	3500^*	0	0	0	
0	x_3	15	(3)	0	1	0	$-\frac{2}{3}$	5
0	x_4	15	2	0	0	1	$-\frac{1}{3}$	7.5
3500	x_2	25	0	1	0	0	$\frac{1}{3}$	—
$-z$		$-87\ 500$	1500^*	0	0	0	$-\frac{3500}{3}$	
1500	x_1	5	1	0	$\frac{1}{3}$	0	$-\frac{2}{9}$	—
0	x_4	5	0	0	$-\frac{2}{3}$	1	$\frac{1}{9}$	—
3500	x_2	25	0	1	0	0	$\frac{1}{3}$	—
$-z$		$-95\ 000$	0	0	-500	0	$-\frac{2500}{3}$	

因此,最优解为 $x_1=5, x_2=25, x_4=5, x_3=0, x_5=0$

最优值 $z^*=95\ 000$。

注意,在表格单纯形法中:

- 每个单纯形表中基变量系数列组成单位矩阵。
- 单纯形表中 b_i 的值总应保持非负。
- 每一步运算只能用矩阵初等行变换。
- 每一个单纯形表对应一个基础可行解。
- 当所有检验数均非正时,得到最优单纯形表。

上面主要讨论了初始基础可行解不明显时常用的方法。要弄清这些方法的原理,并通过例题掌握这些方法,同时进一步熟悉用单纯形法解题的步骤。

10.1.3 线性规划的对偶问题

1. 对偶原理

最先进的机器翻译系统,包括基于短语的统计机器翻译方法以及最近出现的基于神经网络的翻译方法,严重依赖于对齐的平行语料。然而,实际收集这些平行语料数据的代价非常大,因此语料的规模也往往有限,这会限制相关的研究和应用。在互联网中存在海量的单语数据，于是人们很自然地想到：能否利用它们提升机器翻译系统的效果呢？

实际上，基于这个想法，研究人员已经提出了许多不同的方法，这里可以粗略地分为两类：第一类，目标语言的单语语料被用于训练语言模型，然后集成到翻译模型（从平行双语语料中训练）中，最终提升翻译质量；第二类，通过使用翻译模型（从对齐的平行语料中训练）从单语数据中生成伪双语句对，然后在后续的训练过程中，这些伪双语句对被用于扩充训练数据。

尽管上述方法能够在一定程度上提升翻译系统的效果，但是它们依然存在一定的局限性。第一类方法只使用了单语数据训练语言模型，并没有解决平行训练数据不足这个问题。尽管第二类方法可以扩充平行训练数据，但是并不能保证伪双语句对的质量。当把翻译想象成两个智能体在玩通信游戏时，对偶学习机制就产生了。

在讨论对偶性质之前，先给出将要用到的一些矩阵表达式。设有一对互为对偶的线性规划：

$$(P):\quad \begin{aligned}&\max z=\boldsymbol{c}^{\mathrm{T}}\boldsymbol{x}\\ &\text{s.t.}\begin{cases}\boldsymbol{Ax}\leqslant\boldsymbol{b}\\ \boldsymbol{x}\geqslant\boldsymbol{0}\end{cases}\end{aligned}\qquad (D):\quad \begin{aligned}&\min f=\boldsymbol{b}^{\mathrm{T}}\boldsymbol{y}\\ &\text{s.t.}\begin{cases}\boldsymbol{A}^{\mathrm{T}}\boldsymbol{y}\geqslant\boldsymbol{c}\\ \boldsymbol{y}\geqslant\boldsymbol{0}\end{cases}\end{aligned}$$

定理 10-4 若 $\boldsymbol{x}$ 和 $\boldsymbol{y}$ 分别为原规划（P）和对偶规划（D）的可行解，则

$$\boldsymbol{c}^{\mathrm{T}}\boldsymbol{x}\leqslant\boldsymbol{b}^{\mathrm{T}}\boldsymbol{y}$$

证：因为 $\boldsymbol{x}$ 是规划（P）的可行解，且 $\boldsymbol{y}\geqslant\boldsymbol{0}$，所以有

$$\boldsymbol{Ax}\leqslant\boldsymbol{b}\boldsymbol{y}^{\mathrm{T}}\boldsymbol{Ax}\leqslant\boldsymbol{y}^{\mathrm{T}}\boldsymbol{b}$$

又因为 $\boldsymbol{y}$ 是对偶规划（D）的可行解，且 $\boldsymbol{x}\geqslant\boldsymbol{0}$，所以有

$$\boldsymbol{c}\leqslant\boldsymbol{A}^{\mathrm{T}}\boldsymbol{y}\boldsymbol{c}^{\mathrm{T}}\boldsymbol{x}\leqslant\boldsymbol{y}^{\mathrm{T}}\boldsymbol{Ax}=\boldsymbol{b}^{\mathrm{T}}\boldsymbol{y}$$

例 10-6 若例 10-1 的设备都用于外委加工，工厂收取加工费，设备 A、B、C 每工时分别如何收费才最有竞争力？

例 10-6

解：设 y_1、y_2、y_3 分别为每工时设备 A、B、C 的手工费用。

原问题：

$$\max z=1500x_1+3500x_2$$
$$\text{s.t.}\begin{cases}3x_1+2x_2\leqslant 65\\ 2x_1+x_2\leqslant 40\\ 3x_2\leqslant 75\\ x_1,x_2\geqslant 0\end{cases}$$

对偶问题：

$$\min f=65y_1+40y_2+75y_3$$
$$\text{s.t.}\begin{cases}3y_1+2y_2\geqslant 1500\\ 2y_1+y_2+3y_3\geqslant 3500\\ y_1,y_2,y_3\geqslant 0\end{cases}$$

前两个约束分别表示不少于一件甲产品的利润和不少于一件乙产品的利润。

具有对称形式的原问题和对偶问题如下：

$$\max z = \boldsymbol{c}^{\mathrm{T}}\boldsymbol{x} \quad \min f = \boldsymbol{b}^{\mathrm{T}}\boldsymbol{y}$$

$$\text{s.t.}\begin{cases}\boldsymbol{Ax} \leqslant \boldsymbol{b} \\ \boldsymbol{x} \geqslant \boldsymbol{0}\end{cases} \quad \text{s.t.}\begin{cases}\boldsymbol{A}^{\mathrm{T}}\boldsymbol{y} \geqslant \boldsymbol{c} \\ \boldsymbol{y} \geqslant \boldsymbol{0}\end{cases}$$

max 和≤与 min 和≥互为对偶。

对偶问题约束(变量)与原问题约束(变量)一一对应。

对偶规划问题之间具有如下对应关系:

(1) 若一个模型的目标为求极大、约束为≤的不等式,则它的对偶模型的目标为求极小、约束为≥的不等式,即“max,≤”和“min,≥”相对应。

(2) 从约束系数矩阵看,一个模型中为 $\boldsymbol{A}$,则另一个模型中为 $\boldsymbol{A}^{\mathrm{T}}$。一个模型有 m 个约束、n 个变量,则它的对偶模型有 n 个约束、m 个变量。

(3) 在两个模型中 $\boldsymbol{b}$ 和 $\boldsymbol{c}$ 的位置对换。

(4) 两个模型中的变量均非负。

称不具有对称形式的一对线性规划问题为非对称形式的问题。

对于非对称形式的问题,可以按照下面的步骤直接给出其对偶问题:

(1) 将模型统一为“max,≤”或“min,≥”的形式,对于其中的等式约束按(2)和(3)中的方法处理。

(2) 若原问题的某个约束条件为等式约束,则在对偶问题中与此约束对应的那个变量取值没有非负限制;

(3) 若原问题的某个变量的值没有非负限制,则在对偶问题中与此变量对应的约束为等式。

例 10-7 写出下面的线性规划问题的对偶规划模型。

$$\max z = x_1 - x_2 + 6x_3 - 8x_4$$

$$\text{s.t.}\begin{cases}x_1 + 3x_2 - 4x_3 + x_4 = 24 \\ x_1 + 8x_3 + 2x_4 \geqslant -60 \\ 2x_1 + 2x_2 - 4x_4 \leqslant 30 \\ -5 \leqslant x_4 \leqslant 8, x_1, x_2 \geqslant 0, x_3 \text{ 没有非负限制}\end{cases}$$

解:先将约束条件变为≤形式。

$$\begin{cases}x_1+3x_2-4x_3+x_4=24 \\ -x_1-8x_3-2x_4\leqslant 60 \\ 2x_1+2x_2-4x_3\leqslant 30 \\ x_4\leqslant 8 \\ -x_4\leqslant 5 \\ x_1\geqslant 0, x_2\geqslant 0, x_3, x_4 \text{ 没有非负限制}\end{cases}$$

再根据非对称形式的对应关系,直接写出对偶规划:

$$\min f = 24y_1 + 60y_2 + 30y_3 + 8y_4 + 5y_5$$

$$\text{s.t.}\begin{cases}y_1 - y_2 + 2y_3 \geqslant 1 \\ 3y_1 + 2y_3 \geqslant -1 \\ -4y_1 - 8y_2 - 4y_3 = 6 \\ y_1 - 2y_2 + y_4 - y_5 = -8 \\ y_1 \text{ 没有非负限制}, y_2, y_3, y_4, y_5 \geqslant 0\end{cases}$$

2. 对偶定理（原问题与对偶问题解的关系）

用(LP)表示原线性规划问题，用(DP)表示对偶问题。

定理 10-5 （弱对偶定理）若 $\boldsymbol{x}$、$\boldsymbol{y}$ 分别为(LP) 和(DP)的可行解，那么 $\boldsymbol{c}^{\mathrm{T}}\boldsymbol{x} \leqslant \boldsymbol{b}^{\mathrm{T}}\boldsymbol{y}$。

推论 若(LP)可行，那么(LP)无有限最优解的充分必要条件是(DP)无可行解。

此推论对(DP)也成立。

定理 10-6 （最优性准则定理）若 $\boldsymbol{x}$、$\boldsymbol{y}$ 分别是(LP)和(DP)的可行解且 $\boldsymbol{c}^{\mathrm{T}}\boldsymbol{x} \leqslant \boldsymbol{b}^{\mathrm{T}}\boldsymbol{y}$，那么 $\boldsymbol{x}$、$\boldsymbol{y}$ 分别为(LP)和(DP)的最优解。

定理 10-7 （主对偶定理）若(LP)和(DP)均可行，那么(LP)和(DP)均有最优解，且最优值相等。

定理 10-8 若(LP)有最优解，则(DP)也有最优解，反之亦然，且最优值相等。

3. 影子价格

影子价格是一个向量，它的分量表示最优目标值随相应资源数量变化的变化率。

若 $\boldsymbol{x}^*$、$\boldsymbol{y}^*$ 分别为(LP)和(DP)的最优解，那么，$\boldsymbol{c}^{\mathrm{T}}\boldsymbol{x}^* = \boldsymbol{b}^{\mathrm{T}}\boldsymbol{y}^*$。

根据

$$f = \boldsymbol{b}^{\mathrm{T}}\boldsymbol{y}^* = b_1 y_1^* + b_2 y_2^* + \cdots + b_m y_m^*$$

可知

$$\frac{\partial f}{\partial b_i} = y_i^*$$

其中，y_i^* 表示 b_i 变化 1 个单位对目标 f 产生的影响，称 y_i^* 为 b_i 的影子价格。

注意，若 $\boldsymbol{B}$ 是最优基，$\boldsymbol{y}^* = (\boldsymbol{B}^{\mathrm{T}})^{-1}\boldsymbol{c}_{\boldsymbol{B}}$ 为影子价格向量。

影子价格反映了不同的局部或个体的增量可以获得不同的整体经济效益。如果为了扩大生产能力，考虑增加设备，就应该从影子价格高的设备入手，这样可以用较少的局部努力获得较大的整体效益。

需要指出的是，影子价格不是固定不变的，当约束条件、产品利润等发生变化时，有可能使影子价格发生变化。另外，影子价格的经济含义是指资源在一定范围内增加时的情况，当某种资源的增加超过了这个“一定的范围”时，总利润的增加量则不是按照影子价格给出的数值线性地增加。这个问题还将在 10.1.4 节中讨论。

例 10-8 用最优单纯形表求对偶问题的最优解。

标准形式：

$$\max z = 100x_1 + 200x_2$$

$$\text{s.t.}\begin{cases} x_1 + x_2 + x_3 = 400 \\ 2x_1 + x_2 + x_4 = 400 \\ x_2 + x_5 = 250 \\ x_1, x_2, x_3, x_4, x_5 \geqslant 0 \end{cases}$$

解：用单纯形法求解，求解过程如表 10-6 所示。

表 10-6

C_B	X_B	b_i	100	200	0	0	0	θ_i
			x_1	x_2	x_3	x_4	x_5	
0	x_3	400	1	1	1	0	0	400

续表

C_B	X_B	b_i	100	200	0	0	0	θ_i
			x_1	x_2	x_3	x_4	x_5	
0	x_4	400	2	1	0	1	0	400
0	x_5	250	0	(1)	0	0	1	250
$-z$		0	100	200^*	0	0	0	
0	x_3	150	1	0	1	0	-1	150
0	x_4	150	(2)	0	0	1	-1	75
200	x_2	250	0	1	0	0	1	—
$-z$		$-50\ 000$	100^*	0	0	0	-200	
0	x_3	75	0	0	1	$-\frac{1}{2}$	$-\frac{1}{2}$	—
100	x_1	75	1	0	0	$\frac{1}{2}$	$-\frac{1}{2}$	—
200	x_2	250	0	1	0	0	1	—
$-z$		$-57\ 500$	0	0	0	-50	-150	

最优解为 $x_1=75, x_2=250, x_4=75, \boldsymbol{B}=(\boldsymbol{P}_3, \boldsymbol{P}_1, \boldsymbol{P}_2)$。

影子价格为 $Y_1=0, Y_2=50, Y_3=150$。

B^{-1}对应的检验数为 $\boldsymbol{\sigma}^{\mathrm{T}}=-\boldsymbol{c}_B^{\mathrm{T}}\boldsymbol{B}^{-1}$。

4. 对偶单纯形法的基本思想

对偶单纯形法的基本思想是：从原规划的一个基本解出发，此基本解不一定可行，但它对应一个对偶可行解(检验数非正)，所以也可以说是从一个对偶可行解出发的。检验原规划的基本解是否可行，即是否有负的分量。如果有负的分量，则进行迭代，求另一个基本解，此基本解对应另一个对偶可行解(检验数非正)。

如果得到的基本解的分量均非负，则该基本解为最优解。也就是说，对偶单纯形法在迭代过程中始终保持对偶解的可行性(即检验数非正)，使原规划的基本解由不可行逐步变为可行，当同时得到对偶规划与原规划的可行解时，便得到原规划的最优解。

对偶单纯形法在一个基对应的基本解满足以下条件时使用：

(1) 单纯形表的检验数全部非正(对偶可行解)。

(2) 变量取值可有负数(非可行解)。

注意，通过矩阵行变换运算使所有相应变量取值均为非负数，即得到最优单纯形表。

5. 利用对偶单纯形法求解线性规划问题的过程

利用对偶单纯形法求解线性规划问题的过程如下：

(1) 建立初始对偶单纯形表，对应一个基本解，所有检验数均非正，转(2)。

(2) 若 $b'\geqslant 0$，则得到最优解，停止；否则，若有 $b_k<0$ 则选第 k 行的基变量为出基变量，转(3)。

(3) 若所有 $a'_{kj}\geqslant 0(j=1,2,\cdots,n)$，则原问题无可行解，停止；否则，若有 $a'_{kj}<0$，则选 $\theta=\min\{\sigma'_j/a'_{kj}\mid a'_{kj}<0\}=\sigma'_r/a'_{kr}$，那么 x_r 为进基变量，转(4)。

(4) 以 a'_{kr} 为转轴元作矩阵行变换,使该元变为 1,该列其他元变为 0,转(2)。

例 10-9　用对偶单纯形法求解下面的线性规划问题。

$$\min f = 3x_1 + 3x_2 + 6x_3$$

$$\text{s.t.}\begin{cases}2x_1 + 4x_2 + x_3 \geqslant 6\\ x_1 - 2x_2 + 3x_3 \geqslant 8\\ x_1, x_2, x_3 \geqslant 0\end{cases}$$

例 10-9

解:标准化。

$$\max z = -3x_1 - 3x_2 - 6x_3$$

$$\text{s.t.}\begin{cases}-2x_1 - 4x_2 - x_3 + x_4 = -6\\ -x_1 + 2x_2 - 3x_3 + x_5 = -8\\ x_1, x_2, x_3, x_4, x_5 \geqslant 0\end{cases}$$

用对偶单纯形法求解,计算过程如表 10-7 所示。

表　10-7

c_j			-3	-3	-6	0	0
c_b	x_b	b	x_1	x_2	x_3	x_4	x_5
0	x_4	-6	-2	-4	-1	1	0
0	x_5	-8	-1	2	$[-3]$	0	1
	σ_j		-3	-3	-6	0	0
0	x_4	$-\frac{10}{3}$	$\left[-\frac{5}{3}\right]$	$-\frac{14}{3}$	0	1	$-\frac{1}{3}$
-6	x_3	$\frac{8}{3}$	$\frac{1}{3}$	$-\frac{2}{3}$	1	0	$-\frac{1}{3}$
	σ_j		-1	-7	0	0	-2
-3	x_1	2	1	$\frac{14}{5}$	0	$-\frac{3}{5}$	$\frac{1}{5}$
-6	x_3	2	0	$-\frac{8}{5}$	1	$\frac{1}{5}$	$-\frac{2}{5}$
	σ_j		0	$-\frac{21}{5}$	0	$-\frac{3}{5}$	$-\frac{9}{5}$

由对偶单纯形表可得到最优解 $\boldsymbol{x}^* = [2\quad 0\quad 2\quad 0\quad 0]^{\mathrm{T}}$ 和最优值 $f^* = 18$,其对偶问题的解为 $\boldsymbol{y}^* = \left(\frac{3}{5}, \frac{9}{5}\right)^{\mathrm{T}}$。

10.1.4　灵敏度分析

灵敏度分析主要分析 $\boldsymbol{c}$、$\boldsymbol{b}$ 发生变化以及增加一变量或约束的情况。

1. 价值系数 c 发生变化

考虑检验数 $\sigma_j = c_j - \sum_{i=1}^{m} c_{n+i} a_{ij}, j = 1, 2, \cdots, n$。若 c_k 是非基变量的系数,设 c_k 的变化

为 Δc_k,则

$$\sigma'_k = c_k + \Delta c_k - \sum_{i=1}^{m} c_{n+i} a_{ij} = \sigma_k + \Delta c_k$$

只要 $\sigma'_k \leqslant 0$,即 $\Delta c_k \leqslant -\sigma_k$,则最优解不变;否则,将最优单纯形表中的检验数 σ_k 用 σ'_k 取代,继续用表格单纯形法的表格计算。

例 10-10

例 10-10 用表格单纯形法求解下面的规划问题。

$$\max z = -4x_1 - 6x_2 - 8x_3$$

$$\text{s.t.}\begin{cases} -x_1 - 2x_2 - x_3 + x_4 = -3 \\ -2x_1 + x_2 - 3x_3 + x_5 = -4 \\ x_1, x_2, x_3, x_4, x_5 \geqslant 0 \end{cases}$$

解:用表格单纯形法求解,计算过程如表 10-8 和表 10-9 所示。

表 10-8

c_i			-4	-6	-8	0	0
c_B	X_B	b	x_1	x_2	x_3	x_4	x_5
-6	x_2	$\frac{2}{5}$	0	1	$-\frac{1}{5}$	$-\frac{2}{5}$	$\frac{1}{5}$
-4	x_1	$\frac{11}{5}$	1	0	$\frac{7}{5}$	$-\frac{1}{5}$	$-\frac{2}{5}$
σ_j			0	0	$-\frac{18}{5}$	$-\frac{16}{5}$	$-\frac{2}{5}$

表 10-9

c_i			-4	-6	$-8+\Delta c_3$	0	0
c_B	X_B	b	x_1	x_2	x_3	x_4	x_5
-6	x_2	$\frac{2}{5}$	0	1	$-\frac{1}{5}$	$-\frac{2}{5}$	$\frac{1}{5}$
-4	x_1	$\frac{11}{5}$	1	0	$\frac{7}{5}$	$-\frac{1}{5}$	$-\frac{2}{5}$
σ_j			0	0	$-\frac{18}{5}+\Delta c_3$	$-\frac{16}{5}$	$-\frac{2}{5}$

从表 10-9 中看到,c_3 的系数变化之后,x_3 对应的检验数变为 $-18/5+\Delta c_3$,可得到 $\Delta c_3 \leqslant -18/5$ 时原最优解不变。

若 c_s 是基变量的系数,设 c_s 的变化为 Δc_s,那么

$$\sigma'_j = c_j - \sum_{i \neq s} c_{ri} a_{rij} - (c_s + \Delta c_s) a_{sj} = \sigma_j - \Delta c_s a_{sj}$$

只要所有非基变量 $\sigma'_j \leqslant 0$,即 $\sigma_j \leqslant \Delta c_s a_{sj}$,则最优解不变;否则,将最优单纯形表中的检验数 σ_j 用 σ'_j 取代,继续用表格单纯形法计算。

$$\max\{\sigma_j / a_{sj} \mid a_{sj} > 0\} \leqslant \Delta c_s \leqslant \min\{\sigma_j / a_{sj} \mid a_{sj} < 0\}$$

例 10-11 用表格单纯形法解下面的规划问题。

$$\max z = 4x_1 + 6x_2 + 0x_3 + 0x_4 + 0x_5$$

$$\text{s.t.}\begin{cases}x_1+2x_2+x_3=8\\4x_1+x_4=16\\4x_2+x_5=12\\x_1,x_2,x_3,x_4,x_5\geqslant 0\end{cases}$$

解：最优单纯形表如表 10-10 所示，考虑基变量系数 c_2 发生变化时的最优单纯形表如表 10-11 所示。

表　10-10

c_i			4	6	0	0	0
c_B	X_B	b	x_1	x_2	x_3	x_4	x_5
4	x_1	4	1	0	0	$\frac{1}{4}$	0
0	x_5	4	0	0	-2	$\frac{1}{2}$	1
6	x_2	2	0	1	$\frac{1}{8}$	$-\frac{1}{8}$	0
σ_j			0	0	$-\frac{3}{4}$	$-\frac{1}{4}$	0

表　10-11

c_i			4	$6+\Delta c_2$	0	0	0
c_B	X_B	b	x_1	x_2	x_3	x_4	x_5
4	x_1	4	1	0	0	$\frac{1}{4}$	0
0	x_5	4	0	0	-2	$\frac{1}{2}$	1
$6+\Delta c_2$	x_2	2	0	1	$\frac{1}{8}$	$-\frac{1}{8}$	0
σ_j			0	0	$-\frac{3}{4}-\frac{\Delta c_2}{8}$	$-\frac{1}{4}+\frac{\Delta c_2}{8}$	0

从表 10-11 中可以看到，当 $-6\leqslant\Delta c_2\leqslant 2$ 时，原最优解不变。

2. 右端项 b 发生变化

设分量 b_r 变化为 Δb_r，最优解的基变量 $\boldsymbol{x}_B=\boldsymbol{B}^{-1}\boldsymbol{b}$，那么只要保持 $\boldsymbol{B}^{-1}(\boldsymbol{b}+\Delta\boldsymbol{b})\geqslant\boldsymbol{0}$，则最优基不变，即基变量不变，只有值的变化；否则，需要利用对偶单纯形法继续计算。

对于问题

$$\max z=\boldsymbol{c}^{\mathrm{T}}\boldsymbol{x}$$

$$\text{s.t.}\begin{cases}\boldsymbol{Ax}\leqslant\boldsymbol{b}\\\boldsymbol{x}\geqslant\boldsymbol{0}\end{cases}$$

最优单纯形表中含有

$$\boldsymbol{B}^{-1}=(d_{ij}),i=1,2,\cdots,m,j=n+1,n+2,\cdots,n+m$$

那么，新的 x_i 为

$$x_i=(\boldsymbol{B}^{-1}\boldsymbol{b})_i+\Delta b_r d_{ir},i=1,2,\cdots,m$$

由此可得,最优基不变的条件是

$$\max\{-b_i'/d_{ir} \mid d_{ir}>0\}\leqslant \Delta b_r \leqslant \min\{-b_i'/d_{ir} \mid d_{ir}>0\}$$

其中,$b_i'=(\boldsymbol{B}^{-1}\boldsymbol{b})_i$。

例 10-12 若例 10-11 中的 b_1 增加 2,求原问题的解。

解:由表 10-11 知

$$\boldsymbol{B}^{-1}=\begin{bmatrix} 0 & 0.25 & 0 \\ -2 & 0.5 & 1 \\ 0.125 & -0.125 & 0 \end{bmatrix}$$

设 b_1 增加 2,则新的 b_1 列变为

$$4+0\times 2=4, 4+(-2)\times 2=0, 2+0.125\times 2=2.25$$

用单纯形法进一步求解,可得

$$\boldsymbol{x}^*=[0 \quad 0.5625 \quad 2.875 \quad 0 \quad 0]^{\mathrm{T}}, f^*=3.375$$

3. 增加一个变量

增加变量 x_{n+1},则有相应的 p_{n+1} 和 c_{n+1}。

计算出 $\boldsymbol{B}^{-1}\boldsymbol{p}_{n+1}$ 和 $\sigma_{n+1}=c_{n+1}-\sum\limits_i c_{ri}a_{rin+1}$,填入最优单纯形表。

若 $\sigma_{n+1}\leqslant 0$,则最优解不变;否则,进一步用单纯形法求解。

例 10-13 若例 10-11 中增加变量 x_6,$\boldsymbol{p}_6=(3,6,4)^{\mathrm{T}}$,$c_6=2$,用单纯形法求解原问题的解。

解:原问题增加变量后,最终的单纯形表如表 10-12 所示。

表 10-12

c_j			4	6	0	0	0	2
c_B	X_B	b	x_1	x_2	x_3	x_4	x_5	x_6
4	x_1	4	1	0	0	$\frac{1}{4}$	0	$\frac{3}{2}$
0	x_5	4	0	0	-2	$\frac{1}{2}$	1	1
6	x_2	2	0	1	$\frac{1}{8}$	$-\frac{1}{8}$	0	$-\frac{3}{8}$
σ_j			0	0	$-\frac{3}{4}$	$-\frac{1}{4}$	0	$-\frac{7}{4}$

用单纯形法进一步求解,可得

$$\boldsymbol{x}^*=[4 \quad 2 \quad 0 \quad 0 \quad 4 \quad 0]^{\mathrm{T}}, f^*=28$$

4. 增加一个约束

增加一个约束之后,应把最优解带入新的约束,若满足,则最优解不变;否则填入最优单纯形表作为新的一行,引入一个新的非负变量(原约束若是≤型,对称形式可引入非负松弛变量,否则引入非负人工变量),并通过矩阵行变换把对应原基变量的元素变为 0,进一步用单纯形法或对偶单纯形法求解。

例 10-14 若例 10-11 中增加一个约束 $4x_1+3x_2\leqslant 18$,用对偶单纯形法求解原问题的解。

解:原最优解不满足这个约束,于是,原问题的单纯形表如表 10-13 所示。

表　10-13

c_i			4	6	0	0	0	0
c_B	X_B	b	x_1	x_2	x_3	x_4	x_5	x_6
4	x_1	$\frac{12}{5}$	1	0	$-\frac{3}{5}$	0	0	$\frac{2}{5}$
0	x_4	$\frac{32}{5}$	0	0	$\frac{12}{5}$	1	0	$-\frac{8}{5}$
6	x_2	$\frac{14}{5}$	0	1	$\frac{4}{5}$	0	0	$-\frac{1}{5}$
0	x_5	$\frac{4}{5}$	0	0	$-\frac{16}{5}$	0	1	$\frac{4}{5}$
σ_j			0	0	$-\frac{12}{5}$	0	0	$-\frac{2}{5}$

经对偶单纯形法一步可得最优解为$[2.4\quad 2.8\quad 0\quad 6.4\quad 0.8\quad 0]^T$，最优值为 26.4。

10.2 整数规划

10.1 节讨论的问题都是连续型变量的问题，但在实际生活中往往要求某些变量的取值为整数，如人数、汽车数、机器数等。由于其求解过程中的特殊性而构成数学规划的一个分支——整数规划。

写出整数规划模型，就可以编程并调用整数规划的优化求解器（例如 IBM CPLEX）得到这个问题的最优解。虽然整数规划通常的算法复杂度是指数级的，但是比起强力搜索还是更为高效。这样就可以得到每个点的回归值以及分段的结点。

整数规划分为纯整数规划（所有决策变量均为整数）和混合整数规划（决策变量中有一部分取值为整数）。还有一类整数规划问题，其决策变量取值只有 0 或 1，由于其计算上的特殊性，称之为 0-1 规划。

本节介绍整数规划问题的常用求解方法。主要介绍两种整数规划问题的求解方法——分支定界法与割平面法。除此之外，还介绍一个特殊的整数规划问题——分派问题的求解方法。

10.2.1 整数规划问题的提出与建模

1. 整数规划问题的特征

整数规划问题的一个明显特征是它的变量取值范围是离散的，经典连续数学中的理论和方法一般无法直接用来求解整数规划问题。

面对整数规划问题，很自然的一个想法就是忽略整数规划的限制，对所求的解采取四舍五入的方法得到整数解。这种方法在理论上看来是可行的，但在实际中的大多数情况下是不可行的，即使是可行的，也不是最优解。一种极端情况是：当问题的稳定性较差时，用四舍五入的方法取整得到的结果与实际问题的解相差很远。

2. 建模中常用的处理方法

1）资本预算问题

设有 n 个投资方案，c_j 为第 j 个投资方案的收益。投资过程共 m 个阶段，b_i 为第 i 阶段的可投资总量,a_{ij}为第i阶段第j项投资方案所需的资金。目标是在各阶段资金限制下使整个投资的总收益最大。

设决策变量

$$x_j=\begin{cases}1, & 对第\ j\ 项投资\\ 0, & 否则\end{cases}$$

得到以下模型:

$$\max z=\sum_{j=1}^{n}c_jx_j$$

$$\text{s.t.}\begin{cases}\sum_{j=1}^{n}a_{ij}x_j\leqslant b_i, & i=1,2,\cdots,m\\ x_j=0\ 或\ 1, & j=1,2,\cdots,n\end{cases}\tag{10-5}$$

其中:

约束条件$\sum_{j=1}^{n}a_{ij}x_j\leqslant b_i$反映第$i$阶段资金增长量的平衡。

a_{ij}代表在第i阶段第j项投资的净资金流量。

- $a_{ij}>0$表示附加资金。
- $a_{ij}<0$表示产生资金。

b_i表示第i阶段外源资金流量的增长量。

- $b_i>0$表示有附加资金。
- $b_i<0$表示要抽回资金。

2)指示变量

指示变量用于指示不同情况的出现。

例如,有m个仓库,要决定动用哪些仓库以满足n个客户对货物的需要,并决定从各仓库分别向不同客户运送多少货物。

令
$$y_i=\begin{cases}1, & 动用仓库\ i,i=1,2,\cdots,m\\ 0, & 否则\end{cases}$$

y_i为指示变量。

设x_{ij}为从仓库i到客户j运送的货物量。

费用包括以下两项:

- f_i:仓库i的固定运营费(租金等)。
- c_{ij}:从仓库i到客户j运送单位货物的运费。

约束条件如下:

(1)每个客户的需要量d_j必须得到满足。

(2)只能从动用的仓库运出货物。

由此,得到下面的模型:

$$\min f=\sum_{i=1}^{m}\sum_{j=1}^{n}c_{ij}x_{ij}+\sum_{i=1}^{m}f_iy_i$$

$$
\text{s.t.}\begin{cases}\sum_{i=1}^{m} x_{ij}=d_j, j=1,2,\cdots,n \\ \sum_{j=1}^{n} x_{ij}-y_i\sum_{j=1}^{n} d_j \leqslant 0, i=1,2,\cdots,m \\ (\text{当 } y_i=0 \text{ 时}, x_{ij}=0, j=1,2,\cdots,n) \\ x_{ij} \geqslant 0, y_i=0 \text{ 或 } 1, i=1,2,\cdots,m, j=1,2,\cdots,n\end{cases}
$$

3. 线性规划的附加约束

1）控制约束条件是否有效

资本运算问题中：$\sum_{j=1}^{n} a_{ij}x_j + y_iM_i \leqslant b_i + M_i$，$M_i$ 为 $\sum_{j=1}^{n} a_{ij}x_j$ 的上界。

y_i 取 0 或 1，即

$$
y_i=\begin{cases}1, & \text{即原约束有效} \\ 0, & \text{即原约束失效(永远成立)}\end{cases}
$$

2）$x_j=0$ 或 1

至少 k 个变量取 1：

$$
\sum_{j=1}^{n} x_j \geqslant k
$$

至多 k 个变量取 1：

$$
\sum_{j=1}^{n} x_j \leqslant k
$$

3）离散的资源变化

设约束

$$
\sum_{j=1}^{n} a_j x_j \leqslant b_i, i=0,1,\cdots,k
$$

其中，$b_0<b_1<b_2<\cdots<b_k$ 为 $k+1$ 个约束等级。

处理方法是引入 y_i：

$$
y_i=\begin{cases}1, & \text{取 } b_i \text{ 约束} \\ 0, & \text{否则}\end{cases}
$$

于是把约束变为

$$
\sum_{j=1}^{n} a_j x_j - \sum_{i=0}^{k} b_i y_i \leqslant 0, \sum_{i=0}^{k} y_i = 1
$$

在目标函数中加入 $\sum_{i=0}^{k} c_i y_i$（求极小值，c_i 是相应的付出）。

10.2.2 整数规划问题解法概述

前面讨论了整数规划的一种解法，即首先忽略整数约束条件，然后采取四舍五入的方法求得整数解。分析之后发现这种方法是不可行的。鉴于离散情况下的解在大多数时候是有限的，可以首先忽略整数约束条件，求得原问题的最优解，然后利用穷举法找出所有的可能解，最后通过比较这些解的优劣得到最优解。这种方法最终能够得到最优解，但在实际中由于解的有限数量也往往大得惊人，因此也不是一种好的方法。

本节介绍几种常见的整数规划问题的求解方法——分解、松弛与剪枝。

例 10-15

例 10-15 求解以下整数规划问题。

$$\max f(x)=12x_1+10x_2$$

$$\text{s.t.}\begin{cases}2x_1+x_2\leqslant 9\\5x_1+7x_2\leqslant 35\\x_1,x_2\geqslant 0\\x_1、x_2\text{ 为整数}\end{cases}$$

松弛问题最优解如下：

$$x_1=3.1111,x_2=2.7777,f(x)=65.111$$

整数规划的最优解如下：

(1) $x_1=4,x_2=1,f(x)=58$ 为最优解。

(2) 只舍不入：$x_1=3,x_2=2,f(x)=56$。

(3) 只入不舍：$x_1=4,x_2=3$,第一个约束与第二个约束都不满足。

(4) 四舍五入：$x_1=3,x_2=3$,不满足第二个约束。

因此,可以得出结论：一般整数规划最优解不能用其松弛问题最优解简单取整得到。

下面介绍几种解决整数规划问题的常用的主要技术。

1. 分解

设有数学规划问题 P 和可行解集 $S(P)$,有 m 个子问题 $P_1,P_2,\cdots,P_m$,满足

(1) $S(P_1)\cup S(P_2)\cup\cdots\cup S(P_m)=S(P)$。

(2) $S(P_i)\cap S(P_j)=\varnothing,\forall i,j=1,2,\cdots,m,i\neq j$。

称 P 分解为 m 个子问题 $P_j(j=1,2,\cdots,m)$之和。分解又常称为分支。较常用的 m 值为 2。

2. 松弛

问题 P 把约束条件放宽(删去某些约束),可得到松弛问题 $\widetilde{P}$。

松弛方法有下列性质：

(1) $S(P)\subseteq S(\widetilde{P})$,特别若 $\widetilde{P}$ 无可行解,则 P 无可行解。

(2) 设问题 P 是求极小值,那么,$\widetilde{P}$ 最优值 $\widetilde{f}$ 是 P 最优值 f^* 的一个下界,即 $\widetilde{f}\leqslant f^*$。

(3) 若 $\widetilde{P}$ 的最优解 $\widetilde{x}\in S(P)$,则 $\widetilde{x}$ 是 P 的最优解。

剪枝

3. 剪枝

设目标是求极小问题。设问题 P 分解为子问题 $P_1,P_2,\cdots,P_m$,各子问题的松弛问题为 $\widetilde{P}_j,j=1,2,\cdots,m$。

记 P 的最优值为 f^*,P_j 及 $\widetilde{P}_j$ 的最优值为 f_j^*、$\widetilde{f}_j$。

P 及 P_j 的最优目标值的上下界为 $\bar{f}$、$\underline{f}$ 及 $\bar{f}_j$、$\underline{f}_j$。

1) 问题分解后的上下界

若 $f_j^*\geqslant\widetilde{f}_j$(可计算),$\widetilde{f}_j\geqslant\widetilde{f}$,所以 $\widetilde{f}_j$ 可作为 $\underline{f}_j$,新 f^* 下界为

$$\min\{\widetilde{f}_j\mid j=1,2,\cdots,m\}\geqslant\widetilde{f}=\underline{f}$$

子问题是在原问题上增加约束得到的。

$\bar{f}_j$ 可取各子问题 P_j 可行解对应的目标值，$\bar{f}_j \geqslant f^*$，新的上界为

$$\min\{\bar{f}, \bar{f}_1, \cdots, \bar{f}_m\} \leqslant \bar{f}$$

2）剪枝适用的情况

以下几种情况不必再分解，可直接求解，即为剪枝。

计算整数规划问题常采用逐步分解子问题的方式进行，步骤如下：

(1) 若 $\tilde{P}_j$ 无可行解，即 $S(\tilde{P}_j)=\varnothing$，说明 $S(P_j=\varnothing)$，再分解是增加约束，故确定子问题解集为$\varnothing$。

(2) 若 $\tilde{P}_j$ 的最优解 $\tilde{x} \in S(P_j)$，当前 $\bar{f}_j = \underline{f_j} = f_j^*$，再分解只能使目标函数值增大。

(3) $\tilde{f}_j \geqslant \bar{f}_j$，再分解只能使目标值增大。

10.2.3　分支定界法

分支定界法(Branch and Bound Method)可用于求解纯整数规划问题或混合整数规划问题。它的基本思想是：把整数规划问题逐步设置某些决策变量的范围，不断将原来的问题分解成几个子问题，然后对每个子问题去掉整数约束条件得到松弛问题的解，然后通过不断更新问题解的上下界不断缩小最优解的范围，最终求得最优解的一种迭代算法。分支定界法是一种在问题的解空间树上搜索问题求解方法。但是，与回溯算法不同，分支定界法采用广度优先或最小耗费优先的方法搜索解空间树，并且，在分支定界法中，每一个活结点只有一次机会成为扩展结点。

设有以下线性整数规划问题：

$$\text{(A)}: \quad \begin{aligned} &\min\ f = \boldsymbol{C}^{\mathrm{T}}\boldsymbol{X} \\ &\text{s.t.} \begin{cases} \boldsymbol{Ax} = \boldsymbol{b} \\ \boldsymbol{X} \geqslant 0 \\ x_j \text{ 为整数}, j = 1, 2, \cdots, n \end{cases} \end{aligned}$$

$$\text{(B)}: \quad \begin{aligned} &\min\ f = \boldsymbol{C}^{\mathrm{T}}\boldsymbol{XA} \\ &\text{s.t.} \begin{cases} \boldsymbol{Ax} = \boldsymbol{b} \\ \boldsymbol{X} \geqslant 0 \end{cases} \end{aligned}$$

分支定界法一般步骤如下。

(1) 求解(B)。

① 若(B)无可行解，则停止计算(即剪枝)，说明原问题(A)无可行解。

② 若(B)有最优解 $\boldsymbol{x}^*$，且 $\boldsymbol{x}^* \notin S_{\mathrm{A}}$，$\underline{f} = f(\boldsymbol{x}^*)$，则停止计算，从而得到原问题(A)的解。

③ 若(B)有最优解，而 $\underline{f} = f(\boldsymbol{x}^*)$ 为(A)最优值的下界，则转(2)。

(2) 找出(A)最优值的一个上界。可取任意 $\bar{\boldsymbol{x}} \in S_{\mathrm{A}}$，那么 $\bar{f} = f(\bar{\boldsymbol{x}})$。

接下来，先进行分枝与定界，再进行比较与剪枝。

步骤 1：分枝与定界。

① 分枝。对于上述 $\boldsymbol{x}^* \notin S_{\mathrm{A}}$，找不满足整数要求的分量 x_i^*，构造两个约束条件：

$$x_i \leqslant [x_i^*] \qquad (c_1)$$

$$x_i \geqslant [x_i^*]+1 \quad (c_2)$$

把(c_1)和(c_2)加入到(A)中,得到两个子问题(A_1)和(A_2),重复上述求解过程。

② 定界。按照10.2.2节中的剪枝方法找到当前层的上界 $\bar{f}$ 和下界 $\underline{f}$(比上一层的上下界更好)。

步骤2:比较与剪枝。

按照10.2.2节中的方法考察剪枝问题,对于未剪枝问题,重复上述过程进行剪枝。当全部子问题均已剪枝时,当前上界对应的解即原问题的最优解。

例 10-16 用分支定界法求下面的线性规划问题。

$$\min f=-15x_1-12x_2$$

$$(\mathrm{A}):\ \mathrm{s.t.}\begin{cases}3x_1+4x_2\leqslant 24\\9x_1+5x_2\leqslant 45\\x_1,x_2\geqslant 0,x_1、x_2\text{ 为整数}\end{cases}$$

解:

(1) 求(A)的松弛问题$(\tilde{\mathrm{A}})$,其最优解为 $\tilde{\boldsymbol{x}}=[2.857\quad 3.857]^{\mathrm{T}}$,最优值为 $\tilde{f}=-89.143$。考虑其整数解$[2\quad 3]^{\mathrm{T}}$,得到其上界 $\tilde{f}=-66$。于是,得到(A)的最优值的上下界:$\bar{f}=-66$,$\underline{f}=\tilde{f}=-89.143$。

(2) 取 x_1 为分枝变量,附加 $x_1\leqslant\lceil 2.857\rceil=2$,$x_1\geqslant\lceil 2.857\rceil+1=3$,得到两个子问题:

$$\min f=-15x_1-12x_2 \qquad\qquad \min f=-15x_1-12x_2$$

$$(\mathrm{A}_1):\ \mathrm{s.t.}\begin{cases}3x_1+4x_2\leqslant 24\\9x_1+5x_2\leqslant 45\\x_1\leqslant 2\\x_1,x_2\geqslant 0,x_1、x_2\text{ 为整数}\end{cases}\qquad (\mathrm{A}_2):\ \mathrm{s.t.}\begin{cases}3x_1+4x_2\leqslant 24\\9x_1+5x_2\leqslant 45\\x_1\geqslant 3\\x_1,x_2\geqslant 0,x_1、x_2\text{ 为整数}\end{cases}$$

(3) 求解(A_1)的松弛问题$(\tilde{\mathrm{A}}_1)$,得到它的最优解 $\tilde{\boldsymbol{x}}^{(1)}=[2\quad 4.5]^{\mathrm{T}}$ 和最优值 $\tilde{f}_1=-84$。取整数解$(2,4)^{\mathrm{T}}$,得到上界 $\bar{f}_1=-78$,于是(A_1)的最优值下界为 $\underline{f}_1=\tilde{f}_1=-84$。

(4) 求解(A_2)的松弛问题$(\tilde{\mathrm{A}}_2)$,得到它的最优解 $\tilde{\boldsymbol{x}}^{(2)}=[3\quad 3.6]^{\mathrm{T}}$ 和最优值 $\tilde{f}_2=-88.2$。取整数解$(3,3)^{\mathrm{T}}$,得到上界 $\bar{f}_2=-81$,于是(A_2)的最优值下界为 $\underline{f}_2=\tilde{f}_2=-88.2$。

(5) 根据(3)和(4)的结果,确定当前的上下界为

$$\bar{f}=\min\{-66,-78,-81\}=-81,\ \underline{f}=\min\{-84,-88.2\}=-88.2$$

可以看到,当前上界小于原问题(A)最优目标值的上界,而当前下界大于原问题(A)最优目标值的下界。

(6) 类似于(3)和(4),对(A_1)进行分解,令 $x_2\leqslant 4$ 和 $x_2\geqslant 5$,得到两个子问题:

$$\min f=-15x_1-12x_2 \qquad\qquad \min f=-15x_1-12x_2$$

$$(\mathrm{A}_{11}):\ \mathrm{s.t.}\begin{cases}3x_1+4x_2\leqslant 24\\9x_1+5x_2\leqslant 45\\x_1\leqslant 2,x_2\leqslant 4\\x_1,x_2\geqslant 0,x_1、x_2\text{ 为整数}\end{cases}\qquad (\mathrm{A}_{12}):\ \mathrm{s.t.}\begin{cases}3x_1+4x_2\leqslant 24\\9x_1+5x_2\leqslant 45\\x_1\leqslant 2,x_2\geqslant 5\\x_1,x_2\geqslant 0,x_1、x_2\text{ 为整数}\end{cases}$$

通过计算可以得到(A_{11})的松弛问题($\tilde{A}_{11}$)的最优解 $\tilde{\boldsymbol{x}}^{(11)}=[2 \quad 4]^{T}$ 和最优值 $\tilde{f}_{11}=-78$。于是,此问题通过剪枝得到 $\bar{f}_{11}=\underline{f}_{11}=\tilde{f}_{11}=-78$。

计算(A_{12})的松弛问题($\tilde{A}_{12}$),得到最优解 $\tilde{\boldsymbol{x}}^{(12)}=[1.333 \quad 5]^{T}$ 和最优值 $\tilde{f}_{12}=-80$。由于 $\tilde{f}_{12}>\bar{f}=-81$,因此进行剪枝。

(7) 类似于(6),对(A_2)进行分解,令 $x_2\leqslant 3$ 和 $x_2\geqslant 4$,得到两个子问题:

$$(A_{21}):\quad \min f=-15x_1-12x_2 \quad \text{s.t.}\begin{cases}3x_1+4x_2\leqslant 24\\ 9x_1+5x_2\leqslant 45\\ x_1\geqslant 3,x_2\leqslant 3\\ x_1,x_2\geqslant 0,x_1、x_2 \text{ 为整数}\end{cases}$$

$$(A_{22}):\quad \min f=-15x_1-12x_2 \quad \text{s.t.}\begin{cases}3x_1+4x_2\leqslant 24\\ 9x_1+5x_2\leqslant 45\\ x_1\geqslant 3,x_2\geqslant 4\\ x_1,x_2\geqslant 0,x_1、x_2 \text{ 为整数}\end{cases}$$

计算(A_{21})的松弛问题($\tilde{A}_{21}$),得到最优解 $\tilde{\boldsymbol{x}}^{(21)}=[3.333 \quad 3]^{T}$ 和最优值 $\tilde{f}_{21}=-86$。于是可得到此问题的下界 $\underline{f}_{21}=\tilde{f}_{21}=-86$,此问题上界仍可定位为$[3 \quad 3]^{T}$,对应的目标函数值为$-81$,因此,上界为 $\bar{f}_{12}=-81$。

计算(A_{22})的松弛问题($\tilde{A}_{22}$),无可行解,所以进行剪枝。

(8) 类似于(5),可得到当前层各问题之和的当前上界和下界,分别为 $\bar{f}=-81$,$\underline{f}=-86$。

(9) 再对问题(A_{21})进行分解,令 $x_1\leqslant 3$ 和 $x_1\geqslant 4$,得到两个子问题(注意,把可合并的约束合并):

$$(A_{211}):\quad \min f=-15x_1-12x_2 \quad \text{s.t.}\begin{cases}3x_1+4x_2\leqslant 24\\ 9x_1+5x_2\leqslant 45\\ x_1=3,x_2\leqslant 3\\ x_1、x_2 \text{ 为整数}\end{cases}$$

$$(A_{212}):\quad \min f=-15x_1-12x_2 \quad \text{s.t.}\begin{cases}3x_1+4x_2\leqslant 24\\ 9x_1+5x_2\leqslant 45\\ x_1\geqslant 4,x_2\leqslant 3\\ x_1、x_2 \text{ 为整数}\end{cases}$$

计算(A_{211})的松弛问题($\tilde{A}_{211}$),得到最优解 $\tilde{\boldsymbol{x}}^{(211)}=[3 \quad 3]^{T}$ 和最优值 $\tilde{f}_{211}=-81$,于是进行剪枝,$\tilde{f}_{211}=\underline{f}_{211}=-81$。

计算(A_{212})的松弛问题($\tilde{A}_{212}$),得到最优解 $\tilde{\boldsymbol{x}}^{(212)}=[4 \quad 1.8]^{T}$ 和最优值 $\tilde{f}^{(212)}=-81.6$。此时得到该层各问题之和的上界和下界,分别为 $\bar{f}=-81$,$\underline{f}=-81.6$。

(10) 对问题(A_{212})进行分解,令 $x_2\leqslant 1$ 和 $x_2\geqslant 2$,得到两个子问题:

$$(A_{2121}):\quad \min f=-15x_1-12x_2 \quad \text{s.t.}\begin{cases}3x_1+4x_2\leqslant 24\\ 9x_1+5x_2\leqslant 45\\ x_1\geqslant 4,x_2\leqslant 1\\ x_1、x_2 \text{ 为整数}\end{cases}$$

$$(A_{2122}):\quad \min f=-15x_1-12x_2 \quad \text{s.t.}\begin{cases}3x_1+4x_2\leqslant 24\\ 9x_1+5x_2\leqslant 45\\ x_1\geqslant 4,2\leqslant x_2\leqslant 3\\ x_1、x_2 \text{ 为整数}\end{cases}$$

计算(A_{2121})的松弛问题($\tilde{A}_{2121}$),得到最优解 $\tilde{\boldsymbol{x}}^{(2121)}=[4.444 \quad 1]^{T}$ 和最优值 $\tilde{f}^{(2121)}=-78.667$,由于 $\tilde{f}^{(2121)}>\bar{f}=-81$,所以进行剪枝。

计算(A_{2122})的松弛问题($\widetilde{A}_{2122}$),发现无可行解。此时,由于所有的子问题均已剪枝,没有需要处理的子问题,于是算法结束。最后,得到最优解 $\boldsymbol{x}^*=[3\quad 3]^{\mathrm{T}}$ 和最优值 $f^*=-81$。

在整数规划的分支定界法中,常用二元树结构图说明其计算过程。例 10-16 的二元树结构图如图 10-3 所示。

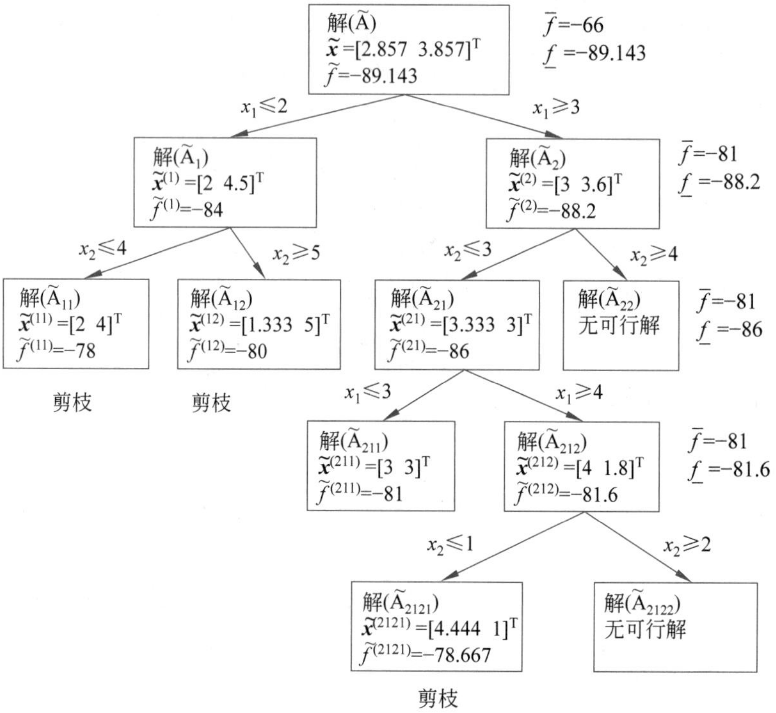

图 10-3

10.2.4 割平面法

割平面法基本思想

1. 基本思想

考虑纯整数线性规划问题(A)和它的松弛问题(B):

$$
(\mathrm{A}):\ \min \boldsymbol{C}^{\mathrm{T}}\boldsymbol{X}\quad \text{s.t.}\begin{cases}\boldsymbol{A}\boldsymbol{x}=\boldsymbol{b}\\ \boldsymbol{X}\geqslant\boldsymbol{0}\\ x_j\ \text{取整数}\end{cases}\qquad (\mathrm{B}):\ \min \boldsymbol{C}^{\mathrm{T}}\boldsymbol{X}\quad \text{s.t.}\begin{cases}\boldsymbol{A}\boldsymbol{x}=b\\ \boldsymbol{X}\geqslant\boldsymbol{0}\end{cases}
$$

根据问题(A)解问题(B),若解 $\boldsymbol{x}^*$ 不是整数解,就要增加一个约束,使得 $\boldsymbol{x}^*$ 不可行(即增加一个割平面条件),但不丢失任何(A)的可行解,得到新的松弛问题。重复这个过程,直到得到(A)的整数解。该方法称为割平面法。

2. 求割平面方程

无妨设(B)的解为 $\boldsymbol{x}^*=[x_1\quad x_2\quad \cdots\quad x_m\quad y_{m+1}\quad y_{m+2}\quad \cdots\quad y_n]^{\mathrm{T}}$,其中,$x_j$ 为基变量,y_i 为非基变量。取$(x_r)=\max\{(x_1),(x_2),\cdots,(x_m)\}$,其中,$(\alpha)$表示 α 的非负小数部分,即$(\alpha)=\alpha-[\alpha]$。当$(\alpha)=0$ 时,$\boldsymbol{x}^*$ 为(A)的解。设$(x_r)\neq 0$,最后的单纯形表如表 10-14 所示。

表　10-14

	x_1	…	x_r	…	x_m	y_{m+1}	y_{m+2}	…	y_n	RHS
	0	…	0	…	0	σ_{m+1}	σ_{m+2}	…	σ_n	f^*
x_1	1	…	0	…	0	a'_{1m+1}	a'_{1m+2}	…	a'_{1n}	b'_1
⋮	⋮	⋱	⋮	…	⋮	⋮	⋮	⋮	⋮	⋮
x_r	0	…	1	…	0	a'_{rm+1}	a'_{rm+2}	…	a'_{rn}	b'_r
⋮	⋮	⋱	⋮	…	⋮	⋮	⋮	⋮	⋮	⋮
x_m	0	…	0	…	1	a'_{mm+1}	a'_{mm+2}	…	a'_{mn}	b'_m

根据单纯形法的原理可知：

$$x_r = b'_r - \sum_{j=m+1}^{n} a'_{rj} y_j$$

把右端的各系数整数部分与小数部分移到等式两端：

$$b'_r - \sum_{j=m+1}^{n} (a'_{rj}) y_j = x_r - [b'_r] + \sum_{j=m+1}^{n} [a'_{rj}] y_j$$

当(最优) 解为整数，即 x_j、y_i 均为整数时，$(b'_r) - \sum_{j=m+1}^{n} (a'_{rj}) y_j$ 为整数，由 $0 \leqslant (a'_{rj}) < 1$，$y_j \geqslant 0$ 可得

$$\sum_{j=m+1}^{n} (a'_{rj}) y_j \geqslant 0$$

于是

$$(b'_r) - \sum_{j=m+1}^{n} (a'_{rj}) y_j \leqslant (b'_r) < 1$$

不满足整数约束条件，于是添加约束条件

$$(b'_r) - \sum_{j=m+1}^{n} (a'_{rj}) y_j \leqslant 0$$

附加此约束后不会丢失任何整数可行解。

例 10-17　用割平面法求解下面的整数规划问题

例 10-17

$$\min f = -2x_1 - 2x_2$$

$$(\mathrm{A}): \quad \text{s.t.} \begin{cases} -x_1 + x_2 + x_3 = 1 \\ 3x_1 + x_2 + x_4 = 4 \\ x_1, x_2, x_3, x_4 \geqslant 0 \text{ 取整数} \end{cases}$$

解：用单纯形法求解问题(A)的松弛问题($\tilde{\mathrm{A}}$)，为了方便，把目标函数行放在单纯形表的底端，于是得到表 10-15。

表　10-15

基变量	x_1	x_2	x_3	x_4	RHS
x_3	−1	1	1	0	1

续表

基变量	x_1	x_2	x_3	x_4	RHS
x_4	(3)	1	0	1	4
目标函数	1	1	0	0	
x_3	0	$\left(\frac{4}{3}\right)$	1	$\frac{1}{3}$	$\frac{7}{3}$
x_1	1	$\frac{1}{3}$	0	$\frac{1}{3}$	$\frac{4}{3}$
目标函数	0	$\frac{2}{3}$	0	$-\frac{1}{3}$	
x_2	0	1	$\frac{3}{4}$	$\frac{1}{4}$	$\frac{7}{4}$
x_1	1	0	$-\frac{1}{4}$	$\frac{1}{4}$	$\frac{3}{4}$
目标函数	0	0	$-\frac{1}{2}$	$-\frac{1}{2}$	

由此得到(A)的最优解 $\boldsymbol{x}^*=[3/4\quad 7/4]^{\mathrm{T}}=[0.75\quad 1.75]^{\mathrm{T}}$,不符合整数条件。接下来找 x_r,$(x_r)=\max\{(x_1),(x_2)\}=\max\{0.75,0.75\}$,两个相同,任取一个。设用 x_2 确定割平面条件,得

$$\frac{3}{4}-\frac{3}{4}x_3-\frac{1}{4}x_4\leqslant 0$$

即

$$-\frac{3}{4}x_3-\frac{1}{4}x_4\leqslant -\frac{3}{4}$$

为了用单纯形法进行计算,引入松弛变量 x_5,得到线性规划问题(A_1),具体计算过程如表 10-16 所示。

$$(\mathrm{A}_1):\quad \begin{aligned}&\min\ f=-2x_1-2x_2\\ &\text{s.t.}\begin{cases}-x_1+x_2+x_3=1\\ 3x_1+x_2+x_4=4\\ -\dfrac{3}{4}x_3-\dfrac{1}{4}x_4+x_5=-\dfrac{3}{4}\\ x_1,x_2,x_3,x_4,x_5\geqslant 0\ \text{取整数}\end{cases}\end{aligned}$$

表 10-16

基变量	x_1	x_2	x_3	x_4	x_5	RHS
x_2	0	1	$\frac{3}{4}$	$\frac{1}{4}$	0	$\frac{7}{4}$
x_1	1	0	$-\frac{1}{4}$	$\frac{1}{4}$	0	$\frac{3}{4}$
x_5	0	0	$-\frac{3}{4}$	$-\frac{1}{4}$	1	$-\frac{3}{4}$
目标函数	0	0	−1	−1	0	

续表

基变量	x_1	x_2	x_3	x_4	x_5	RHS
x_2	0	1	0	0	1	1
x_1	1	0	0	$\frac{1}{3}$	$-\frac{1}{3}$	1
x_3	0	0	1	$\frac{1}{3}$	$-\frac{4}{3}$	1
目标函数	0	0	0	$-\frac{2}{3}$	$-\frac{4}{3}$	

由此可得到原线性规划问题(A)的最优解 $\boldsymbol{x}^*=[1\quad 1\quad 1\quad 0\quad 0]^{\mathrm{T}}$ 和最优值 $f^*=-4$。

10.2.5　指派问题

隐枚举法是求解 0-1 规划最常用的方法之一。对于 n 个决策变量的完全 0-1 规划，其可行点最多有 2^n 个。这种方法有一个明显的弊端，当 n 较大时，计算量将会大得惊人，在有限的时间内无法得到解。本节介绍一种求解 0-1 规划的新方法——匈牙利法。

1. 分派问题

n 项任务要分配给 n 个人(每人一项)去完成，各人完成不同任务的成本不同，分派问题就是决定如何指派可使总成本最低。类似的问题有 n 台机床加工 n 项任务、n 条航线上有 n 艘船航行等。

1）一般模型

设 $c_{ij}>0$ 为第 i 人完成第 j 项任务的成本(如时间成本等)，引入

$$x_{ij}=\begin{cases}1, & \text{第 } i \text{ 个人完成第 } j \text{ 项任务}\\ 0, & \text{否则}\end{cases} \tag{10-6}$$

模型如下：

$$\min f=\sum_{i=1}^{n}\sum_{j=1}^{n}c_{ij}x_{ij}$$

$$\text{s.t.}\begin{cases}\sum_{i=1}^{n}x_{ij}=1, j=1,2,\cdots,n(\text{每项任务一人})\\ \sum_{j=1}^{n}x_{ij}=1, i=1,2,\cdots,n(\text{每人一项任务})\\ x_{ij}=0 \text{ 或 } 1\end{cases} \tag{10-7}$$

数据集中在下列系数矩阵上：

$$\begin{bmatrix} c_{11} & c_{12} & \cdots & c_{1n}\\ c_{21} & c_{22} & \cdots & c_{2n}\\ \vdots & \vdots & \ddots & \vdots\\ c_{n1} & c_{n2} & \cdots & c_{nn}\end{bmatrix}$$

2）分派问题的最优解的性质

若对矩阵 $\boldsymbol{C}$ 的一行(或一列)各元素加上同一个实数 a 得到矩阵 $\boldsymbol{B}$，那么以 $\boldsymbol{B}$ 为系数矩阵的分派问题与原问题有相同的解。

证：设对 $\boldsymbol{C}$ 的第 k 行各元素加上 a，那么，

$$b_{ij}=\begin{cases}c_{ij}, & i\neq k\\ c_{kj}+a, & i=k\end{cases}$$

目标函数：

$$\tilde{f}=\sum_{i=1}^{n}\sum_{j=1}^{n}b_{ij}x_{ij}=\sum_{i=1}^{n}\sum_{j=1}^{n}c_{ij}x_{ij}+a\sum_{j=1}^{n}x_{kj}=f+a$$

目标函数的常数项不影响最优解。

下面举例说明上述性质的应用。例如：

$$\boldsymbol{C}=\begin{bmatrix}2&3&5&7\\3&5&2&8\\9&5&7&8\\2&2&3&9\end{bmatrix}$$

第 1～4 行分别加上－2、－2、－5、－2，得到

$$\begin{bmatrix}0&1&3&5\\1&3&0&6\\4&0&2&3\\0&0&1&7\end{bmatrix}$$

第 4 列减 3 得到

$$\begin{bmatrix}0&1&3&2\\1&3&0&3\\4&0&2&0\\0&0&1&4\end{bmatrix}$$

显然，$x_{11}=x_{23}=x_{34}=x_{42}=1$ 是一组最优解。

相应的最小成本为

$$f^*=2+2+8+2=14$$

注意，可行解的特征是：各行有且仅有一个 0，各列有且仅有一个 0，即有 n 个独立的零元素。

定理 10-9 （匈牙利定理）系数矩阵中独立零元素的最多个数等于覆盖所有零元素的最少直线数。

例如：

$$\begin{bmatrix}0&1&3&4\\2&0&6&0\\0&5&9&3\\2&7&0&6\end{bmatrix}$$

这里用 3 条直线可以覆盖所有的零元素，因此，矩阵中有 3 个独立零元素。

注意，这里存在一种对偶关系：找最多的独立零元素个数也就是找最少的覆盖全部零元素的直线数。

2. 利用匈牙利法求解分派问题的具体步骤

这里假设求解最小值问题。具体步骤如下：

(1) 对矩阵 $\boldsymbol{C}$ 的每一行(或每一列)分别减去该行(或该列)各元素的最小值,使每行(或每列)均有零元素。

(2) 试派,即找独立零元素。

① 对每行进行检查。若当前行中只有一个零元素,则给它加圈,标为⓪,同时把该元素所在列的其他零元素用斜线划去。

② 对每列进行检查。若当前列中只有一个零元素(划去的 0 不算),给它加圈,同时把该元素所在行的其他零元素划去。

反复执行步骤①和②,直到所有行列中的单个零元素均被处理。

③ 若同一行(或同一列)中零元素均多于一个,用上述办法选零元素个数较少的行(或列),把其中任意一个零元素加圈,同时把该元素所在的行或列的其他零元素划去。

反复执行步骤①~③,直到所有的零元素均被处理。

为简单起见,记加圈零元素的个数为 n,当 $m=n$ 时,停止检查,使加圈零元素对应的 $x_{ij}=1$,其余 $x_{ij}=0$,即为最优解;当 $m<n$ 时,转步骤(3)。

(3) 确定覆盖全部零元素的最小直线数。

① 对无加圈零元素的行作√记号。

② 在有√记号的行中,对有划去零元素的列,作√记号。

③ 在有"√"列中,对有加圈零元素的行,作√记号。

重复执行②和③,直至得不出要作√的行、列为止。

(4) 对所有无√记号的行画一条横线;对所有这样的列画一条竖线,记总直线数为 ℓ。当 $\ell<n$ 时,转步骤(4);当 $\ell=n$ 时,转步骤(2)(说明试探不成功,重新试派)。

(5) 变换矩阵,以增加零元素的个数,但不得出现负元。设无直线覆盖部分中的最小元素为 α,所有标记了√的行中的各元素减去 α,所有标记了√的列中的各元素加上 α,转步骤(2)。

例 10-18　有甲、乙、丙、丁 4 个人要完成 A、B、C、D 4 项任务(每人只能完成一项任务,每项任务也只能由一个人完成),他们完成各项任务的成本如矩阵 $\boldsymbol{M}$ 所示($\boldsymbol{M}$ 展示了甲、乙、丙、丁完成各项任务所用的时间):

$$\begin{array}{c} \\ \boldsymbol{M}= \end{array}\begin{array}{c} \begin{matrix} \mathrm{A} & \mathrm{B} & \mathrm{C} & \mathrm{D} \end{matrix} \\ \begin{bmatrix} 32 & 16 & 33 & 24 \\ 20 & 32 & 24 & 19 \\ 24 & 29 & 40 & 38 \\ 33 & 27 & 42 & 22 \end{bmatrix} \end{array}\begin{array}{l} \\ 甲 \\ 乙 \\ 丙 \\ 丁 \end{array}$$

怎样安排任务,最终的成本最小?

解:上述任务安排问题等价于找代价矩阵的独立零元素问题,因此可以用匈牙利法找独立零元素。求解过程如下。

对代价矩阵 $\boldsymbol{M}$ 进行处理,使得矩阵的每行每列都有零元素。$\boldsymbol{M}$ 各行元素的最小值分别为 16、19、24、22,对每一行都减去该行元素的最小值,得到

$$\boldsymbol{M}^{(1)}=\begin{bmatrix} 16 & 0 & 17 & 8 \\ 1 & 13 & 5 & 0 \\ 0 & 5 & 16 & 14 \\ 11 & 5 & 20 & 0 \end{bmatrix}$$

此时,矩阵 $\boldsymbol{M}^{(1)}$ 的第 3 列还没有零元素,该列元素的最小值为 5。对该列各元素都减去 5,得到以下矩阵:

$$\boldsymbol{M}^{(2)}=\begin{bmatrix}16 & \textcircled{0} & 12 & 8\\ 1 & 13 & \textcircled{0} & 0\\ \textcircled{0} & 5 & 11 & 14\\ 11 & 5 & 15 & \textcircled{0}\end{bmatrix}$$

由此,得到 4 个独立的零元素。因此,可以按照以下方式分派任务:甲完成任务 B,乙完成任务 C,丙完成任务 A,丁完成任务 D,总的成本为 16+24+24+22=86。

10.3 目标规划

10.3.1 目标规划问题的提出与建模

在科学研究、经济建设和生产实践中,人们经常遇到一类含有多个目标的数学规划问题,称为多目标规划问题。在群体智能与进化计算方法的研究上,目标规划的相关思路可以运用在多目标的优化问题上。本节介绍一种特殊的多目标规划——目标规划(goal programming),这是美国学者查恩斯(A.Charnes)和库伯(W.W.Cooper)在 1952 年提出的。目标规划在实践中的应用十分广泛,它的重要特点是对各个目标分级加权与逐级优化,这符合人们处理问题要区分轻重缓急、保证重点的思考方式。

目标规划最初是作为解没有可行解的线性规划问题而引入的一种方法。这种方法把规划问题表达为尽可能地接近预期的目标。1965 年,尤吉·艾吉里(Yuji Ijiri)在处理多目标问题,分析各类目标的重要性时,引入了各目标的优先因子及加权系数的概念,并进一步完善了目标规划的数学模型。表达和求解目标规划问题的方法是由杰斯基莱恩(Jashekilaineu)和桑·李(Sang Li)给出并加以改进的。

与线性规划相比,目标规划有以下优点:

(1) 线性规划只能处理一个目标;而现实问题往往要处理多个目标,目标规划就能统筹兼顾地处理多个目标的关系,求得更切合实际要求的解。

(2) 线性规划立足于求满足所有约束条件的最优解;而在实际问题中,可能存在相互矛盾的约束条件,目标规划可以在相互矛盾的约束条件下找到满意解。

(3) 目标规划的最优解指的是尽可能达到或接近一个或若干个已给定的指标值的解。

(4) 线性规划的约束条件是不分主次地同等对待;而目标规划可根据实际的需要区分轻重缓急加以考虑。

因此,可以认为目标规划更能确切地描述和解决经营管理中的许多实际问题。目前,目标规划已在经济计划、生产管理、市场管理、财务分析、技术参数的选择等方面得到广泛的应用。

1. 问题的提出

为了便于理解目标规划数学模型的特征及建模思路,先举一个简单的例子。

例 10-19 某厂用一条生产线生产 A 和 B 两种产品,每周生产线运行时间为 60h,生产一台 A 产品需要 4h,生产一台 B 产品需要 6h。根据市场预测,A、B 产品每周平均销售量分别为 9 台、8 台，销售利润分别为 24 万元、36 万元。在制订生产计划时，经理考虑下述 4 个目标：

(1) 产量不能超过市场预测的销售量。

(2) 工人加班时间最少。

(3) 总利润最大。

(4) 尽可能满足市场需求。当不能满足时，从市场的角度认为 B 产品的重要性是 A 产品的 2 倍。

接下来尝试建立这个问题的数学模型。

讨论：若把总利润最大看作目标，而把产量不能超过市场预测的销售量、工人加班时间最少和要尽可能满足市场需求的目标看作约束，则可建立一个单目标线性规划模型。

设决策变量 x_1、x_2 分别为产品 A、B 的产量，则模型如下：

$$\max z = 24x_1 + 36x_2$$

$$\text{s.t.}\begin{cases} 4x_1 + 6x_2 \leqslant 60 \\ x_1 \leqslant 9 \\ x_2 \leqslant 8 \\ x_1, x_2 \geqslant 0 \end{cases}$$

容易求得上述线性规划的最优解为$(9,4)^{\mathrm{T}}$到$(3,8)^{\mathrm{T}}$所在线段上的点，最优目标值为 $z^* = 180$，即可选方案有多种。

实际上，此结果并非完全符合决策者的要求，它只实现了前 3 个目标，而没达到最后一个目标。进一步分析可知，要实现全部 4 个目标是不可能的。

2. 目标规划模型的基本概念

把例 10-19 中的 4 个目标表示为不等式。仍设决策变量 x_1、x_2 分别为产品 A、B 的产量，那么：

- 第一个目标为 $x_1 \leqslant 9, x_2 \leqslant 8$。
- 第二个目标为 $4x_1 + 6x_2 \leqslant 60$。
- 第三个目标为总利润最大。要表示成不等式，需要找到一个目标上界，这里可以估计为 504(即 $24\times9+36\times8$)，于是有 $24x_1 + 36x_2 \geqslant 504$。
- 第四个目标为 $x_1 \geqslant 9, x_2 \geqslant 8$。

下面引入与建立目标规划数学模型有关的概念。

1) 正负偏差变量 d^+、d^-

用正偏差变量 d^+ 表示决策值超过目标值的部分，用负偏差变量 d^- 表示决策值不足目标值的部分。因决策值不可能既超过目标值同时又未达到目标值，故恒有 $d^+ \times d^- = 0$。

目标规划
数学模型
有关的概念

2) 绝对约束和目标约束

绝对约束是指必须严格满足的等式约束和不等式约束。例如，在线性规划问题中考虑的约束条件就是绝对约束，不能满足这些约束条件的解称为非可行解。设例 10-19 中生产 A、B 产品所需原材料数量有限制，并且无法从其他渠道予以补充，则这个限制构成绝对约束。

目标约束是目标规划特有的约束，可以把约束右端项看作要努力追求的目标值，但允许发生偏差，以在约束中加入正、负偏差变量的形式表示，于是称它们为目标约束。

对于例 10-19,有如下目标约束

$$\begin{cases}x_1+d_1^- -d_1^+ =9 & (1)\\ x_2+d_2^- -d_2^+ =8 & (2)\\ 4x_1+6x_2+d_3^- -d_3^+ =60 & (3)\\ 24x_1+36x_2+d_4^- -d_4^+ =504 & (4)\end{cases}$$

3) 优先因子与权系数

对于多目标问题,设有 L 个目标函数 $f_1,f_2,\cdots,f_L$,决策者在要求达到这些目标时一般有主次之分。为此,引入优先因子 $P_i,i=1,2,\cdots,L$。无妨设预期的目标函数优先级顺序为 $f_1,f_2,\cdots,f_L$,把要求第一位达到的目标赋予优先因子 P_1,第二位的目标赋予优先因子 P_2……并规定 $P_i \gg P_{i+1},i=1,2,\cdots,L-1$。

在计算过程中,首先保证 P_1 级目标的实现,这时可不考虑次级目标;而 P_2 级目标是在实现 P_1 级目标的基础上考虑的;以此类推。当需要区别具有相同优先因子的若干目标的差别时,可分别赋予它们不同的权系数 ω_j。优先因子及权系数的值均由决策者根据具体情况确定。

4) 目标规划的目标函数

目标规划的目标函数是通过各目标约束的正、负偏差变量和赋予相应的优先级的手段构造的。决策者的要求是尽可能从某个方向缩小偏离目标的数值。于是,目标规划的目标函数应该是求极小,即 $\min f=f(d^+,d^-)$。其基本形式有 3 种:

(1) 要求恰好达到目标值,也就是使相应目标约束的正、负偏差变量都尽可能地小。这时取 $\min(d^+ +d^-)$。

(2) 要求不超过目标值,也就是使相应目标约束的正偏差变量尽可能地小。这时取 $\min d^+$。

(3) 要求不低于目标值,也就是使相应目标约束的负偏差变量尽可能地小。这时取 $\min d^-$。

对于例 10-19,根据决策者的考虑可知,第一优先级要求 $\min(d_1^+ +d_2^+)$,第二优先级要求 $\min d_3^+$,第三优先级要求 $\min d_4^-$,第四优先级要求 $\min(d_1^- +2d_2^-)$。当不能满足市场需求时,市场认为 B 产品的重要性是 A 产品的 2 倍,即减少 B 产品的影响是减少 A 产品的影响的 2 倍,因此这里引入了权系数 2。

综合上述分析,可以得到下列目标规划模型:

$$\min f=P_1(d_1^+ +d_2^+)+P_2d_3^+ +P_3d_4^- +P_4(d_1^- +2d_2^-)$$

$$\text{s.t.}\begin{cases}x_1+d_1^- -d_1^+ =9\\ x_2+d_2^- -d_2^+ =8\\ 4x_1+6x_2+d_3^- -d_3^+ =60\\ 24x_1+36x_2+d_4^- -d_4^+ =504\\ x_1,x_2,d_i^-,d_i^+ \geqslant 0,i=1,2,3,4.\end{cases}$$

根据上面的讨论,可以得到目标规划的一般形式:

$$\min\sum_{l=1}^{L}P_l\left[\sum_{k=1}^{K}(\omega_{lk}^-d_k^- +\omega_{lk}^+d_k^+)\right]$$

$$\text{s.t.}\begin{cases}\sum_{j=1}^{n}c_{kj}x_j+d_k^- - d_k^+ = g_k, k=1,2,\cdots,K \\ \sum_{j=1}^{n}a_{ij}x_j=(\leqslant,\geqslant)b_i, i=1,2,\cdots,m \\ x_j,d_k^-,d_k^+\geqslant 0, j=1,2,\cdots,n,k=1,2,\cdots,K\end{cases} \tag{10-8}$$

其中，第一个约束是 K 个目标约束，第二个约束是 m 个绝对约束，c_{kj} 和 g_k 是目标参数，ω_{lk}^+ 和 ω_{lk}^- 是权系数。

10.3.2　目标规划的几何意义及图解法

对只有两个决策变量的目标规划的数学模型，可以用图解法分析和求解。通过图解，可以看到目标规划中优先因子，也可以看到正、负偏差变量及权系数等的几何意义。

图解法的方法如下：以两个决策变量为坐标建立直角坐标系。首先，现将绝对约束体现在坐标系中，形成可行域。然后，逐一将目标约束在坐标系中表示出来：①去掉偏差变量，将所得直线画在坐标系中；②在该直线上标出正负偏差变量。最后，逐级考虑各级目标实现的范围，得到满意解。

例 10-20　用图解法求解例 10-19。

解：先在平面直角坐标系的第一象限内作出与各约束条件对应的直线，然后在这些直线旁分别标上 $G_i, i=1,2,3,4$，各直线移动时使得函数值变大、变小的方向分别用＋、－表示，即 d_i^+、d_i^-，如图 10-4 所示。

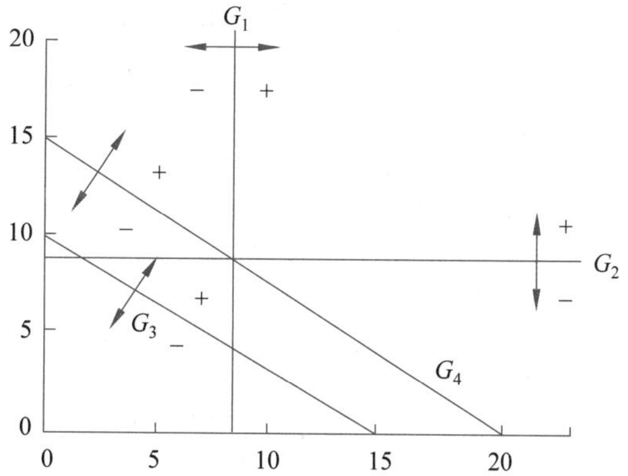

图　10-4

下面根据目标函数的优先因子进行分析和求解。首先考虑第一级具有 P_1 优先因子目标的实现，在目标函数中要求实现 $\min(d_1^+ + d_2^+)$，取 $d_1^+ = d_2^+ = 0$，图 10-5 中框起来的部分表示满足第一优先级的所有点的集合。

在第一级目标的最优解集合中找满足第二优先级 $\min d_3^+$ 要求的最优解，取 $d_3^+ = 0$，可得到图 10-6 中的可行解集合，该集合为图 10-5 中的矩形部分除去由直线 G_1、G_2、G_3 构成的三角形区域后剩余的区域，即由粗线围成的区域。该区域就是满足第一优先级与第二优先级要求的最优解集合。

第三优先级要求 $\min d_4^-$。由图 10-6 可知，d_4^- 不可能取值为 0，取 d_4^- 的最小值，得到满足前 3 个优先级的最优解，即图 10-7 中的粗线段。

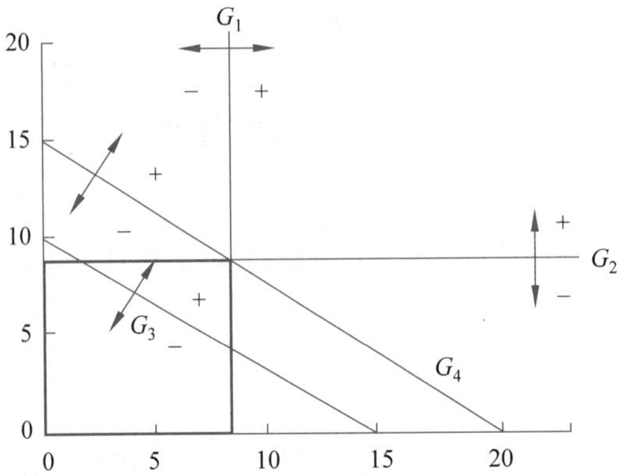

图 10-5

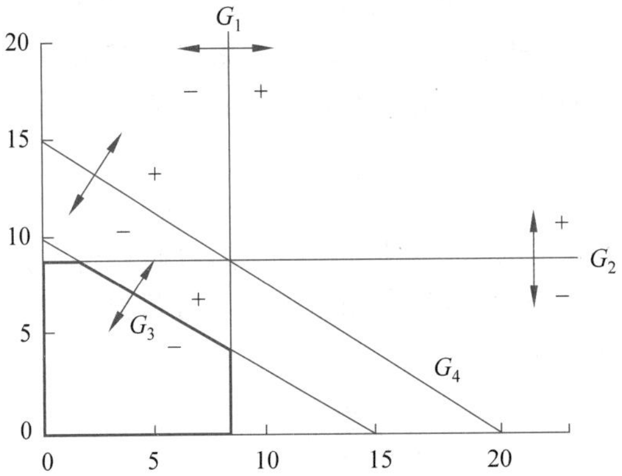

图 10-6

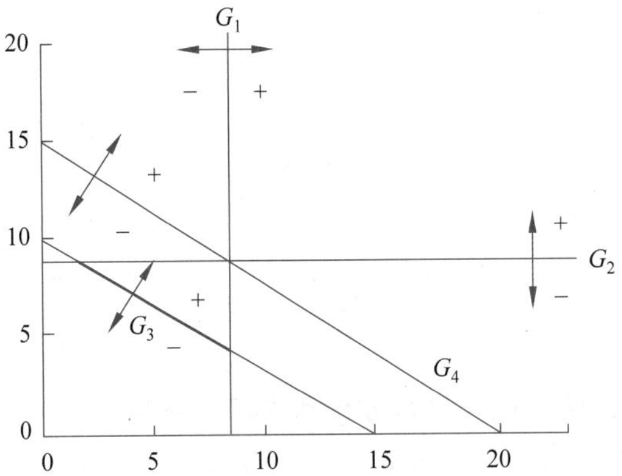

图 10-7

最后,考虑第四优先级要求 $\min(d_1^+ + 2d_2^-)$,即要在图 10-7 中的粗线段上找出最优解。由于 d_1^- 的权因子小于 d_2^- 的权因子,因此在这里优先考虑 $d_2^- = 0$,于是解得 $x_1 = 3$,$x_2 = 8$,$d_1^- = 6$。

10.3.3 解目标规划的单纯形法

目标规划的模型与线性规划模型在结构上无本质区别,故可用单纯形法求解。但考虑到目标规划模型的特点，作如下规定：

(1) 因目标规划问题的目标函数都是求最小化，所以检验数 $\sigma_j \geqslant 0, j=1,2,\cdots,n$ 为最优准则。

(2) 因非基变量检验数中含有不同等级的优先因子，即

$\sigma_j = \sum_{k=1}^{L} \alpha_{kj} P_k, j=1,2,\cdots,n$，而 $P_1 \gg P_2 \gg \cdots \gg P_L$。从每个检验数的整体来看，检验数的正负首先取决于 P_1 的系数 α_{1j} 的正负。若 $\alpha_{1j}=0$，这时此检验数的正负就取决于 P_2 的系数 α_{2j} 的正负，以此类推。

解目标规划的单纯形法的步骤如下：

(1) 建立初始单纯形表，在表中将检验数行按优先因子个数 L 分别列成 L 行。

(2) $k=1$。

(3) 检验该行中是否存在负数。若有，且该元素所在检验数列位于其上方的元素都为 0，取这样的元素中最小者对应的变量为入变量，转到(4)；否则转到(6)。

(4) 按最小比值规则确定变量，当存在两个或两个以上相同的最小比值时，选具有较高优先级的变量为出变量。

(5) 按单纯形法迭代，建立新的计算表，返回(2)。

(6) 当 $k=L$ 时，计算结束，表中的解为满意解；否则令 $k=k+1$，返回(3)。

例 10-21　用单纯形法求解下面的目标规划问题。

例 10-21

$$\min z = P_1 d_1^+ + P_2 d_2^+ + P_3 d_3^-$$

$$\text{s.t.}\begin{cases} 2x_1 + x_2 + x_s = 11 \\ x_1 - x_2 + d_1^- - d_1^+ = 0 \\ x_1 + 2x_2 + d_2^- - d_2^+ = 10 \\ 8x_1 + 10x_2 + d_3^- - d_3^+ = 56 \\ x_1, x_2, x_s, d_i^-, d_i^+ \geqslant 0, i=1,2,3 \end{cases}$$

解：

(1) 取 x_s、d_1^-、d_2^-、d_3^- 为初始基变量，列出初始单纯形表，如表 10-17 所示。

表　10-17

c_j			0	0	0	0	P_1	0	P_2	P_3	0	θ
C_B	x_B	b	x_1	x_2	x_s	d_1^-	d_1^+	d_2^-	d_2^+	d_3^-	d_3^+	
0	x_s	11	2	1	1	0	0	0	0	0	0	$\frac{11}{2}$
0	d_1^-	0	1	−1	0	1	−1	0	0	0	0	—
0	d_2^-	10	1	(2)	0	0	0	1	−1	0	0	$\frac{5}{2}$
P_3	d_3^-	56	8	10	0	0	0	0	0	1	−1	$\frac{28}{5}$
σ_j	P_1		0	0	0	0	1	0	0	0	0	
	P_2		0	0	0	0	0	0	1	0	0	
	P_3		−8	−10	0	0	0	0	0	0	1	

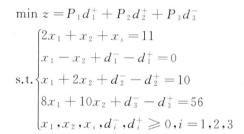

(2) 取 $k=1$,检查检验数的 P_k 行,该行无负检验数,转(3)。

(3) 因 $k(=1)<K(=3)$,令 $k=k+1$,返回(2)。

(4) 由表 10-17 可看出检验数的 P_3 行有 -8 和 -10,取 $\text{Min}\{-8,-10\}=-10$,它对应的变量 x_2 为入变量,转(5)。

(5) 在表 10-17 上计算最小比值,$\theta=\min\{11/2,-,5/2,28/5\}=5$,它对应的 d_2^- 为出变量,转(6)。

(6) 进行基变换运算,得到表 10-18,返回(2)。

表 10-18

c_j			0	0	0	0	P_1	0	P_2	P_3	0	θ
C_B	x_B	b	x_1	x_2	x_s	d_1^-	d_1^+	d_2^-	d_2^+	d_3^-	d_3^+	
0	x_s	6	$\frac{3}{2}$	0	1	0	0	$-\frac{1}{2}$	$\frac{1}{2}$	0	0	4
0	d_1^-	5	$\frac{3}{2}$	0	0	1	-1	$\frac{1}{2}$	$-\frac{1}{2}$	0	0	$\frac{10}{3}$
0	x_2	5	$\frac{1}{2}$	1	0	0	0	$\frac{1}{2}$	$-\frac{1}{2}$	0	0	5
P_3	d_3^-	6	(3)	0	0	0	0	-5	5	1	-1	2
σ_j	P_1		0	0	0	0	1	0	0	0	0	
	P_2		0	0	0	0	0	1	1	0	0	
	P_3		-3	0	0	0	0	5	-5	0	1	

重复(2)~(6),最终得到表 10-19。

表 10-19

c_j			0	0	0	0	P_1	0	P_2	P_3	0	θ
C_B	x_B	b	x_1	x_2	x_s	d_1^-	d_1^+	d_2^-	d_2^+	d_3^-	d_3^+	
0	x_s	3	0	0	1	0	0	2	2	$-\frac{1}{2}$	$\frac{1}{2}$	
0	d_1^-	2	0	0	0	1	-1	3	-3	$-\frac{1}{2}$	$\frac{1}{2}$	
0	x_2	4	0	1	0	0	0	$\frac{4}{3}$	$-\frac{4}{3}$	$-\frac{1}{6}$	$\frac{1}{6}$	
0	x_1	2	1	0	0	0	0	$-\frac{5}{3}$	$\frac{5}{3}$	$\frac{1}{3}$	$-\frac{1}{3}$	
σ_j	P_1		0	0	0	0	1	0	0	0	0	
	P_2		0	0	0	0	0	0	1	0	0	
	P_3		0	0	0	0	0	0	0	1	0	

由表 10-19 可以得到该目标规划的满意解,为 $x_1^*=2, x_2^*=4$。从表 10-19 的检验数行可以看到非基变量 d_3^+ 的检验数为 0,说明该问题有多个满意解,可以由表 10-19 继续求解,进而得到多个满意解。

下面讨论目标优先次序的确定。

在目标规划中，要求按各目标的重要性赋予相应的优先因子及权系数。在简单情况下，决策者可按自己对各目标的重要性的认识给出排序。当目标多而又不易判断时，可采用两两比较法；对那些关系重大的目标，优先次序的排队问题可听取多方面专家的意见，用加权平均法确定。以下分别介绍这两种方法。

方法一：两两比较法。

假设有 n 个目标，决策者从这些目标中取出两个进行比较，并确定这两个目标的重要性的差别。用 $G_i > G_j$ 表示目标 G_i 比 G_j 重要，这就有 $n(n-1)/2$ 种比较结果。然后统计“>”左边的每个目标出现的次数，出现的次数越多，表示该目标越重要，以出现次数的多少给出排队顺序。举例说明如下。

例 10-22　假设某个人要买一套房子，要考虑的目标有价格(G_1)、面积(G_2)、采光性(G_3)、位置(G_4)4 个目标。他依据自己的判断，利用两两比较法得出这 4 个目标之间的比较结果：

$$G_1 > G_2, G_1 < G_3, G_1 > G_4, G_2 < G_3, G_2 > G_4, G_3 > G_4$$

这 4 个目标重要性的排列顺序如何？

解：经统计，G_1 为 2，G_2 为 1，G_3 为 3，G_4 为 0。

优先因子如下：$G_3 \rightarrow P_1, G_1 \rightarrow P_2, G_2 \rightarrow P_3, G_4 \rightarrow P_4$。

当各目标在“>”左边出现的次数统计出来后，即可赋予相应的优先因子，或某些目标赋予同一优先因子和不同的权系数。此方法的基本前提是决策者对各目标的比较是没有偏见的。

方法二：加权平均法。

对于同一目标，不同的决策者的兴趣、偏好、感受往往有差异，对于那些重大目标的排序问题，为了尽量避免由于这些差异而错误地安排优先因子，可以多方面听取意见，然后加以综合，实现决策过程的民主化。举例如下：

例 10-23

例 10-23　请 10 位专家参与对 4 个目标 $G_1 \sim G_4$ 的重要性进行排序，各专家的评定工作独立进行，给每位专家一个编号 i，$i=1,2,\cdots,10$，根据各方面评定的可信度赋予每一个专家一个评定权系数 v_i，v_i 的取值范围是 0～1。例如，某位专家评出的结果是 $G_3 > G_4 > G_1 > G_2$，表明 G_3 最重要，G_4 次之，G_2 最不重要。其他的专家也都做出类似的评定。

解：这 10 位专家的评定结果如表 10-20 所示，该表给出了这 4 个目标的重要性排序。

表　10-20

专家编号	目标的重要性程度				评定权系数 v_i
	1	2	3	4	
1	G_3	G_4	G_1	G_2	0.8
2	G_3	G_1	G_2	G_4	0.9
3	G_1	G_3	G_2	G_4	0.6
4	G_4	G_1	G_2	G_3	0.7
5	G_3	G_2	G_4	G_1	0.9

续表

专家编号	目标的重要性程度				评定权系数 v_i
	1	2	3	4	
6	G_2	G_1	G_3	G_4	0.8
7	G_2	G_4	G_1	G_3	0.7
8	G_4	G_2	G_3	G_1	0.9
9	G_2	G_4	G_3	G_1	0.6
10	G_1	G_4	G_2	G_3	0.9

为便于计算,依目标的重要性分别给它们赋予 4、3、2、1 分。根据表 10-20 给出的 10 个排序,统计出各目标分别被排在各位置的次数及对应的评定权系数,计算各目标的综合得分 b_i。

$$b_1=\frac{4\times(v_3+v_{10})+3\times(v_2+v_4+v_6)+2\times(v_1+v_7)+1\times(v_5+v_8+v_9)}{\sum_{i=1}^{10}v_i}$$

$$=\frac{18.6}{7.8}\approx 2.38$$

$$b_2=\frac{4\times(v_6+v_7+v_9)+3\times(v_5+v_8)+2\times(v_2+v_3+v_4+v_{10})+1\times v_1}{\sum_{i=1}^{10}v_i}$$

$$=\frac{20.8}{7.8}\approx 2.67$$

$$b_3=\frac{4\times(v_1+v_2+v_5)+3\times v_3+2\times(v_6+v_8+v_9)+1\times(v_4+v_7+v_{10})}{\sum_{i=1}^{10}v_i}$$

$$=\frac{19.1}{7.8}\approx 2.45$$

$$b_4=\frac{4\times(v_4+v_8)+3\times(v_1+v_7+v_9+v_{10})+2\times v_5+1\times(v_2+v_3+v_6)}{\sum_{i=1}^{10}v_i}$$

$$=\frac{19.5}{7.8}=2.5$$

根据 $G_1\sim G_4$ 的综合得分进行递减排序,得到对应的目标排序:$G_2>G_4>G_3>G_1$。因此,可以得出结论:第二个目标最重要,第四个目标次之,第一个目标最不重要。

10.4 小　　结

本章主要介绍了一般的线性规划问题、整数规划问题以及目标规划问题的求解方法。运用表格单纯形法求解一般的线性规划问题,通过分支定界法与割平面法求解整数规划问题，指派问题可以通过匈牙利法解决。最后介绍了两种解决目标规划问题的方法——图解法与单纯形法。

10.5 习 题

1. 将下面的线性规划问题转化成标准形式。

$$\min z = 5x_1 - 2x_2$$

$$\text{s.t.}\begin{cases} x_1 + 3x_2 \leqslant 4 \\ -x_1 + x_2 \leqslant -2 \\ x_1 \geqslant 0 \\ x_2 \geqslant 0 \end{cases}$$

2. 设有下面的线性规划问题。

$$\max z = 4x_1 + 2x_2 - 2x_3$$

$$\text{s.t.}\begin{cases} x_1 + 2x_2 + x_3 \leqslant 8 \\ -x_1 + x_2 - 2x_3 \leqslant 4 \\ x_1, x_2, x_3 \geqslant 0 \end{cases}$$

(1) 用单纯形法求解上述问题。

(2) 对目标函数的系数 $c_3 = -2$ 进行灵敏度分析。

(3) 增加一个变量 x_6，$\boldsymbol{a}_6 = \begin{bmatrix} 2 \\ 3 \end{bmatrix}$，$c_6 = 4$，用单纯形法求原问题的最优解。

3. 用对偶单纯形法求解下面的线性规划问题。

$$\min \omega = 4x_1 + 6x_2 + 8x_3$$

$$\text{s.t.}\begin{cases} x_1 + 2x_2 + x_3 \geqslant 3 \\ 2x_1 - x_2 + 3x_3 \geqslant 4 \\ x_1, x_2, x_3 \geqslant 0 \end{cases}$$

4. 用分支定界法求解下列整数规划问题。

$$\max z = 2x_1 + 3x_2$$

$$\text{s.t.}\begin{cases} 15x_1 + 8x_2 \leqslant 64 \\ -6x_1 + 3x_2 \leqslant 1 \\ x_1, x_2 \geqslant 0, x_1、x_2 \text{ 取整数} \end{cases}$$

5. 用割平面法求解下列整数规划问题。

$$\max z = 3x_1 + 3x_2$$

$$\text{s.t.}\begin{cases} -x_1 + x_2 \leqslant 1 \\ 3x_1 + x_2 \leqslant 4 \\ x_1, x_2 \geqslant 0, x_1、x_2 \text{ 取整数} \end{cases}$$

6. 设需要甲、乙、丙、丁、戊完成 A、B、C、D、E 5 项任务，每人完成各项任务的时间（小时）如表 10-21 所示，试确定花费时间最少的分派方案。

表 10-21

人	任务				
	A	B	C	D	E
甲	4	8	7	15	12
乙	7	9	17	14	10
丙	6	9	12	8	7
丁	6	7	14	6	10
戊	6	9	12	10	6

7. 用单纯形法求解下列目标规划问题。

$$\min z = P_1 d_1^- + 2.5P_2 d_3^+ + P_2 d_4^+ + P_3 d_2^+$$

$$\text{s.t.}\begin{cases} 30x_1 + 12x_2 + d_1^- - d_1^+ = 2500 \\ 2x_1 + x_2 + d_2^- - d_2^+ = 140 \\ x_1 + d_3^- - d_3^+ = 60 \\ x_2 + d_4^- - d_4^+ = 100 \\ x_1, x_2 \geqslant 0, x_l \geqslant 0 (l = 1,2,3,4) \end{cases}$$

第11章

最优化问题

11.1 最优化搜索算法的结构与一维搜索

11.1.1 常用的搜索算法结构

常用的搜索算法从结构上说是迭代算法，即从某一点出发，按照某种规则求后继点的重复过程。对于数学规划问题，常见迭代算法的是下降算法，即后继点的函数值应该有所减少。

一般地，算法 A 是定义在空间 X 上的点到集合的映射，即对每一个点 $\boldsymbol{x}\in X$，给定一个集合 $A(\boldsymbol{x})\subseteq X$，其中的 X 可以是一般的度量空间或 $\mathbf{R}^n$ 的子集。

迭代算法的关键问题有以下 3 个：

(1) 初始点的确定。

(2) 迭代点的产生。

(3) 停机条件。

1. 收敛性概念

定义 11-1 在自由搜索(Free Search，FS)中，设迭代算法产生点列 $\{\boldsymbol{x}^{(k)}\}\subseteq S$。设 $\boldsymbol{x}^*\in S$ 是全局最优(小)解(用 g.opt 表示)。当 $\boldsymbol{x}^*\in\{\boldsymbol{x}^{(k)}\}$ 或 $\boldsymbol{x}^{(k)}\neq\boldsymbol{x}^*$ 时，$\forall k$，满足

$$\lim_{k\to\infty}\boldsymbol{x}^{(k)}=\boldsymbol{x}^*$$

时，称算法收敛到最优解 $\boldsymbol{x}^*$。这是理想的收敛性。

由于非线性规划问题的复杂性，在实际中通常采用实用收敛性的概念。

实用收敛性用定义解集的方式描述，即

$$S^*=\{x\mid x\text{ 具有某种性质}\}$$

其含义是，当迭代点属于这个集合时则停止迭代。

例如：

$$S^*=\{\boldsymbol{x}\mid\boldsymbol{x}\text{ 是 g.opt}\}$$

$$S^*=\{\boldsymbol{x}\mid\boldsymbol{x}\text{ 是 l.opt}\}$$

$$S^*=\{\boldsymbol{x}\mid\nabla f(\boldsymbol{x})=0\}$$

$$S^*=\{\boldsymbol{x}\mid f(\boldsymbol{x})\leqslant\beta\}$$

在上述第 2 个定义中，l.opt 为局部最小解。

在上述第 4 个定义中，β 为给定的实数，称为阈值。

设解集 $S^* \neq \varnothing$,$\{\boldsymbol{x}^{(k)}\}$为算法产生的点列。下列情况之一成立时,称算法收敛:

(1) $\exists \boldsymbol{x}^{(k)} \in S^*$。

(2) $\boldsymbol{x}^{(k)} \notin S^*$,$\forall k$,$\{\boldsymbol{x}^{(k)}\}$的任意极限点$\in S^*$。

全局收敛是指对任意初始点 $\boldsymbol{x}^{(1)}$ 算法均收敛。

局部收敛是指当 $\boldsymbol{x}^{(1)}$ 充分接近 S^* 中的某个解 $\boldsymbol{x}^*$ 时算法才收敛。

2. 收敛准则

定义 11-2 设$\{\boldsymbol{x}^{(k)}\}$是迭代序列,设计迭代算法时,应根据不同解集合的含义确定停机条件。对于给定的 $\varepsilon>0$,常用的停机条件如下:

(1) $\| \boldsymbol{x}^{(k+1)} - \boldsymbol{x}^{(k)} \| < \varepsilon$。

(2) $\dfrac{\| \boldsymbol{x}^{(k+1)} - \boldsymbol{x}^{(k)} \|}{\boldsymbol{x}^{(k)}} < \varepsilon$。

(3) $|f(\boldsymbol{x}^{(k+1)}) - f(\boldsymbol{x}^{(k)})| < \varepsilon$。

(4) $\dfrac{|f(\boldsymbol{x}^{(k+1)}) - f(\boldsymbol{x}^{(k)})|}{|f(\boldsymbol{x}^{(k)})|} < \varepsilon$。

(5) $\| \nabla f(\boldsymbol{x}^{(k)}) \| < \varepsilon$(常用于无约束最优化)。

这些停机条件称为收敛准则。

3. 收敛速度

定义 11-3 设算法产生的点列$\{\boldsymbol{x}^{(k)}\}$收敛到解 $\boldsymbol{x}^*$,且 $\boldsymbol{x}^{(k)} \neq \boldsymbol{x}^*$,$\forall k$,有以下 3 种收敛速度。

(1) 线性收敛(当 k 充分大时):

$$\frac{\| \boldsymbol{x}^{(k+1)} - \boldsymbol{x}^* \|}{\| \boldsymbol{x}^{(k)} - \boldsymbol{x}^* \|} \leqslant \alpha < 1$$

(2) 超线性收敛:

$$\lim_{k \to \infty} \frac{\| \boldsymbol{x}^{(k+1)} - \boldsymbol{x}^* \|}{\| \boldsymbol{x}^{(k)} - \boldsymbol{x}^* \|} = 0$$

(3) 二阶收敛($\exists 1 > \alpha > 0$,当 k 充分大时):

$$\frac{\| \boldsymbol{x}^{(k+1)} - \boldsymbol{x}^* \|}{\| \boldsymbol{x}^{(k)} - \boldsymbol{x}^* \|^2} \leqslant \alpha$$

定理 11-1 设算法产生的点列$\{\boldsymbol{x}^{(k)}\}$超线性收敛于 $\boldsymbol{x}^*$,且 $\boldsymbol{x}^{(k)} \neq \boldsymbol{x}^*$,$\forall k$,有

$$\lim_{k \to \infty} \frac{\| \boldsymbol{x}^{(k+1)} - \boldsymbol{x}^{(k)} \|}{\| \boldsymbol{x}^{(k)} - \boldsymbol{x}^* \|} = 1 \tag{11-1}$$

证明:只需注意$\left| \| \boldsymbol{x}^{(k+1)} - \boldsymbol{x}^* \| - \| \boldsymbol{x}^{(k)} - \boldsymbol{x}^* \| \right| \leqslant \| \boldsymbol{x}^{(k+1)} - \boldsymbol{x}^{(k)} \| \leqslant \| \boldsymbol{x}^{(k+1)} - \boldsymbol{x}^* \| + \| \boldsymbol{x}^{(k)} - \boldsymbol{x}^* \|$,除以 $\| \boldsymbol{x}^{(k)} - \boldsymbol{x}^* \|$ 并令 $k \to \infty$,利用超线性收敛定义可得结果。

定理 11-1 的逆不成立。

4. 线性搜索算法(一维搜索算法)

解(fS)的一种常用算法:从 $\boldsymbol{x}^{(k)}$ 出发求下一个迭代点 $\boldsymbol{x}^{(k+1)}$。该算法步骤如下:

(1) 确定搜索方向 $\boldsymbol{d}^{(k)}$。

(2) 求步长因子 λ_k,使

$$f(\boldsymbol{x}^{(k)} + \lambda_k \boldsymbol{d}_{(k)}) = \min\{ f(\boldsymbol{x}^{(k)} + \lambda \boldsymbol{d}^{(k)}) \mid \lambda \in \mathbf{R}_k \}$$

(3) 令 $\boldsymbol{x}^{(k+1)}=\boldsymbol{x}^{(k)}+\lambda_k\boldsymbol{d}^{(k)}$。

当 $F(\lambda)=f(\boldsymbol{x}^{(k)}+\lambda\boldsymbol{d}^{(k)})$ 可微，且 $\mathbf{R}_k=\mathbf{R}$ 时，λ_k 应满足

$$F'(\lambda)=\left.\frac{\mathrm{d}f(\boldsymbol{x}^{(k)}+\lambda\boldsymbol{d}^{(k)})}{\mathrm{d}\lambda}\right|_{\lambda=\lambda_k}=\nabla f^{\mathrm{T}}(\boldsymbol{x}^{(k)}+\lambda_k\boldsymbol{d}^{(k)})\boldsymbol{d}^{(k)}=0$$

5. 二次终结性

定义 11-4　若一个算法用于解正定二次函数的无约束极小值时经过有限步迭代可达最优解，则称该算法具有二次终结性。

二次终结性＝共轭方向＋精确一维搜索。

这里先介绍共轭方向。一维搜索将在 11.1.2 节介绍。

设 $\boldsymbol{A}_{n\times n}$ 对称正定，$\boldsymbol{d}^{(1)},\boldsymbol{d}^{(2)}\in\mathbf{R}^n$，$\boldsymbol{d}^{(1)}\neq\mathbf{0}$，$\boldsymbol{d}^{(2)}\neq\mathbf{0}$，满足 $\boldsymbol{d}^{(1)\mathrm{T}}\boldsymbol{A}\boldsymbol{d}^{(2)}=0$，称 $\boldsymbol{d}^{(1)}$、$\boldsymbol{d}^{(2)}$ 关于矩阵 $\boldsymbol{A}$ 共轭。

设 $\boldsymbol{d}^{(1)},\boldsymbol{d}^{(2)},\cdots,\boldsymbol{d}^{(m)}\in\mathbf{R}^n$ 均非零，满足 $\boldsymbol{d}^{(i)\mathrm{T}}\boldsymbol{A}\boldsymbol{d}^{(j)}=0(i\neq j)$。

当 $\boldsymbol{A}=\boldsymbol{I}$(单位矩阵)时，$\boldsymbol{d}^{(1)\mathrm{T}}\boldsymbol{A}\boldsymbol{d}^{(2)}=\boldsymbol{d}^{(1)\mathrm{T}}\boldsymbol{d}^{(2)}=0$，即正交关系。当向量组 $\boldsymbol{d}^{(1)},\boldsymbol{d}^{(2)},\cdots,\boldsymbol{d}^{(m)}$ 关于正定矩阵 $\boldsymbol{A}$ 两两共轭时，称该向量组线性无关。

证：设

$$\boldsymbol{d}=\alpha_1\boldsymbol{d}^{(1)}+\alpha_2\boldsymbol{d}^{(2)}+\cdots+\alpha_j\boldsymbol{d}^{(j)}+\cdots+\alpha_m\boldsymbol{d}^{(m)}=0,$$

$$\boldsymbol{d}^{(j)\mathrm{T}}\boldsymbol{A}\boldsymbol{d}=\alpha_j\boldsymbol{d}^{(j)\mathrm{T}}\boldsymbol{A}\boldsymbol{d}^{(j)}=0\quad\forall j=1,2,\cdots,m$$

因为 $\boldsymbol{d}^{(j)\mathrm{T}}\boldsymbol{A}\boldsymbol{d}^{(j)}>0$，所以 $\alpha_j=0$，即该向量组线性无关。

超线性收敛和二次终结性常用来讨论算法的优点。

定理 11-2　设 n 阶方阵 $\boldsymbol{G}$ 正定，$f(\boldsymbol{x})=\frac{1}{2}\boldsymbol{x}^{\mathrm{T}}\boldsymbol{G}\boldsymbol{x}+\boldsymbol{b}^{\mathrm{T}}\boldsymbol{x}$，非零向量组 $\boldsymbol{d}^{(1)},\boldsymbol{d}^{(2)},\cdots,\boldsymbol{d}^{(m)}\in\mathbf{R}^n$ 关于 $\boldsymbol{G}$ 共轭，设 $\boldsymbol{x}^{(1)}\in\mathbf{R}^n$，$\boldsymbol{x}^{(k+1)}=\boldsymbol{x}^{(k)}+\lambda_k\boldsymbol{d}^{(k)}$，$k=1,2,\cdots,m$。其中步长因子 λ_k 为 $\min f(\boldsymbol{x}^{(k)}+\lambda\boldsymbol{d}^{(k)})$ 的最优解，则 $\boldsymbol{x}^{(m+1)}$ 为如下问题的最优解：

$$\begin{aligned}&\min f(\boldsymbol{x})\\&\text{s.t. }\boldsymbol{x}\in V\end{aligned}$$

其中 $V=\{\boldsymbol{x}\mid\boldsymbol{x}=\boldsymbol{x}^{(1)}+\sum_{i=1}^{m}\mu_i\boldsymbol{d}^{(i)},\mu_i\in\mathbf{R},i=1,2,\cdots,m\}$。$\boldsymbol{d}^{(1)},\boldsymbol{d}^{(2)},\cdots,\boldsymbol{d}^{(m)}$ 称为共轭基。

证：由于 V 是凸集，f 是凸函数，故有 $\forall\boldsymbol{x}\in V$，$f(\boldsymbol{x})\geqslant f(\boldsymbol{x}^{(m+1)})+\nabla^{\mathrm{T}}f(\boldsymbol{x}^{(m+1)})(\boldsymbol{x}-\boldsymbol{x}^{(m+1)})$。因此只要证明 $\nabla^{\mathrm{T}}f(\boldsymbol{x}^{(m+1)})(\boldsymbol{x}-\boldsymbol{x}^{(m+1)})\geqslant0$ 即可。λ_k 为 $\min f(\boldsymbol{x}^{(k)}+\lambda\boldsymbol{d}^{(k)})$ 的最优解，故 $\nabla^{\mathrm{T}}f(\boldsymbol{x}^{(k)}+\lambda\boldsymbol{d}^{(k)})\boldsymbol{d}^{(k)}=0$，$k=1,2,\cdots,m$。

定理 11-2 说明，解 $S=V$ 的 (fS) 问题的线性搜索算法具有二次终结性。

对于一般的 (fS) 应考虑能否由给定的正定矩阵 $\boldsymbol{A}$ 求出 S 的共轭基。

推论　在定理 11-2 的条件下，如果 $m=n$，则至多经过 n 次迭代即可求得 $f(x)$ 的最小点。

6. 下降算法模型

考虑以下问题：

$$\begin{aligned}&\min f(\boldsymbol{x})\\&\text{s.t. }\boldsymbol{x}\in\boldsymbol{S}\end{aligned}$$

这个常用一种线性搜索的方式求解，在迭代中从一点出发，沿下降可行方向找一个新

的、性质有改善的点。

定义 11-5 设 $\bar{x}\in S$，$\boldsymbol{d}\in\mathbf{R}^n$，$\boldsymbol{d}\neq\mathbf{0}$，若存在 $\delta>0$，使 $f(\bar{\boldsymbol{x}}+\lambda\boldsymbol{d})<f(\bar{\boldsymbol{x}})$，$\forall\lambda\in(0,\delta)$，称 $\boldsymbol{d}$ 为 $f(\boldsymbol{x})$ 在 $\bar{x}$ 点的下降方向。

设 $\bar{x}\in S$，$\boldsymbol{d}\in\mathbf{R}^n$，$\boldsymbol{d}\neq\mathbf{0}$，若存在 $\delta>0$，使 $\bar{x}+\lambda\boldsymbol{d}\in S$，$\forall\lambda\in(0,\delta)$，称 $\boldsymbol{d}$ 为 $\bar{x}$ 点的可行方向。

同时满足上述两个性质的方向 $\boldsymbol{d}$ 称为下降可行方向。

利用下降可行方向的线性搜索算法见图 11-1。

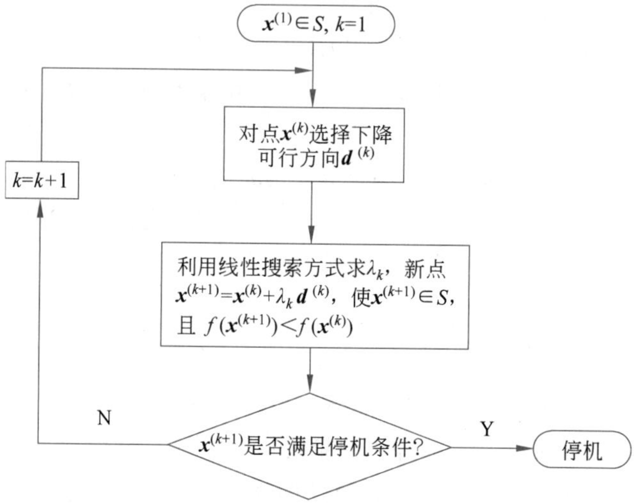

图 11-1

11.1.2 一维搜索

一元函数求极小值及线性搜索均为一维搜索。常用于求以下问题：

$$\min f(\boldsymbol{x}^{(k)}+\lambda\boldsymbol{d}^{(k)})=\min\varphi(\lambda)$$
$$\text{s.t. }\lambda\in D$$

D 有 3 种情况：$(-\infty,+\infty)$、$(0,+\infty)$和$[a,b]$。

一维搜索一般分为两类：试探法和函数逼近法。

1. 试探法

试探法是缩小区间的精确一维搜索。

考虑问题

$$\min\varphi(\lambda),\{\varphi(\lambda):\mathbf{R}\to\mathbf{R}\}$$
$$\text{s.t. }\lambda\in[\alpha,\beta]$$

1) 不确定区间及单峰函数

不确定区间是指$[\alpha,\beta]$含 $\varphi(\lambda)$的最小点，但不知其位置。

设 φ：$[\alpha,\beta]\to\mathbf{R}$，$\exists\lambda^*\in[\alpha,\beta]$是 φ 在$[\alpha,\beta]$上的最小点，若对任意的 λ_1、λ_2，$\alpha\leqslant\lambda_1<\lambda_2\leqslant\beta$ 满足

(1) 若 $\lambda_2\leqslant\lambda^*$，则 $\varphi(\lambda_1)>\varphi(\lambda_2)$。

(2) 若 $\lambda_1\geqslant\lambda^*$，则 $\varphi(\lambda_1)<\varphi(\lambda_2)$。

则称 $\varphi(\lambda)$ 在 $[\alpha,\beta]$ 上强单峰。

若只有当 $\varphi(\lambda_1)\neq\varphi(\lambda^*)$ 和 $\varphi(\lambda_2)\neq\varphi(\lambda^*)$ 时上述两式才成立，则称 $\varphi(\lambda)$ 在 $[\alpha,\beta]$ 上单峰。

强单峰和单峰的走势如图 11-2 所示。

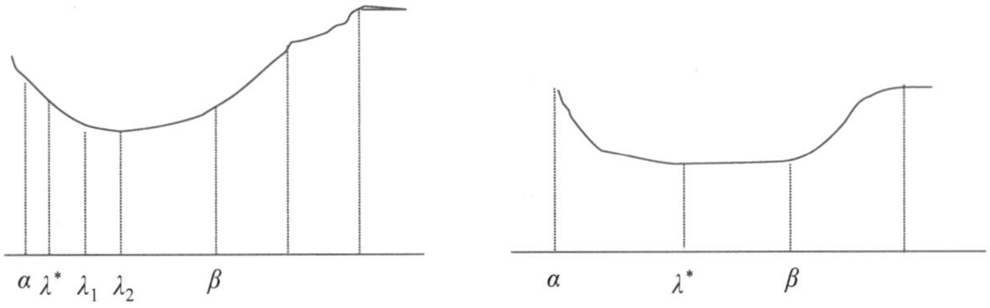

强单峰　　单峰

图　11-2

定理 11-3　设 φ: **R**→**R** 在 $[\alpha,\beta]$ 上单峰，$\alpha\leqslant\lambda<\mu\leqslant\beta$。

(1) 若 $\varphi(\lambda)>\varphi(\mu)$，则 $\forall\rho\in[\alpha,\lambda]$，$\varphi(\rho)>\varphi(\mu)$，如图 11-3(左)所示。

(2) 若 $\varphi(\lambda)<\varphi(\mu)$，则 $\forall\rho\in[\mu,\beta]$，$\varphi(\rho)>\varphi(\lambda)$，如图 11-3(右)所示。

(3) 若 $\varphi(\lambda)=\varphi(\mu)$，则 $\forall\rho\in[\alpha,\lambda]\cup[\mu,\beta]$，$\varphi(\rho)\geqslant\varphi(\mu)$。

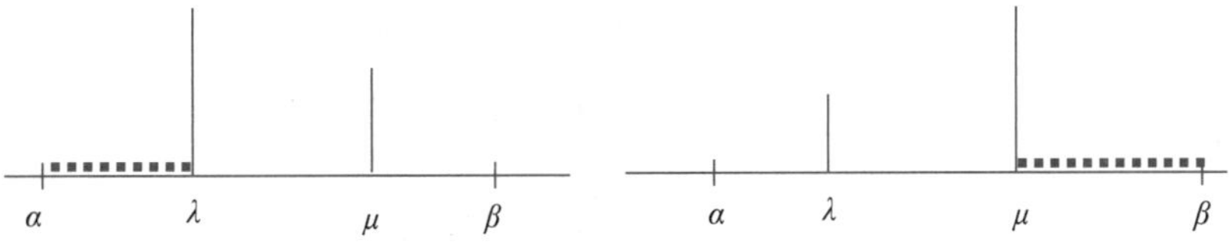

图　11-3

证：

(1) 反证。设 $\lambda^*\in[\alpha,\beta]$ 为最小点，且存在 $\gamma\in[\alpha,\lambda]$，使 $\varphi(\gamma)<\varphi(\mu)<\varphi(\lambda)$。

① 若 $\lambda^*\in[\lambda,\beta]$，由定义知 $\varphi(\gamma)>\varphi(\lambda)$，矛盾。

② 若 $\lambda^*\in[\alpha,\lambda]$，由定义及 $\mu>\lambda>\lambda^*$ 知 $\varphi(\mu)>\varphi(\lambda)$，矛盾。

于是结论成立。

(2)和(3)的证明类似，略。

注意，根据定理 11-3 可构造各种缩短区间的算法。

2) 黄金分割法

通过定理 11-3，选 λ 和 μ 两点，$\lambda<\mu$，比较 $\varphi(\lambda)$ 与 $\varphi(\mu)$，可去掉 $[\alpha,\lambda]$ 或者 $[\mu,\beta]$。考虑以下两个条件。

(1) 对称，即

$$\lambda-\alpha=\beta-\mu \tag{11-2}$$

它的意义是：将“坏”的情况去掉，区间长度不小于“好”的情况。

(2) 保持缩减比不变。缩减比 t 的公式如下：

$$t=\frac{\text{保留的区间长度}}{\text{原区间长度}}$$

缩减比使每次保留下来的节点(λ 或 μ)在下一次的比较中成为一个相应比例位置的

节点。

如果第一次保留的区间为$[\alpha,\mu]$(去掉$[\mu,\beta]$),第二次保留的区间为$[\alpha,\lambda]$,则

$$t=\frac{\mu-\alpha}{\beta-\alpha}=\frac{\gamma-\alpha}{\mu-\alpha} \tag{11-3}$$

整理式(11-2)可得:

$$\begin{cases}\mu=\alpha+t(\beta-\alpha)\\ \lambda=\alpha+t(\mu-\alpha)\end{cases}$$

结合式(11-1):

$$t^2+t-1=0,$$

$$t=\frac{-1\pm\sqrt{5}}{2}$$

舍去负值,故 $t\approx0.618$。

注意,根据上式有 $t^2=1-t$,故有

$$\begin{cases}\mu=\alpha+t(\beta-\alpha)=\alpha+0.618(\beta-\alpha)\\ \gamma=\alpha+(1-t)(\beta-\alpha)=\alpha+0.382(\beta-\alpha)\end{cases}$$

算法框图如图 11-4 所示,其中 ε 为允许误差。

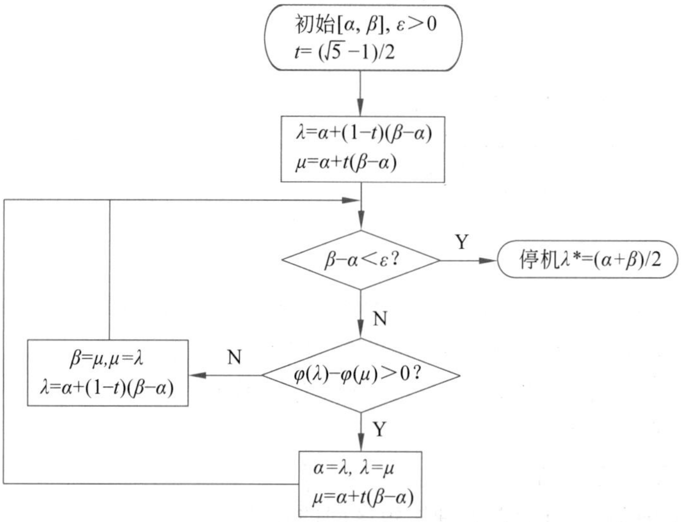

图 11-4

3) 中点法

设 $\varphi(\lambda)$ 在单峰区间$[\alpha,\beta]$上可微,且当导数为 0 的点是最小值点(非拐点)。取 $\lambda=\frac{\alpha+\beta}{2}$,如图 11-5 所示。

$\varphi'(\lambda)=0$ 时,λ 为最小点,$\lambda=\lambda^*$。

$\varphi'(\lambda)>0$ 时,λ 在上升段,$\lambda^*<\lambda$,去掉$[\lambda,\beta]$。

$\varphi'(\lambda)<0$ 时,λ 在下降段,$\lambda^*>\lambda$,去掉$[\alpha,\lambda]$。

4) 进退法

找 3 个点,使两个端点的函数值大于中间点的函数值。

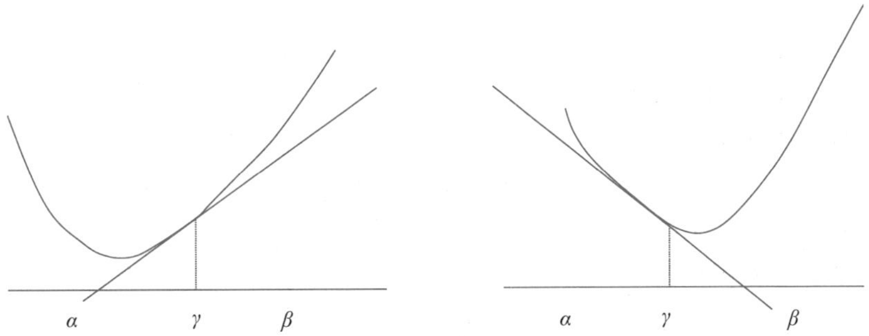

图　11-5

思路：任取 λ_0，步长 $\delta>0$，取 $\lambda_1=\lambda_0+\delta$。

(1) 若 $\varphi(\lambda_0)<\varphi(\lambda_1)$，令步长加倍($2\delta$)，$\lambda_2=\lambda_0-\delta$。

若 $\varphi(\lambda_2)<\varphi(\lambda_0)$，则令 $\lambda_1=\lambda_0$，$\lambda_0=\lambda_2$，重复(1)。

若 $\varphi(\lambda_2)>\varphi(\lambda_0)$，则令 $\alpha=\lambda_2$，$\beta=\lambda_1$。

以上过程如图 11-6 所示。

(2) 若 $\varphi(\lambda_0)>\varphi(\lambda_1)$，令步长加倍，$\lambda_2=\lambda_1+\delta$。

若 $\varphi(\lambda_2)<\varphi(\lambda_1)$，则令 $\lambda_0=\lambda_1$，$\lambda_1=\lambda_2$，重复(2)。

若 $\varphi(\lambda_2)>\varphi(\lambda_1)$，则令 $\alpha=\lambda_0$，$\beta=\lambda_2$。

以上过程如图 11-7 所示。

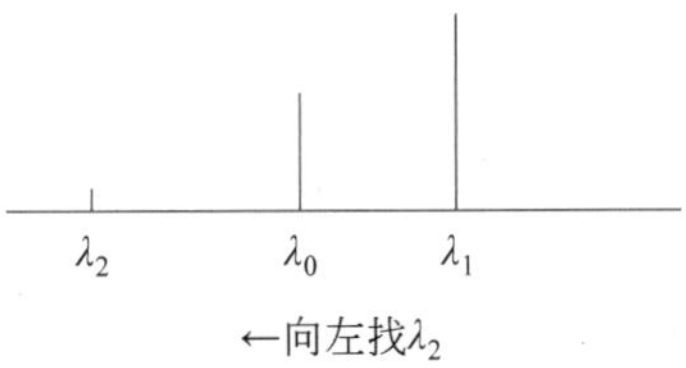

图　11-6

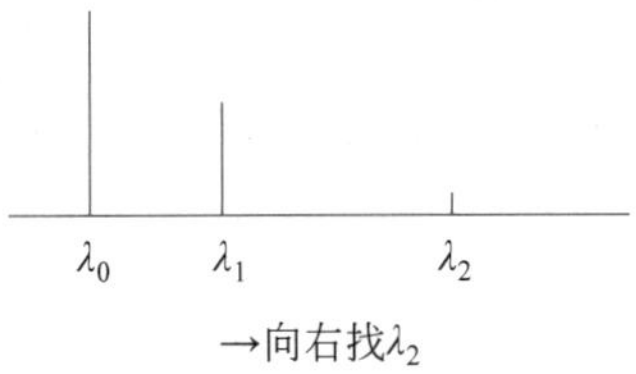

图　11-7

注意：

(1) δ 选择要适当。若太大，会包含多个单峰区间；若太小，将使迭代次数增加。

(2) $\varphi(\lambda)$ 单调时无结果(加迭代次数限制)。

(3) 可与中点法结合寻找单调区间。

2. 牛顿法和插值法

1) 牛顿法

牛顿法

对 φ 在 λ_k 点展开：

$$\varphi(\lambda)=\varphi(\lambda_k)+\varphi'(\lambda_k)(\lambda-\lambda_k)+\frac{1}{2}\varphi''(\lambda_k)(\lambda-\lambda_k)^2+o\,(\lambda-\lambda^2)^2$$

取二次式(略去高阶项)：

$$q_k(\lambda)=\varphi(\lambda_k)+\varphi'(\lambda_k)(\lambda-\lambda_k)+\frac{1}{2}\varphi''(\lambda_k)(\lambda-\lambda_k)^2 \tag{11-4}$$

用 $q_k(\lambda)$ 作为 $\varphi(\lambda)$ 的近似，当 $\varphi''(\lambda_k)>0$ 时，其驻点为极小点。

$$q_k'(\lambda)=\varphi'(\lambda_k)+\varphi''(\lambda_k)(\lambda-\lambda_k)=0$$

可得

$$\lambda_{k+1}=\lambda_k-\varphi'(\lambda_k)/\varphi''(\lambda_k) \tag{11-5}$$

最后取 λ_{k+1} 为新的迭代点。

以上过程即牛顿法。

定理 11-4 设 $\varphi(\lambda)$存在连续三阶导数,λ^* 满足 $\varphi'(\lambda^*)=0,\varphi''(\lambda^*)\neq 0$,初始点 λ_1 充分接近 λ^*,则牛顿法产生的序列$\{\lambda_k\}$至少二阶收敛于 λ^*。

牛顿法的算法框图如图 11-8 所示。

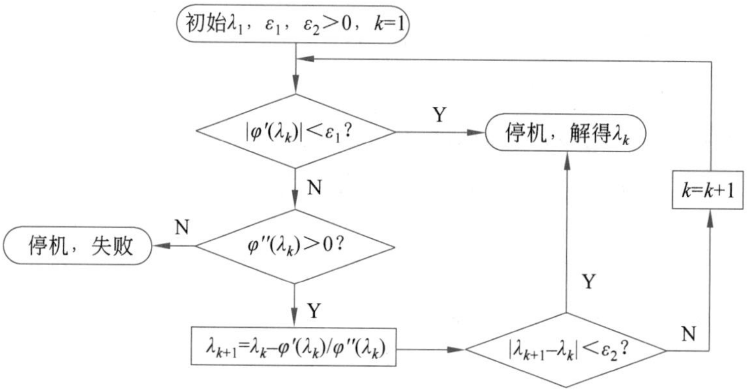

图 11-8

例 11-1

例 11-1 求 $\min \varphi(\lambda)=\int_0^\lambda \arctan t\,\mathrm{d}t$。

解:$\varphi'(\lambda)=\arctan\lambda,\varphi''(\lambda)=\dfrac{1}{1+\lambda^2}$。

迭代公式:

$$\lambda_{k+1}=\lambda_k-(1+\lambda_k^2)\arctan\lambda_k$$

取 $\lambda_1=1$,计算结果如表 11-1 所示。

表 11-1

k	λ_k	$\varphi'(\lambda_k)$	$1/\varphi''(\lambda_k)$
1	1	0.7854	2
2	−0.5708	−0.5187	1.3258
3	0.1169	−0.1164	1.0137
4	−0.001 095	−0.001 095	

$$\lambda_4\approx\lambda^*=0$$

取 $\lambda_1=2$,计算结果如表 11-2 所示。

表 11-2

k	λ_k	$\varphi'(\lambda_k)$	$1/\varphi''(\lambda_k)$
1	2	1.1071	5
2	−3.5357	−1.2952	13.50
3	13.95		

不收敛。

2）插值法

用 $\varphi(\lambda)$ 在两个点或三个点的函数值或导数值构造二次或三次多项式，作为 $\varphi(\lambda)$ 的近似值，以该多项式的极小点为新的迭代点。初始的三点可用进退法或其他方法得到，如三点二次、两点二次、四点三次、三点三次、两点三次等。

例 11-2　以三点二次为例。

解：取 λ_1、λ_2、λ_3，求出 $\varphi(\lambda_1)$、$\varphi(\lambda_2)$、$\varphi(\lambda_3)$。

设二次插值多项式为

$$a\lambda^2 + b\lambda + c = \varphi(\lambda)$$

$$\begin{cases} a\lambda_1^2 + b\lambda_1 + c = \varphi(\lambda_1) \\ a\lambda_2^2 + b\lambda_2 + c = \varphi(\lambda_2) \\ a\lambda_3^2 + b\lambda_3 + c = \varphi(\lambda_3) \end{cases}$$

解得 a、b：

$$a = -\frac{(\lambda_1 - \lambda_2)\varphi(\lambda_3) + (\lambda_2 - \lambda_3)\varphi(\lambda_1) + (\lambda_3 - \lambda_1)\varphi(\lambda_2)}{(\lambda_1 - \lambda_2)(\lambda_2 - \lambda_3)(\lambda_3 - \lambda_1)}$$

$$b = -\frac{(\lambda_1^2 - \lambda_2^2)\varphi(\lambda_3) + (\lambda_2^2 - \lambda_3^2)\varphi(\lambda_1) + (\lambda_3^2 - \lambda_1^2)\varphi(\lambda_2)}{(\lambda_1 - \lambda_2)(\lambda_2 - \lambda_3)(\lambda_3 - \lambda_1)}$$

$$\bar{\lambda} = -\frac{b}{2a}$$

求出 $\psi(\lambda)$ 的极小值点 λ_4，在现有的 4 个点中选 3 个点重复上面过程，直到达到近似解的要求（根据停机条件确定）。新确定的三个点 λ_1，λ_2，λ_3 应该满足以下条件：

(1) $\lambda_1 < \lambda_2 < \lambda_3$。

(2) $\varphi(\lambda_2) < \varphi(\lambda_1)$，$\varphi(\lambda_2) < \varphi(\lambda_3)$。

3. 不精确一维搜索

对于问题

$$\min f(x)$$

考虑从 $\boldsymbol{x}^{(k)}$ 点出发，沿方向 $\boldsymbol{d}^{(k)}$ 寻找新迭代点：

$$\boldsymbol{x}^{(k+1)} = \boldsymbol{x}^{(k)} + \lambda_k \boldsymbol{d}^{(k)}$$

要求：

(1) $f(\boldsymbol{x}^{(k)} + \lambda_k \boldsymbol{d}^{(k)}) < f(\boldsymbol{x}^{(k)})$。

(2) $\lambda_k > 0$ 不能太小。

总体希望收敛快，但每一步不要求达到精确最小、速度快，虽然步数增加了，但整个收敛过程加快了。

一个实用方法是：为了方便，省去上标。该方法称为沃尔夫-鲍威尔（Wolfe-Powell）方法。

设 f：$\mathbf{R}^n \to \mathbf{R}$。在 $\boldsymbol{x}$ 点处取方向 $\boldsymbol{d}$，有 $\nabla f^{\mathrm{T}}(\boldsymbol{x})\boldsymbol{d} < 0$（由泰勒展开式知，即 $\boldsymbol{d}$ 为下降方向）。求 λ，使

$$f(\boldsymbol{x} + \lambda\boldsymbol{d}) \leqslant f(\boldsymbol{x}) + \alpha\lambda\nabla f^{\mathrm{T}}(\boldsymbol{x})\boldsymbol{d} \tag{11-6}$$

$$\nabla f^{\mathrm{T}}(\boldsymbol{x} + \lambda\boldsymbol{d})\boldsymbol{d} \geqslant \beta\nabla f^{\mathrm{T}}(\boldsymbol{x})\boldsymbol{d} \tag{11-7}$$

其中,$\alpha\in(0,0.5)$,$\beta\in(\alpha,1)$为取定参数。

在实际中常在 $\alpha=0.1$,$\beta=0.7$ 附近取值。

不精确一维搜索如图 11-9 所示。

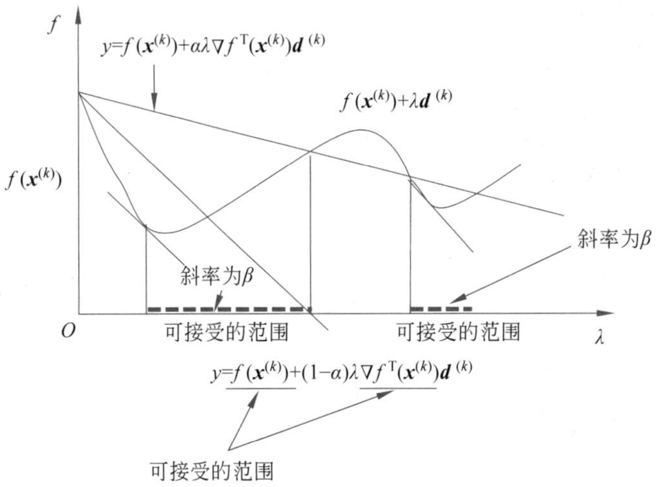

图 11-9

不精确一维搜索流程如图 11-10 所示。

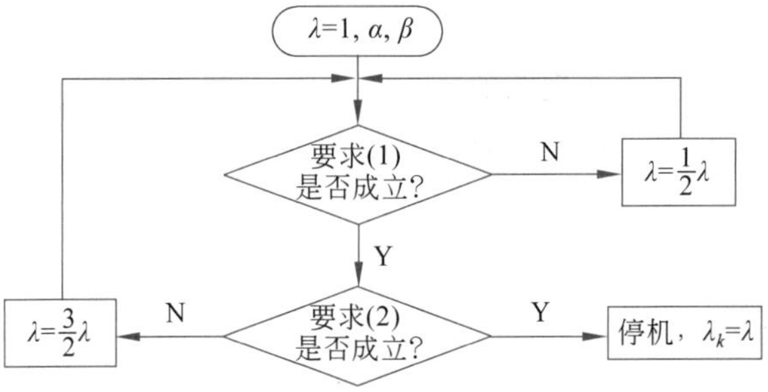

图 11-10

要提高精确度,可把式(11-7)改为

$$|\nabla f^{\mathrm{T}}(\boldsymbol{x}+\lambda\boldsymbol{d})\boldsymbol{d}|\leqslant-\gamma\nabla f^{\mathrm{T}}(\boldsymbol{x})\boldsymbol{d} \tag{11-8}$$

$\gamma=0$ 时为精确一维搜索,$\gamma\leqslant0.1$ 时可近似看作精确一维搜索。此方法不需要预先求出不确定区间,一般经几次迭代即可得到满意的 λ_k。

11.2 无约束最优化方法

11.2.1 最优性条件

对于 $\min f(x)$问题,设 $f:\mathbf{R}^n\to\mathbf{R}$ 连续可微。

定理 11-5 (一阶必要条件)若 $\boldsymbol{x}^*$ 为局部最小解,则$\nabla f(\boldsymbol{x}^*)=0$(驻点)。

定理 11-5

证:当 λ 充分小时,由 $f(\boldsymbol{x})$的可微性有

$$f(\boldsymbol{x}^*)\leqslant f(\boldsymbol{x}^*+\lambda\boldsymbol{d})=f(\boldsymbol{x}^*)+\lambda\nabla f(\boldsymbol{x}^*)^{\mathrm{T}}\boldsymbol{d}+o(\lambda\|\boldsymbol{d}\|)$$

$$\Rightarrow \nabla f(\boldsymbol{x}^*)^{\mathrm{T}}\boldsymbol{d} + \frac{o(\lambda \|\boldsymbol{d}\|)}{\lambda} \geqslant 0$$

令 $\lambda \to 0$，得 $\nabla f(\boldsymbol{x}^*)^{\mathrm{T}}\boldsymbol{d} \geqslant 0$，$\forall \boldsymbol{d} \in \mathbf{R}^2$ 成立，因此由定理 11-5 知 $\nabla f(\boldsymbol{x}^*) = 0$。

特别地，当 f 凸时，$\boldsymbol{x}^*$ 为局部最小解 $\Leftrightarrow \nabla f(\boldsymbol{x}^*) = 0$。

证：$\forall \boldsymbol{x}$，$f(\boldsymbol{x}) \geqslant f(\boldsymbol{x}) + \nabla^{\mathrm{T}} f(\boldsymbol{x}^*)(\boldsymbol{x} - \boldsymbol{x}^*)$。

故 $\forall \boldsymbol{x}$，$f(\boldsymbol{x}^*) \leqslant f(\boldsymbol{x})$（由于 $\nabla^{\mathrm{T}} f(\boldsymbol{x}^*) = 0$）。反之亦然。

定理 11-6 （二阶必要条件）若 $f(\boldsymbol{x})$ 二阶连续可微，且 $\boldsymbol{x}^*$ 是局部最小解，则 $\nabla f(\boldsymbol{x}^*) = 0$，$\nabla^2 f(\boldsymbol{x}^*) = 0$ 半正定。

定理 11-6、定理 11-7

证：由定理 11-5 知 $\nabla f(\boldsymbol{x}^*) = 0$，所以，当 λ 充分小时，有

$$f(\boldsymbol{x}^* + \lambda \boldsymbol{d}) = f(\boldsymbol{x}^*) + \frac{1}{2}\lambda^2 \boldsymbol{d}^{\mathrm{T}} \nabla^2 f(\boldsymbol{x}^*)\boldsymbol{d} + o(\lambda^2 \|\boldsymbol{d}\|^2) \geqslant f(\boldsymbol{x}^*)$$

$$\Rightarrow \boldsymbol{d}^{\mathrm{T}} \nabla^2 f(\boldsymbol{x}^*)^{\mathrm{T}} \boldsymbol{d} + \frac{2o(\lambda^2 \|\boldsymbol{d}\|^2)}{\lambda^2} \geqslant 0$$

令 $\lambda \to 0$，得 $\boldsymbol{d}^{\mathrm{T}} \nabla^2 f(\boldsymbol{x}^*)\boldsymbol{d} \geqslant 0$，$\forall \boldsymbol{d} \in \mathbf{R}^2$ 成立，因此 $\nabla^2 f(\boldsymbol{x}^*)$ 半正定。

定理 11-7 若 $f(\boldsymbol{x})$ 二阶连续可微，且 $\boldsymbol{x}^*$ 使 $\nabla f(\boldsymbol{x}^*) = 0$，$\nabla^2 f(\boldsymbol{x}^*)$ 正定，则 $\boldsymbol{x}^*$ 为严格局部最小解。

证：由于 $f(\boldsymbol{x})$ 在 $\boldsymbol{x}^*$ 二阶连续可微，当 $\|\boldsymbol{x} - \boldsymbol{x}^*\|$ 充分小时，有

$$f(\boldsymbol{x}) = f(\boldsymbol{x}^*) + \frac{1}{2}(\boldsymbol{x} - \boldsymbol{x}^*)^{\mathrm{T}} \nabla^2 f(\boldsymbol{x}^*)(\boldsymbol{x} - \boldsymbol{x}^*) + o(\|\boldsymbol{x} - \boldsymbol{x}^*\|^2)$$

而 $\nabla^2 f(\boldsymbol{x}^*)$ 正定，所以 $(\boldsymbol{x} - \boldsymbol{x}^*)^{\mathrm{T}} \nabla^2 f(\boldsymbol{x}^*)(\boldsymbol{x} - \boldsymbol{x}^*) > 0$，从而 $f(\boldsymbol{x}) > f(\boldsymbol{x}^*)$。

注意，定理 11-6 和定理 11-7 说明函数的局部最小解与驻点有密切关系，而全局最小解通常不易求，故常讨论局部最小解的计算问题。

11.2.2 最速下降法

最速下降法的算法流程如图 11-11 所示。在迭代点 $\boldsymbol{x}^{(k)}$ 取下降方向 $\boldsymbol{d}^{(k)} = -\nabla f(\boldsymbol{x}^{(k)})$，然后采用精确一维搜索求步长因子及 $\boldsymbol{x}^{(k+1)}$。

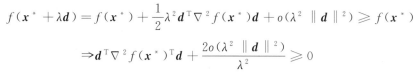

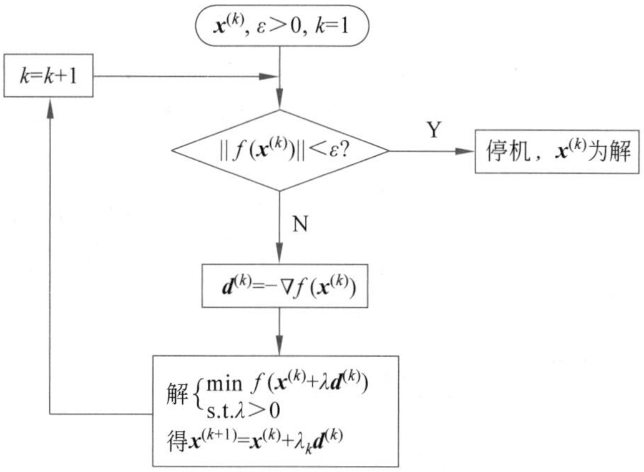

图 11-11

定理 11-8 设 $f: \mathbf{R}^n \to \mathbf{R}$ 在点 $\boldsymbol{x}^*$ 可微，$\nabla f(\boldsymbol{x}^*) \neq 0$，则 $\boldsymbol{d}^* = -\nabla f(\boldsymbol{x}^*) / \|\nabla f(x^*)\|$

是 f 在点 $\boldsymbol{x}^*$ 的最速下降方向(即负梯度方向)。

证:已知 $f'(\boldsymbol{x}^*;\boldsymbol{d})=\nabla f(\boldsymbol{x}^*)^{\mathrm{T}}\boldsymbol{d}$,由施瓦兹不等式知,当 $1\geqslant\|\boldsymbol{d}\|$ 时,有

$$f'(\boldsymbol{x}^*;\boldsymbol{d})\geqslant-\|\nabla f(\boldsymbol{x}^*)\|\,\|\boldsymbol{d}\|\geqslant-\|\nabla f(\boldsymbol{x}^*)\|$$

$$f'(\boldsymbol{x}^*;\boldsymbol{d}^*)=\nabla f(\boldsymbol{x}^*)^{\mathrm{T}}\boldsymbol{d}^*=-\nabla f(\boldsymbol{x}^*)^{\mathrm{T}}\nabla f(\boldsymbol{x}^*)/\|\nabla f(\boldsymbol{x}^*)\|=-\|\nabla f(\boldsymbol{x}^*)\|$$

即 $f'(\boldsymbol{x}^*;\boldsymbol{d})$ 的最小值在 $\boldsymbol{d}^*$ 方向达到,因此 $\boldsymbol{d}^*$ 是 f 在点 $\boldsymbol{x}^*$ 的最速下降方向(由一阶泰勒展开式可知)。

最速下降法的优点是全局收敛和线性收敛。其缺点是易产生扭摆现象而造成过早停机(当 $\boldsymbol{x}^{(k)}$ 距最优点较远时速度快,在接近最优点时速度下降)。

原因如下:

$$f(\boldsymbol{x})=f(\boldsymbol{x}^{(k)})+\nabla^{\mathrm{T}}f(\boldsymbol{x}^{(k)})(\boldsymbol{x}-\boldsymbol{x}^{(k)})+o(\|\boldsymbol{x}-\boldsymbol{x}^{(k)}\|)$$

当 $\boldsymbol{x}^{(k)}$ 接局部最小解时,$\nabla f(\boldsymbol{x}^{(k)})\to 0$,于是高阶项 $o(\|\boldsymbol{x}-\boldsymbol{x}^{(k)}\|)$ 的影响可能超过 $\nabla^{\mathrm{T}}f(\boldsymbol{x}^{(k)})(\boldsymbol{x}-\boldsymbol{x}^{(k)})$。

11.2.3 牛顿法及其修正

牛顿法

1. 牛顿法

设 $f(\boldsymbol{x})$ 二阶可微,取 $f(\boldsymbol{x})$ 在 $\boldsymbol{x}^{(k)}$ 点附近的二阶泰勒近似函数:

$$q_k(\boldsymbol{x})=f(\boldsymbol{x}^{(k)})+\nabla^{\mathrm{T}}f(\boldsymbol{x}^{(k)})(\boldsymbol{x}-\boldsymbol{x}^{(k)})+\frac{1}{2}(\boldsymbol{x}-\boldsymbol{x}^{(k)})^{\mathrm{T}}\nabla^2 f(\boldsymbol{x}^{(k)})(\boldsymbol{x}-\boldsymbol{x}^{(k)}) \tag{11-9}$$

求驻点:

$$\nabla q_k(\boldsymbol{x})=\nabla f(\boldsymbol{x}^{(k)})+\nabla^2 f(\boldsymbol{x}^{(k)})(\boldsymbol{x}-\boldsymbol{x}^{(k)})=0$$

当 $\nabla^2 f(\boldsymbol{x}^{(k)})$ 正定时,有极小点:

$$\boldsymbol{x}^{(k+1)}=\boldsymbol{x}^{(k)}+[\nabla^2 f(\boldsymbol{x}^{(k)})]^{-1}\nabla f(\boldsymbol{x}^{(k)}) \tag{11-10}$$

在实际中常用以下形式:

$$\begin{cases}\nabla^2 f(\boldsymbol{x}^{(k)})\boldsymbol{s}=-\nabla f(\boldsymbol{x}^{(k)})\\ \boldsymbol{x}^{(k+1)}=\boldsymbol{x}^{(k)}+\boldsymbol{s}^{(k)}\end{cases}$$

解得 $\boldsymbol{s}^{(k)}$。

牛顿法的算法流程如图 11-12 所示。其特点是二阶收敛和局部收敛(当 $\boldsymbol{x}^{(k)}$ 充分接近 $\boldsymbol{x}^*$ 时,局部函数可用正定二次函数很好地近似,故收敛很快)。

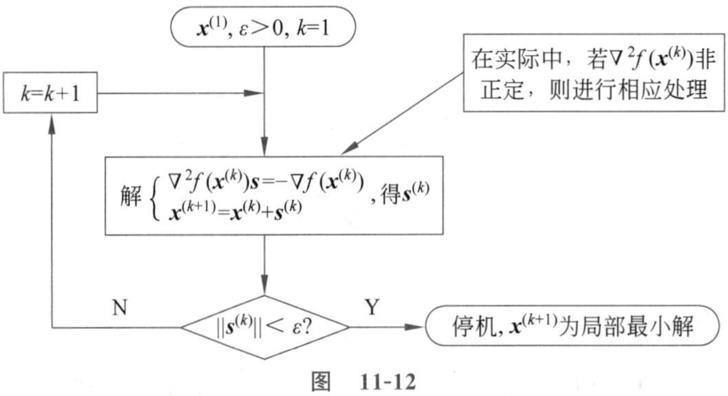

图 11-12

当 $f(\boldsymbol{x})$ 为正定二次函数时，从任意初始点可一步迭代达到最优解。这个性质称为二次终结性。

设 $f(\boldsymbol{x})=\frac{1}{2}\boldsymbol{x}^{\mathrm{T}}\boldsymbol{Q}\boldsymbol{x}+\boldsymbol{P}^{\mathrm{T}}\boldsymbol{x}+r$，$\boldsymbol{Q}_{n\times n}$ 对称正定，$\boldsymbol{P}\in\mathbf{R}^n$，$r\in\mathbf{R}$。$\forall\boldsymbol{x}^{(1)}$，$\nabla f(\boldsymbol{x}^{(1)})=\boldsymbol{Q}\boldsymbol{x}^{(1)}+\boldsymbol{P}$，$\nabla^2 f(\boldsymbol{x}^{(1)})=\boldsymbol{Q}$。

迭代：

$$\boldsymbol{x}^{(2)}=\boldsymbol{x}^{(1)}-\boldsymbol{Q}^{-1}(\boldsymbol{Q}\boldsymbol{x}^{(1)}+\boldsymbol{P})=-\boldsymbol{Q}^{-1}\boldsymbol{P}$$

驻点即最优解。

牛顿法的主要缺点如下：

(1) 局部收敛。

(2) 用到二阶黑塞方阵，且要求其正定。

(3) 需计算黑塞方阵逆或解 n 阶线性方程组，计算量大。

2. 牛顿法的改进

1) 牛顿法的基本改进

为减小计算量，取 m(正整数)，使每 m 次迭代使用同一个黑塞方阵，迭代公式变为

$$\boldsymbol{x}^{(km+j+1)}=\boldsymbol{x}^{(km+j)}-[\nabla^2 f(\boldsymbol{x}^{(km)})]^{-1}\nabla f(\boldsymbol{x}^{(km+j)}) \tag{11-11}$$

其中，$j=0,1,2,\cdots,m-1$，$k=0,1,2,\cdots,m-1$。

该方法的特点是收敛速度随 m 的增大而下降。当 $m=1$ 时，该方法即牛顿法；当 $m\to\infty$ 时，即线性收敛。

2) 带线性搜索的牛顿法

在牛顿法的迭代过程中，取 $\boldsymbol{d}^{(k)}=-[\nabla^2 f(\boldsymbol{x}^{(k)})]^{-1}\nabla f(\boldsymbol{x}^{(k)})$。加入线性搜索：

$$\min f(\boldsymbol{x}^{(k)}+\lambda\boldsymbol{d}^{(k)})$$

求得 λ_k，$\boldsymbol{x}^{(k+1)}=\boldsymbol{x}^{(k)}+\lambda_k\boldsymbol{d}^{(k)}$。

该方法的特点是：当 $\lambda_k=1$ 时变为牛顿法；可改善局部收敛性；当 $\boldsymbol{d}^{(k)}$ 为函数上升方向时，可向负方向搜索。但该方法可能出现 $\pm\boldsymbol{d}^{(k)}$ 均非函数下降方向的情况。

3) G-P 法

G-P 法即戈尔茨坦-普赖斯(Goldstein-Price)方法。

取

$$\boldsymbol{d}^{(k)}=\begin{cases}-[\nabla^2 f(\boldsymbol{x}^{(k)})]^{-1}\nabla f(\boldsymbol{x}^{(k)}), & \nabla^2 f(\boldsymbol{x}^{(k)})\text{ 正定}\\ -\nabla f(\boldsymbol{x}^{(k)}), & \text{否则}\end{cases} \tag{11-12}$$

采用下列不精确一维搜索求 λ_k，其中 $\delta\in(0,1/2)$。

(1) $f(\boldsymbol{x}^{(k)}+\lambda_k\boldsymbol{d}^{(k)})\leqslant f(\boldsymbol{x}^{(k)})+\delta\nabla f(\boldsymbol{x}^{(k)})^{\mathrm{T}}\boldsymbol{d}^{(k)}\lambda_k$。

(2) $f(\boldsymbol{x}^{(k)}+\lambda_k\boldsymbol{d}^{(k)})\geqslant f(\boldsymbol{x}^{(k)})+(1-\delta)\nabla f(\boldsymbol{x}^{(k)})^{\mathrm{T}}\boldsymbol{d}^{(k)}\lambda_k$。

该方法的特点是：在一定条件下全局收敛；但是，当 $\nabla^2 f(\boldsymbol{x}^{(k)})$ 非正定情况较多时，收敛速度降为接近线性。

4) L-M 法

L-M 法即利文伯格-马夸尔特(Levenberg-Marguardt)方法。

其主要思想是：用 $[\nabla^2 f(\boldsymbol{x}^{(k)})+\mu\boldsymbol{I}]$ 取代 $\nabla^2 f(\boldsymbol{x}^{(k)})$ 进行迭代，其中 $\boldsymbol{I}$ 为单位矩阵。$\mu>0$ 使 $[\nabla^2 f(\boldsymbol{x}^{(k)})+\mu\boldsymbol{I}]$ 正定，μ 应尽量小。

该方法的特点是全局二阶收敛。

11.2.4 共轭梯度法

1. 共轭梯度法的方向

定义 11-6 设 $f(\boldsymbol{x})=\frac{1}{2}\boldsymbol{x}^{\mathrm{T}}\boldsymbol{G}\boldsymbol{x}+\boldsymbol{b}^{\mathrm{T}}\boldsymbol{x}+c$,$\boldsymbol{G}_{n\times n}$对称正定,$\boldsymbol{b}\in\mathbf{R}^n$,从最速下降方向开始,构造一组共轭方向。

设初始点为 $\boldsymbol{x}^{(1)}$,取

$$\boldsymbol{d}^{(1)}=-\nabla f(\boldsymbol{x}^{(1)}) \tag{11-13}$$

设 $k\geqslant 1$,已得到 k 个相互共轭的方向 $\boldsymbol{d}^{(1)},\boldsymbol{d}^{(2)},\cdots,\boldsymbol{d}^{(k)}$ 以及由 $\boldsymbol{x}^{(1)}$ 开始依次沿上述方向通过精确一维搜索得到的点 $\boldsymbol{x}^{(2)},\cdots,\boldsymbol{x}^{(k)},\boldsymbol{x}^{(k+1)}$。即有下式:

$$\boldsymbol{x}^{(i+1)}=\boldsymbol{x}^{(i)}+\alpha_i\boldsymbol{d}^{(i)},i=1,2,\cdots,k \tag{11-14}$$

精确一维搜索保证方向导数为0:

$$\nabla f^{\mathrm{T}}(\boldsymbol{x}^{(i+1)})\boldsymbol{d}^{(i)}=0,i=1,2,\cdots,k \tag{11-15}$$

在点 $\boldsymbol{x}^{(k+1)}$ 处构造新方向 $\boldsymbol{d}^{(k+1)}$ 为 $-\nabla f(\boldsymbol{x}^{(k+1)})$ 与 $\boldsymbol{d}^{(1)},\boldsymbol{d}^{(2)},\cdots,\boldsymbol{d}^{(k)}$ 的组合:

$$\boldsymbol{d}^{(k+1)}=-\nabla f(\boldsymbol{x}^{(k+1)})+\sum_{j=1}^{k}\beta_j^{(k)}\boldsymbol{d}^{(j)} \tag{11-16}$$

使 $\boldsymbol{d}^{(k+1)}$ 与 $\boldsymbol{d}^{(1)},\boldsymbol{d}^{(2)},\cdots,\boldsymbol{d}^{(k)}$ 都共轭:

$$\boldsymbol{d}^{(k+1)\mathrm{T}}\boldsymbol{G}\boldsymbol{d}^{(j)}=0,j=1,2,\cdots,k \tag{11-17}$$

格拉姆-施密特(Gram-Schmidt)过程如下:$i,j=1,2,\cdots,k$,记

$$\boldsymbol{y}^{(j)}=\nabla f(\boldsymbol{x}^{(j+1)})-\nabla f(\boldsymbol{x}^{(j)})=\boldsymbol{G}(\boldsymbol{x}^{(j+1)}-\boldsymbol{x}^{(j)})=\alpha_j\boldsymbol{G}\boldsymbol{d}^{(j)} \tag{11-18}$$

根据式(11-18),有

$$\boldsymbol{d}^{(i)\mathrm{T}}\boldsymbol{y}^{(j)}=\alpha_j\boldsymbol{d}^{(i)\mathrm{T}}\boldsymbol{G}\boldsymbol{d}^{(j)}=0,i\neq j \tag{11-19}$$

根据式(11-16)至式(11-18),有

$$\boldsymbol{d}^{(k+1)\mathrm{T}}\boldsymbol{y}^{(j)}=\alpha_j\boldsymbol{d}^{(k+1)\mathrm{T}}\boldsymbol{G}\boldsymbol{d}^{(j)}=0,j=1,2,\cdots,k \tag{11-20}$$

$$\begin{aligned}\boldsymbol{d}^{(k+1)\mathrm{T}}\boldsymbol{y}^{(j)}&=-\nabla f^{\mathrm{T}}(\boldsymbol{x}^{(k+1)})\boldsymbol{y}^{(j)}+\sum_{i=1}^{k}\beta_i^{(k)}\boldsymbol{d}^{(j)\mathrm{T}}\boldsymbol{y}^{(i)}\\&=-\nabla f^{\mathrm{T}}(\boldsymbol{x}^{(k+1)})\boldsymbol{y}^{(j)}+\beta_j^{(k)}\boldsymbol{d}^{(j)\mathrm{T}}\boldsymbol{y}^{(j)}=0\end{aligned} \tag{11-20$'$}$$

由式(11-18)、式(11-19)和式(11-4)可知:$\forall j<k,i<j$,有

$$\nabla f(\boldsymbol{x}^{(j+1)})^{\mathrm{T}}\boldsymbol{d}^{(i)}=\left(\nabla f(\boldsymbol{x}^{(i+1)})+\sum_{l=i+1}^{j}\boldsymbol{y}^{(l)}\right)^{\mathrm{T}}\boldsymbol{d}^{(i)} \tag{11-21}$$

由式(11-20),有

$$\nabla f(\boldsymbol{x}^{(j+1)})^{\mathrm{T}}\nabla f(\boldsymbol{x}^{(i)})=0,\forall i<j\leqslant k \tag{11-22}$$

(由式(11-16),$\nabla f(\boldsymbol{x}^{(i)})=-\boldsymbol{d}^{(i)}+\sum_{h=1}^{i-1}\beta_h^{(i)}\boldsymbol{d}^{(h)}$)。

根据(11-20′),$j=1,2,\cdots,k-1$,有

$$-\nabla f(\boldsymbol{x}^{(k+1)})^{\mathrm{T}}[\nabla f(\boldsymbol{x}^{(j+1)})-\nabla f(\boldsymbol{x}^{(j)})]+\beta_j^{(k)}\boldsymbol{d}^{(j)\mathrm{T}}\boldsymbol{y}^{(j)}=0$$

在上式中,由式(11-22)有

$$-\nabla f(\boldsymbol{x}^{(k+1)})^{\mathrm{T}}\nabla f(\boldsymbol{x}^{(j+1)})=0$$

由式(11-18)有

$$\beta_j^{(k)}\boldsymbol{d}^{(j)\mathrm{T}}\boldsymbol{y}^{(j)}=\beta_j^{(k)}\alpha_j\boldsymbol{d}^{(j)\mathrm{T}}\boldsymbol{G}\boldsymbol{d}^{(j)}=0$$

于是 $\beta_j^{(k)}=0$。

故式(11-16)中只有 $\beta_k^{(k)}\neq 0$,记 $\beta_k=\beta_k^{(k)}$。

可得到共轭梯度构造公式:

$$\boldsymbol{d}^{(k+1)}=-\nabla f(\boldsymbol{x}^{(k+1)})+\beta_k\boldsymbol{d}^{(k)}$$

当 $j=k$ 时,由式(11-20′)、式(11-18)得

$$\beta_k=\frac{\nabla f\ (\boldsymbol{x}^{(k+1)})^{\mathrm{T}}[\nabla f(\boldsymbol{x}^{(k+1)})-\nabla f(\boldsymbol{x}^{(k)})]}{\boldsymbol{d}^{(k)\mathrm{T}}\boldsymbol{y}^{(k)}} \tag{11-23}$$

注意:

$$\begin{aligned}\boldsymbol{d}^{(k)\mathrm{T}}\boldsymbol{y}^{(k)}&=\boldsymbol{d}^{(k)\mathrm{T}}[\nabla f(\boldsymbol{x}^{(k+1)})\ \nabla f(\boldsymbol{x}^{(k)})]\\&=-\boldsymbol{d}^{(k)\mathrm{T}}\ \nabla f(\boldsymbol{x}^{(k)})\\&=-\left[-f(\boldsymbol{x}^{(k)})+\sum_{l=1}^{k-1}\beta_l^{(k-1)}\boldsymbol{d}^{(l)}\right]^{\mathrm{T}}\nabla f(\boldsymbol{x}^{(k)})\\&=\nabla f^{\mathrm{T}}(\boldsymbol{x}^{(k)})\ \nabla f(\boldsymbol{x}^{(k)})\end{aligned}$$

得到式(11-23)的下列 3 种等价形式:

$$\beta_k=\frac{\nabla f\ (\boldsymbol{x}^{(k+1)})^{\mathrm{T}}\ \nabla f(\boldsymbol{x}^{(k+1)})}{\nabla f\ (\boldsymbol{x}^{(k)})^{\mathrm{T}}\ \nabla f(\boldsymbol{x}^{(k)})}$$

$$\beta_k=\frac{\nabla f\ (\boldsymbol{x}^{(k+1)})^{\mathrm{T}}[\nabla f(\boldsymbol{x}^{(k+1)})-\nabla f(\boldsymbol{x}^{(k)})]}{\nabla f\ (\boldsymbol{x}^{(k)})^{\mathrm{T}}\ \nabla f(\boldsymbol{x}^{(k)})}$$

$$\beta_k=\frac{\nabla f(\boldsymbol{x}^{(k+1)})^{\mathrm{T}}\ \nabla f(\boldsymbol{x}^{(k+1)})}{\nabla f\ (\boldsymbol{x}^{(k)})^{\mathrm{T}}\boldsymbol{d}^{(k)}}$$

以上 3 种等价形式分别为 FR 法、PRP 法和共轭下降法。

2. 算法流程图

共轭梯度法的算法流程图如图 11-13 所示。

共轭梯度算法流程图与特点

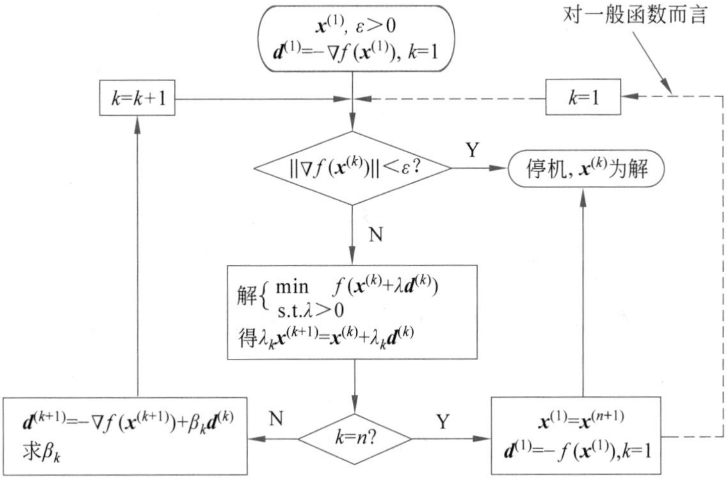

图　11-13

3. 算法特点

共轭梯度法的算法特点如下：

(1) 全局收敛(下降算法)，线性收敛。

(2) 每步迭代只需存储若干向量(适用于大规模问题)。

(3) 有二次终结性(对于正定二次函数，至多 n 次迭代可达最优值)。

注意，不同的 β_k 公式，对于正定二次函数是相同的；对非正定二次函数有不同的效果，从经验上看 PRP 效果较好。

11.2.5 变尺度法

1. 变尺度法的基本思路

设有以下问题：

$$\min f(\boldsymbol{x}), f: \mathbf{R}^n \to \mathbf{R}$$

1) 基本思想(对牛顿法的改进)

变尺度法用对称正定矩阵 $\boldsymbol{H}^{(k)}$ 近似 $\nabla^2 f(\boldsymbol{x}^{(k)})$，而 $\boldsymbol{H}^{(k)}$ 是从给定 $\boldsymbol{H}^{(1)}$ 开始逐步修正得到的。

2) 算法框图

变尺度法

变尺度法的算法框图如图 11-14 所示。

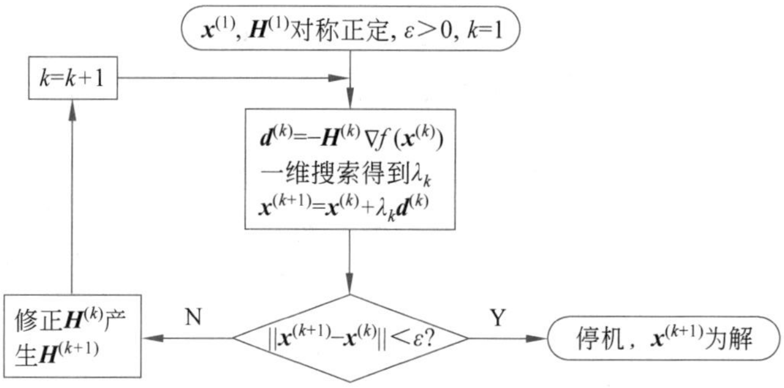

图 11-14

3) 拟牛顿方程

记 $$\boldsymbol{s}^{(k)} = \boldsymbol{x}^{(k+1)} - \boldsymbol{x}^{(k)}, \boldsymbol{y}^{(k)} = \nabla f(\boldsymbol{x}^{(k+1)}) - \nabla f(\boldsymbol{x}^{(k)})$$

当 f 为二次函数时：

$$f(\boldsymbol{x}) = \frac{1}{2}\boldsymbol{x}^{\mathrm{T}}\boldsymbol{B}\boldsymbol{x} + \boldsymbol{c}^{\mathrm{T}}\boldsymbol{x} + \boldsymbol{b}$$

$$\nabla f = \boldsymbol{B}\boldsymbol{x} + \boldsymbol{c}$$

有 $\boldsymbol{y}^{(k)} = \boldsymbol{B}\boldsymbol{s}^{(k)}$ 或 $\boldsymbol{s}^{(k)} = \boldsymbol{B}^{-1}\boldsymbol{y}^{(k)}$，称 $\boldsymbol{H}\boldsymbol{y} = \boldsymbol{s}$ 或 $\boldsymbol{y} = \boldsymbol{B}\boldsymbol{s}$ 为拟牛顿方程。

显然，当 $\boldsymbol{H}$ 正定时，$\boldsymbol{B}^{-1} = \boldsymbol{H}$。

4) 近似

对于 $f(\boldsymbol{x})$ 的二阶泰勒展开式，舍去高阶项，有

$$f(\boldsymbol{x}^*) \approx f(\boldsymbol{x}) + \nabla f^{\mathrm{T}}(\boldsymbol{x})(\boldsymbol{x}^* - \boldsymbol{x}) + \frac{1}{2}(\boldsymbol{x}^* - \boldsymbol{x})^{\mathrm{T}} \nabla^2 f(\boldsymbol{x})(\boldsymbol{x}^* - \boldsymbol{x})^2$$

有 $$\boldsymbol{y}^{(k)} \approx \nabla^2 f(\boldsymbol{x}^{(k)})\boldsymbol{s}^{(k)} \quad 或 \quad \boldsymbol{s}^{(k)} \approx (\nabla^2 f(\boldsymbol{x}^{(k)}))^{-1}\boldsymbol{y}^{(k)}$$

用矩阵 $\boldsymbol{B}^{(k+1)}$ 或 $\boldsymbol{H}^{(k+1)}$ 分别取代 $\nabla^2 f(\boldsymbol{x}^{(k)})$ 或 $(\nabla^2 f(\boldsymbol{x}^{(k)}))^{-1}$，使拟牛顿方程成立，可看作是对 $\nabla^2 f(\boldsymbol{x}^{(k)})$ 或 $(\nabla^2 f(\boldsymbol{x}^{(k)}))^{-1}$ 的一种近似。对这种近似来说，$\boldsymbol{H}$ 或 $\boldsymbol{B}$ 不唯一。

5）变尺度法的主要特点

变尺度法的主要特点如下：

（1）只需要用到函数的一阶梯度（牛顿法用到二阶黑塞方阵）。

（2）下降算法，故全局收敛。

（3）不需要求矩阵的逆（计算量小）。

（4）一般可达到超线性收敛（速度快）。

（5）具有二次终结性。

2. DFP 法和 BFGS 法

1）DFP 法

以下省去各个量的上标，$\boldsymbol{x}, \boldsymbol{s}, \boldsymbol{y}, \boldsymbol{H}$ 表示第 k 步的量，$\bar{\boldsymbol{x}}, \bar{\boldsymbol{s}}, \bar{\boldsymbol{y}}, \bar{\boldsymbol{H}}$ 等表示第 $k+1$ 步的量。

令修正公式为 $\bar{\boldsymbol{H}} = \boldsymbol{H} + \alpha \boldsymbol{u}\boldsymbol{u}^{\mathrm{T}} + \beta \boldsymbol{v}\boldsymbol{v}^{\mathrm{T}}$，$\boldsymbol{u}, \boldsymbol{v} \in \mathbf{R}^n$。满足拟牛顿方程的条件 $\boldsymbol{s} = \bar{\boldsymbol{H}}\boldsymbol{y}$，则 $\boldsymbol{s} = \boldsymbol{H}\boldsymbol{y} + \alpha(\boldsymbol{u}^{\mathrm{T}}\boldsymbol{y})\boldsymbol{u} + \beta(\boldsymbol{v}^{\mathrm{T}}\boldsymbol{y})\boldsymbol{v}$。

取 $\boldsymbol{u} = \boldsymbol{s}, \boldsymbol{v} = \boldsymbol{H}\boldsymbol{y}$，令 $\alpha(\boldsymbol{u}^{\mathrm{T}}\boldsymbol{y}) = 1, \beta(\boldsymbol{v}^{\mathrm{T}}\boldsymbol{y}) = -1$，则

$$\alpha = \frac{1}{\boldsymbol{s}^{\mathrm{T}}\boldsymbol{y}}, \beta = \frac{1}{\boldsymbol{y}^{\mathrm{T}}\boldsymbol{H}\boldsymbol{y}}$$

DFP 公式：

$$\bar{\boldsymbol{H}} = \boldsymbol{H} + \frac{\boldsymbol{s}\boldsymbol{s}^{\mathrm{T}}}{\boldsymbol{s}^{\mathrm{T}}\boldsymbol{y}} - \frac{\boldsymbol{H}\boldsymbol{y}\boldsymbol{y}^{\mathrm{T}}\boldsymbol{H}}{\boldsymbol{y}^{\mathrm{T}}\boldsymbol{H}\boldsymbol{y}}$$

例 11-3　用 DFP 法求解 $f(\boldsymbol{x}) = 10x_1^2 + x_2^2$。

DFP、BFGS、布罗伊登族

解：取初始点 $\boldsymbol{x}^{(1)} = (1/10, 1)^{\mathrm{T}}$，$\boldsymbol{H}^{(1)} = \boldsymbol{I}$（单位矩阵）。

$$\nabla f(\boldsymbol{x}) = \begin{bmatrix} 20x_1 \\ 2x_2 \end{bmatrix}, \boldsymbol{d} = -\boldsymbol{H}\,\nabla f(\boldsymbol{x}), \boldsymbol{s} = \bar{\boldsymbol{x}} - \boldsymbol{x} = \lambda \boldsymbol{d}$$

得到如表 11-3 所示的结果。

表　11-3

k	$\boldsymbol{x}^{(k)}$	$\nabla f(\boldsymbol{x}^{(k)})$	$\boldsymbol{H}^{(k)}$	$\boldsymbol{d}^{(k)}$	λ_k	$\boldsymbol{s}^{(k)}$	$\boldsymbol{y}^{(k)}$
1	$\begin{bmatrix} \frac{1}{10} \\ 1 \end{bmatrix}$	$\begin{bmatrix} 2 \\ 2 \end{bmatrix}$	$\begin{bmatrix} 1 & 0 \\ 0 & 1 \end{bmatrix}$	$\begin{bmatrix} -2 \\ -2 \end{bmatrix}$	$\frac{1}{11}$	$\begin{bmatrix} -\frac{2}{11} \\ -\frac{2}{11} \end{bmatrix}$	$\begin{bmatrix} -\frac{40}{11} \\ -\frac{4}{11} \end{bmatrix}$
2	$\begin{bmatrix} \frac{9}{-110} \\ \frac{9}{11} \end{bmatrix}$	$\begin{bmatrix} -\frac{18}{11} \\ \frac{18}{11} \end{bmatrix}$	$\frac{1}{2222}\begin{bmatrix} 123 & -119 \\ -119 & 2301 \end{bmatrix}$	$\begin{bmatrix} 1 \\ -10 \end{bmatrix}$	$\frac{9}{110}$		
3	$\begin{bmatrix} 0 \\ 0 \end{bmatrix}$	$\begin{bmatrix} 0 \\ 0 \end{bmatrix}$ 停机					

计算过程如下。

第一步：

$$\boldsymbol{d}^{(1)}=-\boldsymbol{H}^{(1)}\nabla f(\boldsymbol{x}^{(1)})=-\begin{bmatrix}2\\2\end{bmatrix}\boldsymbol{x}^{(1)}+\lambda\boldsymbol{d}^{(1)}=\begin{bmatrix}\frac{1}{10}-2\lambda\\1-2\lambda\end{bmatrix}$$

一维搜索：

$$\min f(\boldsymbol{x}^{(1)}+\lambda\boldsymbol{d}^{(1)})=10\left(\frac{1}{10}-2\lambda\right)^2+(1-2\lambda)^2$$

$$\text{s.t.}\lambda\geqslant 0$$

求 $f(\boldsymbol{x}^{(1)}+\lambda\boldsymbol{d}^{(1)})$的驻点：

$$f'=-40\left(\frac{1}{10}-2\lambda\right)-4(1-2\lambda)=0$$

得 $\lambda=\frac{1}{11}$,于是

$$\boldsymbol{x}^{(2)}=\boldsymbol{x}^{(1)}+\lambda_1\boldsymbol{d}^{(1)}=\left(-\frac{9}{110},\frac{9}{11}\right)^{\mathrm{T}}$$

第二步：

$$\nabla f(\boldsymbol{x}^{(2)})=\left(-\frac{18}{11},\frac{18}{11}\right)^{\mathrm{T}},\boldsymbol{s}^{(1)}=\boldsymbol{x}^{(2)}-\boldsymbol{x}^{(1)}=\left(-\frac{2}{11},-\frac{2}{11}\right)^{\mathrm{T}}$$

$$\boldsymbol{y}^{(1)}=\nabla f(\boldsymbol{x}^{(2)})-\nabla f(\boldsymbol{x}^{(1)})=\left(-\frac{40}{11},-\frac{4}{11}\right)^{\mathrm{T}}$$

$$\boldsymbol{H}^{(2)}=\boldsymbol{H}^{(1)}+\frac{\boldsymbol{s}^{(1)}\boldsymbol{s}^{(1)\mathrm{T}}}{\boldsymbol{s}^{(1)\mathrm{T}}\boldsymbol{y}^{\mathrm{T}}}-\frac{\boldsymbol{H}^{(1)}\boldsymbol{y}^{(1)}\boldsymbol{y}^{(1)\mathrm{T}}\boldsymbol{H}^{(1)}}{\boldsymbol{y}^{(1)\mathrm{T}}\boldsymbol{H}^{(1)}\boldsymbol{y}^{(1)}}$$

$$\boldsymbol{s}^{(1)\mathrm{T}}\boldsymbol{y}^{(1)}=\frac{8}{11},\boldsymbol{H}^{(1)}\boldsymbol{y}^{(1)}=\boldsymbol{y}^{(1)},\boldsymbol{y}^{(1)\mathrm{T}}\boldsymbol{H}^{(1)}\boldsymbol{y}^{(1)}=\frac{1616}{121}$$

$$\boldsymbol{s}^{(1)}\boldsymbol{s}^{(1)\mathrm{T}}=\begin{bmatrix}\frac{4}{121}&\frac{4}{121}\\\frac{4}{121}&\frac{4}{121}\end{bmatrix},\boldsymbol{H}^{(1)}\boldsymbol{y}^{(1)}\boldsymbol{y}^{(1)\mathrm{T}}\boldsymbol{H}^{(1)}=\begin{bmatrix}\frac{1600}{121}&\frac{160}{121}\\\frac{160}{121}&\frac{16}{121}\end{bmatrix}$$

于是，

$$\boldsymbol{H}^{(2)}=\begin{bmatrix}1&0\\0&1\end{bmatrix}+\frac{1}{22}\begin{bmatrix}1&1\\1&1\end{bmatrix}-\frac{1}{101}\begin{bmatrix}100&10\\10&1\end{bmatrix}=\frac{1}{2222}\begin{bmatrix}123&-119\\-119&2301\end{bmatrix}$$

$$\boldsymbol{d}^{(2)}=-\boldsymbol{H}^{(2)}\nabla f(\boldsymbol{x}^{(2)})=\frac{4356}{2222}\begin{bmatrix}1\\-10\end{bmatrix}$$

取 $\boldsymbol{d}^{(2)}=\begin{bmatrix}1\\-10\end{bmatrix}$(与长度无关)

$$\min f(\boldsymbol{x}^{(2)}+\lambda\boldsymbol{d}^{(2)})=10\left(-\frac{9}{110}+\lambda\right)^2+\left(\frac{9}{10}-10\lambda\right)^2$$

求驻点：

$$\lambda_2=\frac{9}{110}$$

$$x^{(3)}=x^{(2)}+\lambda d^{(2)}=(0,0)^{\mathrm{T}}$$

第三步：

$$\nabla f(x^{(3)})=(0,0)^{\mathrm{T}}$$

停机，$x^{*}=(0,0)^{\mathrm{T}}$。

定理 11-9　设 $\boldsymbol{H}$ 对称正定，$s^{\mathrm{T}}y>0$，那么 DFP 法产生的 $\bar{\boldsymbol{H}}$ 对称正定。

注意，下列各情况下有 $s^{\mathrm{T}}y>0$：

(1) $f(x)$为正定二次函数。

(2) 精确一维搜索时。

(3) 第 10 章介绍的不精确一维搜索时。

2) BFGS 法

若把前面的推导平行地用在 $y=Bs$ 公式上，可得到

$$\bar{B}=B+\frac{yy^{\mathrm{T}}}{y^{\mathrm{T}}s}-\frac{Bss^{\mathrm{T}}B}{s^{\mathrm{T}}Bs}$$

上式称为 BFGS 法的 B 公式。用此公式求方向时，需用到矩阵求逆或解方程：

$$d=-B^{-1}\nabla f(x)\quad 或\quad Bd=-\nabla f(x)$$

由于每次只有秩 2 的变换，这里的计算量仍可以降下来。

为了得到 BFGS 法的 H 公式，可对上面的 $\bar{B}$ 求逆：

$$\bar{H}=H+\left(1+\frac{y^{\mathrm{T}}Hy}{s^{\mathrm{T}}y}\right)\frac{ss^{\mathrm{T}}}{s^{\mathrm{T}}y}-\frac{Hys^{\mathrm{T}}+sy^{\mathrm{T}}H}{s^{\mathrm{T}}y}$$

上式称为 BFGS 法的 H 公式。BFGS 法有变尺度法的全部优点，并且可以证明在一定条件下在 BFGS 法中使用不精确一维搜索有全局收敛性。

3. 布罗伊登族

当在秩 2 公式中任意选取 α、β 时可得到不同的公式，经过理论推导，可得到下列结果。

1) B 公式

$$\bar{B}=B+\left(1+\frac{s^{\mathrm{T}}Bs}{s^{\mathrm{T}}y}\right)\frac{yy^{\mathrm{T}}}{s^{\mathrm{T}}y}-\frac{Bsy^{\mathrm{T}}+ys^{\mathrm{T}}B}{s^{\mathrm{T}}y}$$

DFB 法公式与 BFGS 法公式通过用 s、y、$H(B)$分别取代 y、s、$B(H)$即可互相得到，称它们为对偶公式。

2) H 公式

令 DFP 法和 BFGS 法的 H 公式分别为 $\bar{H}_{\mathrm{DFP}}$ 和 $\bar{H}_{\mathrm{BFGS}}$，引入参数 ϕ（一般取 $0\leqslant\phi\leqslant1$），有下列公式：

$$\bar{H}_{\phi}=(1-\phi)\bar{H}_{\mathrm{DFP}}+\phi\bar{H}_{\mathrm{BFGS}}$$

$$\bar{H}_{\phi}=\bar{H}_{\mathrm{DFP}}+\phi vv^{\mathrm{T}}$$

其中：

$$v=(y^{\mathrm{T}}Hy)^{\frac{1}{2}}\left(\frac{s}{s^{\mathrm{T}}y}-\frac{Hy}{y^{\mathrm{T}}Hy}\right)$$

$$\bar{H}_{\phi}=\bar{H}_{\mathrm{DFP}}+(s,Hy)A_{\phi}\begin{bmatrix}s^{\mathrm{T}}\\ Hy^{\mathrm{T}}\end{bmatrix}$$

其中:

$$A_{\phi}=\begin{bmatrix}\left(1+\phi\dfrac{\boldsymbol{y}^{\mathrm{T}}\boldsymbol{H}\boldsymbol{y}}{\boldsymbol{s}^{\mathrm{T}}\boldsymbol{y}}\right)\dfrac{1}{\boldsymbol{s}^{\mathrm{T}}\boldsymbol{y}} & -\dfrac{\phi}{\boldsymbol{s}^{\mathrm{T}}\boldsymbol{y}} \\ -\dfrac{\phi}{\boldsymbol{s}^{\mathrm{T}}\boldsymbol{y}} & -\dfrac{1-\phi}{\boldsymbol{y}^{\mathrm{T}}\boldsymbol{H}\boldsymbol{y}}\end{bmatrix}$$

上述公式均是等价的,称为布罗伊登(Broyden)族。显然,当 $\phi=0$ 时,它就是 DFP 公式;当 $\phi=1$ 时,它就是 BFGS 公式。布罗伊登族的任何公式都具备一般变尺度法的优点。

11.2.6 直接算法

1. 单纯形法及可变多面体算法

1) 单纯形法基本思路

定义 11-7 0 维单纯形是一个点;一维单纯形是一条直线;二维单纯形是一个三角形;三维单纯形是一个四面体;n 维单纯形是一个 $n+1$ 个顶点的广义凸多面体(例如对称形式线性规划问题的可行域等)。若单纯形中任意两点间的距离相等,则称为正规单纯形。

设有一个由 $\mathbf{R}^n$ 中 $n+1$ 个点 $\boldsymbol{x}^{(0)},\boldsymbol{x}^{(1)},\cdots,\boldsymbol{x}^{(n)}$ 构成的单纯形($n+1$ 个顶点的凸多面体)。比较各点的函数值得到 $\boldsymbol{x}_{\max}$ 和 $\boldsymbol{x}_{\min}$,使

$$f(\boldsymbol{x}_{\max})=\max\{f(\boldsymbol{x}^{(0)}),f(\boldsymbol{x}^{(1)}),\cdots,f(\boldsymbol{x}^{(n)})\}$$

$$f(\boldsymbol{x}_{\min})=\min\{f(\boldsymbol{x}^{(0)}),f(\boldsymbol{x}^{(1)}),\cdots,f(\boldsymbol{x}^{(n)})\}$$

取单纯形中除去 $\boldsymbol{x}_{\max}$ 点外其他各点的形心:

$$\bar{\boldsymbol{x}}=\frac{1}{n}\left(\sum_{i=0}^{n}\boldsymbol{x}^{(i)}-\boldsymbol{x}_{\max}\right)$$

取 $\boldsymbol{x}^{(n+1)}$ 为 $\boldsymbol{x}_{\max}$ 关于 $\bar{\boldsymbol{x}}$ 的反射点:

$$\boldsymbol{x}^{(n+1)}=\bar{\boldsymbol{x}}+(\bar{\boldsymbol{x}}-\boldsymbol{x}_{\max})$$

去掉 $\boldsymbol{x}_{\max}$,加入 $\boldsymbol{x}^{(n+1)}$,得到新的单纯形。

重复上述过程直到算法收敛。

例如,当 $n=2$ 时,设已知单纯形的 3 个顶点 $\boldsymbol{x}_1,\boldsymbol{x}_2,\boldsymbol{x}_3,\boldsymbol{x}_1=\boldsymbol{x}_{\max}$,如图 11-15 所示。

需要注意以下两点:

(1) 当 $\boldsymbol{x}^{(n+1)}$ 又是新单纯形的最大值点时,取次大值点进行反射。

(2) 当某个点 $\boldsymbol{x}'$ 出现在连续 m 个单纯形中的时候,取各点与 $\boldsymbol{x}'$ 连线的中点(n 个)与 $\boldsymbol{x}'$ 点构成新的单纯形,继续执行算法。

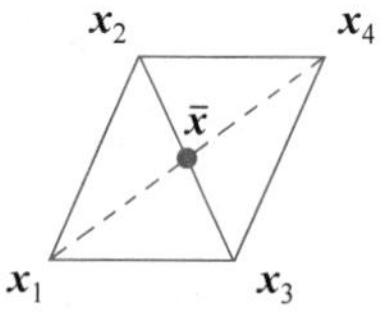

图 11-15

从经验上取 $m\geqslant 1.65n+0.05n^2$。

例如,$n=2$ 时,$m\geqslant 1.65\times 2+0.05\times 4=3.5$,可取 $m=4$。

单纯形法的优点是不需求导数,不需要一维搜索。其缺点是无法加速,收敛慢,效果差。

2) 改进的单纯形法

改进的单纯形法

设第 k 步迭代得到 $n+1$ 个点 $\boldsymbol{x}^{(0)},\boldsymbol{x}^{(1)},\cdots,\boldsymbol{x}^{(n)}$,并得到 $\boldsymbol{x}_{\max}$、$\boldsymbol{x}_{\min}$ 及 $\bar{\boldsymbol{x}}$。

通过下列 4 步操作选择新迭代点:

(1) 反射。取反射系数 $\alpha>0$(在单纯形法中 $\alpha=1$),计算

$$\boldsymbol{y}^{(1)}=\bar{\boldsymbol{x}}+\alpha(\bar{\boldsymbol{x}}-\boldsymbol{x}_{\max})$$

(2) 扩展。给定扩展系数 $\gamma>1$，计算：

$$y^{(2)}=\bar{x}+\gamma(y^{(1)}-\bar{x})$$

若 $f(y^{(1)})<f(x_{\min})$，则当 $f(y^{(1)})>f(y^{(2)})$ 时，以 $y^{(2)}$ 取代 $x_{\max}$；否则以 $y^{(1)}$ 取代 $x_{\max}$，得到新的单纯形。

若 $\max\{f(x^{(i)})\mid x^{(i)}\neq x_{\max}\}\geqslant f(y^{(1)})\geqslant f(x_{\min})$，以 $y^{(1)}$ 取代 $x_{\max}$，得到新的单纯形。

(3) 收缩。若 $f(x_{\max})>f(y^{(1)})>f(x^{(i)})$，$x^{(i)}\neq x_{\max}$，计算 $y^{(3)}=\bar{x}+\beta(y^{(1)}-\bar{x})$，$\beta\in(0,1)$，以 $y^{(3)}$ 取代 $x_{\max}$，得到新的单纯形。

(4) 减半。若 $f(y^{(1)})>f(x_{\max})$，重新取各点，使 $x^{(i)}=x_{\min}+\dfrac{1}{2}(x^{(i)}-x_{\min})$，得到新的单纯形。

从经验上取 $\alpha=1$，$0.4\leqslant\beta\leqslant0.6$，$2.3\leqslant\gamma\leqslant3.0$。

有人建议：$\alpha=1$，$\beta=0.5$，$\gamma=2$。

算法停机准则：

$$\frac{1}{n+1}\sum_{i=0}^{n}\left[f(x^{(i)})-f(x_{\min})\right]^2<\varepsilon$$

这种改进的单纯形法称为可变多面体算法。

2. 模式搜索法

模式搜索法的基本思想是利用两类移动(探测性移动和模式性移动)进行一步迭代。

探测性移动的目的是：从当前基点开始，沿各坐标方向探测出一个的新的基点，并得到一个“有前途”的方向。

模式性移动的目的是：沿上述“有前途”方向(两个基点连线方向)加速移动，使函数值更快地减小。

模式搜索法的主要过程如下。

设在第 k 步迭代时已得到 $x^{(k)}$。

(1) 探测性移动。

给定步长 α_k，设通过模式性移动得到 $y^{(0)}$，依次沿各坐标方向 $e^{(i)}=(0,\cdots,1,0,\cdots,0)^{\mathrm{T}}$。移动 α_k 步长：$i=0,1,\cdots,n-1$，$\bar{y}=y^{(i)}+\alpha_k e^{(i+1)}$.

若 $f(\bar{y})<f(y^{(i)})$，则 $y^{(i+1)}=\bar{y}$；否则取 $\bar{y}=y^{(i)}-\alpha_k e^{(i+1)}$，继续计算是否有 $f(\bar{y})<f(y^{(i)})$，若有，则 $y^{(i+1)}=\bar{y}$，否则 $y^{(i+1)}=y^{(i)}$。最后得到 $y^{(n)}$。

若 $f(y^{(n)})<f(x^{(k)})$，令 $x^{(k+1)}=y^{(n)}$。

注意，总有 $f(y^{(n)})\leqslant f(y^{(0)})$。

(2) 模式性移动。

$x^{(k+1)}-x^{(k)}$ 为一个“有前途”的方向，取 $y^{(0)}=x^{(k+1)}+(x^{(k+1)}-x^{(k)})=2x^{(k+1)}-x^{(k)}$。

若探测性移动得到 $y^{(n)}$ 使 $f(y^{(n)})\geqslant f(x^{(k)})$，则跳过模式性移动而令 $y^{(n)}=x^{(k)}$，重新进行探测性移动，初始时令 $y^{(0)}=x^{(1)}$，得到的序列 $\{x^{(k)}\}$，使

$$f(x^{(1)})\geqslant f(x^{(2)})\geqslant\cdots\geqslant f(x^{(k)})\geqslant\cdots$$

若 $y^{(n)}=y^{(0)}$(即每一个坐标方向的移动都失败)，则减小 α_k，重复上述过程。

(3) 当进行到 α_k 充分小($\alpha_k<\varepsilon$)时，终止计算，最新的迭代点 $x^{(k)}$ 为解，如图 11-16 所示。

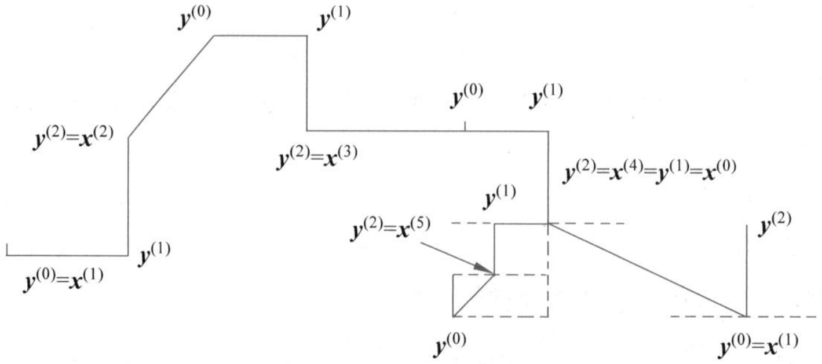

图　11-16

模式搜索法的算法框图如图 11-17 所示。

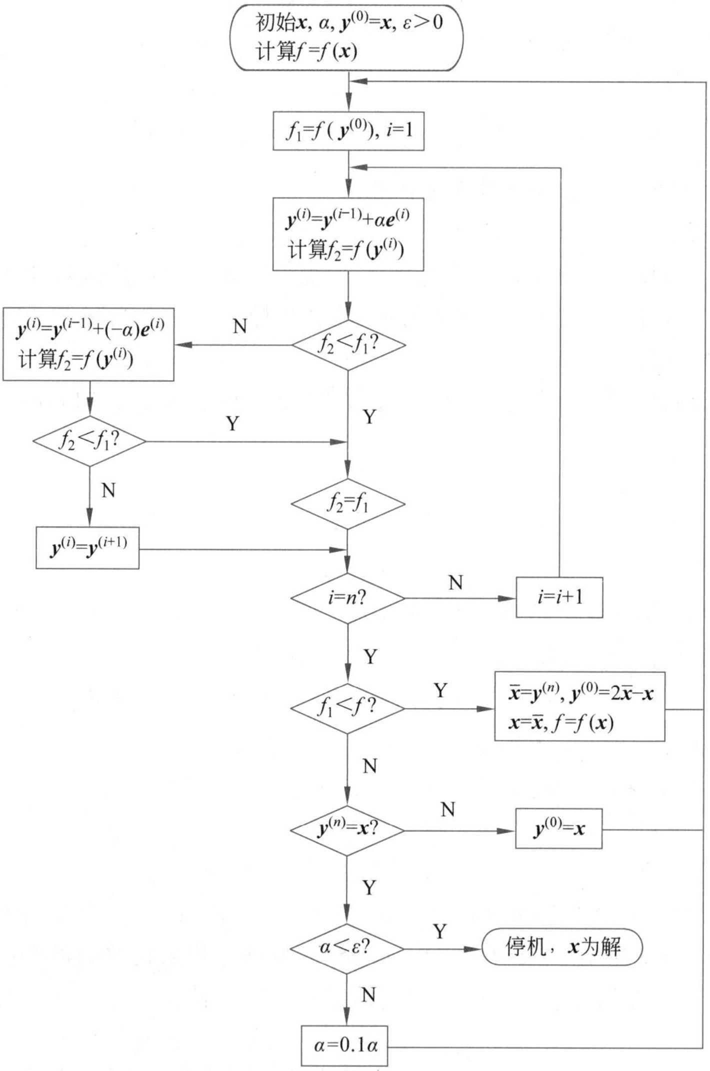

图　11-17

除了上面介绍的方法以外，还有转轴法、鲍威尔法等直接算法。

11.3　约束最优化方法

设问题如下：

$$\min f(\boldsymbol{x})$$
$$\text{s.t.}\begin{cases} g(\boldsymbol{x}) \leqslant 0 \\ h(\boldsymbol{x}) = 0 \end{cases}$$
$$f: \mathbf{R}^n \rightarrow \mathbf{R}, g: \mathbf{R}^n \rightarrow \mathbf{R}^m, h: \mathbf{R}^n \rightarrow \mathbf{R}^l$$

其分量形式如下：

$$\min f(\boldsymbol{x})$$
$$\text{s.t.}\begin{cases} g_i(\boldsymbol{x}) \leqslant 0, & i=1,2,\cdots,m \\ h_j(\boldsymbol{x}) = 0, & j=1,2,\cdots,l \end{cases}$$

约束集 $S=\{\boldsymbol{x} \mid g(\boldsymbol{x}) \leqslant 0, h(\boldsymbol{x})=0\}$。

11.3.1　K-T 条件

1. 等式约束性问题的最优性条件

考虑以下(fh)问题：

$$\text{s.t.}\begin{cases} \min f(\boldsymbol{x}) \\ h(\boldsymbol{x}) = 0 \end{cases}$$

首先回顾高等数学中的条件极值。

问题：在 $\Phi(s,t)=0$ 的条件下求 $u=f(s,t)$的极值，即

$$\text{s.t.}\begin{cases} \min f(s,t) \\ \Phi(s,t) = 0 \end{cases}$$

引入拉格朗日乘子 λ：

$$L(s,t;\lambda)=f(s,t)+\lambda\Phi(s,t)$$

若(s^*,t^*)是条件极值，则存在 λ^*，使

$$\begin{cases} f_s(s^*,t^*)+\lambda^*\phi_s(s^*,t^*)=0 \\ f_t(s^*,t^*)+\lambda^*\phi_t(s^*,t^*)=0 \\ \nabla f(\boldsymbol{x}^*)+\lambda^*\nabla\Phi(\boldsymbol{x}^*)=0 \\ \Phi(s^*,t^*)=0 \end{cases}$$

推广到多元的情况，可得到(fh)问题的分量形式和矩阵形式。

分量形式如下：

$$\text{s.t.}\begin{cases} \min f(\boldsymbol{x}) \\ h_j(\boldsymbol{x}) = 0, j=1,2,\cdots,l \end{cases}$$

若 $\boldsymbol{x}^*$ 是(fh) 的局部最小解，则存在 $\boldsymbol{u}^* \in \mathbf{R}^l$ 使$\nabla f(\boldsymbol{x}^*)+\sum_{j=1}^{l}\boldsymbol{v}_j^*\nabla h_j(\boldsymbol{x}^*)=0$。

矩阵形式如下：

$$\nabla f(\boldsymbol{x}^*)+\frac{\alpha h(\boldsymbol{x}^*)}{\alpha\boldsymbol{x}}\boldsymbol{v}^*=0$$

其几何意义是明显的。考虑一个约束的情况，如图 11-18 所示。

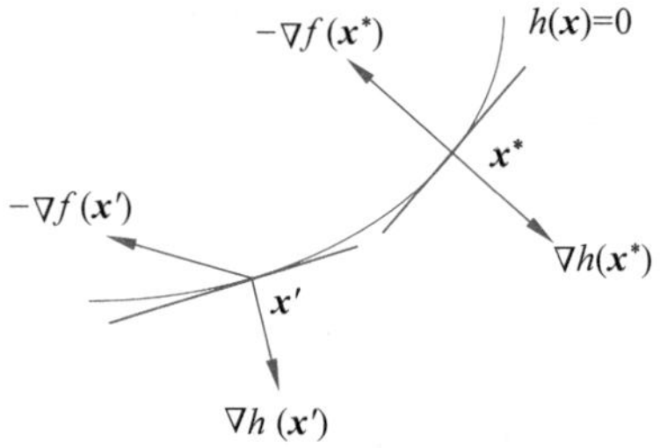

图 11-18

这里 x^* 为局部最小解，$\nabla f(x^*)$ 与 $\nabla h(x^*)$ 共线，而 x' 非局部最小解，$\nabla f(x')$ 与 $\nabla h(x')$ 不共线。

最优性条件为

$$\nabla f(x^*) = -\sum_{j=1}^{l} v_j^* \nabla h_j(x^*)$$

这个条件称为库恩-塔克(Khun-Tucker)条件，简称 K-T 条件。

2. 不等式约束问题的 K-T 条件

定义 11-8 考虑问题

$$\text{s.t.}\begin{cases}\min f(x)\\ g_i(x) \leqslant 0, i=1,2,\cdots,m\end{cases}$$

设 $x^* \in S=\{x \mid g_i(x) \leqslant 0, i=1,2,\cdots,m\}$，令 $I=\{i \mid g_i(x^*)=0, i=1,2,\cdots,m\}$，称 I 为 x^* 点处的起作用集(紧约束集)，如图 11-19 所示。

判断 x^* 是否局部最小解时，只有起作用的约束才会产生影响，因为对不起作用的约束 $g_i(x) \leqslant 0$，x^* 是其内点，沿下降方向 $-\nabla f(x^*)$ 必能找到更好的点。

特别地，对于 x^*：$\nabla f(x^*)+u^*\nabla g(x^*)=0, u^*>0$，要使函数值下降，必须使 $g(x)$ 值变大，因此 x^* 是局部最小解；在 x' 点使 $f(x)$ 下降的方向($-\nabla f(x')$ 方向)指向约束集合内部，因此 x' 不是局部最小解。

以上特征如图 11-20 所示。

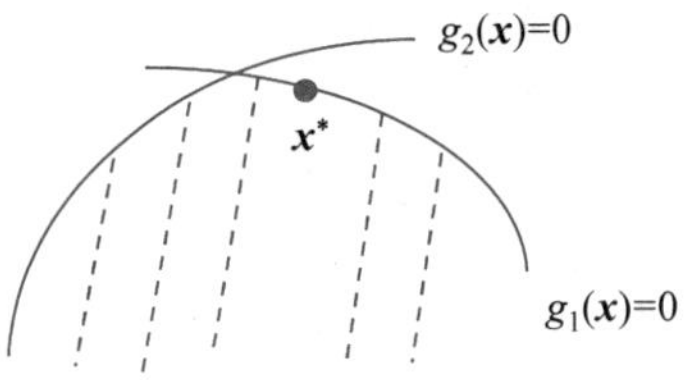

图 11-19

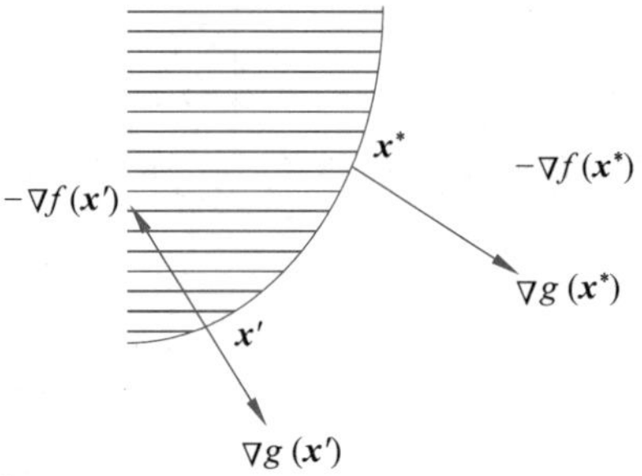

图 11-20

定理 11-10 对于问题(fg)，设 $S=\{x \mid g_i(x) \leqslant 0\}$，$x^* \in S$，$I$ 为 x^* 点处的起作用集。设 f 和 $g_i(x), i \in I$ 在 x^* 点可微，并且 $g_i(x), i \notin I$ 在 x^* 点连续，向量组 $\{\nabla g_i(x^*), i \in I\}$ 线性无

关。如果 $\boldsymbol{x}^*$ 是局部最小解，那么，$u_i^* \geqslant 0$，$\exists i \in I$ 使 $\nabla f(\boldsymbol{x}^*) + \sum_{i \in I} u_i^* \nabla g_i(\boldsymbol{x}^*) = 0$。

如果 $\forall i$ 在 $\boldsymbol{x}^*$ 点处 $g_i(\boldsymbol{x})$ 可微，那么，

$$\begin{cases} \nabla f(\boldsymbol{x}^*) + \sum_{i=1}^{m} u_i^* \nabla g_i(\boldsymbol{x}^*) = 0 \\ u_i^* \geqslant 0, i = 1, 2, \cdots, m \\ u_i^* g_i(\boldsymbol{x}^*) = 0, i = 1, 2, \cdots, m \text{（互补松弛条件）} \end{cases}$$

满足 K-T 条件的点 $\boldsymbol{x}^*$ 称为 K-T 点。

证明略。

定理 11-10（最优性必要条件）

例如，设有如下问题：

$$\min f(x_1, x_2) = (x_1 - 3)^2 + (x_2 - 2)^2$$

$$\text{s.t.} \begin{cases} g_1(x_1, x_2) = x_1^2 + x_2^2 - 5 \leqslant 0 \\ g_2(x_1, x_2) = x_1 + x_2 - 4 \leqslant 0 \\ g_3(x_1, x_2) = -x_1 \leqslant 0 \\ g_4(x_1, x_2) = -x_2 \leqslant 0 \end{cases}$$

如图 11-21 所示。

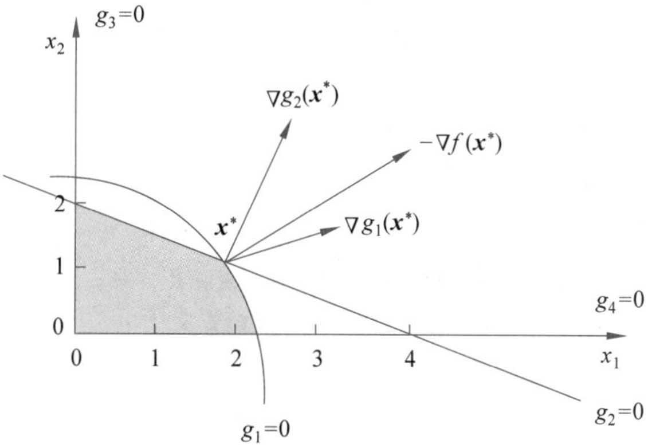

图　11-21

在 $\boldsymbol{x}^*$ 点，

$$\begin{cases} g_1(x_1, x_2) = 0 \\ g_2(x_1, x_2) = 0 \end{cases}$$

交点 $(2,1)^{\mathrm{T}}$ 的起作用集 $\boldsymbol{I} = \{1, 2\}$。

$$\nabla g_1(\boldsymbol{x}^*) = (2x_1^*, 2x_2^*)^{\mathrm{T}} = (4, 2)^{\mathrm{T}}$$

$$\nabla g_2(\boldsymbol{x}^*) = (2, 1)^{\mathrm{T}}$$

$$\nabla f(\boldsymbol{x}^*) = (2(x_1^* - 3), 2(x_2^* - 2))^{\mathrm{T}} = (-2, -2)^{\mathrm{T}}$$

计算可得 $u_1^* = \frac{1}{3}$ 和 $u_2^* = \frac{2}{3}$ 使 $\nabla f(\boldsymbol{x}^*) + \frac{1}{3} \nabla g_1(\boldsymbol{x}^*) + \frac{2}{3} \nabla g_2(\boldsymbol{x}^*) = 0$。所以 $\boldsymbol{x}^*$ 是 K-T 点。

用 K-T 条件求解：

$$\nabla f(\boldsymbol{x})=\begin{bmatrix}2(x_1-3)\\2(x_2-2)\end{bmatrix}$$

$$\nabla g_1(\boldsymbol{x})=\begin{bmatrix}2x_1\\2x_2\end{bmatrix},\nabla g_2(\boldsymbol{x})=\begin{bmatrix}2\\1\end{bmatrix}$$

$$\nabla g_3(\boldsymbol{x})=\begin{bmatrix}-1\\0\end{bmatrix},\nabla g_4(\boldsymbol{x})=\begin{bmatrix}0\\-1\end{bmatrix}$$

$$\begin{cases}\nabla f(x)+\sum_{i=1}^{m}u_i\nabla g_i(\boldsymbol{x})=0\\u_i\geqslant 0,i=1,2,\cdots,m\\u_ig_i(\boldsymbol{x})=0\end{cases}$$

$$\begin{cases}2(x_1-3)+u_12x_1+u_2-u_3=0\cdots\cdots & (1)\\2(x_2-3)+u_12x_2+2u_2-u_4=0\cdots\cdots & (2)\\u_1(x_1^2+x_2^2-5)=0\cdots\cdots & (3)\\u_2(x_1+x_2-4)=0\cdots\cdots & (4)\\u_3x_1=0\cdots\cdots & (5)\\u_4x_2=0\cdots\cdots & (6)\\u_1,u_2,u_3,u_4\geqslant 0\end{cases}$$

6 个方程有 6 个未知量。

可能的 K-T 点出现在下列情况中：

(1) 两条约束曲线的交点：g_1 与 g_2、g_1 与 g_3、g_1 与 g_4、g_2 与 g_3、g_2 与 g_4、g_3 与 g_4。

(2) 目标函数与一条曲线相交的情况：f 与 g_1、g_2、g_3、g_4。

对每一个情况求得满足(1)～(6)的点$(x_1,x_2)^{\mathrm{T}}$及乘子 u_1、u_2、u_3、u_4，当满足 K-T 条件且 $u_i\geqslant 0$ 时，即为一个 K-T 点。

下面说明几个情况。

(1) g_1 与 g_2 的交点。$\boldsymbol{x}=(2,1)^{\mathrm{T}}\in S,I=\{1,2\}$，则 $u_3=u_4=0$。解

$$\begin{cases}2(x_1-3)+2u_1x_1+u_2=0\\2(x_2-2)+2u_1x_2+2u_2=0\end{cases}$$

得 $u_1=\dfrac{1}{3},u_2=\dfrac{2}{3}>0$。

故 $\boldsymbol{x}=(2,1)^{\mathrm{T}}$ 是 K-T 点。

(2) g_1 与 g_3 的交点。解

$$\begin{cases}x_1^2+x_2^2-5=0\\x_1=0\end{cases}$$

得 $\boldsymbol{x}=(0,\pm\sqrt{5})^{\mathrm{T}}$。

$(0,-\sqrt{5})^{\mathrm{T}}\notin S$，不满足 $g_4\leqslant 0$，故该点不是 K-T 点。

$(0,\sqrt{5})^{\mathrm{T}}\notin S$，不满足 $g_2\leqslant 0$，故该点不是 K-T 点。

(3) g_3 与 g_4 的交点。$\boldsymbol{x}=(0,0)^{\mathrm{T}}\in S,I=\{3,4\}$，故 $u_1=u_2=0$。解

$$\begin{cases}2(0-3)-u_3=0\\2(0-2)-u_4=0\end{cases}$$

得 $u_3=-6<0, u_4=-4<0$。

故该点不是 K-T 点。

(4) 目标函数 $f(\boldsymbol{x})$与 $g_1(\boldsymbol{x})$相交的情况。$I=\{1\}$，则 $u_2=u_3=u_4=0$。解

$$\begin{cases}2(x_1-3)+2x_1u_1=0\\2(x_2-2)+2x_2u_1=0\\x_1^2+x_2^2-5=0\end{cases}$$

得$\left(\pm\sqrt{\dfrac{45}{13}}, \pm\sqrt{\dfrac{20}{13}}\right)\notin S$。

故这些点均不是 K-T 点。

$$g_2(x_1,x_2)=\sqrt{\frac{45}{13}}+2\sqrt{\frac{20}{13}}-4=7\sqrt{\frac{5}{13}}-4=0.34>0$$

3. 一般约束问题的 K-T 条件

设(fgh)问题为

$$\min f(\boldsymbol{x})$$
$$\text{s.t.}\begin{cases}g_i(\boldsymbol{x})\leqslant 0, & i=1,2,\cdots,m\\h_j(\boldsymbol{x})\leqslant 0, & j=1,2,\cdots,l\end{cases}$$

定理 11-11　对于(fgh)问题，$\boldsymbol{x}^*=\{\boldsymbol{x}\,|\,g(\boldsymbol{x})\leqslant 0, h(\boldsymbol{x})=0\}$，$I$ 为起作用集。设 $g_i(\boldsymbol{x})$ $(i\in I)$在 $\boldsymbol{x}^*$ 可微，$g_i(\boldsymbol{x})(i\notin I)h_j$ 在 $\boldsymbol{x}^*$ 连续，$h_j(j=1,2,\cdots,l)$在 $\boldsymbol{x}^*$ 的某领域内连续可微。再设向量组$\{\nabla g_i(\boldsymbol{x}^*)(i\in I), \nabla h_1(\boldsymbol{x}^*),\cdots,\nabla h_l(\boldsymbol{x}^*)\}$线性无关。

定理 11-11

如果 $\boldsymbol{x}^*$ 是局部最小解，那么 $\exists u_i^*\geqslant 0, i\in I, v_j^*\in\mathbf{R}, j=1,2,\cdots,l$，有

$$\nabla f(\boldsymbol{x}^*)+\sum_{i\in I}u_i^*\nabla g_i(\boldsymbol{x}^*)+\sum_{j=1}^{l}v_j^*\nabla h_j(\boldsymbol{x}^*)=0$$

如果还有 $g_i(\boldsymbol{x})(i\notin I)$在 $\boldsymbol{x}^*$ 处也可微，那么

$$\begin{cases}\nabla f(\boldsymbol{x}^*)+\displaystyle\sum_{i=l}^{m}u_i^*\nabla g_i(\boldsymbol{x}^*)+\sum_{j=1}^{l}v_j^*\nabla h_j(\boldsymbol{x}^*)=0\\u_i^*\geqslant 0, i=1,2,\cdots,m\\u_i^*g_i(\boldsymbol{x}^*)=0, i=1,2,\cdots,m\end{cases}$$

若(fgh)问题为凸规划问题，满足可微性及约束规格，则 $\boldsymbol{x}^*$ 是局部最小群$\Leftrightarrow\boldsymbol{x}^*$ 是 K-T 点。

11.3.2　既约梯度法

1. 解线性约束问题的既约梯度法

设问题为

$$\min f(\boldsymbol{x})$$
$$\text{s.t.}\begin{cases}\boldsymbol{A}\boldsymbol{x}=\boldsymbol{b}\\\boldsymbol{x}\geqslant\boldsymbol{0}\end{cases}, \boldsymbol{A}_{m\times n}\text{ 的秩为 } m, \boldsymbol{b}\in\mathbf{R}^m$$

可行集：$S=\{\boldsymbol{x}\,|\,\boldsymbol{A}\boldsymbol{x}=\boldsymbol{b}, \boldsymbol{x}\geqslant\boldsymbol{0}\}$。

既约梯度法的基本思想是:利用约束方程组将基变量用非基变量表示,以达到降维的目的;对降维后的目标函数求梯度,建立产生迭代解的方法。

非退化假设如下:

(1) $\boldsymbol{A}$ 的任意 m 列线性无关。

(2) S 中每个点都有 m 个正分量。

称 $\boldsymbol{r}_{\boldsymbol{N}}^{\mathrm{T}}=\nabla_{\boldsymbol{N}} f^{\mathrm{T}}(\boldsymbol{x})-\nabla_{\boldsymbol{B}} f^{\mathrm{T}}(\boldsymbol{x}) \boldsymbol{B}^{-1} \boldsymbol{N}$ 为 f 的既约梯度。

首先确定既约梯度及搜索方向。

$\forall \boldsymbol{x} \in S$,存在分解 $\boldsymbol{A}=[\boldsymbol{B} \quad \boldsymbol{N}]$,$\boldsymbol{B}_{m \times m}$ 非奇异,$\boldsymbol{x}=\begin{bmatrix}\boldsymbol{x}_{\boldsymbol{B}} \\ \boldsymbol{x}_{\boldsymbol{N}}\end{bmatrix}$使 $\boldsymbol{x}_{\boldsymbol{B}}>\mathbf{0}$,$\boldsymbol{x}_{\boldsymbol{N}} \geqslant \mathbf{0}$,称 $\boldsymbol{x}_{\boldsymbol{B}}$ 为基变量,称 $\boldsymbol{x}_{\boldsymbol{N}}$ 为非基变量。

相应的$\nabla f(\boldsymbol{x})=\begin{bmatrix}\nabla_{\boldsymbol{B}} f(\boldsymbol{x}) \\ \nabla_{\boldsymbol{N}} f(\boldsymbol{x})\end{bmatrix}$,将 $\boldsymbol{A x}=\boldsymbol{b} \Rightarrow \boldsymbol{B x}_{\boldsymbol{B}}+\boldsymbol{N x}_{\boldsymbol{N}}=\boldsymbol{b} \Rightarrow \boldsymbol{x}_{\boldsymbol{B}}=\boldsymbol{B}^{-1} \boldsymbol{b}-\boldsymbol{B}^{-1} \boldsymbol{N} \boldsymbol{x}_{\boldsymbol{N}}$ 代入目标函数,得

$$f(\boldsymbol{x})=f(\boldsymbol{B}^{-1} \boldsymbol{b}-\boldsymbol{B}^{-1} \boldsymbol{N} \boldsymbol{x}_{\boldsymbol{N}}, \boldsymbol{x}_{\boldsymbol{N}}) \triangleq g(\boldsymbol{x}_{\boldsymbol{N}})$$

计算 $g(\boldsymbol{x}_{\boldsymbol{N}})$的梯度(即 f 对应于基 $\boldsymbol{B}$ 的既约梯度):

$$\nabla g(\boldsymbol{x}_{\boldsymbol{N}})=-\boldsymbol{N}^{\mathrm{T}}(\boldsymbol{B}^{-1})^{\mathrm{T}} \nabla_{\boldsymbol{B}} f(\boldsymbol{x})+\nabla_{\boldsymbol{N}} f(\boldsymbol{x})=\boldsymbol{r}_{\boldsymbol{N}}$$

接下来寻找下降可行方向 $\boldsymbol{d}$。

(1) $\boldsymbol{x} \in S$,则

$$\boldsymbol{d} \text{ 为可行方向} \Leftrightarrow \begin{cases}\boldsymbol{A d}=\mathbf{0} \\ d_j \geqslant 0, \text{当 } x_j=0 \text{ 时}\end{cases}$$

证:$\Rightarrow$:$\boldsymbol{d}$ 为可行方向,即 $\exists \delta>0$,当 $\lambda \in(0, \delta)$时,$\boldsymbol{A}(\boldsymbol{x}+\lambda \boldsymbol{d})=\boldsymbol{A x}+\lambda \boldsymbol{A d}=\boldsymbol{b}$,

又 $\boldsymbol{A x}=\boldsymbol{b}$,$\lambda>0$,所以 $\boldsymbol{A d}=\mathbf{0}$。$x_j+\lambda d_j \geqslant 0$,故 $x_j=0$ 时,$d_j \geqslant 0$。

$\Leftarrow$:$\forall \lambda>0$,由 $\boldsymbol{A d}=\mathbf{0}$,$\boldsymbol{A}(\boldsymbol{x}+\lambda \boldsymbol{d})=\boldsymbol{A x}=\boldsymbol{b}$。

如果 $\boldsymbol{d} \geqslant 0$,则 $\boldsymbol{x}+\lambda \boldsymbol{d} \geqslant 0(\lambda>0)$,$\boldsymbol{d}$ 为可行方向;否则,取 $\theta=\min \left\{-\frac{x_j}{d_j} \middle| d_j<0\right\}$,则 $\lambda \in(0, \theta)$时,有 $\boldsymbol{x}+\lambda \boldsymbol{d} \geqslant 0$,即 $\boldsymbol{x}+\lambda \boldsymbol{d} \in S$。故 $\boldsymbol{d}$ 为可行方向。

如果 $\boldsymbol{d}$ 是可行方向,考虑分解 $\boldsymbol{d}=\begin{bmatrix}\boldsymbol{d}_{\boldsymbol{B}} \\ \boldsymbol{d}_{\boldsymbol{N}}\end{bmatrix}$。根据 $\boldsymbol{A d}=[\boldsymbol{B} \ \boldsymbol{N}]\begin{bmatrix}\boldsymbol{d}_{\boldsymbol{B}} \\ \boldsymbol{d}_{\boldsymbol{N}}\end{bmatrix}=\boldsymbol{B d}_{\boldsymbol{B}}+\boldsymbol{N d}_{\boldsymbol{N}}=\mathbf{0}$,得到 $\boldsymbol{d}_{\boldsymbol{B}}=-\boldsymbol{B}^{-1} \boldsymbol{N} \boldsymbol{d}_{\boldsymbol{N}}$。

(2) 下降方向 $\boldsymbol{d}$ 要求$\nabla f^{\mathrm{T}}(\boldsymbol{x}) \boldsymbol{d}<0$。分解:

$$\begin{aligned}\nabla f^{\mathrm{T}}(\boldsymbol{x}) \boldsymbol{d} &=\nabla_{\boldsymbol{B}} f^{\mathrm{T}}(\boldsymbol{x}) \boldsymbol{d}_{\boldsymbol{B}}+\nabla_{\boldsymbol{N}} f^{\mathrm{T}}(\boldsymbol{x}) \boldsymbol{d}_{\boldsymbol{N}}=\nabla_{\boldsymbol{B}} f^{\mathrm{T}}(\boldsymbol{x})(-\boldsymbol{B}^{-1} \boldsymbol{N} \boldsymbol{d}_{\boldsymbol{N}})+\nabla_{\boldsymbol{N}} f^{\mathrm{T}}(\boldsymbol{x}) \boldsymbol{d}_{\boldsymbol{N}} \\ &=(\nabla_{\boldsymbol{N}} f^{\mathrm{T}}(\boldsymbol{x})-\nabla_{\boldsymbol{B}} f^{\mathrm{T}}(\boldsymbol{x}) \boldsymbol{B}^{-1} \boldsymbol{N}) \boldsymbol{d}_{\boldsymbol{N}}=\boldsymbol{r}_{\boldsymbol{N}}^{\mathrm{T}} \boldsymbol{d}_{\boldsymbol{N}}<0\end{aligned}$$

(3) 结合(1)、(2)的一种产生下降可行方向 $\boldsymbol{d}$ 的方案如下:

$$\boldsymbol{d}_{\boldsymbol{N}}: d_j=\begin{cases}-r_j, & \text{当 } r_j \leqslant 0 \text{ 时} \\ -x_j r_j, & \text{当 } r_j>0 \text{ 时}\end{cases}$$

其中,r_j 为 $\boldsymbol{r}_{\boldsymbol{N}}$ 的分量,$\boldsymbol{d}_{\boldsymbol{B}}=-\boldsymbol{B}^{-1} \boldsymbol{N} \boldsymbol{d}_{\boldsymbol{N}}$。

定理 11-12 设 $\boldsymbol{x} \in S$,按上述方案产生向量 $\boldsymbol{d}$,那么

(1) 若 $\boldsymbol{d} \neq \mathbf{0}$,$\boldsymbol{d}$ 为下降可行方向。

(2) $\boldsymbol{d}=\mathbf{0} \Leftrightarrow \boldsymbol{x} \sim$ K-T 点。

证：

(1) 对 $x_j=0$，有

$$\begin{cases} r_j\leqslant 0\Rightarrow d_j=-r_j\geqslant 0 \\ r_j>0\Rightarrow d_j=-x_jr_j=0 \end{cases}$$

故有 $d_j\geqslant 0$，$\boldsymbol{d}_B=-\boldsymbol{B}^{-1}\boldsymbol{N}\boldsymbol{d}_N$。保证 $\boldsymbol{A}\boldsymbol{d}=\boldsymbol{0}$，所以 $\boldsymbol{d}$ 是可行方向。

又 $$\boldsymbol{r}_N^{\mathrm{T}}\boldsymbol{d}_N=\sum_{j\in \boldsymbol{N}} r_jd_jr_jd_j=\begin{cases} -r_j^2, r_j\leqslant 0 \\ -x_jr_j^2, r_j>0 \end{cases}\Rightarrow r_jd_j\leqslant 0$$

由于 $\boldsymbol{d}\neq\boldsymbol{0}$，至少有一个 r_j 或 x_jr_j 非零，于是 $\nabla f^{\mathrm{T}}(\boldsymbol{x})\boldsymbol{d}=\boldsymbol{r}_N^{\mathrm{T}}\boldsymbol{d}_N<0$。证毕。

(2)"$\Leftarrow$"：$\boldsymbol{d}=\boldsymbol{0}$

① 可得 $\boldsymbol{r}_N\geqslant\boldsymbol{0}$。反证。若存在 $r_j<0(j\in\boldsymbol{N})$，那么，$d_j=-r_j>0$ 与 $d_j=0$ 矛盾。

② 取 $\boldsymbol{u}_B=\boldsymbol{0}$，$\boldsymbol{u}_N=\boldsymbol{r}_N\geqslant\boldsymbol{0}$，则 $\boldsymbol{u}^{\mathrm{T}}\boldsymbol{x}=\boldsymbol{u}_N^{\mathrm{T}}\boldsymbol{x}_N=0$。因为 $\boldsymbol{u}_N=\boldsymbol{r}_N$，当 $r_j>0$ 时，$d_j=-x_jr_j=0$，故 $x_j=0$。

③ 取 $\boldsymbol{v}^{\mathrm{T}}=\nabla_B f^{\mathrm{T}}(\boldsymbol{x})\boldsymbol{B}^{-1}\in\mathbf{R}^m$，可得 K-T 条件：

$$\begin{cases} \nabla f^{\mathrm{T}}(\boldsymbol{x})-\boldsymbol{v}^{\mathrm{T}}\boldsymbol{A}-\boldsymbol{u}^{\mathrm{T}}=\boldsymbol{0}，\text{即}\begin{cases} \nabla_B f^{\mathrm{T}}(\boldsymbol{x})-\nabla_B f^{\mathrm{T}}(\boldsymbol{x})\boldsymbol{B}^{-1}\boldsymbol{B}-\boldsymbol{u}_B^{\mathrm{T}}=0 \\ \nabla_N f^{\mathrm{T}}(\boldsymbol{x})-\nabla_B f^{\mathrm{T}}(\boldsymbol{x})\boldsymbol{B}^{-1}\boldsymbol{N}-\boldsymbol{u}_N^{\mathrm{T}}=0 \end{cases} \\ \boldsymbol{u}\geqslant\boldsymbol{0} \\ \boldsymbol{u}^{\mathrm{T}}\boldsymbol{x}=0 \end{cases}$$

"$\Rightarrow$"：$\boldsymbol{x}$～K-T 点即

$$\begin{cases} \nabla f^{\mathrm{T}}(\boldsymbol{x})-\boldsymbol{v}^{\mathrm{T}}\boldsymbol{A}-\boldsymbol{u}^{\mathrm{T}}=\boldsymbol{0} \\ \boldsymbol{u}\geqslant\boldsymbol{0} \\ \boldsymbol{u}^{\mathrm{T}}\boldsymbol{x}=0 \end{cases}$$

由第一式得(后面证明 $\boldsymbol{u}_B=\boldsymbol{0}$)

$$\begin{cases} \nabla_B f^{\mathrm{T}}(\boldsymbol{x})-\boldsymbol{v}^{\mathrm{T}}\boldsymbol{B}-\boldsymbol{u}_B^{\mathrm{T}}=0\Rightarrow\boldsymbol{v}^{\mathrm{T}}=\nabla_B f^{\mathrm{T}}(\boldsymbol{x})\boldsymbol{B}^{-1} \\ \nabla_N f^{\mathrm{T}}(\boldsymbol{x})-\boldsymbol{v}^{\mathrm{T}}\boldsymbol{N}-\boldsymbol{u}_N^{\mathrm{T}}=0\Rightarrow\boldsymbol{u}_N^{\mathrm{T}}=\nabla_N f^{\mathrm{T}}(\boldsymbol{x})-\nabla_B f^{\mathrm{T}}(\boldsymbol{x})\boldsymbol{B}^{-1}\boldsymbol{N}=\boldsymbol{r}_N^{\mathrm{T}} \end{cases}$$

由第三式得

$$\begin{cases} \boldsymbol{u}_B^{\mathrm{T}}\boldsymbol{x}_B=0，\text{因为 } \boldsymbol{x}_B>\boldsymbol{0}，\text{所以 } \boldsymbol{u}_B=\boldsymbol{0} \\ \boldsymbol{u}_N^{\mathrm{T}}\boldsymbol{x}_B=0，\text{即 } x_ju_j=x_jr_j=0 \\ \Rightarrow\begin{cases} \text{当 } r_j=0 \text{ 时 } d_j=0 \\ \text{当 } r_j>0 \text{ 时 } d_j=-x_jr_j=0 \end{cases} \end{cases}$$

故恒有 $d_j=0$，即 $\boldsymbol{d}_N=\boldsymbol{0}$，$\boldsymbol{d}_N=-\boldsymbol{B}^{-1}\boldsymbol{N}\boldsymbol{d}_N=\boldsymbol{0}$，也就是 $\boldsymbol{d}=\boldsymbol{0}$。证毕。

既约梯度法的算法框图如图 11-22 所示。

例如：

$$\min\ x_1^2+x_2^2-x_1x_2-2x_1-3x_2$$

$$\text{s.t.}\begin{cases} x_1+x_2\leqslant 2 \\ x_1+5x_2\leqslant 5 \\ x_1,x_2\geqslant 0 \end{cases}$$

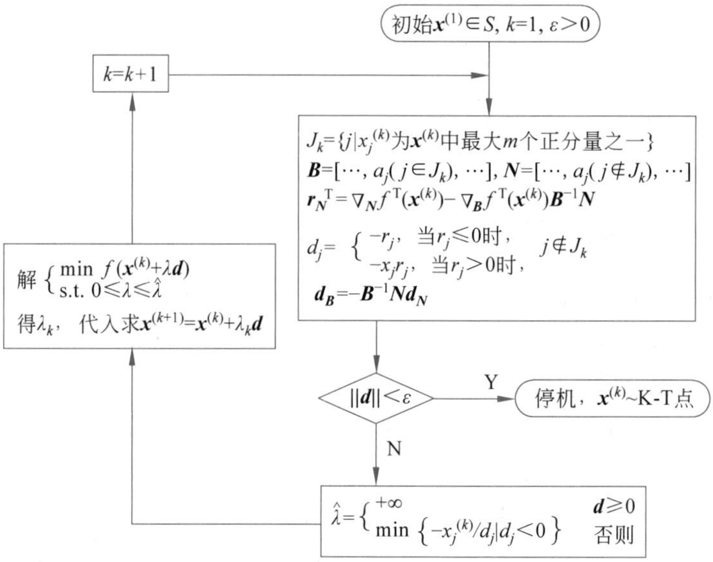

图 11-22

2. 广义既约梯度法

问题的标准形式为

$$\min f(\boldsymbol{x})$$
$$\text{s.t.}\begin{cases}h(\boldsymbol{x})=0\\ \boldsymbol{a}\leqslant\boldsymbol{x}\leqslant\boldsymbol{b}\end{cases}$$

其中，$f:\mathbf{R}^n\to\mathbf{R}$，$h:\mathbf{R}^n\to\mathbf{R}^l$ 连续可微。$\boldsymbol{a},\boldsymbol{b}\in\mathbf{R}^n$，$\boldsymbol{a}$、$\boldsymbol{b}$ 的分量允许$\pm\infty$，且 $\boldsymbol{a}<\boldsymbol{b}$。

记 $S=\{\boldsymbol{x}\,|\,h(\boldsymbol{x})=0,\boldsymbol{a}\leqslant\boldsymbol{x}\leqslant\boldsymbol{b}\}$。

非退化假设如下：

(1) $\forall\,\boldsymbol{x}\in S$，$\exists$ 分解 $\boldsymbol{x}=\begin{bmatrix}\boldsymbol{y}\\ \boldsymbol{z}\end{bmatrix}$，使 $\boldsymbol{y}\in\mathbf{R}^l$，$\boldsymbol{z}\in\mathbf{R}^{n-l}$。记 $\boldsymbol{a}=\begin{bmatrix}\boldsymbol{a}_y\\ \boldsymbol{a}_z\end{bmatrix}$，$\boldsymbol{b}=\begin{bmatrix}\boldsymbol{b}_y\\ \boldsymbol{b}_z\end{bmatrix}$，使 $\boldsymbol{a}_y<\boldsymbol{y}<\boldsymbol{b}_y$。

(2) $\dfrac{\partial h(\boldsymbol{x})}{\partial\boldsymbol{y}}$非奇异。

广义既约梯度为

$$\boldsymbol{r}_z^{\mathrm{T}}=\nabla_z f^{\mathrm{T}}(\boldsymbol{x})-\nabla_y f^{\mathrm{T}}(\boldsymbol{x})\left[\frac{\partial h^{\mathrm{T}}(\boldsymbol{x})}{\partial\boldsymbol{y}}\right]^{-1}\left[\frac{\partial h(\boldsymbol{x})}{\partial\boldsymbol{z}}\right]^{\mathrm{T}}$$

取方向：令 $J=\{i\,|\,z_i=a_i$ 且$(\boldsymbol{r}_z)_i>0$，或 $z_i=b_i$ 且$(\boldsymbol{r}_z)_i<0\}$

$$(\boldsymbol{d}_z)_i=\begin{cases}0, & i\in J\\ -(\boldsymbol{r}_z)_i, & i\notin J\end{cases}$$

$$\boldsymbol{d}_y=-\left[\frac{\partial h^{\mathrm{T}}(\boldsymbol{x})}{\partial\boldsymbol{y}}\right]^{-1}\left[\frac{\partial h^{\mathrm{T}}(\boldsymbol{x})}{\partial\boldsymbol{z}}\right]\boldsymbol{d}_z$$

同样有以下结论：

(1) 当 $\boldsymbol{d}\neq\boldsymbol{0}$ 时为下降可行方向。

(2) $\boldsymbol{d}=\boldsymbol{0}\Leftrightarrow\boldsymbol{x}\sim$K-T 点。

11.3.3　罚函数

本节介绍序列无约束最优化方法(Sequential Unconstrained Minimization Technique，SUMT)。

1. 罚函数概念

设有以下(fgh)问题：

$$\min f(\boldsymbol{x})$$
$$\text{s.t.}\begin{cases} g(\boldsymbol{x}) \leqslant 0 \\ h(\boldsymbol{x}) = 0 \end{cases}$$

其中，f：$\mathbf{R}^n \to \mathbf{R}$，$g$：$\mathbf{R}^n \to \mathbf{R}^m$，$h$：$\mathbf{R}^n \to \mathbf{R}^l$。

构造罚函数：

$$\alpha(\boldsymbol{x}) = \sum_{i=1}^{m} \phi(g_i(\boldsymbol{x})) + \sum_{j=1}^{l} \psi(h_j(\boldsymbol{x}))$$

其目的是使满足约束的 $\boldsymbol{x}$ 有 $\alpha(\boldsymbol{x})=0$，不满足约束的 $\boldsymbol{x}$ 有 $\alpha(\boldsymbol{x})>0$。其中：

$$\phi(t)\begin{cases} >0, & \text{当 } t>0 \text{ 时} \\ =0, & \text{当 } t \leqslant 0 \text{ 时} \end{cases},\psi(t)\begin{cases} >0, & \text{当 } t \neq 0 \text{ 时} \\ =0, & \text{当 } t=0 \text{ 时} \end{cases}$$

取 $\mu>0$，可构造惩罚项

$$\mu\alpha(\boldsymbol{x})\begin{cases} =0, & \text{可行} \\ \to\infty, & \text{不可行} \end{cases}$$

辅助函数

$$f(\boldsymbol{x}) + \mu\alpha(\boldsymbol{x})$$

辅助问题(无约束问题)

$$\min[f(x) + \mu\alpha(\boldsymbol{x})]$$

$\phi(t)$、$\psi(t)$的典型取法如下：

$$\phi(t) = [\max\{0,t\}]^p, \psi(t) = |t|^p$$

其中 p 为正整数。

当 $p=2$ 时，称上面的罚函数为二次罚函数(较常用，因二次是最低次的光滑函数)。例如：

$$\min x$$
$$\text{s.t.} -x+2 \leqslant 0$$

对于以下二次罚函数：

$$\alpha(x) = [\max\{0,-x+2\}]^2 = \begin{cases} (x-2)^2, & x<2 \\ 0, & x \geqslant 2 \end{cases}$$

(1) 当 $\mu \to \infty$ 时，$\min[f(x)+\mu\alpha(x)] \to f(x^*) = x^* = 2$。

(2) 解析解。辅助函数为

$$g(x,\mu) = f(x) + \mu\alpha(x) = \begin{cases} \mu x^2 - (4\mu-1)x + 4\mu, & x<2 \\ x & x \geqslant 2 \end{cases}$$

当 $x<2$ 时，$g(x,\mu)$的驻点 $\bar{x} = \dfrac{4\mu-1}{2\mu} \xrightarrow{\mu\to\infty} 2$。

当 $x\geqslant 2$ 时，$g(x,\mu)$的最小值点 $\tilde{x}=2$。

故 $x^*=2$ 是最优解。

2. 罚函数法

定义 11-9 $\theta(\mu)=\inf\{f(\boldsymbol{x})+\mu\alpha(\boldsymbol{x})\}$为下确界。

引理 11-1 设 f、g、h 连续，$\alpha(\boldsymbol{x})$为罚函数且连续。再设 $\forall\mu\geqslant 0$，$\exists\boldsymbol{x}_\mu\in D$，使 $\theta(\mu)=f(\boldsymbol{x}_\mu)+\mu\alpha(\boldsymbol{x}_\mu)$。则

(1) $\inf\{f(\boldsymbol{x})\mid\boldsymbol{x}\in S\}\geqslant\sup\{\theta(\mu)\mid\mu\geqslant 0\}$。

(2) $f(\boldsymbol{x}_\mu)$、$\theta(\mu)$是关于 $\mu\geqslant 0$ 的单调非减函数，$\alpha(\boldsymbol{x}_\mu)$是关于 $\mu\geqslant 0$ 的单调非增函数。

证明：

(1) $\forall\boldsymbol{x}\in S$，$\mu\geqslant 0$，有 $g(\boldsymbol{x})\leqslant 0$，$h(\boldsymbol{x})=0$，所以

$$f(\boldsymbol{x})=f(\boldsymbol{x})+\mu\alpha(\boldsymbol{x})\geqslant\theta(\mu)$$

(2) 设 $0\leqslant\mu_1\leqslant\mu_2$，则

$$\theta(\mu_1)=\inf\{f(\boldsymbol{x})+\mu_1\alpha(\boldsymbol{x})\}\leqslant\inf\{f(\boldsymbol{x})+\mu_2\alpha(\boldsymbol{x})\}=\theta(\mu_2)$$

即非减。

又因为 $\theta(\mu_1)=f(\boldsymbol{x}_{\mu_1})+\mu_1\alpha(\boldsymbol{x}_{\mu_1})\leqslant f(\boldsymbol{x}_{\mu_2})+\mu_1\alpha(\boldsymbol{x}_{\mu_2})$

$$\theta(\mu_2)=f(\boldsymbol{x}_{\mu_2})+\mu_2\alpha(\boldsymbol{x}_{\mu_2})\leqslant f(\boldsymbol{x}_{\mu_1})+\mu_2\alpha(\boldsymbol{x}_{\mu_1})$$

相加得

$$(\mu_1-\mu_2)\alpha(\boldsymbol{x}_{\mu_1})\leqslant(\mu_1-\mu_2)\alpha(\boldsymbol{x}_{\mu_2})\Rightarrow\alpha(\boldsymbol{x}_{\mu_1})\geqslant\alpha(\boldsymbol{x}_{\mu_2})$$

非增。又

$$f(\boldsymbol{x}_{\mu_1})+\mu_1\alpha(\boldsymbol{x}_{\mu_1})\leqslant f(\boldsymbol{x}_{\mu_2})+\mu_1\alpha(\boldsymbol{x}_{\mu_2})\Rightarrow f(\boldsymbol{x}_{\mu_1})\leqslant f(\boldsymbol{x}_{\mu_2})$$

非减。证毕。

罚函数法(外点法)

定理 11-13 设 $S=\{\boldsymbol{x}\mid g(\boldsymbol{x})\leqslant 0,h(\boldsymbol{x})=0\}\neq\varnothing$，在引理 11-1 假设下，如果存在集合 D_0，使$\{\boldsymbol{x}_\mu\mid\mu\geqslant 0\}\subset D_0$，那么

(1) $\inf\{f(\boldsymbol{x})\mid\boldsymbol{x}\in S\}=\sup\{\theta(\mu)\mid\mu\geqslant 0\}=\lim\limits_{\mu\to\infty}\theta(\mu)$。

(2) $\{\boldsymbol{x}_\mu\mid\mu\geqslant 0\}$的任何极限点 $\boldsymbol{x}^*$ 为最优解。

(3) $\mu\alpha(\boldsymbol{x}_\mu)\xrightarrow{\mu\to\infty}0$。

推论 在定理 11-13 的条件下，若 $\exists\mu^*\geqslant 0$，使 $\alpha(\boldsymbol{x}_{\mu^*})=0$，则 $\boldsymbol{x}_{\mu^*}$ 为最优解。

这是因为，由 $\alpha(\boldsymbol{x}_{\mu^*})=0$ 知 $\boldsymbol{x}_{\mu^*}\in S$，且 $f(\boldsymbol{x}_{\mu^*})\leqslant\sup\{\theta(\mu)\mid\mu\geqslant 0\}=\inf\{f(\boldsymbol{x})\mid\boldsymbol{x}\in S\}$。

罚函数法的算法框图如图 11-23 所示。

闸函数法(内点法)

3. 闸函数法

有以下(fg)问题：

$$\min f(\boldsymbol{x})$$
$$\text{s.t.}\ g(\boldsymbol{x})\leqslant 0$$

其中，$f:\mathbf{R}^n\to\mathbf{R}$，$g:\mathbf{R}^n\to\mathbf{R}^m$。

设 $S=\{\boldsymbol{x}\mid g(\boldsymbol{x})\leqslant 0\}$，$S_0=\{\boldsymbol{x}\mid g(\boldsymbol{x})<0\}\neq\varnothing$。

闸函数法的基本思想是：从 S_0 中的一个点(称为内点)出发，在目标函数中加入惩罚项，使迭代保持在 S_0 内。

构造闸函数(barrier function)：

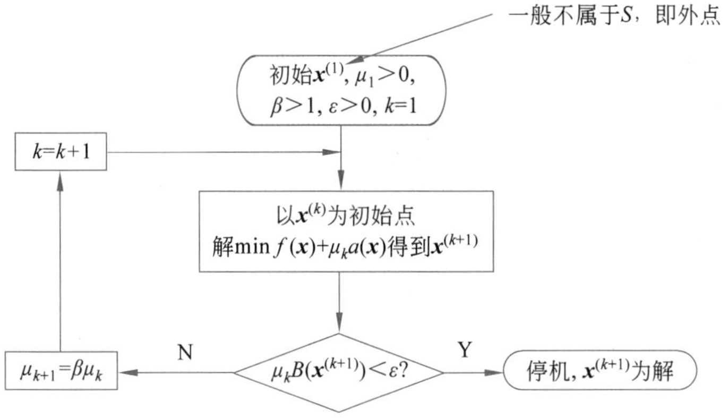

图　11-23

$$B(\boldsymbol{x})=\sum_{i=1}^{m}\varphi(g_i(\boldsymbol{x}))$$

使
$$B(\boldsymbol{x})=\begin{cases}>0, & \boldsymbol{x}\in S_0\\ \to\infty, & \boldsymbol{x}\to\alpha S_0\text{（边界）}\end{cases}$$

典型取法：$\varphi(t)=-\dfrac{1}{t}$ 或 $\varphi(t)=|\ln(-t)|$。

惩罚项：$\mu B(\boldsymbol{x})\begin{cases}\to 0, & \boldsymbol{x}\in S_0\\ +\infty, & \boldsymbol{x}\to\alpha S_0\end{cases}$

由于当 $\boldsymbol{x}\in S_0$ 时 $B(\boldsymbol{x})>0$ 且 $B(\boldsymbol{x})\xrightarrow{\boldsymbol{x}\to\alpha S_0}\infty$，故需要随着 $\boldsymbol{x}\to\alpha S_0$，$\mu\to 0^+$。

辅助问题：min $f(\boldsymbol{x})+\mu B(\boldsymbol{x})$。例如：

$$\begin{aligned}&\min x\\&\text{s.t.}\ -x+2\leqslant 0\end{aligned}$$

例如，闸函数为

$$B(x)=\frac{1}{x-2},x>2$$

求解以下问题：

$$\begin{aligned}&\min g(x,\mu)=x+\frac{\mu}{x-2}\\&\text{s.t. } x>2\end{aligned}$$

目标函数关于 $\boldsymbol{x}$ 是凸的，求驻点：

$$x_\mu=2+\sqrt{\mu}\xrightarrow{\mu\to 0^+}2=x^*$$

$g(x_\mu,\mu)\xrightarrow{\mu\to 0^+}2$ 是原问题的最优值。

定义 11-10　$\theta(\mu)=\inf\{f(\boldsymbol{x})+\mu B(\boldsymbol{x})\mid \boldsymbol{x}\in S_0\}$为下确界。

有类似于罚函数法的定理。

定理 11-14　设 f、g 连续，$S_0\neq\varnothing$，最优解 $\boldsymbol{x}^*\in S_0$，则

(1) $\min\{f(\boldsymbol{x})\mid\boldsymbol{x}\in S\}=\inf\{\theta(\mu)\mid\mu>0\}=\lim\limits_{\mu\to 0^+}\theta(\mu)$。

(2) 若 $\forall \mu>0$，$\exists \boldsymbol{x}_\mu \in S_0$，使 $\theta(\mu)=f(\boldsymbol{x}_\mu)+\mu B(\boldsymbol{x}_\mu)$，那么 $\{\boldsymbol{x}_\mu\}$ 的极限点是 (fg) 问题的最优解，且 $\lim\limits_{\mu \to 0^+} \mu B(\boldsymbol{x}_\mu)=0$。

闸函数法的算法框图如图 11-24 所示。

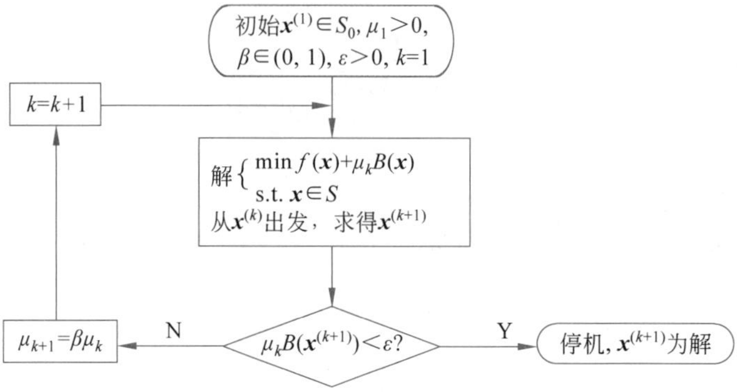

图 11-24

求初始内点：

(1) $\forall \boldsymbol{x}^{(1)}$，$k=1$。

(2) 令 $I_k=\{i \mid g_i(\boldsymbol{x}^{(k)})\geqslant 0\}$。

若 $I_k=\varnothing$，则 $\boldsymbol{x}^{(k)}$ 为初始内点；否则，取 j 使 $g_j(\boldsymbol{x}^{(k)})=\max\{g_i(\boldsymbol{x}^{(k)}) \mid i\in I_k\}$。

(3) 用闸函数法求解

$$\begin{aligned}&\min\ g_j(\boldsymbol{x})\\&\text{s.t.}\ g_i(\boldsymbol{x})<0, i\notin I_k\end{aligned}$$

以 $\boldsymbol{x}^{(k)}$ 为初始内点，得到解 $\boldsymbol{x}^{(k+1)}$。

(4) 若 $g_j(\boldsymbol{x}^{(k+1)})\geqslant 0$，停机，说明 $S_0=\varnothing$；否则，置 $k=k+1$，转(2)。

4. 罚函数法与闸函数法的缺点

(1) 当罚函数法或闸函数法的 $\mu\to\infty(\mu\to 0^+)$ 时，惩罚项 $\to +\infty\cdot 0$ 或 $0\cdot+\infty$ 形式，在计算上有困难。

(2) 计算一系列无约束问题，故计算量大。

5. 乘子法

乘子法

设 (fhD) 问题如下：

$$\begin{aligned}&\min\ f(\boldsymbol{x})\\&\text{s.t.}\begin{cases}h(\boldsymbol{x})\leqslant 0\\ \boldsymbol{x}\in D\end{cases}\end{aligned}$$

其中，$f:\mathbf{R}^n\to\mathbf{R}$，$h:\mathbf{R}^n\to\mathbf{R}^l$，集合 $D\subseteq R^n$ 常由简单的约束构成。

用拉格朗日函数代替 $f(\boldsymbol{x})$。

乘子罚函数：

$$\varphi(\boldsymbol{x},\boldsymbol{v},\mu)=f(\boldsymbol{x})-\sum_{i=1}^{l} v_i h_i(\boldsymbol{x})+\sum_{i=1}^{l}\mu_i h_i^2(\boldsymbol{x})$$

其中，$\boldsymbol{v}\in\mathbf{R}^l$ 为乘子，$\mu\in\mathbf{R}^l$ 为罚因子。

求解

$$\begin{aligned}&\min\ \varphi(\boldsymbol{x},\boldsymbol{v}^k,\mu^k)\\&\text{s.t.}\ \boldsymbol{x}\in D\end{aligned}$$

得到 $\boldsymbol{x}^{(k+1)}, k=0,1,2,\cdots$。

若 $h(\boldsymbol{x}^{(k+1)})=0$，得到解 $\boldsymbol{x}^{(k+1)}$ 及乘子 $\boldsymbol{v}^{(k)}$；否则调整 $\boldsymbol{v}^{(k)}$ 及 $\mu^{(k)}$。

可以证明：存在 μ'，当 $\mu>\mu'$ 时，存在 $\boldsymbol{v}^*$ 使得

$$\begin{aligned}&\min \varphi(\boldsymbol{x},\boldsymbol{v}^*,\mu)\\&\text{s.t.}\,\boldsymbol{x}\in D\end{aligned}$$

有最优解，即原问题的解。

一般问题：

$$(fghD)\quad \begin{aligned}&\min f(\boldsymbol{x})\\&\text{s.t.}\begin{cases}g(\boldsymbol{x})\leqslant 0\\h(\boldsymbol{x})=0\\\boldsymbol{x}\in D\end{cases}\end{aligned}\xrightarrow{\text{松弛变量}}\begin{cases}\min f(\boldsymbol{x})\\\text{s.t.}\begin{cases}g(\boldsymbol{x})+\boldsymbol{z}=\boldsymbol{0}\\h(\boldsymbol{x})=0\\\boldsymbol{x}\in D'=\left\{\begin{bmatrix}\boldsymbol{x}\\\boldsymbol{z}\end{bmatrix}\middle|\,\boldsymbol{x}\in D,\boldsymbol{z}\geqslant\boldsymbol{0}\right\}\end{cases}\end{cases}$$

11.4 小　　结

本章主要介绍了最优化问题的相关知识。在最优化问题的求解过程中使用的算法一般是迭代算法。介绍算法，具体来说主要是介绍初始点的选择、迭代点的产生过程以及停止规则等。11.1 节首先就算法的一般概念、性质、构造途径等作简要介绍；接着讨论单变量问题的算法及用到的线性搜索方法，如插值法与牛顿法；此外还介绍了两种不精确搜索技术的方案。11.2 节主要介绍关于无约束最优化算法的基本思想和各种方法的特性，首先回顾了关于函数极小点的必要及充分条件，接下来介绍求解无约束问题用到的经典或改进的方法，包括最速下降法、牛顿法及其修正及共轭梯度法等。11.3 节介绍的约束最优化问题是在实际中最常见的问题，本节首先介绍了 K-T 条件的概念及性质，接着重点介绍了求解这类约束最优化问题常用的几种算法。把约束变换为标准形式的线性约束问题的有效算法有既约梯度法和凸单纯形法。仅有等式约束条件的约束最优化问题可采用拉格朗日乘子法、罚函数法等转化为无约束最优化问题求解。

11.5 习　　题

1. 设约束最优化问题的数学模型为

$$\begin{aligned}&\min f(\boldsymbol{x})=x_1^2+4x_1+x_2^2-4x_2+12\\&\text{s.t.}\begin{cases}g_1(\boldsymbol{x})=x_1-x_2+2\geqslant 0\\g_2(\boldsymbol{x})=-x_1^2-x_2^2-2x_1+2x_2\geqslant 0\end{cases}\end{aligned}$$

试用 K-T 条件判断 $\boldsymbol{x}=[-1\quad 1]^{\mathrm{T}}$ 是否为最优点。

2. 设约束最优化问题为

$$\begin{aligned}&\min f(\boldsymbol{x})=(x_1-2)^2+x_2^2+3\\&\text{s.t.}\begin{cases}g_1(\boldsymbol{x})=-x_1\leqslant 0\\g_2(\boldsymbol{x})=-x_2\leqslant 0\\g_3(\boldsymbol{x})=-1+x_1^2+x_2\end{cases}\end{aligned}$$

它的当前迭代点为 $\boldsymbol{x}^{(k)}=[1\quad 0]^{\mathrm{T}}$,试用 K-T 条件判断它是不是约束最优解。

3. 用最速下降法求解 $\min f(\boldsymbol{x})=x_1^2+25x_2^2-1$,$\boldsymbol{x}^{(0)}=[2\quad 2]^{\mathrm{T}}$,$\varepsilon=0.01$。

4. 用牛顿法求解 $\min f(\boldsymbol{x})=45-10x_1-4x_2+x_1^2+x_2^2-x_1x_2$,初始点 $\boldsymbol{x}^{(0)}=[0\quad 0]^{\mathrm{T}}$,$\varepsilon=0.01$。

5. 用修正牛顿法求解 $\min f(x)=4\,(x_1+1)^2+2\,(x_2-1)^2+x_1+x_2+8$,初始点 $\boldsymbol{x}^{(0)}=[0\quad 0]^{\mathrm{T}}$,$\varepsilon=0.01$。

6. 用共轭梯度法求解 $\min(x_1^2+4x_2^2-6)$,取初始点 $\boldsymbol{x}^{(0)}=[0\quad 0]^{\mathrm{T}}$,$\varepsilon=0.01$。

7. 用罚函数法求解

$$\min f(\boldsymbol{x})=x_1+x_2$$

$$\text{s.t.}\begin{cases} g_1(\boldsymbol{x})=-x_1^2+x_2\geqslant 0 \\ g_2(\boldsymbol{x})=x_1\geqslant 0 \end{cases}$$

8. 用闸函数法求解

$$\min f(\boldsymbol{x})=\frac{1}{3}(x_1+1)^3+x_2$$

$$\text{s.t.}\begin{cases} g_1(\boldsymbol{x})=x_1-1\geqslant 0 \\ g_2(\boldsymbol{x})=x_2\geqslant 0 \end{cases}$$

第12章

多目标决策

在第11章中介绍了无约束最优化与约束最优化，本章将在此基础上全面了解层次分析法和数据包络分析法。

12.1 层次分析法

层次分析法(Analytic Hierarchy Process，AHP)作为一种决策方法是在1982年11月召开的中美能源、资源、环境学术会议上，由美国运筹学家萨蒂(T.L.Saaty)的学生高兰尼柴(H.Gholamnezhad)首先向中国学术界介绍的。此后层次分析法在中国得到很大的发展，很快应用到能源系统分析、城市规划、经济管理、科研成果评价等许多领域。

萨蒂等曾把它用于电力工业计划、运输业研究、美国高等教育事业1985—2000年展望、1985年世界石油价格预测等方面。这种方法的特征是定性与定量相结合，把人们的思维过程层次化、数量化。

层次分析法主要适用于管理信息系统评价、横渡江河海峡的选择、科技成果的综合评价、工作选择、国家实力分析、旅游景点选择、升学志愿选择等多目标、多层次的综合评价等问题。

12.1.1 层次分析法的基本步骤

运用层次分析法进行决策时，大体可分为4个步骤：

(1) 分析系统中各个因素的关系，建立系统的递阶层次结构。

(2) 对同一层次的各元素关于上一层次中某一准则的重要性进行两两比较，构造判断矩阵。

(3) 由判断矩阵计算被比较元素对于该准则的相对权重(排序权向量)。

(4) 计算各层元素对系统目标的合成权重，并进行排序。

1. 建立层次分析结构模型

用层次分析法分析问题，首先要把问题条理化、层次化，建立层次分析结构模型。这些层次大体上可分为最高层、中间层和最底层3类。最高层中只有一个元素，一般是分析问题的决策目标或理想结果，因此又称为决策层或目标层；中间层包括为实现目标所涉及的中间环节，它可以由若干层次组成，包括需要考虑的准则和子准则，因此又称为准则层；最底层表示为实现目标可供选择的各种方案、措施等,因此又称为方案层或措施层。

层次分析结构模型中的各项称为此结构模型中的元素。最终的层次分析结构模型如图 12-1 所示。

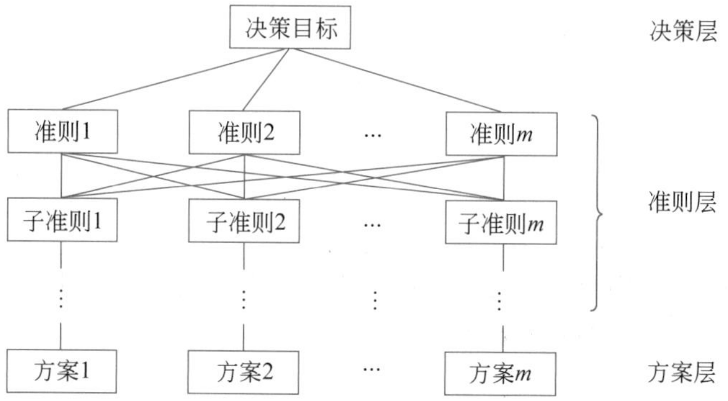

图 12-1

注意:

(1) 层次之间的支配关系不一定是完全的,即可以有元素(非最底层元素)并不支配下一层的所有元素,而只支配其中的部分元素。这种自上而下的支配关系所形成的层次结构称为递阶层次结构。

(2) 递阶层次结构中的层次数与问题的复杂程度及分析的详尽程度有关,一般不受限制。

(3) 为了避免由于支配的元素过多而给两两比较判断带来困难,每个层次中各元素所支配的元素一般不要超过 9 个;若多于 9 个,可将该层次再划分为若干子层次。

例 12-1 买钢笔时,顾客一般要依据质量、颜色、价格、外形、实用性等方面的因素进行选择。试建立其的层次分析结构模型。

解:由题意得到的层次分析结构模型如图 12-2 所示。

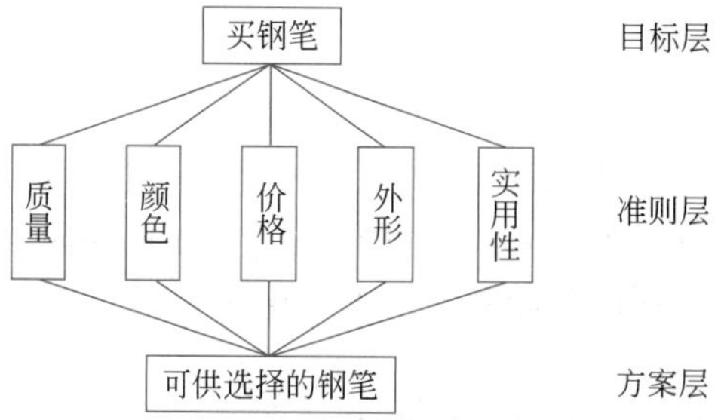

图 12-2

2. 构造判断矩阵

上下层之间的关系被确定之后,需确定与上层某个元素 Z(目标或准则)相联系的下层元素($x_1, x_2, \cdots, x_n$)在上层元素 Z 中所占的比重。

构造判断矩阵的方法:每次取两个元素,如 x_i、x_j,以 a_{ij} 表示 x_i 和 x_j 对 Z 的影响之比。这里得到的 $\mathbf{A}=(a_{ij})_{n\times n}$ 称为判断矩阵。

萨蒂建议用 1～9 及其倒数作为标度确定 a_{ij} 的值,1～9 标度的含义如表 12-1 所示。

表　12-1

a_{ij}	1	2	3	4	5	6	7	8	9
含义	相等		稍强		强		很强		绝对强

1～9 标度反映的是两两比较的心理习惯。显然，判断矩阵 **A** 的元素有如下特征：

(1) $a_{ij}>0$。

(2) $a_{ji}=\dfrac{1}{a_{ij}}$。

(3) 当 $a_{ij}=1$ 时，称判断矩阵 **A** 为正互反矩阵。

3. 单一准则下元素排序及判断矩阵一致性检验

1) 单一准则下元素排序

求判断矩阵 **A** 的最大特征值 $\lambda_{\max}$ 及标准化（归一化）的特征向量 $\boldsymbol{w}$。$\boldsymbol{w}$ 向量为同一层次中相应元素对上一层次中某个因素相对重要性的排序权重。有 $w_i>0$，$\sum\limits_{i=1}^{n}w_i=1$。在构造判断矩阵时，各层元素间两两比较时，$a_{ij}$ 应该有某种传递性质，即，若甲比乙重要，乙比丙重要，则甲比丙更重要，在数值上表示为 $a_{ij}a_{jk}=a_{ik}$。即，若 x_i 与 x_j 相比 $a_{ij}=3$，x_j 与 x_k 相比 $a_{jk}=2$，那么 x_i 与 x_k 相比 $a_{ik}=6$。

2) 判断矩阵一致性检验

判断矩阵是各元素均为正数的矩阵。正矩阵有下列重要性质。

定理 12-1　设 n 阶方阵 **A** 为正矩阵，$\lambda_{\max}$ 为 **A** 的最大模特征值，$\boldsymbol{u}=(u_1,u_2,\cdots,u_n)^{\mathrm{T}}$ 为 $\lambda_{\max}$ 的相应特征向量。

(1) $\lambda_{\max}>0$，$u_i>0$，$i=1,2,\cdots,n$。

(2) $\lambda_{\max}$ 是单特征根。因此，u 除了差一常数因子外是唯一的。

(3) 对于 **A** 的任何其他特征值 λ，有 $\lambda_{\max}>|\lambda|$。

定义 12-1　若正互反矩阵 **A** 满足 $a_{ij}\cdot a_{jk}=a_{ik}$，$i,j,k=1,2,\cdots,n$，则称 **A** 为一致阵。设 **A** 是一致阵，它有以下的重要性质：

(1) **A** 的转置也是一致阵。

(2) **A** 的每一行均为任意指定的另一行的正数倍，从而 **A** 的秩为 1（即只有一个非零特征值，其余 $n-1$ 个特征值为 0）。考虑第 i 行元素 $a_{i1},a_{i2},\cdots,a_{in}$ 对于第 k 行元素 $a_{k1},a_{k2},\cdots,a_{kn}$，有 $a_{ij}a_{jk}=a_{ik}$，即第 i 行各元素分别为第 k 行各元素的 $a_{ij}a_{ik}$ 倍。

(3) $\lambda_{\max}=n$，**A** 的其余特征根均为 0。

(4) 设 $\boldsymbol{u}=(u_1,u_2,\cdots,u_n)^{\mathrm{T}}$ 是 **A** 对应 $\lambda_{\max}$ 的特征向量，则

$$a_{ij}=\frac{u_i}{u_j}\quad i,j=1,2,\cdots,n$$

容易验证：对于 n 及向量 $\boldsymbol{u}=(u_1,u_2,\cdots,u_n)^{\mathrm{T}}>0$，若 $a_{ij}=u_i/u_j$，对于 $\forall i,j$，有

$$\boldsymbol{A}\boldsymbol{u}=n\boldsymbol{u}\left(\forall i,\sum_{j=1}^{n}a_{ij}u_j=\right)\sum_{j=1}^{n}u_i=nu_i$$

又由定理 12-1 及一致阵的性质(2)可知 $\lambda_{\max}=n$，$\boldsymbol{u}$ 满足性质(4)。

(5) 若 **A** 为判断矩阵，则 **A** 对应于 $\lambda_{\max}=n$ 的标准化特征向量 $\boldsymbol{u}=(u_1,u_2,\cdots,u_n)^{\mathrm{T}}$ 就是

一组排序权向量$\left(归一化,即\sum_{i=1}^{n}u_i=1\right)$。这是特征根法的基本思想。

定理 12-2 n 阶正互反矩阵$\boldsymbol{A}=(a_{ij})_{n\times n}$是一致阵的充分必要条件为$\lambda_{\max}=n$。

证:必要性即一致阵的性质(3),已证。

证充分性。设$\boldsymbol{A}$的最大特征值为$\lambda_{\max}$,相应特征向量$\boldsymbol{u}=(u_1,u_2,\cdots,u_n)^{\mathrm{T}}$,$\boldsymbol{Au}=\lambda_{\max}\boldsymbol{u}$,分量形式为:$\forall i,\sum_{j=1}^{n}a_{ij}u_j=\lambda_{\max}u_i$。

由定理 12-1 知,$u_i>0$,于是$\lambda_{\max}=\sum_{j=1}^{n}a_{ij}u_j/u_i$。

注意:

$$a_{ii}=1,\lambda_{\max}-1=\sum_{\substack{j=1\\j\neq i}}^{n}a_{ij}\frac{u_j}{u_i}$$

求和:

$$n\lambda_{\max}-n=\sum_{\substack{j=1\\j\neq i}}^{n}\sum_{i=1}^{n}\left(a_{ij}\frac{u_j}{u_i}+\frac{1}{a_{ij}\dfrac{u_j}{u_i}}\right)$$

整理上式得:

$$n\lambda_{\max}-n=\sum_{i=1}^{n-1}\sum_{j=i+1}^{n}\left(a_{ij}\frac{u_j}{u_i}+\frac{1}{a_{ij}\dfrac{u_j}{u_i}}\right)(*)$$

注意,当$x\geqslant1$时$x+1/x\geqslant2$,当且仅当$x=1$时等号成立。于是

$$a_{ij}\frac{u_j}{u_i}+\frac{1}{a_{ij}\dfrac{u_j}{u_i}}\geqslant2$$

$(*)$式右端$\geqslant\sum_{i=1}^{n-1}\sum_{j=i+1}^{n}2=2[(n-1)+(n-2)+\cdots+2+1]=n(n-1)=$左端,当且仅当$a_{ij}\dfrac{u_j}{u_i}=1$时等号成立。

所以$a_{ij}\dfrac{u_j}{u_i}=1$,即

$$a_{ij}a_{jk}=\frac{u_i}{u_j}\cdot\frac{u_j}{u_k}=\frac{u_i}{u_k}=a_{ik}$$

故$\boldsymbol{A}$是一致阵。

由于客观事物的复杂性与人的认识的多样性,在解决实际问题时得到的判断矩阵常常不具有传递性和一致性,但应该要求这些判断大体是一致的。

当判断矩阵过于偏离一致性时,它的可靠性值得怀疑,为此就需要对判断矩阵进行一致性检验。

判断矩阵一致性检验步骤如下:

(1) 计算一致性指标 CI(ConsisTeney Index)。

$$\mathrm{CI}=\frac{\lambda_{\max}-n}{n-1}\tag{12-1}$$

（2）查找相应的随机指标 RI(Random Index)。

1～15 阶正互反矩阵计算 1000 次得到的平均随机指标如表 12-2 所示。

表　12-2

矩阵阶数	RI	矩阵阶数	RI	矩阵阶数	RI
1	0	6	1.26	11	1.52
2	0	7	1.36	12	1.54
3	0.52	8	1.41	13	1.56
4	0.89	9	1.46	14	1.58
5	1.12	10	1.49	15	1.59

计算：

$$\mathrm{RI}=\frac{\bar{\lambda}_{\max}-n}{n-1}$$

其中，$\bar{\lambda}_{\max}$为判断矩阵的$\lambda_{\max}$的平均值。

$\bar{\lambda}_{\max}$的产生方法是：取定阶数 n，随机构造正互反矩阵 $\tilde{\boldsymbol{A}}=(\tilde{a}_{ij})_{n\times n}$，$\tilde{a}_{ij}$在 1,2,…,9,1/2,1/3,…,1/9 这 17 个数中随机抽取[只需取 $n(n-1)/2$ 个，对角元素为 1，其余元素按正互反性得到]。取充分大的子样本计算所有 $\tilde{\boldsymbol{A}}$ 的最大特征值，然后求平均即为 $\bar{\lambda}_{\max}$。

（3）计算一致性比率 CR(Consistency Ratio)：

$$\mathrm{CR}=\frac{\mathrm{CI}}{\mathrm{RI}} \tag{12-2}$$

当 CR<0.1 时，认为判断矩阵的一致性是可接受的；当 CR≥0.1 时，应修正判断矩阵。

（4）计算各层元素对目标层的总排序权重。

下面介绍层次总排序过程。从最高层到底层逐层计算同一层次所有因素对于最高层（总目标）相对重要性的排序权值。

设第 $k-1$ 层上 n_{k-1} 个元素相对于总目标的排序为

$$\boldsymbol{w}^{(k-1)}=(w_1^{(k-1)},w_2^{(k-1)},\cdots,w_{n_{k-1}}^{(k-1)})^{\mathrm{T}} \tag{12-3}$$

第 k 层 n_k 个元素对于第 $k-1$ 层上第 j 个元素为准则的单排序向量为

$$\boldsymbol{u}_j^{(k)}=(u_{1j}^{(k)},u_{2j}^{(k)},\cdots,u_{n_kj}^{(k)})^{\mathrm{T}}\quad j=1,2,\cdots,n_{k-1} \tag{12-4}$$

其中不受第 j 个元素支配的元素权重取 0，于是可得到 $n_k\times n_{k-1}$ 矩阵

$$\boldsymbol{U}^{(k)}=\begin{bmatrix} u_{11}^{(k)} & u_{12}^{(k)} & \cdots & u_{1n\,k-1}^{(k)} \\ u_{21}^{(k)} & u_{22}^{(k)} & \cdots & u_{2n\,k-1}^{(k)} \\ \vdots & \vdots & \ddots & \vdots \\ u_{n_k1}^{(k)} & u_{n_k2}^{(k)} & \cdots & u_{n_kn_{k-1}}^{(k)} \end{bmatrix} \tag{12-5}$$

第 k 层上各元素对总目标的总排序 $\boldsymbol{w}^{(k)}$ 为

$$\boldsymbol{w}^{(k)}=(w_1^{(k)},w_2^{(k)},\cdots,w_{n_k}^{(k)})^{\mathrm{T}},\boldsymbol{w}^{(k)}=\boldsymbol{U}^{(k)}\boldsymbol{w}^{(k-1)} \tag{12-6}$$

其分量形式

$$w_i^{(k)} = \sum_{j=1}^{n_{k-1}} U_{ij}^{(k)} w_j^{(k-1)} \quad i=1,2,\cdots,n_k$$

于是可得到以下公式：

$$\boldsymbol{w}^{(k)} = \boldsymbol{U}^{(k)} \boldsymbol{U}^{(k-1)} \cdots \boldsymbol{U}^{(3)} \boldsymbol{w}^{(2)}$$

$\boldsymbol{w}^{(2)}$ 为第二层上元素对目标的排序(即单排序)。

4. 各层总排序的一致性检验

由高层向下,逐层进行检验。设第 k 层中某些元素对第 $k-1$ 层第 j 个元素单排序的一致性指标为 $\mathrm{CI}_j^{(k)}$,随机指标为 $\mathrm{RI}_j^{(k)}$(第 k 层中的元素与第 $k-1$ 层的第 j 个元素无关时则不必考虑),那么第 k 层的总排序的一致性指标为

$$\mathrm{CR}^{(k)} = \frac{\sum_{j=1}^{n_{k-1}} w_j^{(k-1)} \mathrm{CI}_j^{(k)}}{\sum_{j=1}^{n_{k-1}} w_j^{(k-1)} \mathrm{RI}_j^{(k)}} \tag{12-7}$$

当 $\mathrm{CR}^{(k)} < 0.1$ 时认为第 k 层的总排序具有满意的一致性。

例 12-2 设矩阵 $\boldsymbol{A} = \begin{bmatrix} 1 & 3 & 1 \\ \frac{1}{3} & 1 & \frac{1}{3} \\ 1 & 3 & 1 \end{bmatrix}$,判断矩阵 $\boldsymbol{A}$ 是否为一致阵。

解：计算出 $\lambda_{\max}=3$,归一化向量

$$\boldsymbol{u} = \left(\frac{3}{7}, \frac{1}{7}, \frac{3}{7}\right)^{\mathrm{T}}, \mathrm{CI} = \frac{\lambda_{\max}-3}{3-1} = 0$$

所以 $\mathrm{CR}=0$,$\boldsymbol{A}$ 是一致阵。

12.1.2 求正互反矩阵的最大特征值及相应的特征向量的方法

本节介绍 3 种求正互反矩阵的最大特征值及相应的特征向量的方法。

1. 幂法

由定理 12-1 知正互反矩阵的最大特征值 $\lambda_{\max}$ 是单重特征值,且对任意其他特征值 λ 有 $\lambda_{\max} > |\lambda|$。幂法是求这类矩阵最大特征值及特征向量的一个简单而有效的方法。

1) 幂法原理

设 n 阶矩阵 $\boldsymbol{A}$ 的特征值为 $\lambda_1, \lambda_2, \cdots, \lambda_n$,有如下性质：

$|\lambda_1| > |\lambda_2| \geqslant |\lambda_3| \cdots |\lambda_n|$ 有 n 个线性无关的特征向量 $\boldsymbol{u}_1, \boldsymbol{u}_2, \cdots, \boldsymbol{u}_n$,则 $\forall \boldsymbol{x}^{(0)} \in \mathbf{R}^n$ 可表示为 $\boldsymbol{x}^{(0)} = \sum_{i=1}^{n} a_i u_i$,利用迭代公式 $\boldsymbol{x}^{(k+1)} = \boldsymbol{A}\boldsymbol{x}^{(k)}$,$k=0,1,2,\cdots$ 得到点列 $\{\boldsymbol{x}^{(0)}, \boldsymbol{x}^{(1)}, \boldsymbol{x}^{(2)}, \cdots\}$。

显然,

$$\boldsymbol{x}^{(k+1)} = \boldsymbol{A}^{(k)} \boldsymbol{x}^{(0)} = \boldsymbol{A}\boldsymbol{A}^{(k)} \left(\sum_{i=1}^{n} a_i u_i\right) = \sum_{i=1}^{n} a_i \boldsymbol{A}^K u_i = \sum_{i=1}^{n} a_i \lambda_i^k u_i$$

$$= \lambda_i^k \left[a_1 u_1 + a_i \left(\lambda_i \sum_{i=2}^{n} \lambda_1\right) u_i\right]$$

由于 $|\lambda_i / \lambda_1| \leqslant 1$,$i=2,3,\cdots,n$,当 k 充分大时,有

$$\frac{(\boldsymbol{A}^{(k+1)}\boldsymbol{x}^{(0)})_i}{(\boldsymbol{A}^{(k)}\boldsymbol{x}^{(0)})_i}\approx\lambda_1 \quad i=1,2,\cdots,n$$

特别地，当$(\boldsymbol{A}^{(k)}\boldsymbol{x}^{(0)})_j=1$时，$(\boldsymbol{A}^{(k+1)}\boldsymbol{x}^{(0)})_j\approx\lambda_1\boldsymbol{A}^{(k+1)}\boldsymbol{x}^{(0)}$即为特征向量。

可以对每次迭代后产生的向量进行处理，使其最大分量为 1。

2）实用方法

幂法的算法框图如图 12-3 所示。

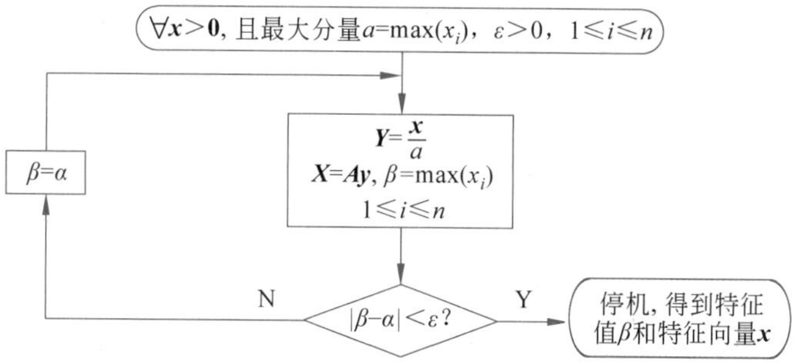

图　12-3

当矩阵一致性较好时，算法收敛很快。在实际中常用更为简单的方根法以及和积法（仅对近似一致性的矩阵适用）。

例 12-3　设 $\boldsymbol{A}=\begin{bmatrix}1 & 3 & 1\\ \frac{1}{3} & 1 & \frac{1}{3}\\ 1 & 3 & 1\end{bmatrix}$，求 $\boldsymbol{A}$ 正互反矩阵的最大特征值及相应的特征向量。

解：取 $\boldsymbol{x}^{(0)}=[1\quad 0\quad 0]^{\mathrm{T}}$。计算过程如表 12-3 所示。

表　12-3

k	x_1	x_2	x_3	y_1	y_2	y_3	α
0	1	0	0	1	0	0	1
1	1	$\frac{1}{3}$	1	1	$\frac{1}{3}$	1	1
2	3	1	3	1	$\frac{1}{3}$	1	3
3	3	1	3	1	$\frac{1}{3}$	1	3

如表 12-3 所示，最大特征值 $\lambda_{\max}=3$，特征向量 $\boldsymbol{u}=(3,1,3)^{\mathrm{T}}$。归一化：$\boldsymbol{w}=\begin{bmatrix}\frac{3}{7} & \frac{1}{7} & \frac{3}{7}\end{bmatrix}^{\mathrm{T}}$。

2. 方根法

方根法的步骤如下：

（1）求 $M_i=\left(\prod_{j=1}^{n}a_{ij}\right)^{\frac{1}{n}}$，$i=1,2,\cdots,n$。

（2）归一化：

$$w_i=\frac{M_i}{\sum_{j=1}^{n}M_j} \quad i=1,2,\cdots,n$$

(3) 求最大特征值：

$$\lambda_{\max}=\frac{1}{n}\sum_{i=1}^{n}\frac{(\boldsymbol{A\omega})_i}{w_i}$$

其中，$(\boldsymbol{A\omega})_i$ 为 $\boldsymbol{A\omega}$ 的第 i 个分量。

当正互反矩阵 $\boldsymbol{A}$ 为一致阵时，可用方根法求得精确的最大特征值和相应的特征向量。

证：设 $\boldsymbol{A}$ 对应于 $\lambda_{\max}$ 的归一化特征向量为 $\boldsymbol{u}=(u_1,u_2,\cdots,u_n)^{\mathrm{T}}$，则由一致阵的性质知，

$$\lambda_{\max}=n,a_{ij}=\frac{u_i}{u_j},i,j=1,2,\cdots,n$$

令 $S=\left(\prod_{j=1}^{n}u_j\right)^{\frac{1}{n}}$，则

$$M_i=\left(\prod_{j=1}^{n}a_{ij}\right)^{\frac{1}{n}}=\frac{u_i}{S},w_i=u_i$$

从而 $\boldsymbol{A\omega}=\lambda_{\max}\boldsymbol{\omega}=n\boldsymbol{\omega}$，所以 $\frac{1}{n}\sum_{i=1}^{n}(\boldsymbol{A\omega})_i/w_i=n$。

例 12-4 设 $\boldsymbol{A}=\begin{bmatrix}1 & 3 & 1\\ \frac{1}{3} & 1 & \frac{1}{3}\\ 1 & 3 & 1\end{bmatrix}$，利用方根法求 $\boldsymbol{A}$ 正互反矩阵的最大特征值及相应的特征向量。

解：

$$\boldsymbol{A}=\begin{bmatrix}1 & 3 & 1\\ \frac{1}{3} & 1 & \frac{1}{3}\\ 1 & 3 & 1\end{bmatrix}\Rightarrow\begin{cases}M_1=\sqrt[3]{1\times3\times1}=1.4422\\ M_2=\sqrt[3]{1/3\times3\times1/3}=0.4807\\ M_3=\sqrt[3]{1\times3\times1}=1.4422\end{cases}$$

$$M=M_1+M_2+M_3=3.3651$$

归一化：

$$w_1=0.4286$$
$$w_2=0.1428$$
$$w_3=0.4286$$
$$\boldsymbol{A\omega}=(1.2856,0.4285,1.2856)^{\mathrm{T}}$$
$$\lambda_{\max}=2.9999$$

3. 和积法

和积法的步骤如下：

(1) 将 $\boldsymbol{A}$ 的每列归一化得到矩阵 $\boldsymbol{B}$：

$$b_{ij}=\frac{a_{ij}}{\sum_{k=1}^{n}a_{kj}},i,j=1,2,\cdots,n$$

(2) 行求和：

$$M_i=\sum_{j=1}^{n}b_{ij},i=1,2,\cdots,n$$

再归一化：

$$w_i = M_i / n, i = 1, 2, \cdots, n$$

(3) 求最大特征值

$$\lambda_{\max} = \frac{1}{n}\sum_{i=1}^{n}\frac{(\boldsymbol{A\omega})_i}{w_i}$$

例 12-5　设 $\boldsymbol{A} = \begin{bmatrix} 1 & 3 & 1 \\ \frac{1}{3} & 1 & \frac{1}{3} \\ 1 & 3 & 1 \end{bmatrix}$，利用和积法求 $\boldsymbol{A}$ 正互反矩阵的最大特征值及相应的特征向量。

$$\text{解：}\boldsymbol{A} = \begin{bmatrix} 1 & 3 & 1 \\ \frac{1}{3} & 1 & \frac{1}{3} \\ 1 & 3 & 1 \end{bmatrix} \Rightarrow \boldsymbol{B} = \begin{bmatrix} \frac{3}{7} & \frac{3}{7} & \frac{3}{7} \\ \frac{1}{7} & \frac{1}{7} & \frac{1}{7} \\ \frac{3}{7} & \frac{3}{7} & \frac{3}{7} \end{bmatrix} \Rightarrow \begin{cases} M_1 = \frac{9}{7} \\ M_2 = \frac{3}{7} \\ M_3 = \frac{9}{7} \end{cases} \Rightarrow \begin{cases} w_1 = \frac{3}{7} \\ w_2 = \frac{1}{7} \\ w_3 = \frac{3}{7} \end{cases}$$

$$\boldsymbol{Aw} = \begin{bmatrix} \frac{9}{7} & \frac{3}{7} & \frac{9}{7} \end{bmatrix}^{\mathrm{T}}$$

$$\lambda_{\max} = \frac{1}{n}\sum_{i=1}^{n}\frac{(\boldsymbol{Aw})_i}{w_i} = 3$$

12.1.3　残缺判断与群组决策

1. 残缺判断及处理方法

应用层次分析法进行决策时，每个准则应有一个判断矩阵，需进行 $n(n-1)/2$ 次两两比较（判断矩阵的上三角或下三角）。

当层次很多、因素复杂时，判断量很大，可能出现某个参与决策的专家对某些判断缺乏把握，或不想发表意见，使判断矩阵残缺。

1）可接受的残缺判断矩阵

可接受的残缺判断矩阵是任意残缺元素都可通过已给出的元素间接获得的残缺判断矩阵。

根据一致性的条件，间接获得的元素指：若 a_{ij} 缺少，可由 $a_{ij} = a_{ik}a_{kj}$ 或更一般地由 $a_{ij} = a_{ik_1}a_{k_1k_2}a_{k_2k_3}\cdots a_{k_sj}$ 得到。

2）可接受的残缺矩阵的排序向量计算

可接受的残缺矩阵的排序向量计算的常用方法有特征根法、对数最小二乘法及最小偏差法等。

下面介绍特征根法。设 $\boldsymbol{A}$ 对应 $\lambda_{\max}$ 的特征向量 $\boldsymbol{w} = (w_1, w_2, \cdots, w_n)^{\mathrm{T}}$。由一致性条件知 $a_{ij} = w_i / w_j$。特征根法即把缺少的元素用 w_i / w_j 替代。

设原判断矩阵为 $\boldsymbol{A} = (a_{ij})_{n\times n}$，构造辅助矩阵 $\boldsymbol{C} = (c_{ij})_{n\times n}$，使

$$c_{ij} = \begin{cases} a_{ij} & a_{ij} \neq 0 \\ \dfrac{w_i}{w_j} & a_{ij} = 0 \end{cases} \tag{12-8}$$

例 12-6 某公司有一笔资金可用于以下 4 种投资方案：房地产、基金、农业和智能技术产业。评价和选择投资方案的标准是收益大、风险低和周转快。试对 4 种投资方案作出分析和评价。

解：根据题意建立递阶多层结构，如图 12-4 所示，然后建立判断矩阵，计算各层元素的相对重要度并进行一致性检验，计算综合重要度，最后得出结论。

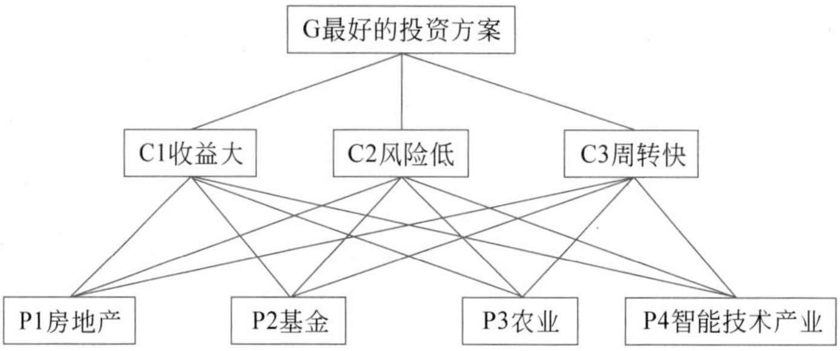

图 12-4

建立判断矩阵，计算各层元素的相对重要度，并进行一致性检验，如表 12-4～表 12-7。

表 12-4

G	C1	C2	C3	$W_1^{(0)}$	CI
C1	1	$\frac{1}{3}$	3	0.258	0.027(<0.10)
C2	3	1	5	0.636	
C3	$\frac{1}{3}$	$\frac{1}{5}$	1	0.106	

表 12-5

C1	P1	P2	P3	P4	$W_1^{(1)}$	CI
P1	1	$\frac{1}{3}$	3	2	0.217	0.037(<0.10)
P2	3	1	7	5	0.584	
P3	$\frac{1}{3}$	$\frac{1}{7}$	1	$\frac{1}{3}$	0.065	
P4	$\frac{1}{2}$	$\frac{1}{5}$	3	1	0.135	

表 12-6

C2	P1	P2	P3	P4	$W_1^{(1)}$	CI
P1	1	5	3	7	0.217	0.073(<0.10)
P2	$\frac{1}{5}$	1	$\frac{1}{5}$	$\frac{1}{2}$	0.584	
P3	$\frac{1}{3}$	5	1	3	0.065	
P4	$\frac{1}{7}$	2	$\frac{1}{3}$	1	0.135	

表　12-7

C3	P1	P2	P3	P4	$W_1^{(1)}$	CI
P1	1	$\frac{1}{2}$	3	2	0.250	0.10(=0.10)
P2	2	1	7	5	0.549	
P3	$\frac{1}{3}$	$\frac{1}{7}$	1	$\frac{1}{2}$	0.075	
P4	$\frac{1}{2}$	$\frac{1}{5}$	2	1	0.127	

由以上计算可知，一致性指标都在允许误差范围内，故所有相对重要度都是可以接受的。最后计算综合重要度，如表 12-8 所示。

表　12-8

P_j	C1	C2	C3	W_1
P1	0.258×0.217 =0.056	0.636×0.569 =0.362	0.106×0.25 =0.027	0.44
P2	0.258×0.584 =0.151	0.636×0.067 =0.043	0.106×0.549 =0.058	0.252
P3	0.258×0.065 =0.017	0.636×0.266 =0.169	0.106×0.075 =0.008	0.194
P4	0.258×0.135 =0.035	0.636×0.099 =0.063	0.106×0.127 =0.013	0.11

结论：由以上所示各方案的相对重要度大小可知，选择投资房地产是最好的方案，而投资基金次之，投资农业第三，投资智能技术产业最差。当然，如果构造的判断矩阵不同，会得到与之相应的结论。

3）一致性检验：

$$CI=\frac{\lambda_{\max}-n}{n-1-\sum_{i=1}^{n}\frac{m_i}{n}} \tag{12-9}$$

当 CR=CI/RI<0.1 时，认为有满意的一致性。

2. 群组决策

为使决策科学化、民主化，一个复杂系统通常要由多个决策者（专家）或决策部门参与决策。群组决策是指采取一定的方法以使各决策者的决策综合成一个较合理的结果的过程。

群组决策应做好如下工作：

(1) 重视并做好专家咨询工作。

(2) 合理选择咨询对象（专长及熟悉的领域）。

(3) 创造适合开展咨询工作的良好环境（介绍层次分析方法，提供信息，使决策者能够独立思考）。

(4) 正确的咨询方法（通过咨询确定递阶层次结构，设计好表格）。

(5) 及时分析专家意见，必要时要向专家进行反馈及多轮次咨询。

群组决策综合分析方法有以下两类：

(1) 将各专家的判断矩阵综合，得到综合判断矩阵，再计算排序。具体为：先求各专家判断矩阵的排序向量，再综合成群组排序向量。

(2) 设 S 个专家的判断矩阵 $\boldsymbol{A}_k=(a_{ij}^{(k)})_{n\times n}, k=1,2,\cdots,S$，分别求出它们各自的排序向量：

$$\boldsymbol{w}_k=(w_1^{(k)},w_2^{(k)},\cdots,w_n^{(k)})^{\mathrm{T}}$$

再求平均综合向量：

$\boldsymbol{w}=(w_1,w_2,\cdots,w_n)^{\mathrm{T}}$。可采用以下两种方法。

方法 1：加权几何平均综合排序向量法。计算

$$\begin{cases}w_j=\overline{w_j}\Big/\sum_{i=1}^{n}\overline{w_i}, j=1,2,\cdots,n\\ \overline{w_j}=(w_j^{(1)})^{\lambda_1}(w_j^{(2)})^{\lambda_2}\cdots(w_j^{(s)})^{\lambda_s}\end{cases}\tag{12-10}$$

其中，$\lambda_k\geqslant 0, \sum_{k=1}^{k}\lambda_k=1$ 且 λ_k 为第 k 个决策者的权重。

对可采用性进行考察。

计算 w_j 的标准差：

$$\sigma_j=\sqrt{\frac{1}{S-1}\sum_{k=1}^{s}(w_j^{(k)}-w_j)^2},\quad j=1,2,\cdots,n\tag{12-11}$$

其相应于新的总体判断矩阵 $\boldsymbol{A}=(a_{ij})_{n\times n}$(其中 $a_{ij}=w_i/w_j$)的总体标准差为

$$\sigma_j=\sqrt{\frac{1}{S-1}\sum_{k=1}^{s}(a_{ij}^{(k)}-a_{ij})^2},\quad i,j=1,2,\cdots,n\tag{12-12}$$

个体标准差为

$$\sigma^{(k)}=\sqrt{\frac{1}{n-1}\sum_{j=1}^{n}(w_j^{(k)}-w_j)^2},\quad k=1,2,\cdots,s\tag{12-13}$$

当总体标准差满足要求时，这个群组的判断可采用。当个体标准差 $\sigma^{(k)}$ 满足要求时，认为第 k 个决策者的决策可采用。最后将信息反馈给有关专家，供修改时参考。

方法 2：加权算术平均综合向量法。计算

$$w_j=\lambda_j w_j^{(1)}+\lambda_2 w_j^{(2)}+\cdots+\lambda_s w_j^{(s)},\quad j=1,2,\cdots,n\tag{12-14}$$

其中，$\lambda_k\geqslant 0, \sum_{k=1}^{s}\lambda_k=1$。

可类似地根据式(12-11)～式(12-13)判断可采用性。

12.1.4 案例分析

例 12-7 下面以旅游问题为例介绍层次分析法在生活中的应用。假期旅游，是去风光秀丽的天津，还是去迷人的成都，或者是去有辽阔大草原的呼伦贝尔，一般会依据景色、费用、食宿条件和距离选择。

解：整个决策过程分为以下 4 个步骤。

(1) 建模。由题意建立层次分析结构模型，如图 12-5 所示。

A1、A2、A3、A4、A5 分别表示景色、费用、居住条件、饮食、旅途。B1、B2、B3 分别代表

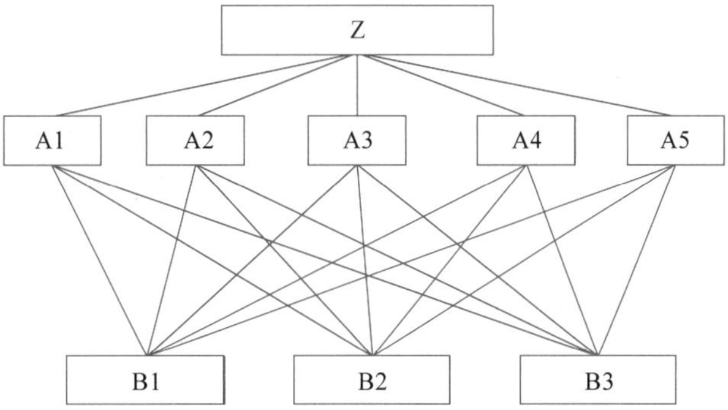

图　12-5

天津、成都、呼伦贝尔。

（2）构造成对比较矩阵：

$$\boldsymbol{A}=\begin{bmatrix}1 & \frac{1}{2} & 4 & 3 & 3\\ 2 & 1 & 7 & 5 & 5\\ \frac{1}{4} & \frac{1}{7} & 1 & \frac{1}{2} & \frac{1}{3}\\ \frac{1}{3} & \frac{1}{5} & 2 & 1 & 1\\ \frac{1}{3} & \frac{1}{5} & 3 & 1 & 1\end{bmatrix}$$

$$\boldsymbol{B}_1=\begin{bmatrix}1 & 2 & 5\\ \frac{1}{2} & 1 & 2\\ \frac{1}{5} & \frac{1}{2} & 1\end{bmatrix},\boldsymbol{B}_2=\begin{bmatrix}1 & \frac{1}{3} & \frac{1}{8}\\ 3 & 1 & \frac{1}{3}\\ 8 & 3 & 1\end{bmatrix}\boldsymbol{B}_3=\begin{bmatrix}1 & 1 & 3\\ 1 & 1 & 3\\ \frac{1}{3} & \frac{1}{3} & 1\end{bmatrix},$$

$$\boldsymbol{B}_4=\begin{bmatrix}1 & 3 & 4\\ \frac{1}{3} & 1 & 1\\ \frac{1}{4} & 1 & 1\end{bmatrix},\boldsymbol{B}_5=\begin{bmatrix}1 & 1 & \frac{1}{4}\\ 1 & 1 & \frac{1}{4}\\ 4 & 4 & 1\end{bmatrix}$$

（3）计算层次单排序的权向量和一致性检验成对比较矩阵 **A** 的最大特征值，$\lambda_{\max}=5.073$，该特征值对应的归一化特征向量为

$$\boldsymbol{\omega}=[0.263\quad 0.475\quad 0.055\quad 0.099\quad 0.110]$$

则
$$\mathrm{CI}=\frac{5.073-5}{5-1}=0.018,\mathrm{RI}=1.12$$

故
$$\mathrm{CR}=\frac{0.018}{1.12}=0.016<0.1$$

表明 **A** 通过了一致性检验。

对矩阵 $\boldsymbol{B}_1$、$\boldsymbol{B}_2$、$\boldsymbol{B}_3$、$\boldsymbol{B}_4$、$\boldsymbol{B}_5$，可以求层次总排序的权向量并进行一致性检验，结果如表 12-9 所示。

表 12-9

k	1	2	3	4	5
ω_{k1}	0.595	0.082	0.429	0.633	0.166
ω_{k2}	0.277	0.236	0.429	0.193	0.166
ω_{k2}	0.129	0.682	0.142	0.175	0.668
λ_k	3.005	3.002	3	3.009	3
CI_k	0.003	0.001	0	0.005	0
RI_k	0.58	0.58	0.58	0.58	0.58

计算 CR_k 后可知,$\boldsymbol{B}_1$、$\boldsymbol{B}_2$、$\boldsymbol{B}_3$、$\boldsymbol{B}_4$、$\boldsymbol{B}_5$ 通过了一致性检验。

(4) 计算层次总排序权值并进行一致性检验。

B1 对总目标的总排序权值为

$$0.595\times0.263+0.082\times0.475+0.429\times0.055+0.633\times0.099+0.166\times0.110=0.3$$

同理可得 B2、B3 对总目标的权值分别为 0.246、0.456。层次总排序的权向量为[0.3 0.246 0.456]。

$$\text{又 } CR=\frac{0.263\times0.003+0.475\times0.001+0.055\times0+0.099\times0.005+0.110\times0}{0.58}$$
$$=0.015<0.1$$

故层次总排序通过一致性检验。

[0.3 0.246 0.456]可作为最后的决策依据。即各方案的权重排序为 B1>B2>B3,故最后的决策应为去呼伦贝尔。

12.2 数据包络分析

12.2.1 DEA 模型概述

DEA(Data Envelopment Analysis,数据包络分析)是使用数学规划(包括线性规划、多目标规划、具有锥形结构的广义最优化、半无限规划、随机规划等)模型,评价具有多个输入、特别是多个输出的部门或单位(称为决策单元,简记为 DMU)间的相对有效性(称为 DEA 有效性)。

实际上,DEA 有效性也是指产出与投入比,不过是加权意义下的产出投入比。

根据对各决策单元的观察得到的数据判断其是否为 DEA 有效。

12.2.2 DEA 模型的建立

输入 DEA 模型基于投入的技术效率,即在一定产出下,以最小投入与实际投入之比估计 DEA 有效性。或者说,决策者追求的倾向是输入的减小。

输出 DEA 模型基于产出的技术效率,即在一定投入组合下,以实际产出与最大产出之比估计 DEA 有效性。或者说,决策者追求的倾向是输出的增大。

以下是几个有代表性的 DEA 模型:

(1) CCR 模型：

$$\max \frac{\sum_{r=1}^{s} u_r y_{r0}}{\sum_{i=1}^{m} v_i x_{i0}}$$

$$\text{s.t.} \frac{\sum_{r=1}^{s} u_r y_{rj}}{\sum_{i=1}^{m} v_i x_{ij}} \leqslant 1, j=1,2,\cdots,n \tag{12-15}$$

其中，$u_r, v_i \geqslant \varepsilon, r=1,2,\cdots,s; i=1,2,\cdots,m$。

(2) BCC 模型：

$$\max \frac{\sum_{r=1}^{s} u_r y_{r0} - u_0}{\sum_{i=1}^{m} v_i x_{i0}}$$

$$\text{s.t.} \frac{\sum_{r=1}^{s} u_r y_{rj} - u_0}{\sum_{i=1}^{m} v_i x_{ij}} \leqslant 1, j=1,2,\cdots,n \tag{12-16}$$

其中，$u_r, v_i \geqslant \varepsilon, r=1,2,\cdots,s, i=1,2,\cdots,m$。

(3) CCR 对偶模型：

$$\begin{aligned} &\min \theta_0 \\ &\text{s.t.} \sum_{j=1}^{n} \lambda_j x_{ij} \leqslant \theta_0 x_{i0}, i=1,2,\cdots,m \\ &\sum_{j=1}^{n} \lambda_j y_{rj} \geqslant y_{r0}, r=1,2,\cdots,s, \lambda_j \geqslant 0, j=1,2,\cdots,n \end{aligned} \tag{12-17}$$

(4) BCC 对偶模型：

$$\begin{aligned} &\min \theta_0 \\ &\text{s.t.} \sum_{j=1}^{n} \lambda_j x_{ij} \leqslant \theta_0 x_{i0}, i=1,2,\cdots,m \\ &\sum_{j=1}^{n} \lambda_j y_{rj} \geqslant y_{r0}, r=1,2,\cdots,s \\ &\sum_{j=1}^{n} \lambda_j = 1, \lambda_j \geqslant 0, j=1,2,\cdots,n \end{aligned} \tag{12-18}$$

12.2.3　决策单元的 DEA 有效性

能够用 CCR 模型判定是否同时技术有效和规模有效：

(1) $\theta^*=1$，且 $S^{*+}=0, S^{*-}=0$，则决策单元 j_0 为 DEA 有效，决策单元的经济活动同时为技术有效和规模有效。

(2) $\theta^*=1$，但至少某个输入或者输出大于 0，则决策单元 j_0 为弱 DEA 有效，决策单元的经济活动不同时为技术有效和规模有效。

(3) $\theta^* < 1$,决策单元 j_0 不是 DEA 有效,经济活动既不是技术有效也不是规模有效。

还可以用 CCR 模型中的 λ_j 判断决策单元的规模收益情况:

(1) 如果存在 $\lambda_j^*(j=1,2\cdots,n)$ 使得 $\sum_j \lambda_j^* = 1$,则决策单元为规模收益不变。

(2) 如果不存在 $\lambda_j^*(j=1,2,\cdots,n)$ 使得 $\sum_j \lambda_j^* = 1$,且 $\sum_j \lambda_j^* < 1$,则决策单元为规模收益递增。

(3) 如果不存在 $\lambda_j^*(j=1,2,\cdots,n)$ 使得 $\sum_j \lambda_j^* = 1$,且 $\sum_j \lambda_j^* > 1$,则决策单元为规模收益递减。

12.3 小　　结

本章主要介绍了两种多目标决策方法,一种是层次分析法(AHP),另一种是数据包络分析法(DEA)。首先介绍了层次分析法的基本步骤、正互反矩阵的最大特征值及相应的特征向量的求法、残缺判断、群组决策以及案例分析;然后介绍了数据包络分析法中的 DEA 模型的概念、DEA 模型的建立以及决策单元的 DEA 有效性。通过本章的学习,应该对多目标决策方法有初步的认识。

12.4 习　　题

1. 某石化公司 9 种产品 2015 年 5 月的投入产出数据如表 12-10 所示。

表　12-10

产　品	投　入		产　出		
	人员数/万人	资金/亿元	液化气/万升	石脑油/万升	溶剂油/万升
DMU_1	1.3	5.5	3.1	2.2	3.5
DMU_2	2.1	12.4	5.4	3.8	8.2
DMU_3	1.8	13.7	6.1	4.3	7.54
DMU_4	1.5	5.8	2.15	2.7	1.85
DMU_5	1.6	6.3	3.1	2.55	2.8
DMU_6	0.9	9.1	2.5	3.5	1.79
DMU_7	2.3	15.4	6.5	5.1	7.88
DMU_8	1.9	7.9	2.1	3.3	4.8
DMU_9	0.8	8.8	1.9	2.5	3.14

试对该石化公司各不同产品的经营效率进行评估。

2. 某市 4 所医院的投入产出情况如表 12-11 所示。

表　12-11

医　院	投　　入		产　　出		
	职员数	床位数	面积(m^2)	年门诊病人/人次	住院病人/人日
H1	285	100	8000	35 500	25 000
H2	162	64	6500	28 000	18 000
H3	275	90	8500	33 000	24 000
H4	230	85	7500	30 000	21 000

试分别评价上述 4 所医院是否 DEA 有效。

3. 市政管理人员需要对一项市政工程项目进行决策，可选择的方案是建高速公路或修建地铁。除了考虑经济效益之外，还要考虑社会效益、环境效益等因素，即该决策是多准则决策。运用层次分析法解决该问题。

图书资源支持

感谢您一直以来对清华版图书的支持和爱护。为了配合本书的使用，本书提供配套的资源，有需求的读者请扫描下方的“书圈”微信公众号二维码，在图书专区下载，也可以拨打电话或发送电子邮件咨询。

如果您在使用本书的过程中遇到了什么问题，或者有相关图书出版计划，也请您发邮件告诉我们，以便我们更好地为您服务。

我们的联系方式：

清华大学出版社计算机与信息分社网站：https://www.shuimushuhui.com/

地　　址：北京市海淀区双清路学研大厦 A 座 714

邮　　编：100084

电　　话：010-83470236　010-83470237

客服邮箱：2301891038@qq.com

QQ：2301891038（请写明您的单位和姓名）

资源下载：关注公众号“书圈”下载配套资源。

资源下载、样书申请

书圈

图书案例

清华计算机学堂

观看课程直播